普通高等教育测控技术与仪器专业系列教材

自动检测技术及仪表

主编 熊 刚
参编 管 亮 张海涛

机械工业出版社

本书是根据我国当前测控技术与仪器专业教学改革和教材建设的需要而编写的一本关于自动检测技术及仪表的教材。全书共分 4 篇 19 章，深入、系统地介绍了自动检测技术及仪表的相关理论、原理、技术及其应用等知识。

第 1 篇介绍了检测技术及仪表的基本概念及基础理论，包括检测技术及仪表概述、检测误差及其处理、信号的描述及其分析、检测系统及其特性。

第 2 篇介绍了各种对象参数的检测原理与技术，包括温度、力学量、运动量、流量、物位、磁参量等参量的检测原理及实现技术。

第 3 篇根据检测信号的处理流程顺序介绍了检测系统或仪表的一些通用原理与技术，包括传感信号拾取电路、检测信号的转换与调制、信号的放大变换、信号的自动采集技术、自动化仪表的人机接口。

第 4 篇从检测系统或仪器仪表的准确性、可靠性、安全性等角度，分别介绍了仪表系统的抗干扰处理、检测系统的标定与校准、仪表系统的检定、仪表的安全防爆等内容。

本书可作为高等学校测控技术与仪器、自动化等相关专业的本科生教材，同时也可供相关专业研究生或从事传感器、检测技术、仪器仪表、自动化等领域研究和应用的技术人员参考。

图书在版编目（CIP）数据

自动检测技术及仪表 / 熊刚主编. —北京：机械工业出版社，2019.11
（2024.8 重印）
普通高等教育测控技术与仪器专业系列教材
ISBN 978-7-111-65288-5

Ⅰ. ①自⋯ Ⅱ. ①熊⋯ Ⅲ. ①自动检测-高等学校-教材②自动化仪表-高等学校-教材 Ⅳ. ①TP274②TH86

中国版本图书馆 CIP 数据核字（2020）第 062597 号

机械工业出版社（北京市百万庄大街 22 号　邮政编码 100037）
策划编辑：王玉鑫　　责任编辑：王玉鑫　王　康　刘丽敏
责任校对：樊钟英　　封面设计：马精明
责任印制：张　博
北京雁林吉兆印刷有限公司印刷
2024 年 8 月第 1 版第 3 次印刷
184mm×260mm · 23.5 印张 · 659 千字
标准书号：ISBN 978-7-111-65288-5
定价：68.00 元

电话服务　　　　　　　　　　网络服务
客服电话：010-88361066　　　机 工 官 网：www.cmpbook.com
　　　　　010-88379833　　　机 工 官 博：weibo.com/cmp1952
　　　　　010-68326294　　　金 书 网：www.golden-book.com
封底无防伪标均为盗版　　　　机工教育服务网：www.cmpedu.com

前　言

检测技术与仪表是人们借以获取客观世界中各种对象信息的技术和装置，是人类眼、耳、鼻、舌等感官功能的物理延伸，广泛地应用在工农业生产、科学研究、国防事业、日常生活等领域。目前检测技术与仪表已经成为人类认识和探究客观世界的基本技术手段和工具，检测技术及仪器仪表的发展情况直接决定着人类认识世界的水平，进而也影响着人类社会的进步。随着科技的发展和社会的进步，检测技术及仪器仪表的自动化、智能化程度也越来越高，自动检测技术及仪表也发展成为一门综合性很强的学科，涉及物理学、化学、生物学、仪器科学、电工学、电子学、机械学、材料学、计算机和自动控制等。因此，在当前的高等教育中，作为测控技术与仪器、自动化等专业的一门基础性专业课程，自动检测技术及仪表的教材建设、教学改革等也显得越来越重要。

为适应我国当前测控技术与仪器专业教学改革和教材建设的迫切需要，进一步贯彻和落实教育部"卓越工程师教育培养计划"、特色专业建设、工程教育认证、CDIO 教育模式等高等工程教育改革的精神，培养创新能力强、适应经济社会发展需要的高质量工程技术人才，中国机械工业教育协会仪器科学与技术学科教学委员会和机械工业出版社组织全国各大高校对普通高等教育测控技术与仪器专业系列教材进行了系统的编写，本书就是其中之一。

根据本系列教材的定位及编写要求，在现有同类教材充分介绍自动检测及仪表技术的基础上，为了进一步完善本门课程的教材编写，提高教材质量，本书在编写过程中还重点突出了以下几个方面：

1. 本书在内容编排上始终紧扣和突出"自动检测"和"仪表"这两个主题，避免将教材的内容重心仅仅集中在传感技术的介绍方面，克服了现有个别同类教材将内容重心写成"传感技术"的问题。

2. 针对现有个别同类教材对"自动检测技术及仪表"的共性内容介绍不足的问题，本书在编写过程中注重对共性内容进行更全面深入的介绍。例如检测误差与检测信号的分析与处理、检测系统各功能模块的实现原理、抗干扰处理技术、仪表系统的标定校准、安全防爆等。

3. 由于对同一对象参数的检测方法众多，不可能对每种方法都进行详细介绍，因此本书在编写过程中尽量以概述或总论等形式来较为全面地介绍各种检测方法；同时以具体应用或实例的形式更深入地介绍最典型的检测方法，实现教材内容在深度和广度上的合理平衡。

4. 注重内容的全面性，介绍了检测技术及仪器仪表的基本概念、检测系统及信号处理基础理论、典型参数的检测原理与实现、仪器仪表系统信号拾取及变换、参数检测及数据采集的自动化技术、仪器仪表系统的抗干扰、标定检定及安全防爆等，为读者全面展示了一个自动检测技术及仪表的概貌。为了照顾内容的全面性，也为了照顾不同院校及不同专业的教学要求，教材内容或许偏多，在使用时可根据具体情况选择讲授，其余内容可供学生自学参考。

本书就是基于上述 4 个方面，针对"测控技术与仪器"以及相关专业的本科教学而编写的。目标是在内容的贴切程度方面紧扣"自动检测技术及仪表"的主题，在内容的广度、深度方面尽量做到全面合理，能给相关专业的教学以充分的取舍空间，从而适应相关专业的本科教学需要。

本书共分 4 篇，全面地介绍了在科学研究和工业生产领域广泛使用的自动检测技术及仪器仪表的各种基本知识。

第 1 篇介绍了检测技术及仪表的基本概念及基础理论。基本概念包括检测技术及仪表的地位与作用，检测的方法及类型，检测仪表或系统的功能、组成和类型，检测技术及仪表的发展等。

自动检测技术及仪表

基础理论包括检测误差及其处理,信号的描述及其分析,检测系统及其特性等。

第2篇介绍了各种对象参数的检测原理与技术,包括温度、力学量、运动量、流量、物位、磁参量等参量的检测原理及实现技术;在介绍这些检测原理的同时,穿插介绍了各种相关传感器的原理、功能特点及应用。

第3篇根据检测信号的处理流程顺序介绍了检测系统或仪器仪表的一些通用原理与技术,包括传感信号拾取电路、检测信号的转换与调制、信号的放大变换、信号的自动采集技术、自动化仪表的人机接口等。

第4篇从检测系统或仪器仪表的准确性、可靠性、安全性等角度,分别介绍了仪表系统的抗干扰处理、检测系统的标定与校准、仪表系统的检定、仪表的安全防爆等内容。

本书可作为高等学校测控技术与仪器、自动化等相关专业的本科生教材,同时也可供相关专业研究生或从事传感器、检测技术、仪器仪表、自动化等领域研究和应用的技术人员参考。

本书由重庆理工大学电气与电子工程学院自动化系副教授熊刚主编。值此重庆理工大学建校80年之际,谨以此书向"重庆理工大学80周年校庆"献礼!本书编写过程中,中国人民解放军陆军勤务学院副教授管亮、张海涛分别参与编写了"第5章温度的检测"和"第8章流量检测",其余章节由熊刚编写。由于编者水平有限,书中难免会有不妥、疏漏之处,欢迎读者批评指正(联系邮箱:xg_gh@cqut.edu.cn 或 xg_gh@sina.com)。

编者
2020年5月于重庆理工大学

目　录

前言

第1篇　基础理论

第1章　检测技术及仪表概述 …………… 1
1.1　引言 ………………………………… 1
1.2　检测的方法及类型 ………………… 4
1.3　自动检测及仪表系统概述 ………… 7
1.4　检测技术及仪表系统的发展 ……… 14

第2章　检测误差及其处理 ……………… 19
2.1　检测的准确度描述 ………………… 19
2.2　系统误差处理 ……………………… 26
2.3　随机误差处理 ……………………… 30
2.4　动态误差的数字修正方法 ………… 33

第3章　信号的描述及其分析 …………… 35
3.1　信号及其分析处理基本知识 ……… 35
3.2　信号分类及其描述 ………………… 38
3.3　检测信号的特征及其分析方法 …… 46

第4章　检测系统及其特性 ……………… 65
4.1　检测系统模型结构及性质 ………… 65
4.2　检测系统的静态特性 ……………… 67
4.3　检测系统的动态特性 ……………… 71
4.4　不失真检测的条件 ………………… 80

第2篇　典型参量的检测原理

第5章　温度的检测 ……………………… 83
5.1　温标及温度量值的传递 …………… 83
5.2　测温方法分类及特点 ……………… 85
5.3　接触式温度检测方法 ……………… 86
5.4　非接触式温度检测方法 …………… 96

第6章　力学量的检测 …………………… 101
6.1　压力和压差的测量 ………………… 101
6.2　力和应力的测量 …………………… 107
6.3　转矩测量 …………………………… 116

第7章　运动量的检测 …………………… 120
7.1　位移检测 …………………………… 120
7.2　速度检测 …………………………… 124
7.3　加速度及惯性检测 ………………… 129

7.4　转速的检测 ………………………… 136

第8章　流量检测 ………………………… 143
8.1　流量测量概述 ……………………… 143
8.2　体积流量检测 ……………………… 149
8.3　质量流量检测 ……………………… 157

第9章　物位检测 ………………………… 163
9.1　物位及其检测仪表分类 …………… 163
9.2　液位检测 …………………………… 164
9.3　料位检测 …………………………… 174
9.4　相界面的检测 ……………………… 176

第10章　磁参量的检测 ………………… 177
10.1　磁参量检测方法分类 …………… 177
10.2　基于霍尔器件的磁场测量 ……… 183

第3篇　检测仪表系统分析

第11章　传感信号拾取电路 …………… 192
11.1　信号拾取方式 …………………… 192
11.2　测量电桥电路 …………………… 196

第12章　检测信号的转换与调制 ……… 204
12.1　概述 ……………………………… 204
12.2　电阻与电压的转换 ……………… 204
12.3　电容与电压的转换 ……………… 205
12.4　电压与电流的转换 ……………… 207
12.5　频率—电压转换 ………………… 211
12.6　电荷—电压转换 ………………… 215
12.7　信号的调制与解调 ……………… 217

第13章　信号的放大变换 ……………… 226
13.1　传感器输出信号的特点与处理 …… 226

13.2 检测系统的负载效应及阻抗匹配 …… 227
13.3 典型放大电路 …………………… 229
13.4 量程自动切换及标度变换 ……… 238
13.5 检测信号的运算电路 …………… 243

第 14 章 信号的自动采集技术 ………… 244
14.1 信号采集电路的一般结构 ……… 244
14.2 信号的多路转换技术 …………… 246
14.3 模拟信号的采样保持 …………… 250
14.4 模/数（A/D）转换器 …………… 253
14.5 单片集成数据采集系统 ADμC8XX 简介 …………………………… 257
14.6 数模（D/A）转换器 …………… 264

第 15 章 自动化仪表的人机接口 …… 268
15.1 指令输入接口技术 ……………… 268
15.2 显示输出接口技术 ……………… 279

第 4 篇 仪表系统的准确可靠性

第 16 章 仪表系统的抗干扰处理 …… 293
16.1 干扰来源及其耦合方式 ………… 293
16.2 常规干扰抑制方法和措施 ……… 298
16.3 差模干扰和共模干扰的抑制 …… 308
16.4 温度补偿技术 …………………… 311

第 17 章 检测系统的标定与校准 …… 315
17.1 量值的传递与仪表的标校 ……… 315
17.2 静态标定和动态标定 …………… 316
17.3 零点和满量程校准 ……………… 321
17.4 非线性校正 ……………………… 328

第 18 章 仪表系统的检定 ……………… 340
18.1 仪表检定与仪表校准的区别 …… 340
18.2 过程检测仪表检定的概念 ……… 342
18.3 常见检测仪表的检定 …………… 348

第 19 章 仪表的安全防爆 ……………… 361
19.1 安全防爆的基本知识 …………… 361
19.2 防爆型测控仪表 ………………… 364
19.3 测控系统的防爆措施 …………… 364
19.4 仪表防护等级标准 ……………… 366

参考文献 …………………………………… 369

第1篇 基 础 理 论

第1章 检测技术及仪表概述

1.1 引言

1.1.1 检测技术及仪表的地位与作用

在科学实验和工业生产等实践过程中，为了了解、掌握、监督和控制某个对象或生产过程的状态，掌握其发展变化规律，使它们处于预期的最佳状态，就必须了解和知晓描述它们状态特性或运行特性的各种参数信息，如密度、温度、流量、速度等。而各种对象或过程的这些参数信息单纯依靠人类的眼、耳、鼻、舌等感官通常是无法获得的，这时就需要利用相应的工具或设备来获取这些参数信息。这里所利用的工具或设备就是为获取参数信息而组建的检测仪器或仪表，或者更广义的称为检测系统或检测装置。检测仪器或仪表可以对客观世界的任何信息进行感测，并将感测结果定性或定量地反馈给人类的任何物理装置，它是人类感官（眼、耳、鼻、舌、皮肤等）的物理延伸，是人类认识世界的基本工具和手段。利用仪器仪表等工具来获取对象及过程的各种参数信息的过程就是检测。检测是以确定被测对象各种属性及其量值为目的的全部操作，与"测量""测试"基本上是同义语。

检测仪表装置为了获取对象参数而利用的技术手段就是检测技术。检测技术的意义很广泛，它包括根据被测对象的特点，选用合适的测量仪器仪表及实验方法，通过测量及数据处理和误差分析，准确得到被测量的数据，并为提高测量精度、而改进实验方法及测量仪表，为生产过程的自动化等提供可靠的依据。仪器仪表通过获取被测对象信号并进行处理，然后将检测得到的有用信息输出给自动控制系统或操作者，这些工作需要以参数的检测技术为基础。另外，为了测量各种各样微观或宏观的物理、化学或生物等参数量值，检验产品质量，进行计量标准的传递和控制，也需要检测技术作为基础。

目前，检测技术及仪表系统广泛应用于各行各业。

对工业生产而言，采用各种先进的检测技术及仪表对生产过程的某些重要工艺参数（如温度、压力、流量等）进行实时检测，并在此基础上进行优化控制，对确保安全生产，保证产品质量，提高产品合格率，降低能源和原材料消耗，提高企业的劳动生产率和经济效益都是必不可少的。例如城镇生活污水处理厂在污水的收集、提升、处理、排放的生产过程中，通常需要实时准确地检测液位、流量、温度、浊度、泥位（泥、水分界面位置）、酸碱度（pH值）、污水中溶解氧含量（DO）、五日生化需氧量（COD）、各种有害重金属含量等多种物理和化学成分参量；再由计算机根据这些实测物理、化学成分参量进行流量、（多种）加药（剂）量、曝气量及排泥优化控制；为保证设备完好及安全生产，需同时对污水处理所需机电动力设备和电气设备的温度、工作电压、电流、阻抗进行安全监测，这样才能实现污水处理安全、高效和低成本运行。

在医疗领域，用各种先进的医疗检测仪器可大大提高疾病的检查、诊断速度和准确性，有利于争取时间，对症治疗，增加患者战胜疾病的机会。

随着生活水平的提高，检测技术与人们日常生活也越来越密切。例如，新型建筑材料的物理、化学性能检测，装饰材料有害成分是否超标检测，城镇居民家庭室内的温度、湿度、防火、

自动检测技术及仪表

防盗及家用电器的安全监测等，不难看出检测技术在现代社会中的重要地位与作用。

在军工生产和新型武器、装备研制过程中更离不开现代检测技术，对检测的需求更多，要求更高。研制任何一种新武器，从设计到零部件制造、装配到样机试验，都要经过成百上千次严格的试验，每次试验需要同时高速、高精度地检测多种物理参量，测量点经常多达上千个。飞机、潜艇等在正常使用时都装备了上百个不同的检测传感器，组成十几至几十种检测仪表，实时监测和指示各部位的工作状况。在新机型设计、试验过程中需要检测的物理量更多，而检测点通常在 5000 个以上。在火箭、导弹和卫星的研制过程中，需动态高速检测的参量也很多，要求也更高；没有精确、可靠的检测手段，要使导弹准确命中目标和卫星准确入轨是根本不可能的。

当前，世界正在从工业化时代进入信息化时代，向知识经济时代迈进。这个时代的特征是以计算机为核心，延伸人的大脑功能，起着扩展人类脑力劳动的作用，使人类正在走出机械化的过程，进入以物质手段扩展人的感官神经系统及脑力智力的时代，而这种物质手段正是检测技术及仪器仪表。检测技术及仪器仪表是信息时代的信息获取—处理—传输这一链条中的源头。如果没有相应的检测技术及仪器，就不能获取生产、科学、环境、社会等领域中全方位的信息，进入信息时代将是不可能的。因此，钱学森院士在对新技术革命的论述中也说："新技术革命的关键技术是信息技术。信息技术由测量技术、计算机技术、自动控制技术、通信技术四部分组成。测量技术则是关键和基础。"

实际上，在现代化装备或系统的设计、制造和使用中，检测及测量测试工作的内容已经占据了首要位置，检测技术及系统的成本已达到总系统成本的 50%~70%。比如，一辆汽车需要上百种传感器及配套检测仪表用以检测车速、方位、转矩、振动、油压、油量、温度等；而一架飞机需要几千种传感器及配套检测仪表用来监测飞机各部位的参数（压力、应力、温度等）和发动机的参数（转速、振动等）。因此，检测技术及仪表既是整个系统达到相应性能指标和正常工作的重要手段和保证，也是设备先进性和高水平的重要标志。

可以说，检测或测试是人类认识世界必不可少的重要途径，仪器仪表则是人类认识世界的基本工具，是人类改造世界的前提和基础。在人类社会及科学技术的发展过程中，人们根据对客观事物所做的大量的试验和测量，形成定性和定量的认识，总结出客观世界的规律；通过试验和测量进一步检验这些规律是否符合客观实际；在利用这些客观规律改造客观世界的过程中，又通过试验和测量来检验实际效果。科学的发展、突破是以检测技术及仪器仪表的水平为基础的。例如，人类在光学显微镜出现以前，只能用肉眼来分辨物质，而 16 世纪出现了光学显微镜，这就使人们能够借助显微镜来观察细胞，从而大大推动了生物科学的发展。而到 20 世纪 30 年代出现了电子显微镜，又使人们的观察能力进入微观世界，这又推动了生物科学、电子科学和材料科学的发展。在诺贝尔物理学奖和化学奖中大约有 1/4 是属于检测技术和仪器的创新。这些事实都说明了检测技术及仪器仪表的发展水平直接影响人类认识世界的水平，进而影响人类改造世界的水平。

1.1.2 检测技术与自动化技术的关系

检测技术属于信息科学的范畴，与计算机技术、自动控制技术和通信技术构成完整的信息技术科学。广义地讲，检测技术是自动化技术四个支柱之一。从信息科学角度考察，检测技术的任务为：寻找与自然信息具有对应关系的、具有各种表现形式的信号，以及确定两者间的定性、定量关系；从反映某一信息的多种信号表现中挑选出在所处条件下最为合适的表现形式，以及寻求最佳的采集、变换、处理、传输、存储、显示等的方法和相应的设备。显然，检测技术是自动化学科的重要组成部分之一，是以现代自动化系统中的应用为主要目的，围绕参数检测和测量信号的分析等信息获取处理技术进行研究开发与应用的一门综合性技术。

科学技术的发展与检测技术的发展是相互促进的，检测技术达到的水平越高，则科学技术成就越为深广；而科学技术的发展，特别是新材料、新结构的传感器研制成功，以及微型计算机在检测技术中的应用，使得检测手段、检测方法和检测设备发生了变革性的变化，形成了自动化、实时化和智能化的微机检测系统，从而在检测的准确性、快速性、可靠性和抗干扰等方面发挥了明显作用，大大丰富了检测技术所包含的内容，扩大了检测技术的应用范围，同时也提出了新的课题。所谓智能化的微机检测系统是以微处理器为核心组成的数字化测量系统。

在现代化生产中，为提高劳动生产率和产品质量，改善劳动条件，必须不断提高生产过程自动化水平和扩大自动化应用范围。具体地说，就是在生产过程中，在生产设备上配备自动化仪表及装置来显示、记录和控制生产过程中的重要工艺参数，使整个生产过程维持正常状态；当受到外界干扰而偏离正常状态时，又能自动地调回到规定的参数范围内，这就是生产过程的自动化。在实现自动化过程中，所用的检测技术和装置是自动化系统的"感觉器官"，因为只有在准确知道生产过程的状态和工艺参数的条件下才能进行自动控制。要实现对生产过程的自动控制，必须对生产过程参数进行实时、可靠的检测。检测技术的发展促进了控制系统控制水平的提高；一些生产过程自动化水平不高，往往在于过程参数难以实时可靠地检测出来。

为了阐明检测技术在自动化系统中的应用和地位，下面以图1-1所示的计算机控制系统为例进行说明。

图1-1所示控制系统的特点之一是按多控制对象或多参量反馈控制来设计的，其目的是充分发挥计算机准确和快速的优势，提高计算机控制系统的性价比。显然，在计算机控制系统中需要解决大量工艺参数的检测和数字量的转换问题，在计算机应用中的这一重要分支即为巡回检测系统。去掉图1-1中的点画线框部分即为此类系统的典型框图。在生产过程中，

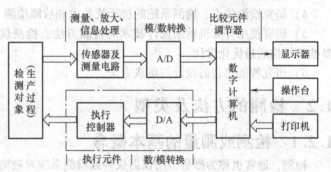

图1-1 计算机控制系统典型框图

采用微型计算机进行巡回检测和数据处理不仅具有很强的实时性，也给工作带来更多的方便。

从自动控制系统分类观点出发，一个控制系统在不设置执行控制器部分时，系统主要用于对生产设备和工艺过程进行自动监视和自动保护，则称为自动检测系统。然而"自动检测"更一般的定义为：使用自动化仪表或系统，在最少的人工干预下自动进行并完成测量、检验的全部过程，称为自动检测（Automatic-Detection and Measurement）。相应的自动检测系统的基本结构从图1-1中可见，应包括检测元件（或传感器、检测仪表等）、信号处理、信号输出及附加装置等。传感器、检测仪表是将检测的非电量变换为电信号。信号处理包括标度变换、复杂的运算处理、A/D转换等。信号输出环节输出有效信号，用于控制、记录、显示、保护、报警等。

从图1-1所示典型框图看出，自动检测技术和装置是自动化系统中不可缺少的组成部分。自动控制系统的控制精度在很大程度上取决于检测和转换技术的精度。随着自动化水平的不断提高，对检测和转换装置的要求亦越来越高。

1.1.3 自动检测技术及仪表的研究内容

在人类的各项生产活动和科学实验中有各种各样的研究对象，如要从数量方面对它进行研究和评价，都是通过对代表其特性的物理量的检测来实现的。而检测技术主要研究的内容就是探索和利用各种物理效应，选择合适的方法与装置，将其中的有关特征信息通过各种测量方法给出定性或定量的测量结果。能够自动地完成整个检测过程的技术称为自动检测技术，它以信息的获取、转换、显示和处理的自动化为主要研究内容。自动检测技术不但涉及其他许多技术领

自动检测技术及仪表

域的知识,而且它也同时在为这些领域提供信息服务产品,涉及的应用领域广泛且众多。检测技术的具体实现就成了仪器仪表或检测系统,它是获取有用信息的基本工具。研究新的检测方法,利用新的检测技术,开发现代化的检测系统,以获取分辨率、准确度、稳定性和可靠性都很高的对象信息,则是仪表技术的主要课题和研究方向。这些问题现已经发展成为一门完整的技术学科。目前,有关的研究学科和专业有:检测技术与自动化装置、测试计量技术及仪器,前者主要侧重自动化学科,后者则侧重测试计量学科。这两个学科都属于二级学科,对应的一级学科为仪器科学与技术。

具体地说,自动检测技术及仪表研究的主要内容有:

1) 研究信号检测中的传感原理方法及相应元件设备,以便能方便、迅速、准确、可靠地完成检测任务。

2) 研究检测中的信息处理(如信号放大、滤波等)与变换的方法。从被检测对象中获取的信号,经检测元件、测量电路等装置后,常常包含各种干扰信号,它们不仅引起测量误差,还会对测量的可靠性、准确性带来不利的影响。为了克服干扰影响,需要使用较复杂的数据处理、变换方法。

3) 研究检测问题中信息传输、接收、存储、显示的方法与技术。

4) 研究检测仪表、检测系统的抗干扰技术和故障检测、诊断的功能。

5) 研究使用计算机辅助设计技术对检测方法、检测仪表及检测系统进行详细的理论分析、参数及结构的最优化设计。

6) 研究智能仪表的设计与集成方法。

1.2 检测的方法及类型

1.2.1 检测或测量的基本概念

检测,通常也称为测量。用仪器仪表或检测系统对被测物理参数进行检测,就是要实现被测物理量与该参量的已知测量单位(标准量)的比较,以求得两者的比值,进而求得被测物理量的量值。被测量量值与测量单位的关系可用下式表示:

$$g \approx \frac{A}{U_z} \tag{1-1}$$

式中,A 为被测量;U_z 为测量单位;g 为比值。

比值与测量单位大小有关。为了准确地表达被测量的测量值,在其比值结果上均须乘以测量单位,即

$$A \approx g U_z \tag{1-2}$$

上式取近似相等是因为任何测量都必然存在误差。

能够实现被测量与标准量相比较而获得比值的方法,称为测量方法。检测方法的选择十分重要,若方法不当,即便有先进的检测技术和仪器设备,也往往得不到准确的结果。

检测方法从不同的角度出发,有不同的分类方法。下面对一些典型的检测方法进行介绍。

1.2.2 直接检测、间接检测与联立检测

1. 直接检测

将被测量与标准量(测量单位)直接进行比较,或用预先按标准量定度好的仪器直接得出测量值的方法。这种直接检测法在检测时对仪表读数不需要经过任何运算,仪表读数直接表示检测结果。例如,用尺子量长度,用温度计测体温,用万用表检测某电路元件两端的电压,用弹簧管式压力表检测锅炉压力等。

直接检测的优点是检测过程简单、迅速,缺点是检测精度一般不会很高。这种检测方法是工

2. 间接检测

若被测量不便于直接检测时，先对某个或某几个与被测量有确定函数关系的物理量进行直接检测，然后通过函数关系求得被测量的结果。例如，测量矩形面积时，首先通过直接检测的方式测得矩形的长 L 和宽 W，再根据这两个量与面积 A 的相关关系 $A = LW$ 来求得面积 A。再如，在测导线的电阻率时，由于导线电阻值 R 与导线直径 d、长度 l 及其电阻率 ρ 之间存在关系 $R = 4\rho l/(\pi d^2)$，因此先经过直接检测得到导线的 d、l 和 R 后，再由公式得出电导率 $\rho = R\pi d^2/4l$。

显然，间接检测比较复杂，花费时间较长，一般用在直接检测不方便，或者缺乏直接检测手段的场合。但其测量精度一般要比直接检测高。

3. 联立检测（也称组合检测）

在应用仪表进行检测时，若被测物理量必须经过求解联立方程组，才能得到最后结果，即是将直接检测的数据代入公式，构成一组联立方程，这样的检测称为联立检测。在进行联立检测时，一般需要改变测试条件，才能获得一组联立方程所需要的数据。例如，标准电阻线圈电阻温度系数的检测，就需要在多个温度条件下检测线圈电阻。

联立检测主要用于科学实验，一些特殊的工程检测有时也会应用到这种检测方法。

1.2.3 绝对检测与比较检测

绝对检测是指通过对基本物理量的测量来决定被测量的方法。例如，用水银压力计测量压力时，从水银柱的高度、密度和重力加速度等基本量的测量去决定压力值。

与同种类量值进行比较而决定测量值的方法称为比较检测方法。例如，用弹簧管压力计测量压力时，要用已知压力校正压力计的刻度，被测压力使指针摆动而指示的压力是通过比较或校正得出的。

1.2.4 偏差法、零位法与微差法测量

偏差法、零位法与微差法测量都属于比较检测，具体原理如下。

1. 偏差式检测法

在测试过程中，用仪表指针或示值相对于初始零点的位移或偏差来直接表示被测量大小的方法，称为偏差式检测法。应用这种方法检测时，标准量具不装在仪表内，而是事先使用标准量具，对仪表刻度或示值进行核准；然后，在检测时，输入被测量，按照仪表指针位置或示值读数，决定被测量的值。它是以间接方式实现被测量与标准量的比较。例如，用弹簧秤称重量（图1-2），用磁电系电流表检测电路中某支路的电流，用磁电系电压表检测某电气元件两端的电压等。采用这种方法进行检测，检测过程比较简单，检测迅速。但是，检测结果的精确度较低。这种检测方法也广泛地用于工程检测中。

2. 零位式检测法

零位式检测法又称为补偿式或平衡式检测法，是在检测过程中，将被测量与标准量进行比较，并用指零仪表指示两者的平衡状态；当两者的差值为零时，已知的标准量量值就是被测量的大小。应用这种方法进行检测时，标准量具装在仪表内，在检测过程中，标准量直接与被测量相比较；检测时，要调整标准量，以便进行平衡操作，一直到被测量与标准量相等，即指零仪表回零。例如天平测量物体的重量（图1-3）、电位差计测量电压（图1-4）等都属于零位式检测。

图1-4所示电路是电位差计的简化等效电路。在测量未知电压 U_x 之前，应先调 R_1，将回路工作电流 I 校准到一已知值，并对 R 活动触头各个位置所对应的标准电压 U_h 进行刻度；在测量时，要调整 R 的活动触头，使检流计 G 回零，这时 $I_g = 0$，即 $U_x = U_h$，这样，标准电压 U_h 的值就代表被测未知电压 U_x 的值。

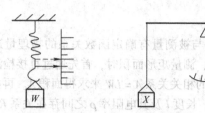
图1-2 弹簧秤称重量

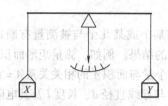
图1-3 天平测量物体重量

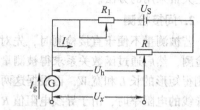
图1-4 电位差计等效电路

采用零位式检测法进行测量时,优点是可以获得比较高的测量精度,但是测量过程比较复杂缓慢,不适于快速测量。

3. 微差式检测法

微差式检测法是综合了偏差式检测法与零位式检测法的优点而提出的检测方法。这种方法是将被测的未知量与已知的标准量进行比较,并取得差值,然后用偏差式检测法求得此差值。应用这种方法检测时,标准量具装在仪表内,检测过程中,标准量直接与被测量进行比较。由于两者的值很接近,因此,检测过程中不需要调整标准量,而只需要测量两者的差值。

设 N 为标准量,x 为被测量,Δ 为两者之差,很显然,关系式 $\Delta = x - N$ 成立,经移项后变成 $x = N + \Delta$,即被测量是标准量与偏差之和。N 是标准量,其误差很小。由于 $\Delta \ll N$,因此,可选用高灵敏度的偏差式仪表测量 Δ。即使测量 Δ 的准确度较低,但是,因为 $\Delta \ll N$,总的测量准确度仍然很高。

微差式检测法的优点是反应快、精度高,特别适合于在线控制参数的检测。

1.2.5 能量变换型与能量控制型检测

这里考虑检测过程中所用传感元件的能量供给方式。如将太阳电池作为光传感器测量发光强度、将热电偶作为温度传感器检测温度时,输出信号的能量是传感器吸收的光能、热能的一部分,由于输入信号的能量的一部分转换成输出信号,所以称作能量变换型检测。

而光敏电阻(CdS)、热敏电阻分别在光照、热辐射的条件下,电阻值发生变化,这种类型的传感器的输出信号能量不是来自光源或热源,而是由外部驱动电路的电源提供的,此时,可以看成是被检测量(发光强度、热量)控制了从电源转向输出信号的能量的流动。所以称为能量控制型检测。

能量变换型检测一般是被动型检测,能量控制型检测是能动型检测。因为后者输出信号的能量远比用于控制能量变换的输入信号的能量大得多,相当于在输入输出信号间存在放大作用,因此也称作能动型检测。

1.2.6 主动探索检测与信息反馈型检测

随着智能化检测技术的发展,出现了带有探查和信息反馈功能的主动检测方式。

根据检测过程中探索行为所逐一得到的检测结果来判断被检测对象的状态及性质,并重复进行探索,深入掌握其状态,如图1-5所示。主动探索检测的信息反馈有多种形式:反馈给信息处理部分,如神经元网络学习等处理;反馈给传感器,如改变传感器的工作温度,使传感器的灵敏度提高或改变量程等;反馈给被检测对象,如调整其位置、姿态使检测结果具有确定性。例如,在检测气体浓度时,首先观察随着检测装置位置移动的浓度值的变化,探索浓度最大值的空间位置,然后输出检测结果等。

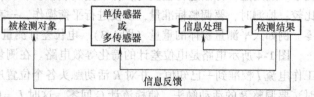
图1-5 各种主动探索与信息反馈检测的形式

许多智能化检测系统里带有可探索参数或自动可变功能。

1.2.7 检测的其他类型

基于如前所述的各种检测方法，检测还分为不同的方式类型。比如，根据测量精度条件的不同可分为等精度测量与不等精度测量。

等精度测量是指在整个测量过程中，如果影响和决定误差大小的全部因素（条件）始终保持不变，比如由同一个测量者，用同一台仪器、同样的测量方法，在相同的环境条件下，对同一被测量进行多次重复的测量。当然，在实际中极难做到影响和决定误差大小的全部因素（条件）始终保持不变，因此一般情况下只能是近似认为是等精度测量。

不等精度测量是指有时在科学研究或高精度测量中，往往在不同的测量条件下，用不同精度的仪表、不同的测量方法、不同的测量次数，以及不同的测量者进行的测量。

根据被测量变化的快慢还可将测量分为静态测量与动态测量。当被测参量在测量过程中认为是固定不变时，这时的测量是静态测量，而被测量在检测过程中不断变化的测量则为动态测量。静态测量不需要考虑时间因素对测量的影响。

另外，根据测量敏感元件是否与被测介质接触还可将检测分为接触式检测与非接触式检测等。

1.3 自动检测及仪表系统概述

1.3.1 检测仪表或系统的基本功能

检测仪表（或装置、系统）是实现测量的物质手段，各种检测系统所具备的功能基本上都是一样的，一般来说具有变换、选择、比较和显示四种基本功能。

1. 变换功能

设被测量为 x，经变换后为输出量（示值）为 y，它们的函数关系为 $y = f(x)$。但这是理想情况，实际物理系统中还有许多其他影响因素（$u_1, u_2, \cdots, u_m$）以不同的程度影响着 y，故有

$$y = f(x, u_1, u_2, \cdots, u_m) \tag{1-3}$$

所以变换元件或检测系统的输入量与输出量之间实际上是一个多变量函数。放大可看作变换的一种特殊形式，即同类量的变换。

2. 选择功能

设计制造仪表时，除特定的输入输出关系外，一般不希望 $u_1、u_2、\cdots、u_m$ 影响因素对 y 起作用。即仪表应该具有选择有用输入信号、抑制其他一切无用影响因素的功能。这种选择功能是测量仪表重要的功能之一。

变换是测量的基础，但无用有害的影响可以借助变换器的选择功能来加以抑制。仪表的原理选取、结构设计及性能优劣都与变换和选择功能的密切配合有关。

3. 比较功能

比较功能就是实现被测物理量与该参量的已知测量单位（标准量）的比较，从而获得式(1-1)所示结果。通常被测量和标准量都要变换为一个中间物理量才能比较。

模拟式仪表中标准量通常被转换成指针的单位角度偏转，并表示成仪表盘的刻度间隔，比较过程就是看被测量引起仪表指针偏转多少标准刻度，并由此实现读数。

数字仪表中通常先将被测量转换成电信号，再与标准量对应的电信号进行比较，并完成量化或编码。

在比较过程中标准量应该保持稳定；如果标准量有变化，应当进行校正。

4. 显示功能

显示是人—机联系方法之一，它将测量结果用指针的转角、记录笔的位移、数字值及符号文

字（或图像）显示出来。因而显示方式也可相应分为指示、记录、打印等。

1.3.2 自动检测仪表系统的组成

1. 检测仪表或系统的基本结构

尽管检测仪器仪表或系统的种类、型号繁多，用途、性能千差万别，但它们都可以理解成由多个环节组成的能实现对某一物理量进行测量的完整系统。一个完整的检测系统应由输入装置、中间变换装置、输出装置、电源等组成，如图1-6所示。

(1) 输入装置 输入装置的关键部件是传感器或变送器。传感器是感受被测量（物理量、化学量、生物量等）的大小，并将其转换为适合于测量的信号（一般多为电信号）的器件或装置。传感器所感受的被测量可以是压力、温度等物理量，也可以

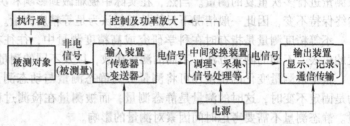

图1-6 检测仪表或系统的基本结构

是化学量、生物量等。变送器则将传感器输出的信号进一步变换为标准规范的信号输出，比如0~5V的电压信号，或者是4~20mA的电流信号，从而便于信号传输以及不同环节（或系统）之间的信号互联。简单的传感变送元件可能只由一个敏感元件组成，例如测量温度的热电偶传感器。复杂的传感变送元件可能包括敏感元件、弹性元件，甚至变换电路，有些智能传感器还包括微处理器。传感器与被测对象相接触，负责采集信号的任务，位于整个检测系统的最前端，因此，传感器的性能对测量结果具有决定性影响。

传感器通常由敏感元件和转换部分组成，其中，敏感元件为传感器直接感受被测参量变化的部分，转换部分的作用通常是将敏感元件的输出转换为便于传输和后续环节处理的电信号。例如，半导体应变片式传感器能把被测对象受力后的微小变形感受出来，通过一定的桥路转换成相应的电压信号输出，这样，通过测量传感器输出电压便可知道被测对象的受力情况。有的传感器已将这两部分合二为一，也有的仅有敏感元件（如热电阻、热电偶）而无转换部分，但人们仍习惯称其为传感器（如人们习惯称热电阻、热电偶为温度传感器）。

(2) 中间变换装置 中间变换装置根据不同情况有很大的伸缩性。在简单的测量系统中可能完全省略，将传感器的输出直接进行显示或记录。例如，在由热电偶（传感器）和毫伏计（指示仪表）构成的测温系统中，就没有中间变换装置。就大多数测量系统而言，中间变换装置完成信号的调理及各种变换处理，包括放大（或衰减）、滤波、激励、补偿、调制和解调等。例如，工程上常见的热电阻型数字温度检测（控制）仪表，其传感器Pt100的输出信号为热电阻值的变化。为便于处理，通常需设计一个四臂电桥，把随被测温度变化的热电阻阻值转换成电压信号；由于信号中往往夹杂着50Hz工频等噪声电压，故其信号调理电路通常包括滤波、放大、线性化等环节。

功能强大的测量系统往往还要将计算机或微处理等作为一个中间变换（装置）环节，这时，中间变换装置除包括信号调理功能外，还包括数据采集和信号处理等功能。数据采集部分以模/数转换器（ADC）为核心，辅以模拟多路开关、采样/保持器、输入缓冲器、输出锁存器等，将经过调理后的信号转换为数字量。后续的嵌入式微处理器或计算机则控制检测数据的采集，对模/数转换的数字量结果进行诸如波形存储、非线性校正、消除系统误差和随机误差、各种运算等信号处理。远距离测量时，还要有数据传输通信等装置；在强电磁环境中还要有隔离电路等。

根据中间变换装置所处理信号形式的不同，可将检测系统分为模拟检测系统和数字检测系统，图1-7和图1-8以某一容器内压力的测量为例，表示了两种系统的结构框图。

比较这两个系统可以看出，前两个环节和最后的输出环节基本上是相同的。模拟系统的中间变换装置主要是由电子放大器等模拟电子线路构成，而数字系

图1-7 模拟检测系统组成框图

统的中间变换装置通常包含微处理器或计算机，它将 A/D 转换器输出的数字量利用各种功能强大的软件处理后，再由 D/A 转换器将数字量转换为模拟量输出。

（3）输出装置
输出装置主要是将被测参量的瞬时值、累积值或其随时间的变化情况

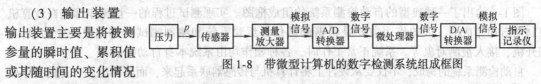

图1-8 带微型计算机的数字检测系统组成框图

等信息通过某种方式显示出来或记录保存下来，以实现对被测参量的监视、分析、结果保存、历史数据查询等目的。

常见的显示装置有指示式、数字式和图形式三种。指示式显示又称模拟式显示，被测参量数值大小由光指示器或指针在标尺上的相对位置来表示，前者如 LED 光条显示器，后者如模拟指针式显示仪表。

数字式显示以数字形式直接显示出检测结果值的大小。在正常情况下，数字式显示彻底消除了显示驱动误差，能有效地克服指针式仪表的读数主观误差。

图形式显示装置包括计算机显示屏、各种液晶显示屏、OLED 显示屏等，通常由计算机或各种嵌入式处理器控制，具有形象性和易于读数的优点，能在同一屏幕上显示一个被测量或同时显示多个被测量的变化曲线，有利于对它们进行比较、分析。

除了显示装置外，输出装置还包括各种打印、记录及存储设备，可以将检测结果记录保存下来，或者打印机将数据打印出来。

在许多情况下，检测仪表或系统在信号处理器计算出被测参量的瞬时值后，除了进行显示、记录、存储外，还有可能需根据测量结果按照某种控制规律给出一个控制信号，经过功率放大后送给执行器，以便对被测对象的某些条件、工艺过程的某些参数，或者检测通道的放大倍数及档位等设置进行调节控制，从而构成闭环的检测或控制系统。这些用于调节控制的信号输出通常有 4～20mA 的电流信号、经 D/A 转换和放大后的模拟电压、开关量、脉宽调制（PWM）信号、串行数字通信和并行数字输出等多种形式，需根据测控系统的具体要求而定。

输入装置、中间变换装置、输出装置是检测系统的三个基本环节。除此之外，一个实际的检测仪表或系统还包括操作输入设备及电源等环节。操作输入设备用于向仪器系统输入设置参数、下达操作指令等，包括各种开关、旋钮、键盘等。电源为仪器系统各个环节提供工作能源，一个检测仪表或系统往往既有模拟电路部分，又有数字电路部分，通常需要多组幅值大小要求各异但稳定的电源。

测量仪表或系统无论使用什么原理，无论检测什么参数，它们的共性在于被测参数都要经过一次或多次的信号能量形式变换，再经相关处理后，最后由显示记录装置给出测量结果。所以各种测量仪表的测量过程，实质上就是将被测参数信号能量形式进行一次或多次的变换和传送，并将被测参数与其相应的测量单位进行比较的过程，而测量仪表就是实现这种变送和比较的工具。

2. 自动检测系统的概念与组成

利用传统的检测仪器系统完成检测任务时，通常需要操作人员进行大量的设置、调整等辅助性工作。但随着社会的进步和科技的发展，检测问题越来越复杂，检测项目也越来越多，利用功能简单的仪器配合大量人工辅助工作的检测状况已经越来越不适应形势的发展需要了。随着近代检测技术、传感器技术、数据传输和处理技术、大规模集成电路技术，尤其是嵌入式微处理器技术和计算机技术的飞速发展，传统的检测系统中包含的信号调理、信号处理、显示与记录设

备等，被具有信号调理与处理功能的通用或专用电路板和计算机取代，由此产生了自动检测系统，实现了检测技术的自动化。

通常把在人工最少参与的情况下，整个测试过程，包括数据采集、数据分析处理以及测试结果的显示、输出等，均可在计算机的统一控制下自动完成的自动测试设备的总体称为自动检测系统（Automated Test System, ATS）。在这种系统中，整个测试工作通常都是在预先编制好的测试程序统一指挥下自动完成的。

图 1-9 给出了一种典型的自动检测系统的组成框图。实现测试过程的一切操作都是在计算机控制下自动完成的，人的作用主要是根据测试任务组建系统和编制测试软件完成必要的操作，如开机、接入被测对象等。系统正常工作时，各种操作均由系统本身自动完成。

自动检测系统的构成，不仅要从硬件上将计算机与传感器联系起来，而且要配以合适的程序软件才能完成整个测量任务。因此，自动检测系统是由硬件系统和软件系统两大部分共同构成。

(1) 硬件系统的组成　如图 1-9 所示为硬件系统的基本组成框图。由于大多数场合，在实现参数的自动检测同时，还要完成参数的自动控制，因此该图中也包括实现控制（给出控制信号）的硬件组成。微型机算机是整个系统的核心，它通过系统总线和输入/输出接口与所有外设相连，以实现对它们的操作和控制。

1) 模拟量输入通道。该通道直接采集各类传感器的输出信号，包括信号调整、放大器、采样保持器（S/H）、多路开关和模/数转换（A/D 转换）等环节。作用是通过传感

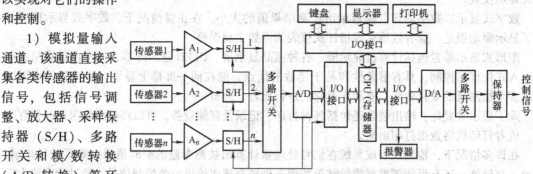

图 1-9　自动检测系统的组成框图

器将一系列能够检测到的模拟信号实时地转换为数字量，并送往微型计算机。其中信号调整包含有标度变换、信号滤波和线性化处理等方面。

标度变换的作用是进行规格化和标准化。信号滤波的作用是抑制输入通道中的干扰，通常有硬件和软件两种方法。硬件滤波常使用 RC 有源滤波器或无源滤波器，软件滤波也称数字滤波。线性化处理的作用是对传感器的非线性进行补偿，以减小测量误差，方法有近似折线法或采用反馈放大器等。

采样保持器（S/H）是用来实现放大器输出的模拟信号在某一时刻的瞬时值与多种开关的接通，并将其保持下来供 A/D 转换用。由于 A/D 转换需要一定时间，而在这一段时间内只能转换某一时刻的值，因此必须将该值保持到 A/D 转换结束为止。多路开关的作用是实现多路输入信号的分时输入（由微型计算机控制），以使计算机能将所有的传感器信号转换成数字量，并送入内存单元进行处理。

从以上各个环节的作用可以看出，由于微型计算机只能接收数字量，因此传感器输出的连续变化的模拟信号是不能够连续地转化成数字量的，而是通过间隔一定时间的采样周期（如 1ms、1s 等）定时地实现转换与采集，即使是检测多路模拟量也是如此。因此，自动检测系统实质上是一种离散化系统，但必须保证离散化的数字信号能够正确地反应原模拟信号的变化规律，因此要选取一个合适的采样周期。

2) 模拟量和数字量输出通道。该通道包括 D/A 转换、多路开关和输出保持器等环节，作用是将微型计算机处理后的数字信号转换成模拟信号或数字脉冲输出，经功率放大后驱动执行机

构，完成对所测参数的控制。

对该通道的要求，除了提高可靠性和满足一定精度之外，还要具有信号的保持功能。即将控制信号保持到下次控制信号到来之前，以保证执行器能到位执行。

除上述两个通道之外，硬件系统还包括显示器、键盘、打印机、报警装置等。

（2）软件系统的组成 软件系统包括系统管理、数据采集、数据管理、系统控制、网络通信与系统支持软件六大部分。

系统管理软件包括系统配置、系统功能测试诊断、传感器标定校准等。系统配置软件对配置的实际硬件环境进行一致性检查，建立逻辑通道与物理通道的映射关系，生成系统硬件配置表。

数据采集软件包括系统初始化、实验信号发生器与数据采集等模块，完成数据采集所需的各种系统参数初始化和数据采集功能。

数据管理软件包括对采集数据的实时分析、处理、显示、打印、存储、传送，以及对各类数据的查询、浏览、更改、删除等功能。目前检测系统的数据处理功能日益完善，除具有上述功能外，还具有工程单位制转换、曲线拟合、数据平均化处理、数字滤波、几何建模与仿真等功能。

系统支持软件通常可提供在线帮助与系统演示，以帮助使用人员学习并掌握系统的操作使用。

系统控制软件可根据选定的控制策略进行控制参数设置及实现控制。控制软件的复杂程度取决于系统的控制任务。计算机控制任务按设定值性质可分为恒值调节、伺服控制和程序控制三类。通常采用的控制策略有程序控制、PID控制、前馈控制、最优控制与自适应控制等。

3. 自动检测系统的工作过程

由图1-9可看出，各个传感器输出的模拟信号，经过各个采样保持器的输入端，在采样时刻供CPU采集。系统工作时，根据用户程序，向多路开关的选通地址译码器写入要采集数据的传感器地址，经译码器接通该地址对应的开关，再由传感器输出的模拟信号经高精度放大器A_i放大后，在采样保持器中保存起来。然后CPU向A/D发出转换命令，转换结束后，通过输入接口和系统总线送入微型计算机内部进行处理。但在进行数字滤波时，每个采样点可快速采样多次，并进行数字处理，才能作为一个测量结果供显示和打印。微型计算机在完成了一路传感器信号的采样，自动转向第二路传感器进行采集，直至全部传感器信号被采集完为止，又转入下一循环的采样，重复以上过程。这就是多路参数的微型计算机巡回检测。在每个采样点，微型计算机还要对所采集的数据进行处理，或经D/A转换成模拟信号去驱动执行机构；当信号超限时，还要驱动声、光报警器进行报警。

4. 自动检测系统的特点

由于自动检测系统的各种自动测试工作都是在计算机控制与参与下自动完成的，这种测试有以下特点。

1）测试速度高。各种自动测试过程都是计算机按事前编好的程序自动进行的，其测试速度可比常规人工测试快50~150倍。

2）测试准确度高。自动检测系统可以自行调整，并可以随时修正测量误差，测量速度快，避免了环境变化的影响，因此容易实现高精度测量。

3）测试功能多。自动测试仪器不仅可以测试可测参数，而且还可以根据所测数据通过计算机运算推演出其他参数。这样不仅减少了系统硬件的复杂性，而且可以检测一些用常规手段难以得到的参数。利用计算机还可实现对测试结果的自动分析、判断，甚至进行某种测量域的变换，极大地提高了测试域设置的灵活性。

多数自动测试仪器都具有量程自动切换、自动调零等功能。由于某种特定的测量都是按同一程序进行的，因此可以用来完成某种高度重复性的测试工作。

4) 具有多样化的显示、记录测试结果的方式。自动检测系统既可以给出测量的最终结果，又可以提供测量过程中的中间结果；可以用数字形式，也可以用曲线图表形式。测试结果可以复制或打印绘制出来。

5) 可以自检、自校、自诊断。这也是自动测试仪器的独有特点。

6) 操作简单、方便。测试过程中绝大部分高技术的工作都是由计算机自动完成的，因此它对实际操作人员的理论水平反而要求不高，仪器操作步骤十分简单。

综上所述，自动检测技术是当代最新科学技术成果的结晶，它的发展和进步，必将给现代科学研究和技术带来巨大而深远的影响。

1.3.3 仪器仪表或检测系统的基本类型

仪器仪表或检测系统的基本类型是指根据不同的角度对仪器仪表或检测系统进行的分类。根据分类角度的不同，仪器仪表或检测系统也分为不同的基本类型。仪器仪表或检测系统的分类角度众多，比如可按被测变量类型分类，仪表系统的基本类型有电工量仪器仪表（测量电压、电功率、电阻等电参量）、热工量仪器仪表（测量温度、热容、流量、液位等热力过程中的工艺变量）、机械量仪器仪表（测量位移、力矩、质量、转速、噪声等）、物性和成分仪器（测量物质成分、酸碱度、黏度、密度等）、光学量仪器（测量发光强度、照度等）、状态量仪表（测量颜色、透明度、裂纹、泄漏、振动、过热等）等。若按仪器仪表的技术等级类型分类，仪器仪表的基本类型有传统仪器仪表、微机化仪表、智能仪器、虚拟仪器等。下面再从仪器仪表的功能、能源、组成结构、防爆性能、使用性质等角度对其基本类型给予简单介绍。

1. 仪表系统的功能类型

（1）检测仪表 检测仪表是获取现实世界中各种对象被测变量信息的仪表，它通过传感器或变送器把被测变量信息转换成能够用于显示或控制的物理量。

检测仪表系统通常分为三类：

1) 普通模拟式检测仪表。在整个测量过程中，只有模拟信号的转换与传递，测量结果通常用指针的位置来表示。

2) 普通数字式检测仪表。采用数字显示器显示测量结果。按照显示数字的产生方式，该类仪表又可分为模/数（A/D）转换式和脉冲计数式两类。前者是对模拟传感器输出的信号进行A/D 转换后显示结果，后者是通过脉冲计数方式对数字式传感器输出脉冲信号的频率或脉宽进行检测后显示结果。

3) 微机化检测系统。将微型计算机引入检测系统，能巡回检测多个测量点或多种被测参数的静态量或动态量，完成多路数据采集。每个测量对象都通过一路传感器和测量通道与微机相连，测量通道由模拟测量电路（又称信号调理电路）和数字测量电路（又称数据采集电路）组成。传感器将被测非电量转换成电量，测量通道对传感器信号进行信号调理和数据采集，转换成数字信号，送入微机进行必要的处理后，由显示器显示出来，并由记录仪记录下来。

（2）显示仪表 在工业测量和控制系统中，显示仪表通常是指以指针偏转及位移、数字、图形、声光等形式直接或间接地显示、记录测量结果的仪表。早期的显示仪表同检测元件做在一起，只能就地作参数指示，而不能作集中显示用，现在通常不被列为显示仪表。随着生产的发展，生产规模的不断扩大，生产过程逐步由人工操作过渡到自动化，故所测参数增多，要求检测信号必须远传至总控室实行集中显示和控制，这时早期的显示仪表就不能满足此需要，因此逐渐地发展为检测和显示功能分开的、只接收传送信号并对该信号值进行显示的独立显示仪表。显示仪表能与各类检测元件、变送器及检测仪表配接，可用来记录工业过程变量，显示过程变量的数值大小、变化趋势和工作状态，有些还兼有控制功能。

各类显示仪表一般由信号输入电路、非线性转换电路、信号运算电路、输出电路及显示器等组成。显示仪表一般按显示记录方式分为模拟显示（包括动圈式显示仪表和自动平衡式显示仪表）、数字显示、图像显示三大类。

（3）控制仪表 在工业生产的自动控制系统中，控制仪表是把来自检测仪表的信号值与工艺要求的设定值进行比较，得出偏差后按预定的控制规律，产生相应的控制信号去推动执行器动作以消除偏差，使被控变量保持在工艺要求的范围内。控制仪表通常也被称为调节仪表或自动化仪表。控制仪表除常规控制仪表外，还包括程序控制器、联锁保护装置、通道接口、过程计算机和外围设备。

在工业生产过程中，过程控制系统一般都是负反馈控制系统，主要由被控对象、传感器与变送器、控制器和执行机构四部分组成。其中，传感器与变送器属于检测仪表，控制器和执行机构则属于控制仪表。检测与控制仪表是过程控制系统的基本组成部分，检测仪表将生产工艺参数变为电流信号或气压信号后，不仅要求由显示仪表显示或记录，让人们了解生产过程的情况，还需要将信号传送给控制仪表，对生产过程进行自动控制，使工艺参数符合预期要求。

（4）分析仪表 在现代工业生产过程中，要确定原料、成品、半成品的质量是否符合标准，就必须对有关质量的参数进行分析，例如化学性质、化学成分及其特点。用来测量这些参数的仪表称为分析仪表。能够自动监视与测量工业生产过程中物料成分或性质的分析仪表称为流程分析仪表。分析仪表主要应用于工艺监督、节约能源、污染监测、安全生产等目的。按使用场所分为实验室分析仪和工业分析仪，按工作原理可分为电化学式分析仪、热学式分析仪、磁学式分析仪、光学式分析仪等。

2. 仪表系统的能源形式类型

根据仪表内部信号的能源形式，仪表有以下三种类型：

第一类是气动仪表。这类仪表以干燥、清净的压缩空气为能源，气源压力大小一般为 0.14MPa，仪表内部信号为气压信号。如气动检测仪表通常将被测工艺参数转换为 20~100kPa 的气压信号，送往控制仪表或显示仪表。气动仪表主要用于工业控制系统中。

气动仪表由于使用压缩空气来传递信号，不带电，不存在防爆问题，可放心地应用于易燃易爆场所；但由于气体的特殊性致使该种仪表的反应动作慢，同时气源和管路的投资远比电路要大。

第二类是电动仪表。电动仪表一般以 AC220V 或 DC24V 为能源，仪表内部信号主要是电信号。一切以电量为传输信号的仪表都统称电动仪表，它具有信号可远传的特点，但如无特殊处理措施，电信号可引起火灾和爆炸，即其防爆性能相对较差。

第三类是以液压为工作能源和信号形式的液动仪表。

3. 仪表系统的结构类型

仪器仪表系统具有各种各样的物理结构，按物理组成结构，仪器仪表系统具有以下基本类型：

（1）基地式仪表 基地式仪表也称现场型仪表，是直接安装于工业现场的，集检测、显示（指示或记录）、变送，甚至包括调节功能于一体的仪表。基地式仪表具有结构组合灵活、环境适应性强、可靠性高、便于操作维护等特点，在现代大中型企业控制系统中的使用量达 20%~30%。

（2）单元组合式仪表 随着大型工业的出现，生产开始向综合自动化和集中控制的方向发展，不但要求仪表具有更强的通用性，也要求根据不同的应用场合能对仪表的功能具有更多的自定义能力。于是仪表开始以功能划分，形成相对独立的、能够完成某种专一功能的标准单元，例如变送单元、调节单元、显示单元等。各单元之间以规定的标准信号相互联系，因而产生了"单元组合式"仪表。有了单元组合式仪表，便可根据实际工作需要，选择一定的单元仪表，"积木式"地组合起来，灵活地构建各种复杂程度的自动测控系统。

（3）组件组装式仪表 组件组装式仪表是单元组合式仪表的进一步发展，它利用集成电路和其他电子元件形成各种功能不同的插件，并可选择多个插件以构成需要的仪表。

(4) 分散型控制系统 分散型控制系统（Distributed Control System，DCS）是采用了自动控制技术（Control）、计算机技术（Computer）、数据通信技术（Communication）和屏幕显示技术（CRT），用于生产管理、数据采集和各种过程控制的计算机控制系统。它的设计思想是分散控制、集中管理，一般由过程控制单元、操作单元、管理单元三大功能部件组成。它们相互之间通过通信链路，按一定的网络结构形成一个分散型多级递阶的自动控制系统。

4. 仪表系统的防爆类型

工业的迅猛发展，特别是石油化工行业对仪表的防爆能力日益重视，除气动仪表已应用于易燃易爆场合外，电动仪表的设计也考虑了各种防爆措施。现场仪表的防爆能力已成为仪表性能的重要指标。依据仪表系统的防爆能力，仪表系统有普通型、隔爆型和安全火花型三种类型。

(1) 普通型仪表 凡是未采取任何防爆措施，只能应用在非危险场所的仪表皆属普通型仪表。

(2) 隔爆型仪表 隔爆型仪表对仪表采取隔离措施，将仪表工作部件与外部隔离开来，以防止引燃引爆事故的仪表。例如最普通的办法就是采用足够厚的金属外壳，其连接处采用符合规定的螺纹及密封措施；有的情况下对壳体的材质和壳内空间尺寸也有规定。这种仪表，当表内电路出现故障时，其破坏的范围被限制在密闭的壳体内，不至于将外部周围的易燃气体引燃。

也有采用充入惰性气体或将电路浸在油中的办法隔离的，其目的是靠惰性气体或绝缘油熄灭电火花，并帮助散热降温，同时将周围易燃物与电路隔离。

隔爆型仪表可提供有效的隔爆措施，但这种防范是消极被动的。

(3) 安全火花型仪表 安全火花型仪表也叫本质安全型仪表，是试图从根本上杜绝因电信号所产生的爆炸事故的仪表，它在设计之初就充分考虑了电路的有关问题，如采用低压直流小功率电源供电，并严格控制电路中的储能元件（如电容、电感等），使得电路在故障下所产生的电火花微弱到不足以引起周围的事故发生。此外，危险区以外发生的电路故障，也有可靠的措施，使高电压大电流不能进入危险区。因此，安全火花型仪表是电动仪表中防爆性能最好的一类。

5. 仪表系统的使用性质类型

按使用性质检测仪表通常可分为标准表、实验室表和工业用表等三种。

顾名思义，"标准表"是各级计量部门专门用于精确计量、校准送检样品和样机的标准仪表。标准表的精度等级必须高于被测样品、样机所标称的精度等级；而其本身又根据量值传递的规定，必须经过更高一级法定计量部门的定期检定、校准，由更高精度等级的标准表检定之，并出具该标准表重新核定的合格证书，方可依法使用。

"实验室表"多用于各类实验室中，它的使用环境条件较好，往往无特殊的防水、防尘等措施。对于温度、相对湿度、机械振动等的允许范围也较小。这类检测仪表的精度等级虽高于工业用表，但使用条件要求较严，只适于实验室条件下的测量与读数，不适于远距离观察及传送信号等。

"工业用表"是长期使用于实际工业现场的检测仪表与检测系统。这类仪表为数最多，根据安装地点的不同，又有现场安装及控制室安装之分。前者应有可靠的防护，能抵御恶劣的环境条件，其显示也应醒目。工业用表的精度一般不很高，但要求能长期连续工作，并具有足够的可靠性。在某些场合下使用时，还必须保证不因仪表引起事故，如在易燃、易爆环境条件下使用时，各种检测仪表都应有很好的防爆性能。

1.4 检测技术及仪表系统的发展

检测技术的发展与生产和科学技术的发展是紧密相关的，它们互相依赖、相互促进。现代科技的发展不断地向检测技术提出新的要求，推动了检测技术的发展。与此同时，检测技术迅速吸取各个科技领域（如材料科学、微电子学、计算机科学等）的新成果，开发出新的检测方法和先进的检测仪器，同时又给科学研究提供了有力的工具和先进的手段，从而促进了科学技术的发展。

近年来，微电子、计算机和通信技术的发展，以及微机械、新材料、新工艺技术的不断进步，更加快了检测技术的蓬勃发展，主要表现在传感器技术、测量方式的多样化、现代检测系统等方面。

1.4.1 传感器技术的发展

传感器是信息之源头，传感技术是检测技术的关键技术之一，当今传感器开发中有以下几方面的发展趋势。

1. 新型敏感材料及新型物理效应器件的开发

物理型传感器是依据敏感材料本身的物理性质随被测量的变化来实现信号的转换。这类传感器的开发实质上是新材料的开发。新的物理、化学、生物效应用于物性型传感器是传感技术的重要发展方向之一。每一种新的物理效应的应用，都会出现一种新型的敏感元件能测量某种新的参数。除常见的力敏、压敏、光敏、磁敏材料，还有新材料与新元件的应用，有力地推动了传感器的发展，因为物性型敏感元件依赖于敏感功能材料，被开发的敏感功能材料有半导体、电介质（晶体或陶瓷）、高分子合成材料、磁性材料、超导材料、光导纤维、液晶、生物功能材料、凝胶、稀土金属、声敏、温敏、色敏、气敏、味敏、化学敏、射线敏材料、形状记忆材料、电阻应变材料和X感光材料等。这些材料的开发，不仅使可测参量大量增多，也使传感器集成化、微型化以及高性能传感器的出现成为可能。总之，传感器正经历着从结构型为主向以物性型为主的转变过程。

2. 传感器逐渐向集成化、组合式、数字化方向发展

鉴于传感器与信号调理电路分开，微弱的传感器信号在通过电缆传输的过程中容易受到各种电磁干扰信号的影响，由于各种传感器输出信号形式众多，而使检测仪器与传感器的接口电路无法统一和标准化，实施起来颇为不便。

随着大规模集成电路技术的迅猛发展，采用贴片封装方式、体积大大缩小的通用和专用集成电路越来越普遍，因此，目前已有不少传感器实现了敏感元件与信号调理电路的集成和一体化，对外可直接输出标准的4~20mA电流信号，成为名副其实的变送器。这对检测仪器整机研发与系统集成提供了的很大的方便，从而使得这类传感器身价倍增。

其次，一些厂商把两种或两种以上的敏感元件集成于一体，成为可实现多种功能的新型组合式传感器。例如，将热敏元件和湿敏元件及信号调理电路集成在一起，一个传感器可同时完成温度和湿度的测量。

此外，还有厂商把敏感元件与信号调理电路、信号处理电路统一设计并集成化，成为能直接输出数字信号的新型传感器。例如，美国DALLAS公司推出的数字温度传感器DS18B20，可测温度范围为 -55~+150℃，精度为0.5℃，封装和形状与普通小功率晶体管十分相似，采用独特的一线制数字信号输出。东南大学吴健雄实验室（教育部重点实验室）已成功研制出可用于检测和诊断不同类型和亚型的肝炎病毒的生物基因芯片。

3. 传感网络化

由于智能化传感器的出现，传感器的输出也不再是模拟量，而是符合各种通用协议格式的数字信号，从而可以利用网络实现多个系统的数据交换与共享，从而构成网络系统，实现远程调试、故障诊断、远程数据采集和实时操作。

1.4.2 测量方式多样化

1. 多传感器融合技术

多传感器融合是解决测量过程中信息获取的方法。由于多传感器是以不同的方法、从不同的角度获取信息的，因此可以通过它们之间的信息融合去伪存真，提高测量信息的准确性。

2. 积木式、组合式测量方法

传统的检测仪器系统是针对具体的检测任务而设计，将测量、记录或调节等功能集成在一起、具有专门用途、只检测特定目标参数的专业仪器系统。随着大型工业的出现，生产开始向综合自动化和集中控制的方向发展，于是仪表开始出现以功能划分，形成相对独立的、能够完成一定职能的标准单元，各单元之间以规定的标准信号相互联系，因而产生了"单元组合式"仪表系统，以便根据实际工作需要，选择一定的单元仪表，"积木式"地组合起来，构成各种复杂程度的自动测控系统。此类测量方法能有效增加测试系统的柔性，降低测量工作的成本，达到不同层次、不同目标的测试目的。

3. 重视非接触式检测技术研究

在检测过程中，把传感器置于被测对象上，可灵敏地感知被测参量的变化，这种接触式检测方法通常比较直接、可靠，测量精度较高，但在某些情况下，因传感器的加入会对被测对象的工作状态产生干扰，而影响测量的精度。而在有些被测对象上，根本不允许或不可能安装传感器，例如测量高速旋转轴的振动、转矩等。因此，各种可行的非接触式检测技术的研究越来越受到重视，目前已商品化的光电式传感器、电涡流式传感器、超声波检测仪表、核辐射检测仪表等正是在这些背景下不断发展起来的。今后不仅需要继续改进和克服非接触式（传感器）检测仪器易受外界干扰及绝对精度较低等问题，而且相信对一些难以采用接触式检测或无法采用接触方式进行检测的，尤其是那些具有重大军事、经济或其他应用价值的非接触检测技术课题的研究投入会不断增加，非接触检测技术的研究、发展和应用步伐将会明显加快。

1.4.3　测量范围、精度、可靠性的不断提高

随着科学技术的发展，对检测仪器和检测系统的性能要求，尤其是精度、测量范围、可靠性指标的要求越来越高。以测量液态金属温度为例，某些场合需要长时间连续测量 2500～3000℃ 的高温，目前虽然已能研制和生产最高上限超过 2800℃ 的热电偶，但测温范围一旦超过 2800℃，其准确度将下降，而且极易氧化，从而严重影响其使用寿命与可靠性。因此，寻找能长时间连续准确检测上限超过 2000℃ 被测介质温度的新方法、新材料和研制（尤其是适合低成本、大批量生产）出相应的测温传感器是各国科技工作者多年来一直努力要解决的课题。目前，非接触式辐射型温度检测仪表的测温上限，理论上最高可达 10^5℃ 以上，但与聚核反应优化控制理想温度约 10^8℃ 相比还相差 3 个数量级，这就说明超高温检测的需求远远高于当前温度检测所能达到的技术水平。

仅十余年前，如果在长度、位移检测中达到微米级的测量精度，则一定会被大家认为是高精度测量；但随着近几年许多国家大力开展微机电系统、超精细加工等高技术研究，"微米（10^{-6}m）、纳米（10^{-9}m）技术"很快成了人们熟知的词汇，这就意味着科技的发展迫切需要有达到纳米级，甚至更高精度的检测技术和检测系统。

目前，除了超高温、超低温度检测仍有待突破外，再如混相流量检测、脉动流量检测、微差压检测、超高压检测、高温高压下物质成分检测、分子量检测、高精度检测、大吨位重量检测等都是需要尽早攻克的检测难题。

随着自动化程度不断提高，各行各业高效率的生产更依赖于各种检测、控制设备的安全可靠性。努力研制在复杂和恶劣测量环境下能满足用户所需精度要求且能长期稳定工作的各种高可靠性检测仪器和检测系统将是检测技术的一个长期发展方向。对于航天、航空和武器系统等特殊用途的检测仪器的可靠性要求更高。例如，在卫星上安装的检测仪器，不仅要求体积小、重量轻，而且既要能耐高温，又要能在极低温和强辐射的环境下长期稳定地工作，因此，所有检测仪器都应有极高的可靠性和尽可能长的使用寿命。

1.4.4 检测系统的现代化

检测技术的发展也推动着检测仪器或系统的发展。检测仪器仪表或系统的发展大体上经过了以下几个阶段：

第一阶段是以物理学基本原理（如力学、热力学或电磁学等）为基础的非电类仪器仪表，如千分尺、天平、温度计或指针式仪表等。

第二阶段是以 20 世纪 50 年代的电子管和 60 年代的晶体管为基础的分立元件式电子仪器仪表。

第三阶段是以 20 世纪 70 年代的数字集成电路和模拟运算放大器为基础的、具有信号处理和数字显示的仪器仪表。

第四阶段是以 20 世纪 80 年代的微处理器为核心的、信号处理能力更强的、并配有智能化处理软件的检测仪器或系统。

随着仪表控制系统构成要素的性能的提高，有很强信息处理能力的计算机已大量应用到仪表系统中。新一代的检测系统是将传统的检测技术和计算机技术深层次结合后的产物，不断向着数字化、网络化和智能化方向发展。从当前仪表系统来讲，其特点是仪表计算机化，计算机仪表化。具有这种特征的仪表装置起着越来越重要的作用，系统不断大系统化，对未来社会产生影响，解决人类面临的几大难题（如防护减灾、控制环境污染）也成为仪表系统思考的内容。人们习惯把具有自动化、智能化、可编程化等功能的检测系统称为现代检测系统。检测系统现代化的主要表现有仪器系统的智能化、虚拟化和网络化。

1. 检测仪器的智能化

所谓智能化仪器是通常指内部含有微处理器、单片计算机（单片机）或体积很小的微型机，功能丰富而又灵巧的现代仪器系统。这种智能化的检测仪器通常具有系统故障自测、自诊断、自调零、自校准、自选量程、自动测试和自动分选等各种自动化功能，强大的数据处理和统计功能，远距离数据通信和输入、输出功能，可配置各种数字通信接口，传递检测数据和各种操作命令等，还可方便地接入不同规模的自动检测、控制与管理信息网络系统。与传统检测系统相比，智能化的现代检测系统具有更高的精度和性能价格比。智能化的仪器系统应用极为广泛，诸如数据自动采集、产品自动检验、自动分析及自动监测等。智能仪器的一般结构如图 1-10 所示。

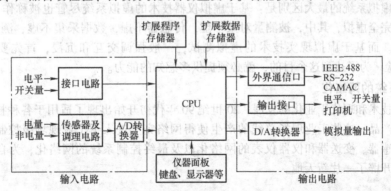

图 1-10 智能仪器的一般结构

图 1-10 中，输入通道中待测的电量、非电量信号经过传感器及调理电路，输入到 A/D 转换器。由 A/D 转换器将其转换为数字信号，再送入 CPU 系统进行分析处理。此外，输入通道中通常还会包含电平信号和开关量，它们经相应的接口电路（通常包括电平转换、隔离等功能单元）送入 CPU 系统。

输出通道包括如 IEEE 488、RS-232 等标准通信接口，以及 D/A 转换器等。其中 D/A 转换器将 CPU 系统发出的数字信号转换为模拟信号，用于外部设备的控制。

CPU 系统包含输入键盘和输出显示、打印机接口等。一般较复杂的系统还需要扩展程序存储器和数据存储器。当系统较小时，最好选用自带程序、数据存储器的 CPU，甚至是带有 A/D 转换器和 D/A 转换器的单片机等嵌入式微控制器芯片以便简化硬件系统设计。

2. 虚拟检测技术

通过虚拟检测系统，可以使产品历经虚拟设计、虚拟加工、虚拟装配、产品性能虚拟检测和虚拟使用全过程。虚拟测试的结果可用于优化、改进虚拟制造技术相关的设计和过程参数。

当前，虚拟检测的研究和应用主要集中在两个方面。

第一方面，是基于虚拟仪器技术的虚拟检测。20 世纪 70 年代，出现了仪器仪表与计算机融为一体的智能化仪器。至 90 年代初，各种仪器功能卡被应用于微型计算机，使之成为计算机及仪器兼容的微型计算机仪器，又称"PC 仪器"或"个人仪器"。在 PC 仪器中，许多复杂的仪器功能及仪器操作"面板"都是用软件实现的，因此它又称为"虚拟仪器"（Virtual Instrument，VI）。

虚拟仪器技术的核心思想是"软件就是仪器"，用计算机软件代替传统仪器的某些硬件，用人的智力资源代替很多物质资源。特别是，在这种系统中用微型计算机直接参与测试信号的产生和测试特性的解析，即通过计算机直接产生测试信号和测试功能。这样，仪器中的一些硬件甚至整件仪器都从系统中"消失"了，而由计算机及其软件来完成它们的功能。这种硬件功能的软件化，以及硬件模块的通用化、软件功能的可重组及仪器功能的自定义，是虚拟仪器的显著特征。它充分利用了计算机的软、硬件技术，即便是使用相同的硬件模块，也可利用软件自定义不同的测量功能。虚拟仪器是计算机技术与仪器技术深层次结合的产物，是对传统仪器概念的重大突破，是仪器领域内的一次革命。

第二方面，就是基于虚拟现实技术的虚拟检测。基于虚拟现实技术是在虚拟现实环境下，借助多种传感器和必要的硬件装备，根据具体需求，完成有关的测量任务。在虚拟环境下可以设计、构建所需要的虚拟测试系统，进行虚拟测试、虚拟测量操作、测量过程仿真及虚拟制造中的虚拟测试等。

在虚拟现实环境下进行虚拟测试，能够将人、测量设备、测量系统模型和测量仿真软件集成于一体，提供良好的人机交互和反馈手段，产生逼真效果。然而目前虚拟现实的硬件设备和工具价格昂贵。

上述两类虚拟系统的最大区别是：基于虚拟仪器技术的虚拟系统尽管也被称作"虚拟"，但是，它不可能完全虚拟，其中，被测量对象不虚，传感器不虚，数据采集不虚，测量操作不虚，测量结果不虚。而基于虚拟现实技术的虚拟测试，一般强调交互和沉浸，首先要使参与者有"真实"的体验。为了达到这个目的，就必须提供多感知的能力。

3. 检测系统的网络化

随着网络技术和现代工业化的发展，20 世纪 90 年代初开始出现了适用于各种控制环境的现场总线标准和产品，这些工业现场总线的产生使得网络完全进入了工业现场级控制环节，于是相继产生了传感器、变送器和仪器仪表的网络化以及最终控制系统的网络化，为自动化过程检测仪表的发展开辟了一片新天地。

第 2 章　检测误差及其处理

本章主要介绍检测系统中测量数据的误差分析和数据处理的问题，分别从测量误差的基本概念、误差分类、测量数据处理、测量结果的表述方法等方面介绍误差理论的基本知识。

2.1　检测的准确度描述

2.1.1　被测参量的真值

被测参量的真值，是指在一定的时间及空间（位置或状态）条件下，被测量所具有的实际真实数值。通常所说的真值可以分为"理论真值""约定真值"和"相对真值"。

理论真值又称为绝对真值，是指在严格的条件下，根据一定的理论，按定义确定的数值，如三角形的内角和恒为180°。一般情况下，理论真值是未知的。

约定真值是指用约定的办法确定的最高基准值，就给定的目的而言它被认为充分接近于真值，因而可以代替真值来使用。例如，基准"米"定义为"光在真空中1/299792458s的时间间隔内行程的长度"。约定真值的实现，主要是根据国际计量委员会制定并发布的各种物理参量单位的定义，利用当今最先进科学技术复现这些实物单位基准，作为约定真值的国际或国家基准。例如，将保存在国际计量局的1kg铂铱合金原器作为1kg质量的约定真值。在各地的实践中通常用这些约定真值国际基准或国家基准代替真值进行量值传递，或者用于对低一等级标准量值（标准器）或标准仪器进行计量和校准。各地可用经过上级法定计量部门按规定定期检定、校验过的标准器或标准仪器及其修正值作为当地相应物理参量单位的约定真值。在测量中，经过系统误差修正后的算术平均值也可作为约定真值。

相对真值，是指将测量仪表按精度不同分为若干等级，对于某个等级的测量仪表而言，更高等级的测量仪表的测量值即为相对真值。例如，标准压力表所指示的压力值相对于普通压力表的指示值而言，即可认为是被测压力的相对真值。通常，高一等级测量仪表的误差若为低一级测量仪表的1/3至1/10，即可认为前者的示值是后者的相对真值。相对真值在误差测量中的应用最为广泛。

与真值相关的还有一个概念，即"标称值"。标称值是标注在量具上，用以标明其特性或指导其使用的量值，如天平的砝码上标注的1g、精密电阻器上标注的100Ω等。由于制造工艺的不完备或环境条件发生变化，使这些计量或测量器具的标称值与其实际值之间存在一定的误差，导致计量或测量器具的标称值存在不确定度，通常需要根据精度等级或误差范围进行估计。

2.1.2　测量误差的来源及表示

1. 误差的概念

测量的目的是获得被测量的实际大小，即真实值。然而，测量是一个变换、放大、比较、显示、读数等环节的综合过程，任何测量仪器的测量值都不可能完全准确地等于被测量的真值。由于检测系统（仪表）不可能绝对精确，测量原理的局限、测量方法的不尽完善、环境因素和外界干扰的存在、测量人员的疏忽以及测量过程对被测对象原有状态的影响等，都会使测量结果与被测量的真值在数值上存在差异，这个差异就是测量误差。随着科学技术的发展，对于测量精确度的要求越来越高，要尽量控制和减小测量误差，使测量值接近真值。当测量误差超过一定限度时，由测量工作和测量结果所得出的结论将是没有意义的，甚至会给工作带来危害。因此对测量误差的控制就成为衡量测量技术水平乃至科学技术水平的一个重要方面。

但是，由于误差存在的必然性与普遍性，人们只能将它控制在尽量小的范围，而不能完全消除它；只要有测量，其结果就必然存在误差，这就是误差公理。即使在进行高准确度的测量时，也会经常发现同一被测对象的前次测量与后次测量的结果存在差异，用这一台仪器和用那一台仪器测得的结果也存在差异，甚至同一位测量人员在相同的环境下，用同一台仪器进行的两次测量也存在误差，且这些误差又不一定相等，被测对象虽然只有一个，但测得的结果却往往不同。当测量方法更先进、测量仪器更准确时，测得的结果会更接近被测对象的实际状态，此时测量的误差更小，准确度更高。

对测量来说，存在误差不重要，重要的是要知道实际测量的精确程度和产生误差的原因。研究误差及其分析和处理的目的，一是为了正确认识误差的性质，以便对测量数据给予正确的处理，以得到接近真值的结果。二是为了正确认识误差的来源及其产生原因，以便合理地制定测量方案，科学地组织试验，正确地选择测量方法和测量仪器，从而在条件允许的情况下得到理想的测量结果；同时在设计仪器时，用误差理论进行分析并适当控制这些误差因素，使仪器的测量准确程度达到设计要求。因此正确认识与处理测量误差是十分重要的。

2. 测量误差的来源

测量方法的不合理、测量理论的不完善、测量装置的不够精确、环境的干扰、人员的操作因素是造成误差的几个主要原因，分别介绍如下：

(1) 方法误差　方法误差是指由于测量方法不合理所引起的误差。例如，用电压表测量电压时，没有正确地估计电压表的内阻对测量结果的影响而造成的误差。在选择测量方法时，应考虑现有的测量设备及测量的精度要求，并根据被测量本身的特性来确定采用何种测量方法和选择哪些测量设备。正确的测量方法，可以得到更精确的测量结果，否则还可能损坏仪器、设备、元器件等。

(2) 理论误差　理论误差是由于测量理论本身不够完善而采用近似公式或近似值计算测量结果时所引起的误差。例如，传感器输入输出特性为非线性但简化为线性特性，传感器内阻大而转换电路输入阻抗不够高，或是处理时采用略去高次项的近似经验公式，以及简化的电路模型等都会产生理论误差。

(3) 测量装置误差　测量装置误差是指测量仪表本身以及仪表组成元件不完善所引入的误差。例如，仪表刻度不准确或非线性，测量仪表中所用的标准量具的误差，测量装置本身电气或机械性能不完善，仪器、仪表的零位偏移等。为了减小测量装置误差应该不断地提高仪表及组成元件本身的质量。

(4) 环境误差　环境误差是测量仪表的工作环境与要求条件不一致所造成的误差。例如，温度、湿度、大气压力、振动、电磁场干扰、气流扰动等引起的误差。

(5) 人员操作误差　人员操作误差是由于测量者本人不良习惯、操作不熟练或疏忽大意所引起的误差。例如，念错读数、读刻度示值时总是偏大或偏小等。

在测量工作中，对于误差的来源必须认真分析，采取相应措施，以减小误差对测量结果的影响。

3. 测量误差的表示

测量结果与被测量真值之差称为测量误差。但在实际测试中，真值是无法确定的，因此常用约定真值或相对真值代替实际真值来确定测量误差。测量误差可以用以下几种方法表示。

(1) 绝对误差　绝对误差是指被测参量的测量值与其真值之间的差值，即

$$\Delta A = A_x - A_0 \tag{2-1}$$

式中，ΔA 为绝对误差；A_0 为真值，其可为相对真值或约定真值；A_x 为测量值。

绝对误差 ΔA 说明了系统示值偏离真值的大小，其值可正可负，具有和被测量相同的量纲。在标定或校准检测系统样机时，常采用比较法，即对于同一被测量，将标准仪器（具有比样机更高的精度）的测量值作为近似真值 A_0 与被校检测系统的测量值 A_x 进行比较，它们的差值就是被校检测系统测量示值的绝对误差。

绝对误差的负值称为修正值，也称补值，一般用 C 表示，即

$$C = -\Delta A = A_0 - A_x \tag{2-2}$$

测量仪器的修正值一般是通过计量部门检定给出。从定义不难看出,测量时利用示值与已知的修正值相加就可获得相对真值,即实际值。

(2) 相对误差 测量结果的相对误差分为实际相对误差和示值相对误差两种。绝对误差 ΔA 与真值 A_0 之比的百分数为实际相对误差,也称为真值相对误差,即

$$\delta_0 = \frac{\Delta A}{A_0} \times 100\% \tag{2-3}$$

这里真值 A_0 也用约定真值或相对真值代替。但在约定真值或相对真值无法知道时,往往用测量值(示值)A_x 代替,就变成了示值相对误差,即

$$\delta_x = \frac{\Delta A}{A_x} \times 100\% \tag{2-4}$$

应注意,在误差比较小时,δ_0 和 δ_x 相差不大,无须区分,但在误差比较大时,两者相差悬殊,不能混淆。

通常,用绝对误差来评价相同被测量测量精度的高低,用相对误差来评价不同被测量测量精度的高低。例如,用两种方法测量质量为 $x_0 = 100$kg 的物体,其绝对误差分别为 $\Delta_1 = \pm 0.1$kg 和 $\Delta_2 = \pm 0.2$kg,显然第一种测量方法的精度高些。若用第三种方法测量一质量为 $y_0 = 10$kg 的物体,其绝对误差为 $\Delta_3 = \pm 0.1$kg,此时要判断三种测量的精度,用绝对误差就不好判断了,因为被测量不同。为判断测量的精度,计算三者的相对误差分别为

$$\delta_1 = \frac{\Delta_1}{x_0} \times 100\% = \pm \frac{0.1}{100} \times 100\% = \pm 0.1\%$$

$$\delta_2 = \frac{\Delta_2}{x_0} \times 100\% = \pm \frac{0.2}{100} \times 100\% = \pm 0.2\%$$

$$\delta_3 = \frac{\Delta_3}{y_0} \times 100\% = \pm \frac{0.1}{10} \times 100\% = \pm 1\%$$

显然,第一种方法测量精度最高,第二种次之,第三种最低。

2.1.3 测量误差的分类

从不同的角度,测量误差可有不同的分类方法。

1. 按误差的性质分类

按误差的性质(或出现规律)、产生的原因,测量误差可分为三类,即系统误差、随机误差和粗大误差。

(1) 系统误差 在相同的条件下,对同一物理量进行多次测量,如果误差的绝对值和符号保持不变,或在条件改变时误差按照一定规律变化,则把这种误差称为系统误差(System Error)。系统误差可分为定值系统误差(简称定值系差)和变值系统误差(简称变值系差),数值和符号都保持不变的系统误差称为定值系差,数值和符号均按照一定规律性变化的系统误差称为变值系差。变值系差按其变化规律又可分为线性系统误差,周期性系统误差和按复杂规律变化的系统误差,如图2-1所示。变值系统误差除了误差随时间变化,还有随被测参量变、随温度等环境参数而变等情况。

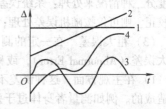

图2-1 系统误差示意图
Δ—绝对误差 t—时间 1—定值系差
2—线性系统误差 3—周期系统误差
4—按复杂规律变化的系统误差

产生这种误差的原因有以下几种:

1) 测量仪器设计不完善及制作上有缺陷。如刻度或示值的偏差,刻度盘或指针安装偏心,使用时零点偏移,安放位置不当等。

2) 测量时的实际温度、湿度及电源电压等环境条件与仪器要求的条件不一致。

3）测量方法或理论的缺陷。比如测量过程所用理论公式本身的近似性，或实验条件不能满足理论公式所规定的要求等。

4）测量人员读数方法不正确，或者估计读数时，习惯偏于某一方向或有滞后倾向等原因所引起的误差。

5）检测过程中数据处理环节的所用数学模型或函数关系的不准确而带来误差。

系统误差的特点是，测量条件一经确定，误差就是一个确定的数值。用多次测量取平均值的方法，并不能改变系统误差的大小。系统误差是一种有规律的误差，故可以通过理论分析采用修正值或补偿校正等方法来减小或消除。

测量结果的准确度由系统误差来决定和表征，系统误差越小，则表明测量准确度越高。

（2）随机误差（偶然误差）　当对某一物理量进行多次重复测量时，若误差的绝对值和符号均以不可预知的方式变化，则该误差为随机误差（Random Error）。随机误差产生的原因比较复杂，虽然测量是在相同条件下进行的，但测量环境中温度、湿度、压力、振动、电场等总会发生微小而无规律的波动变化，因此，随机误差是大量对测量值影响微小且又互不相关的因素所引起的综合结果。随机误差的存在，表现为每次测量值偏大或偏小是不定的。就单次测量而言，随机误差无规律可循。但当测量次数足够多时，各次测量结果的误差的总体却服从某种统计规律（如正态分布、均匀分布、泊松分布等），总的来说随机误差具有下列特性：

1）对称性：绝对值相等、符号相反的误差在多次重复测量中出现的概率相等。

2）有界性：在一定测量条件下，随机误差的绝对值不会超出某一限度。

3）单峰性：绝对值小的随机误差比绝对值大的随机误差在多次重复测量中出现的机会多。

4）抵偿性：随机误差的算术平均值随测量次数的增加而趋于零。

根据以上特点，可以通过对多次测量的值取算术平均值的方法来削弱随机误差对测量结果的影响。因此，对于随机误差可以用数理统计的方法来处理。

通常用精密度表征随机误差的大小。精密度越低随机误差越大；反之，随机误差就越小。

随机误差和系统误差虽然是两类性质不同的误差，但两者并不是彼此孤立的。它们总是同时存在并对测量结果产生影响。许多情况下，我们很难把它们严格区分开来，有时不得不把并没有完全掌握或者分析起来过于复杂的系统误差当作随机误差来处理。例如，生产一批应变片，就每一只应变片而言，它的性能、误差是完全可以确定的，属于系统误差；但是由于应变片生产批量大和误差测定方法的限制，不允许逐只进行测定，而只能在同一批产品中按一定比例抽测，其余未测的只能按抽测误差来估计。这一估计具有随机误差的特点，是按随机误差方法来处理的。同样，某些（如环境温度、电源电压波动等所引起的）随机误差，当掌握它的确切规律后，就可视为系统误差并设法修正。

由于在任何一次测量中，系统误差与随机误差一般都同时存在，所以常按其对测量结果的影响程度分三种情况来处理：系统误差远大于随机误差时，此时仅按系统误差处理；系统误差很小，已经校正，则可仅按随机误差处理；系统误差和随机误差差不多时应分别按不同方法来处理。

（3）粗大误差　在一定的测量条件下，测量值明显地偏离被测量的真值所形成的误差称为粗大误差（Abnormal Error），或称为疏失误差。产生这种误差的原因有主客观两个方面。

1）在主观方面，这种误差不是仪器、仪表本身所固有的，主要是由于测量过程中的疏忽大意造成的。例如测量者身体过于疲劳、缺乏经验、操作不当或粗心大意等原因造成读错、测错、记错数值，计算错误，使用有缺陷的测量仪表等。

2）在客观方面，是由于测量条件的突然变化，如电源电压、机械冲击等引起仪器示值的改变，或者测量仪器出现了意料之外的缺陷或故障。

含有疏失误差的测量数据称为坏值或异常值，是对被测量的歪曲，一经确认应当剔除不用。

2. 按被测参量随时间的变化关系分类

按被测参量随时间的变化关系，测量误差可分为静态误差和动态误差两大类。习惯上，将被测参量不随时间变化、同时仪器示值处于稳定状态的测量称为静态测量,静态测量时所测得的误差称为静态误差。在被测参量随时间而发生变化过程中进行的测量称为动态测量,动态测量时所产生的附加误差称为动态误差。动态误差是由于检测系统对输入信号变化响应上的滞后或输入信号中不同频率成分通过检测系统时受到不同的衰减和延迟而造成的误差。动态误差的大小为动态测量和静态测量所得测量值的差值。

2.1.4 仪表系统的准确度及可靠性评价

仪表系统检测结果的准确度及可靠性,主要通过精度、非线性误差、变差、灵敏度、分辨力和响应时间等技术方面的性能指标来评价,由此评定出该仪表的性能好坏和质量优劣。除了技术方面的性能指标,仪器仪表通常还具有其他多方面的性能指标,如经济方面的指标,涉及功耗、价格、使用寿命等;再如操作使用方面的指标,涉及操作维修是否方便、能否安全可靠运行以及抗干扰与防护能力的强弱、重量体积的大小、自动化程度的高低等。显然,上述性能指标的划分也是相对的。在未加说明的情况下,有关性能指标一般指仪表在规定的正常工作条件下而言。正常工作条件即电源电压、频率、温度、压力、湿度、振动、外界磁场、安装位置等,应符合仪表出厂时的规定要求。

由于技术指标直接关系到仪器仪表检测结果的准确度及可靠性,因此这里重点介绍技术性能指标。这些指标不但用以评价仪器的性能和质量,同时,也是正确选择仪表和使用仪表以进行准确测量所必须具备和了解的知识。若仪表选择和使用不当,即使选用性能好、质量高的仪表,也不能得到准确的测量结果。相反,如果选择、使用得当,精度稍差的仪表往往也可以满足测量要求。因此,深入了解反映仪表性能的主要指标,根据要求正确选择和使用仪表,对于测量工作者来说是十分重要的。

1. 精度

仪表的精度是表示仪表测量结果可靠程度最重要的指标。精度又称精确度,它包含准确度和精密度两个方面。

1) 准确度。表明测量结果偏离真值的程度,它反映系统误差的大小;系统误差小,则准确度高。

2) 精密度。表明测量结果的分散程度,它反映随机误差的大小;随机误差小,则精密度高。

当准确度和精密度都高时,则精确度(即精度)就高,意味着系统误差和随机误差都小。表 2-1 形象地表示了测量的准确度与精密度之间的关系与区别,表内图形中靶心位置代表真实值,黑点位置代表测量值。显然,一切测量都应同时兼顾准确度和精密度,力求既准确又精密,才能成为精确的测量。一般来说,工程测量中,占主要地位的是系统误差,应力求准确度高,所以人们习惯上又把精度称为准确度。而在精密测量中由于已经采取一定的措施(如改进测量方法、改善测量条件)减小或消除了系统误差,因而随机误差是主要的。

表 2-1 精度(精确度)与准确度和精密度的关系

准确度	精密度	精密 (随机误差小)	不精密 (随机误差大)
准确 (系统误差小)			
不准确 (系统误差大)			

自动检测技术及仪表

在 2.1.2 节介绍的相对误差可以评价某一单次测量的测量精度，却不能用来评价仪表的整体质量和精度。因为同一仪表在整个测量范围内的相对误差不是定值；在绝对误差相同的情况下，随着被测量的减小，相对误差逐渐增大。为合理地评价仪表的测量质量，引入了引用误差的概念。

引用误差（也称为引用相对误差、满度相对误差）定义为绝对误差 Δ 与测量仪表的满量程 A 的百分比，即

$$r = \frac{\Delta}{A} \times 100\% \qquad (2\text{-}5)$$

式中，r 为引用误差；A 为量程范围，即测量范围上限与测量范围下限之差。

当测量值为检测系统测量范围内不同的数值时，各示值的绝对误差 Δ 也可能不同。因此，即使是同一检测系统，其测量范围内的不同示值处的引用误差也不一定相同。在测量领域，通常用最大引用误差去掉正负号和百分号后的数字来表示检测仪表的准确度等级，用符号 G 表示。根据国家标准，我国生产的仪表常用的准确度等级为 0.005、0.02、0.05、0.1、0.2、0.25、0.4、0.5、1.0、1.5、2.5、4.0 等。如果某台测温仪表的最大引用误差为 2.5%，则认为该仪表的准确度等级为 2.5 级。当准确度等级的数值越小时，表示仪表的准确度等级越高，仪表的准确度也越高。0.05 级以上的仪表，常用来作为标准表，工业现场用的测量仪表，其准确度等级大多是 0.5 级以下的。

检测仪器的准确度等级由生产厂商根据其最大引用误差的大小并以"选大不选小"的原则就近套用上述准确度等级得到。下面通过两个例题来说明如何确定仪表的准确度等级和怎样选择仪表的准确度等级。

【例 2-1】 某台测温仪表的测温范围为 0~500℃，校验该表得到的最大绝对误差为 ±3℃，试确定该仪表的准确度等级。

解：该仪表的最大引用误差为

$$r_{max} = \pm \frac{\Delta_{max}}{A} \times 100\% = \pm \frac{3}{500} \times 100\% = \pm 0.6\%$$

如果将仪表的最大引用误差去掉正负号和百分符号，其数值为 0.6。由于国家规定的准确度等级中没有 0.6 级仪表，同时，该仪表的最大引用误差超过了 0.5 级（±0.5%），所以该台仪表的准确度等级为 1.0 级。

【例 2-2】 现需选用测温范围为 200~1200℃ 的仪表测温，根据工艺要求，温度指示值的最大绝对误差不得超过 ±7℃。试问怎样选择仪表的准确度等级才能满足以上要求。

解：根据工艺要求，仪表的最大引用误差为

$$r_{max} = \pm \frac{\Delta_{max}}{A} \times 100\% = \pm \frac{7}{1200-200} \times 100\% = \pm 0.7\%$$

如果将仪表的最大引用误差去掉正负号及百分符号，其数值为 0.7。此数值介于 0.5~1.0 之间。如果选择准确度等级为 1.0 级的仪表，其最大引用误差为 ±1.0%，超过了工艺上允许的数值，故应选择 0.5 级仪表才能满足工艺要求。

由以上两个例题可以看出，根据仪表的校验数据来确定仪表准确度等级和根据工艺要求来选择仪表的准确度等级，情况是不一样的。根据仪表的校验数据来确定仪表的准确度等级时，仪表最终定级对应的最大引用误差应该大于（至少等于）仪表校验所得的最大引用误差；根据工艺要求来选择仪表准确度等级时，仪表的最大引用误差应小于（至多等于）工艺上所允许的最大相对百分误差。

【例 2-3】 某 1.0 级电压表，量程为 500V，当测量值分别为 $U_1 = 500V$，$U_2 = 250V$，$U_3 = 100V$ 时，试求出测量值的（最大）绝对误差和示值相对误差。

解：根据式(2-5) 可得最大绝对误差

$$\Delta U_1 = \Delta U_2 = \Delta U_3 = \pm r_{max} \times A = \pm G\% \times 500V = \pm 1.0\% \times 500V = \pm 5V$$

根据式(2-4)可得示值相对误差分别为

$$\delta_{U_1} = (\Delta U_1/U_1) \times 100\% = (\pm 5/500) \times 100\% = \pm 1.0\%$$
$$\delta_{U_2} = (\Delta U_2/U_2) \times 100\% = (\pm 5/250) \times 100\% = \pm 2.0\%$$
$$\delta_{U_3} = (\Delta U_3/U_3) \times 100\% = (\pm 5/100) \times 100\% = \pm 5.0\%$$

由上例不难看出：测量仪表产生的示值测量误差不仅与所选仪表等级 G 有关，而且与所选仪表的量程及测量值有关。量程和测量值相差越小，测量准确度越高。所以，为提高测量的准确度，在选择仪表量程时，测量值应尽可能接近仪表满刻度值，即被测量一般不小于满刻度值（满量程）的 2/3。这样，测量结果的相对误差将不会超过仪表准确度等级指数百分数的 1.5 倍。

2. 非线性误差

对于理论上具有线性刻度的测量仪表，往往由于各种因素的影响，使得仪表的实际特性偏离其理论上的线性特性。非线性误差是衡量偏离线性程度的指标，它采用实际值与理论值之间的绝对误差最大值和仪表量程之比的百分数表示，即

$$\text{非线性误差} = \frac{\Delta x'_{\max}}{N} \times 100\% \quad (2\text{-}6)$$

式中，$\Delta x'_{\max}$ 为实际特性曲线与理论直线之间的最大偏差。

仪表的非线性误差如图 2-2 所示。

3. 变差

在相同条件下，用同一仪表对某一参数进行正、反行程（即被测参数逐渐由小变大和逐渐由大变小）测量时，发现相同的被测量正反行程所得到的测量结果不一定相同，两者之差即为变差。

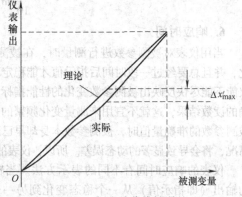

图 2-2 仪表的非线性误差

变差也称为迟滞误差或滞回误差。变差的大小是采用在同一被测量值下正反行程仪表指示值的绝对误差的最大值与仪表标尺范围之比的百分数表示。即

$$\text{变差} = \frac{\Delta x''_{\max}}{N} \times 100\% \quad (2\text{-}7)$$

式中，$\Delta x''_{\max}$ 为仪表在同一参数测量时正反行程指示值的最大绝对差值。

仪表的变差如图 2-3 所示。

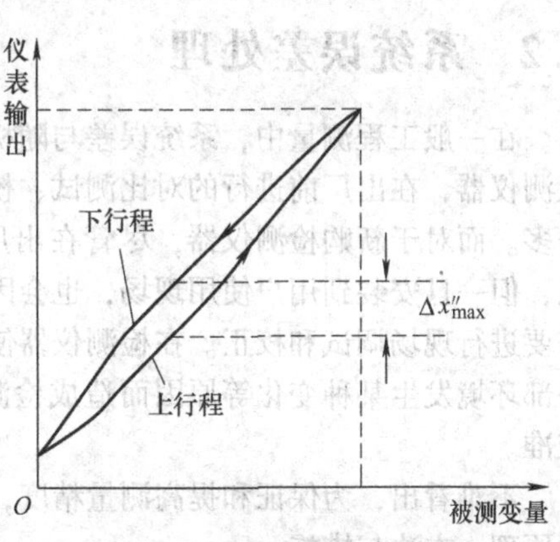

造成仪表变差的原因很多，例如传动机械的间隙、运动部件的摩擦、弹性滞后的影响等。变差的大小影响仪表的精密度，因此要求仪表的变差不能超过仪表准确度等级所限定的允许误差，否则应及时修理。

4. 灵敏度

灵敏度是测量仪表示值对被测参数变化的灵敏程度，取仪表的输出信号变化量 Δy 与引起此变化的被测参数变化量 Δx 之比表示，记为 S，即

$$S = \frac{\Delta y}{\Delta x} \times 100\% \quad (2\text{-}8)$$

图 2-3 仪表的变差

增加检测系统（机械的或电子的）放大倍数可提高测量仪表的灵敏度。但是，仪表的性能主要取决于仪表的基本误差。如果单纯地用加大仪表灵敏度的方法来企图获得更准确的读数，是不合理的，反而可能出现似乎灵敏度很高，精度实际上却下降的虚假现象。为了防止这种虚假灵敏度，常规定仪表标尺上的分格值不能小于仪表允许误差的绝对值。

仪表的灵敏限则是指引起仪表示值发生可见变化的被测参数的最小变化量，它代表了仪表的不灵敏区。一般仪表的灵敏限的数值应不大于仪表允许误差绝对值的一半。

值得注意的是，上述指标仅适用于指针式仪表。在数字式仪表中，往往用分辨力来表示仪表灵敏度（或灵敏限）的大小。

5. 分辨力/率

仪表的分辨率是用来衡量它对被测过程变量最小变化的检测能力。因此，分辨率确定了一种测量可能达到的精细程度。数字式仪表的分辨力常指引起仪表的测量结果值改变一个量化单位时的被测参数变化量。因此，同一仪表不同量程的分辨力是不同的，量程越小，分辨力越高，相应于最低量程的分辨力称为该表的灵敏度。

【例2-4】 某数字万用表的最低量程是100mV，五位数字显示，问该表的灵敏度是多少？

解：该表的灵敏度为

$$\frac{100}{10^5}\text{mV} = 0.001\text{mV}$$

6. 响应时间

当用仪表对被测参数进行测量时，在被测参数发生一定量的改变以后，仪表指示值也开始变化，并且总要经过一段时间后指示值才能稳定下来，响应时间（也称反应时间）就是用来表示测量仪能不能尽快反映出被测参数变化的性能指标。响应时间长，说明仪表需较长时间才能给出稳定准确的读数结果，这就不宜用来测量变化频繁的参数。因为在这种情况下，当仪表尚未稳定地显示出被测参数的准确量值时，被测参数本身却早已改变了，使仪表始终显示不出被测参数瞬时值的真实情况，将会导致显著的动态误差。所以，仪表的响应时间长短，实际上是反映了仪表动态特性的好坏。

仪表的响应时间有不同的表示方法。当输入信号突然（阶跃）变化某一特定数值时，仪表的输出（即指示值）从一个稳态变化到另一个新的稳态需要一定的时间，可用仪表的输出由开始变化到达新稳态值的63.2%所用的时间来表示响应时间，也有用变化到新稳态值的95%所用的时间来表示响应时间的。

2.2 系统误差处理

在一般工程测量中，系统误差与随机误差总是同时存在。尤其对装配刚结束、可正常运行的检测仪器，在出厂前进行的对比测试、校正和标定过程中，反映出的系统误差往往比随机误差大得多。而对于新购检测仪器，尽管在出厂前，生产厂家已经对仪器的系统误差进行过精确的校正，但一旦安装到用户使用现场，也会因仪器的工况改变产生新的甚至是很大的系统误差，为此需要进行现场调试和校正。在检测仪器使用过程中还会因元器件老化、电路板及元器件上积尘、外部环境发生某种变化等原因而造成检测仪器系统误差的变化，因此需对检测仪器定期检定与校准。

不难看出，为保证和提高测量精度，需要研究发现系统误差，进而设法校正和消除系统误差的原理、方法与措施。

2.2.1 系统误差的判别和确定

由于系统误差对测量精度的影响较大，必须消除系统误差的影响才能有效地提高测量精度，下面介绍几种发现系统误差的方法。

1. 定值系统误差的发现

（1）实验对比法 对于定值系统误差，通常采用实验对比法来发现和确定。实验对比法又可分为标准参量法（简称标准量法）和标准仪器法（简称标准表法）两种。

标准参量法就是用测量仪表对高精度的标准器件（如标准砝码、高精度的精密标准电阻等）

进行多次重复测量。如果定值系差存在,则测量值与标准器件的标称值之间的差值为固定值。该差值的相反数即可作为仪表的修正值。

标准仪器法是用准确度等级高于被标定仪器(即需要检验是否具有系统误差的仪表)的标准仪器和被标定仪器同时测量被测量。将标准仪器的测量值作为相对真值。若两测量仪表的测量值存在固定差值则可判断有定值系差,并将差值的相反数作为修正值。

当不能获得高精度的标准件或标准仪器时,可用多台同类或类似仪器进行重复测量、比对,把多台仪器重复测量的平均值近似作为相对真值,仔细观察和分析测量结果,亦可粗略地发现和确定被检仪器的系统误差。此方法只能判别被检仪器个体与其他群体间存在系统误差的情况。

(2) 改变外界测量条件　有些检测系统,一旦测量环境或被测参数值发生变化,其系统误差往往也从一个固定值变化到另一个固定值。利用这一特性,可以有意识地改变测量条件,来发现和确定仪器在不同条件下的系统误差。例如,更换测量人员或改变测量方法等。分别测出两组或两组以上数据,然后比较其差异,便可判断是否含有定值系差,同时还可设法消除系统误差。注意,在改变测量条件进行测量时,应该判断在条件改变后是否引入新的系统误差。

(3) 理论计算及分析　对一些因转换原理、检测方法或设计制造方面存在不足而产生的定值系差,可通过原理分析与理论计算来加以修正。这类"不足",经常表现为在传感器转换过程中存在零位误差,传感器输出信号与被测参量间存在非线性,传感器内阻大而信号调理电路输入阻抗不够高,或是信号处理时采用了近似或简化的数学公式,或是采用经简化的电路模型等。对此需要针对性地仔细研究和计算、评估实际值与理想(或理论)值之间的差异,然后设法校正、补偿和消除。

2. 变值系统误差的发现

(1) 残差观察法　当系统误差比随机误差大时,通过观察和分析各个测量数据与全部测量数据算术平均值之差(即剩余误差 Residual Error,也叫残差)的变化情况,常常能发现该误差是否为按某种规律变化的变值系统误差。通常的做法是把一系列等精度重复测量值及其残差按测量的时间顺序列表,观察和分析各测量数据残差值的大小和符号的变化情况。如果发现残差序列呈有规律的递增或递减,且残差序列减去其中值后的新数列在以中值为原点的数轴上呈正负对称分布,则说明测量存在累进性的线性系统误差;如果发现残差序列呈有规律交替重复变化,则说明测量存在周期性系统误差。

当系统误差比随机误差小或相当时,则不能通过观察来发现系统误差,必须通过专门的判断准则才能较好地发现和确定。这些判断准则实质上是检验误差的分布是否偏离正态分布,常用的有马利科夫准则和阿贝-赫梅特准则等。

(2) 马利科夫准则　马利科夫准则适用于判断、发现和确定线性系统误差。设对某一被测量进行 n 次等精度测量,按测量先后顺序得到 $x_1, x_2, \cdots x_i, \cdots, x_n$ 等数值。令这些数值的算术平均值为 $\bar{x} = \left(\sum_{i=1}^{n} x_i \right) / n$,相应的剩余误差为

$$v_i = x_i - \bar{x} \quad (i = 1, 2, 3, \cdots, n) \tag{2-9}$$

将前面一半以及后面一半数据的剩余误差分别求和,然后取其差值,有

$$M = \begin{cases} \sum_{i=1}^{n/2} v_i - \sum_{i=n/2+1}^{n} v_i & (n \text{ 为偶数时}) \\ \sum_{i=1}^{(n+1)/2} v_i - \sum_{i=(n+1)/2+1}^{n} v_i & (n \text{ 为奇数时}) \end{cases} \tag{2-10}$$

若 M 近似为零，则说明上述测量序列中不含线性系统误差；若 M 与 v_i 相当或更大，则说明测量序列中存在线性系统误差。

（3）阿贝-赫梅特（Abbe-Helmert）准则　阿贝-赫梅特准则用于发现周期性系统误差。此准则的实际操作方法也是将在等精度重复测量下得到的一组测量值 x_1，x_2，$\cdots$，x_i，$\cdots$，x_n 按顺序排列，并求出对应的剩余误差 v_i，然后计算

$$A = \left| \sum_{i=1}^{n-1} v_i v_{i+1} \right| \tag{2-11}$$

若存在 $A > \sigma^2 \sqrt{n-1}$ 成立（σ^2 为测量数据序列的方差），则认为测量序列中含有周期性系统误差。

（4）不同公式计算标准差比较法　对等精度的多次测量，用不同的方法计算标准差，通过比较以发现系统误差。用贝塞尔公式计算标准差

$$\hat{\sigma}_1 = \sqrt{\frac{\sum_{i=1}^{n} v_i^2}{n-1}} \tag{2-12}$$

用别捷尔斯公式计算标准差

$$\hat{\sigma}_2 = \sqrt{\frac{\pi}{2}} \frac{\sum_{i=1}^{n} |v_i|}{\sqrt{n(n-1)}} \tag{2-13}$$

对于两种不同公式计算得出的标准差 $\hat{\sigma}_1$、$\hat{\sigma}_2$，如果有

$$\frac{\hat{\sigma}_2}{\hat{\sigma}_1} > 1 + \frac{2}{\sqrt{n-1}} \tag{2-14}$$

成立，则认为测量序列中有系统误差存在。

2.2.2　减小和消除系统误差的方法

分析和研究系统误差的最终目的是减小和消除系统误差。下面介绍一些常用的消除系统误差的方法。

1. 消除系统误差产生的根源

对测量过程中可能产生的系统误差的环节做仔细分析，找出产生系统误差的主要原因，并采取相应措施，是减小和消除系统误差最基本和最常用的方法。例如，如果产生系统误差的原因主要是传感器转换过程中存在零位误差或传感器输出信号与被测参量间存在非线性误差，则可采取相应措施调整传感器零位，或测量出传感器非线性误差，并据此调整线性化电路或用软件补偿的方法校正和消除此非线性误差。如果系统误差主要是因为信号处理时采用近似经验公式（如略去高次项等）而产生，则可考虑用改进算法、多保留高次项的措施来减小和消除系统误差。

从总体原则上讲，应当从以下几个方面来减小或消除系统误差：选用合适的测量方法以避免方法误差；从准确度等级和量程上限等方面选择最佳的测量仪表与合理的装配工艺，以减小工具误差；选择符合仪表标准工作条件的测量工作环境（如温度、湿度、大气压、交流电源电压、电源频率、振动、电磁场干扰等）以减小环境误差，必要时可采用稳压、恒温、恒湿、散热、防振和屏蔽接地等措施。此外，还需定期检查、维修和校正测量仪器以保证测量的精度。

测量时应提高测量技术水平，增强工作人员的责任心，克服由主观原因所造成的误差。为避免读数或记录出错，必要时可用数字仪表代替指针式仪表，用打印代替人工抄写等。

总之，在测量工作之前，尽量消除产生误差的根源，从而减小系统误差的影响。

2. 引入修正值法

在测量之前或测量过程中，通过对测量仪表进行标定校准，以得到系统误差的修正值 C，最

后将测量值 A_x 与修正值相加,即得到被测量的真值 A。应该注意的是,修正值本身的误差应小于所要求的测量误差。由于修正值本身也存在误差,因此系统误差并没有完全消除,只是大大地被削弱了。

修正值一般用 C 表示,它是与测量误差的绝对值相等而符号相反的值。修正值给出的方式不一定是具体的数值,也可以是曲线、公式或数表。在某些自动检测系统中,预先将修正值存储于计算机的内存中,这样可对测量结果中的系统误差自动进行修正。

3. 采用特殊测量方法消除系统误差

系统误差的特点是大小、方向恒定不变,具有可预见性,所以可用特殊的测量方法消除。

(1) **直接比较法** 直接比较法即零位式测量法,用于消除定值系统误差。该方法的优点在于当指示器的灵敏度足够高时,测量的准确度取决于标准的已知量,而标准量具的误差是很小的。

(2) **替代法** 替代法主要用于消除定值系统误差,其操作方法为用可调的标准参量 A 取代被测量 x 接入测量仪表,通过调节标准参量 A 的值使测量仪表的示值或状态与被测量 x 接入时相同,于是有 $x = A$。

例如,测量某未知电阻 R_x,要求误差小于 0.1%。首先将它接入一个电桥中(图2-4),该电桥的误差为 1%。调整桥臂电阻 R_1、R_2 使电桥平衡;然后取下 R_x,换上标准电阻箱 R_s(电阻箱为 0.01 级)。保持 R_1、R_2 不动,调节 R_s 的大小,使电桥再次平衡,此时被测电阻 $R_x = R_s$。只要测量灵敏度足够,根据这种方法测量的 R_x 的准确度与标准电阻箱的准确度相当,而与检流计 G 和电阻 R_1、R_2 的恒值误差无关,因此可以满足测量要求。

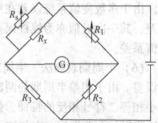

图 2-4 用替代法测电阻

替代法的特点是被测量与标准参量通过测量装置进行比较,测量装置的系统误差不带给测量结果,它只起辨别有无差异的作用,因此测量装置的灵敏度和稳定性应该足够高,否则不能得到期望的结果。

(3) **交换法(抵消法、正负误差补偿法)** 这种方法是指当测量过程中某种因素可能使测量结果产生单方向的系统误差时,可将测量中的某些条件(如被测物的位置、被测量的极性、测量方向等)相互交换,使产生系差的原因对先后两次测量结果起反作用,将这两次测量结果加以适当的数学处理(通常取其算术平均值或几何平均值),即可消除系统误差。

例如,以等臂天平测量质量时,由于天平左右两臂长的微小差别,会引起测量的定值系统误差。如果将被称物与砝码在天平左右两盘上分别各称量一次,取两次测量平均值作为被称物的质量,这时测量结果中就不含有因天平不等臂引起的系统误差。再如用电流表测量某电流时,可将电流表放置位置旋转 180° 再测,取两次测量结果的平均值,即可减弱或消除外磁场对电流表的作用而引起的系统误差。

(4) **微差法** 这种方法是将被测量与已知的标准量进行比较,取其差值,然后用测量仪表测量这个差值。微差法只要求标准量与被测量相近,而用指示仪表测量其差值。这样,指示仪表的误差对测量的影响会大大减弱。

设被测量为 x,标准量为 B(与 x 相近),标准量与被测量的微差为 b(由指示仪表示出),则

$$x = B + b \tag{2-15}$$

相对误差为

$$\frac{\Delta x}{x} = \frac{\Delta B}{x} + \frac{\Delta b}{x} = \frac{\Delta B}{B+b} + \frac{b}{x}\frac{\Delta b}{b} \tag{2-16}$$

由于 x 与 B 的微差 b 远小于 B,所以 $B + b \approx B$,故

$$\frac{\Delta x}{x} \approx \frac{\Delta B}{B} + \frac{b}{x}\frac{\Delta b}{b} \tag{2-17}$$

式(2-17)表示被测量 x 的相对误差由两部分组成：第一部分 $\Delta B/B$ 为标准量的相对误差，它一般是很小的；第二部分是指示仪表相对误差 $\Delta b/b$ 的 b/x 倍，由于 $b \ll x$，所以指示仪表误差的影响被大大削弱。由此也可看出，微差法是以灵敏度来换取准确度。

采用微差法不仅可以不用可调的标准量具，而且有可能在指示器上直接标度，使之成为高准确度的直读仪器。

(5) 等时距对称观测法（交叉读数法） 等时距对称观测法用于消除线性系统误差。由于线性系统误差按照图 2-5 所示的斜线规律变化，其特点为对称于中点 t_3 的各系统误差的算术平均值彼此相等，即有

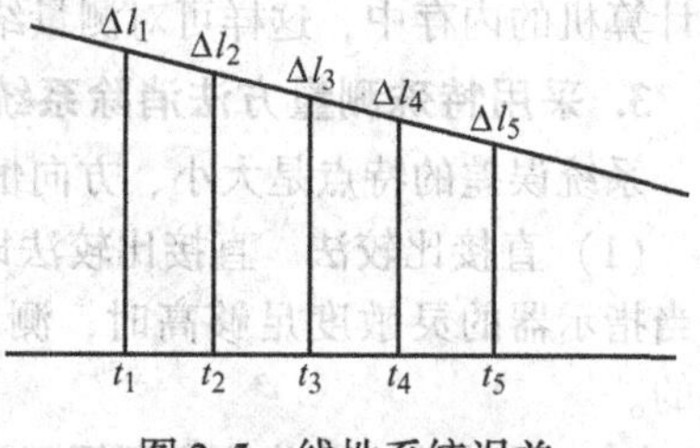

$$\frac{\Delta l_1 + \Delta l_5}{2} = \frac{\Delta l_2 + \Delta l_4}{2} = \Delta l_3 \tag{2-18}$$

图 2-5 线性系统误差

利用上述关系，将测量对称安排，取两次对称测量值的平均值作为测量结果即消除系统误差。由于多数变值系统误差在短时间内均可认为是按线性规律变化的，即使按复杂规律变化的误差，其一次近似亦为线性误差，因此，在许多精密测量场合，均可采用等时距对称观测法消除变值系差。

(6) 半周期观测法 半周期观测法用于消除周期性的系统误差。由于相差半周期的两次测量，其误差在理论上具有大小相等、符号相反的特征，如图 2-6 所示，因此，在某个 t_0 处测得一个数据后，在与该点相隔半个周期处再测量一个数据，取两次测量的平均值作为测量结果，即可很好地减小周期性系统误差。

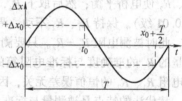

图 2-6 半周期观测法读数示意图

2.3 随机误差处理

2.3.1 随机误差的分布规律

随机误差与系统误差的来源和性质不同，所以处理的方法也不同。由于随机误差是由一系列随机因素引起的，因而随机变量可以用来表达随机误差的取值范围及概率。对于某随机变量（可以是这里讨论的随机误差）的取值 x，若有一非负函数 $f(x)$，其对 x 的任意实数有分布函数 $F(x)$

$$F(x) = \int_{-\infty}^{x} f(x)\,\mathrm{d}x \tag{2-19}$$

则称 $f(x)$ 为 x 的概率分布密度函数。而

$$P\{x_1 < x < x_2\} = F(x_2) - F(x_1) = \int_{x_1}^{x_2} f(x)\,\mathrm{d}x \tag{2-20}$$

为随机变量的取值 x 位于 $[x_1, x_2]$ 之间的概率。

由于系统误差有规可循，且有相应处理措施，因此对随机误差的统计处理通常都是在将系统误差减小到可以忽略或可以接受的程度后才进行。

实践和理论证明，当没有起决定性影响的误差源存在时，随机误差几乎都服从正态分布规律。当有起决定性影响的误差源存在时，随机误差还会出现诸如均匀分布、三角分布、梯形分布、t 分布等。下面对随机误差的正态分布和均匀分布做简要介绍。

1. 随机误差的正态分布规律

正态分布的曲线如图 2-7 所示。图中的横坐标表示随机误差 $\Delta x = x - x_0$，纵坐标为误差 Δx 的出现概率，即概率密度 $f(\Delta x)$。

应用概率论方法可导出随机误差的概率密度为

$$f(\Delta x) = \frac{1}{\sigma\sqrt{2\pi}} \exp\left[-\frac{1}{2} \cdot \frac{\Delta x^2}{\sigma^2}\right] \quad (2\text{-}21)$$

式中，特征量 σ 为

$$\sigma = \sqrt{\frac{\sum \Delta x_i^2}{n}} \quad (n \to \infty) \quad (2\text{-}22)$$

σ 称为标准差，其中 n 为测量次数。

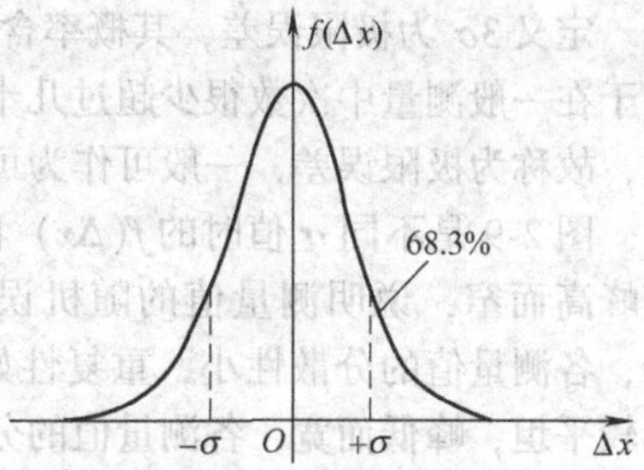

2. 随机误差的均匀分布规律

图 2-7 随机误差的正态分布曲线

在测试和计量中，随机误差有时还会服从非正态的均匀分布等。从误差分布图上看，均匀分布的特点是：在某一区域内，随机误差出现的概率处处相等，而在该区域外随机误差出现的概率为零。均匀分布的概率密度函数 $\varphi(x)$ 为

$$\varphi(x) = \begin{cases} \dfrac{1}{2a} & (-a \leq x \leq a) \\ 0 & (|x| > a) \end{cases} \quad (2\text{-}23)$$

式中，a 为随机误差 x 的极限值。

均匀分布的随机误差概率密度函数的图形呈直线，如图 2-8 所示。

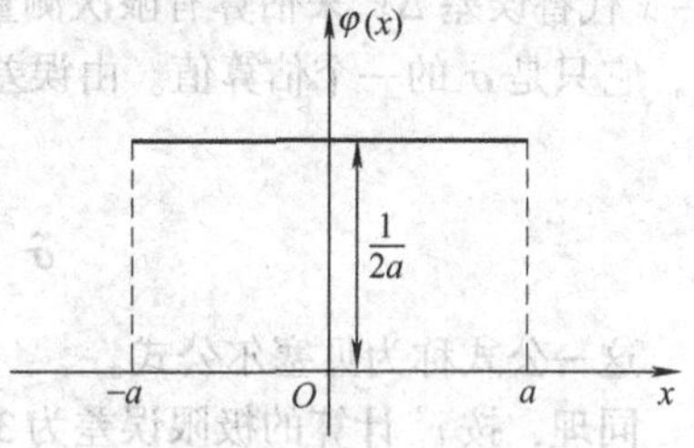

图 2-8 均匀分布曲线

均匀分布随机误差的典型例子有：因指针式仪器度盘、标尺刻度不准造成的误差，检测仪器最小分辨力限制引起的误差，数字仪表或屏幕显示测量系统产生的量化（±1）误差，智能化检测仪器在数字信号处理中存在的舍入误差等。此外，对于一些只知道误差出现的大致范围，而难以确切知道其分布规律的误差，在处理时亦经常按均匀分布误差对待。

3. 真实值与算术平均值

设对某一物理量进行直接多次测量，测量值分别为 $x_1, x_2, x_i, \cdots, x_n$，各次测量值的随机误差为 $\Delta x_i = x_i - x_0$。将随机误差相加

$$\sum_{i=1}^{n} \Delta x_i = \sum_{i=1}^{n} (x_i - x_0) = \sum_{i=1}^{n} x_i - n x_0$$

两边同除 n 得

$$\frac{1}{n}\sum_{i=1}^{n} \Delta x_i = \frac{1}{n}\sum_{i=1}^{n} x_i - x_0 = \bar{x} - x_0 \quad (2\text{-}24)$$

式中，$\bar{x}$ 为测量序列的算术平均值。根据随机误差的抵偿特征，有 $\lim\limits_{n\to\infty} \dfrac{1}{n}\sum\limits_{i=1}^{n} \Delta x_i = 0$，于是 $\bar{x} \to x_0$。

可见，当测量次数很多时，算术平均值趋于真实值，也就是说，算术平均值受随机误差影响比单次测量小。且测量次数越多，影响越小。因此可以用多次测量的算术平均值代替真实值，并称为最可信数值。

2.3.2 测量数据的随机误差估计

1. 标准差

标准差 σ 定义为 $\sigma = \sqrt{\sum\limits_{i=1}^{n}(x_i - x_0)^2 / n}$，它是一定测量条件下随机误差最常用的估计值。其物理意义为随机误差落在 $(-\sigma, +\sigma)$ 区间的概率为 68.3%。区间 $(-\sigma, +\sigma)$ 称为置信区间，相应的概率称为置信概率。显然，置信区间扩大，则置信概率提高。置信区间取 $(-2\sigma, +2\sigma)$、$(-3\sigma, +3\sigma)$ 时，相应的置信概率 $P(2\sigma) = 95.4\%$、$P(3\sigma) = 99.7\%$。

定义 3σ 为极限误差，其概率含义是在 1000 次测量中只有 3 次测量的误差绝对值会超过 3σ。由于在一般测量中次数很少超过几十次，因此，可以认为测量误差超出 $\pm 3\sigma$ 范围的概率是很小的，故称为极限误差，一般可作为可疑值取舍的判定标准。

图 2-9 是不同 σ 值时的 $f(\Delta x)$ 曲线。σ 值越小，曲线陡且峰高而窄，说明测量值的随机误差越集中，小误差占优势，各测量值的分散性小，重复性好。反之，σ 值越大，曲线较平坦，峰低而宽，各测量值的分散性大，重复性差。

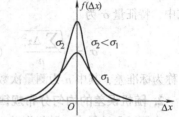

图 2-9　不同 σ 的概率密度曲线

2. 有限次测量值的标准差估计

由于真值未知时，随机误差 Δx_i 不可求，可用各次测量值与算术平均值之差——即式(2-9) 所示的剩余误差 $v_i = x_i - \bar{x}$ 代替误差 Δx_i 来估算有限次测量中的标准差，得到的结果就是有限测量的标准差，用 $\hat{\sigma}$ 表示，它只是 σ 的一个估算值。由误差理论可以证明有限测量的标准差的计算式为

$$\hat{\sigma} = \sqrt{\frac{\sum_{i=1}^{n}(x_i - \bar{x})}{n-1}} = \sqrt{\frac{\sum_{i=1}^{n}v_i^2}{n-1}} \tag{2-25}$$

这一公式称为贝塞尔公式。

同理，按 v_i^2 计算的极限误差为 $3\hat{\sigma}$，$\hat{\sigma}$ 的物理意义与 σ 的相同。当 $n \to \infty$ 时，有 $n-1 \to n$，则 $\hat{\sigma} \to \sigma$。在一般情况下，对于 $\hat{\sigma}$ 和 σ 的符号并不加以严格的区分，但是 n 较小时，必须采用贝塞尔公式计算 $\hat{\sigma}$ 的值。

3. 算术平均值的标准差估计

在测量中用算术平均值作为最可信赖值，它比单次测量得到的结果可靠性高。由于测量次数有限，因此 $\bar{x}$ 也不等于 x_0。也就是说，$\bar{x}$ 还是存在随机误差的。可以证明，算术平均值的标准差 $S(\bar{x})$ 是有限次测量值的标准差 $\hat{\sigma}$ 的 $1/\sqrt{n}$ 倍，即

$$S(\bar{x}) = \frac{\hat{\sigma}}{\sqrt{n}} = \sqrt{\frac{\sum_{i=1}^{n}v_i^2}{n(n-1)}} \tag{2-26}$$

上式表明，在 n 较小时，增加测量次数 n，可明显减小测量结果的标准差，提高测量的精密度。但随着 n 的增大，减小的程度越来越小；当 n 大到一定数值时 $S(\bar{x})$ 就几乎不变了。

4. 间接测量的标准差传递

直接测量的结果有误差，由直接测量值经过运算而得到的间接测量的结果也会有误差，这就是误差的传递。

设间接测量值 y 与各独立的直接测量值 $x_1, x_2, x_i, \cdots, x_n$ 的函数关系为 $y = f(x_1, x_2, \cdots, x_n)$，在对 $x_1, x_2, x_i, \cdots, x_n$ 进行有限次测量的情况下，间接测量的最佳估计值为

$$\bar{y} = f(\bar{x}_1, \bar{x}_2, \cdots, \bar{x}_n) \tag{2-27}$$

在只考虑随机误差的情况下，各个直接测量的分量的测量结果为 $\bar{x}_1 \pm S(\bar{x}_1)$、$\bar{x}_2 \pm S(\bar{x}_2)$、$\cdots$、$\bar{x}_n \pm S(\bar{x}_n)$，其中 $S(\bar{x}_i)$ ($i = 1, 2, \cdots, n$) 为各分量的算术平均值的标准差。

由于误差是微小量，因此由数学中全微分公式可以推导出标准差的传递公式为

$$S(\bar{y}) = \sqrt{\left(\frac{\partial f}{\partial x_1}\right)^2 S(\bar{x}_1)^2 + \left(\frac{\partial f}{\partial x_2}\right)^2 S(\bar{x}_2)^2 + \left(\frac{\partial f}{\partial x_3}\right)^2 S(\bar{x}_3)^2 + \cdots} \tag{2-28}$$

式(2-28) 不仅可以用来计算间接测量值 y 的标准差，而且还可以用来分析各直接测量值的误差对最后结果的误差的影响大小，从而为改进实验指出了方向。在设计一项实验时，误差传递公式能为合理地组织实验、选择测量仪器提供重要的依据。

一些常用函数标准差的传递公式见表 2-2。

表 2-2 常用函数标准差的传递公式

函数表达式	标准差传递公式
$y = x_1 \pm x_2$	$S(\bar{y}) = \sqrt{S(\bar{x}_1)^2 + S(\bar{x}_2)^2}$
$y = x_1 x_2$	$S(\bar{y}) = \sqrt{(x_2)^2 S(\bar{x}_1)^2 + (x_1)^2 S(\bar{x}_2)^2}$
$y = kx_1$	$S(\bar{y}) = |k| S(\bar{x}_1)$
$y = x_1^n$	$\dfrac{S(\bar{y})}{y} = \left|\dfrac{n}{x_1}\right| S(\bar{x}_1)$
$y = \sin x_1$	$S(\bar{y}) = |\cos x_1| S(\bar{x}_1)$
$y = \ln x_1$	$S(\bar{y}) = \dfrac{S(\bar{x}_1)}{x_1}$

2.4 动态误差的数字修正方法

动态误差是动态测试中首先应考虑的一个问题。传感器以及整个测量系统的频率响应范围总是有限的,特别是传感器的频率响应范围往往成为限制整个仪器系统频率响应的主要环节。由于幅频特性不平坦,因而被测信号中的各次谐波,有的被放大,有的被衰减。由于相频特性不是理想的直线,因而各次谐波之间的相位差也改变了。这些使得检测系统输出信号与输入信号之间存在着畸变。它与静态测试中的系统误差不同,无法用一个系数去修正。这是因为整个响应曲线都发生了畸变,并且与被测信号的频谱有关。由于被测信号往往是未知的,所以,测试结果中是否存在动态误差以及有多大的动态误差,就很难判断。可见,消除动态误差是动态测试数据处理中的一个重要部分。

2.4.1 频域修正法

设检测系统或仪表的输入信号(即被测信号)为 $x(t)$,相应的输出信号(即仪表示值)为 $y(t)$,各自的傅里叶变换分别为 $X(j\omega)$ 和 $Y(j\omega)$,根据线性检测系统的频域传递函数 $H(j\omega)$ 的定义可得

$$X(j\omega) = Y(j\omega)/H(j\omega) \tag{2-29}$$

由傅里叶反变换可得

$$x(t) = \frac{1}{2\pi} \int_{-\infty}^{+\infty} \frac{Y(j\omega)}{H(j\omega)} e^{j\omega t} d\omega \tag{2-30}$$

对检测系统或仪表作动态标定实验,向被标定系统或仪表输入一系列从低频到高频的、已知幅值和相位的激励信号,测得一系列不同频率下的被标定系统或仪表的输出信号的幅值和相位,从而获得被标定系统或仪表的幅、相频率特性,最终得到其频率响应函数 $H(j\omega)$。之后再将实际测得的检测系统输出信号 $y(t)$ 进行傅里叶变换得到 $Y(j\omega)$,那么,用式(2-30)计算出来的 $x(t)$,就是经过动态误差修正的信号,应该比 $y(t)$ 更接近于真实的输入信号。

2.4.2 数值微分修正法

若已知检测系统的微分方程,则可考虑通过数值微分,由输出信号 $y(t)$ 来恢复出被测信号 $x(t)$。比如,对于可用二阶系统模型来描述的检测系统,其系统微分方程可表示为

$$Ay''(t) + By'(t) + Cy(t) = x(t) \tag{2-31}$$

对输入信号 $x(t)$ 和输出信号 $y(t)$ 采样,则对于任一采样时刻 k,其采样值分别记为 x_k 和 y_k,则上式变为

$$Ay''_k + By'_k + Cy_k = x_k \tag{2-32}$$

依据上式进行数值微分修正时，首先根据动态标定实验数据，求出系统参数 A、B 和 C；在检测过程中，对输出信号采样，获得检测系统的输出采样序列 y_k ($k=0,1,2,3,\cdots$)，由此可计算出 y_k' 和 y_k''；最后再依据系统参数 A、B 和 C，准确按式(2-32)即可求出被测量值的采样序列 x_k。按这种方法可以改善检测系统的动态精度。

为了准确地求出 y_k' 和 y_k''，可在采样值序列的每个小区间 $[t_k, t_{k+1}]$ 内作三次样条插值。也可以先用一个多项式拟合 $y(t)$，然后再微分这个多项式，求得 $y'(t)$ 和 $y''(t)$ 的值。求 y_k' 和 y_k'' 的过程从略。注意该法的基础是要有准确的微分方程，而在很多情况下，较为准确的微分方程是很难建立的。

2.4.3 叠加积分法

检测系统要检测的任意一个被测量 $x(t)$，可以用一系列阶跃函数来近似表示

$$x(t) \approx \sum_{k=0}^{n} \Delta x_k u(t-t_k) \tag{2-33}$$

式中，$\Delta x_k = x_k - x_{k-1}$ 为 t_k 时刻的阶跃幅度，$u(t-t_k)$ 表示 t_k 时刻出现的单位阶跃函数。

设检测系统对单位阶跃输入信号的响应为 $U(t)$，则检测系统对 $x(t)$ 中所包含的每一个阶跃的响应为 $\Delta x_k U(t-t_k)$，而总的 $y(t)$ 为

$$y(t) \approx \sum_{k=1}^{n} \Delta x_k U(t-t_k) \tag{2-34}$$

首先对系统的单位阶跃响应进行等间隔采样获得相应序列 U_k ($k=1,2,3,\cdots$)，在检测过程中再对输出信号 $y(t)$ 等间隔取样获得 y_k ($k=1,2,3,\cdots$)，之后通过如下的简单运算，就可以得到经过修正的被测信号值 x_k ($k=1,2,3,\cdots$)

$$\begin{cases} x_1 = y_1/U_1 \\ x_2 = x_1 + (y_2 - x_1 U_2)/U_1 \\ \vdots \\ x_n = x_{n-1} + [y_n - x_1 U_n - (x_2-x_1)U_{n-1} - \cdots - (x_{n-1}-x_{n-2})U_2]/U_1 \end{cases} \tag{2-35}$$

应用叠加积分法进行动态误差修正，需要注意以下几点：

1) 检测系统的静态灵敏度必须是线性的，否则，无法应用叠加原理。

2) 要保证 $U_1 \neq 0$，即在第一个采样周期 Δt 内，检测系统的单位阶跃响应必须达到足够的幅度，响应曲线的前沿要足够陡。若前沿太平，$U_1 \to 0$，就无法实现修正。

3) 计算 x_k 时，要利用前面的 $x_1, x_2, \cdots, x_{k-1}$，因此，计算误差的累积效应影响较大。

2.4.4 反滤波动态误差修正法

对属于单输入/单输出的线性定常检测系统，若其输入信号和输出信号的采样值分别为 $x(k)$ 和 $y(k)$，则两者的关系可用差分方程的单变量形式予以描述

$$y(k) + a_1 y(k-1) + \cdots + a_n y(k-n) = b_0 x(k) + b_1 x(k-1) + \cdots + b_n x(k-n) \tag{2-36}$$

上式变形整理得

$$x(k) = \frac{\left[y(k) + \sum_{i=1}^{n} a_i y(k-i) - \sum_{i=1}^{n} b_i x(k-i) \right]}{b_0} \tag{2-37}$$

利用式(2-36)所示检测系统差分方程形式的模型，在获得系统输出信号采样序列 $y(k)$ 后，用式(2-37)所示反滤波方法进行递归计算，就直接可由测量结果恢复被测信号，效果较好。

所以使用该方法时，差分方程应能准确地描述检测系统的输入、输出关系，此时该方法具有很高的修正精度。同时，该方法计算量小，可以做到实时在线修正。

第3章 信号的描述及其分析

3.1 信号及其分析处理基本知识

3.1.1 被测参量、检测、信号与信息概述

被测参量是能反映客观对象某一方面的状态或属性的、人们需要研究和了解的、并对其进行测量的物理量、化学量等。被测参量多种多样，如机械量中的力、速度、粗糙度，热工量中的温度、热流、流量、液位，物理化学量中的浓度、湿度、黏度及生物医学量中的血压、体温等。

人类认识世界，是从感官感知自然界中各种对象参量信息开始的。物质的颜色、形状、声响及温度变化，可以由人的视觉、听觉、触觉等器官感知。但人的感官感知事物的变化有局限性，人类感官的延伸——传感器，是近代信息探测工程学中的重要内容，传感技术的发展扩展了人类感知信息的能力。因此，在现代社会中，人们对自然现象各种信息的感知，或者说，对各种被测参量的感知和探测，主要通过各种传感器及测量装置来实现的，通常将被测参量转换成电信号并加以记录，这已形成了一个独立的检测技术领域。

测试、测量或者检测都是人们利用传感器及检测装置等工具对客观对象的各种参量信息进行感测的过程。这三个概念的区别并不明显，通常情况下不必对这三个概念进行严格区分。若要区分这三个概念的细微差别，则可按如下理解。

测量是人们在仪器等工具的协助下，为确定被测对象某个参量的量值大小而进行的实验过程。在此过程中，人们通常将被测量与同性质的标准量比较，从而得到被测量相对于标准量的比值。测量的目的是为了在限定时间内尽可能正确地收集被测对象的未知信息，以便掌握被测对象的参数或控制生产过程。

而测试（Measurement and Test）是具有研究性、探索性、论证性、试验性的测量过程。测试是人类认识自然、掌握自然规律的实践途径之一，是从科学研究中获得感性材料、接受自然信息的途径，是形成、发展和检验自然科学理论的实践基础。测试过程通常需要对测量结果进行分析处理，以获得更为明确的信息，从而达到试验的目的。

检测如同测试，包括测量及测量结果的分析处理。如果一定要区分检测与测试有什么不同的话，"检测"更侧重于以检查为目的的测量，因此，称一些测量过程为"检测"比"测试"要合理些。比如，用于汽车故障诊断的测量通常称为"检测"而不是"测试"，专门用于对汽车进行安全性、排放情况及性能测量的车间称之为"汽车检测站"，而不称为"汽车测试站"。

测量、测试或检测的目的都是为了获取相关的参量信号，并从中提取有用信息，因此测试技术（或检测技术）就是研究如何获取、处理信号的技术，包括信号的转换技术、处理技术、传输技术、显示技术等。

信号（Signal）是反映研究对象的某种状态或运动特征变化过程的参量，或者说，参量的变化过程就形成了信号，如电路中某元器件两端随时间变化的电压、荧光灯管随电压变化的发光强度等。信号在数学上可表示为一个或几个独立变量的函数（Function），也可表示成一个序列（Sequence）。例如，机床的振动，发动机的声响，切削过程的温度、噪声等，都可表示为一个时间的单变量函数；加工零件的表面粗糙度、机床部件的热分布等，则可表示为一个二元空间变量的函数；商品在某个时期内的日销售量，则可表示为一个时间序列。因此，在信号处理中，"信号"和"函数"或"序列"往往是通用的。信号中的独立变量包括时间（时域信号）、空间（空域信号）、位移、速度、温度和压力等，信号函数一般表示为数学解析式和图形形式。如果

信号是只依赖于时间等单个变量的函数，则称该信号为一维信号。语音信号就是一个幅度随时间变化的一维信号，它取决于讲话的人和所讲的内容。如果函数依赖于两个或多个变量，则称该信号为多维信号。普通数码照片的信号就是二维的，它是水平和垂直两个方向像素位置坐标的函数。而视频信号是三维信号。信号有静态信号与动态信号之分。静态信号是指其量值与其独立自变量无关的信号，如零件的尺寸信号，其尺寸大小与自变量时间无关；动态信号是指其量值随自变量变化的信号，是自变量的函数，如一辆汽车驾驶座振动速度和加速度信号，都是随时间而变化的。

信号中含有表示物理系统的状态特征或行为属性的信息，而信息（Information）是客观存在或运动状态的特征，是对一个物理系统的状态或特性的抽象性描述，它总是通过某些物理量的形式表现出来，这些物理量就是信号。因此，信号是传输信息的载体。通过对信号的分析，可以认识事物的内在规律或事物之间的相互关系，从而获得有价值的信息，故信息蕴涵于信号之中。例如，对于古代烽火，人们观察到的是光信号，它蕴涵的信息是"敌人来进攻了"；对于防空警笛，人们听到的是声信号，其蕴含的信息则是"敌机空袭"或"敌机溃逃"；飞行的状态参数、发动机工作状态参数等信号，能够反映出"飞机飞行是否正常"的信息；病人的心音、肺音、血压、体温及心电图等信号，能够反映病人病情，等等。同一个信息，可以用不同的信号来运载。例如，街道上的红灯，用灯光信号来运载和表示交通的指挥信息；而同样的信息也可以通过交替的手势这样的信号来表示；甚至，这个信息还可以通过口令这种声音信号来表示。反过来，同一种信号也可以运载不同的信息。

除前面的一般描述外，信息的定义有多种。但其中经典的、有代表性的定义有两条。其一是控制论的创始人之一、美国数学家维纳（N. Wiener）指出的，"信息就是信息，不是物质也不是能量。"他的这个论断在信息与物质和能量之间画了一条界线。从这个角度来说，信号是物理性的，是物质，具备能量；而信息不等于物质，不具备能量。其二是信息论奠基人、美国科学家香农（C. E. Shannon）指出的，信息是"能够用来消除不定性的东西"。所谓不定性，就是"具有多种可能而难以确定"。熵是不定性程度的度量，熵的减少就是不定性的减少。香农的信息定义虽然得到了度量信息的方法，但是这个定义也有局限性，它只描述了信息的功能，并没有正面回答"信息是什么"的问题。后来，波里昂（L. Brilloun）等人将其引申为"信息就是负熵"，并且进一步提出："信息是系统有序性和组织程度的度量。"随着对信息认识的不断深入，信息的定义也被推广。事物运动的状态和方式具有不定性，而要消除这种不定性，唯一的办法就是要了解事物运动的具体状态和方式，也就是说，要得到信息。因此，广义的信息可定义为：描述事物运动的状态和方式。这种广义的定义，统一了维纳、香农等人的定义，既能从概念上抓住信息的本质，又能为定量描述和度量提供可行的方法。

从上述关系看，我们也可以说，信号是其本身在传输的起点到终点的过程中，所携带的信息的物理表现；信号是信息的表现形式，信息则是信号的具体内容。信号不等于信息，信息需要转化为传输媒质能够接收的信号形式方能传输；必须对信号进行分析与处理后，才能从信号中提取出信息，这也是信号分析与处理的根本目的和任务。

3.1.2　信号与噪声

由于测量装置的不完善，或者是系统有其他的输入源等原因，实际测量所得信号中除了有用信号成分外，还包括了无用信号成分或干扰信号成分。习惯上，我们将有用信号成分简称为信号，而将除有用信号成分之外的一切其他信号成分都称之为噪声（Noise）（因此，从广义的信号概念来说，噪声也是信号）。相对于有用信号而言，噪声一般被认为是有害的，是信号的"污染物"，因此，人们总是希望所观测到的信号中尽可能地不含有噪声，但实际上是不可能的。例如，在参数测试过程中，被测对象或测试系统受到干扰，动力电所引起的50Hz工频干扰，电子装置中电子元器件的热噪声，对模拟信号A/D转换时所产生的量化噪声，有限位运算产生的舍入误差噪声等都是噪声的来源。可以说,有信号就有噪声。

应当指出,信号和噪声是相对而言的,取决于研究的对象及需要达到的目的。在某种场合被认为是干扰的信号,在另一种场合却可能是有用信号。例如,机器噪声对工作环境而言是一种"污染",但这种噪声也是机械运转状况的一种表现,对于诊断机器故障来说,它又是有用的。由此,信号和噪声可这样定义:

信号:系统输出的、能提供有价值信息的任何响应。

噪声:导致期望信号遭受损失的任何系统响应。

例如,在图像检测时,对于数字成像系统所输出图像的信号和噪声而言,首先,响应当然指数字成像系统对来自被捕获对象表面反射光(或透射光)强度的处理结果,尽管成像设备的各子系统都有彼此独立的响应,但如果考虑到正在讨论的响应表现为成像设备输出的数字信号,则响应只能来自成像设备或系统整体;其次,信号必须提供有价值的信息,否则就没有必要从数字成像设备向外输出,且价值主要体现在产生用户满意的结果,但对于噪声不能有这种期望,因为噪声总是对有价值的信息起损害作用;再次,数字成像设备或系统的响应无论是期望的还是非期望的,都应该体现整体性,这就是"任何"两字的含义,如只要提供有价值信息的任何响应都属于信号的范畴,对于系统输出的数字图像来说都会产生价值。

对一个观测到的信号 $x(t)$,设其含有真正的信号为 $s(t)$,并含有噪声信号为 $u(t)$,若 $x(t)$ 可表示为

$$x(t) = s(t) + u(t) \tag{3-1}$$

则说 $x(t)$ 中含有加法性噪声。

若

$$x(t) = s(t)u(t) \tag{3-2}$$

则说 $x(t)$ 中含有乘法性噪声。

若

$$x(t) = s(t) * u(t) \tag{3-3}$$

则说 $x(t)$ 中含有卷积性噪声。

大部分情况下,噪声都是加法性的,处理相对容易一些,而乘法性噪声和卷积性噪声处理起来比较困难。加法性噪声对确定性信号的影响如图3-1所示。当确定性信号 $s(t)$ 较强,而噪声信号 $u(t)$ 较弱时,两者叠加后的信号 $x(t)$ 中,虽然受到 $u(t)$ 的影响,但基本还能够看出 $s(t)$ 的面貌,如图3-1a所示;反之,有用信号可能被噪声所"淹没",不易分辨,如图3-1b所示。

噪声亦属于随机过程,因此,噪声电压的叠加应采用"方和根"法。各噪声源(干扰源)产生的

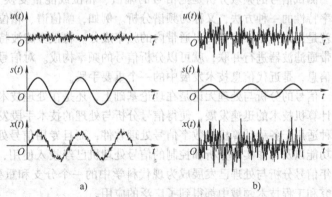

图 3-1 加法性随机噪声对确定性信号的影响

噪声电压(或噪声电流),若彼此独立,即不相关,则总噪声功率等于各功率之和。把这些噪声电压 $U_1, U_2, \cdots, U_n$,按功率相加得总噪声

$$U_\Sigma^2 = U_1^2 + U_2^2 + \cdots + U_n^2$$

因此总噪声电压为

$$U_\Sigma = \sqrt{U_1^2 + U_2^2 + \cdots + U_n^2} \tag{3-4}$$

若两个噪声电压 U_1 和 U_2 是相关的，且其相关系数为 $r(0 \leq r \leq 1)$，则总噪声电压 U_Σ 为

$$U_\Sigma = \sqrt{U_1^2 + U_2^2 + 2rU_1U_2} \tag{3-5}$$

为了反映信号被噪声所污染的程度引入了信噪比（SNR，Signal-to-Noise Ratio）的概念。在式(3-1)中，如果信号 $s(t)$ 的功率为 P_s，噪声 $u(t)$ 的功率为 P_u（白噪声的功率用其方差来定义），那么，定义 $x(t)$ 的信噪比为

$$SNR = 10\lg(P_s/P_u) \quad (dB) \tag{3-6}$$

式(3-6)表明，信噪比越大，表示噪声的影响越小，故在检测装置中应尽量提高信噪比。

3.1.3 信号分析与处理的基本内容

由于信号中始终包含无用信号成分或干扰信号成分等噪声，这就需要通过分析处理，提取出有用信号，才能对被测对象的状态或属性给出准确的判断，比如通过分析和处理机器振动信号来判断机器的故障，通过分析和处理人体血压、脉搏、心电等信号诊断人体病情等。因此，一般信号只有通过分析和处理获得有用的信息才有意义。

工程中的信号处理，是指从传感器等一次敏感元器件获取信号，再进行转换、变换、分析处理、显示及应用等过程。图3-2 概略地表示出这一过程。

信号的分析与处理是互相关联的，两者之间没有明确的界限。通常把研究信号的结构成分、构成分量及其特征参数等工作称为信号分析，把信号经过必要的变换或运算（滤波、变换、增强、压缩、估计、识别等）

图3-2 信号的转换、传输与处理过程

以获得所需信息的过程称为信号处理。广义的信号处理可把信号分析包括在内。

信号分析的经典方法有时域分析法与频域分析法。时域分析又称波形分析，是用信号的幅值随时间变化的图形或表达式来分析，可以得到信号任一时刻的瞬时值或最大值、最小值、均值、均方根值等；也可以通过信号的时域分解，研究其稳定分量与波动分量；对信号进行相关分析，可以研究信号本身或相互间的相似程度，也是在噪声背景下提取有用信号的有效方法；研究信号的幅值取值的分布状态，可以了解信号幅值取值的概率及概率分布情况，此又称为幅值域分析。

测试信号的频域分析是把信号的幅值、相位或能量变换为以频率表示的函数，进而分析其频率特性的一种方法，又称为频谱分析。例如，幅值谱、相位谱、功率谱密度等。常用的滤波技术就是用来抑制噪声，突出通带内的频率成分。将很多滤波特性较陡、增益相同、通常互相连接的带通滤波器进行并联，就可以分析信号的频率构成。对信号进行频谱分析，可以获取更多的有用信息，是近代信息技术发展中的一个重要手段。

信号的分析与处理无论是在理论基础上，还是在处理技术上，发展都是十分快的。特别是随着计算机技术的迅速发展，使得信号分析与处理的技术手段发生了较大变化。现在，不但发展了多种适用于各种计算机的数字信号处理软件，而且专用信号处理机的功能也日趋完善，大容量、多功能以及可作实时分析和控制的信号处理机已经投入使用，处理的速度和性能还在不断提高。近年信号分析与处理已发展成为现代科学中的一个分支和重要的技术工具，在各个学科的实验研究和工程技术领域中都得到了广泛的应用。

3.2 信号分类及其描述

3.2.1 信号的分类

针对不同的信号，需要采用不同的描述、分析和处理方法，因此，首先对信号进行分类。信号的分类方法很多，可以从不同的角度对信号进行分类。比如按实际应用领域可划分为电视信号、雷达信号、控制信号、通信信号、广播信号等。但为了便于信号分析和处理，更多的是依据

信号的数学表达特征进行分类。比如按信号自变量取值方式不同可将信号分为连续信号和离散信号；按信号取值性质则可分为确定信号和随机信号等，如图3-3所示。

1. 连续信号与离散信号

前面说过，在信号分析与处理中，"信号"与"函数"是通用的。对于函数$x(t)$所表示的信号，若其定义域或自变量t是连续变量，则称$x(t)$为连续信号，如图3-4a和c所示。若t仅在离散点上取值，则称$x(t)$为离散信号，如图3-4b和d所示；这时将$x(t)$改记为$x(nT_s)$，T_s表示相邻两个点之间的间隔，又称取样周期，n取整数，即

$$x(nT_s) \quad n = -N_1, \cdots, 1, 0, 1, \cdots, N_2$$

一般把T_s归一化为1，这样$x(nT_s)$可简记为$x(n)$。这样表示的$x(n)$仅是整数n的函数。

图 3-3 信号的分类

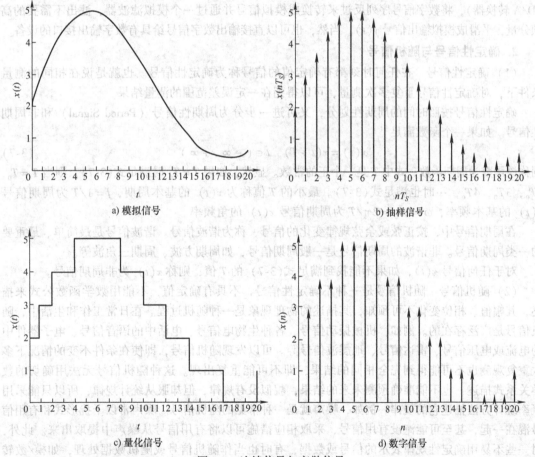

a) 模拟信号　　b) 抽样信号
c) 量化信号　　d) 数字信号

图 3-4 连续信号与离散信号

对于自变量连续的$x(t)$，若其幅值在某一个范围内取连续值，就称为模拟信号；若其幅值在一个范围内取离散值时，称为量化信号。对于自变量离散的$x(n)$，若其幅值在某一个范围内可以取到任何值时，称为抽样信号；若其幅值在一个范围内取离散值时，称为数字信号。图3-5所示为数字信号处理系统，说明了信号的变化过程。

在图3-5中，传感器将非电信号转换成电信号$x(t)$，输入模拟信号$x(t)$先经过前置滤波

图 3-5 数字信号处理系统的示意图

器,将 $x(t)$ 中高于某一频率的分量滤除。然后在模/数转换器(A/D 转换器)前端的采样保持电路中每隔 T_s 抽样取出一次 $x(t)$ 的幅值;抽样后的信号称为抽样信号,它只表示一些离散时间点 $0,T_s,2T_s,\cdots,nT_s,\cdots$ 上的信号值 $x(0),x(T_s),x(2T_s),\cdots,x(nT_s),\cdots$,抽样过程是对模拟信号的时间离散化的过程。为了形象起见,用一个带箭头线段来表示 $x(nT_s)$ 的数值大小。随后由 A/D 转换器将保持电路中的抽样信号转换成数字信号。一般采用有限位二进制码,所以它所表示的信号幅度是有一定限制的。例如 4 位码,只能表示 $2^4=16$ 种不同的信号幅度,这些幅度称为量化电平;当抽样信号幅度与量化电平不相同时,就要以最接近的一个量化电平来近似它,所以经 A/D 转换器后,不但时间离散化了,而且幅值也离散化了,这种信号就是数字信号,用 $x(n)$ 来表示。随后数字信号序列 $x(n)$ 进入数字信号处理器,通过软件程序按照预定的设置进行加工处理,得到数字信号 $y(n)$ 作为处理后的输出。最后 $y(n)$ 通过数/模转换器(D/A 转换器),将数字信号序列反过来转换成模拟信号并通过一个模拟滤波器,滤出不需要的高频分量,平滑成模拟输出信号 $y(t)$。当然,也可以直接输出数字信号给具有数字输出接口的设备。

2. 确定性信号与随机信号

(1) 确定性信号 在任何时刻都有确定值的信号称为确定性信号。也就是说在相同的测量条件下,对确定性信号重复多次测量,可以得到在一定误差范围的测量结果。

确定性信号按照时间的周期性划分,又可进一步分为周期性信号(Period Signal)和非周期性信号。如果一个函数满足

$$x(t)=x(t+T) \quad t\in(-\infty,+\infty) \tag{3-7}$$

则称该函数为周期函数,式中 T 是一个正的常数。显然,如果 $T=T_0$ 时满足式(3-7),则当 $T=T_0$,$2T_0,3T_0,4T_0,\cdots$ 时也满足式(3-7)。最小的 T 值称为 $x(t)$ 的基本周期,$f=1/T$ 为周期信号 $x(t)$ 的基本频率,$\omega=2\pi f=2\pi/T$ 为周期信号 $x(t)$ 的角频率。

在周期信号中,按正弦或余弦规律变化的信号,称为谐波信号。谐波信号是最简单、最重要的一类周期信号。非谐波的周期信号是一般周期信号,如周期方波、周期三角波等。

对于任何信号 $x(t)$,如果不能找到满足式(3-7)的 T 值,则称 $x(t)$ 为非周期信号。

(2) 随机信号 随机信号是一种不确定性信号,不具有确定值,不能用数学函数公式来描述,其幅值、相位变化不可预知,其描述的物理现象是一种随机过程。在日常工作和生活中,随机信号是广泛存在的。例如,机械振动信号、各种生物电信号、电话中的语音信号、电子器件中的电流或电压信号、雷达信号、地震波信号等。可以发现随机信号,即使在条件不变的情况下多次重复观测也不可能得到完全相同的结果,即不可能重复出现。这种随机信号无法用确切的数学关系式描述,也不能准确预测未来的结果,貌似没有规律,但却服从统计规律,所以只能采用概率统计方法描述它的规律。例如,噪声就是一种常见的随机信号。噪声常以干扰形式和有用信号混在一起,甚至可能淹没有用信号,采取相应措施可以将有用信号从噪声中提取出来。此外,对一些不易用确定性规律表示的信号或数据,有时也当作随机信号或随机数据处理,如模/数转换器中的量化误差等。

随机信号和确定性信号之间并不是截然分开的,通常确定性信号也包含着一定的随机成分,而在一定的时间内,随机信号也会以某种确定的方式表现出来。判断一个信号是确定性的还是随机的,通常是以通过试验能否重复产生该信号为依据。如果一个试验重复多次,得到的信号相同(在试验允许误差范围内),则可以认为是确定性信号,否则为随机信号。

处理随机信号时可把它看成一个信号集合,信号集合中的每个信号具有不同的波形。但是,

每个信号出现的概率应该是确定的,这种信号集合称为随机过程。

图 3-6 所示为某随机信号源可能产生的许多信号波形中的某几个。可以发现,随机信号在出现之前,检测者对其无法预知,但一旦其出现以后,它却是如图中所示的某一个确定的时间函数。随机信号是从包含所有可能出现的时间函数的一个集合中随机产生出来的,这些可能的出现可以分别记为 s_1、s_2、s_3、…,这一集合的总体称为随机过程。随机过程是具有两个参量的函数,一个为随机出现 s,一个为时间 t,所以随机过程记为 $x(t,s)$,有时也记为 $X(t,s)$

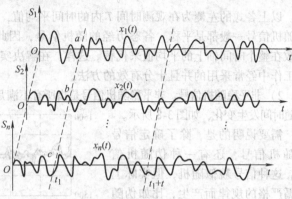

图 3-6 随机过程与样本函数

或简记为 $X(t)$。当 t 和 s 分别确定为 t_1 和 s_1 时,$x(t_1,s_1)$ 也就给出一个确定值。当出现 s_1 时,$x(t_1,s_1)$ 是函数 $x_1(t)$ 上 $t=t_1$ 时所确定的数值为 a。如果 $t=t_1$ 为确定值,而 s 为可变,则 $x(t_1,s)$ 的值将随 s 而作随机变化,其值可以取 a 或 b 或 c 等,这时 $x(t_1,s)$ 为一个随机变量。若对随机过程进行一段时间的观测,所获得的记录结果为 $x(t,s_i)$,简记为 $x_i(t)$,称其为一个样本函数。在相同条件下,对该过程重复观测,可以得到互不相同的许多样本函数 $x_1(t)$、$x_2(t)$、…、$x_i(t)$、…、$x_n(t)$。这些样本函数的全体称为总体或集合也可表示为随机过程。

通常,随机过程可分为平稳随机过程和非平稳随机过程。同样,随机信号也对应分为平稳随机信号和非平稳随机信号。

1) 平稳随机信号。如果信号的均值、各阶矩、均方值、方差、概率密度函数、相关函数等概率统计特征都不随时间变化,则此信号称为平稳随机信号。图 3-7 为一典型平稳随机信号示例。

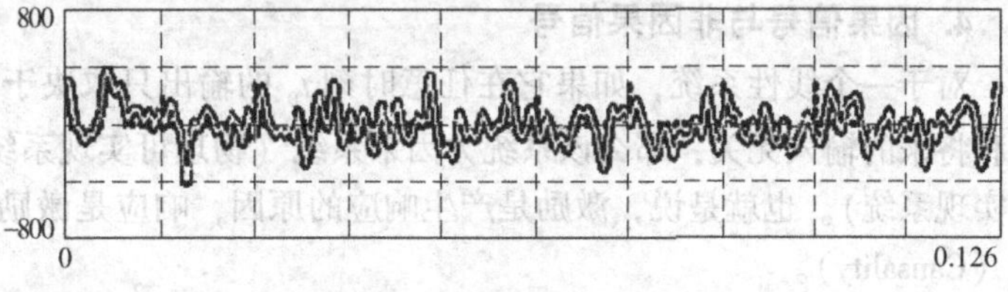

图 3-7 平稳随机信号

平稳随机信号的均值满足

$$\lim_{N\to\infty}\frac{1}{N}\sum_{i=1}^{N}x_i(t_1)=\lim_{N\to\infty}\frac{1}{N}\sum_{i=1}^{N}x_i(t_2)=\lim_{N\to\infty}\frac{1}{N}\sum_{i=1}^{N}x_i(t_m)=\text{常数} \qquad (3-8)$$

相关函数性满足

$$\lim_{N\to\infty}\frac{1}{N}\sum_{i=1}^{N}x_i(t_1)x_i(t_1+\tau)=\lim_{N\to\infty}\frac{1}{N}\sum_{i=1}^{N}x_i(t_2)x_i(t_2+\tau)=\lim_{N\to\infty}\frac{1}{N}\sum_{i=1}^{N}x_i(t_m)x_i(t_m+\tau) \qquad (3-9)$$

上述式子表示平稳随机信号的统计特性是与时间无关的常量,相关函数仅是时延 τ 的函数,与时间的起始时刻无关,其中 N 为样本函数总数。

通过以上分析可以发现,需要对一个平稳随机信号重复进行大量观测,获得数量很多的样本函数,才能对随机信号有深入的了解。而重复进行大量观测,这正是实际困难所在。

但有些特殊平稳随机信号的样本函数的各种时间平均量值与此信号相应的各种集合平均量值(统计量值)分别相等,这样的信号称为各态历经信号,不具备这种性质的称为非各态历经信号。

各态历经信号的均值为

$$m_x=\lim_{T\to\infty}\frac{1}{T}\int_0^T x(t)=\lim_{N\to\infty}\frac{1}{N}\sum_{i=1}^{N}x_i(t_m)=\text{常数} \qquad (3-10)$$

各态历经信号的相关函数为

$$R_x(\tau) = \lim_{T \to \infty} \frac{1}{T} \int_0^T x(t)x(t+\tau)dt = \lim_{N \to \infty} \frac{1}{N} \sum_{i=1}^N x_i(t_m)x_i(t_m+\tau) \tag{3-11}$$

以上各式的左侧为在观测时间 T 内的时间平均值,等式的右侧为整体集合平均量值。在工程中随机信号一般都是平稳、各态历经的随机信号,因此总体集合平均值实际上可以用一个样本函数在整个时间轴上的平均值来代替。这样,在解决实际问题时就节约了大量的工作量。也是实际工作中经常采用的并且十分有效的方法。

2) 非平稳随机信号。非平稳随机信号是指所有不满足平稳性要求的随机信号,其数学统计特征会随时间发生变化,如图 3-8 所示。

需要说明的是,除了确定信号和随机信号,还有一种伪随机信号,这种信号貌似随机,但实际上遵循严格的规律而产生,比如伪随机码。

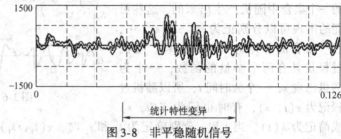

图 3-8 非平稳随机信号

3. 时限信号与频限信号

若信号 $x(t)$ 只在有限区间 (t_1, t_2) 内有定义,而在区间以外恒等于零,称为时域有限信号,简称为时限信号。单位矩形脉冲信号、三角窗函数等为时域有限信号,而正弦信号、指数信号等则为时域无限信号。

从频域上看,如果信号 $x(t)$ 的频率带宽 (f_1, f_2) 为有限的称为有限带宽信号,简称为频限信号。正弦信号、限带白噪声等为有限带宽信号,而冲激函数、白噪声、理想采样信号等为无限带宽信号。

4. 因果信号与非因果信号

对于一个线性系统,如果它在任意时刻 t_0 的输出只取决于现在时刻 t_0 和过去 $t < t_0$ 的输入,而和将来的输入无关,那么该系统为因果系统(物理可实现系统),否则为非因果系统(物理不可实现系统)。也就是说,激励是产生响应的原因,响应是激励引起的后果,这种特性称为因果性(Causality)。

借用"因果"这一术语,如果一个信号只在非负半轴左闭区间 $[0, +\infty)$ 才取非零值,而在 $(-\infty, 0)$ 开区间内取值均为零,那么这样的信号就称为因果信号或有始信号,否则就称为非因果信号。特别地,对于离散时间的因果信号常称为因果序列。

5. 能量信号和功率信号

对于连续信号 $x(t)$ 和离散信号 $x(n)$,其能量分别定义为

$$E = \int_{-\infty}^{\infty} |x(t)|^2 dt \tag{3-12}$$

$$E = \sum_{n=-\infty}^{\infty} |x(n)|^2 \tag{3-13}$$

如果 $E < \infty$,称 $x(t)$ 或 $x(n)$ 为能量有限信号,简称为能量信号;反之,则称为能量无限信号。

若 $x(t)$ 或 $x(n)$ 的能量 E 无限,则往往研究它们的功率。信号 $x(t)$ 或 $x(n)$ 的功率分别定义为

$$P = \lim_{T \to \infty} \frac{1}{T} \int_{-T/2}^{T/2} |x(t)|^2 dt \tag{3-14}$$

$$P = \lim_{N \to \infty} \frac{1}{2N+1} \sum_{n=-N}^{N} |x(n)|^2 \tag{3-15}$$

若 $0 < P < \infty$,则称 $x(t)$ 或 $x(n)$ 为有限功率信号,简称为功率信号。

在信号的能量和功率定义式中,对于实信号,$|\cdot|$ 表示取绝对值;对于复信号,$|\cdot|$ 则表示取

模。复信号取模后二次方也可以表示为它本身与其共轭信号的乘积，即 $|x(t)|^2 = x(t) \cdot x(t)^*$。

需要指出，将信号分为能量信号和功率信号不能涵盖整个信号空间，因为还存在着无限功率信号。周期信号、准周期信号及随机信号，由于其时间历程是无限的，所以它们总是功率信号。一般在有限区间内存在的确定性信号有可能是能量信号。

3.2.2 信号的描述

信号是信息的一种物理体现，它一般是随时间或位置变化的物理量。信号按物理属性分为电信号和非电信号，它们可以相互转换。电信号容易产生，便于控制，易于处理。电信号的基本形式为随时间变化的电压或电流。

描述信号的方法应根据信号的具体类型而定。任何一个信号都可以在时域和频域中进行描述。比如信号的时域描述方法就包括表示为时间的函数（因此"信号"与"函数"经常相互通用）或者表示为波形图的形式。

对一个检测系统的时域分析法是直接分析其时间变量函数或序列，研究系统的时间响应特性。频域分析法是将时域信号进行变换，以频率作为独立分量（自变量），从频率分布的角度出发去研究信号的频率结构，以及各频率成分的幅值和相位关系。

1. 信号的时域描述

直接观测或记录的信号一般为随时间变化的物理量，是以时间作为独立变量的，描述了信号随时间的变化特征，反映了信号幅值随时间变化的关系及特征，其波形图是以时间为横坐标的幅值变化图，这样的描述为信号的时域描述。由时域描述可计算信号的均值、均方值、方差等统计参数，其优点是形象、直观，缺点是不能明显揭示信号的内在结构（频率组成关系）。

2. 信号的频域描述

一般而言，信号的时间形式比较复杂，直接分析检测系统中信号的幅值随时间变化的特性通常是比较困难，甚至是不可能的。因此，通常将复杂的信号分解成某些特定的基本信号的组合，常见的基本信号有正/余弦信号、单位冲激信号、阶跃信号、复指数函数信号和小波函数信号等。信号的频域描述即是将信号分解成一系列的简谐周期信号之和，其基本方法是应用傅里叶变换，对信号进行变换（分解），以频率为独立变量，建立信号的幅值、相位与频率的关系。由频谱图（以频率为横坐标的幅值、相位变化图）可以研究其频率结构。频域描述揭示信号内在的频率组成，信息丰富，应用广泛。例如，如图3-9a所示的振动信号，很难用时间函数描述其信号波形，而使用频域描述法对其进行频谱分析，可以从如图3-9b所示的频谱图中看出该振动是由哪些不同的频率分量组成的，分析出各频率分量所占的比例，信号及噪声的强度比例，以及哪些频率分量是主要的，从而找出振动源，以便排除或减小有害振动。

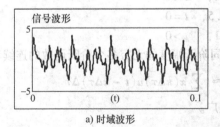

图3-9 振动信号的波形和频谱

3.2.3 信号的分解与合成

在进行物体的受力问题分析时，可将任一方向的力分解为几个方向或相互垂直方向的分力，称为力的分解。同样，为便于分析信号，往往将一些信号分解为比较简单的信号分量或正交的信号分量。可以从不同角度将信号分解。

1. 直流分量与交流分量

任何信号都可以分解为直流分量与交流分量之和。信号的直流分量为信号的平均值，从原信号中去掉直流分量即得到信号的交流分量。设原信号为 $x(t)$，分解为直流分量幅度 $x_D(t)$ 与交流分量 $x_A(t)$ 之和，表示为

$$x(t) = x_D(t) + x_A(t) \tag{3-16}$$

2. 偶分量与奇分量

任何信号都可以分解为偶分量 $x_e(t)$ 和奇分量 $x_o(t)$ 两部分之和。可写成

$$x(t) = x_e(t) + x_o(t) \tag{3-17}$$

其中：

$$x_e(t) = \frac{1}{2}[x(t) + x(-t)]$$

$$x_o(t) = \frac{1}{2}[x(t) - x(-t)]$$

3. 脉冲分量

一个信号可近似分解为许多脉冲分量之和。一般又分为两种情况，一种情况分解为矩形窄脉冲分量的叠加，其极限情况就是冲激信号的叠加；另一种情况是分解为阶跃信号分量之叠加。

1) 冲激信号。包括离散时间的单位冲激信号和连续时间的单位冲激信号。

离散时间的单位冲激信号由式(3-18)定义，即

$$\delta(n) = \begin{cases} 1, & n=0 \\ 0, & n \neq 0 \end{cases} \tag{3-18}$$

连续时间的单位冲激信号由式(3-19)定义，即

$$\delta(t) = \begin{cases} \infty & t=0 \\ 0 & t \neq 0 \end{cases} \text{ 且 } \int_{-\infty}^{\infty} \delta(t) = 1 \tag{3-19}$$

任意信号 $x(t)$ 可分解为在不同时刻出现具有不同强度的无穷多个冲激函数的连续和，即

$$x(t) = \int_{-\infty}^{\infty} x(\tau)\delta(t-\tau)d\tau \approx \sum_{k=-\infty}^{\infty} x(k\Delta\tau)\delta(t-k\Delta\tau)\Delta\tau \tag{3-20}$$

2) 阶跃信号。包括离散时间的单位阶跃信号和连续时间的单位阶跃信号。其中离散时间的单位阶跃信号由式(3-21)定义，即

$$u(n) = \begin{cases} 1, & n \geq 0 \\ 0, & n < 0 \end{cases} \tag{3-21}$$

连续时间的单位阶跃信号由式(3-22)定义，即

$$u(t) = \begin{cases} 0, & t < 0 \\ 0.5, & t = 0 \\ 1, & t > 0 \end{cases} \tag{3-22}$$

任意信号 $x(t)$ 可分解为在不同时刻具有不同阶跃幅度的无穷多个阶跃函数的连续和，即

$$x(t) = \int_{-\infty}^{\infty} x(\tau)u(t-\tau)d\tau \approx \sum_{k=-\infty}^{\infty} x(k\Delta\tau)u(t-k\Delta\tau)\Delta\tau \tag{3-23}$$

目前将信号分解为冲激信号叠加的方法应用得很广。

4. 实部分量与虚部分量

$x(t)$ 本身可以是实数，也可以是复数。物理信号一般都是实数信号，建立在数学模型基础上的信号有可能是复数信号。对某些物理量的变化过程，用复数量来描述也会更方便些。对于瞬时值为复数的信号 $x(t)$ 可分解为实、虚两个部分之和。

1) 直角坐标表示

$$x(t) = x_R(t) + jx_I(t) \tag{3-24}$$

式中，$x_R(t)$ 为实部；$x_I(t)$ 为虚部。

2）极坐标表示

$$x(t) = |x(t)|e^{j\phi(t)} \tag{3-25}$$

式中，$|x(t)| = \sqrt{x_R(t)^2 + x_I(t)^2}$ ——$x(t)$ 的模；$\phi(t) = \arctan\dfrac{x_I(t)}{x_R(t)}$ ——辐角。

虽然实际产生的信号都为实信号，但在信号分析理论中，常常借助复信号来研究某些实信号的问题，它可以建立某些有益的概念或简化运算。

5. 正交函数分量

任意信号可由完备的正交函数集表示，如果用正交函数集来表示一个信号，那么，组成信号的各分量就是相互正交的。

一个平面矢量可以分解为相互垂直的两个矢量，也可以说用一个二维正交矢量集完备地表示一个平面矢量。对于一个三维空间矢量，可以分解为相互垂直的三个矢量，也可以说用一个三维正交矢量集完备地表示一个三维空间矢量。进一步推广，一个 n 维空间矢量，可以分解为相互垂直的 n 个矢量，也可以说用一个 n 维正交矢量集可以完备地表示一个 n 维空间矢量。

与矢量分解类似，一个信号或函数可以分解为相互正交的 n 个函数，也就是说可以用正交函数集的 n 分量之和来表示该函数。

1）两矢量 A_1、A_2 正交的条件是 $A_1 \cdot A_2 = 0$，或标量系数 $C_{12} = \dfrac{A_1 \cdot A_2}{|A_2|^2} = 0$。

2）两个实函数 $x_1(t)$、$x_2(t)$ 在区间 (t_1, t_2) 内正交的条件是 $\int_{t_1}^{t_2} x_1(t)x_2(t)\mathrm{d}t = 0$，或相关系数 $C_{12} = \dfrac{\int_{t_1}^{t_2} x_1(t)x_2(t)\mathrm{d}t}{\int_{t_1}^{t_2} [x_2(t)]^2 \mathrm{d}t} = 0$

3）设有 n 个实函数 $g_1(t)$，$g_2(t)$，…，$g_n(t)$，构成一个实函数集，且这些函数在区间 (t_1, t_2) 内满足关系式

$$\int_{t_1}^{t_2} g_i(t)g_j(t)\mathrm{d}t = \begin{cases} 0, & i \neq j \\ K_i, & i = j \end{cases}, \quad K_i \text{ 为正数}$$

则此实函数集称为正交函数集。

4）两个复数函数 $x_1(t)$、$x_2(t)$ 在区间 (t_1, t_2) 内正交的条件是 $\int_{t_1}^{t_2} x_1(t)x_2^*(t)\mathrm{d}t = \int_{t_1}^{t_2} x_1^*(t)x_2(t)\mathrm{d}t = 0$，其中 $x_i^*(t)$ 表示 $x_i(t)$ 的共轭函数；若在区间 (t_1, t_2) 内，复数函数集 $\{g_1(t), g_2(t), \cdots, g_n(t)\}$ 满足关系式

$$\int_{t_1}^{t_2} g_i(t)g_j^*(t)\mathrm{d}t = \begin{cases} 0, & i \neq j \\ K_i, & i = j \end{cases}, \quad K_i \text{ 为正数}$$

则此复数函数集称为正交函数集。

5）任意信号 $x(t)$ 可由完备的正交函数集表示为

$$x(t) = C_1 g_1(t) + C_2 g_2(t) + \cdots + C_n g_n(t) \tag{3-26}$$

应用最广的完备正交函数集是三角函数集，其他还有复指数函数集、沃尔什函数集等。

① 三角函数集。在时间间隔 $(t_1, t_1 + T)$ 内，当 $n \to \infty$ 时，三角函数集的全体 $\sin 0\omega t$，$\sin 1\omega t$，…，$\sin n\omega t$，$\cos 0\omega t$，$\cos 1\omega t$，…，$\cos n\omega t$ 是完备的正交函数集。

三角函数正交性：

$$\begin{cases} \int_0^T \sin n\omega t\, dt = 0, \int_0^T \sin n\omega t \sin m\omega t\, dt = \begin{cases} 0, & m \neq n \\ T/2, & m = n \end{cases} \\ \int_0^T \cos n\omega t\, dt = 0, \int_0^T \cos n\omega t \cos m\omega t\, dt = \begin{cases} 0, & m \neq n \\ T/2, & m = n \end{cases} \\ \int_0^T \sin n\omega t \cos m\omega t\, dt = 0 \quad (\text{对所有 } m, n) \end{cases} \quad (3\text{-}27)$$

任一个周期为 T 的周期信号 $x(t)$，可以用三角函数集中的 $n = \infty$ 个正交函数之和来表示，即

$$x(t) = b_0 \sin 0\omega t + \cdots + b_n \sin n\omega t + a_0 \cos 0\omega t + \cdots + a_n \cos n\omega t$$

$$= \sum_{n=0}^{\infty} b_n \sin n\omega t + \sum_{n=0}^{\infty} a_n \cos n\omega t = a_0 + \sum_{n=1}^{\infty} (a_n \cos n\omega t + b_n \sin n\omega t) \quad (3\text{-}28)$$

② 复指数函数集。在时间间隔 $(t_1, t_1 + T)$ 内，当 $n \to \infty$ 时，复指数函数集的全体 $\{e^{jm\omega t}, m = 0, \pm 1, \pm 2, \pm 3, \cdots\}$ 也是一个完备正交函数集。

任意一个周期为 T 的周期信号 $x(t)$，可以用复指数函数集合中的 $m = \infty$ 个正交函数之和来表示，即

$$x(t) = \sum_{-\infty}^{+\infty} C_m e^{jm\omega t}, \quad m = 0, \pm 1, \pm 2, \cdots \quad (3\text{-}29)$$

3.3 检测信号的特征及其分析方法

3.3.1 信号的时域特征分析

时域分析是信号分析中一种基本而又常用的方法，其最重要的特点是观察信号的时间序列；而在信号的幅域分析中，虽然各种幅域参数可以用样本数据来计算，但其时间序列不起作用。因为数据的任意排列，所计算的结果是一样的。本节主要介绍时域波形分析、相关分析和包络分析等方法。

1. 波形分析

常见的测试信号一般都是时间波形的形式。时间波形具有直观、易于理解、信息量大等优点。对于一些波形简单或具有明显特征的信号，可以通过时域波形分析发现一些信息，但对复杂信号就不太容易看出所包含信息。

图 3-10a 为正常状态变速箱箱体振动信号，图 3-10b 为断齿时变速箱箱体振动信号。通过对比不难看出：变速箱存在断齿故障时，振动信号存在周期性较大幅值的冲击。经计算该冲击频率与断齿齿轮的公转频率相同。也就是说，断齿齿轮每转一周较大幅值的冲击会出现一次。由此可以断定，这种周期性冲击信号是由齿轮啮合过程的冲击振动引起的。

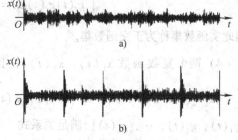

图 3-10 变速箱断齿前后的振动信号

在实际应用中，波形分析适合于较为简单的信号，并且要求工作者具备较强的实际工作经验。例如，医学工作者，通过观察病人的心电图等，可以对其病情做出诊断。

2. 相关分析

由概率统计理论可知，相关是用来描述一个随机过程自身在不同时刻的状态间，或者两个随机过程在某个时刻状态间线性依从关系的重要统计量。对于确定性信号来说，两变量间的关系可以用确定的函数来描述，而两个随机变量之间却不具有这种确定关系，但它们之间却可能存在某种统计上可确定的物理关系。

图 3-11 所示为两个随机变量 y 和 x 的若干数据点的分布情况。其中，图 3-11a 表示 y 和 x 精确线性相关的情形；图 3-11b 是中等程度相关，有一定的线性相关性，但还没有达到精确线性相关的程度；图 3-11c 是不相关的情形，数据点分布很散，说明 y 和 x 不存在确定性的关系。

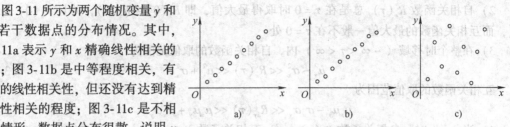

图 3-11 变量 y 和 x 的相关性

在信号处理中应用相关分析就是要研究两个信号的相关性，或某信号经过一段延迟后与自身的相关性，以实现信号的检测、提取与识别等。

(1) 相关函数的定义　信号 $x(t)$ 和 $y(t)$ 的互相关函数定义为

$$R_{xy}(\tau) = \int_{-\infty}^{\infty} x(t) y(t+\tau) \mathrm{d}t \tag{3-30}$$

该式表明 $R_{xy}(\tau)$ 在 τ 时刻的值等于 $x(t)$ 和移位 τ 后的 $y(t)$ 两个信号相乘并积分的结果。

如果 $x(t) = y(t)$，上面互相关函数就变成自相关函数，即

$$R_x(\tau) = \int_{-\infty}^{\infty} x(t) x(t+\tau) \mathrm{d}t \tag{3-31}$$

自相关函数 $R_x(\tau)$ 反映了信号 $x(t)$ 和其自身作了一段移位后 $x(t+\tau)$ 的相似程度。

由式(3-31)，当 $\tau = 0$ 时，

$$R_x(0) = \int_{-\infty}^{+\infty} |x(t)|^2 \mathrm{d}t$$

即 $R_x(0)$ 等于信号 $x(t)$ 自身的能量。如果 $x(t)$ 不是能量信号，$R_x(0)$ 将趋于无穷大。为此，功率信号的相关函数定义为

$$R_{xy}(\tau) = \lim_{T \to \infty} \frac{1}{T} \int_{-T/2}^{T/2} x(t) y(t+\tau) \mathrm{d}t \tag{3-32}$$

$$R_x(\tau) = \lim_{T \to \infty} \frac{1}{T} \int_{-T/2}^{T/2} x(t) x(t+\tau) \mathrm{d}t \tag{3-33}$$

上述相关函数的定义都是针对实信号的。如果信号 $x(t)$、$y(t)$ 是复信号，那么相关函数也是复值的。此时，相关函数的定义为

$$R_{xy}(\tau) = \int_{-\infty}^{\infty} x^*(t) y(t+\tau) \mathrm{d}t \tag{3-34}$$

为了便于比较，引入自相关系数和互相关系数，分别为

$$\rho_x(\tau) = \frac{R_x(\tau) - \mu_x^2}{\sigma_x^2} \tag{3-35}$$

$$\rho_{xy}(\tau) = \frac{R_{xy}(\tau) - \mu_x \mu_y}{\sigma_x \sigma_y} \tag{3-36}$$

式中，μ_x、μ_y 为信号 $x(t)$、$y(t)$ 的均值；σ_x、σ_y 为信号 $x(t)$、$y(t)$ 标准差。

相关系数的绝对值 $|\rho_{xy}(\tau)|$ 在 $0 \sim 1$ 取值。当 $|\rho_{xy}(\tau)| = 1$ 时，说明两个信号 $x(t)$ 和 $y(t)$ 完全相关；当 $|\rho_{xy}(\tau)| = 0$ 时，说明两个信号 $x(t)$ 和 $y(t)$ 完全不相关。因此，$|\rho_{xy}(\tau)|$ 可以用来描述 $x(t)$ 和 $y(t)$ 之间的相关程度。

(2) 相关函数的性质　自相关函数 $R_x(\tau)$ 和互相关系数 $R_{xy}(\tau)$ 的主要性质有：

1) 根据定义，若 $x(t)$ 是实信号，则自相关函数 $R_x(\tau)$ 为实偶函数，即 $R_x(-\tau) = R_x(\tau)$；若 $x(t)$ 是复信号，则 $R_x(\tau)$ 满足 $R_x(\tau) = R_x^*(-\tau)$。而互相关函数 $R_{xy}(\tau)$ 通常不是自变量 τ 的偶函数，也不是奇函数，但有 $R_{xy}(\tau) = R_{yx}(-\tau)$。

2) 自相关函数 $R_x(\tau)$ 总是在 $\tau=0$ 时取得最大值，即 $R_x(0) \geqslant R_x(\tau)$，并且 $R_x(0) = \mu_x^2 + \sigma_x^2$，而互相关函数的最大值一般不在 $\tau=0$ 处。

3) 在整个时移域（$-\infty < \tau < \infty$）内，自相关函数的取值范围为

$$\mu_x^2 - \sigma_x^2 \ll R_x(\tau) \ll \mu_x^2 + \sigma_x^2 \tag{3-37}$$

互相关函数的取值范围为

$$\mu_x \mu_y - \sigma_x \sigma_y \ll R_{xy}(\tau) \ll \mu_x \mu_y + \sigma_x \sigma_y \tag{3-38}$$

4) 当 $\tau \to \infty$ 时，自相关函数 $R_x(\tau) \to \mu_x^2$，互相关函数 $R_{xy}(\tau) \to \mu_x \mu_y$。若 $x(t)$ 和 $y(t)$ 都是能量信号，则 $\lim\limits_{\tau \to \infty} R_x(\tau) = 0$，$\lim\limits_{\tau \to \infty} R_{xy}(\tau) = 0$。

5) 互相关函数 $R_{xy}(\tau)$ 满足

$$R_{xy}(\tau) \ll \sqrt{R_x(0) R_y(0)} \tag{3-39}$$

证明：由施瓦兹（Schwartz）不等式

$$|R_{xy}(\tau)| = \left| \int_{-\infty}^{\infty} x(t) y(t-\tau) dt \right| \leqslant \sqrt{\int_{-\infty}^{\infty} x^2(t) dt \int_{-\infty}^{\infty} y^2(t) dt} = \sqrt{R_x(0) R_y(0)}$$

6) 周期函数的自相关函数仍为周期函数，且与原信号的频率相同。如果两信号 $x(t)$ 和 $y(t)$ 具有相同的频率成分，则它们的互相关函数中即使 $\tau \to \infty$ 也会出现该频率的周期成分，因而不收敛。

图 3-12a、b 所示分别为典型的自相关函数和互相关函数曲线及其有关性质。

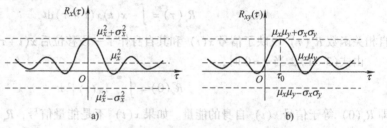

图 3-12　典型的自相关函数和互相关函数曲线

【例 3-1】　求正弦函数 $x(t) = A\sin(\omega t + \varphi)$ 的自相关函数。

解：根据功率信号自相关函数的定义

$$\begin{aligned}
R_x(\tau) &= \lim_{T \to \infty} \frac{1}{T} \int_{-T/2}^{T/2} x(t) x(t+\tau) dt \\
&= \lim_{T \to \infty} \frac{A^2}{T} \int_{-T/2}^{T/2} \sin(\omega t + \varphi) \sin[\omega(t+\tau) + \varphi] dt \\
&= \lim_{T \to \infty} \frac{A^2}{2T} \int_{-T/2}^{T/2} [\cos(\omega \tau) - \cos(2\omega t + \omega \tau + \varphi)] dt \\
&= \lim_{T \to \infty} \frac{A^2}{2T} \int_{-T/2}^{T/2} \cos(\omega \tau) dt - \lim_{T \to \infty} \frac{A^2}{2T} \int_{-T/2}^{T/2} \cos(2\omega t + \omega \tau + \varphi) dt \\
&= \frac{A^2}{2} \cos(\omega \tau)
\end{aligned}$$

可见，正弦函数的自相关函数是一个余弦函数，而且与正弦函数是同周期的，在 $\tau = 0$ 时取得最大值 $A^2/2$，并保留了原函数的幅值信息和频率信息，丢失了初始相位信息。

【例 3-2】　求正弦函数 $x(t) = A_1 \sin(\omega_1 t + \varphi_1)$ 和 $y(t) = A_2 \sin(\omega_2 t + \varphi_2)$ 的互相关函数。

解：由功率信号互相关函数的定义

$$\begin{aligned}
R_{xy}(\tau) &= \lim_{T \to \infty} \frac{1}{T} \int_{-T/2}^{T/2} x(t) y(t+\tau) dt \\
&= \lim_{T \to \infty} \frac{A_1 A_2}{T} \int_{-T/2}^{T/2} \sin(\omega_1 t + \varphi_1) \sin[\omega_2(t+\tau) + \varphi_2] dt \\
&= \lim_{T \to \infty} \frac{A_1 A_2}{2T} \int_{-T/2}^{T/2} \cos[(\omega_1 - \omega_2)t - \omega_2 \tau + \varphi_1 - \varphi_2] dt
\end{aligned}$$

$$-\lim_{T\to\infty}\frac{A_1A_2}{2T}\int_{-T/2}^{T/2}\cos[(\omega_1+\omega_2)t+\omega_2\tau+\varphi_1+\varphi_2]dt$$

如果 $\omega_1=\omega_2=\omega$，则

$$R_{xy}(\tau)=\lim_{T\to\infty}\frac{A_1A_2}{2T}\int_{-T/2}^{T/2}\cos[\omega\tau-(\varphi_2-\varphi_1)]dt$$
$$-\lim_{T\to\infty}\frac{A_1A_2}{2T}\int_{-T/2}^{T/2}\cos(2\omega t+\omega_2\tau+\varphi_1+\varphi_2)dt$$
$$=\frac{A_1A_2}{2}\cos[\omega\tau-(\varphi_2-\varphi_1)]$$

可见，具有相同频率的两个正弦信号，其互相关函数保留了原信号的频率 ω，相应的幅值 A_1 和 A_2 以及相位差 $\varphi_2-\varphi_1$ 等信息。

如果 $\omega_1\ne\omega_2$，则 $R_{xy}(\tau)=0$，可见两个不同频的正弦信号是不相关的。

（3）相关函数的估计　离散信号 $x(n)$ 和 $y(n)$ 相关函数的表达式为

$$R_{xy}(m)=\sum_{n=-\infty}^{\infty}x(n)y(n+m)\tag{3-40}$$

由于测试信号总是有限长的，对于 N 点离散数据 $x(n)$ 和 $y(n)$，其中 $n=0,1,\cdots,N-1$，实际的计算式常写为

$$R_{xy}(m)=\frac{1}{N}\sum_{n=0}^{N-1-|m|}x(n)y(n+m)\tag{3-41}$$

m 的范围是 $-(N-1)\sim(N-1)$，通常仅计算 $0\sim(N-1)$ 部分，显然 m 越大，使用的信号有效长度越短，估计出的 $R_{xy}(m)$ 就越差。因此，一般取 $m\ll N$。另外，不管 $x(n)$、$y(n)$ 是能量信号还是功率信号，一般都要除以数据的长度 N。

除了利用直接法进行相关函数的估计外，也可以先利用傅里叶变换估计出信号的功率谱，然后再进行傅里叶逆变换进行间接估计。

（4）相关分析的应用　相关分析主要是应用相关函数的性质，解决工程中的一些实际问题。互相关函数比自相关函数包含的信息更多，用途也更广泛，主要包括以下几方面。

1）不同类别信号的辨识。工程中常会遇到各种不同类别的信号，利用自相关函数可以对信号的类别加以辨识。图 3-13 给出了几种典型信号的自相关波形，图 3-13a 为一正弦信号，其自相关函数为一余弦函数，不衰减；图 3-13b 为周期信号与随机噪声叠加的波形，其自相关函数一部分是不衰减的周期信号，一部分是随机噪声所确定的衰减部分，而衰减的速度取决于信号的信噪比；图 3-13c 为窄带随机信

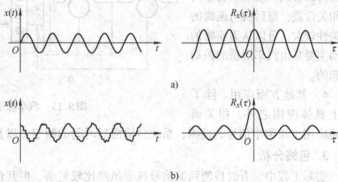
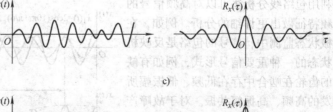
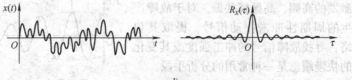

图 3-13　常见信号的自相关函数曲线

号,它的自相关函数衰减较慢;图 3-13d 为宽带随机信号,其自相关函数衰减很快。

利用信号的自相关函数来区分其类别这一点在工程应用中有着重要的意义。例如在分析汽车驾驶座位置上的振动信号时,利用自相关分析来检测该信号中是否含有某种周期成分(例如由发动机工作所产生的周期振动信号),从而可进一步改进座椅的结构设计来消除这种周期性的影响,达到改善舒适度的目的。

2)相关测速和测距。利用互相关函数测量物体运动或信号传播的速度和距离。工程上常用两个间隔一定距离的传感器 A 和 B 来不接触地测量运动物体的速度。具体做法是利用两个光电信号传感器,在固定距离 L 上测得物体运动的两个信号 $x(t)$ 和 $y(t)$ 经互相关处理得到相关函数 $R_{xy}(\tau)$。根据峰值的滞后时间 τ_0,即可求得运动速度 $v = L/\tau_0$,测量原理如图 3-14a 所示,测得波形如图 3-14b 所示。由于这种方法可实现非接触测量,故适合于轧制钢带、炮弹、汽车等的运动速度测量。

3)传递通道的确定。相关分析方法可以应用于剧场音响传递通道的分析和音响效果的完善,复杂机器振动传递和振源的判别等。

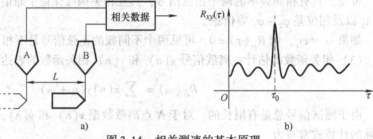

图 3-14 相关测速的基本原理

图 3-15a 为汽车座椅振动传递途径的识别示意图。在发动机、座椅、后桥放置三个角加速度传感器 A、B、C,将测得的测点 C 与 B 和 A 与 B 振动信号进行相关分析,见图 3-15b 和 c,由图可以看到:发动机与座椅的相关性差,而后桥与座椅的相关性较大,可以认为座椅的振动主要是由汽车后桥的振动引起的。

4)其他方面应用。除了以上具体应用之外,相关函数还应用于噪声中信号的检测,系统传输滞后时间的测定,以及功率谱估计等其他方面。

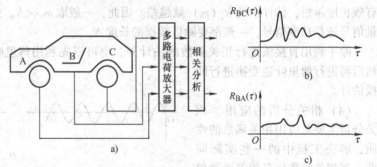

图 3-15 汽车振动传递途径的识别

3. 包络分析

实际工程中,有时检测到的信号波形虽然比较复杂,但其包络线却有一定的规律或趋势,此时利用包络线分析法可以对高频信号的低频特征做出更详细的分析。例如,在机械状态监测中,信号的包络是反映机械状态的一种重要信号形式,例如有缺陷的齿轮在啮合中存在低频、低振幅所激发的高频、高振幅共振。对于故障产生的周期性冲击振动信号,提取其包络,寻找故障信号的冲击强度或其变化的快慢缓急是一种常用的分析手段。

(1)包络线分析 图 3-16 所示为两个频率相近的余弦信号叠加的情况。

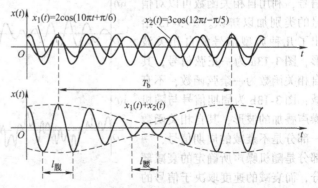

图 3-16 两种相近频率合成的拍波

合成后的波形是一种周期性变化拍波，拍波的变化频率为排频，即 $f_b = 1/T_b$。拍波的最大幅值处称为腹部，最小振幅处称为腰部。其中，拍波的腹部是由于两信号的瞬时同相产生，腰部是由两信号的瞬时反相产生。

图 3-17 所示为两个频率相差较远的正弦信号叠加的情况，合成后波形包络线的变化代表低频部分，上、下包络线内的波形为高频部分。上下包络线之间的间距称为包络带宽。

若叠加信号的波形和图 3-17 所述情况类似，两波形的频率相差较远，分占不同的频带，此时可采用低通滤波将信号中的高频部分滤掉，只保留低频部分；若叠加信号的波形和图 3-16 所述情况类似，两波形的频率相近，对滤波器的性能要求较高，采用经典滤波的方法比较困难。

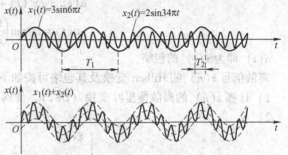

图 3-17 两种相差较远频率合成的波形

信号包络的提取方法有多种，这里主要介绍希尔伯特（Hilbert）幅值解调法。

（2）Hilbert 变换 Hilbert 变换是信号分析中的重要工具，例如利用它可以构造出相应的解析信号，使其仅含有正频率成分，从而可降低信号的抽样频率。对于一连续的时间信号 $x(t)$，其 Hilbert 变换 $\hat{x}(t)$ 定义为

$$\hat{x}(t) = \frac{1}{\pi} \int_{-\infty}^{\infty} \frac{x(\tau)}{t-\tau} d\tau = \frac{1}{\pi} \int_{-\infty}^{\infty} \frac{x(t-\tau)}{\tau} d\tau = x(t) * \frac{1}{\pi t} \tag{3-42}$$

即 $\hat{x}(t)$ 是 $x(t)$ 与 $1/(\pi t)$ 的卷积，也可以看作是 $x(t)$ 通过一个单位冲激响应是 $h(t)=1/(\pi t)$ 滤波器的输出，如图 3-18a 所示。

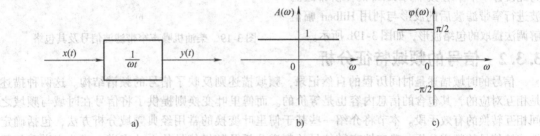

图 3-18 Hilbert 变换器及其幅频特性和相频特性

由傅里叶变换的理论可知，$jh(t) = j/(\pi t)$ 的傅里叶变换是符号函数 $\mathrm{sgn}(\omega)$。因此，Hilbert 变换器的频率响应为

$$H(\omega) = -j\mathrm{sgn}(\omega) = \begin{cases} -j, & \omega > 0 \\ j, & \omega < 0 \end{cases} \tag{3-43}$$

其幅频特性和相频特性分别为

$$A(\omega) = |H(\omega)| = 1 \tag{3-44}$$

$$\varphi(\omega) = \begin{cases} -\pi/2, & \omega > 0 \\ \pi/2, & \omega < 0 \end{cases} \tag{3-45}$$

可见，Hilbert 变换器是幅频特性为 1 的全通滤波器。信号 $x(t)$ 通过 Hilbert 变换器后，其负频率成分做 +90°相移，而正频率成分做 -90°相移，其幅频特性如图 3-18b 所示，相频特性如图 3-18c 所示。

（3）Hilbert 变换和包络信号的计算 设 $\hat{x}(t)$ 为 $x(t)$ 的 Hilbert 变换，定义

$$z(t) = x(t) + j\hat{x}(t) \tag{3-46}$$

为信号 $x(t)$ 的解析信号（Analytic Signal），并记

$$a(t) = \sqrt{x^2(t) + \hat{x}^2(t)} \tag{3-47}$$

$$\varphi(t) = \arctan\left(\frac{\hat{x}(t)}{x(t)}\right) \tag{3-48}$$

$a(t)$ 即为 $x(t)$ 的包络。

离散信号 $x(n)$ 的 Hilbert 变换及其包络可按如下方法求出：

1）计算 $x(n)$ 的离散傅里叶变换（DFT），得到 $X(k)$，$(k=0, 1, \cdots, N-1)$。

2）令

$$g(k) = \begin{cases} X(k) & k=0 \\ 2X(k) & k=1,2,\cdots,\frac{N}{2}-1 \\ 0 & k=\frac{N}{2},\frac{N}{2}+1,\cdots,N-1 \end{cases}$$

3）对 $g(k)$ 做逆 DFT，即可得到 $x(n)$ 的解析信号 $z(n)$，$z(n)$ 的虚部就是 $\hat{x}(t)$。

4）求出 $z(n)$ 的幅值，即可得到 $x(n)$ 的包络 $a(n)$。

(4) 包络分析的应用　图 3-19a 为实测某发动机在 600r/min 时的声信号。该车动力装置为 V 型 12 缸四冲程柴油发动机，根据柴油机间歇式做功的特点，各缸爆发频率为 60Hz。为此设计一个中心频率为 60Hz 的 4 阶带通滤波进行窄带滤波后的波形与利用 Hilbert 幅值解调法提取的包络波形，如图 3-19b 所示。

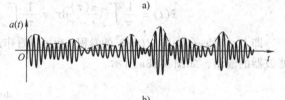

图 3-19　柴油机噪声窄带滤波信号及其包络

3.3.2　信号的频域特征分析

信号的时域描述是时间历程的自然记录，频域描述则反映了信号的频谱结构。这两种描述是相互对应的，其包含的信息内容也是等价的。而傅里叶变换则提供了将信号在时域与频域之间相互转换的有效手段。本节将介绍一些基于傅里叶变换的常用经典频域分析方法，包括确定性连续信号的频谱分析、确定性离散信号的频谱分析及随机信号的自功率谱、互功率谱和相干函数等。

1. 确定性连续信号的频谱分析

信号的频域分析或者说频谱分析，是研究信号的频率结构，即求信号的幅值、相位按频率的分布规律，并建立以频率为横轴的各种"谱"。其目的之一是研究信号的组成成分，它所借助的数学工具是法国人傅里叶（Fourier）为分析热传导问题而建立的傅里叶级数和傅里叶积分。连续时间周期信号可以表示为傅里叶级数，计算结果为离散频谱；连续时间非周期信号可以表示为傅里叶积分，计算结果为连续频谱；离散时间周期信号可以表示为傅里叶级数；进行离散时间非周期信号的傅里叶分析时，必须把无限长离散序列截断，变成有限长离散序列并等效将截断序列沿时间轴的正负方向延拓为离散时间周期信号才能进行分析。

从数学分析已知，任何周期函数在满足狄里赫利的条件下，可以展成正交函数线性组合的无穷级数，即任何时域信号都可以表达为虚指数信号的线性组合。这里将利用这一数学工具研究周期信号的频域特性，建立信号频谱的概念。

(1) 连续周期信号与离散频谱——傅里叶级数　在有限区间 $(t, t+T)$ 下，满足狄里赫利

条件的周期函数 $x(t)$ 可以展开成傅里叶级数。傅里叶级数有两种表达式。

1) 傅里叶级数的三角函数展开式

$$x(t) = \frac{a_0}{2} + a_1\cos\omega_0 t + b_1\sin\omega_0 t + \cdots + a_n\cos n\omega_0 t + b_n\sin n\omega_0 t + \cdots$$

$$= \frac{a_0}{2} + \sum_{n=1}^{\infty}(a_n\cos n\omega_0 t + b_n\sin n\omega_0 t) = \frac{a_0}{2} + \sum_{n=1}^{\infty} A_n\sin(n\omega_0 t + \varphi_n) \tag{3-49}$$

式中，a_0 为 $x(t)$ 的直流分量，$a_0 = \frac{2}{T}\int_t^{t+T} x(t)\mathrm{d}t$；$a_n$ 为余弦分量的幅值，$a_n = \frac{2}{T}\int_t^{t+T} x(t)\cos n\omega_0 t\mathrm{d}t$；$b_n$ 为正弦分量的幅值，$b_n = \frac{2}{T}\int_t^{t+T} x(t)\sin n\omega_0 t\mathrm{d}t$；$A_n$ 为各频率分量的幅值，$A_n = \sqrt{a_n^2 + b_n^2}$；$\varphi_n$ 为各频率分量的相位，$\varphi_n = \arctan\frac{a_n}{b_n}$；$\omega_0$ 为角频率，$\omega_0 = \frac{2\pi}{T} = 2\pi f$。

上式表明连续周期信号包含直流分量和基频的各种倍频的频率分量，也就清楚表达了连续周期信号的"频率（频谱）结构"。比如图 3-20 就一周期方波信号为例清楚地表示了周期信号各种频率分量组成情况，以及各分量幅值及相位的大小，详细表达了信号的频率结构信息。

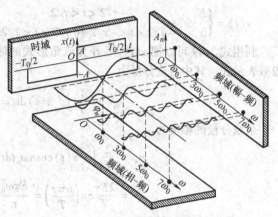

图 3-20 信号的频域描述

若将图 3-20 中频域内的幅-频图及相-频图单独画出来，即以角频率 $n\omega_0$ 为横轴，幅值 A_n 或相位 φ_n 为纵轴作图，可以分别得到幅频谱和相频谱图，它是单边谱，$n\omega_0$ 由 $0\rightarrow\infty$，如图 3-21 所示。

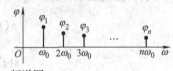

图 3-21 频谱图

2) 傅里叶级数的复指数函数展开式

$$x(t) = \sum_{n=-\infty}^{\infty} C_n \mathrm{e}^{\mathrm{j}n\omega_0 t}, \quad n = 0, \pm 1, \pm 2, \cdots \tag{3-50}$$

C_n 为傅里叶系数，有

$$C_n = \frac{1}{T}\int_t^{t+T} x(t)\mathrm{e}^{-\mathrm{j}n\omega_0 t}\mathrm{d}t, \quad C_n = \alpha_n + \mathrm{j}\beta_n = |C_n|\mathrm{e}^{\mathrm{j}\varphi_n} \tag{3-51}$$

根据欧拉公式 $\mathrm{e}^{-\mathrm{j}n\omega_0 t} = \cos n\omega_0 t - \mathrm{j}\sin n\omega_0 t$，代入傅里叶级数的复指数函数展开式可得：实部为 α_n，虚部为 β_n，模为 $|C_n|$，初相角为 φ_n。

$$\begin{cases} \alpha_n = \frac{1}{T}\int_t^{t+T} x(t)\cos n\omega_0 t\mathrm{d}t = \frac{1}{2}a_n \\ \beta_n = \frac{1}{T}\int_t^{t+T} x(t)\sin n\omega_0 t\mathrm{d}t = \frac{1}{2}b_n \\ |C_n| = \frac{1}{2}\sqrt{a_n^2 + b_n^2} = \frac{1}{2}A_n \\ \varphi_n = \arctan\frac{\beta_n}{\alpha_n} \\ C_0 = \frac{a_0}{2} \end{cases} \tag{3-52}$$

以角频率为横轴，模 $|C_n|$ 和初相角 φ_n 为纵轴作图，可以分别得到幅频谱和相频谱图；也可以实部 α_n 和虚部 β_n 为纵轴作图，分别得到实频谱图和虚频谱图。它们都是双边谱，$n\omega_0$ 从 $-\infty \sim +\infty$。

不同的时域信号只是傅里叶级数的系数不同，因此就可以通过研究傅里叶级数的系数来研究信号的特性。

3) 周期矩形脉冲信号的频谱。设周期矩形脉冲信号 $x(t)$ 的脉冲宽度为 τ，脉冲幅度为 E，重复周期为 T，如图 3-22 所示。

该信号在一个周期（$-T/2 < t < T/2$）内的表示式为

$$x(t) = \begin{cases} E, & -\tau/2 < t < \tau/2 \\ 0, & -T/2 < t < -\tau/2 \text{ 和 } \tau/2 < t < T/2 \end{cases}$$

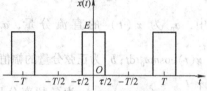

图 3-22 周期矩形脉冲信号 $x(t)$

利用式 3-49 可以把 $x(t)$ 展开为三角形式的傅里叶级数表示式，其中直流分量为

$$\frac{a_0}{2} = \frac{1}{T}\int_{-\frac{T}{2}}^{\frac{T}{2}} x(t)\mathrm{d}t = \frac{1}{T}\int_{-\frac{\tau}{2}}^{\frac{\tau}{2}} E\mathrm{d}t = \frac{E\tau}{T}$$

余弦分量的幅度为

$$a_n = \frac{2}{T}\int_{-\frac{T}{2}}^{\frac{T}{2}} x(t)\cos n\omega_0 t\,\mathrm{d}t = \frac{2}{T}\int_{-\frac{\tau}{2}}^{\frac{\tau}{2}} E\cos \frac{2\pi n}{T} t\,\mathrm{d}t$$

$$= \frac{2E\tau}{T}\mathrm{Sa}\left(\frac{n\pi\tau}{T}\right) = \frac{E\tau\omega_0}{\pi}\mathrm{Sa}\left(\frac{n\omega_0\tau}{2}\right)$$

式中，Sa 表示抽样函数（Sample function），它表示

$$\mathrm{Sa}\left(\frac{n\pi\tau}{T}\right) = \frac{\sin(n\pi\tau/T)}{n\pi\tau/T}$$

由于 $x(t)$ 是偶函数，所以 $b_n = 0$。这样周期矩形信号的三角傅里叶级数为

$$x(t) = \frac{E\tau}{T} + \frac{2E\tau}{T}\sum_{n=1}^{\infty}\mathrm{Sa}\left(\frac{n\pi\tau}{T}\right)\cos n\omega_0 t$$

或

$$x(t) = \frac{E\tau}{T} + \frac{2E\tau}{T}\sum_{n=1}^{\infty}\mathrm{Sa}\left(\frac{n\omega_0\tau}{2}\right)\cos n\omega_0 t$$

若将 $x(t)$ 展成指数傅里叶级数，可由式(3-51) 求得系数

$$c_n = \frac{1}{T}\int_{-\frac{T}{2}}^{\frac{T}{2}} E\mathrm{e}^{-jn\omega_0 t}\mathrm{d}t = \frac{-E}{Tjn\omega_0}\mathrm{e}^{-jn\omega_0 t}\bigg|_{-\tau/2}^{\tau/2} = \frac{E}{T}\frac{\mathrm{e}^{-jn\omega_0\frac{\tau}{2}} - \mathrm{e}^{jn\omega_0\frac{\tau}{2}}}{-jn\omega_0}$$

$$= \frac{E\tau}{T}\frac{\sin n\omega_0\frac{\tau}{2}}{n\omega_0\frac{\tau}{2}} = \frac{E\tau}{T}\mathrm{Sa}\left(\frac{n\omega_0\tau}{2}\right)$$

所以

$$x(t) = \frac{E\tau}{T}\sum_{n=-\infty}^{\infty}\mathrm{Sa}\left(\frac{n\omega_0\tau}{2}\right)\mathrm{e}^{jn\omega_0 t}$$

若给定 τ、T、E，就可以求出直流分量、基波和各次谐波分量的幅度。它们是

$$\begin{cases} \dfrac{a_0}{2} = \dfrac{E\tau}{T} \\ A_n = \dfrac{2E\tau}{T}\mathrm{Sa}\left(\dfrac{n\pi\tau}{T}\right) \quad n = 1, 2, \cdots \end{cases} \tag{3-53}$$

将各分量的幅度和相位用垂直线段在频率轴的相应位置上标示出来，就是信号的幅度频谱和相位频谱，分别如图 3-23a、b 所示。有时可将幅频谱和相频谱合在一幅图上，如图 3-23c 所示，幅度为正表示相位为零，幅度为负表示相位为 π。这种图的画法只有 A_n 为实数时才是可能

的,否则必须分画两张图。图3-23d是按指数级数的复系数 C_n 画出的频谱,其特点是谱线在原点两侧对称地分布,并且谱线长度减少一半。

4) 周期信号频谱的特点。由图3-20、图3-21和图3-23可知,周期信号的频谱具有如下3个特点:

① 离散性:周期矩形脉冲的频谱是离散的,谱线间隔为基波角频率 ω_0,即信号周期 T 越大,谱线越密,同时直流分量的幅值越小。

② 谐波性:每个谱线只出现在基波频率 ω_0 的整数倍上。

③ 收敛性:周期信号展开成傅里叶级数后,在频域上是无限的,但从总体上看,其谐波幅值随谐波次数的增高而减小。因此,在频谱分析中没有必要取次数过高的谐波分量。

5) 信号频带宽度的概念。由式(3-49)和式(3-50)可知,一个周期信号由无限多个谐波分量组成,但是在实际工程应用中,只能用包含有限项的傅里叶级数近似表示,因此存在误差。

信号频带宽度与允许误差大小有关。由频谱的收敛性可知,周期信号的能量主要集中在低频分量,谐波次数过高的分量所占能量少,可忽略不计。通常将频谱中幅值下降到最大幅值的10%时所对应的频率定义为信号的频宽,称为1/10法则。

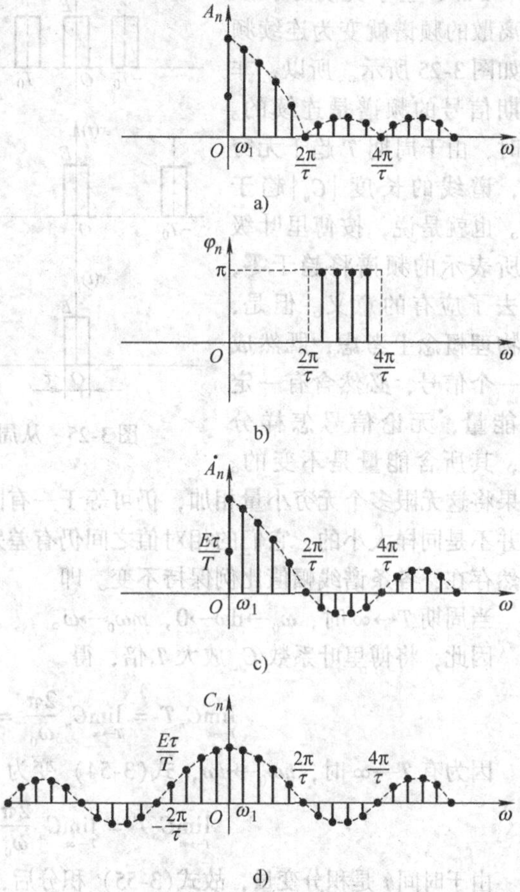

工程应用中可根据时域波形估计信号频宽;有突跳的信号,如周期方波和锯齿波,所取频带较宽,可取 $10\omega_0$ 为频宽。无突跳的信号变化较缓(越缓越接近简谐),如三角波,所取频带较窄,可取 $3\omega_0$ 为频宽。

如图3-24所示为使用周期方波的前5次谐波进行合成所得到的波形,可以看出波形已经和方波比较接近。需要注意的是,因为周期方波为奇函数,因此其谐波频率都为基波的奇数倍,例图3-24中的第5次谐波频率为 $9\omega_0$,幅值为基波幅值的1/9。

合理选择信号的频宽是非常重要的,测量仪器的工作频率范围必须大于被测信号的频宽,被测信号的高频分量经过测量仪器后会产生很大的衰减,从而引起信号失真,造成较大的测量误差。因此,在设计或选用测试仪器前必须了解被测信号的频带宽度。

图3-23 周期矩形脉冲信号的幅度谱和相位谱

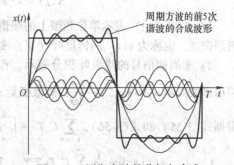

图3-24 周期方波的分解与合成

(2) 连续非周期信号与连续频谱——傅里叶变换 具有代表性的一些非周期信号有短形脉冲信号、指数衰减信号、衰减振荡、单脉冲等。对这些非周期信号,不能直接用傅里叶级数展开,而必须引入一个新的量,称为频谱密度函数。

1) 频谱密度函数 $X(\omega)$。已知连续周期信号傅里叶级数的复指数函数展开式为式(3-50)和式(3-51)所示。对于非周期信号,可以看成周期 T 为无穷大的周期信号。当周期 T 趋于无穷大

时，则基波谱线及谱线间隔 $\omega_0 = 2\pi/T$ 趋于无穷小，从而离散的频谱就变为连续频谱如图3-25所示。所以，非周期信号的频谱是连续的。同时，由于周期 T 趋于无穷大，谱线的长度 $|C_n|$ 趋于零。也就是说，按傅里叶级数所表示的频谱将趋于零，失去了应有的意义。但是，从物理概念上考虑，既然成为一个信号，必然含有一定的能量，无论信号怎样分解，其所含能量是不变的。

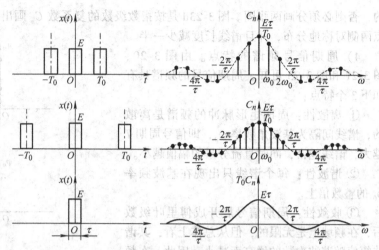

图3-25 从周期信号的离散频谱到非周期信号的连续频谱

如果将这无限多个无穷小量相加，仍可等于一有限值，此值就是信号的能量。而且这些无穷小量也并不是同样大小的，它们的相对值之间仍有差别。所以不管周期增大到什么程度，频谱的分布依然存在，各条谱线幅值比例保持不变。即

当周期 $T \to \infty$ 时，$\omega_0 \to d\omega \to 0$，$n\omega_0 \to \omega$。

因此，将傅里叶系数 C_n 放大 T 倍，得

$$\lim_{T \to \infty} C_n T = \lim_{T \to \infty} C_n \frac{2\pi}{\omega_0} = \lim_{T \to \infty} \int_{-\frac{T}{2}}^{\frac{T}{2}} x(t) e^{-jn\omega_0 t} dt \tag{3-54}$$

因为有 $T \to \infty$ 时，$n\omega_0 \to d\omega$，式(3-54) 变为

$$\lim_{T \to \infty} C_n T = \lim_{T \to \infty} C_n \frac{2\pi}{\omega_0} = \int_{-\infty}^{\infty} x(t) e^{-j\omega t} dt \tag{3-55}$$

由于时间 t 是积分变量，故式(3-55) 积分后，仅是 ω 的函数，可记为 $X(\omega)$ 或 $F[x(t)]$，即

$$X(\omega) = F[x(t)] = \int_{-\infty}^{\infty} x(t) e^{-j\omega t} dt \tag{3-56}$$

或者作变量置换 $\omega = 2\pi f$ 记作

$$X(f) = F[x(t)] = \int_{-\infty}^{\infty} x(t) e^{-j2\pi f t} dt \tag{3-57}$$

$X(\omega)$ 或 $X(f)$ 表示单位频带上的频谱分量，是复数，称为 $x(t)$ 的频谱密度函数，简称为频谱密度，也称为 $x(t)$ 的傅里叶（正）变换。

2) 非周期信号的傅里叶积分表示。作为周期 T 为无穷大的非周期信号，当周期 $T \to \infty$ 时，频谱谱线间隔 $\omega_0 \to d\omega$，$T \to \frac{2\pi}{d\omega}$，离散变量 $n\omega_0 \to \omega$ 变为连续变量，求和运算变为求积分运算，即根据式(3-55) 和式(3-56)，$\sum_{n=-\infty}^{+\infty} C_n T \to \int_{-\infty}^{+\infty} X(\omega)$。于是傅里叶级数的复指数函数展开式变为

$$x(t) = \lim_{T \to \infty} \frac{1}{T} \sum_{n=-\infty}^{+\infty} C_n T e^{jn\omega_0 t} = \lim_{d\omega \to 0} \frac{d\omega}{2\pi} \int_{-\infty}^{+\infty} X(\omega) e^{j\omega t} = \frac{1}{2\pi} \int_{-\infty}^{+\infty} X(\omega) e^{j\omega t} d\omega$$

该式称为 $x(t)$ 的傅里叶积分，也称为 $X(\omega)$ 的傅里叶反变换，记为 $x(t) = F^{-1}[X(\omega)]$，即

$$x(t) = F^{-1}[X(\omega)] = \frac{1}{2\pi} \int_{-\infty}^{+\infty} X(\omega) e^{j\omega t} d\omega \tag{3-58}$$

作变量置换 $\omega = 2\pi f$ 后，上式也可记为

$$x(t) = F^{-1}[X(f)] = \int_{-\infty}^{+\infty} X(f) e^{j2\pi f t} df \tag{3-59}$$

在数学上把 $x(t)$ 和 $X(\omega)$ 或者 $X(f)$ 互称为傅里叶变换对，记为 $x(t) \rightleftharpoons X(\omega)$ 或者 $x(t) \rightleftharpoons X(f)$。以 ω 和 f 为横轴，模 $|X(\omega)|$ 和 $|X(f)|$ 为纵轴作图，可以分别得到幅值谱密度图。

由此可见，非周期信号用傅里叶积分来表示，其频谱是连续的，它是由无限多个、频率无限接近的频率分量所组成。各频率上的谱线幅值趋于无穷小，故用频谱密度 $X(\omega)$ 来描述，它在数值上相当于将各分量放大 $T = \dfrac{2\pi}{\mathrm{d}\omega}$ 倍，同时保持各频率分量幅值相对分布规律不变。

3) 矩形脉冲信号的傅里叶变换。矩形脉冲信号如图 3-26 所示，其表示为

$$x(t) = \begin{cases} E, & -\tau/2 < t < \tau/2 \\ 0, & t \text{ 为其他值} \end{cases}$$

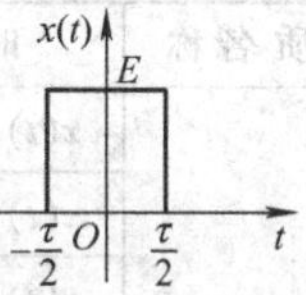

根据傅里叶正变换式，可得矩形脉冲的频谱函数为

$$X(\omega) = \int_{-\infty}^{\infty} x(t) \mathrm{e}^{-\mathrm{j}\omega t} \mathrm{d}t = \int_{-\frac{\tau}{2}}^{\frac{\tau}{2}} E \mathrm{e}^{-\mathrm{j}\omega t} \mathrm{d}t$$

$$= \frac{E}{\mathrm{j}\omega}\left(\mathrm{e}^{\mathrm{j}\frac{\omega\tau}{2}} - \mathrm{e}^{-\mathrm{j}\frac{\omega\tau}{2}}\right) = \frac{2E}{\omega}\sin\left(\frac{\omega\tau}{2}\right) = E\tau \mathrm{Sa}\left(\frac{\omega\tau}{2}\right)$$

图 3-26 矩形脉冲信号

矩形脉冲的幅度谱和相位谱分别为

$$|X(\omega)| = E\tau \left|\mathrm{Sa}\left(\frac{\omega\tau}{2}\right)\right|$$

$$\varphi(\omega) = \begin{cases} 0, & 2n\dfrac{2\pi}{\tau} < |\omega| < (2n+1)\dfrac{2\pi}{\tau} \\ \pi, & 2(n+1)\dfrac{2\pi}{\tau} < |\omega| < 2(n+1)\dfrac{2\pi}{\tau} \end{cases}, n = 0、1、2、\cdots$$

图 3-27a 表示幅度频谱 $|X(\omega)|$，图形对称于纵轴，为 ω 的偶函数；图 3-27b 表示相位频谱，图 3-27c 用一幅图同时表示幅度谱 $|X(\omega)|$ 和相位谱 $\varphi(\omega)$，显然曲线具有抽样函数形状。

由于已知频谱函数的模 $|X(\omega)|$ 是频率的偶函数，相位 $\varphi(\omega)$ 是频率的奇函数，所以实际使用的频谱图一般只画出 $\omega > 0$ 的部分。

可以看出非周期单脉冲的频谱面数曲线与周期矩形脉冲离散频谱的包络线形状完全相同，都具有抽样函数 $\mathrm{Sa}(x)$ 的形状。与周期脉冲的频谱一样，单脉冲频谱也具有收敛性，信号的绝大部分能量集中在低频段，即在 $f = 0 \sim (2\pi/\tau)$ 的频率范围内。

4) 非周期信号频谱的特点。如前所述，非周期信号的频谱是连续的，它包含了从 $0 \to \infty$ 的所有频率分量。由图 3-25 和图 3-27 可知：

① 信号持续时间（脉冲宽度 τ）增大时，信号的能量将大部分集中在低频区；$\tau \to \infty$ 时，脉冲信号变成直流信号，频谱函数只集中在 $\omega = 0$ 处。

② 信号持续时间（脉冲宽度 τ）减小时，频谱的高频成分增加（频带宽度增大）；$\tau \to 0$ 时，脉冲信号变成单位冲激信号，频谱函数扩展为均匀谱，频带宽度无限大。

③ 对于一个矩形脉冲信号，其能量主要集中在频谱中零频率到第一个过零点之间，其所含能量达到信号全都能站的 90% 以上，故可将频谱中第一

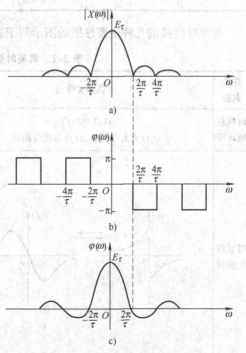

图 3-27 单个矩形脉冲的频谱

个过零点对应的频率定义为矩形脉冲信号的有效带宽。

5) 傅里叶变换的基本性质。鉴于傅里叶交换是联系信号和频域转换的主要手段，所以掌握傅里叶变换的性质很重要。现将傅里叶变换性质列于表 3-1 中。

表 3-1 列出的傅里叶变换的主要性质，可由傅里叶变换的基本公式得到证明。其基本前提条件为

$$x(t) \rightleftharpoons X(f) \text{ 或 } X(\omega) \qquad y(t) \rightleftharpoons Y(f) \text{ 或 } Y(\omega)$$

表 3-1 傅里叶变换的性质

性质名称	时域	频域	性质名称	时域	频域
奇偶虚实性质	$x(t)$ 为实偶函数	$X(f)$ 为实偶函数	微分性质	$\dfrac{d^n x(t)}{dt^n}$	$(j2\pi f)^n X(f)$ 或 $(j\omega)^n X(\omega)$
	$x(t)$ 为实奇函数	$X(f)$ 为实奇函数			
	$x(t)$ 为虚偶函数	$X(f)$ 为虚偶函数	积分性质	$\int_{-\infty}^{t} x(\tau)d\tau$	$\dfrac{1}{2\pi f}X(f)$ 或 $\dfrac{X(\omega)}{j\omega} + \pi X(0)\delta(\omega)$
	$x(t)$ 为虚奇函数	$X(f)$ 为虚奇函数			
线性叠加性质	$ax(t) + by(t)$	$aX(f) + bY(f)$ 或 $aX(\omega) + bY(\omega)$	翻转性质（反褶性质）	$x(-t)$	$X(-f)$ 或 $X(-\omega)$
对称性质（对偶性质）	$X(\pm t)$	$x(\mp f)$ 或 $2\pi x(\mp \omega)$	共轭性质	$x^*(t)$	$X^*(f)$ 或 $X^*(-\omega)$
尺度变换性质	$x(at)$	$\dfrac{1}{\|a\|}X\left(\dfrac{f}{a}\right)$ 或 $\dfrac{1}{\|a\|}X\left(\dfrac{\omega}{a}\right)$	卷积性质	$x(t)*y(t)$ $x(t)y(t)$	$X(f)Y(f)$ 或 $X(\omega)Y(\omega)$ $X(f)*Y(f)$ 或 $\dfrac{1}{2\pi}X(\omega)*Y(\omega)$
时移性质	$x(t \pm t_0)$	$X(f)e^{\pm j2\pi f t_0}$ 或 $X(\omega)e^{\pm j\omega t_0}$	帕塞瓦尔等式（能量积分）	$\int_{-\infty}^{\infty} x^2(t)dt = \int_{-\infty}^{\infty}\|X(f)\|^2 df$ $= \dfrac{1}{2\pi}\int_{-\infty}^{\infty}\|X(\omega)\|^2 d\omega$	
频移性质	$x(t)e^{\mp j2\pi f_0 t}$	$X(f \mp f_0)$ 或 $X(\omega \mp \omega_0)$			

傅里叶变换的几种主要性质的图示列于表 3-2 中。

表 3-2 傅里叶变换的几种主要性质图表

性质名称	奇偶虚实性质	对称性质
时域频域转换	$x(t) \rightleftharpoons X(f)$ $x(t)$ 为实奇函数，$X(f)$ 为虚奇函数	$X(t) \rightleftharpoons x(-f)$
时域频域图解	[图：$x(t)$ 指数衰减曲线与 $X(f)$ 奇函数曲线]	[图：$x(t)$ 矩形脉冲 $-T/2$ 到 $T/2$ 与 $X(f)$ sinc 函数，幅度 T；$X(t)$ sinc 函数与 $x(-f)$ 矩形脉冲 $-f_0/2$ 到 $f_0/2$]

性质名称	尺度变换性质	时移性质
时域频域转换	$x(at) \rightleftharpoons \dfrac{1}{\|a\|} X\left(\dfrac{f}{a}\right)$	$x(t+t_0) \rightleftharpoons X(f) e^{j2\pi f t_0}$
时域频域图解	a) b) c)	a) b) c) d)

2. 确定性离散信号的频谱分析

通过采样从模拟时间信号 $x(t)$ 中产生离散时间信号，即采样信号 $x_s(t)$。再经过模/数转换器在幅值上量化变为离散时间序列 $x(n)$，经过编码变成数字信号。从而在信号传输过程中，就可以用离散时间序列或数字信号替换了原来的连续信号。

为了从理论上说明这种"替换"的可行性，必须弄清两个问题：一是离散时间的采样信号 $x_s(t)$ 的傅里叶变换是什么样的？它和原模拟信号 $x(t)$ 的傅里叶变换有什么联系？二是连续信号被采样后，它是否保留了原信号 $x(t)$ 的全部信息，换句话说，要想从采样信号 $x_s(t)$ 中无失真地恢复出原来的模拟信号 $x(t)$，需要满足什么样的采样条件。

（1）采样定理与频率混叠 著名的"采样定理"对在什么条件下才可以无失真地完成从采样信号中恢复原连续信号做出了明确而精辟的回答。

采样定理：要想采样后能够无失真地还原出原信号，则采样频率必须大于二倍信号谱的最高频率，这就是奈奎斯特采样定理。即

$$\Omega_s \geq 2\Omega_m \quad \text{或} \quad f_s \geq 2f_m \quad \text{或} \quad \dfrac{1}{T_s} \geq \dfrac{2}{T_m} \tag{3-60}$$

式中，Ω_s、f_s 及 T_s 分别为信号的采样角频率、频率及周期；Ω_m、f_m 及 T_m 分别为信号的最高角频率、频率及最短周期。

采样定理说明：一个频带有限的信号 $x(t)$，如果其频谱只占据 $-\Omega_m \sim +\Omega_m$ 的范围，则信号 $x(t)$ 可以用时间间隔不大于 $\dfrac{1}{2f_m}$ 的采样信号唯一地确定，若以间隔 T_s 对 $x(t)$ 进行采样，则采样后，采样信号 $x_s(t)$ 的频谱 $X_s(\Omega)$ 是 $X(\Omega)$ 以 Ω_s 为重复周期的周期函数。在此情况下，只有满足 $\Omega_s \geq 2\Omega_m$ 的条件，$X_s(\Omega)$ 才不会产生频谱的混叠。这样，如果将 $X_s(\Omega)$ 通过理想低通滤波器，就可以从 $X_s(\Omega)$ 中取出 $X(\Omega)$。就是说，采样信号 $x_s(t)$ 保留了原连续信号的全部信息，完全可以由 $x_s(t)$ 无失真地恢复出 $x(t)$。如果 $\Omega_s < 2\Omega_m$，$X_s(\Omega)$ 将产生频谱混叠现象，因此不能由 $X_s(\Omega)$ 恢复出 $X(\Omega)$，亦即信号 $x(t)$ 不能由采样信号 $x_s(t)$ 完全恢复。

通常，在传感器之后、采样之前要设置一低通滤波器，由其截止频率来确定信号的最高频率 Ω_m；这时令采样频率 $\Omega_s \geq 2\Omega_m$，则采样信号 $x_S(t)$ 的频谱不会产生频谱的混叠现象，可以由 $x_S(t)$ 无失真地恢复出 $x(t)$。因此，常将采样之前的滤波器称为抗混迭滤波器。

(2) 离散傅里叶变换　离散傅里叶变换（DFT）可以将信号分析中的傅里叶正、反变换的数值计算引入到计算机。对连续时间模拟信号 $x(t)$ 用计算机进行离散傅里叶变换时，首先要经过采样器对它采样，在满足采样定理的条件下，获得时间离散的采样信号 $x_S(t)$，它是一个无限长的离散的时间序列，记为 $\{x_S(nT_S)\}(n=0, 1, 2, \cdots, \infty)$。实际上，计算机只能对有限长的信号进行分析与处理，所以必须对无限长离散时间序列 $\{x_S(nT_S)\}$ 进行截断，只取有限时间 $t=NT_S$ 中的 N 个数据 $\{x_S(nT_S)\}(n=0, 1, 2, \cdots, N-1, N<\infty)$。

当连续时间模拟信号 $x(t)$ 被以 T_S 为采样间隔采样，并取 N 个数据进行截断得 $\{x_S(nT_S)\}$ $(n=0, 1, 2, \cdots, N-1, N<\infty)$ 时，$\{x_S(nT_S)\}$ 是离散序列的非周期函数，其频谱是周期的连续函数，可以由傅里叶变换得

$$\begin{cases} X(f) = \sum_{n \to \infty}^{\infty} x(nT_S) e^{-j2\pi nf T_S} \\ x(nT_S) = \dfrac{1}{f_S} \int_{f_S} X(f) e^{j2\pi nf T_S} df \end{cases} \tag{3-61}$$

式中，T_S 为抽样间隔；f_S 为采样频率，$f_S = 1/T_S$。

可以发现，$X(f)$ 的频谱是周期的连续函数，不能用计算机计算。故考虑进一步把 $\{x_S(nT_S)\}$ $(n=0, 1, 2, \cdots, N-1, N<\infty)$ 以 N 为周期沿时间轴的正负方向延拓为重复周期为 $t_p = NT_S$ 的离散时间序列 $\{x_S(nT_S)\}$。其傅里叶变换是周期离散频谱函数，即

$$\begin{cases} X(kf_1) = \sum_{n=0}^{N-1} x(nT_S) e^{-j\frac{2\pi}{N}nk} \\ X(nT_S) = \dfrac{1}{N} \sum_{k=0}^{N-1} X(kf_1) e^{j\frac{2\pi}{N}nk} \end{cases} \tag{3-62}$$

为了书写方便，引入符号 W_N，令 $W_N = e^{-j\left(\frac{2\pi}{N}\right)}$。这时 $\{x_S(nT_S)\}$ 的傅里叶变换可简化表示为

$$\begin{cases} X(kf_1) = \sum_{n=0}^{N-1} x(nT_S) W_N^{nk}, & 0 < k < \infty \\ X(nT_S) = \dfrac{1}{N} \sum_{k=0}^{N-1} X(kf_1) W_N^{-nk}, & 0 < n < \infty \end{cases} \tag{3-63}$$

现在给出有限长序列离散傅里叶变换定义。设有限长序列 $x(n)$ 的长度为 N（$0 \leq n \leq N-1$），它的离散傅里叶变换 $X(k)$ 仍然是一个长度为 N 的频域有限长序列，这种正反变换的关系式为

$$\begin{cases} X(k) = \text{DFT}[x(n)] = \sum_{n=0}^{N-1} x(n) W_N^{nk}, & 0 \leq k \leq N-1 \\ x(n) = \text{IDFT}[X(k)] = \dfrac{1}{N} \sum_{k=0}^{N-1} x(k) W_N^{-nk}, & 0 \leq n \leq N-1 \end{cases} \tag{3-64}$$

式中，DFT[·] 表示取离散傅里叶级数的运算；IDFT[·] 表示取离散傅里叶级数的反运算。

实际上，离散傅里叶级数是按傅里叶分析严格定义的，而离散傅里叶变换则是一种"借用"形式。它需要历经 $x(n)$ 延拓为离散傅里叶级数 $X_p(k)$ 截断 $X(k)$ 的过程。

旋转因子 W_N 的存在，说明离散傅里叶变换具有"隐含的周期性"。这样做的目的，正是为了方便地利用计算机进行傅里叶分析。

离散傅里叶变换变换式可以写成矩阵形式，正变换为

$$\begin{pmatrix} X(0) \\ X(1) \\ \vdots \\ X(N-1) \end{pmatrix} = \begin{pmatrix} W_N^0 & W_N^0 & \cdots & W_N^0 \\ W_N^0 & W_N^{1\times 1} & \cdots & W_N^{(N-1)\times 1} \\ \vdots & \vdots & & \vdots \\ W_N^0 & W_N^{1\times(N-1)} & \cdots & W_N^{(N-1)\cdot(N-1)} \end{pmatrix} \begin{pmatrix} x(0) \\ x(1) \\ \vdots \\ x(N-1) \end{pmatrix}$$

反变换为

$$\begin{pmatrix} x(0) \\ x(1) \\ \vdots \\ x(N-1) \end{pmatrix} = \begin{pmatrix} W_N^0 & W_N^0 & \cdots & W_N^0 \\ W_N^0 & W_N^{-1\times 1} & \cdots & W_N^{-(N-1)\times 1} \\ \vdots & \vdots & & \vdots \\ W_N^0 & W_N^{-1\times(N-1)} & \cdots & W_N^{-(N-1)\cdot(N-1)} \end{pmatrix} \begin{pmatrix} X(0) \\ X(1) \\ \vdots \\ X(N-1) \end{pmatrix}$$

1965 年 Cooley J. W. 和 Tukey J. W. 首次提出了一种通用的快速 DFT 计算方法，即快速傅里叶变换（FFT），它的出现极大地提高了 DFT 的计算速度。之后又出现了多种具体算法，速度也越来越快，为 DFT 的实践应用起到了巨大的推动作用。

(3) 基于 DFT 算法的频谱分析讨论　由于信号在时域、频域进行离散化，离散傅里叶变换的分析范围和频率分辨率受到一定的限制，主要如下：

1) 频率分析上限，即频率分析范围的 $f_{\max}$。离散傅里叶变换的频率分析上限在理论上等于奈奎斯特频率 f_N，由采样频率 f_s 决定，即

$$f_{\max} = f_N = \frac{1}{2} f_s \tag{3-65}$$

实际上，由于频混误差不可能完全避免，在 k 值接近 $\frac{N}{2} - 1$（f 接近 f_N）时，频混误差可能较大。故在解释频谱中接近分析上限的高端分量时，通常采用的删去 k 值接近 $\frac{N}{2} - 1$ 处的若干高端谱线的措施。

2) 频率分辨率 Δf，即频率分析下限 $f_{\min}$。频率分辨率是指离散谱线之间的频率间隔，也就是频域采样的采样间隔。它由数据块的长度 $T = N\Delta t$ 决定，即

$$f = \frac{1}{N\Delta t} \tag{3-66}$$

由于谱窗的带宽大于 $1/T$，再加上旁瓣的影响，实际的频率分辨率低于 Δf。

频谱经离散化后，只能获得在 $f_k = k\Delta f$ 处的各频率成分，其余部分被舍去，这个现象称为栅栏效应。这时感兴趣的频率成分和频谱细节有可能出现在非 f_k 点即谱线之间被舍去处，而使信号数字谱分析出现偏差和较大的分散性。栅栏效应和频混、泄露一样，也是信号数字分析中的特殊问题。减少栅栏效应不利影响的途径之一是采用频率细化技术。

3) 频率分析范围和分辨率之间的关系。离散傅里叶变换的频率分析范围和频率分辨率之间的关系为

$$f_{\max} = \frac{N}{2} \Delta f \tag{3-67}$$

由于计算机容量及计算工作量的限制，各数据块的点数 N 是有限的。通过分析式（3-65）可以看出，当 N 值一定时，频率分析范围宽，谱线之间的频率间隔就大，则频率分辨率必然下降；要提高频率分辨率，谱线之间的频率间隔就得变小，则频率分析范围必然变窄。在进行数字信号分析时，需仔细权衡，做出两项指标都可以接受的折中。

3. 随机信号的谱分析

(1) 自功率谱分析

1) 自功率谱密度函数的定义。对于零均值随机信号 $x(t)$ 的自相关函数 $R_x(\tau)$，当 $|\tau| \to \infty$

时，自相关函数 $R_x(\tau) \to 0$。这样，自相关函数 $R_x(\tau)$ 满足傅里叶变换的条件，$x(t)$ 的自功率谱密度的函数 $S_x(f)$ 定义为

$$S_x(f) = \int_{-\infty}^{\infty} R_x(\tau) e^{-j2\pi f \tau} d\tau \tag{3-68}$$

其逆变换为

$$R_x(\tau) = \int_{-\infty}^{\infty} S_x(f) e^{j2\pi f \tau} df \tag{3-69}$$

由于 $R_x(\tau)$ 为偶函数，所以

$$S_x(f) = \int_{-\infty}^{\infty} R_x(\tau) \cos 2\pi f \tau d\tau \tag{3-70}$$

因此，自功率谱密度为实偶函数，故有

$$S_x(-f) = S_x(f) \tag{3-71}$$

式(3-68)定义在$(-\infty, +\infty)$范围内，在正负频率轴上都有谱图，故称为双边谱。但负频率在工程上无实际意义，因此，可用$(0, \infty)$频率范围内 $G_x(f) = 2S_x(f)$ 来表示信号的全部功率谱，如图 3-28 所示。我们把 $G_x(f)$ 称为 $x(t)$ 的单边功率谱密度函数。

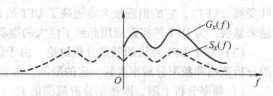

图 3-28 单边谱和双边谱

2）自功率谱密度函数的物理意义。根据式(3-33)功率信号相关函数的定义，当 $\tau = 0$ 时，有

$$R_x(0) = \lim_{T \to \infty} \frac{1}{T} \int_{-T/2}^{T/2} |x(t)|^2 dt \tag{3-72}$$

上式表明，$R_x(0)$ 为信号的功率。

在式(3-69)中，令 $\tau = 0$，则

$$R_x(0) = \int_{-\infty}^{\infty} S_x(f) e^{j2\pi f \cdot 0} df = \int_{-\infty}^{\infty} S_x(f) df \tag{3-73}$$

比较式(3-72)和式(3-73)，即可得

$$\int_{-\infty}^{\infty} S_x(f) df = \lim_{T \to \infty} \frac{1}{T} \int_{-T/2}^{T/2} |x(t)|^2 dt \tag{3-74}$$

式(3-74)表明：$S_x(f)$ 在频率轴上的积分，也就是曲线下的面积等于信号的功率。这一总功率是由无数在不同频率上的功率元 $S_x(f)df$ 组成，因此 $S_x(f)$ 反映了信号的功率沿频率轴的分布情况，故又称 $S_x(f)$ 为功率谱密度函数。

自功率谱密度函数的图形解释如图 3-29 所示。

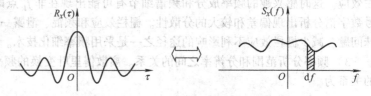

图 3-29 自功率谱密度函数的图形解释

下面说明自功率谱密度函数 $S_x(f)$ 和幅值谱 $|X(f)|$ 之间的关系。根据能量守恒定律，有

$$\int_{-\infty}^{\infty} |x(t)|^2 dt = \int_{-\infty}^{\infty} |X(f)|^2 df \tag{3-75}$$

$$\lim_{T \to \infty} \frac{1}{T} \int_{-\infty}^{\infty} |x(t)|^2 dt = \lim_{T \to \infty} \frac{1}{T} \int_{-\infty}^{\infty} |X(f)|^2 df = \int_{-\infty}^{\infty} S_x(f) df$$

因此

$$S_x(f) = \lim_{T \to \infty} \frac{1}{T} |X(f)|^2 \tag{3-76}$$

3) 自功率谱的计算。利用数字方法计算信号自功率谱主要有间接法和直接法两种。间接法又称自相关法，这种方法是先由 $x(n)$ 估计出自相关函数 $R_x(m)$，然后对自相关函数进行傅里叶变换得到功率谱。直接法又称周期图法，它是从信号中取 N 点观察数据 $x(n)$，直接对 $x(n)$ 进行傅里叶变换，得到 $X(k)$，然后取其幅值的二次方并除以 N，作为 $x(n)$ 真实的功率谱的估计。直接法估计的公式为

双边谱估计：

$$S_x(k) = \frac{1}{N} |X(k)|^2 \tag{3-77}$$

单边谱估计：

$$G_x(k) = \frac{2}{N} |X(k)|^2 \tag{3-78}$$

直接法估计出的谱与间接法估计出的谱相比，后者要平滑、方差小、分辨率低，但偏差大，同时当数据段 $x(n)$ 的长度 N 较大时，后者的计算量也会明显增加。因此，自 FFT 出现之后，前者不用计算信号的自相关函数，计算效率较高，就成为经典谱估计的一个常用方法。

直接法估计出的谱的性能与数据长度 N 有较大关系：当 N 太大时，谱曲线的起伏加剧；当 N 太小时，谱的分辨率下降。为了对其方差特性进行改进，不少学者提出了多种措施，平均法就是其中的一种。它的主要思想是把一较长的数据进行分段，分别求出每一段的功率谱后加以平均，具体算法有 Bartlett 法、Welch 法、Nuttall 法等。

4) 自功率谱的应用。自功率谱密度 $S_x(f)$ 反映了信号的频域结构，这一点和幅值谱 $|X(f)|$ 相似，但 $S_x(f)$ 所反映的是信号频谱幅值的二次方，能够突出幅值较大的频率成分。当然，为了突出幅值较小的频率成分，可以使用对数坐标。图 3-30a 为实测某型发动机转速在 1000r/min 时的排气噪声信号，图 3-30b 为噪声信号的幅值谱，图 3-30c 为噪声信号的自功率谱。

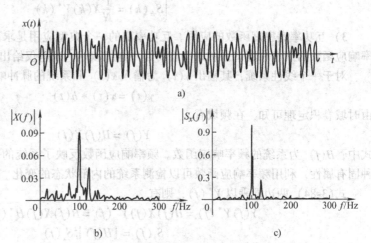

图 3-30 发动机噪声信号及其幅值谱和功率谱

(2) 互功率谱分析

1) 互功率谱密度函数的定义。和自功率谱的定义类似，如果信号 $x(t)$ 和 $y(t)$ 的互相关函数 $R_{xy}(\tau)$ 满足傅里叶变换的条件，即

$$\int_{-\infty}^{\infty} |R_{xy}(\tau)| d\tau < \infty$$

则信号 $x(t)$ 和 $y(t)$ 的互功率谱密度的函数 $S_{xy}(f)$ 定义为

$$S_{xy}(f) = \int_{-\infty}^{\infty} R_{xy}(\tau) e^{-j2\pi f \tau} d\tau \tag{3-79}$$

其逆变换为

$$R_{xy}(\tau) = \int_{-\infty}^{\infty} S_{xy}(f) e^{j2\pi f \tau} df \tag{3-80}$$

互功率谱密度的函数 $S_{xy}(f)$ 一般是复数，可以写成

$$S_{xy}(f) = |S_{xy}(f)| e^{-j\varphi_{xy}(f)} \tag{3-81}$$

式中

$$|S_{xy}(f)| = \sqrt{(\text{Re}S_{xy}(f))^2 + (\text{Im}S_{xy}(f))^2}$$

$$\varphi_{xy}(f) = \arctan \frac{\text{Im}S_{xy}(f)}{\text{Re}S_{xy}(f)}$$

互功率谱密度的函数 $S_{xy}(f)$ 也是定义在 $(-\infty, \infty)$ 范围内，如果仅考虑频率 f 在 $(0, \infty)$ 范围内的变化，可以得到单边互功率谱密度函数 $G_{xy}(f)$，它与双边互功率谱密度函数 $S_{xy}(f)$ 的关系为

$$G_{xy}(f) = 2S_{xy}(f)$$

$R_{xy}(\tau)$ 并非偶函数，因此，相应的互谱密度函数通常不是 f 的实函数，由于

$$R_{xy}(\tau) = R_{yx}(-\tau)$$

所以 $S_{xy}(f)$ 和 $S_{yx}(f)$ 互为共轭，即

$$S_{xy}(f) = S_{yx}^*(f)$$

并且 $S_{xy}(f)$ 与 $S_{yx}(f)$ 之和为实函数。

2) 互功率谱密度函数的计算。与自功率谱密度函数的计算类似，信号 $x(n)$ 和 $y(n)$ 的互功率谱密度函数的计算可以先计算互相关函数 $R_{xy}(m)$，然后对互相关函数进行傅里叶变换得到互功率谱。也可以直接对 $x(n)$ 和 $y(n)$ 进行离散傅里叶变换，得到 $X(k)$ 和 $Y(k)$，然后按下式进行计算

$$\begin{cases} S_{xy}(k) = \frac{1}{N}X^*(k)Y(k) \\ S_{yx}(k) = \frac{1}{N}X(k)Y^*(k) \end{cases} \quad (3-82)$$

3) 互功率谱密度函数的应用。互功率谱的一个典型应用是求系统的频率响应函数，有关频率响应函数的概念在测试系统的动态特性中详细叙述，这里仅给出频率响应函数的计算方法。

对于一个线性系统，其输出 $y(t)$ 为输入 $x(t)$ 和系统的脉冲响应函数 $h(t)$ 的卷积，即

$$y(t) = x(t) * h(t) \quad (3-83)$$

由时域卷积定理可知，在频域有

$$Y(f) = H(f)X(f) \quad (3-84)$$

式中，$H(f)$ 为系统的频率响应函数。频率响应函数反映了系统的一种传输特性，它是系统的一种固有属性，利用频率响应函数可以检测系统的内部状态的变化。

式 (3-84) 两边同乘以 $Y^*(f)$，则有

$$Y(f)Y^*(f) = H(f)X(f)Y^*(f) = H(f)X(f)H^*(f)X^*(f)$$

$$S_y(f) = |H(f)|^2 S_x(f) \quad (3-85)$$

由于 $S_y(f)$ 和 $S_x(f)$ 都是实偶函数，因此无法得到系统的相频信息。如果在式 (3-84) 两边同乘以 $X^*(f)$，则有

$$Y(f)X^*(f) = H(f)X(f)X^*(f)$$

进而有

$$S_{xy}(f) = H(f)S_x(f) \quad (3-86)$$

由于 $S_x(f)$ 为实偶函数，因此频率响应函数的相位变化完全取决于互谱密度函数相位的变化，完全保留了输入、输出的相位关系，且输入形式并不一定限制为确定性信号，也可以是随机信号。一个测试系统往往受到内部和外部噪声的干扰，从而输出也会带入干扰。但输入信号和噪声是独立无关的，因此它们的互相关为零。这一点说明，在用互谱和自谱求取系统的频率响应函数时不会受到系统干扰的影响。

第4章 检测系统及其特性

测试是具有试验性质的测量，是从客观事物取得有关信息的过程。在此过程中须借助测试装置。为实现某种目的测量而选择或设计测量装置时，就必须考虑这些测量装置能否准确获取被测量的量值及其变化，即实现准确测量；而能否实现准确测量，则取决于测量装置的特性。这些特性包括动态特性、静态特性、负载特性及抗干扰性等。测量装置的特性是统一的，各种特性之间是相互关联的。

4.1 检测系统模型结构及性质

4.1.1 检测系统的信号流程结构

检测系统按信号在系统中的传递情况可以分为开环检测系统和闭环检测系统。开环结构也称为直接变化结构，而闭环结构也称为平衡变换结构。

1. 开环检测系统

开环检测系统全部信息变换只沿着一个方向进行，如图4-1所示。其中，x 为输入量，y 为输出量，k_1、k_2、k_3 为各个环节的传递系数。输入输出关系表示如下：

$$y = k_1 k_2 k_3 x \tag{4-1}$$

因为开环检测系统是由多个环节串联组成的，因此在这种系统中每个环节传递系数（如图4-1中 k_1，k_2，k_3 等）的变化以及作用于每个环节上的干扰（如图4-1中 u_0，u_1，u_2，u_3）都会影响输出量 y。因此，这种结构的仪表对每个变换环节的要求都很高。系统的相对误差等于各环节相对误差之和，即

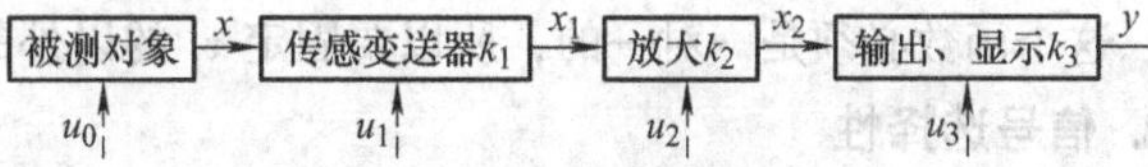

图 4-1 开环检测系统框图

$$\delta = \delta_1 + \delta_2 + \cdots + \delta_i + \cdots \delta_n \tag{4-2}$$

式中，δ 为系统的相对误差；δ_i 为各环节的相对误差。

采用开环方式构成的检测系统结构比较简单，但各环节特性的变化都会造成检测误差。

2. 闭环检测系统

闭环检测系统有两个通道，一个通道为正向通道，另一个通道为反馈通道，反向回路的输出为 x_f，它与输入量 x 进行比较其结构如图4-2所示。其中，x_1 为正向通道的输入量，β 为反馈环节的传递系数，正向通道的总传递系数为 $k = k_2 k_3$。

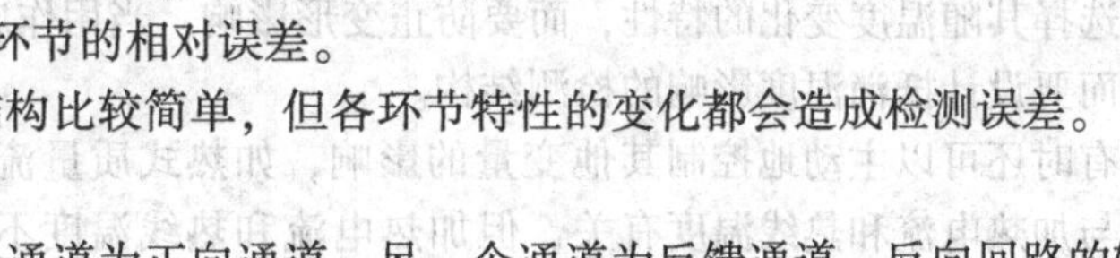

图 4-2 闭环检测系统框图

由图4-2可知

$$\Delta x = x_1 - x_f, \quad y = k_2 k_3 \Delta x, \quad x_f = \beta y$$

则

$$y = \frac{k_2 k_3}{1 + \beta k_2 k_3} x_1 \tag{4-3}$$

当 $k = k_2 k_3 \gg 1$ 时，则系统的输入输出关系为

$$y = \frac{k}{1 + k\beta} x_1 \approx \frac{1}{\beta} x_1 = \frac{k_1}{\beta} x$$

显然，这时整个系统的输入、输出关系由反馈环节的特性决定，放大器等环节特性的变化不会造成检测误差，或者说造成的误差很小，所以只要精心制作反向回路就可以保证较高的精度。

4.1.2 信号转换模型与信号选择性

检测系统的基本功能可总结为信号转换与信号选择、基准保持与比较、显示与操作三大部分。测量是把被测量与同种类单位量进行比较，以数值表示被测量大小的过程。因此，检测仪表中必须具有基准保持部位。

关于信号转换与信号选择功能，下面从信号转换的数学模型入手，分析信号选择的意义。

1. 信号转换的数学模型

对于检测中的信号转换过程用下列数学模型来考虑。设检测系统独立的输入变量为 $x_1, x_2, \cdots, x_n$，从属的输出变量为 $y_1, y_2, \cdots, y_m$，内部状态变量为 $u_1, u_2, \cdots, u_r$，系统状态方程为

$$\begin{aligned}\dot{u}_i &= g_i(x_1, x_2, \cdots, x_n; u_1, u_2, \cdots, u_r) \quad (i=1,2,\cdots,r)\\ y_j &= f_j(x_1, x_2, \cdots, x_n; u_1, u_2, \cdots, u_r) \quad (j=1,2,\cdots,m)\end{aligned} \quad (4\text{-}4)$$

所谓标定是改变输入量 x，记录输出量 y 的过程；检测则是在标定的基础上由 y 求解 x 的逆问题的过程。在变换特性不能用简单的公式描述时，则要求输入与输出之间的关系是确定的，这是检测系统信号转换的基本条件。

设 x_1 为被检测量（输入信号），y_1 为测量值（输出信号）时

$$y_1 = f_1(x_1, x_2, \cdots, x_n; u_1, u_2, \cdots, u_r) \quad (4\text{-}5)$$

则代表了 $x_1 \rightarrow y_1$ 的检测方程特性。如果把式(4-5)所示的信号转换关系看成是 x_1 与 y_1 单变量模型时，这个函数必须是一对一的，所以要固定 x_1 的以外的变量，或者使其他变量不影响 y_1。

2. 信号选择性

设计检测系统时要选择必要的信号，消除其他变量的影响，以提高检测精度。这是一种在成本、开发周期等经济条件和时间条件的制约下的优化选择问题，从许多检测系统中可以发现信号变换特性与信号选择特性之间优化组合的例子。

以金属丝的电阻值变化为例，它与金属种类、纯度、形状、温度有关。当用作热电阻测温时，选择其随温度变化的特性，而要防止变形影响；当用作应变测量时，则选择其形状变化的特性，而要设计抵消温度影响的检测结构。

有时还可以主动地控制其他变量的影响，如热式质量流量计，空气流从热金属线上带走的热量与加热电流和热线温度有关，但加热电流和热线温度不能同时变化，可以采用控制热线通电电流而检测温度的方式，还可以采用控制热线温度一定而检测电流值的方式。

4.1.3 对检测系统的基本要求

由于检测的目的和要求不同，测量对象又千变万化，因此，测试系统的组成和复杂程度都有很大差别。测试系统的概念是广义的，在测试信号的流通过程中，任意连接输入、输出并有特定功能的部分，均可视为测试系统。

对测试系统的基本要求就是使测试系统的输出信号能够真实地反映被测物理量的变化过程，不使信号发生畸变，即实现不失真测试。从输入到输出，系统对输入信号进行传输和变换，系统的传输特性将对输入信号产生影响。因此，要使输出信号真实地反映输入的状态，测试系统必须满足一定的性能要求。一个理想的测试系统应该具有单一的、确定的输入与输出关系，即对应于每个确定的输入量都应有唯一的输出量与之对应，并且以输入与输出呈线性关系为最佳。一些实际检测装置无法在较大范围内满足这种要求，而只能在较小工作范围内和在一定误差允许范围内满足这种要求。而且系统的特性不应随时间的推移发生改变，满足上述要求的系统是线性时不变系统。因此，具有线性时不变特性的测试系统为最佳测试系统。一般在工程中使用的测试

装置常常被近似看作线性时不变系统。

人们在设计或选用检测系统（包括简易的检测仪器和复杂的综合测量系统或装置）时，要综合考虑诸如被测参量变化的特点、变化范围、测量精度要求、测量速度要求、使用环境条件、检测系统本身的稳定性和售价等多种因素。其中，最主要的因素是检测系统本身的基本特性能否实现及时、真实地（达到所需的精度要求）反映被测参量（在其变化范围内）的变化。只有这样，该检测系统才具备对此被测参量实施测量的基本条件。

测试系统所测量的物理量基本上有两种形式：一种是静态（静态或准静态）的形式，这种信号不随时间变化或变化很缓慢；另一种是动态（周期变化或瞬态）的形式，这种信号是随时间变化而发生明显变化的。由于输入物理量状态不同，测试系统所表现出的输入—输出特性也不同，因此存在所谓静态特性和动态特性，它必然要求检测系统的响应更为迅速。一个高精度测试系统，必须有良好的静态特性和动态特性，这样它才能完成信号的不失真转换。相应地，测试系统的数学模型可分为动态模型和静态模型。

任何测试系统都有自己的传输特性，当被测参量（亦称输入激励信号）用 $x(t)$ 表示，测试系统的传输特性用 $h(t)$ 表示，输出信号用 $y(t)$ 表示，则通常的工程测试问题总是处理 $x(t)$、$h(t)$ 和 $y(t)$ 三者之间的关系，即若可以通过观察而已知其中两个量，就可以推断或估计第三个量，如图4-3所示。

图4-3 系统、输入和输出

研究和分析检测系统的基本特性，主要有以下三个方面的用途。

第一，通过检测系统的已知基本特性，由测量结果推知被测参量的准确值；这也是检测系统对被测参量进行通常的测量过程。

第二，对多环节构成的较复杂的检测系统进行测量结果及（综合）不确定度的分析，即根据该检测系统各组成环节的已知基本特性，按照已知输入信号的流向，逐级推断和分析各环节输出信号及其不确定度。

第三，根据测量得到的（输出）结果和已知输入信号，推断和分析出检测系统的基本特性与主要技术指标。这主要用于该检测系统的设计、研制和改进、优化，以及对无法获得更好性能的同类检测系统和未完全达到所需测量精度的重要检测项目进行深入分析、研究。

一般情况下，检测系统的静态特性与动态特性是相互关联的，检测系统的静态特性也会影响到动态条件下的测量。但为叙述方便和使问题简化，便于分析讨论，通常把静态特性与动态特性分开讨论，把造成动态误差的非线性因素作为静态特性处理，而在列运动方程时，忽略非线性因素，简化为线性微分方程。这样可使许多非常复杂的非线性工程测量问题大大简化，虽然会因此增加一定的误差，但是绝大多数情况下此项误差与测量结果中含有的其他误差相比都是可以忽略的。

下面介绍的检测系统基本特性不仅适用于整个系统，也适用于组成检测系统的各个环节，如传感器、信号放大、信号滤波、数据采集、显示等。

4.2 检测系统的静态特性

4.2.1 检测系统静态特性方程与特性曲线

在静态测量时，输入信号 $x(t)$ 和输出信号 $y(t)$ 不随时间变化，或者随时间变化但变化缓慢以至可以该变化忽略时，测试系统输入与输出之间呈现的关系就是测试系统的静态特性。

一般情况下，检测装置的静态数学模型可以用多项式代数方程式（静态特性方程）来表示，即

$$y = C_0 + C_1 x + C_2 x^2 + \cdots + C_n x^n \tag{4-6}$$

式中，C_0，C_1，C_2，…，C_n 为常量，决定输出特性曲线的形状；y 为输出量；x 为输入量。在这一关系的基础上所确定的检测装置的性能参数，称为静态特性。

对某些比较理想的检测系统，其高次项系数 C_2，…，C_n 可能为零，这时检测系统的工作曲线或静态特性曲线为直线。比如，将一支温度计作为温度检测装置，输入是环境温度，输出是温度计液柱高度（即示值），输入和输出之间的关系一般为如下的线性方程的形式：

$$H = f(T) = kT \tag{4-7}$$

式中，T 为温度；H 为液柱高度；k 为斜率。

如果温度 $T=0$ 时，H 不为 0，则应在式(4-7) 添加一个初始值 H_0，即

$$H = f(T) = kT + H_0 \tag{4-8}$$

该静态特性曲线如图 4-4 所示。截距 H_0 在检测系统静态特性中称零点，也称为零位误差或零点漂移。对于相对固定的零位输出，可当作简单的系统误差进行处理。

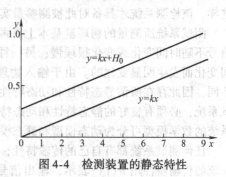

图 4-4 检测装置的静态特性

4.2.2 检测系统静态特性的主要参数

静态特性表征检测系统在被测参量处于稳定状态时的输出—输入关系。衡量检测系统静态特性的主要参数是指测量范围、准确度等级、灵敏度、线性度、滞环、重复性、分辨力、灵敏限、可靠性等。

1. 测量范围

每个用于测量的检测仪器都有规定的测量范围，它是该仪表按规定的精度对被测变量进行测量的允许范围。测量范围的最小值和最大值分别称为测量下限和测量上限，简称下限和上限。仪表的量程可以用来表示其测量范围的大小，用其测量上限值与下限值的代数差来表示，即

$$量程 = |测量上限值 - 测量下限值| \tag{4-9}$$

用下限与上限可完全表示仪表的测量范围，也可确定其量程。如一个温度测量仪表的下限值是 $-50℃$，上限值是 $150℃$，则其测量范围（量程）可表示为

$$量程 = |150℃ - (-50)℃| = 200℃$$

由此可见，给出仪表的测量范围便知其测量上下限及量程，反之只给出仪表的量程，却无法确定其上下限及测量范围。

2. 准确度等级

检测仪器及系统准确度等级，在 2.1.4 节中已描述，这里不再重述。

3. 灵敏度

灵敏度是指测量系统在静态测量时，输出量的增量与输入量的增量之比。即

$$S = \lim_{\Delta x \to \infty} \frac{\Delta y}{\Delta x} = \frac{dy}{dx} \tag{4-10}$$

灵敏度的量纲是输出量的量纲和输入量的量纲之比。对线性测量系统来说，灵敏度为

$$S = \frac{y}{x} = K = \frac{m_y}{m_x}\tan\theta \tag{4-11}$$

亦即线性测量系统的灵敏度是常数，可由静态特性曲线（直线）的斜率来求得，如图 4-5a 所示 m_y、m_x 为 y 轴和 x 轴的比例尺，θ 为相应点切线与 x 轴间的夹角。

非线性测量系统的灵敏度是变化的，如图 4-5b 所示。对非线性测量系统来说，其灵敏度由静态特性曲线上各点的斜率来决定。

4. 线性度

传感器或检测系统的线性度通常也称为非线性度。理想的测量系统，其静态特性曲线是一条直线。但实际测量系统的输入与输出曲线并不是一条理想的直线。线性度就是反映测量系统实际输出—输入关系曲线与据此拟合的理想直线 $y(x)=a_0+a_1x$ 的偏离程度。通常用最大非线性引用误差来表示。即

$$\delta_L = \frac{|\Delta L_{\max}|}{Y_{FS}} \times 100\% \quad (4\text{-}12)$$

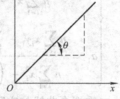
a) 线性系统灵敏度示意图

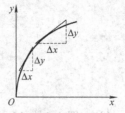
b) 非线性系统灵敏度示意图

图 4-5 灵敏度示意图

式中，δ_L 为线性度；$\Delta L_{\max}$ 为标定得到的输入—输出特性曲线与拟合直线之间的最大偏差；Y_{FS} 为根据拟合直线方程计算得到的满量程输出值。

由于最大偏差 $\Delta L_{\max}$ 是以拟合直线为基准计算的，因此拟合直线确定的方法不同，则 $\Delta L_{\max}$ 不同，测量系统线性度 δ_L 也不同。所以，在表示线性度时应注意要同时说明具体采用的拟合方法。选择拟合直线，通常以全量程多数测量点的非线性误差都相对较小的为佳。常用的拟合直线方法有理论直线法、端基线法（或称端点直线法）和最小二乘法等，与之相对应的即是理论线性度、端基（或端点）线性度和最小二乘法线性度等。

(1) 理论线性度及其拟合直线　理论线性度也称绝对线性度。它以测量系统静态理想特性 $y(x)=kx$ 作为拟合直线，如图 4-6 中的直线 1（曲线 2 为系统全量程多次重复测量平均后获得的实际输出—输入关系曲线，曲线 3 为根据系统全量程多次重复测量平均后获得的实际测量数据，采用最小二乘法方法拟合得到的直线）。此方法优点是简单、方便和直观；缺点是多数测量点的非线性误差相对都较大（ΔL_1 为该直线与实际曲线在某点的偏差值）。

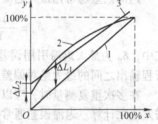

图 4-6　最小二乘和理论线性度及其拟合直线

(2) 端点线性度及其拟合直线　端点线性法是将特性曲线的两个端点连成一条直线，作为基准，由此评定而得到的线性度称为端点线性度。

(3) 最小二乘线性度及其拟合直线　最小二乘法方法拟合直线方程为 $y(x)=a_0+a_1x$。如何科学、合理地确定系数 a_0 和 a_1 是解决问题的关键。设测量系统实际输出—输入关系曲线上某点的输入、输出分别 x_i、y_i，在输入同为 x_i 情况下，最小二乘法拟合直线上得到输出值为 $y(x_i)=a_0+a_1x_i$，两者的偏差为

$$\Delta L_i = y(x_i) - y_i = (a_0 + a_1 x_i) - y_i \quad (4\text{-}13)$$

最小二乘拟合直线的原则是使确定的 n 个特征测量点的偏差二次方和 $\sum_{i=1}^{n}(\Delta L_i)^2$ 为最小值，因为

$$\sum_{i=1}^{n}(\Delta L_i)^2 = \sum_{i=1}^{n}[(a_0+a_1x_i)-y_i]^2 = f(a_0,a_1) \quad (4\text{-}14)$$

为此必有 $f(a_0, a_1)$ 对 a_0 和 a_1 的偏导数为零，即

$$\begin{cases}\dfrac{\partial f(a_0,a_1)}{\partial a_0}=0 \\ \dfrac{\partial f(a_0,a_1)}{\partial a_1}=0\end{cases} \quad (4\text{-}15)$$

把 $f(a_0, a_1)$ 的表达式代入上述两方程，整理可得到关于最小二乘拟合直线的待定系数 a_0 和 a_1 的两个表达式

$$\begin{cases} a_0 = \dfrac{\sum\limits_{i=1}^{n} x_i^2 \sum\limits_{i=1}^{n} y_i - \sum\limits_{i=1}^{n} x_i \sum\limits_{i=1}^{n} x_i y_i}{n \sum\limits_{i=1}^{n} x_i^2 - \left(\sum\limits_{i=1}^{n} x_i\right)^2} \\ a_1 = \dfrac{n \sum\limits_{i=1}^{n} x_i y_i - \sum\limits_{i=1}^{n} x_i \sum\limits_{i=1}^{n} y_i}{n \sum\limits_{i=1}^{n} x_i^2 - \left(\sum\limits_{i=1}^{n} x_i\right)^2} \end{cases} \quad (4-16)$$

（注：图 4-6 中 ΔL_2 为最小二乘拟合曲线与实际曲线在某点的偏差值）

端点线性度的误差分配不均匀，最大误差的数值较大，但计算简单。最小二乘线性度的拟合精度高，可以借助计算机来计算。

5. 迟滞

迟滞，又称滞环、滞差，它说明传感器或检测系统的正向（输入量增大）和反向（输入量减少）输入时输出特性的不一致程度，亦即对应于同一大小的输入信号，传感器或检测系统在正、反行程时的输出信号的数值不相等，见图 4-7 所示。

迟滞误差通常用最大迟滞引用误差来表示，即

$$\delta_H = \frac{|\Delta H_{max}|}{Y_{FS}} \times 100\% \quad (4-17)$$

式中，δ_H 为最大迟滞引用误差；ΔH_{max} 为（输入量相同时）正反行程输出之间的最大绝对偏差；Y_{FS} 为测量系统满量程值。

在多次重复测量时，应以正反行程输出量平均值间的最大迟滞差值来计算。迟滞误差通常是由于弹性元件、磁性元件以及摩擦、间隙等原因所引起的，一般需通过具体实测才能确定。

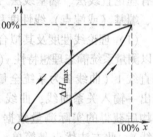

图 4-7 迟滞特性示意图

6. 重复性

重复性表示检测系统或传感器在输入量按同一方向（同为正行程或同为反行程）作全量程连续多次变动时所得特性曲线的不一致程度，如图 4-8 所示。

特性曲线一致性好，重复性就好，误差也小。重复性误差是属于随机误差性质的，测量数据的离散程度是与随机误差的精密度相关的，因此应该根据标准偏差来计算重复性指标。重复性误差 δ_R 可按下式计算：

$$\delta_R = \frac{Z \sigma_{max}}{Y_{FS}} \times 100\% \quad (4-18)$$

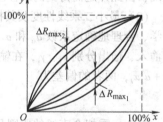

图 4-8 检测系统重复性示意图

式中，δ_R 为重复性误差；Z 为置信系数，对正态分布，当 Z 取 2 时，置信概率为 95%，Z 取 3 时，概率为 99.73%；对测量点和样本数较少时，可按 t 分布表选取所需置信概率所对应的置信系数。σ_{max} 为正、反向各测量点标准偏差的最大值；Y_{FS} 为测量系统满量程值。

式(4-18) 中标准偏差 σ_{max} 的计算方法可按贝塞尔公式计算。按贝塞尔公式计算，通常应先算出各个校准级上的正、反行程的子样标准偏差，即

$$\begin{cases} \sigma_{Zi} = \sqrt{\dfrac{1}{m-1} \sum\limits_{j=1}^{m} (y_{Zij} - \bar{y}_{Zi})^2} \\ \sigma_{Fi} = \sqrt{\dfrac{1}{m-1} \sum\limits_{j=1}^{m} (y_{Fij} - \bar{y}_{Fi})^2} \end{cases} \quad (4-19)$$

式中，σ_{Zi}、σ_{Fi} 为正行程和反行程第 i 个测量点测量数据的子样标准偏差（$i = 1, 2, \cdots, n$）；

y_{Zij}、y_{Fij}为第j次正行程和反行程测量中的第i个点的测量数据($j=1,2,\cdots,m$);$\bar{y}_{Zi}$、$\bar{y}_{Fi}$为正行程和反行程中第i个点上测量数据的算术平均值。

取上述σ_{Zi}、σ_{Fi}(正反行程σ共$2n$个测量点)中的最大值σ_{max}及所选置信系数和量程便可按式(4-18)计算,得到测量系统的重复性误差δ_R。

计算标准偏差还有一种较常见的方法——极差(测量数据最大值与最小值之差)法,它是以正、反行程极差平均值和极差系数来计算标准偏差。限于篇幅,这里从略。

7. 分辨力

能引起输出量发生变化时输入量的最小变化量称为检测系统的分辨力。例如,线绕电位器的电刷在同一匝导线上滑动时,其输出电阻值不发生变化,因此能引起线绕电位器输出电阻值发生变化的(电刷)最小位移ΔX为电位器所用的导线直径,导线直径越细,其分辨力就越高。许多测量系统在全量程范围内各测量点的分辨力并不相同,为统一,常用全量程中能引起输出变化的各点最小输入量中的最大值ΔX_{max}相对满量程输出值的百分数来表示系统的分辨力。即

$$k = \frac{\Delta X_{max}}{Y_{FS}} \tag{4-20}$$

8. 死区

死区又叫失灵区、钝感区、阈值等,它指检测系统在量程零点(或起始点)处能引起输出量发生变化的最小输入量。通常均希望减小失灵区,对数字仪表来说失灵区应小于数字仪表最低位的二分之一。

9. 可靠性

通常,检测系统的作用是不仅要提供实时测量数据,而且往往作为整个自动化系统中必不可少的重要组成环节而直接参与和影响生产过程控制。因此,检测系统一旦出现故障就会导致整个自动化系统瘫痪,甚至造成严重的生产事故,为此必须十分重视检测系统的可靠性。衡量检测系统可靠性的指标有:

1)平均无故障时间(Mean Time Between Failure, MTBF):指检测系统在正常工作条件下开始连续不间断工作,直至因系统本身发生故障丧失正常工作能力时为止的时间,单位通常为小时或天。

2)可信任概率P:表示在给定时间内检测系统在正常工作条件下保持规定技术指标(限内)的概率。

3)故障率:故障率也称失效率,它是平均无故障时间MTBF的倒数。

4)有效度:衡量检测系统可靠性的综合指标是有效度,对于排除故障,修复后又可投入正常工作的检测系统,其有效度A定义为平均无故障时间与平均无故障时间、平均故障修复时间(Mean Time To Repair, MTTR)和的比值,即

$$A = \frac{MTBF}{MTBF + MTTR} \tag{4-21}$$

对于使用者来说,当然希望平均无故障时间尽可能长,同时又希望平均故障修复时间尽可能的短,也即有效度的数值越大越好。此值越接近1,检测系统工作越可靠。

以上是检测系统的主要技术指标,此外检测系统还有经济方面的指标,如功耗、价格、使用寿命等。

检测系统使用方面的指标有:操作维修是否方便,能否可靠安全运行以及抗干扰与防护能力的强弱,重量、体积的大小,自动化程度的高低等。

4.3 检测系统的动态特性

在实际工程测量中,多数被测量(输入量、激励)是随时间变化的信号,表示为$x(t)$,是

时间 t 的函数，称为动态信号。对于测量动态信号的测试系统，要求能迅速而准确地测量出信号的大小并真实地再现信号的波形变化，即要求测试系统在输入量改变时，其输出结果也能立即随之不失真地改变。

但是，在实际检测系统中，因系统总是存在着诸如弹簧、质量块、电容电感等元件，导致机械的、电气的和磁的各种惯性。因此，检测系统的输出 $y(t)$ 不仅与输入量 $x(t)$、输入量的变化速度 $\mathrm{d}x(t)/\mathrm{d}t$ 和加速度 $\mathrm{d}^2x(t)/\mathrm{d}t^2$ 有关，而且还受到测试系统各种惯性的影响。例如，水银体温计测温时必须与人体有足够的接触时间，它的读数才能反映人体的体温，其原因就是体温计的输出总是滞后于输入，这种现象称为测试系统对输入的时间响应；又如，当用千分表测量振动物体的振幅时，当振动的频率很低时，千分表的指针将随其摆动，指示出各个时间的振幅值，但随着振动频率的增加，指针摆动的幅度逐渐减小，以致趋于不动，表明指针的示值随着振动频率的变化而改变，这种现象称为测试系统对输入的频率响应。时间响应和频率响应都是测试过程中表现出的重要特性，也是研究测试系统动态特性的主要内容。由此可见，系统的各种惯性导致使检测系统（仪器）不能实时无失真地反映被测量值，其输出 $y(t)$ 只能在一定的频率范围内、一定的动态误差范围内真实地反映输入量 $x(t)$，这时的测量过程就称为动态测量。

检测系统的动态特性是指在动态测量时，输出量与随时间变化的输入量之间的关系，反映输出值真实再现变化着的输入量的能力。一个动态特性好的检测系统，其输出将再现输入量的变化规律，即具有相同的时间函数。实际上除了具有理想的比例特性的环节外，由于检测系统固有因素的影响，输出信号将不会与输入信号具有相同的时间函数，这种输出与输入之间的差异就是所谓的动态误差。研究传感器或检测系统的动态特性主要是从测量误差角度分析产生动态误差的原因及改善措施。

而研究测试系统的动态特性实质就是建立输入信号、输出信号和系统结构参数三者之间的关系，因此必须建立测量系统的动态数学模型。由于绝大多数传感器或系统都可以简化为一阶或二阶系统，因此一阶或二阶系统是最基本的。研究检测系统的动态特性可以从时域和频域两个方面，采用瞬态响应法和频率响应法分析。

4.3.1 检测系统的动态数学模型

检测装置的动态特性是由其装置本身固有属性决定的，用数学模型来描述，主要有 3 种形式：时间域中的微分方程，复频域中的传递函数，频率域中的频率（响应）特性。可以说这是对装置的不同描述方法，从不同的角度表达检测装置的动态特性。三者之间既有联系又各有其特点，根据这三种表达形式之间的关系和已知条件，可以在已知其一后推导出另两种形式的模型。

1. 微分方程

对于模拟检测装置（如连续时间域）在时间域中的动态输入/输出关系由微分方程确立；对于离散时间域，由差分方程描述。本章只讨论前者。

实际的装置总是存在着非线性因素，如许多电子器件严格说来都是非线性的，至于间隙、迟滞这些非线性环节在装置中也是很难避免的。对于大多数检测装置，针对短期的测量行为，可近似为一个线性时不变系统，它的动态数学模型可以用一个线性常微分方程来表征，即

$$a_n \frac{\mathrm{d}^n y(t)}{\mathrm{d}t^n} + a_{n-1} \frac{\mathrm{d}^{n-1} y(t)}{\mathrm{d}t^{n-1}} + \cdots + a_1 \frac{\mathrm{d}y(t)}{\mathrm{d}t} + a_0 y(t)$$
$$= b_m \frac{\mathrm{d}^m x(t)}{\mathrm{d}t^m} + b_{m-1} \frac{\mathrm{d}^{m-1} x(t)}{\mathrm{d}t^{m-1}} + \cdots + b_1 \frac{\mathrm{d}x(t)}{\mathrm{d}t} + b_0 x(t)$$

(4-22)

方程中自变量 t 通常是指时间。系数 $a_1, a_2, \cdots, a_n$ 和 $b_1, b_2, \cdots, b_m$ 为系统结构决定的系数，可以是 t 的函数，在这种情况下，式(4-22) 为变系数微分方程，所描述的是时变系统。如果这些系数不随时间变化，则系统是时不变或定常的。时不变系统的内部参数不随时间变化，是个常

数,其系统输出就只与输入的量值有关。若系统的输入延迟某一时间,其输出也延迟相同的时间。

既是线性的又是时不变的系统叫作线性时不变系统。以下讨论线性时不变系统的一些主要性质。在描述中以

$$x(t) \rightarrow y(t) \tag{4-23}$$

表示系统的输入、输出关系。

(1) 叠加性 叠加性表现为输入之和的输出等于各单个输入所得输出的和,即若有

$$x_1(t) \rightarrow y_1(t), \ x_2(t) \rightarrow y_2(t)$$

则有

$$x_1(t) + x_2(t) \rightarrow y_1(t) + y_2(t) \tag{4-24}$$

(2) 齐次性 齐次性表现为常数倍输入的输出等于原输入所得输出的常数倍,即对于任意常数 C 有

$$Cx(t) \rightarrow Cy(t)$$

综合以上两个性质,线性时不变系统遵从以下关系,即

$$C_1 x_1(t) + C_2 x_2(t) + \cdots \rightarrow C_1 y_1(t) + C_2 y_2(t) + \cdots \tag{4-25}$$

这意味着一个输入所引起的输出并不因为其他输入的存在而受影响。也就是说,虽然系统有多个输入,但它们之间互不干扰,每个输入各自产生相应的输出。因此,要分析多个输入共同作用所引起的总的输出效果,可先分析单个输入产生的效果,然后再进行线性叠加。

(3) 微分性 微分性表现为系统对原输入微分的响应等于原输出的微分,即

$$\frac{dx(t)}{dt} \rightarrow \frac{dy(t)}{dt} \tag{4-26}$$

(4) 积分性 积分性表现为在初始条件为零的情况下,系统对原输入积分的响应等于原输出的积分,即

$$\int_0^t x(\tau) d\tau \rightarrow \int_0^t y(\tau) d\tau \tag{4-27}$$

(5) 频率保持性 频率保持性表现为如果系统的输入是某一频率的正弦函数,则系统的稳态输出为用一频率的正弦函数,而且输出、输入振幅之比以及输出、输入的相位差都是确定的。

频率保持性是线性系统的一个很重要的特性。用试验的方法研究系统的响应特性就是基于这个性质。根据这一特性,如果输入是一个很好的单一频率正弦函数,其输出却包含有其他频率成分或发生了畸变,那么可以断定这些其他频率成分或畸变绝不是输入引起的。一般来说,或是由外界干扰引起,或是由系统或装置内部噪声引起,或是输入太大使系统进入非线性区,或是系统中有明显的非线性环节等。

2. 传递函数

初始条件为零时,即 $x(0)$、$y(0)$ 以及各阶导数的初始值均为零的情况下,对式(4-22)进行拉普拉斯变换,得

$$(a_n s^n + a_{n-1} s^{n-1} + \cdots + a_1 s + a_0) Y(s) = (b_m s^m + b_{m-1} s^{m-1} + \cdots + b_1 s + b_0) X(s) \tag{4-28}$$

整理后得

$$H(s) = \frac{Y(s)}{X(s)} = \frac{b_m s^m + b_{m-1} s^{m-1} + \cdots + b_1 s + b_0}{a_n s^n + a_{n-1} s^{n-1} + \cdots + a_1 s + a_0} \tag{4-29}$$

$H(s)$ 是输出的拉普拉斯变换和输入拉普拉斯变换之比,即传递函数,是经常用到的一个很重要的数学模型。知道了描述装置的微分方程,只要把方程中的各阶导数用相应的 s 变量代替,便可直接得到它的传递函数。

在传递函数的表达式中,s 只是一种算符,而 a_0, a_1, a_2, $\cdots$, a_n 和 b_0, b_1, b_2, $\cdots$, b_m 是检测装置本身唯一确定的常数,与输入和系统的初始条件无关。可见,传递函数只表示装置本身

的特性。

传递函数作为一种数学模型，和其他数学模型一样，不能确定装置的物理结构，只用以描述装置的传输、转换特性。不同的系统，只要动态特征相似，就可以有相同的传递函数。传递函数以装置本身的参数表示出输入与输出之间的关系。所以传递画数将包含着联系输入量与输出量所必需的单位。需要再一次说明，装置的传递函数与测量信号无关，只表示检测装置本身在传输和转换测量信号中的特性或行为方式。

3. 频率（响应）特性

在对检测装置进行实验研究中，经常以正弦信号作为输入求装置的稳态响应。采用这种方法的前提是装置必须是完全稳定的。假设输入信号为 $x(t) = X_0\sin\omega t$ 正弦信号，根据线性装置的频率保持特性，输出信号的频率仍为 ω。但幅值和相角可能会有所变化，所以输出信号 $y(t) = Y_0\sin(\omega t + \varphi)$。用指数形式表示为 $x(t) = X_0 e^{j\omega t}$，$y(t) = Y_0 e^{j(\omega t + \varphi)}$。将它们代入式(4-22)，得

$$[a_n(j\omega)^n + a_{n-1}(j\omega)^{n-1} + \cdots + a_1 j\omega + a_0] Y_0 e^{j(\omega t + \phi)} \\ = [b_m(j\omega)^m + b_{m-1}(j\omega)^{m-1} + \cdots + b_1 j\omega + b_0] X_0 e^{j\omega t} \quad (4\text{-}30)$$

该式反映了信号频率为 ω 时的输入、输出关系，称为频率响应函数。记为 $H(j\omega)$ 或简写为 $H(\omega)$，其定义为输出的傅里叶变换和输入的傅里叶变换之比，即

$$H(j\omega) = \frac{Y(j\omega)}{X(j\omega)} = A(\omega) e^{j\phi(\omega)}$$

$$= \frac{b_m(j\omega)^m + b_{m-1}(j\omega)^{m-1} + \cdots + b_1 j\omega + b_0}{a_n(j\omega)^n + a_{n-1}(j\omega)^{n-1} + \cdots + a_1 j\omega + a_0} \quad (4\text{-}31)$$

对比式(4-30)与式(4-31)可以看出。形式上将传递函数中的 s 换成 $j\omega$ 便得到了装置的频率响应函数，但必须注意两者含义上的不同。传递函数是输出与输入拉普拉斯变换之比，其输入并不限于正弦激励，而且传递函数不仅描述了检测装置的稳态特性，也描述了它的瞬态特性。频率响应函数是在正弦信号激励下，装置达到稳态后输出与输入之间的关系。

线性装置在正弦信号激励下，其稳态输出是与输入同频的正弦信号，但是幅值和相位通常要发生变化，其变化量随频率的不同而异。当输入正弦信号的频率沿频率轴滑动时，输出、输入正弦信号振幅之比随频率的变化叫作装置的幅频特性，用 $A(\omega)$ 表示；输出、输入正弦信号的相位差随频率的变化叫作检测装置的相频特性，用 $\varphi(\omega)$ 表示。幅频特性和相频特性全面地描述了检测装置的频率响应特性，这就是 $H(\omega)$。可见，频率响应特性具有明确的物理意义和重要的实际意义。

频率响应函数的模和相角的自变量可以是 ω，也可以是频率 f，换算关系为 $\omega = 2\pi f$。

4. 脉冲响应函数

对于式(4-29)来说，若装置的输入为单位脉冲 $\delta(t)$，因单位脉冲 $\delta(t)$ 的拉普拉斯变换为 1，所以装置的输出 $y_\delta(t)$ 的拉普拉斯变换必将是 $H(S)$，即 $y_\delta(t) = L^{-1}[H(S)]$，并将其记为 $h(t)$，常称它为装置的脉冲响应函数或权函数。脉冲响应函数可视为系统特性的时域描述。

至此，系统特性在时域、频域和复数域可分别用脉冲响应函数 $h(t)$、频率响应函数 $H(j\omega)$ 和传递函数 $H(s)$ 来描述，三者存在着一一对应的关系。$h(t)$ 和传递函数 $H(s)$ 是一对拉普拉斯变换对，$h(t)$ 和频率响应函数 $H(j\omega)$ 又是一对傅里叶变换对。

5. 环节的串联和并联

若两个传递函数分别为 $H_1(S)$ 和 $H_2(S)$ 的环节串联时（如图4-9所示），它们之间没有能量交换，则串联后所组成的系统之传递函数 $H(S)$ 在初始条件为零时为

$$H(S) = \frac{Y(S)}{X(S)} = \frac{Z(S)}{X(S)} \frac{Y(S)}{Z(S)} = H_1(S) H_2(S)$$

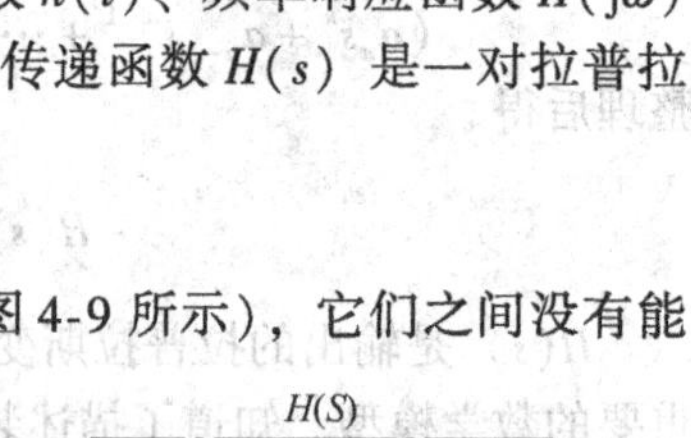

图4-9 两个环节的串联

类似地，对 n 个环节串联组成的系统，有

$$H(S) = \prod_{i=1}^{n} H_i(S) \quad (4-32)$$

若两个环节并联，如图 4-10 所示，则因 $Y(S) = Y_1(S) + Y_2(S)$ 而有

$$H(S) = \frac{Y(S)}{X(S)} = \frac{Y_1(S) + Y_2(S)}{X(S)} = H_1(S) + H_2(S)$$

由 n 个环节并联组成的系统，也有类似的公式

$$H(S) = \sum_{i=1}^{n} H_i(S) \quad (4-33)$$

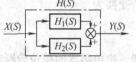

图 4-10 两个环节的并联

从传递函数和频率响应函数的关系，可得到 n 个环节串联系统频率响应函数为

$$H(j\omega) = \prod_{i=1}^{n} H_i(j\omega) \quad (4-34)$$

其幅频、相频特性分别为

$$\begin{cases} A(\omega) = \prod_{i=1}^{n} A_i(\omega) \\ \varphi(\omega) = \sum_{i=1}^{n} \varphi_i(\omega) \end{cases} \quad (4-35)$$

而 n 环节并联系统的频率响应函数为

$$H(j\omega) = \sum_{i=1}^{n} H_i(j\omega) \quad (4-36)$$

理论分析表明，任何分母中 s 高于三次（$n>3$）的高阶系统都可以看作若干个一阶环节和二阶环节的并联（也自然可以转化为若干个一阶环节和二阶环节的串联）。因此，分析并了解一阶、二阶环节的传输特性是分析并了解高阶、复杂系统传输特性的基础。

4.3.2 阶跃响应和时域动态性能指标

时域动态响应特性也称瞬态响应特性。在时域内研究传感器的动态特性时，常用的激励信号有阶跃函数、脉冲函数和斜坡函数等。传感器对所加激励信号的响应称为瞬态响应。一般认为，阶跃输入对于一个传感器来说是最严峻的工作状态。如果在阶跃函数的作用下，传感器能满足动态性能指标，那么在其他函数作用下，其动态性能指标也必定会令人满意。在理想情况下，阶跃输入信号的大小对过渡过程的曲线形状是没有影响的。但在实际做过渡过程实验时，应保持阶跃输入信号在传感器特性曲线的线性范围内。下面以传感器的单位阶跃响应评价传感器的动态性能。

1. 一阶系统的单位阶跃响应

常见的一阶系统有质量为零的弹簧-阻尼机械系统、RC 电路、RL 电路、液柱式温度计、热电偶测温系统等，如图 4-11 所示。

一阶系统可用如下微分方程描述：

$$a_1 \frac{dy(t)}{dt} + a_0 y(t) = b_0 x(t) \quad (4-37)$$

令 $\tau = a_1/a_0$，$K = b_0/a_0$，则

$$\tau \frac{dy(t)}{dt} + y(t) = Kx(t) \quad (4-38)$$

由此解得一阶传感器的传递函数为

$$H(s) = \frac{Y(s)}{X(s)} = \frac{k}{\tau s + 1} \quad (4-39)$$

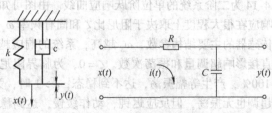

a) 弹簧-阻尼机械系统　　b) RC 电路系统

图 4-11 典型的一阶系统

式中，τ 为时间常数；k 为静态灵敏度。

由于在线性传感器中灵敏度 k 为常数，在动态特性分析中，k 只起使输出量增加 k 倍的作用。因此，为方便起见，在讨论时采用 $k=1$。

对于初始状态为零的传感器，当输入为单位阶跃信号时，$X(s) = 1/s$，传感器输出的拉普拉斯变换为

$$Y(s) = H(s)X(s) = \frac{1}{\tau s + 1} \cdot \frac{1}{s} \tag{4-40}$$

则一阶传感器的单位阶跃响应为

$$y(t) = L^{-1}[Y(s)] = 1 - e^{-\frac{t}{\tau}} \tag{4-41}$$

响应曲线如图 4-13 所示。由图可见，传感器存在惯性，输出的初始上升斜率为 $1/\tau$，若传感器保持初始响应速度不变，则在 τ 时刻输出将达到稳态值。但实际的响应速率随时间的增加而减慢。理论上传感器的响应在 τ 趋于无穷时才达到稳态值，但实际上当 $t = 4\tau$ 时，其输出已达到稳态值的 98.2%，可以认为已达到稳态。τ 越小，响应曲线越接近于输入阶跃曲线，因此，一阶传感器的时间常数 τ 越小越好。不带保护套管的热电偶是典型的一阶传感器。

2. 二阶系统的单位阶跃响应

如图 4-12 所示的弹簧-质量-阻尼系统和 RLC 电路均为典型的二阶系统。

不论热力学、电学、力学等二阶系统，均可用二阶微分方程的通式描述，即

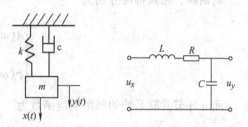

a) 弹簧-质量-阻尼系统　　b) RLC电路系统

图 4-12　典型二阶系统

$$a_2 \frac{d^2 y(t)}{dt^2} + a_1 \frac{dy(t)}{dt} + a_0 y(t) = b_0 x(t) \tag{4-42}$$

令 $K = \frac{b_0}{a_0}$，$\omega_n = \sqrt{\frac{a_0}{a_2}}$，$\zeta = \frac{a_1}{2\sqrt{a_0 a_2}}$（$K$ 为静态灵敏度；ω_n 为固有频率；ζ 为阻尼比。）

$$\frac{1}{\omega_n^2} \frac{d^2 y(t)}{dt^2} + \frac{2\zeta}{\omega_n} \frac{dy(t)}{dt} + y(t) = Kx(t) \tag{4-43}$$

二阶系统的传递函数为

$$H(s) = \frac{Y(s)}{X(s)} = \frac{\omega_n^2}{s^2 + 2\zeta\omega_n s + \omega_n^2} \tag{4-44}$$

在单位阶跃信号作用下，系统输出的拉普拉斯变换为

$$Y(s) = H(s)X(s) = \frac{\omega_n^2}{s(s^2 + 2\zeta\omega_n s + \omega_n^2)} \tag{4-45}$$

对 $Y(s)$ 进行拉普拉斯反变换，即可得到单位阶跃响应。图 4-14 为二阶系统的单位阶跃响应曲线。由图可知，传感器的响应在很大程度上取决于阻尼比 ζ 和固有频率 ω_n。ω_n 取决于传感器的主要结构参数，ω_n 越高，系统的响应越快。阻尼比直接影响超调量和振荡次数。$\zeta = 0$，为临界阻尼，超调量为 100%，产生等幅振荡，达不到稳态；$\zeta > 1$ 时，为过阻尼，无超调也无振荡，但反应迟钝，动作缓慢，达到稳态所需时间较长；$\zeta < 1$ 时，为欠阻尼，衰减振荡，达到稳态值所需时间随 ζ 的减小而加长。$\zeta = 1$ 时响应时间最短。在实际使用中，为了兼顾有短的上升时间和小的超调量，一般传感器都设计成欠阻尼式的，阻尼比 ζ 一般取为 0.6～0.8。带保护套管的热电偶是一个典型的二阶传感器。

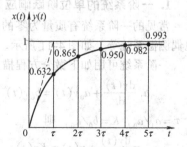

图 4-13　一阶系统单位阶跃响应

3. 瞬态响应特性指标（时间域动态性能指标）

检测系统的时间域动态性能指标一般用单位阶跃响应曲线的特征参数来表示。时间常数 τ 是描述一阶传感器动态特性的重要参数，τ 越小，响应速度越快。二阶检测系统的阶跃响应曲线如图 4-15 所示，可以用以下 6 个特性参数作为其时域性能指标：

1) 上升时间 t_r：输出由稳态值的 10% 变化到稳态值的 90% 所用的时间。
2) 响应时间 t_s：系统从阶跃输入开始到输出值进入稳态值允许的误差范围内所需的时间，该误差范围通常规定为稳态值的 ±5% 或 ±2%。
3) 峰值时间 t_p：阶跃响应曲线达到第一个峰值所需的时间。
4) 超调量 σ：系统输出的峰值与稳态值之差 ΔA 相对于稳态值的百分比，用 σ 表示。超调量 ΔA 与阻尼比 ζ 有关，ζ 越大，σ 越小。
5) 衰减率 d：响应曲线上相差一个周期 T_d 的两个峰值之比。

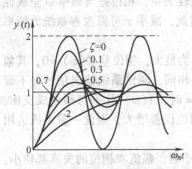

图 4-14 二阶传感器单位阶跃响应

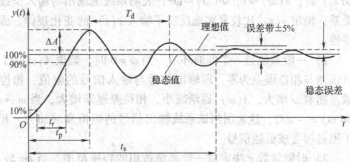

图 4-15 二阶传感器的阶跃响应及动态性能指标

4.3.3 正弦响应和频域动态性能指标

检测系统对正弦输入信号的响应特性称为频率响应特性。频率响应法是从检测系统的频率特性出发研究检测系统的动态特性的方法。

1. 零阶系统的频率特性

零阶系统的传递函数为

$$H(s) = \frac{Y(s)}{X(s)} = k \tag{4-46}$$

频率特性为

$$H(j\omega) = k \tag{4-47}$$

由此可知，零阶系统的输出和输入成正比，并且与信号频率无关。因此，无幅值和相位失真问题，具有理想的动态特性。电位器式传感器是零阶系统的一个例子。在实际应用中，许多高阶系统在变化缓慢、频率不高时，都可以近似当作零阶系统处理。

2. 一阶系统的频率特性

将一阶系统传递函数中的 s 用 $j\omega$ 代替，即可得到频率特性表达式

$$H(j\omega) = \frac{1}{\tau(j\omega) + 1} \tag{4-48}$$

幅频特性：

$$A(\omega) = \frac{1}{\sqrt{(\omega\tau)^2 + 1}} \tag{4-49}$$

相频特性：

$$\Phi(\omega) = -\arctan(\omega\tau) \tag{4-50}$$

图4-16所示为一阶系统的频率响应特性曲线。

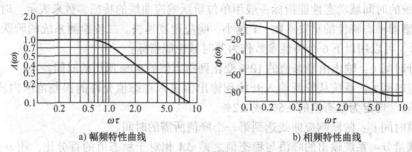

a) 幅频特性曲线　　　　　　b) 相频特性曲线

图 4-16　一阶传感器的频率特性

从式(4-49)、式(4-50)和图4-16可以看出,时间常数τ越小,频率响应特性越好。当$\omega\tau \leqslant 1$时,$A(\omega) \approx 1$,$\Phi(\omega) \approx \omega\tau$,表明系统的输出与输入呈线性关系,相位差与频率$\omega$呈线性关系,输出$y(t)$比较真实地反映了输入$x(t)$的变化规律。因此,减小$\tau$可以改善系统的频率特性。

1) 一阶系统是一个低通环节,当$\omega = 0$时,幅值$A(\omega) = 1$为最大,相位差$\Phi(\omega) = 0$,其幅值误差与相位误差为零,即输出信号与输入信号的幅值、相位相同,测试系统输出信号并不衰减。随着ω增大,$A(\omega)$逐渐减小,相位差逐渐增大,当$\omega \to \infty$时,$A(\omega)$几乎与频率成反比,$\Phi(\omega) = -\pi/2$,这表明测试系统输出信号的幅值衰减加大,相位误差增大,因此一阶系统适用于测量缓变或低频信号。

2) 时间常数τ决定着一阶系统适用的频率范围。当$\omega\tau$较小时,幅值和相位的失真都较小;当$\omega\tau = 1$时,$A(\omega) = 1/\sqrt{2} = 0.707$,即$20\lg A(\omega) = -3$dB。通常把$\omega\tau = 1$处的频率(即输出幅值下降至输入幅值的0.707倍处的频率)称为系统的"转折频率"(对滤波器来讲,就是截止频率),在该处相位滞后45°。

可知,τ越小转折频率就越大,测试系统的动态范围越宽;反之,τ越大则系统的动态范围就越小。为了减小一阶系统的稳态响应动态误差,增大工作频率范围,应尽可能采用时间常数τ小的测试系统。因此,τ是反映一阶系统动态特性的重要参数。

3. 二阶系统的频率特性

二阶系统的频率特性表达式、幅频特性、相频特性分别为

$$H(j\omega) = \left[1 - \left(\frac{\omega}{\omega_n}\right)^2 + 2j\zeta\frac{\omega}{\omega_n}\right]^{-1} \tag{4-51}$$

$$A(\omega) = \left\{\left[1 - \left(\frac{\omega}{\omega_n}\right)^2\right]^2 + \left(2\zeta\frac{\omega}{\omega_n}\right)^2\right\}^{-\frac{1}{2}} \tag{4-52}$$

$$\Phi(\omega) = -\arctan\left[\frac{2\zeta\dfrac{\omega}{\omega_n}}{1 - \left(\dfrac{\omega}{\omega_n}\right)^2}\right] \tag{4-53}$$

图4-17所示为二阶系统的频率响应特性曲线。从式(4-52)、式(4-53)和图4-17可以看出,系统频率特性的好坏主要取决于系统的固有频率ω_n和阻尼比ζ。当$\zeta < 1$,$\omega \ll \omega_n$时,$A(\omega) \approx 1$,$\Phi(\omega)$很小,此时,系统的输出$y(t)$再现输入$x(t)$的波形。通常固有频率ω_n至少应大于被测信号频率ω的3~5倍,即$\omega_n \gg (3 \sim 5)\omega$。

由以上分析可知,为了减小动态误差和扩大频率响应范围,一般是提高系统的固有频率ω_n,但可能会使其他指标变差。因此,在实际应用中,应综合考虑各种因素来确定检测系统的各个特征参数。

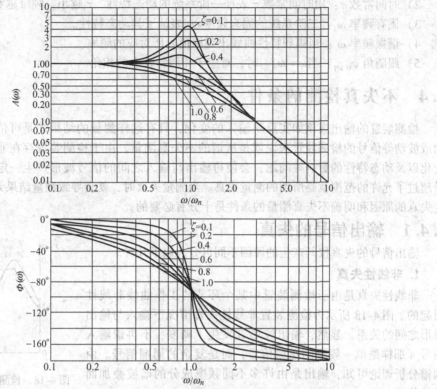

图 4-17 二阶传感器的频率特性

二阶系统的特性：

1) 二阶系统也是一个低通环节。当 $\omega/\omega_n \ll 1$ 时，$A(\omega) \approx 1$，$\varphi(\omega) \approx 0$，表明该频率段的输出信号幅值误差和相位误差都很小；当 $\omega/\omega_n \gg 1$ 时，$A(\omega) \approx 0$，$\varphi(\omega) \to 180°$，即输出信号几乎与输入信号反相，表明测试系统有较大的幅值衰减和相位误差。因此，二阶系统也是一个低通环节。

2) 二阶系统频率响应特性的好坏主要取决于测试系统的固有频率 ω_n 和阻尼比 ζ。阻尼 ζ 不同，系统的频率响应也不同。$0 < \zeta < 1$，为欠阻尼；$\zeta = 1$ 为临界阻尼；$\zeta > 1$，为过阻尼。一般系统都工作于欠阻尼状态。当 $\zeta < 1$，$\omega < \omega_n$ 时，$A(\omega) \approx 1$，即幅频特性曲线平直，输入输出呈线性关系；$\Phi(\omega)$ 很小，$\Phi(\omega)$ 与频率 ω 呈线性关系。此时，系统的输出 $y(t)$ 能真实准确地复现输入 $x(t)$ 的波形。当 $\zeta \geq 1$ 时，$A(\omega) < 1$；当阻尼比 ζ 趋于零时，在 $\omega/\omega_n = 1$ 附近，系统将出现谐振，此时，输出与输入信号的相位差 $\Phi(\omega)$ 由 $0°$ 突变为 $180°$。为了避免这种情况，可增大 ζ 值，当 $\zeta > 0$，而 $\omega/\omega_n = 1$ 时，输出与输入信号的相位差 $\Phi(\omega)$ 均为 $90°$，利用这一特点可测定系统的固有频率 ω_n。

显然，系统的频率响应随固有频率 ω_n 的大小而不同。ω_n 越大，保持动态误差在一定范围内的工作频率范围越宽；反之，工作频率范围越窄。

综上所述，对二阶测试系统推荐采用 ζ 值为 0.7 左右，$\omega \leq 0.4\omega_n$，这样可使测试系统的频率特性工作在平直段、相频特性工作在直线段，从而使测量的失其最小。

4. 频率响应特性指标（频率域动态性能指标）

检测系统的频率域动态性能指标一般用幅频特性和相频特性的特征参数表示。

1) 频带：系统增益保持在一定值内的频率范围，通常取对数幅频特性曲线上幅值相对于零频幅值衰减 3dB 时所对应的频率范围，称为系统的频带或通频带 $\omega_{0.707}$，对应有上、下截止频率。

2) 时间常数 τ：用时间常数 τ 表征一阶系统的动态特性，τ 越小，频带越宽。
3) 固有频率 ω_n：二阶系统的固有频率 ω_n 表征了其动态特性。
4) 谐振频率 ω_r：当幅频特性曲线出现峰值时所对应的频率。
5) 跟随角 $\varphi_{0.707}$：当 $\omega = \omega_{0.707}$ 时，对应于相频特性上的相角。

4.4 不失真检测的条件

检测装置的输出应该如实反映输入的变化，只有这样测量的结果才是可信的，对于获取振动或波动等信号的检测装置来说就是所谓的不失真测量。由于检测装置存在非线性、静态特性变化以及动态特性的影响等问题，会使得输出与输入之间的信号波形产生一定的差异，当这差异超过了允许的范围就是所谓的测量失真。当测量失真时，就会导致测量结果无效。所以了解产生失真的原因和明确不失真测量的条件是十分有必要的。

4.4.1 输出信号的失真

输出信号的失真按其产生的原因不同可分为以下几种。

1. 非线性失真

非线性失真是由于检测装置中某个环节的工作曲线非线性引起的。图4-18所示为检测装置非线性失真情况下输入与输出波形之间的关系。显然，输出波形 B 发生了畸变，不再像输入信号 A 那样是单一频率的正弦信号，而是复杂的周期信号。由频谱分析理论可知，输出是由许多不同频率成分的谐波叠加而成的信号。

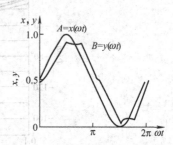

图4-18 检测装置非线性失真

这个例子说明，检测装置存在非线性环节就不能保证输入信号频率成分的不变性，从而引起非线性失真。因此，要使输出不产生非线性失真就要求检测装置工作特性曲线是线性的，即线性检测装置。如果检测装置由多个环节组成，就要求装置各环节的工作特性或装置综合特性具有良好的线性特性。

2. 幅频失真

幅频失真是由于测量环节对于输入 $x(t)$ 所包含的各谐波分量具有不同的幅值比或放大倍数而引起的一种失真。例如对于周期方波信号输入，假定由于环节的幅频特性不是一水平直线，使得2次谐波被放大了2倍，而其他各次谐波都被放大1倍。不难想象，叠加后的波形，即输出 $y(t)$ 绝不会再与输入方波信号 $x(t)$ 保持不失真了。

3. 相频失真

相频失真是由于检测装置对于输入信号 $x(t)$。所包含的各谐波分量引起不协调的相位移而引起的失真。同样地，对于周期方波信号，假定由于装置相频特性不是一条直线，仅使2次谐波的相位移位 $\pi/2$，而其余各次谐波的相位移都是零。不难想象，由于2次谐波在水平方向和其他谐波发生了位置上的相对变化，所以叠加后的波形，即输出 $y(t)$ 也就不再与输入信号 $x(t)$ 保持不失真了。

4.4.2 不失真测量的条件

设检测装置的输入 $x(t)$ 与输出 $y(t)$ 满足方程

$$y(t) = A_0 x(t - t_0) \tag{4-54}$$

式中，A_0 和 t_0 为常量，则称此检测装置为不失真检测装置。可见，要实现不失真测试，要求输出与输入的波形完全一致，只是幅值放大了 A_0，时间延迟了 t_0。

对式(4-54) 两边取拉普拉斯变换，得

$$Y(s) = A_0 e^{-st_0} X(s)$$

于是得不失真检测装置的传递函数和频率响应函数

$$\begin{cases} H(s) = \dfrac{Y(s)}{X(s)} = A_0 e^{-st_0} \\ H(j\omega) = A_0 e^{-j\omega t_0} \end{cases} \tag{4-55}$$

幅频特性和相频特性为

$$\begin{aligned} A(\omega) &= A_0 \quad (\text{常数}) \\ \varphi(\omega) &= -\omega t_0 \quad (\text{直线}) \end{aligned} \tag{4-56}$$

可见,频谱分析装置不失真测试的条件为:幅频频特性为常数,相频特性为直线(线性)。不能满足上述条件之一引起的失真分别称为幅值失真和相位失真。

应当指出,满足式(4-56)的条件后,装置的输出仍滞后于输入一定的时间。如果测量的目的只是精确地测出输入波形,那么上述条件完全满足不失真测量的要求。如果测量的结果要用来作为反馈控制信号,那么还应当注意到输出对输入的时间滞后有可能破坏系统的稳定性。这时应根据具体的要求,力求减小时间滞后。

实际测试装置不可能在非常宽广的频率范围内都满足式(4-56)的要求,所以通常测试装置既会产生幅值失真,又会产生相位失真。如图 4-19 所示为四个不同频率的信号通过一个具有图中所示的 $A(\omega)$ 和 $\varphi(\omega)$ 特性的装置后的输出信号。四个输入信号都是正弦信号(包括直流信号),在某参考时刻 $t=0$ 时,初始相角均为零。图 4-19 形象地显示出各输出信号相对输入信号有不同的幅值增益和相角滞后。对于单一频率成分的信号,因通常线性系统具有频率保持性,只要其幅值未进入非线性区,输出信号的频率也是单一的,也就无所谓失真问题。对于含有多种频率成分的输入信号,输出信号显然既有幅值失真,又有相位失真,特别是频率成分跨越 ω_n 前后的信号,失真尤为严重。

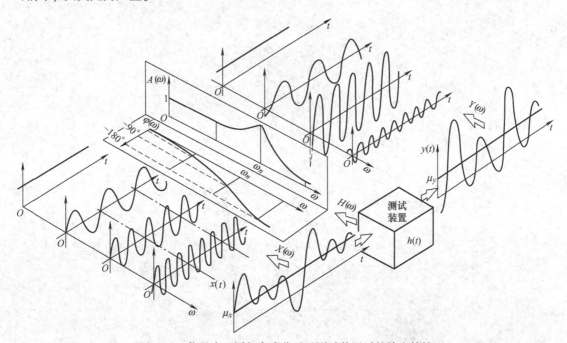

图 4-19 信号中不同频率成分通过测试装置时的输出特性

在实际测量中,绝对不失真是不存在的,但是必须把失真的程度控制在许可的范围内。一个检测装置只能对某个频率范围内的信号进行具有足够准确度的测量工作或工程意义上的不失真测量，这一频率范围称为装置的工作频带。

(1) 一阶装置的不失真测试的频率范围　一阶装置的幅频、相频特性实际不失真测试的频率范围为 $\omega \in (0, \omega_{max})$，且 $\omega_{max} < 1/\tau$。当 $\omega_{max} = 1/\tau$ 时，$A(\omega)$ 已衰减了近30%，显然，一阶装置的时间常数 τ 越小，不失真测试的频率范围越宽。

(2) 二阶装置的不失真测试的频率范围　一般来说，在 $\xi = 0.6 \sim 0.8$ 时，可以获得较为合适的综合特性。计算表明，对于二阶系统，当 $\xi = 0.7$ 时，在 $\omega \in (0, 0.58\omega_n)$ 的频率范围内，幅频特性 $A(\omega)$ 的变化不超过5%，同时相频特性 $\varphi(\omega)$ 也接近于直线，产生的相位失真也很小。

应该指出，上述的不失真测量条件只适用于一般的测量目的。对用于闭环控制装置中的检测装置，时间滞后可能会造成整个控制系统工作的不稳定。在这种情况下 $\varphi(\omega)$ 应越小越好。

第2篇 典型参量的检测原理

第5章 温度的检测

温度是表征物体冷热程度的物理量,反映了物体内部分子运动平均动能的大小。温度高,表示分子动能大,运动剧烈;温度低,表示分子动能小,运动缓慢。

温度概念的建立是以热平衡为基础的。如果两个冷热程度不同的物体相互接触,必然会发生热交换现象,热量将由热程度高的物体向热程度低的物体传递,直至达到两个物体的冷热程度一致,处于热平衡状态,即两个物体的温度相等。

可见,与长度、质量等外延量不同,温度是一个内涵量。如果把两个物体连在一起,其总的长度和质量等于两个物体长度和质量之和;但将两个不同温度的物体放在一起,其温度就不能相加,只能进行相等或不相等的描述。对其他一般测量来说,测量结果即为该单位的倍数或分数。但对于温度而言,长期以来,人们所做的却不是测量,而只是做标志,即只是确定温标上的位置而已,这种状况直到1967年使用温度单位开尔文(K)以后才有了变化。1967年第十三届国际计量大会确定,把热力学温度的单位——开尔文定义为:水三相点热力学温度的1/273.16。这样温度的描述已不再是确定温标上的位置,而是单位K的多少倍了。这在计温学上具有划时代的意义。

5.1 温标及温度量值的传递

5.1.1 温标

现代统计力学建立了温度和分子动能的函数关系,但物体内部分子动能难以直接测量,只能利用物质的某些物性随温度变化的规律进行间接测量。各种测量温度计的数值都是由温标决定的,即温度计必须先进行分度(或称标定)。为了保证温度量值的准确和统一,需要建立一个衡量温度的标准尺度,简称为温标。温标的建立经历了一个逐渐发展、不断修改和完善的渐进过程。

1. 经验温标

为了确定地描述温度的数值,通常以两个特征温度为基准点建立温标。早期温标大多基于经验公式或人为的规定,由一定的实验方法确定,称为经验温标。例如,德国科学家华伦海特(Fahrenheit)以水银为测温介质,制成玻璃水银温度计,选取氯化铵和冰水的混合物为温度计的零度,人体的温度为温度计的100度,在此范围内将温度计水银的体膨胀距离分成100份,每一份定义为1华氏度,记作1°F。按照华氏温标,则水的冰点定为32°F,沸点定为212°F。1740年瑞典天文学家摄尔修斯(Celsius)提出在标准大气压下把水的冰点定为0度,水的沸点定为100度。根据水的这两个固定温度点作100等分,每一份称为1摄氏度,记作1℃。摄氏度和华氏度的关系为

$$T = \frac{9}{5}t + 32 \tag{5-1}$$

式中,T为华氏度值(°F);t为摄氏度值(℃)。

经验温标均依赖于其规定的测量物质,测温范围也不能超过其上下限(如0℃和100℃)。

2. 热力学温标

1848年英国科学家开尔文（Kelvin）提出以卡诺循环为基础建立热力学温标。他根据热力学理论，认为物质有一个最低温度点存在，定为0开（0K），把水的三相点温度273.16K（相当0.01℃）选作唯一的参考点，在该温标中不会出现负温度值，热力学温度的单位为"K"。从理想气体状态方程入手可以复现热力学温标，称作绝对气体温标。这两种温标在数值上完全相同，而且与测温物质无关。由于不存在理想气体和理想卡诺热机，故这类温标是无法实现的。在使用气体温度计测量温度时，要对其读数进行许多修正，修正过程又依赖于许多精确的测量，于是就导致了国际实用温标的问世。

3. 国际温标

国际温标（International Temperature Scale）是用来复现热力学温标的，其指导思想是采用气体温度计测出一系列标准固定温度（相平衡点），以它们为依据在固定点中间规定传递的仪器及温度值的内插公式。

国际温标由三部分组成（即国际温标的三要素），一是定义了某些纯物质各相（态）可以复现的温度固定点，作为温标的基准点；二是规定了不同温区的基准仪器；三是确定了相邻温度固定点之间的内插公式，建立基准仪器示值与国际温标数值之间的关系。第一个国际温标制定于1927年，此后随着社会生产和科学技术的进步，温标的探索也在不断地进行，1989年7月国际计量委员会批准了新的国际温标，简称ITS-90。我国于1994年元旦起全面推行ITS-90新温标。

ITS-90同时定义了国际开尔文温度（变量符号为T_{90}）和国际摄氏温度（变量符号为t_{90}）。水三相点热力学温度为273.16K，摄氏度与开尔文度保留原有简单的关系式：$t_{90} = T_{90} - 273.15℃$。

ITS-90对某些纯物质各相（固、液体）间可复现的平衡态的温度赋予给定值，即给予了定义，定义的固定点共17个。ITS-90规定把整个温标分成四个温区，其相应的标准如下：0.65～5.0K之间，T_{90}用^{3}He和^{4}He蒸气压与温度的关系式来定义；3.0～24.5561K（氖三相点）之间，用氦气体温度计来定义；13.8033K（平衡氢三相点）～961.78℃（银凝固点）之间，用基准铂电阻温度计来定义；961.78℃以上，用单色辐射温度计或光电高温计来复现。

5.1.2 温标的传递

采用国际温标的国家大多有一个研究机构按照国际温标的要求，建立温标定义的温度固定点及一整套基准温度计复现国际温标。通过一整套标定系统，定期将基准温度计的数值逐级传递到实际使用中的各种测温仪表，这就是温标的传递。

我国由国家技术监督局负责建立国家基准器来复现国际温标，并逐级向各省、市、区计量机构及厂矿企业进行温标传递。按照测温准确度的差别和用途温度计量仪表分为三类。

（1）基准温度计 以现代科学水平所能达到的最高准确度来复现和保存国际温标数值的温度计称为基准温度计。分为国家基准和工作基准，均保存在中国计量科学研究院。国家基准温度计一般不使用，工作基准温度计由国家基准复制而来，用于一级标准温度计的标定对比。

（2）标准温度计 以限定准确度等级进行温度量值传递的温度计称为标准温度计，根据准确度等级的不同分为一级标准温度计和二级标准温度计。一级标准温度计保存在省、市级计量部门，主要用于二级标准温度计的定期标定对比；二级标准温度计保存在一般应用单位（县市级计量机构及大型工业温度仪表生产企业），用于工业温度仪表的检定对比。标准温度计一般不允许做其他应用。

（3）工业温度计 工农业生产和科学研究测试中使用的一般温度测量仪表称为工业温度计。工业温度检测仪表又分为若干个准确度等级。各种工业温度计出厂前均按温标传递系统的要求进行检定，符合要求的方可出厂。使用中的温度检测仪表需要定期检定或校验。

对温度计的标定有标准值法和标准表法两种方法。标准值法就是用适当的方法建立一系列国际温标定义的固定温度点作标准值，把被标定温度计或传感器依次置于这些标准温度值之下，记录下温度计的相应示值（或传感器或仪表系统的输出），并根据国际温标规定的内插公式对温度计或传感器的分度进行对比记录，从而完成对温度计的标定；被标定后的温度计可作为标准温度计。

更常用的标定方法是把被标定温度计（或传感器）与已被标定的更高一级精度的温度计（或传感器）紧靠在一起，同置于可调节的恒温槽中，分别把槽温调节到所选定的若干个温度点，比较和记录两者的读数，获得一系列对应差值，经过多次升降温度的重复测试，若这些差值稳定，则记录的差值就可用作被标定温度计的修正量。

世界各国根据国际温标规定建立自己的标准，并定期和国际标准相比较，以保证其精度和可靠性。

5.2 测温方法分类及特点

温度的高低反映了物体的冷热程度，是物体大量分子平均动能的量度，因此温度不能直接测量，只能借助于冷热不同物体之间的热交换（对流、传导、辐射）以及物体某些物理性质随温度变化的特性进行间接测量。根据温度检测仪表的检测元件是否与被测介质或被测物体接触，分为接触式测温和非接触式测温两大类。

1. 接触式测温

任意两个温度不同的物体相接触，一定产生热交换现象，热量由高温物体传向低温物体，直至热平衡为止，达到热平衡状态时两者温度相等。接触式测温仪表利用这一原理，将温度检测元件与被测介质或物体相接触并进行热交换，通过测量感温元件的某一物理量，得到被测介质或物体的温度数值。为了保证准确测量，感温元件的特定物理量必须连续、单值地随温度变化，并有良好的复现性。

接触式温度检测仪表根据原理的不同，主要有基于物体受热体积膨胀或长度伸缩的膨胀式温度检测仪表（如玻璃管水银温度计、压力温度计、双金属温度计）；基于热电效应以及 PN 结温度特性的热电式温度检测仪表（如热电偶温度计、集成温度传感器）；基于金属导体或半导体的电阻值随温度变化的电阻式温度检测仪表。

接触式温度检测仪具有直观、简单、可靠、准确的优点，应用广泛。但是由于检测元件与被测介质必须充分热交换，需要一定的时间才能达到热平衡，会存在一定的测量滞后，如果接触不良会带来较大的测量误差；对于热容量较小的被测对象，因传热破坏被测物体的原有温度场；测量上限受到感温元件耐热性能的限制，不能用于很高温度的检测，且高温和腐蚀性介质对感温元件的性能和寿命产生不利影响；对运动状态的固体测温困难较大。

2. 非接触式测温

非接触式测温是利用物体的热辐射特性与温度之间的对应关系，通过检测元件感受被测对象的热辐射强度进行测温，主要有光学高温计（即亮度温度计）、全辐射温度计、比色温度计、红外热像仪等。

非接触式测温的主要优点是检测元件不与被测物体接触，而是通过被测物体的热辐射与检测元件进行热交换，不会破坏被测对象的温度场；可以测量高温、腐蚀、有毒、移动物体及液体或固体的表面温度，还可以通过扫描方法测量物体的表面温度分布；滞后小（可达 1ms）、测温速度快；理论上不受温度上限的限制。但是由于受到物体辐射发射率（黑度系数）、物体与检测元件的距离、烟尘和水蒸气等其他介质的影响，其测温准确度不高（一般在 ±1% 以下），常用于检测 1000℃ 以上的高温。

各种温度检测仪表有各自的特点和测温范围，其类型、原理、性能及特点详见表 5-1。

表 5-1 主要温度检测仪表的分类、性能及特点

测温方式	类别与典型仪表		测温原理	测温范围/℃	特　点
接触式	膨胀式	玻璃管液体温度计	液体受热膨胀,体积量随温度变化	-200~600,通常-80~600	结构简单、读数方便;水银温度计准确度高;信号不能远传,易损
		压力温度计	气(汽)体、液体在定容条件下,压力随温度变化	0~600,通常0~300	结构简单可靠,远传距离小于50m;准确度低、受环境温度影响较大
		双金属温度计	固体热膨胀形变量随温度变化	-100~600,通常-80~600	结构紧凑、牢固可靠、读数方便;准确度较低,信号不能远传
	电阻式	金属热电阻	金属导体电阻值随温度变化	-258~1200,通常-100~600	准确度高、便于远传;需外加激励;必须注意环境温度的影响
		半导体热敏电阻	半导体电阻值随温度变化	-50~300	灵敏度高、体积小、响应快、线性差、互换性较差;需注意环境温度的影响
	热电式	热电偶	热电效应	-269~2800,通常-200~1600	测温范围大、准确度高、信号便于远传;需冷端温度补偿;低温测量;准确度较差
		集成温度传感器	PN结的温度效应	-50~150	体积小、结构简单、便宜、灵敏度高、线性好、响应快、互换性好
非接触式	热辐射	光学高温计光电温度计	物体单色辐射强度及亮度随温度变化	200~3200,通常600~2400	不干扰被测温度场、响应快、测温范围大、可测运动物体的温度;受被测物体辐射发射率及外界环境因素的影响,易引起测量误差;标定困难
		全辐射温度计	物体全辐射能量随温度变化	100~3200,通常400~2000	
		比色温度计	物体在两个波长的光谱辐射亮度之比随温度变化	400~3200,通常400~2000	

5.3 接触式温度检测方法

5.3.1 热电偶温度计

热电偶温度计是目前热电测温中普遍使用的一种温度计。由于热电偶直接将温度转换为热电动势进行检测,使温度的测量、控制、远传以及对温度信号的放大和转换都很方便,适用于远距离测量和自动控制。

1. 热电效应

两种不同材料的金属丝 A 和 B 两端牢靠地接触在一起,组成如图 5-1 所示的闭合回路,当两个接触点(称为结点)温度 T 和 T_0 不相同时,将在回路中产生电动势,并有电流流通,这种把热能转换成电能的现象称为热电效应。金属导体 A,B 称为热电极。结点 1

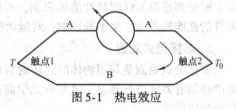

图 5-1 热电效应

通常是焊接在一起的,测量时将它置于测温场所感受被测温,故称为测量端,又称作工作端或热端。结点 2 要求温度恒定,称为参考端或冷端。由两种导体组成并将温度转换为热电动势的传感器称作热电偶。

2. 热电动势

热电动势是由两种导体的接触电动势(珀尔帖电动势)和单一导体的温差电动势(汤姆逊电动势)所组成。由于金属材料不同,内部自由电子密度也不相同,当两种不同的金属导体 A 和 B 接触时,自由电子就要从密度大的导体扩散到密度小的导体中去,这样导体 A、B 接触处就

形成了一定的电位差，这就是接触电动势。在同一导体中，当导体两端的温度不同（即 $T > T_0$）时，两端的电子能量就不同。温度高的一端电子能量大，电子从温度高端跑向温度低端的数量多，而返回的数量少，最后达到稳定，这样在导体两端形成一定的电位差就是温差电动势。热电动势的大小与导体 A、B 材料的性质及结点温度有关，而与导体的粗细、长短以及导体的接触面积无关。对于已选定的热电偶，当参考温度恒定时，总热电动势就变成测量端温度 T 的单值函数，即

$$E_{AB}(T,T_0) = f(T) \tag{5-2}$$

这就是热电偶测量温度的基本原理。在实际测温时，必须在热电偶闭合回路中引入连接导线和仪表。

3. 热电偶的基本定律

（1）均质导体定律 由均质材料构成的热电偶，热电动势的大小只与材料及结点温度有关，与热电偶的大小尺寸、形状及沿电极温度分布无关。如材料不均匀、由于温度梯度的存在，将会有附加电动势产生，测温时将生成测量误差，所以热电极材质的均匀性是衡量热电偶质量的重要技术指标之一。

（2）中间导体定律 如图 5-2 所示，将导体 A、B 构成的热电偶的 T_0 端断开，接入第三种导体 C，只要保持第三种导体 C 两端温度相同，接入导体 C 后对回路总电动势无影响。根据这一性质，可以在热电偶回路中引入各种仪表和连接导线。图 5-3 为接入中间导体后的热电偶测温回路。

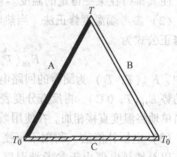

图 5-2 含第三种导体 C 的热电偶

（3）中间温度定律 在热电偶回路中，两结点温度为 T、T_0 时的热电动势，等于该热电偶在结点温度为 T、T_n 和 T_n、T_0 时热电动势的代数和，即

$$E_{AB}(T,T_0) = E_{AB}(T,T_n) + E_{AB}(T_n,T_0) \tag{5-3}$$

两端点在任意温度时的热电动势为

$$E_{AB}(T,T_n) = E_{AB}(T,0) - E_{AB}(T_n,0) \tag{5-4}$$

根据这一定律，只需列出热电偶在参考端温度为 0℃ 的分度表，就可以求出参考端在其他温度时的热电动势值。中间温度定律示意图如图 5-4 所示。

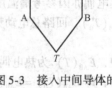

图 5-3 接入中间导体的热电偶测温回路

（4）标准电极定律

如图 5-5 所示，两种导体 A、B 分别与第三种导体 C 组成热电偶，如果导体 A、C 和导体 B、C 热电偶的热电动势已知，那么这两种导体 A、B 组成的热电偶产生的电动势可由下式求得

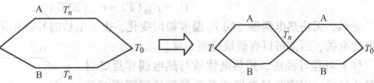

图 5-4 中间温度定律示意图

$$E_{AB}(T,T_0) = E_{AC}(T,T_0) - E_{BC}(T,T_0) \tag{5-5}$$

4. 热电偶参考端温度补偿

前面已经分析过，对于已选定的热电偶，当参考温度恒定时，总热电动势就变成测量端温度 T 的单值函数，即 $E_{AB}(T,T_0) = f(T)$。但在实际测温过程中，参考端温度一般不能保持在 0℃，也不易保持恒定，从而给测量带来误差。另外常用热电偶的分度表以及显示仪表，都是以热电偶参考端的温度为 0℃ 为先决条件的。因此，采用热电偶测温时必须考虑其参考端温度补偿的问

题。热电偶参考端温度补偿的方法一般可采用以下几种方法。

(1) 恒温法 将热电偶的参考端保持在稳定的恒温环境中。比如，在实验室情况或精密测量中，将参考端置于0℃的恒温冰槽中，测得热电动势后，直接查分度表得知被测温度。工业应用时一般将参考端放在电加热的恒温器中，使其维持在某一恒定的温度。

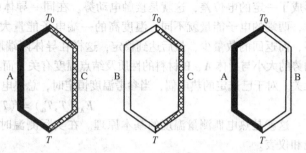

图5-5 三种导体分别组成的热电偶

(2) 参考端温度修正法 当热电偶的参考端温度不等于0℃时，需对仪表的示值加以修正。其修正公式为

$$E_{AB}(T,0℃) = E_{AB}(T,T_0) + E_{AB}(T_0,0℃) \tag{5-6}$$

式中，$E_{AB}(T, T_0)$ 为测得的回路电动势；$E_{AB}(T_0, 0℃)$ 可查分度表求得。通过式(5-6)求出总电动势 $E_{AB}(T, 0℃)$，再反查分度表求出被测温度 T。由于热电偶的热电特性是非线性的，所以不能简单地将温度直接相加。在使用微机测温时，多采用这种方法进行热电偶参考端温度补偿。

(3) 电桥补偿法 利用不平衡电桥产生输出电动势，以补偿热电偶由于参考端温度变化而引起的热电势变化。如图5-6所示，热电偶参考端处于同一温度 T_0 下，图中桥臂电阻 R_1、R_2、R_3 的阻值恒定，不受温度影响；R_4 为铜电阻，置于参考端 T_0 相同的温度场中，其阻值随温度升高而增大；E 为供桥直流稳压电源，R_P 为限流电阻。电桥平衡点设置在 $T_0 = 20℃$，而当 $T_0 \neq 20℃$ 时，电桥将产生不平衡输出电压 ΔU_{ab}，此时热电偶亦因参考端温度不为20℃而产生偏移电动势 $\Delta E_{AB}(T_0)$，回路总电动势为

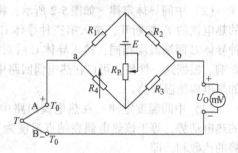

图5-6 电桥补偿示意图

$$U_0 = E_{AB}(T) - [E_{AB}(T_0) + \Delta E_{AB}(T_0)] + \Delta U_{ab} \tag{5-7}$$

式中，$E_{AB}(T)$ 为热电偶测量端接触电动势；$E_{AB}(T_0)$ 为热电偶参考端 $T_0 = 20℃$ 时参考端接触电动势，即 $E_{AB}(T_0) = E_{AB}(20℃)$。

调节铜电阻 R_4，使 $\Delta U_{ab} = \Delta E_{AB}(20℃)$，则

$$U_0 = E_{AB}(T) - E_{AB}(20℃) \tag{5-8}$$

显然，无论热电偶参考端 T_0 温度如何变化，由于电桥的补偿作用，回路电动势 U_0 只与测量端温度有关，因而可以有效地检测温度。

(4) 补偿导线法 用热电性质与热电偶相近的材料制成导线，用它将热电偶的参考端延长到需要的地方，而且不会对热电偶回路引入超出允许的附加测温误差。补偿导线与热电偶连接，使热电偶的参考端远离现场，从而使参考端温度稳定。图5-7所示为补偿导线在热电偶回路中的连接示意图。图中A'、B'为补偿导线，在一定范围（0~100℃）内与主热电偶的热电性质基本相同。即

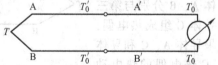

图5-7 带补偿导线的热电偶测温原理图
A, B—热电极 A'、B'—补偿导线
T_0'—原参考端温度 T_0—新参考端温度

$$E_{A'B'}(T_0', T_0) = E_{AB}(T_0', T_0) \tag{5-9}$$

因此，带有补偿导线的热电偶回路的总热电动势为

$$E_{AB}(T, T_0) = E_{AB}(T, T_0') + E_{A'B'}(T_0', T_0) = E_{AB}(T, T_0') + E_{AB}(T_0', T_0) \tag{5-10}$$

由上式可以看出，回路中的总热电动势只与 T 和 T_0 有关，与原热电偶参考端温度 T_0' 无关。

这样，利用补偿导线将热电偶的参考端引至显示仪表，而显示仪表放在恒温和温度波动较小的地方，从而达到热电偶参考端温度补偿的目的。

补偿导线分延长型和补偿型两种，延长型导线的化学成分与被补偿的热电偶相同，补偿型导线则不同。随着热电偶的标准化，补偿导线也形成了标准系列。国际电工委员会（IEC）也制定了国际标准，适合于标准化热电偶使用。表 5-2 列出了几种常用的补偿导线。

表 5-2 几种常用的补偿导线

补偿导线型号	配用热电偶的分度号	补偿导线合金丝		补偿导线颜色	
		正极	负极	正极	负极
SC	S（铂铑—铂）	SPC（铜）	SNC（铜镍）	红	绿
KC	K（镍铬—镍硅）	KPC（铜）	KNC（铜镍）	红	蓝
KX	K（镍铬—镍硅）	KPX（镍铬）	KNX（镍硅）	红	黑
EX	E（镍铬—铜镍）	EPX（镍铬）	ENX（铜镍）	红	棕
JX	J（铁—铜镍）	JPX（铁）	JNX（铜镍）	红	紫
TX	T（铜—铜镍）	TPX（铜）	TNX（铜镍）	红	白

注：型号的第一个字母与配用热电偶的分度号对应；型号第二个字母：C 表示补偿型，X 表示延长型。

补偿导线在使用时应注意以下几点：

1) 补偿导线只能与相应型号的热电偶配套使用。
2) 补偿导线与热电偶连接处的两个结点温度应相同。
3) 补偿导线只能在规定的温度范围内（0~100℃）与热电偶的热电动势相等或相近。
4) 补偿导线有正、负极之分，应与相应热电偶的正、负极正确连接。
5) 集成温度传感器补偿法：为了提高热电偶的测量准确度，可采用集成温度传感器对热电偶进行参考端温度补偿，如美国 AD 公司生产的 AC1226 集成电路芯片和带参考端温度补偿的单片热电偶放大器 AD594/AD595 等。AC1226 是专用的热电偶参考端温度补偿集成电路芯片，在 0~70℃ 温度范围内补偿绝对误差小于 0.5℃，准确度很高。该芯片的输出信号不受电源电压的影响，可与各种温度测量芯片和电路组成带有准确参考端补偿的测温系统。图 5-8 为 AC1226 高温测量参考端温度补偿电路，可与 E、J、K、S、R 或 T 型热电偶相接，图中 * 表示连接引脚必须与所用热电偶信号相对应，1B51 为信号处理芯片。

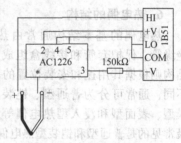

图 5-8 AC1226 高温测量参考端温度补偿电路

6) 数字补偿法：数字补偿法是采用最小二乘法，根据分度表拟合出关系矩阵，只要测量出热电动势的大小和参考端温度，就可以利用计算机自动进行参考端温度补偿和非线性校正，并直接求出被测温度。数字补偿法速度快、准确度高，为实现实时控制创造了条件。

5. 常用工业热电偶

热电偶种类较多，国际电工委员会对其中已被国际公认的八种热电偶制定了国际标准，成为标准热电偶。工业化标准文件对这些标准热电偶制定了统一的分度表，规定了统一的热电极材料、化学成分、热电性质以及允许偏差，因此同一型号的标准热电偶具有良好的互换性。表 5-3 列出了标准热电偶及其主要特性。

表 5-3 标准热电偶及其主要特性

热电偶名称	分度号	测温范围/℃		特点及应用场合
		长期使用	短期使用	
铂铑$_{10}$—铂	S	0~1300	1700	热电特性稳定，抗氧化性强，测温范围广，测量精度高，热电动势小，线性差，价格高。可作为基准热电偶，用于精密测量

(续)

热电偶名称	分度号	测温范围/℃		特点及应用场合
		长期使用	短期使用	
铂铑$_{13}$—铂	R	0~1300	1700	与S型热电偶的性能几乎相同,只是热电动势大15%
铂铑$_{30}$—铂铑$_{6}$	B	0~1600	1800	测量上限高,稳定性好,在参考端温度低于100℃时不用考虑温度补偿问题,热电动势小,线性较差,价格高,使用寿命远高于S型和R型
镍铬—镍硅	K	-270~1000	1300	热电动势大,线性好,性能稳定,价格较便宜,抗氧化性强,广泛应用于中高温测量
镍铬硅—镍硅	N	-270~1200	1300	在相同条件下,特别是在1100~1300℃高温条件下,高温稳定性及使用寿命较K型热电偶成倍提高,价格远小于S型热电偶,而性能相近,在-200~1300℃范围内,有全面代替廉价金属热电偶和部分S型热电偶的趋势
铜—铜镍(康铜)	T	-270~350	400	准确度高,价格便宜,广泛用于低温测量
镍铬—铜镍(康铜)	E	-270~870	1000	热电动势较大,中低温稳定性好,耐磨蚀,价格便宜,广泛应用于中低温测量
铁—铜镍(康铜)	J	-210~750	1200	价格便宜,耐H_2和CO_2气体腐蚀,在含铁或碳的条件下使用也稳定,适用于化工生产过程的温度测量

根据国际温标规定,$T_0=0℃$时,用实验的方法测出各种不同热电极组合的热电偶在不同工作温度下所产生的热电动势值,列成一张表格,这就是常说的分度表,它是热电偶测温的主要依据。

6. 热电偶的结构

热电偶的基本结构通常由热电极、绝缘管、保护套管和接线盒组成,具体结构则根据其用途和安装位置的不同而不同,通常可分为普通型、铠装型、薄膜型、表面型和浸入型热电偶等。其中最常见的是普通型和铠装型热电偶。

普通型热电偶的基本结构如图 5-9 所示。绝缘管用于防止两根热电极短路,一般采用单孔或双孔的瓷管。保护套管用于保护热电极不受化学腐蚀或机械损伤,其材质一般要求耐高温、耐腐蚀、不透气和导热系数高。接线盒主要供热电偶参考端与补偿导线连接用,一般由铝合金制成。接线盒内用于连接热电极补偿导线的螺钉必须拧紧,否则会增加接触电阻而影响测量的准确性。热电极的长度由安装条件、插入深度来决定,一般为 350~2000mm。

铠装型热电偶用金属套管、陶瓷绝缘材料和热电极组合加工而成,结构如图5-10所示。铠装热电偶测量端的热容量小、响应速度快,挠性好,能弯曲、耐高温,可以安装在狭窄或结构复杂的测量场合,而且耐压、耐冲击、耐振,因此在多个领域得

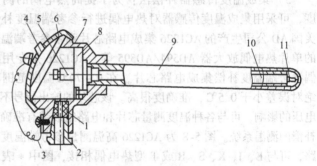

图 5-9 普通型热电偶基本结构图
1—出线孔密封圈 2—出线孔螺母 3—链条 4—面盖
5—接线柱 6—密封圈 7—接线盒 8—接线座
9—保护管 10—绝缘子 11—热电偶

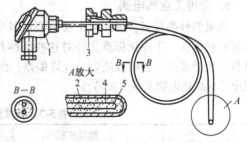

图 5-10 铠装型热电偶
1—接线盒 2—金属套管 3—固定装置
4—绝缘材料 5—热电极

第5章 温度的检测

7. 测量电路

热电偶可以测量单点温度、两点之间的温差、平均温度。

(1) 单点温度测量电路　目前工业用热电偶所配用的温度显示仪表，大多带有冷端温度自动补偿功能，因此测量某点温度的典型线路如图5-11所示。

补偿导线 A′、B′ 将热电偶的冷端延长至显示仪表的接线端子，使得冷端与显示仪表的温度补偿装置处于同一温度 t_0，实现自动补偿，仪表显示热电偶的热端温度。如果显示仪表不带自动补偿功能，则需要采取前面介绍的方法对热电偶的冷端温度进行处理。

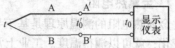

图5-11　热电偶单点温度测量电路

(2) 测量两点温度差　如图5-12所示，将两个相同热电偶反相串联，此时测温回路总电动势等于两热电偶电动势之差，由此即可检测 t_1 和 t_2 之差。

采用这种方法测量两点温度之差应该注意两点，一是两支热电偶的冷端温度必须相同；二是热电偶的热电特性必须接近线性，否则会造成较大测量误差。如果是线性不好的热电偶，则在不同温度范围内实际温差相同而电势差不同。

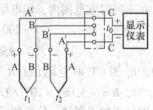

图5-12　两点温差的测量线路

(3) 多点温度之和的测量线路　多支同分度号的热电偶，依次正负极性相连的正向串接方式可以测量多点温度之和。两点温度之和的测量线路如图5-13所示，输入到显示仪表的热电势为两支热电偶热电势之和。此连接方式的输出热电势较大，在测量低温或温度变化很小时可以用多支热电偶测量同一温度，以获得较大的热电势或提高灵敏度。显然热电偶的热电特性必须接近线性，否则会造成较大误差。

(4) 平均温度的测量线路　将多支同分度号热电偶的正极和负极分别连接在一起的并接方式，可以测量多点的平均温度。测量三点温度平均值的测量线路如图5-14所示，输出至显示仪表的热电势为三支热电偶热电势的平均值。

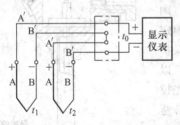

图5-13　两点温度之和的测量线路

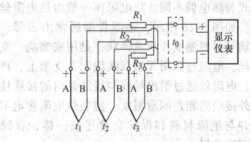

图5-14　三点温度平均值的测量线路

如果三支热电偶均工作在线性区，显示仪表将显示三个温度测量点的平均温度。在每支热电偶中分别串接较大的均衡电阻，以减小热电偶在 t_1、t_2 和 t_3 不等时其热电偶内阻不同对测量的影响。

使用热电偶并联线路测量多点平均温度，显示仪表的分度和单独配接一只热电偶时相同，但是当有一支热电偶断路时系统照常工作而不容易发现。

5.3.2　热电阻温度计

热电阻温度计是利用导体和半导体的电阻随温度变化这一性质进行测温的。大多数金属在温度升高1℃时电阻将增加0.4%~0.6%。但半导体电阻一般随温度升高而减小，其灵敏度比金属高，每升高1℃，电阻减小2%~6%。

热电阻温度计最大的特点是测量精度高，在测量500℃以下高温时，其输出信号比热电偶大得多，性能稳定，灵敏度高，可在-272~1100℃范围内测温。热电阻温度计输出为电信号，便于远传、多点测量和自动控制，不需要参考端温度补偿。其缺点是需要电源激励，有自热现象，影响测量精度。

1. 金属热电阻

金属热电阻的测温原理是基于导体的电阻随温度变化而变化的特性，只要测出热电阻阻值的变化，就可以测得温度。工业上常用的金属热电阻有铂电阻和铜电阻。

铂是一种贵金属，有较高的电阻率，它的特点是精度高，稳定性好，性能可靠，尤其是耐氧化性能很强。其缺点是铂电阻的电阻温度系数比较小，价格较贵。

在不同温度范围内，铂电阻与温度的关系为

$$\begin{cases} -200 \sim 0\text{℃}: R_t = R_0\left[1 + At + Bt^2 + C(t-100)t^3\right] \\ 0 \sim 850\text{℃}: R_t = R_0\left[1 + At + Bt^2\right] \end{cases} \tag{5-11}$$

式中，R_0 为0℃时电阻值；R_t 为温度为 t℃时得电阻值；A、B 和 C 为常数：$A = 3.90802 \times 10^{-3}/\text{℃}$，$B = -5.082 \times 10^{-7}/\text{℃}^2$，$C = -4.2735 \times 10^{-12}/\text{℃}^4$。

铜易于加工提纯，价格便宜，电阻与温度呈线性关系，在-50~+150℃测温范围内稳定性好。因此在一般测量精度要求不高、温度较低的场合，普遍地使用铜电阻。

在-50~+150℃测温范围内，铜电阻值与温度的线性关系为

$$R_t = R_0[1 + \alpha t] \tag{5-12}$$

式中，R_0 为0℃时的电阻值；R_t 为 t℃时的电阻值；$\alpha = 4.25 \times 10^{-3}/\text{℃}$ 为铜电阻温度系数。

2. 热电阻的结构型式

工业热电阻主要由电阻体、绝缘体、保护套管和接线盒等组成，如图5-15所示。工业热电阻具有普通型、铠装型和专用型等形式。

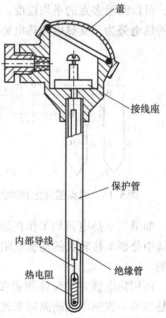

图5-15 工业热电阻结构

普通型热电阻与普通型热电偶的外形结构极为相似，保护套管和接线盒基本相同，只是热电阻体（感温元件）和引线方式与热电偶不同。热电阻体一般由热电阻丝和绝缘骨架组成，如图5-16所示，绝缘骨架通常由云母、石英、陶瓷和玻璃等材料制成片状或棒状，是用来缠绕、支撑或固定热电阻丝。电阻丝采用无感双线绕制在支架上，再装在保护套管内，电阻丝通过引出导线与接线盒内的接线柱相接，以便再与外接线路相连测量温度。铠装热电阻将电阻体预先拉制成型并与绝缘材料和保护套管连成一体，直径小，易弯曲，抗震性能好。

3. 热电阻测量的引线方式

热电阻温度计一般是将热电阻通过测量桥路连至显示仪表组成，热电阻作为测量桥路的一个桥臂电阻。目前，将热电阻连接电桥的引线方式有两线制、三线制和四线制三种，如图5-17所示。

（1）两线制　在热电阻体的两端各连接一根导线接至电桥的引线方式为二线制，如图5-17a所示。这种引线方式比较简单，但由于引线较长，引线的电阻值及其变化量会被当作热电阻的电阻值和变化量而在测量结果中显示出来，这会给测量结果带来附加误差，因而适用于引线较短，测量精度要求不高的场合。

第5章 温度的检测

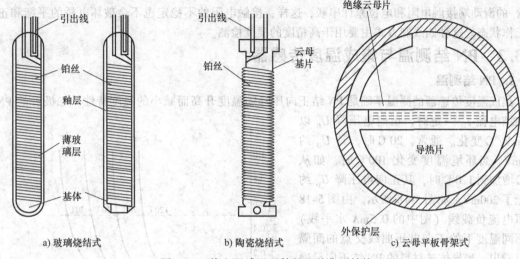

a) 玻璃烧结式　　b) 陶瓷烧结式　　c) 云母平板骨架式

图 5-16　热电阻感温元件的几种典型结构

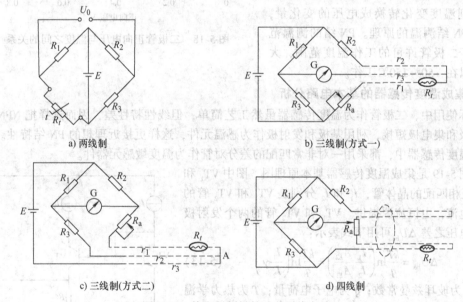

a) 两线制　　b) 三线制(方式一)

c) 三线制(方式二)　　d) 四线制

图 5-17　热电阻测量的几种引线方式

G—电位差计　R_1、R_2、R_3—固定电阻　R_a—零位调节电阻　R_t—热电阻

(2) 三线制　在热电阻体的一端连接两根导线，另一端连接一根导线，按图 5-17b 或 c 的引线方式接入电桥，这种方式为三线制。由于热电阻的其中两根连线分别置于相邻两桥臂内，温度变化引起连接引线电阻的变化对电桥平衡的影响相互抵消；而图 5-17b 中电位差计连接引线的电阻及变化对电位差计的指示结果影响极小，图 5-17c 中电源连线电阻的变化，对供桥电压影响也是极其微小的，可忽略不计，并且这两种情况对电桥平衡也无影响，因此这种三线制引线方式可以较好地消除引线电阻的影响，测量精度比两线制高。工业热电阻通常采用三线制接法，尤其在测温范围窄、导线长、架设铜导线途中温度易发生变化等情况下，必须采用三线制接法。

(3) 四线制　如图 5-17d 所示，将热电阻相邻桥臂固定电阻 R_2 的引线加长，并沿热电阻引线相同的路径引至热电阻所在的测温点，这样从测温点到测量电桥就有四根引线。由于热电阻引线与相邻桥臂加长引线的长度相同，所处环境也相同，因此两组引线的电阻及其变化量对电桥输出的影响将相互抵消,从而消除引线电阻带来的附加误差。同时,这种连接方式中调零电位器 R_a 的滑动端接触电阻和电位差计串联,这样,接触电阻的不稳定也不会破坏电桥的平衡和正常工作状态。这种四线制方式主要用于高精度的温度检测。

5.3.3 PN 结测温与集成温度传感器

1. PN 结测温

集成温度传感器的测温基础是 PN 结正向压降随温度升高而减小的温度特性。二极管的 PN 结在结电流 I_D 一定时,正向电压降 U_D 以 $-2\text{mV}/℃$ 变化。通常,20℃时,其 U_D 约 600mV。当环境温度变化 100℃时,如从 20℃增加到 120℃时,其正向电压降 U_D 约降低了 200mV,如图 5-18 所示。由图 5-18 中恒电流负载线(图中的 0.5mA 水平线)与不同温度下的正向电压曲线交点的间隔可以看出,半导体硅材料的 PN 结正向导通电压与温度变化基本呈线性关系,所以可将感受到温度变化转换成电压的变化量,这就是 PN 结测温的原理。PN 结的测温范围取决于二极管许可的工作温度范围,大多数可以在 $-50 \sim 150℃$ 工作。

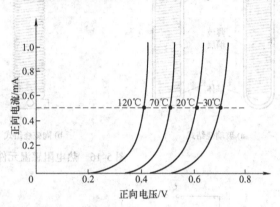

图 5-18 二极管正向电压与温度之间的关系

2. 集成温度传感器的基本电路分析

实际使用中,二极管作为温度传感器虽然工艺简单,但线性特性差,因而选择把 NPN 晶体管的基极和集电极短接,利用基极和发射极作为感温元件,这样更接近理想的 PN 结特性。目前在集成温度传感器中,都采用一对非常匹配的差分对管作为温度敏感元器件。

如图 5-19 是集成温度传感器基本原理图。图中 VT_1 和 VT_2 是互相匹配的晶体管,I_1 和 I_2 分别是 VT_1 和 VT_2 管的集电极电流,由恒流源提供。VT_1 和 VT_2 管的两个发射极和基极电压之差 ΔU_{be} 可用下式表示:

$$\Delta U_{be} = \frac{kT}{q}\ln\left(\frac{I_1}{I_2}\frac{A_{E2}}{A_{E1}}\right) = \frac{kT}{q}\ln\left(\frac{I_1}{I_2}\gamma\right) \qquad (5-13)$$

式中,k 为玻耳兹曼常数;q 为电子电荷量;T 为热力学温度;γ 为 VT_2 和 VT_1 管发射结的面积之比。

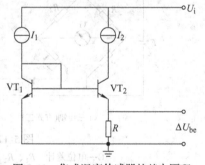

图 5-19 集成温度传感器的基本原理

从式 (5-13) 中可以看出,如果保证 I_1/I_2 恒定,则 ΔU_{be} 就与温度 T 成单值线性函数关系。这就是集成温度传感器的基本工作原理,在此基础上可设计出各种不同的电路以及不同输出类型的集成温度传感器。

3. 集成温度传感器的类型

随着集成电路技术的发展,目前基于半导体 PN 结的温度传感器几乎都以集成电路的形式出现。将感温元件(PN 结)、恒流电路、放大和补偿电路、输出驱动电路等集成在同一硅片上,封装在同一壳体内形成一体化温度传感器。按照输出信号的形式,分模拟信号和数字信号两类,其中模拟信号有电流和电压两种模式。

(1) 电压输出型集成温度传感器　电压输出型集成温度传感器的输出电压与被测温度成正比,其基本电路原理如图 5-20 所示。当电流 I_1 恒定时,通过改变 R_1 的阻值,可实现 $I_1 = I_2$,当

晶体管的 $\beta \geq 1$ 时，电路的输出电压可表示为

$$U_O = I_2 R_2 = \frac{\Delta U_{be}}{R_1} R_2 = \frac{R_2}{R_1} \frac{kT}{q} \ln\gamma \qquad (5\text{-}14)$$

常见的电压输出型集成温度传感器有 XC616A、XC616C、LX6500、LX5700、LM3911、LM35/45、LM135/LM235/LM335 等。

（2）电流输出型集成温度传感器　电流输出型集成温度传感器的原理电路如图 5-21 所示。VT_1、VT_2 为一对镜像管，它们的 U_{be} 相等，集电极电流相等 $I_1 = I_2$；VT_3 和 VT_4 管是测温用的晶体管，两者的发射极面积不同，通常 VT_3 管的发射结面积是 VT_4 管的 8 倍，即 $\gamma = 8$。

流过电路的总电流 I_T 为

$$I_T = 2I_1 = \frac{2\Delta U_{be}}{R} = \frac{2kT}{qR}\ln\gamma \qquad (5\text{-}15)$$

上式表明，当 R 和 γ 一定时，电路的输出电流与温度有良好的线性关系。

在实际电路中还包括恒流、稳压、输出、校正电路等部分，其结构外形与晶体管相同，可以是金属封装或塑料封装。基于以上原理的温度传感器已有系列产品，如 AD590/592、LM334、LM134 等。集成温度传

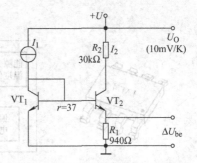

图 5-20　电压型集成温度传感器原理

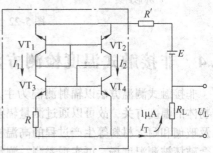

图 5-21　电流型集成温度传感器原理

感器在工作时，必须与被测物体有良好接触，其响应速度取决于热接触条件。

电流输出型传感器的输出阻抗极高，可以简单地使用双股绞线进行数百米远（AD590 的传输电缆可达 1km 以上）的精密温度遥感或遥测，而不必考虑长线上引起的信号损失和噪声；也可以用于多点温度测量系统中且不必考虑选择开关或多路转换器引入的接触电阻造成的误差。用 AD590 为测温传感器，传输电缆可达 1km 以上，主要是因为 AD590 本身具有恒流、高阻抗输出特性，输出阻抗达 10MΩ；而 1km 的铜质电缆，其直流阻值约为 150Ω，所以电缆的影响是微乎其微的。实验证明，接入 1km 电缆后的测量值与不接入电缆的测量值，相差值小于 1℃，这变化值是在规定的测温精度范围内的。

（3）数字输出型集成温度传感器　随着全球数字化的进程，世界各知名半导体公司纷纷开发基于数字总线的单片集成温度传感器，这些传感器内部包含高达上万个晶体管，能将测温 PN 传感器、高精度放大器、多位 A/D 转换器、控制逻辑电路、总线接口等做在一块芯片中，可通过总线接口，将温度数据传送给诸如单片机、PC、PLC 等上位机。由于采用数字信号传输，所以不会产生模拟信号传输时电压衰减造成的误差，抗电磁干扰能力也比模拟传输强得多。

目前在集成温度传感器中常用的总线有：1-Wire 总线、I^2C 总线、USB 总线、SPI 总线、SM-BUS 总线等。下面以 SPI 总线集成温度芯片 LM74 为例来说明其内部结构及与上位机的连接方式。

LM74 采用贴片式的 SO-8 封装，其外形与内部电路框图如图 5-22 所示。

LM74 是美国国家半导体公司（NSC）生产的输出为三线串行接口集成温度传感器，输出数据为 12 位二进制数，分辨力可达 0.1℃。但在测温范围 -10 ~ +65℃ 的区域内，测量精确度只有 ±1℃。例如，当它的上位机显示值为 37℃ 时，真实的被测温度可能是 36 ~ 38℃ 的值，误差较大，所以不能用于人的体温测量。但若被测温度变化 0.1℃ 时，它的示值还是能忠实反映出这一变化，从而使示值跳变为 37.1℃。由此可见，示值 37.1℃ 虽是不可估值，但变化量是真实的。

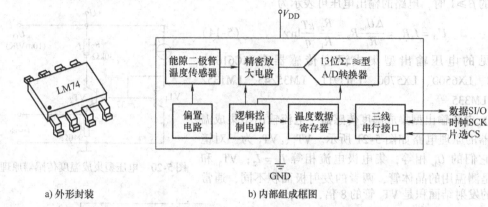

a) 外形封装　　　　　　　　　b) 内部组成框图

图 5-22　LM74 外形及内部电路框图

5.4　非接触式温度检测方法

非接触式测温方法以辐射测温为主。具有一定温度的物体都会向外辐射能量，其辐射强度与物体的温度有关，故可以通过测量辐射强度来确定物体的温度。主要用于冶金、铸造、热处理以及玻璃和耐火材料等生产过程的高温检测。辐射测温时，辐射感温元件不与被测介质相接触，不会破坏被测温度场，可实现遥测；测量元件不必达到与被测对象相同的温度，测量上限可以很高；辐射测温适用于很宽的测量范围，可达 $-50 \sim 6000℃$。但是，影响其测量精度的因素较多，应用技术较复杂。

5.4.1　辐射测温的物理基础

1. 热辐射、黑体与灰体

（1）热辐射　物体受热激励了原子中的带电粒子，使一部分热能以电磁波的形式传递出去，这种传热方式称热辐射（简称辐射）。物体在不同温度范围内向外辐射的电磁波波段有所区别，低温时辐射能量很小，主要辐射红外线；500℃左右，辐射光谱包括部分可见光；800℃时，辐射光谱中可见光大大增加，呈现"红热"；3000℃左右，辐射光谱包括更多的短波成分，使物体呈现"白热"。热辐射检测器件能接受的波长约为 $0.4 \sim 10\mu m$，所以大部分工作在可见光和红外线某波段或波长下。

（2）黑体与灰体　物体能连续向外发射辐射能，同时也对来自其他物体的热辐射能进行吸收、透射和反射。物体吸收、透射和反射的能量占外界投射到物体表面的总辐射能量的比例分别称为吸收率（α）、透射率（τ）和反射率（ρ）。

若外界辐射到物体上的能量全部被吸收，即吸收率 $\alpha = 1$，称该物体为绝对黑体，简称黑体。若辐射到物体上的能量全部被透射出去，即透射率 $\tau = 1$，称该物体为透明体。若辐射到物体上的能量全部被反射出去（反射率 $\rho = 1$），且物体表面平整光滑、反射有一定规律，称该物体为镜体；若物体反射无规律，称该物体为白体。自然界中黑体、透明体、白体都不存在，一般固体或液体的透射率很小或为零，而气体透射率很大。对于一般工程材料，透射率为零，而吸收率和反射率之和等于 1，称为灰体。

2. 黑体辐射基本定律

物体受热向外辐射能量的大小与波长和温度有关，它们之间的关系由一系列辐射基本定律所描述。

（1）普朗克定律（单色辐射强度定律）　普朗克定律指出，绝对黑体的辐射能力与温度（T）有关，并随辐射波长（λ）而变化，其单色辐射强度 $M_0(\lambda, T)$ 由下式确定：

$$M_0(\lambda, T) = c_1 \lambda^{-5} (e^{\frac{c_2}{\lambda T}} - 1)^{-1} \tag{5-16}$$

式中，c_1 为普朗克第一辐射常数，为 $3.7418 \times 10^{-16} \mathrm{W/m^2}$；$c_2$ 为普朗克第二辐射常数，为 $1.4388 \times 10^{-2} \mathrm{m \cdot K}$，$\lambda$ 为辐射在真空中的波长，单位为 m；T 为热力学温度，单位为 K。

式(5-16)揭示了黑体在各种不同温度下辐射能量按波长的分布规律，对于低温、高温都适用。该式表明，当波长（λ）一定时，黑体的辐射能力仅是温度（T）的单值函数。它们是光学高温计和比色温度计测温的理论依据。

（2）维恩位移定律 单色辐射强度的峰值波长 λ_m 与温度 T 之间的关系由下式表述：

$$\lambda_m T = 2.8978 \times 10^{-3} \mathrm{m \cdot K} \tag{5-17}$$

（3）斯忒藩-玻耳兹曼定律（全辐射强度定律） 对普朗克公式在波长从零到无穷大进行积分，可以得到黑体在全部波长范围内的辐射强度，即

$$M_0(T) = \int_0^{+\infty} M_0(\lambda, T) \mathrm{d}\lambda = \sigma T^4 \tag{5-18}$$

式中，σ 为斯忒藩-玻耳兹曼，为 $5.66961 \times 10^{-8} \mathrm{W \cdot m^{-2} \cdot K^{-4}}$。

式(5-18)是斯忒藩-玻耳兹曼定律的数学表达式，它表明绝对黑体在全部波长范围内的全辐射能力与绝对温度的四次方成正比。该定律是全辐射温度计测温的理论依据。

但是，实际物体多不是黑体，它们的辐射能力均低于黑体的辐射能力。对于大多数工程材料等灰体，可以用黑度系数来表示它们的相对辐射能力。黑度系数定义为同一温度下灰体和黑体的辐射能力之比，用符号 ε 表示，其值均在 0~1 之间，一般用实验方法确定。ε_λ 代表单色辐射黑度系数，ε 代表全辐射黑度系数。则式(5-16) 和式(5-18) 可修正为

$$M(\lambda, T) = \varepsilon_\lambda c_1 \lambda^{-5} (e^{\frac{c_2}{\lambda T}} - 1)^{-1} \tag{5-19}$$

和

$$M(T) = \varepsilon \sigma T^4 \tag{5-20}$$

5.4.2 光学高温计与光电温度计

1. 光学高温计

物体温度高于700℃时会辐射出明显的可见光，对某一特定波长（λ）的光谱辐射能量（即单色辐射出射度）与被测物体温度之间的关系由普朗克定律确定。而光谱亮度与光谱辐射能量成正比，因此可以比较被测物体与参考源在同一波长下的光谱亮度，并使两者亮度相同，可以根据参考源的温度确定被测物体的温度。此测温方法称亮度法，最典型的是光学高温计。

光学高温计由光学系统和电测系统组成，简化的工作原理如图5-23 所示。

上半部分为光学系统。物镜1和目镜4可以沿轴向移动，调节目镜可以清晰地看到温度灯泡（参考辐射源）的灯丝，调整物镜可以使被测物体（辐射源）清晰地在灯丝平面形成辐射影像背景。在目镜和观察孔之间有红色滤光片5，测量时移入视场，使得利用的光谱波长为 $0.65\mu m$ 以保证单色测温。从观察孔可同时看到被测物体的辐射影像背景和灯丝的亮暗程度。

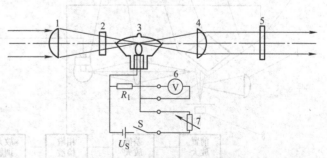

图 5-23 光学高温计工作原理
1—物镜 2—吸收玻璃 3—温度灯泡 4—目镜
5—红色滤光片 6—电压表 7—可调电阻

下半部分为电测系统。温度灯泡3、可调电阻7、开关S和电源 U_S 相串联，改变可调电阻的阻值可以改变灯丝电流来调整亮度。电压表用于测量不同亮度时的灯丝电压，指示不同亮度时

对应的温度值。

测量时,通过目镜在被测物体影像背景上可以看到弧形灯丝。如果灯丝亮度比物体影像背景的亮度低,灯丝在这个背景上将呈现暗弧线,如图5-24a所示;如果灯丝亮度比物体影像背景的亮度高,灯丝在这个背景上将呈现亮弧线,如图5-24b所示;如果亮度相同,则灯丝隐灭在物体的发光背景里,如图5-24c所示。通过调节可变电阻使灯丝亮灭,由电压表指示物体的亮度温度 T_L。

光学高温计以黑体的光谱亮度进行刻度,指示物体的亮度温度。所谓亮度温度,就是当被测物体为非黑体,在同一波长下的光谱辐射与绝对黑体的光谱亮度相同时,黑体的温度称为被测物体的亮度温度。利用物体的亮度温度与实际温度之间的关系及维恩公式等对亮度温度作进一步的修正,就可得到物体的实际温度。

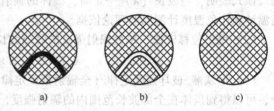

图5-24 灯丝亮度对比

光学高温计需要人眼判断亮度的平衡状态,存在主观因素;测量不连续且不能自动检测;只能利用可见光,测量下限受到限制。它的测温准确度除了受被测物体单色辐射发射率 $\varepsilon_{\lambda T}$(单色黑度系数)和操作人员的主观因素影响外,还受到被测对象到高温计之间中间介质对辐射的吸收、反射等因素的影响。两者之间的距离越远、中间介质越厚,则误差越大,使用中一般控制在 $1\sim2m$ 的距离,最大不超过 $3m$。

2. 光电温度计

随着检测技术的发展,能够自动调整平衡亮度并能连续测温的光电温度计正在逐步取代光学高温计。

一种光电温度计的工作原理如图5-25所示。被测物体的辐射能量由物镜1会聚,经调制镜3反射到光电检测元件8上。参比灯7(参考辐射源)的辐射能量经反射镜5到光电检测元件8上。微电动机4驱动调制镜旋转,使被测辐射能量与参比辐射能量按一定频率交替被光电检测元件接收,并产生相位差为180°的电信号。这两个电信号的差值由电子线路放大,经相敏检波转变为直流信号后再送后面的电子线路放大处理,去自动调节参比灯的工作电流,使其辐射能量与被测物体的辐射能量相平衡。根据参比灯的电参数,转换为 $0\sim10mA$ 或 $4\sim20mA$ 的标准信号,由显示仪表显示温度值。为了适应辐射能量的变化,电路中设置了自动增益控制环节,保证在测温范围内有适当的灵敏度。

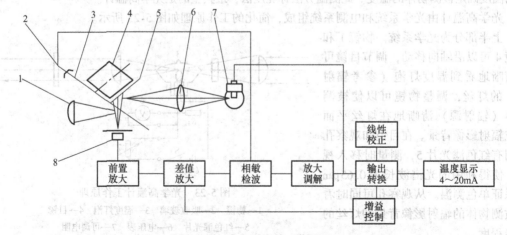

图5-25 光电温度计工作原理

1—物镜 2—同步信号发生器 3—调制镜 4—微电动机 5—反射镜 6—聚光灯 7—参比灯 8—光电检测元件

光电温度计与光学高温计相比,避免了人工误差、灵敏度高、响应快(一般 1.5~5s);设计了手动 $\varepsilon_{\lambda T}$ 值修正,可以检测物体的实际温度;改变光电检测元件的种类,可以改变使用的波长或波段,以适用于可见光或红外光;测温范围一般为 200~1600℃,有的可达 200~3200℃(分段检测),测温误差一般在 ±(1~1.5)%。

5.4.3 全辐射温度计及比色温度计

1. 全辐射温度计

全辐射温度计根据全辐射强度定律,可以通过检测物体(辐射源)的全辐射出射度 $M(T)$,依据黑体全辐射出射度与温度四次方成正比的关系,测得物体的辐射温度 T_P,通过物体全辐射发射率(即全辐射黑度系数)ε_λ 进行修正,得到物体的实际温度。全辐射温度计由全辐射温度传感器和显示仪表组成。

全辐射温度传感器由光学系统和检测元件构成。光学系统有透镜式和反射式两种结构,通过透镜或反射镜将物体的全辐射能量聚焦于检测元件。检测元件将物体的全辐射能量转变为电信号,常用的检测元件有热电偶堆(简称热堆)、热释电元件、硅光电池和热电阻等,其中热电堆最常见。

一种全辐射温度传感器如图 5-26 所示。光学系统为透镜式结构,透镜 1 将物体的全辐射能量聚焦于热电堆的靶心。图 5-27 是目前最常用的星形热电偶堆,其上有 8 支串联的热电偶,各热电偶的热端点焊在 0.01mm 厚的镍圆片上并围成一圈,然后切成 8 等份使热端成扁薄剪头状。镍圆片直径为 3mm,用电解法镀上一层铂黑以提高吸收率,热电偶的冷端焊在金属箔上,金属箔固定在两片绝缘、绝热的云母环中间,由两根引出线输出 8 支热电偶的热电势。为了补偿热电偶冷端温度变化对测量的影响,采用了可以自动补偿的光阑,当冷端温度升高时光阑孔自动扩大,使得辐射到铂黑上的能量增大;反之自动减小光阑孔,使得辐射到铂黑上的能量减小。

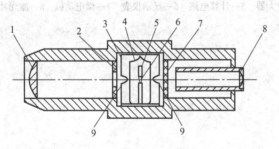

图 5-26 全辐射温度传感器
1—透镜 2—补偿光圈 3—铜壳 4—玻璃泡 5—热电堆
6—靶心 7—吸收玻璃 8—目镜 9—小孔

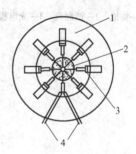

图 5-27 星形热电偶堆
1—云母环 2—靶心
3—热电偶 4—引出线

全辐射温度传感器必须与配套的显示仪表配合使用,显示仪表接收传感器输出的电信号,经测量电路转换、放大,指示物体的辐射温度或实际温度(经修正)。

全辐射温度计接收的辐射能量大,利于提高灵敏度;仪表的结构相对比较简单,使用方便;易受环境干扰,测温距离一般在 1~1.5m(反射式)和 1~2m(透镜式);测温范围在 400~2000℃,为了适应高温环境要求可在传感器外部加装水冷夹套;问题是不宜准确测量,多用于中小型炉窑的温度监测,时间常数在 4~20s 之间。

2. 比色温度计

比色温度计是通过检测热辐射体在两个或两个以上波长的光谱辐射亮度的比值,实现温度测量。设黑体的温度为 T,其相对于波长 λ_1、λ_2 的光谱辐射亮度 $L_{\lambda_1}^0$ 和 $L_{\lambda_2}^0$ 之比 R 有如下关系:

$$R = \frac{L_{\lambda_1}^0}{L_{\lambda_2}^0} = \left(\frac{\lambda_2}{\lambda_1}\right)^5 e^{\frac{c_2}{T}\left(\frac{1}{\lambda_2}-\frac{1}{\lambda_1}\right)} \tag{5-21}$$

如果 λ_1、λ_2 确定，测出两波长下的亮度之比 R，可以按上式确定黑体的温度。

实际检测某物体时，当黑体辐射两波长 λ_1 和 λ_2 的光谱亮度之比等于被测物体相应的光谱亮度之比时，黑体的温度称为被测物体的比色温度。比色温度计按绝对黑体进行刻度，直接得到的结果是物体的比色温度 T_R。但对于黑体，比色温度就等于实际温度。对于一般物体，在 λ_1 和 λ_2 比较接近时，比色温度和实际温度相差极小，可直接将比色温度当作检测结果，一般不作修正。典型比色温度计的工作波长在 $1.0\mu m$ 附近的两个窄小波段，测温范围一般在 400～2000℃，有的可达 550～3200℃，测温准确度一般为 ±1%。

比色温度计分单通道、双通道两种，通道数是采用光电检测元件的个数。图 5-28 是一种单通道型比色温度计工作原理图，由微电动机 7 带动调制盘 2 以固定频率旋转，调制盘上交替镶嵌着两种不同波长 λ_1 和 λ_2 的滤光片 8，使被测物体中对应波长的辐射交替投射到同一光电检测元件 3。将光电检测元件转换的电信号经放大器 4 放大，由计算电路 5 进行比值运算并输出与物体比色温度成比例的电信号，显示仪表接收该信号指示温度值。双通道型采用分光法，将物体的辐射能分成两种不同波长的辐射分别送至各自的光电检测元件。

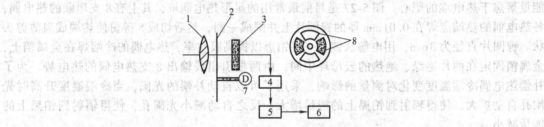

图 5-28　单通道型比色温度计原理
1—物镜　2—调制盘　3—光电检测元件　4—放大器　5—计算电路　6—显示仪表　7—微电动机　8—滤光片

第6章 力学量的检测

6.1 压力和压差的测量

压力和差压是工业生产过程中常见的过程参数之一，在许多场合需要直接检测、控制的压力参数，如锅炉的锅筒压力、炉膛压力、烟道压力，化学生产中的反应釜压力、加热炉压力等。此外，还有一些不易直接测量的参数，如液位、流量等往往需要通过压力或差压的检测来间接获取。因此，压力和差压的测量在各类工业生产中如石油、电力、化工、冶金、航天航空、环保、轻工等领域占有很重要的地位。

6.1.1 压力/差压及其检测概述

1. 压力、压差的概念

在工程上将垂直而均匀作用在单位面积上的力称为压力，两个测量压力之间的差值称为压力差或压差，工程上习惯叫差压。

在国际单位制和我国法定计量单位中，压力的单位采用牛/米²（N/m^2），通常称为帕斯卡或简称帕（Pa）。其他在工程上使用的压力单位还有工程大气压（at）、标准大气压（atm）、毫米水柱（mmH_2O）、巴（bar）和毫米汞柱（mmHg）等单位。表6-1为几种压力单位的换算关系。

表6-1 压力单位换算表

单位	千帕 /kPa	兆帕 /MPa	千克力·厘米$^{-2}$ /kgf·cm^{-2}	毫米汞柱 /mmHg	毫米水柱 /mmH$_2$O	巴/bar	磅/英寸^2 /lbf·in^{-2}	标准大气压/atm
千帕/kPa	1	10^{-3}	0.0101972	7.5	102	0.01	0.145038	0.0089692
兆帕/MPa	1000	1	10.2	7.50×10^{-3}	1.02×10^5	10	1.45×10^2	98692
千克力/厘米^2 /kgf·cm^{-2}	98.067	0.0981	1	735.6	10^4	0.981	14.22	0.9678
毫米汞柱 /mmHg	0.1333	1.333×10^{-4}	1.36×10^{-3}	1	13.6	1.333×10^{-3}	19.34×10^{-3}	1.316×10^{-3}
毫米水柱 /mmH$_2$O	9.81×10^{-3}	9.81×10^{-6}	10^{-4}	73.56×10^{-3}	1	98.1×10^{-6}	1.422×10^{-3}	9.678×10^{-5}
巴/bar	100	0.1	1.02	750	10.2×10^3	1	14.50	0.9869
磅/英寸^2 /lbf·in^{-2}	6.89	6.89×10^{-3}	70.3×10^{-3}	51.72	703	68.9×10^{-3}	1	68.05×10^{-3}
标准大气压 /atm	101.33	0.1013	1.0332	760	1.0332×10^4	1.0133	14.696	1

在工程上，被测压力通常有绝对压力、表压和负压（真空度）之分。绝对压力是指作用在单位面积上的全部压力，用来测量绝对压力的仪表称为绝对压力表。地面上空气柱所产生的平均压力称为大气压力，高于大气压的绝对压力与大气压力之差称为表压，低于大气压力的被测压力称为负压或真空度，其值为大气压力与绝对压力之差。由于各种工艺设备和检测仪表通常是处于大气之中，本身就承受着大气压力，因此工程上通常采用表压或者真空度来表示压力的大小，一般的压力检测仪表所指示的压力也是表压或者真空度。

除特殊说明之外，以后所提及的压力均指表压。

2. 压力检测的主要方法及分类

目前工业上常用的压力检测方法和压力检测仪表很多,根据敏感元件和转换原理的不同,一般分为四类,即液柱式压力检测法、弹性式压力检测法、负荷式压力检测法和电气式压力检测法。表6-2列出了各种压力仪表的分类及其性能特点。

这里主要介绍弹性式压力仪表和电气式压力仪表。

表6-2 各种压力仪表的分类及其性能特点

类别	测量原理	压力表形式	测压范围/kPa	准确度等级	输出信号	性能特点
液柱式压力仪表	根据流体静力学原理,将被测压力转换为液柱高度	U形管	-10~10	0.2、0.5	水柱高度	实验室低压、微压、负压
		补偿式	-2.5~2.5	0.02、0.1	旋转刻度	微压基准仪器
		自动液柱式	-100~100	0.005~0.01	自动计数	用光、电信号自动跟踪液面,用作压力基准仪器
弹性式压力仪表	基于弹性元件受力变形的原理,将被测压力转换为微位移来实现测量	弹簧管	$-100 \sim 10^6$	0.1~4.0	位移、转角或力	直接安装,就地测量或校验
		膜片	$-100 \sim 10^3$	1.5、2.5		用于腐蚀性、高黏度介质测量
		膜盒	-100~100	1.0~2.5		用于微压的测量与控制
		波纹管	0~100	1.5、2.5		用于生产过程中低压的测控
负荷式压力仪表	基于静力平衡原理进行压力测量	活塞式	$0 \sim 10^6$	0.01~0.1	砝码负荷	结构简单、坚实、准确度高,广泛用作压力基准器
		浮球式	$0 \sim 10^4$	0.02、0.05		
电气式压力仪表	利用敏感元件将被测压力转换为各种电量,如电阻、电容、电感等	电阻式	$-100 \sim 10^4$	1.0、1.5	电压、电流	结构简单,耐振性差
		电感式	$0 \sim 10^5$	0.2~1.5	电压、电流	环境要求低,信号处理灵活
		电容式	$0 \sim 10^4$	0.05~0.5	电压、电流	动态响应快、灵敏度高、易受干扰
		压阻式	$0 \sim 10^5$	0.02~0.2	电压、电流	性能稳定可靠,结构简单
		压电式	—	0.1~1.0	电压	响应速度快,多用于测量脉动压力
		应变式	$-100 \sim 10^4$	0.1~0.5	电压	冲击、温度、湿度影响小,电路复杂
		振频式	$0 \sim 10^4$	0.05~0.5	频率	性能稳定,准确度高
		霍尔式	$0 \sim 10^4$	0.5~1.5	电压	灵敏度高,易受外界干扰

6.1.2 压力及压差的非电检测

常见的压力或压差非电检测仪表有液柱式压力计、弹性压力表等,下面对弹性式压力仪表做简单介绍。

弹性式压力仪表是利用弹性元件在外力的作用下产生形变来测量压力的,其种类繁多,在工业上的应用也相当广泛。

1. 弹性元件

弹性元件是弹性式压力仪表的测压敏感元件,弹性式压力仪表的测量性能主要取决于元件的弹性特性,与弹性元件的材料、形状、工艺等有关,而且对温度敏感性强。不同的弹性元件测压范围也不同,工业上常用的弹性式压力仪表所使用的弹性元件主要有膜片、波纹管、弹簧管,如图6-1所示。

1) 膜片是一种圆形薄板或薄膜,周边固定在壳体或基座上。当膜片两边的压力不等时就会产生位移。将膜片成对地沿着周边密封焊接,就构成了膜盒。膜片受压力作用产生位移,可直接带动传动机构指示。但是膜片的位移较小,灵敏度低,指示精度不高,一般为2.5级。膜片更多的是和其他转换元件合起来使用,通过膜片和转换元件把压力转换成电信号。

2）波纹管是一种具有同轴环状波纹，能沿轴向伸缩的压力弹性元件。当它受到轴向力作用时能产生较大的伸长或收缩位移。一般可在其顶端安装传动机构，带动指针直接读数。其特点是灵敏度高（特别是在低压区），常用

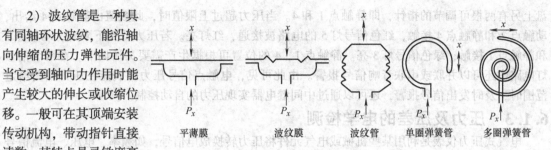

图 6-1　弹性元件示意图

于检测较低的压力（$1.0 \sim 10^6$ Pa），但波纹管迟滞误差较大，精度一般只能达到 1.5 级。

3）弹簧管是一根弯曲成圆弧形、横截面呈椭圆形或几乎椭圆形的空心管子。它的一端焊接在压力表的管座上固定不动，并与被测压力的介质相连通。管子的另一端是封闭的，称为自由端。被测压力介质从开口端进入并充满弹簧管的整个内腔，由于弹簧管的非圆横截面，使它有变成圆形并伴有伸展的趋势而产生力矩，其结果使弹簧管的自由端产生位移，同时改变其中心偏角。弹簧管有单圈和多圈之分，单圈弹簧管自由端位移变化较小，而多圈弹簧管的自由端位移变化量较大。

2. 弹簧管式压力仪表的结构及工作原理

弹簧管式压力仪表主要由弹簧管、传动机构、指示机构和表壳组成，如图 6-2 所示。

当被测压力从弹簧管的固定端输入时，弹簧管的自由端产生位移，在一定的范围内，该位移与被测的压力呈线性关系。传动机构又称机芯，作用是把弹簧管受到压力作用时自由端所产生的位移传递给刻度指示部分。它由扇形齿轮、中心齿轮、游丝等组成，弹簧管自由端位移很小，如果不预先放大很难看出位移的大小。弹簧管自由端的位移是直线移动，而压力表的指针进行的是圆弧形旋转位移。所以必须使用传动机构将弹簧管的微量位移加以放大，并把弹簧管的自由端的直线位移转变为仪表指针的圆弧形旋转位移。指示机构包括指针、刻度盘等，它的主要作用是将弹簧管的变形通过指针转动指示出来，从而在刻度盘上读取直接指示的压力值。表壳又称机座，它的主要作用是固定和保护仪表的零部件。

在生产中，常需要把压力控制在一定范围内，以保证生产正常进行。这就需采用带有报警或控制触点的压力仪表。将普通弹簧管式压力仪表增加一些附加装置，即成为此类压力仪表，如电触点信号压力仪表。电触点信号压力仪表的结构如图 6-3 所示。压力仪表指针上有动触点 2，表

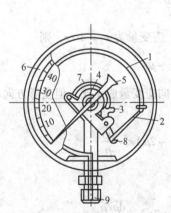

图 6-2　弹簧管压力仪表
1—弹簧管　2—拉杆　3—扇形齿轮　4—中心齿轮
5—指针　6—面板　7—游丝　8—调节螺钉　9—接头

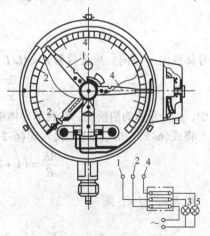

图 6-3　电触点信号压力仪表
1,4—静触点　2—动触点
3—绿色信号灯　5—红色信号灯

盘上另有两根可调节的指针,即静触点 1 和 4。当压力超过上限值时,此数值由静触点 4 给出,动触点 2 和静触点 4 接触,红色信号灯 5 的电路被接通,红灯亮。若压力低到下限时,动触点 2 和静触点 1 接触,绿色信号灯 3 亮。静触点 1、4 的位置可根据生产需要灵活调节。在两个信号灯电路中还可以并联或串联音响信号报警。由此可见,电触点信号压力仪表能在压力偏离给定范围时,及时发出信号报警,还可以通过中间继电器实现压力的自动控制。

6.1.3 压力及压差的电学检测

电气式压力仪表是利用某些机械或电气元件将压力转换成电信号,如频率、电压、电流信号等来进行测量的仪表,如霍尔片式压力仪表、应变片式压力仪表、电阻式压力仪表等。这类压力仪表因其检测元件动态性能好、耐高温,因而适用于测快速变化的脉动压力和超高压等场合。

1. 应变式压力仪表

电阻应变压力仪表由弹性元件、电阻应变片和测量电路组成。弹性元件用来感受被测压力的变化,并将被测压力的变化转换为弹性元件表面应变;电阻应变片粘贴在弹性元件上,将弹性元件的表面应变转换为应变片电阻值的变化,然后通过测量电路将应变片电阻值的变化转换为便于输出测量的电量,从而实现被测压力的测量。

目前工程上使用最广泛的电阻应变片有金属电阻应变片和半导体应变片。金属电阻应变片工作性能稳定、精度高、应用广泛,至今还在不断改进和开发新型应变片,以适应工程应用的需要,但其主要缺点是灵敏系数小,一般为 2~4。为了改善这一不足,20 世纪 60 年代后相继开发出多种类型的半导体电阻应变片,其灵敏度可达金属应变片的 50~80 倍,且尺寸小、横向效应小、蠕动及机械滞后小,更适用于动态测量。

(1) 电阻应变片原理 一根金属丝的电阻值 R 为

$$R = \rho \frac{L}{S} \tag{6-1}$$

式中,ρ 为金属丝电阻率;L 为金属丝长度;S 为金属丝截面积。

如果金属丝沿轴向方向受拉力而变形,其长度 L 变化 dL,截面积 S 变化 dS,电阻率 ρ 变化 $d\rho$,则金属丝的电阻 R 变化 dR。即

$$\frac{dR}{R} = \frac{d\rho}{\rho} + \frac{dL}{L} - \frac{dS}{S} \tag{6-2}$$

则

$$\frac{dS}{S} = \frac{2\pi r dr}{\pi r^2} = \frac{2dr}{r} \tag{6-3}$$

令导体纵向(轴向)应变量为 $\varepsilon = dL/L$,横向(径向)应变量为 $\varepsilon_r = dr/r$,则

$$\frac{dr}{r} = -\mu \frac{dL}{L} \text{或} \varepsilon_r = -\mu\varepsilon \tag{6-4}$$

式中,μ 为导体的泊松比,它表示导体横向应变量与纵向应变量成正比,但变形方向相反。

将式(6-3) 和式(6-4) 代入式(6-2) 得

$$\frac{dR}{R} = (1 + 2\mu)\frac{dL}{L} + \frac{d\rho}{\rho} = (1 + 2\mu)\varepsilon + \frac{d\rho}{\rho} \tag{6-5}$$

设 $K = \dfrac{dR}{R} \Big/ \varepsilon$,则

$$K = (1 + 2\mu) + \frac{d\rho}{\rho} \Big/ \varepsilon = (1 + 2\mu) + \frac{d\rho/\rho}{\varepsilon} \tag{6-6}$$

式中,K 为应变灵敏系数,其物理含义是单位纵向应变引起电阻的相对变化量。

对于金属材料

$$\frac{\mathrm{d}\rho}{\rho} \Big/ \frac{\mathrm{d}L}{L} \ll (1+2\mu) \tag{6-7}$$

大量实验表明，在电阻丝拉伸比例极限范围内，电阻的相对变化与其所受的轴向应变是成正比的，则 K_S 为常数，即

$$K_S = (1+2\mu) \tag{6-8}$$

通常金属电阻丝的 $K_S = 1.7 \sim 3.6$。

对于半导体材料来说，其压阻系数 π 和弹性模量 E 的乘积 πE 为其纵向压力引起的压阻效应，由于压阻效应很大，故半导体电阻应变灵敏系数主要由 πE 决定，一般 πE 比 $(1+2\mu)$ 大近百倍，因此：

$$\frac{\Delta R}{R} = \frac{\Delta \rho}{\rho} = \pi E \varepsilon \tag{6-9}$$

由上式可得应变灵敏度系数为

$$K_B = \frac{\Delta R}{R} \Big/ \frac{\Delta L}{L} = \frac{\Delta \rho}{\rho} \Big/ \varepsilon = \pi E \tag{6-10}$$

（2）测量电路　电阻应变式压力仪表通过应变片将被测压力转换为电阻的变化量，还需要通过测量电路将电阻变化量转化为电流或电压，才能进行指示或远传。电阻应变式压力仪表的测量电路最常用的是电桥电路。

应变测量电桥有三种接法，即单臂桥、半桥和全桥，如图 6-4 所示。

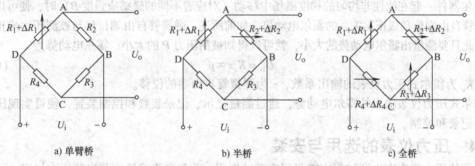

a) 单臂桥　　　　　b) 半桥　　　　　c) 全桥

图 6-4　电阻应变式压力传感器的测量电桥

比较而言，单臂桥输出电压小，灵敏度低，且具有一定的非线性。半桥的输出电压和灵敏度都比单臂桥大一倍，且非线性得到改善。全桥的输出电压和灵敏度又都比半桥大一倍，显然在实际应用中应尽量采用全桥测量电路。尽管如此，电阻应变式压力仪表仍然有比较明显的温漂和时移，因此这种压力仪表多用于一般要求的动态压力检测中。

2. 霍尔式压力仪表

霍尔式压力仪表是利用霍尔器件的霍尔效应原理，实现压力—位移—霍尔电动势的转换。

金属或半导体薄片置于磁场中，当有电流流过时，在垂直于电流和磁场的方向上将产生电动势，这种物理现象称为霍尔效应。图 6-5 为霍尔效应原理图。

假设薄片为 N 型半导体，磁感应强度为 B 的磁场方向垂直于薄片，在薄片左右

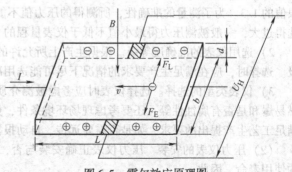

图 6-5　霍尔效应原理图

两端通以控制电流 I，半导体中的载流子（电子）将沿着与电流 I 相反的方向运动。由于外磁场 B 的作用，使电子受到磁场力 F_L（洛仑兹力）而发生偏转，结果在半导体的后端面上电子积累

带负电，而前端面缺少电子带正电，在前后端面间形成电场。该电场产生的电场力 F_E 阻止电子继续偏转。当 F_E 和 F_L 相等时，电子积累达到动态平衡。这时在半导体前后两端面之间（即垂直于电流和磁场方向）建立电场，称为霍尔电场，相应的电动势称为霍尔电动势 U_H。霍尔电动势可用下式表示：

$$U_H = R_H \frac{IB}{d} = K_H IB \tag{6-11}$$

式中，R_H 为霍尔系数；K_H 为灵敏度系数；d 为薄片厚度。

如果磁场和薄片法线有 α 角，那么

$$U_H = K_H IB\cos\alpha \tag{6-12}$$

霍尔式压力仪表的结构如图 6-6 所示，它是由单圈弹簧管的自由端安装在半导体霍尔器件上构成的。在霍尔器件片的上下方向分别安装两对极性相反的极靴形磁钢，使霍尔片置于一个非均匀的磁场中，该磁感应强度随位移呈线性变化。在测量过程中，直流稳压电源给霍尔器件提供恒定的控制电流 I，当被测压力 P 进入弹簧管后，弹簧管的自由

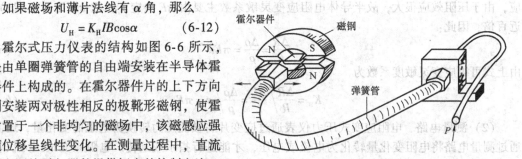

图 6-6　霍尔式压力仪表结构示意图

端与霍尔器件一起在线性非均匀的梯度磁场中移动（对应着不同的磁感应强度 B）时，便可以得到与弹簧管自由端位移成正比关系的霍尔电动势，如前所述，弹簧管自由端位移与被测压力成正比关系，因此只要测量出霍尔电动势的大小，就可以得知被测压力 P 的大小。霍尔电动势为

$$U_H = K_x x \propto p \tag{6-13}$$

式中，K_x 为霍尔式压力仪表的输出系数，x 为弹簧管自由端的位移。

霍尔式压力仪表输出的霍尔电动势，通过测量显示、记录装置和控制装置，便可实现压力的显示、记录和控制。

6.1.4　压力仪表的选用与安装

为了使压力仪表在生产过程中能起到应有的作用，首先要正确选用和安装压力仪表。

（1）压力仪表的选用　压力仪表的选用应根据工艺要求，合理地选择压力仪表的种类、型号、量程和准确度等级等。

1）确定仪表量程。根据被测压力的大小来确定仪表的量程。在选择仪表的上限时应留有充分的余地。一般在被测压力稳定的情况下，最大工作压力不应超过仪表上限值的 2/3；测量脉动压力时，最大工作压力不应超过仪表上限值的 1/2；测量高压时，最大工作压力不应超过仪表上限值的 1/3。为了测量的准确性，所测得的压力值不能太接近仪表的下限值，即仪表的量程不能选得过大，一般被测压力得最小值不低于仪表量程的 1/3。

2）选用仪表的准确度等级。根据生产上所允许的最大测量误差来确定压力仪表的准确度等级。选择时，应在满足生产要求的情况下尽可能选用准确度等级较低、经济实用的压力表。

3）仪表类型的选择。选择仪表时应考虑被测介质的性质，如温度的高低、黏度的大小、易燃易爆和是否有腐蚀性等；还要考虑现场环境条件，如高温、潮湿、振动和电磁干扰等；还必须满足工艺生产提出的要求，如是否需要远传、自动报警或记录等。

（2）压力仪表的安装　压力仪表正确安装与否，直接影响到测量结果的准确性和压力仪表的使用寿命，因此：

1）压力仪表应安装在易观察检修的地方。

2）安装地点力求避免振动和高温影响。

3）测量蒸汽压力时应加凝液管，以防止高压蒸汽直接和测压元件接触。测量有腐蚀性介质

压力时，应加装有中性介质的隔离管。

4）压力仪表的连接处应加密封垫片。

5）为安全起见，测量高压的压力仪表除选用有通气孔的外，安装时仪表壳应向墙壁或无人通过的地方，以防止意外。

6.2 力和应力的测量

6.2.1 力的测量原理

1. 力的基本概念

（1）力 力是一个重要的物理量。力体现了物质之间的相互作用，凡是能使物体的运动状态或物体所具有的动量发生改变而获得加速度或者使物体发生变形的作用都称为力。

按照力产生原因的不同，可以把力分为重力、弹性力、惯性力、膨胀力、摩擦力、浮力、电磁力等。按力对时间的变化性质可分为静态力和动态力两大类。静态力是指不变的力或变化很缓慢的力，动态力是指随时间变化显著的力，如冲击力、交变力或随机变化的力等。

（2）力的单位 力在国际单位制（SI）中是导出量，牛顿第二定律（$F = ma$）揭示了力（F）的大小与物体质量（m）和加速度（a）的关系，即力是质量和加速度的乘积。因此力的单位和标准都取决于质量和加速度的单位与标准。质量是国际单位制中的一个基本量，单位是 kg（千克）；加速度是基本量长度和时间的导出量，单位是米/秒^2（m/s^2）。在我国法定计量单位制和国际单位制中，规定力的单位为牛顿（N），定义为：使 1kg 质量的物体产生 $1m/s^2$ 加速度的力，即 $1N = 1kg \cdot m/s^2$。

质量标准是国际铂铱合金千克原器，保存于法国。各国质量标准或其他质量标准通过用天平与该原始标准比较而得到。

重力加速度 g 是一个使用很方便的标准，规定地球上纬度为 45°海平面上的重力加速度为 g 的标准值，为 $9.80665m/s^2$。g 的实际值随地理位置的不同而有所变化，需对标准值做适当的修正。地球上某点的 g 值可以通过测量一个摆的长度和周期或通过确定一个自由落体物体的速度随时间的变化率而精确地测出，这样即可确定作用于已知标准质量上的重力（重量），从而建立起力的标准。

（3）力量值的传递 为保证国民经济各部门和研究单位静态力的力值准确一致，目前均以标准砝码的重力作为力的标准。其大小除可以用标准砝码传递外，还可以用各种不同准确度等级的基准和标准测力仪器设备复现力值及进行量值的传递。

力的传递方式有定度和检定两种：定度是根据基准和标准测力仪器设备所传递的力值确定被校仪表刻度所对应的力值；检定是将准确度级别更高的基准和标准测力仪器设备与被检定测力仪表进行比对，以确定被检定测力仪表的误差。

2. 力的测量方法

力的本质是物体之间的相互作用，不能直接得到其值的大小。力施加于某一物体后，将使物体的运动状态或动量改变，使物体产生加速度，这是力的"动力效应"；还可以使物体产生应力，发生变形，这是力的"静力效应"。因此，可以利用这些变化来实现对力的检测。

力的测量方法可归纳为力平衡法、测位移法和利用某些物理效应测力等。

（1）力平衡法 力平衡式测量法是基于比较测量的原理，用一个已知力来平衡待测的未知力，从而得出待测力的值。平衡力可以是已知质量的重力、电磁力或气动力等。

1）机械式力平衡装置。图 6-7 给出了两种机械式力平衡装置。图 6-7a 为梁式天平，通过调整砝码使指针归零，将被测力 F_i 与标准质量（砝码 G）的重力进行平衡，直接比较得出被测力 F_i 的大小。这种方法需逐级加砝码，测量精度取决于砝码分级的密度和砝码等级。

图 6-7b 为机械杠杆式力平衡装置，可转动的杠杆支撑在支点 M 上，杠杆左端上面悬架有刀

形支承 N，在 N 的下端直接作用有被测力 F_i；杠杆右端是质量 m 已知的可滑动砝码 G；另在杠杆转动中心上安装有归零指针。测量时，调整砝码的位置使之与被测力平衡。当达到平衡时，则有

$$F_i = \frac{b}{a} mg \quad (6-14)$$

式中，a、b 分别为被测力 F_i 和砝码 G 的力臂；g 为当地重力加速度。

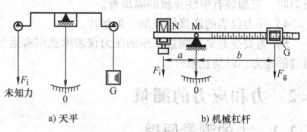

图 6-7 机械式力平衡装置
a) 天平　b) 机械杠杆

可见，被测力 F_i 的大小与砝码重力 mg 的力臂 b 成正比，因此可以在杠杆上直接按力的大小刻度。这种测力计结构简单，常用于材料试验机的测力系统中。

上述测力方法的优点是简单易行，可获得很高的测量精度。但这种方法是基于静态重力矩平衡，因此仅适用于作静态测量。

2）磁电式力平衡装置。图 6-8 所示为一种磁电式力平衡测力系统。它由光源、光电式零位检测器、放大器和一个力矩线圈组成一个伺服式测力系统。无外力作用时，系统处于初始平衡位置，光线全部被遮住，光敏元件无电流输出，力矩线圈不产生力矩。当被测力 F_i 作用在杠杆上时，杠杆发生偏转，光线通过窗口打开的相应缝隙，照射到光敏元件上，光敏元件输出与光照成比例的电信号，经放大后加到力矩线圈上与

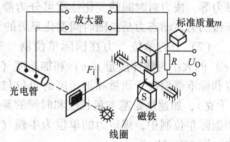

图 6-8 磁电式力平衡测力系统

磁场相互作用而产生电磁力矩，用来平衡被测力 F_i 与标准质量 m 的重力力矩之差，使杠杆重新处于平衡。此时杠杆转角与被测力 F_i 成正比，而放大器输出电信号在采样电阻 R 上的电压降 U_0 与被测力 F_i 成比例，从而可测出力 F_i。

与机械杠杆式测力系统相比较，磁电式力平衡系统使用方便，受环境条件影响较小，体积小，响应快，输出的电信号易于记录且便于远距离测量和控制。

3）液压和气压式测力系统。图 6-9a 给出了液压活塞式测力系统的原理。浮动活塞由膜片密封，液压系统内部空腔充满油，且通常加有一预载压力。当被测力 F_i 作用在活塞上时，引起油压变化 Δp，其值可由指示仪表读出，也可采用压力传感器将读数转换为电信号。这样根据力平衡条件 $F_i = \Delta p S$（S 是活塞等效截面积），就可以通过测量油的压力来测量力。液压式测力系统具有很高的刚度，测量范围很大，可达几十兆牛，精度可达 0.1%，配置动态特性好的压力传感器也可以用于测量动态力。

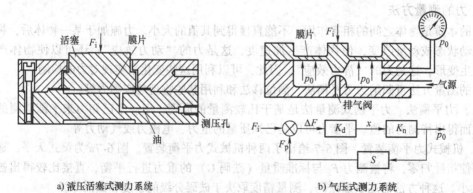

a) 液压活塞式测力系统　　　b) 气压式测力系统

图 6-9 液压和气压式测力系统

图 6-9b 是气压式测力系统原理。它是一种闭环测力系统。其中喷嘴挡板机构用在伺服回路中作高增益放大器。当被测力 F_i 加到膜片上时，膜片带动挡板向下移动 x，使喷嘴截面积减小，气体压力 p_0 增高。压力 p_0 作用在膜片面积 S 上产生一个等效集中力 F_p，F_p 力图使膜片返回到初始位置。当 $F_i = F_p$ 时，系统处于平衡状态。此时，气体压力 p_0 与被测力 F_i 的关系为

$$(F_i - p_0 S) K_d K_n = p_0 \tag{6-15}$$

式中，K_d 为膜片柔度（m/N）；K_n 为喷嘴挡板机构的增益（N/m³）。由上式可得

$$p_0 = \frac{F_i}{(K_d K_n)^{-1} + S} \tag{6-16}$$

K_n 实际上并非严格为常数，但由于乘积 $K_d K_n \gg S$，这样 $(K_d \cdot K_n)^{-1}$ 与 S 相比便可忽略不计，于是式(6-16) 变为

$$p_0 \approx F_i / S \tag{6-17}$$

即被测力 F_i 与 p_0 呈线性关系。

（2）测位移法 在力作用下，弹性元件会产生变形。测位移法就是通过测量未知力所引起的位移，从而间接地测得未知力值。

图 6-10 所示是电容传感器与弹性元件组成的测力装置。图中，扁环形弹性元件内腔上下平面上分别固定电容传感器的两个极板。在力作用下，弹性元件受力变形，使极板间距改变，导致传感器电容量变化。用测量电路将此电容量变化转换成电信号，即可得到被测力值。通常采用调频或调相电路来测量电容。这种测力装置可用于大型电子吊秤。

图 6-11 为两种常用的由差动变压器与弹性元件构成的测力装置。弹性元件受力产生位移，带动差动变压器的铁心运动，使两绕组互感发生变化，最后使差动变压器的输出电压产生和弹性元件受力大小成比例的变化。图 6-11a 是差动变压器与弹簧组合构成的测力装置；图 6-11b 为差动变压器与筒形弹性元件组成的测力装置。

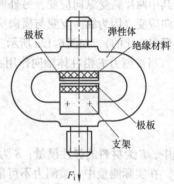

图 6-10 电容式测力装置

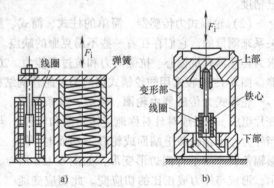

图 6-11 差动变压器式测力装置

（3）利用某些物理效应测力 物体在力作用下会产生某些物理效应，如应变效应、压磁效应、压电效应等，可以利用这些效应间接检测力值。各种类型的测力传感器就是基于这些效应。

3. 测力传感器

测力传感器通常将力转换为正比于作用力大小的电信号，使用十分方便，因而在工程领域及其他各种场合应用最为广泛。测力传感器种类繁多，依据不同的物理效应和检测原理可分为电阻应变式、压磁式、压电式、振弦式力传感器等。

（1）应变式力传感器 在所有力传感器中，应变式力传感器应用最为广泛。它能应用于从极小到很大的动、静态力的测量，且测量精度高，其使用量约占力传感器总量的90%左右。

应变式力传感器的工作原理与应变式压力传感器基本相同，它也是由弹性敏感元件和贴在其上的应变片组成。应变式力传感器首先把被测力转变成弹性元件的应变，再利用电阻应变效应测出应变，从而间接地测出力的大小。弹性元件的结构形式有柱形、筒形、环形、梁形、轮辐形、S形等。

应变片的布置和接桥方式，对于提高传感器的灵敏度和消除有害因素的影响有很大关系。根据电桥的加减特性和弹性元件的受力性质，在贴片位置许可的情况下，可贴4或8片应变片，其位置应是弹性元件应变最大的地方。

图6-12给出了常见的柱形、筒形、梁形弹性元件及应变片的贴片方式。图6-12a为柱形弹性元件；图6-12b为筒形弹性元件；图6-12c为梁形弹性元件。

柱形应变式力传感器：柱形弹性元件通常都做成圆柱形和方柱形，用于测量较大的力，最大量程可达10MN。在载荷较小时（1~100kN），为便于粘贴应变片和减小由于载荷偏心或侧向分力引起的弯曲影响，同时为了提高灵敏度，多采用空心柱体。四个应变片粘贴的位置和方向应保证其中两片感受纵向应变，另外两片感受横向应变（因为纵向应变与横向应变是互为反向变化的），如图6-12a所示。

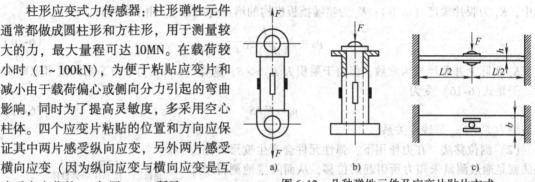

图6-12 几种弹性元件及应变片贴片方式

当被测力F沿柱体轴向作用在弹性体上时，其纵向应变和横向应变分别为

$$\begin{cases} \varepsilon = \dfrac{F}{ES} \\ \varepsilon_t = -\mu\varepsilon = -\dfrac{\mu F}{ES} \end{cases} \quad (6\text{-}18)$$

式中，E为材料的弹性模量；S为柱体的截面积；μ为材料的泊松比。

在实际测量中，被测力不可能正好沿着柱体的轴线作用，而总是与轴线成一微小的角度或微小的偏心，这就使得弹性柱体除了受纵向力作用外，还受到横向力和弯矩的作用，从而影响测量精度。

（2）轮辐式力传感器 简单的柱式、筒式、梁式等弹性元件是根据正应力与载荷成正比的关系来测量的，它们存在着一些不易克服的缺点。为了进一步提高力传感器性能和测量精度，要求力传感器有抗偏心、抗侧向力和抗过载能力。20世纪70年代开始已成功地研制出切应力传感器。图6-13是较常用的轮辐式切应力传感器的结构简图。

轮辐式力传感器由轮圈、轮毂、辐条和应变片组成。辐条成对且对称地连接轮圈和轮毂，当外力作用在轮毂上端面或轮毂下端面时，矩形辐条就产生平行四边形变形，如图6-13b所示，形成与外力成正比的切应变。此切应变能引起与中心轴成45°方向的相互垂直的两个正负应力，即由切应力引起的拉应力和压应力，通过测量拉应力或压应力值就可知切应力值的大小。因此，在轮辐式传感器中，把应变片贴到与切应力成45°的位置上，使它感受的仍是拉伸和压缩应变，但该应变不是由弯曲产生的，而主要是由剪切力产生的，此即这类传感器的基本工作原理。这类传感器最突出的优点

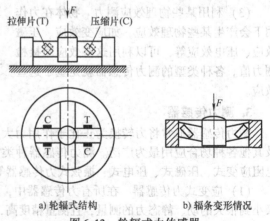

图6-13 轮辐式力传感器

是抗过载能力强，能承受几倍于额定量程的过载。此外，其抗偏心、抗侧向力的能力也较强，精度在0.1%之内。

(3) 压磁式力传感器　当铁磁材料在受到外力的拉、压作用而在内部产生应力时，其磁导率会随应力的大小和方向而变化：受拉力时，沿作用方向的磁导率增大，而在垂直于作用力的方向上磁导率略有减小；受压力作用时则磁导率的变化正好相反。这种物理现象就是铁磁材料的压磁效应。这种效应可用于力的测量。

压磁式力传感器一般由压磁元件、传力机构组成，如图 6-14a 所示。其中主要部分是压磁元件，它由其上开孔的铁磁材料薄片叠成。压磁元件上冲有四个对称分布的孔，孔 1 和 2 之间绕有励磁绕组 W12（初级绕组），孔 3 和 4 间绕有测量绕组 W34（次级绕组），如图 6-14b 所示。当励磁绕组 W12 通有交变电流时，铁磁体中就产生一定大小的磁场。若无外力作用，则磁感应线相对于测量绕组平面对称分布，合成磁场强度 H 平行于测量绕组 W34 的平面，磁感应线不与测量绕组 W34 相交链，故绕组 W34 不产生感应电动势，如图 6-14c 所示。当有压缩力 F 作用于压磁元件上时，磁感应线的分布图发生变形，不再对称于测量绕组 W34 的平面（如图 6-14d 所示），合成磁场强度 H 不再与测量绕组平面平行，因而就有部分磁感应线与测量绕组 W34 相交链，而在其上感应出电动势。作用力越大，交链的磁通越多，感应电动势越大。

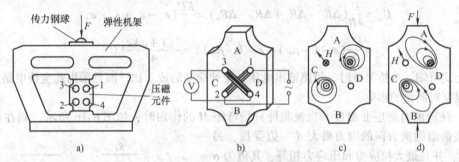

图 6-14　压磁式力传感器

压磁式力传感器的输出电动势比较大，通常不必再放大，只要经过整流滤波后就可直接输出，但要求有一个稳定的励磁电源。压磁式力传感器可测量很大的力，抗过载能力强，能在恶劣条件下工作。但频率响应不高（1～10kHz），测量精度一般在 1% 左右，也有精度更高的新型结构的压磁式力传感器。常用于冶金、矿山等重工业部门作为测力或称重传感器，例如在轧钢机上用来测量大的力以及用在吊车秤中。

6.2.2　应力/应变的测量

应力、应变测量是机电工程测试技术中应用最广泛的一种测量，其目的是掌握被测件的实际应力大小及分布情况，进而分析设备构件的破坏原因，寿命长短及强度储备等；也可用于验证相应的理论公式，合理安排工艺和提供生产过程的数学模型；同时也是设计和制造多种应变式传感器的理论基础。

应力、应变测量可分为单向应力测量和平面应力测量，不管是哪一种应力测量都是先对被测件进行应力应变分析，然后确定贴片方式和组桥方式，最后根据测得数据结果进行分析。

1. 简单受力状态的应变测量

简单受力状态主要是指只受单向拉伸（压缩）、只受纯弯曲或只受纯扭矩的状态。

(1) 单向拉伸（压缩）时的应变测量　单向受拉件在轴向力 F 的作用下，其横截面上是均匀分布的正应力，外表面是沿轴向的单向应力状态，只要测得外表面上的轴向应变 ε_F，便可由下式求得拉力 F

$$F = \sigma A = E\varepsilon_F A \tag{6-19}$$

式中，A 为截面积（m²）；σ 为正应力（Pa）；E 为弹性模量（Pa）。

具体测量应变 ε_F 时，可沿正应力方向粘贴电阻应变片，电阻应变片的贴片位置及组桥方式可按电桥的加减特性或电桥的平衡条件来确定。测量前,要求电桥处于平衡状态,无输出;测量时,电桥越不平衡越好,这样可以获得最大的输出信号。单向拉伸时的具体贴片如图6-15a所示,四片电阻应变片均粘贴在被测零件表面上,其中R_1、R_3沿受拉方向粘贴;R_2、R_4垂直于受力方向粘贴,并且R_3、R_4设置在R_1、R_2的圆周方向的180°。当被测零

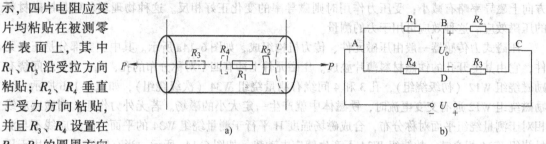

图6-15 单向拉压应变测试分析图

件受到拉伸时,R_1、R_3受到拉伸产生应变$\varepsilon_1 = \varepsilon_3 = \varepsilon$;而$R_2$、$R_4$受压产生应变$\varepsilon_2 = \varepsilon_4 = -\mu\varepsilon$($\mu$为泊松比)。若将这四个应变片组成全桥电路,如图6-15b所示,则电桥的输出电压为

$$U_o = \frac{U}{4R}(\Delta R_1 - \Delta R_2 + \Delta R_3 - \Delta R_4) = \frac{KU}{4}(\varepsilon_1 - \varepsilon_2 + \varepsilon_3 - \varepsilon_4)$$

$$= \frac{KU}{4}(\varepsilon - (-\mu\varepsilon) + \varepsilon - (-\mu\varepsilon)) = \frac{2(1+\mu)\varepsilon}{4}KU \tag{6-20}$$

由上式可知,全桥测量时,桥路输出电压与拉伸应变后成正比,而且采用此全桥电路还可消除环境温度对测量的影响。

(2)纯弯曲时的应变测量 当被测件只受弯矩M的作用时,如图6-16所示,则在被测件的上下表面沿轴向方向的应力最大(一边受拉,另一边受压),并且最大拉应力和压应力相等,其值为$\sigma = \pm M/W$,W为抗弯截面模量(m^4),表面应变为$\varepsilon_M = \sigma/E$,只要测得实际应变ε_M,被测件所受弯矩可由下式求得

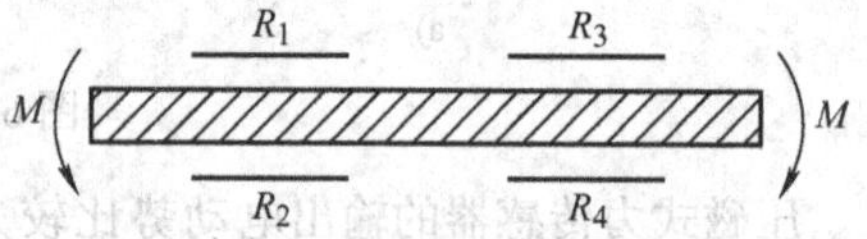

图6-16 纯弯曲应变测试分析图

$$M = \sigma W = EW\varepsilon_M \tag{6-21}$$

具体测量应变ε_M时,四个电阻应变片粘贴在零件上、下两个侧面,其中R_1、R_3沿主应力方向粘贴在零件的上表面;R_2、R_4沿主应力方向粘贴在零件的下表时,并组成全桥电路,如图6-15b所示。

当被测件受到纯弯曲时,R_1、R_3受到拉应力,且$\varepsilon_1 = \varepsilon_3 = \varepsilon$;而$R_2$、$R_4$受到压应力,且$\varepsilon_2 = \varepsilon_4 = -\varepsilon$,则电桥的输出电压为

$$U_o = \frac{KU}{4}(\varepsilon_1 - \varepsilon_2 + \varepsilon_3 - \varepsilon_4) = \frac{KU}{4}(\varepsilon - (-\varepsilon) + \varepsilon - (-\varepsilon)) = UK\varepsilon \tag{6-22}$$

由上式可知,全桥测量弯曲应力时,桥路输出信号较大,实际应变$\varepsilon_M = U_o/KU$。

(3)只受扭矩时的应变测量 由材料力学可知,当圆轴只受到扭矩作用时,轴表面有最大剪应力τ。在轴表面取一单元体E,如图6-17a所示,为纯剪应力状态。在与轴线成±45°方向上,有最大正应力σ_1、负应力σ_2,并且$\sigma_1 = -\sigma_2 = \tau$;相应应变$\varepsilon_1$、$\varepsilon_2$,且$\varepsilon_1 = -\varepsilon_2 = \varepsilon_\tau$;由于轴表面为平面应力状态,应力应变关系为

$$\varepsilon_1 = \frac{\sigma_1}{E} - \mu\frac{\sigma_2}{E} = \frac{\sigma_1}{E}(1+\mu) = \frac{\tau}{E}(1+\mu) \tag{6-23}$$

所以,若测出与轴线成45°方向上实际应变ε_τ,则最大剪应力τ为

$$\tau = \frac{E\varepsilon_\tau}{1+\mu} \tag{6-24}$$

扭矩为

$$M_N = \tau W_N = \frac{E\varepsilon_\tau}{1+\mu}W_N \qquad (6\text{-}25)$$

式中，M_N 为扭矩（N·m）；W_N 为抗扭截面模量（m³）。

具体测量应变 ε_τ 时，将四片电阻应变片均粘贴在被测轴上，布片如图6-17b，组桥如图 6-15b 所示。当轴受扭矩作用时，R_1、R_3 受到拉应力，且 $\varepsilon_1 = \varepsilon_3 = \varepsilon_\tau$；而 R_2、R_4 受到压应力，$\varepsilon_2 = \varepsilon_4 = -\varepsilon_\tau$；则电桥的输出电压为

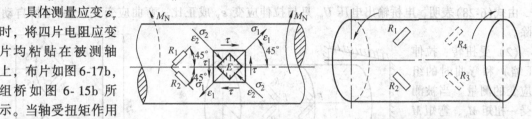

图 6-17 纯扭矩应变测试分析图

$$U_o = \frac{KU}{4}(\varepsilon_1 - \varepsilon_2 + \varepsilon_3 - \varepsilon_4) = UK\varepsilon_\tau \qquad (6\text{-}26)$$

通过测量 U_o 就可测量出 ε_τ，通过式(6-25) 就可计算出扭矩。

2. 复杂受力情况下单向应力应变测量

在实际测试中，被测件往往处于复杂的受力状态，如转轴同时承受扭矩、弯曲和拉伸等的组合作用，我们可以利用不同的贴片和组桥方式，测量一种载荷而消除其他载荷的影响。

（1）受弯曲与拉伸（压缩）时的组合应变测量　当被测件同时受拉力和弯曲的联合作用，如图 6-18 所示，由拉力 F 引起的应力 $\sigma_F = F/A$，在截面均匀分布，其应力应变关系为 $\sigma_F = E\varepsilon_F$；由弯矩 M 在上、下表面引起的应力 $\sigma_M = \pm M/W$，其应力应变关系为

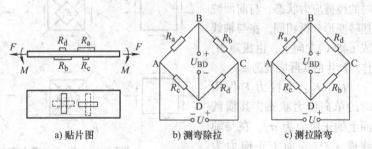

图 6-18 拉弯组合变形的应变测试分析图

$\sigma_M = E\varepsilon_M$。当拉、弯同时作用时，零件上、下表面的应力、应变分别为

$$\begin{cases}\sigma_{1,2} = \sigma_F \pm \sigma_M = F/A \pm M/W \\ \varepsilon_{1,2} = \varepsilon_F \pm \varepsilon_M\end{cases}$$

所以，只要分别单独测得 ε_F、ε_M 的实际应变值，便可分别求出拉力 F 和弯矩 M。具体测量时，在上、下表面上粘贴上四个相同的应变片，如图 6-18a 所示，R_a、R_b 沿轴线方向，R_c、R_d 沿轴线垂直方向。各应变片所感受的应变分别是

$$R_a : \varepsilon_a = \varepsilon_F + \varepsilon_M$$
$$R_b : \varepsilon_b = \varepsilon_F - \varepsilon_M$$
$$R_c : \varepsilon_c = -\mu(\varepsilon_F + \varepsilon_M)$$
$$R_d : \varepsilon_d = -\mu(\varepsilon_F - \varepsilon_M)$$

1）测弯除拉。当只测弯曲引起的应变而消除拉伸应变时，可如图 6-18b 组桥，电桥的输出电压为

$$U_{BD} = \frac{KU}{4}(\varepsilon_a - \varepsilon_b - \varepsilon_c + \varepsilon_d) = \frac{2(1+\mu)\varepsilon_M}{4}KU \qquad (6\text{-}27)$$

由式(6-27)可知，桥路输出电压 U_{BD} 只与弯曲应变 ε_M 成正比，拉伸应变 ε_F 已由电桥自动

消除。

2）测拉除弯。当只测拉伸应变而消除弯曲影响时，可如图 6-18c 组桥，电桥的输出电压为

$$U_{BD} = \frac{KU}{4}(\varepsilon_a - \varepsilon_d - \varepsilon_c + \varepsilon_b) = \frac{2(1+\mu)\varepsilon_F}{4}KU \quad (6-28)$$

由式(6-28)表明，电桥输出电压 U_{BD} 只与拉伸应变 ε_F 成正比，弯曲应变 ε_M 已由电桥自动消除。

（2）受扭转、拉伸（压缩）和弯曲时的组合应变的测量　当被测件受一扭矩 M_n、弯矩 M（由横向力 q 引起）和轴向力 F 同时作用时，如图 6-19a 所示，为了测得扭矩，一般要把应变片贴在与轴线成 $\pm 45°$ 的方向上，所以我们先分析各种载荷在与轴线成 $45°$ 的方向上的应力应变。在被测件的前、后面各取一单元体 E、F，并将其分解，如图 6-20 所示。

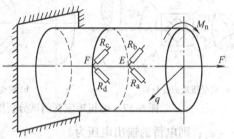
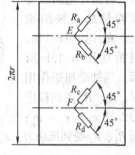

图 6-19　扭拉弯组合变形的贴片方式

E_1、F_1：为扭矩 M_n 作用时的纯剪应力状态，与前面纯扭转变形分析相同。在与轴线成 $\pm 45°$ 的方向上，由扭矩 M_n 作用产生的实际应变为 $\pm \varepsilon_\tau$。

E_2、F_2：为拉力 F 作用时的单向应力状态，其横截面上的正应力为 σ_F。在与轴线成 $\pm 45°$ 界面上正应力为 $\sigma'_F = \sigma_F/2$，相应的实际应变为 ε_F。

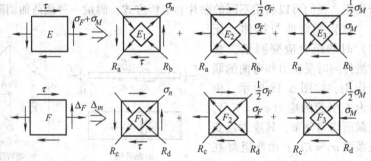

图 6-20　扭拉弯组合变形的应力应变分析

E_3、F_3：为弯矩 M 作用时的单向应力状态，两单元横截面上的正应力为 σ_M，但符号相反。在与轴线成 $\pm 45°$ 的截面上应力为 $\sigma'_M = \sigma_M/2$，相应的实际应变为 $\pm \varepsilon_M$，两个单元应变符号相反。

在具体测量应变时，一般在 E、F 两点与轴线成 $\pm 45°$ 的方向贴四个相同的应变片，如图 6-19 所示，各应变片所感受的实际应变为

$R_a: \varepsilon_a = \varepsilon_\tau + \varepsilon_F + \varepsilon_M$

$R_b: \varepsilon_b = -\varepsilon_\tau + \varepsilon_F + \varepsilon_M$

$R_c: \varepsilon_c = \varepsilon_\tau + \varepsilon_F - \varepsilon_M$

$R_d: \varepsilon_d = -\varepsilon_\tau + \varepsilon_F - \varepsilon_M$

1）测扭除拉弯。当只测扭转应变而消除拉弯应变时，可如图 6-21a 组桥，电桥的输出电压为

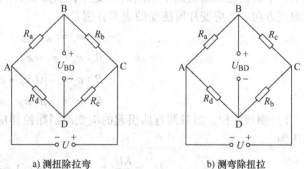

a) 测扭除拉弯　　b) 测弯除扭拉

图 6-21　扭拉弯组合变形的应变测量电路

$$U_{BD} = \frac{KU}{4}(\varepsilon_a - \varepsilon_b - \varepsilon_d + \varepsilon_c) = \frac{4\varepsilon_\tau}{4}KU \qquad (6-29)$$

电桥输出电压 U_{BD} 只与扭转应变 ε_τ 有关，由扭矩 M_τ 作用产生在与轴线成 45°方向上的实际应变为 $\varepsilon_\tau = U_{BD}/KU$，拉伸和弯曲应变已由电桥自动消除。

2) 测弯除扭拉。当只测弯曲引起的应变而消除扭拉应变时，可如图 6-21b 组桥，电桥的输出电压为

$$U_{BD} = \frac{KU}{4}(\varepsilon_a - \varepsilon_c - \varepsilon_d + \varepsilon_b) = \frac{4\varepsilon_M}{4}KU \qquad (6-30)$$

电桥输出电压 U_{BD} 只与弯曲应变 ε_M 有关，由弯矩 M 作用引起的在与轴线成 45°方向上的实际应变为 $\varepsilon_M = U_{BD}/KU$，拉伸和扭矩应变已由电桥自动消除。由 M 作用产生在与轴线成 ±45°的截面上应力为 σ'_M 可由平面胡克定律计算得：$\sigma'_M = E\varepsilon_M/(1-\mu)$，由于沿轴线方向上的弯曲应力 $\sigma_M = 2\sigma'_M$，所以可计算得弯矩

$$M = \frac{2EW}{1-\mu}\varepsilon_M \qquad (6-31)$$

以上仅为在组合形变中测量某种单一应变的例子，实际上可以采取其他不同的贴片组桥方式来测量，具体方法可参阅有关书籍。

3. 平面应力状态的应力测量

在实际测量中，所遇到的许多结构、零件都处在平面应力状态下，一般平面应力测量问题可分为以下两种情况。

(1) 主应力方向已知的平面应力测量　在平面应力状态中，若主应力方向已知，只需沿相互垂直的主应力方向贴两个应变片，另外采取温度补偿措施，组成如图 6-22 所示的电桥，分别直接测得主应变 ε_1、ε_2，再由平面胡克定律求得主应力。如应变式荷重传感器，其外形和结构示意

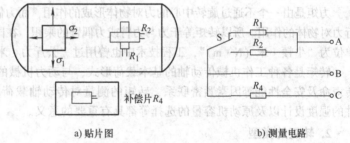

a) 贴片图　　　　　　b) 测量电路

图 6-22　平面应力测量贴片组桥图

图如图 6-23 所示。应变片粘贴在钢制圆柱（可以是实心，也可以是空心）的表面，在力的作用下，R_1、R_3 受压，R_2、R_4 受拉。图 6-24 是荷重传感器用于测量汽车质量的汽车衡示意图。这种汽车衡便于在称重现场和控制室让驾驶员和计重员同时了解测量结果，并打印数据。

(2) 主应力方向未知的主应力测量　在平面应力中，在主应力方向未知的情况下，若要测取某一点的主应力大小和方向，可在该点贴三个相互有一定角度的应变片构成应变花，测取这三个方向的

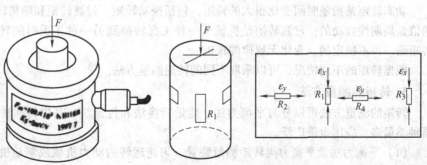

a) 外形图　　　b) 承重等截面圆柱　　c) 应变片在等截面圆柱展开图上的位置

图 6-23　平面应力测量贴片组桥图

应变 ε_a、ε_b、ε_c，就可利用材料力学中应力理论和平面胡克定律求出主应力的大小和方向，如

图 6-25 所示。读者若要进一步了解具体测试方法，可以参阅有关文献。

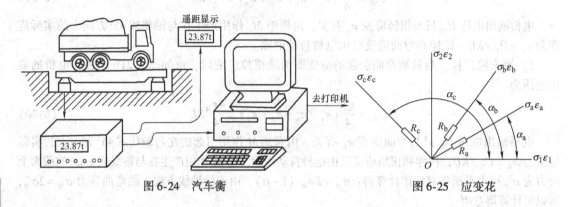

图 6-24　汽车衡　　　　　　　　　图 6-25　应变花

6.3　转矩测量

6.3.1　转矩的概念

1. 转矩的定义及单位

使机械元件转动的力矩或力偶称为转动力矩，简称转矩。机械元件在转矩作用下都会产生一定程度的扭转变形，故转矩有时又称为扭矩。

力矩是由一个不通过旋转中心的力对物体形成的作用，而力偶是一对大小相等、方向相反的平行力对物体的作用。所以力矩等于力与力臂或力偶臂的乘积，在国际单位制（SI）中，转矩的计量单位为"牛顿·米（N·m）"，工程技术中也曾用过"公斤力·米"等作为转矩的计量单位。

转矩是各种工作机械传动轴的基本载荷形式，与动力机械的工作能力、能源消耗、效率、运转寿命及安全性能等因素紧密联系，转矩的测量对传动轴载荷的确定与控制，传动系统工作零件的强度设计以及原动机容量的选择等都具有重要的意义。

2. 转矩的类型

转矩可分为静态转矩和动态转矩。

静态转矩是指不随时间变化或变化很小、很缓慢的转矩，包括静止转矩、恒定转矩、缓变转矩和微脉动转矩。静止转矩的值为常数，传动轴不旋转；恒定转矩的值为常数，但传动轴以匀速旋转，如电机稳定工作时的转矩；缓变转矩的值随时间缓慢变化，但在短时间内可认为转矩值是不变的；微脉动转矩的瞬时值有幅度不大的脉动变化。

动态转矩是指随时间变化很大的转矩，包括振动转矩、过渡转矩和随机转矩三种。振动转矩的值是周期性波动的；过渡转矩是机械从一种工况转换到另一种工况时的转矩变化过程；随机转矩是一种不确定的、变化无规律的转矩。

根据转矩的不同情况，可以采取不同的转矩测量方法。

3. 转矩的测量方法

转矩的测量方法可以分为平衡力法、能量转换法和传递法。其中传递法涉及的转矩测量仪器种类最多，应用也最广泛。

（1）平衡力法及平衡力类转矩测量装置　匀速运转的动力机械或制动机械，在其机体上必然同时作用着与转矩大小相等、方向相反的平衡力矩。通过测量机体上的平衡力矩（实际上是测量力和力臂）来确定动力机械主轴上工作转矩的方法称为平衡力法。

平衡力法转矩测量装置又称作测功器，一般由旋转机、平衡支承和平衡力测量机构组成。按照安装在平衡支承上的机器种类，可分为电力测功器、水力测功器等。平衡支承有滚动支承、双滚动支承、扇形支承、液压支承及气压支承等。平衡力测量机构有砝码、游码、摆锤、力传感器等。

平衡力法直接从机体上测转矩，不存在从旋转件到静止件的转矩传递问题。但它仅适合测量匀速工作情况下的转矩，不能测动态转矩。

(2) 能量转换法　依据能量守恒定律，通过测量其他形式能量如电能、热能参数来测量旋转机械的机械能，进而求得转矩的方法即能量转换法。从方法上讲，能量转换法实际上就是对功率和转速进行测量的方法。能量转换法测转矩一般在电机方面有较多的应用。

(3) 传递法　传递法是指利用弹性元件在传递转矩时物理参数的变化与转矩的对应关系来测量转矩的一类方法。常用弹性元件为扭轴，故传递法又称扭轴法。具体原理是利用弹性测量轴（扭轴）配合于原动机与被动机的传动轴之间，把被测转矩变换为扭转角或扭应力，通过对扭转角或扭应力的测量来测定被测转矩值。也可直接由测量传动轴的扭转角或扭应力来测定转矩。根据测量参数的不同，转矩测量仪器可以分为两大类，即扭应力式和扭转角式。

本节介绍基于传递法原理的几种转矩测量方法和仪器。

6.3.2 传递法转矩测量

1. 扭应力式转矩测量

扭应力式转矩检测仪表是通过对扭转应力的测量来测定被测转矩值的测量仪表。包括电阻应变式转矩测量仪表、磁弹性式转矩测量仪表。

(1) 应变式转矩测量　应变式转矩测量仪通过测量由于转矩作用在转轴上产生的应变来测量转矩。根据材料力学的理论，转轴在转矩 M 的作用下，其横截面上最大剪应力 τ_{max} 与轴的抗弯截面模量 W 和转矩 M 之间的关系为

$$\tau_{max} = \frac{M}{W} \tag{6-32}$$

$$W = \frac{\pi D^3}{16}\left(1 - \frac{d^4}{D^4}\right) \tag{6-33}$$

式中，D 为轴的外径；d 为空心轴的内径。

τ_{max} 无法用应变片来测量，但与转轴中心线成 $\pm 45°$ 夹角方向上的正负主应力 σ_1 和 σ_3 的数值等于 τ_{max}，即

$$\sigma_1 = -\sigma_3 = \tau_{max} = \frac{16DM}{\pi(D^4 - d^4)} \tag{6-34}$$

根据应力应变关系，应变为

$$\begin{cases} \varepsilon_1 = \dfrac{\sigma_1}{E} - \mu\dfrac{\sigma_3}{E} = (1+\mu)\dfrac{\sigma_1}{E} = \dfrac{16(1+\mu)DM}{\pi E(D^4 - d^4)} \\ \varepsilon_3 = \dfrac{\sigma_3}{E} - \mu\dfrac{\sigma_1}{E} = (1+\mu)\dfrac{\sigma_3}{E} = -\dfrac{16(1+\mu)DM}{\pi E(D^4 - d^4)} \end{cases} \tag{6-35}$$

式中，E 为材料的弹性模量（Pa）；μ 为材料的泊松比。

这样就可沿正负主应力 σ_1 和 σ_3 的方向贴应变片，测出应变即可知其轴上所受的转矩 M。应变片可以直接贴在需要测量转矩的转轴上，也可以贴在一根特制的轴上制成应变式转矩传感器，用于各种需要测量转矩的场合。图 6-26 为应变片式转矩传感器，在沿轴向 $\pm 45°$ 方向上分别粘贴有 4 个应变片，感受轴的最大正、负应变，将其组成图 6-26b 所示全桥电路，则可输出与转矩 M 成正比的电压信号 u_o。这种接法可以消除轴向力和弯曲力的干扰。实际的实施情况如图 6-27 所示。

应变式转矩传感器结构简单，精度较高。贴在转轴上的电阻应变片与测量电路一般通过集流环（导电环）连接。集流环有电刷—集电环式、水银式和感应式等，要求导电环的接触电阻小且稳定。

集流环存在触点磨损和信号不稳定等问题，不适于测量高速旋转或扭转振动大的转轴的转矩。其常规测量范围是 0.5～5000N·m，测量误差是 0.2%～1%，输出灵敏度是 1mV/V，最高转速是 30000r/min。近年来，已研制出遥测应变式转矩仪，它在上述应变电桥后，将输出电压用无线发射的方式传输，有效地解决了上述问题。

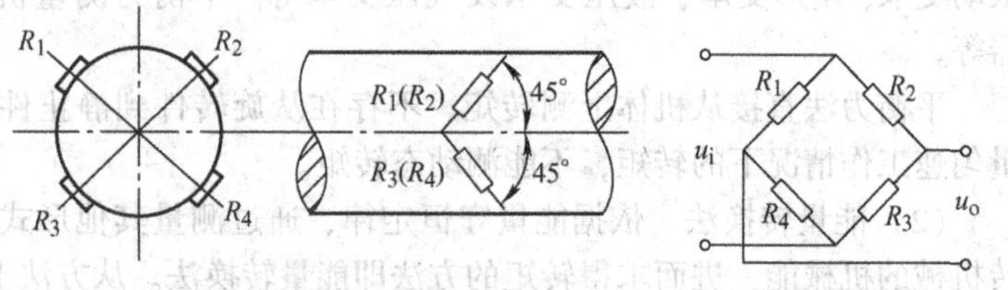

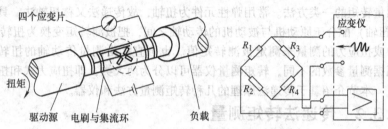

图 6-26 应变片式转矩测量方案

(2) 压磁式（磁弹性式）转矩传感器 铁磁材料制成的转轴，具有压磁效应，在受转矩作用后，沿拉应力 $+\sigma$ 方

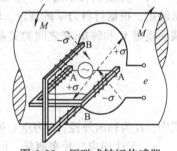

图 6-27 应变片式力矩传感器工作原理图

向磁阻减小，沿压应力 $-\sigma$ 方向磁阻增大。在转轴附近相互垂直放置两个铁心线圈 A、B，使其开口端与被测转轴保持 1～2mm 的间隙，从而由导磁的轴将磁路闭合，如图 6-28 所示，AA 沿轴向，BB 垂直于轴向。在铁心线圈 A 中通以 50Hz 的交流电，形成交变磁场。转轴未受转矩作用时，其各向磁阻相同，BB 方向正好处于磁感应线的等位中心线上，因而铁心 B 上的绕组不会产生感应电势。当转轴受转矩作用时，其表面上出现各向异性磁阻特性，磁感应线将重新分布，而不再对称，因此在铁心 B 的线圈上产生感应电势。转矩越大，感应电势越大，在一定范围内，感应电势与转矩呈线性关系。这样就可通过测量感应电势 e 来测定轴上转矩的大小。

图 6-28 压磁式转矩传感器

压磁式转矩传感器没有导电环，是非接触测量，使用方便，结构简单可靠，基本上不受温度影响和转轴转速限制，而且输出电压很高（可达 10V），抗干扰性能好，适于作为工业仪表长期使用。不足是输出电压与转矩是非线性关系，测量精确度较低。其典型测量范围是 200N·m 以上，线性测量误差为 ±1%，回差在 ±1.5%。

2. 扭转角式转矩测量

扭转角式转矩测量法是通过扭转角来测量转矩的。

根据材料力学，在转矩 M 作用下，转轴上相距 L 的两横截面之间的相对转角 Φ 为

$$\Phi = \frac{32ML}{\pi(D^4 - d^4)G} \quad (6-36)$$

式中，G 为轴的切变弹性模量。

由式(6-36) 可知，当转轴受转矩作用时，其上两截面间的相对扭转角与转矩成正比，因此可以通过测量扭转角来测量转矩。根据这一原理，可以制成光电式、相位差式、振弦式等转矩传感器。

(1) 光电式转矩传感器 光电式转矩传感器如图 6-29 所示。在转轴上安装两个光栅圆盘，两个光栅盘外侧设

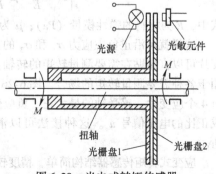

图 6-29 光电式转矩传感器

有光源和光敏元件。无转矩作用时，两光栅的明暗条纹相互错开，完全遮挡住光路，因此放置于光栅一侧的光敏元件接收不到来自光栅盘另一侧的光源的光信号，无电信号输出。当有转矩作用于转轴上时，由于轴的扭转变形，安装光栅处的两截面产生相对转角，两片光栅的暗条纹逐渐重合，部分光线透过两光栅而照射到光敏元件上，从而输出电信号。转矩越大，扭转角越大，照射到光敏元件上的光越多，因而输出电信号也越大。

这是一种非接触测量方法，结构简单，反应迅速，使用方便可靠，且测量精度不受转速变化的影响。

(2) 相位差式转矩传感器　图 6-30 所示是基于磁感应原理的磁电相位差式转矩传感器。它在被测转轴相距 L 的两端处各安装一个齿形转轮，靠近转轮沿径向各放置一个感应式脉冲发生器（在永久磁铁上绕一固定线圈而成）。当转轮的齿顶对准永久磁铁的磁极时，磁路气隙减小，磁阻减小，磁通增大；当转轮转过半个齿距时，齿谷对准磁极，气隙增大，磁通减小，变化的磁通在感应线圈中产生感应电势。无转矩作用时，转轴上安装转轮的两处无相对角位移，两个脉冲发生器的输出信号相位相同。当有转矩作用时，两转轮之间就产生相对角位移 Φ，两个脉冲发生器的输出感应电势出现与转矩成比例的相位差 $\Delta\theta$，设转轮齿数为 N，则相位差

$$\Delta\theta = N\Phi \tag{6-37}$$

代入式(6-36)，得

$$M = \frac{\pi(D^4 - d^4)G}{32NL}\Delta\theta \tag{6-38}$$

可见只要测出相位差 $\Delta\theta$ 就可测得转矩。N 的选取应使相位差满足：$\pi/2 < \Delta\theta < \pi$。

与光电式转矩传感器一样，相位差式转矩传感器也是非接触测量，结构简单，工作可靠，对环境条件要求不高，精度一般可达 0.2 级，其测量范围是 1~50000N·m；测量误差是 ±1%，最高转速是 20000r/min。

(3) 振弦式转矩传感器　图 6-31 所示是振弦式转矩传感器。在被测轴上相隔距离 l 的两个面上固定安装着两个测量环，两根振弦分别被夹紧在测量环的支架上。当轴受转矩作用时，两个测量环之间产生一相对转角，并使两根振弦中的一根张力增大，另一根张力减小，张力的改变将引起振弦自振频率的变化。自振频率与所受外力的二次方根成正比，因此测出两振弦的振动频率差，就可知转矩大小。

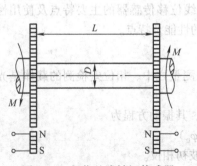

图 6-30　相位差式转矩传感器

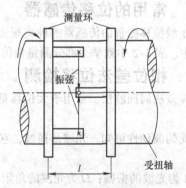

图 6-31　振弦式转矩传感器

在安装振弦时必须使其有一定的预紧力。

振弦式转矩检测仪表有导电环，直接利用传动轴作为扭轴进行测量，适用于大型转轴的转矩测量，由于采用频率信号传输方式，所以抗干扰性能好。其测量范围是 0.6×10^4N·m 以上转矩，被测轴径 Φ50~6000mm，转速范围 0.2×10^4r/min，测量误差是 0.5%~1%。

第7章 运动量的检测

运动量是描述物体运动状态的物理量,包括位移、速度、加速度等。运动量检测是最基本、最常见的检测,它是许多物理量,如力、压力、温度、振动等测量的前提,也是惯性导航、制导技术的基础。

7.1 位移检测

7.1.1 位移检测方法

位移检测包括线位移检测和角位移检测。位移检测的方法多种多样,常用的有下述几种。

1) 积分法。测量运动体的速度或加速度,经过积分或二次积分求得运动体的位移。例如在惯性导航中,就是通过测量载体的加速度,经过二次积分而求得载体的位移。

2) 相关测距法。利用相关函数的时延性质,向某被测物发射信号,将发射信号与经被测物反射的返回信号做相关处理,求得时延 τ,若发射信号的速度已知,则可求得发射点与被测物之间的距离。

3) 回波法。从测量起始点到被测面是一种介质,被测面以后是另一种介质,利用介质分界面对波的反射原理测位移。例如激光测距仪、超声波液位计都是利用分界面对激光、超声波的反射测量位移的。

4) 线位移和角位移相互转换。被测量是线位移时,若检测角位移更方便,则可用间接测量方法,通过测角位移再换算成线位移。同样,被测量是角位移时,也可先测线位移再进行转换。例如汽车的里程表,是通过测量车轮转数再乘以周长而得到汽车的里程的。

5) 位移传感器法。通过位移传感器,将被测位移量的变化转换成电量(电压、电流、阻抗等)、流量、光通量、磁通量等的变化,间接测位移。位移传感器法是目前应用最广泛的一种方法。

一般来说,在进行位移检测时,要充分利用被测对象所在场合和具备的条件来设计、选择检测方法。

7.1.2 常用的位移传感器

用于线位移测量的传感器的种类很多,较常见的线位移传感器的主要特点及使用性能列于表7-1 中。表7-2 中列举了部分测量角位移的传感器的性能及特点。

7.1.3 相位差法位移检测

相位差法属回波法,常用于大位移量(距离)的测量之中。相位差检测的载体是光波或电磁波。

由光的波动性可知,光波是横波,它在空间传播,其振动方程为

$$a = A\cos(\Omega t + \varphi_0) \tag{7-1}$$

式中,A 为光波的振幅;Ω 为光波的角频率;φ_0 为光波初相位。

表7-1 常用线位移传感器的性能与特点

型 式		测量范围	精 度	线性度	特 点
变阻式	滑线	1~300mm	±0.1%	±0.1%	分辨力较高,机械结构不牢,大位移时在电刷上加杠杆机构
	变阻器	1~1000mm	±0.5%	±0.5%	结构牢固,寿命长,分辨力较差,电噪声大

(续)

	型 式	测量范围	精 度	线性度	特 点
电阻应变式	不粘贴	±0.15%应变	±0.1%	±1%	不牢固
	粘贴	±0.3%应变	±2%~3%	±1%	牢固,使用方便,需温度补偿和高绝缘电阻
	半导体	±0.25%应变	±2%~3%	满刻度±2%	输出幅值大,温度灵敏性高
电感式	差动变压器	0.1~0.5mm	±1%~3%	±0.5%	分辨力高,寿命长,后续电路较复杂
	螺管式	0.2~100mm	±0.1%~3%	±0.5%	测量范围宽,使用方便可靠,寿命长,动态性能较差
	涡流式	±(0.25~250)mm	±1%~3%	<3%	结构简单,耐油污、水,若被测对象材料不同,灵敏度不同,线性范围须重校
电容式	变面积	$(10^{-3}~10)$mm	±0.005%	±1%	线性范围大,精确度高,受介质常数影响大(温度,湿度)
	变间隙	$(10^{-8}~100)$mm	0.1%	1%	分辨力高,非线性较大
霍尔器件		±1.5mm	0.5%		结构简单,动态特性好,对温度敏感
感应同步器		$10^{-3}~10^{4}$mm	2.5μm/250mm		模、数混合测量系统,数显
长光栅		$10^{-3}~10^{3}$mm	3μm/1m		同上,分辨力高(0.1~1μm)
长磁栅		$10^{-3}~10^{4}$mm	5μm/1m		制造简单,使用方便,分辨力1~5μm

表7-2 常用角位移传感器的性能与特点

型 式		测量范围	精 度	线性度	特 点
滑线变阻式		0°~360°	±0.1%	±0.1%	结构简单,测量范围广,存在接触磨擦,动态响应差
变阻器		0~60转	±0.5%	±0.5%	耐磨性好,阻值范围宽,接触电阻和噪声大,附加力矩较大
差动变压器式		0°~±120°	0.2%~2.0%	±0.25%	分辨力高,耐用,可测位移频率只是激励频率的1/10,后续电路复杂
应变计式		±180°	1%		性能稳定可靠,利用应变片和弹性体结合测量角位移
自整角机		360°	±0.1°~±7°	±0.5%	环境要求低,有标准系列,使用方便,抗干扰能力强,性能稳,可在1200r/min下工作,精度低,线性范围小
旋转变压器		360°	2′~5′	小角度时0.1%	
微动同步器		±5°~±40°	0.4%~1%	±0.05%	分辨力高,无接触,测量范围小,电路较复杂
电容式		70°	25″		分辨力高,灵敏度高,耐恶劣环境,需屏蔽
圆感应同步器		0°~360°	±0.5″		分辨力高,可数显
圆光栅		0°~360°	±0.5″		分辨力高,可数显
圆磁栅		0°~360°	±1″		磁信号可重录
角度编码器	接触式	0°~360°	10^{-6}r^{-1}		分辨力高,可靠性高
	光电式	0°~360°	10^{-6}r^{-1}		

要把光应用于测位移,必须对光进行调制。光的调制,就是利用某种人为的信息对光的发射进行控制的过程。通过控制使发射光带上的可以利用的人为信息传输出去。一般称人为信息为调制信号。

设调制信号遵循正弦函数变化，它能使光的振幅 A 也发生正弦函数变化，亦即

$$A = A_0 + \Delta A \sin\omega t \tag{7-2}$$

式中，A_0 为未调制的光波振幅；ΔA 为引起振幅变化的最大值；ω 为信号的振荡角频率，且 $\omega \ll \Omega$。

将式(7-2)代入式(7-1)，并令 $\varphi_0 = 0$，得

$$\begin{aligned} a &= A_0 \cos\Omega t + \Delta A \sin\omega t \cos\Omega t \\ &= A_0 \cos\Omega t \left(1 + \frac{\Delta A}{A_0}\sin\omega t\right) \\ &= a_0(1 + m\sin\omega t) \end{aligned} \tag{7-3}$$

式中，$a_0 = A_0\cos\Omega t$；$m = \Delta A/A_0$。

从物理光学中可知，光的强度与其振幅的二次方成正比，且又表现为原子振荡周期内的平均值，若用 J 表示 a_0 的发光强度，则

$$J = \frac{K}{2\pi}\int_0^{2\pi} a_0^2 \mathrm{d}\Omega t = \frac{K}{2\pi}\int_0^{2\pi} A_0^2 \cos^2\Omega t \mathrm{d}\Omega t = \frac{K}{2}A_0^2$$

式中，K 为比例系数。显然，J 所表示的光源发光强度是一个定值。

一般说来，要把调制信号加在发射的光中，必须通过一种称为调制器的器件方能完成。图 7-1 表示光波经过调制器后光波被调制所形成的波形。

图 7-1b 虚线（包络线）表示在调制信号作用下光波的强度发生了遵循正弦规律的缓慢变化，其幅度的大小表示了发光强度 $J(A)$ 明暗的有规律变化。式(7-3)中 m 称为调制度。由于 m 的存在，光波强度的明暗变化遵循调制信号的特征，其频率与调制信号频率 $f = \omega/2\pi$ 相同（称 f 为调制频率）。那么原来无法利用的光变为发光强度的明暗（或光波振幅）遵循调制信号频率 f 变化的光波，就是调制光波。在这

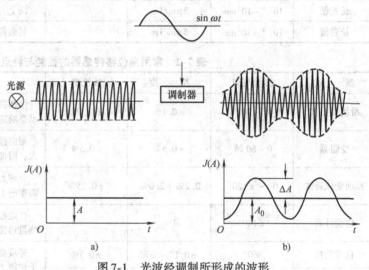

图 7-1 光波经调制所形成的波形

里角频率为 Ω 的光波运载着频率为 f 的信号传输出去，故称光源发出的光波为载波。

相位差法测位移所需的光波是利用一种遵循正弦规律的信号通过某种方式（如采用调制器）把连续光波强度转变为明暗（或称波的振幅大小）连续变化的调制光波。利用这种明暗变化的调制光波就能达到测位移的目的。

波在传播过程中所产生的相位移 φ 与传播的路程 x 有密切的关系。这里，用 φ 表示相位移，则根据波动方程，有关系式

$$\varphi = \omega t = \omega x/v \tag{7-4}$$

式中，ω 为波的角频率，$\omega = 2\pi f$，f 是波的振荡频率；v 为波的速度（即电磁波的速度 c）。设波传播经过路程 x 所需时间为 t，则 $t = x/v$，故上式又可表示为

$$\varphi = 2\pi ft \tag{7-5}$$

由此可知

$$t = \varphi/2\pi f \tag{7-6}$$

设测距仪从 A 点发射调制光波,到达 B 点反射器又反射回测距仪,经历了 $2D$ 的路程,则有关系式

$$D = \frac{1}{2}c\frac{\varphi}{2\pi f} \tag{7-7}$$

式(7-7)表明,只要通过测定调制光波经 $2D$ 的相位移 φ,便可间接测定 t_{2D},进而获得所需的距离 D 来。相位差法测距因此而得名。

为了进一步说明相位差法测距原理,我们把光的发射与接收过程画成波形如图 7-2 的情形,即把往返所测距离 D 的调制光波展在 $2D$ 上。从图中可以看到,调制光波经 $2D$ 有 N 个整周期的波和不足一个周期的波,故调制光波经 $2D$ 产生的相位移 φ 可以用下式表示,即

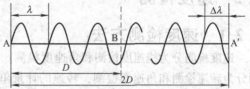

图 7-2 光的发射与接收过程

$$\varphi = N \cdot 2\pi + \Delta N \cdot 2\pi \tag{7-8}$$

式中,N 为调制光波的整波数;ΔN 为调制光波最后部分不足整波的尾波数。

把式(7-8)代入式(7-7)中,则得

$$D = \frac{1}{2}c\frac{N \cdot 2\pi + \Delta N \cdot 2\pi}{2\pi f} = \frac{c}{2f}(N + \Delta N) \tag{7-9}$$

由于 $\lambda = c/f$,令 $u = \lambda/2$,则上式为

$$D = u(N + \Delta N) \tag{7-10}$$

式中,λ 为调制波波长;u 为测尺长,简称测尺,即

$$u = c/2f \tag{7-11}$$

显然在光速 c 已知的情况下,u 便决定于调制频率 f,故又称 f 为测尺频率。

由于 u 长度一定,那么对于某一距离 D 来说,N 及 ΔN 也是一定的。从式(7-10)可见,相位法测距就好比我们拿着一把一定长度 u 的测尺,一尺一尺地丈量距离一样,只要测得整尺数 N 及尾尺数 ΔN,便可以根据式(7-10)计算出所测的距离 D 来。

图 7-3 为相位差法测距仪的基本结构方框图。从图可见,相位差法测距仪结构包括光源、调制器、光的接收装置、测相装置以及高频振荡器、电源等电子电路。

光源:测距仪发射载波光束必不可少的器件。

调制器:这种装置在外加信号(调制信号)的作用下,对载波进行调制,从而发射

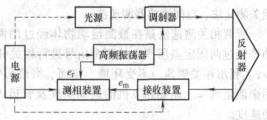

图 7-3 相位差法测距仪结构框图

出调制光波。能产生调制信号的装置在电子电路中称为高频振荡器,在测距仪中一般称为主机振荡器。

反射器:测距仪精密测距不可缺少的独立部件,具有最大限度反射光波的作用。

接收装置:在测距仪中能够把反射器反射回来的调制光波接收下来,并且及时转换为具有返回光信号特征的电信号——测距信号 e_m。

测相装置:该装置用于测定光波经 $2D$ 传播距离后的相位变化量。高频振荡器不仅给调制器提供调制信号,同时又给测相装置提供参考信号 e_r,测相装置又有来自接收装置的测距信号 e_m。在测相装置中比较 e_r、e_m 两信号的相位差,从而获得光经 $2D$ 传播距离后的相位移 φ。由于 e_r、e_m 的频率都由高频振荡器所决定,故 e_r、e_m 都属于同频率信号。显然,在测相装置中,把调制光波经 $2D$ 传播距离所产生的相位移 φ 的测定转化为两同频信号的相位差比较和整波数计数,从

而测得 φ。

电源：测距仪正常工作的能源设备。

相位差法测量是目前大位移（距离）测量用得较多的一种方法。根据波的种类，可分为激光测距、无线电波测距等。

7.2 速度检测

7.2.1 速度检测方法

速度检测分为线速度检测和角速度检测。线速度的计量单位通常用 m/s 来表示；角速度检测分为转速检测和角速率检测，转速的计量单位常用 r/min 来表示，而角速率的计量单位则常用°/s(度/秒) 或°/h(度/小时) 来表示。

常用的速度检测方法有下述几种：

1) 微积分法。对运动体的加速度信号 $a = d^2x/dt^2$ 进行积分运算，得到运动体的运动速度，或者将运动体的位移信号进行微分也可以得到速度。例如在振动测量时，应用加速度计测得振动体的振动信号，或应用振幅计测得振动体的位移信号，再经过电路，进行积分或微分运算而得到振动速度。

2) 线速度和角速度相互转换测速法。线速度和角速度在同一个运动体上是有固定关系的，这和线位移和角位移在同一运动体上有固定关系一样。在测量时可采取互换的方法测量。例如测火车行驶速度时，直接测线速度不方便，可通过测量车轮的转速，换算出火车的行驶速度。

3) 速度传感器法。利用各种速度传感器，将速度信号变换为电信号、光信号等易测信号进行测量。速度传感器法是最常用的一种方法。

4) 时间、位移计算测速法。这种方法是根据速度的定义测量速度，即通过测量距离 L 和走过该距离的时间 t，然后求得平均速度 v。L 取得越小，则求得的速度越接近运动体的瞬时速度。如子弹速度的测量，运动员百米速度的测量等。

根据这种测量原理，在固定的距离内利用数学方法和相应器件又延伸出很多测速方法，如相关测速法、空间滤波器测速法。

所谓相关测速法是在被测运动物体经过的两固定距离 L 点上安装信号检测器，通过对运动体经过两固定点所产生的两个信号进行相关分析，求出时延 τ，则运动体的平均速度为 $v = L/\tau$。利用相关测速，不受环境、路面、海浪和气流等的影响，可以达到较高的测速精度。常用来测量汽车、船舶和飞机的运动速度及管道内和风洞内气流的速度，以及热轧钢带等的运动速度。

所谓空间滤波器测速法是利用可选择一定空间频率段的空间滤波器件与被测物体同步运动，然后在单位空间内测得相应的时间频率，求得运动物体的运动速度。

例如一个栅板，在空间长 L 内有 N 个等距栅缝，光源透过栅格明暗变化的空间频率 $u = N/L$，即空间频率是单位空间长度内物理量周期性变化的次数。当栅板的移动速度为 v，移动长度 L 的时间为 t_0 时，相应的时间频率 $f = N/t_0$，由此可以求得

$$v = L/t_0 = (N/u)(f/N) = f/u$$

这样就可以用空间频率描述运动速度 v，测量出空间滤波器移动的时间频率就可以求得速度。采用这种检测方法既可测量运动体的线速度，又可测量转动体的角速度。

7.2.2 常用的速度测量传感器

目前常用的各种速度测量传感器的主要技术性能见表 7-3。目前常用的各种角速率测量传感器（陀螺仪）的主要技术性能见表 7-4。

表 7-3 常用速度传感器性能与特点

类型	原理		测量范围	精度	特点
线速度测量	磁电式		工作频率 10~500Hz	≤10%	灵敏度高,性能稳定,移动范围 ±(1~15)mm,尺寸重量较大
	空间滤波器		1.5~200km/h	±0.2%	无须两套特性完全相同的传感器
角速度(转速)测量	交流测速发电机		400~4000r/min	<1%满量程	示值误差在小范围内可通过调整预扭弹簧转角来调节
	直流测速发电机		1400r/min	1.5%	有电刷压降形成死区,电刷及整流子磨损影响转速表精度
	离心式转速表		30~24000r/min	±1%	结构简单,价格便宜,不受电磁干扰,精度较低
	频闪式转速表		$0 \sim 1.5 \times 10^5$r/min	1%	体积小,量程宽,使用简便,精度高,是非接触测量
	光电式	反射式转速表	30~4800r/min	±1脉冲	非接触测量,要求被测轴径大于3mm
		直射式转速表	1000r/min	—	在被测轴上装有测速圆盘
	激光式	测频法转速仪	几万~几十万r/min	±1脉冲/s	适合高转速测量,低转速测量误差大
		测周法转速仪	1000r/min		适合低转速测量
	汽车发动机转速表		70~9999r/min	0.1%n±1r/min (n≤4000)r/min 0.2%n±1r/min (n>4000)r/min	利用汽车发动机点火时,线圈高压放电,感应出脉冲信号,实现对发动机不剖体测量

表 7-4 常用角速率传感器性能与特点

型式	测量范围(°/s)	零偏稳定性	标度因数线性度	特点
转子陀螺	最大±1000	$10^{-3} \sim 10°/h$	$10^{-4} \sim 10^{-3}$	利用高速转子的定轴性和进动性,敏感角速率,制作容易,用途广,体积较大,结构复杂,成本较高
光纤陀螺	最大±1500	$10^{-4} \sim 10°/h$	$10^{-4} \sim 5 \times 10^{-6}$	利用电磁辐射特性,通过光导纤维敏感角速率,动态范围宽,瞬时启动,耐冲击,寿命长,成本较低
激光陀螺	最大±1200	$5 \times 10^{-4} \sim 1°/h$	10^{-6}	根据光程差原理采用环形激光器来测量角速率,动态范围宽,耐冲击,寿命长,成本较高
静电陀螺	—	$10^{-6} \sim 10^{-7}°/h$	—	利用处于高真空静电场中的高速旋转球形铍转子敏感角速率,制作精密,精度高,稳定性好,成本高,应用于高精度导航场合
半球谐振陀螺	—	$10^{-4} \sim 1°/h$	2×10^{-8}	利用半球形振动体的谐振使敏感角速率产生哥氏力,体积小,全固态,无磨损,高可靠,长寿命
压电陀螺	最大7200	1°/h~1°/s	10^{-3}	利用压电材料的压电特性来激励振动元件振动并检测哥氏力,结构简单,体积小,可靠性高,应用于低中精度场合
微机电陀螺	±600	1°/h~1°/s	2×10^{-4}	利用高频振动的检测质量敏感角速率产生哥氏力,用微机电手段制造,体积小,重量轻,能大批量生产,价格便宜,耐冲击,功耗低,可靠性好,应用于低中精度场合

7.2.3 弹丸飞行速度的测量

弹丸速度是枪炮威力性能的重要指标,是研究无控火箭密集度的重要参数。速度的测量为火箭、火炮、自动武器内外弹道理论研究和应用提供了直接或间接的分析、计算的原始数据。它是炮厂、弹厂、药厂、国家靶场和科研单位必不可少的经常性的重要工作。同时,速度测量的准确性,将直接影响武器的设计、研制生产和正确使用。

弹丸飞行速度测量目前常采用时间位移计算测速法和多普勒雷达测速法。

1. 时间位移计算测速法

时间位移计算测速法是测出弹道上某一段的距离 $x_{1,2}$(见图7-4),再测出弹丸飞行这一段距离所需要的时间 $t_{1,2}$,即可计算出弹丸通过该段中点处的平均速度

$$V_c = x_{1,2}/t_{1,2} \qquad (7\text{-}12)$$

为了测量 $x_{1,2}$ 和 $t_{1,2}$,需在弹道上的Ⅰ和Ⅱ位置上各设一个区域装置,常称为"靶"。第Ⅰ位置是计算的起始点,此处的靶叫作Ⅰ靶,第Ⅱ位置是计算的终点,此处的靶叫作Ⅱ靶。这两个靶之间的距离就是 $x_{1,2}$。弹丸在通过这两个靶时,各产生一个信号,启动或截止测时仪器,从而获得弹丸飞过这一距离的时间间隔 $t_{1,2}$。

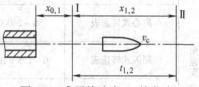

图7-4 求平均速度 V_c 的方法

(1)区截装置——靶 习惯上把区截装置称为靶。按其作用方式,大体上可分为接触和非接触两种类型。

1)接触型靶。这种靶是利用导体的通或断来产生电信号的装置。当弹丸与这种靶接触时,使构成靶的金属材料从原来的接通状态变为断开状态(叫作断靶)或是从原来的断开状态变为接通状态(叫作通靶)。图7-5 和图7-6,是两种常用的接触型靶的结构示意图。

图7-5 是由金属导线绕成网形,叫作网靶。当弹丸通过时,将导线打断,从而使电路突然中断,产生一个电脉冲,启动或停止测时仪。这种靶每测量一次后,必须重新接通导线再使用。

为了保证所测时间的准确性,网靶的铜线必须拉紧,以减小靶距 $x_{1,2}$ 的误差。此外,铜线的间距应小于弹丸直径的四分之一,以保证能用弹丸头部切断铜线。但是实际上,两靶上的铜线拉紧的程度不可能是一致的,而弹丸也往往以弹头的不同部位切断铜线,所以这种方法总会产生一定误差。

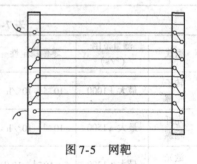

图7-5 网靶

为了提高精度,尽量减小上述速度测量误差,一般采用增长区截距离的方法。区截距离(m)根据实际情况,可选为弹丸初速(m/s)的 1%~2%。

另外,可采用腐蚀法将铜箔腐蚀成网状。两导线的间距可在1mm之内,并附着在一层薄的脆性绝缘胶膜上,这样可大大减小靶距误差。

图7-6 所示为箔屏靶,它是由中间一层绝缘纸1(塑料薄板或胶膜)两面各粘一张铝箔2 所组成的。两张铝箔互相绝缘。当弹丸穿过靶时,由于弹丸的导电作用,电路导通,产生脉冲信号。箔屏靶适用于小口径武器,可以多发使用。

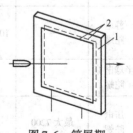

图7-6 箔屏靶
1—绝缘纸 2—铝箔

2)非接触型靶。这一类靶与飞行的弹丸不发生机械接触,而是利用光线的遮挡、电磁场的变化及波的传播等原理工作的。

① 线圈靶。弹丸从线圈靶内穿过时,磁通量发生变化,从而使线圈产生感应电动势,该电

动势可以作为测时仪器的启动或停止信号。

可以把弹丸预先进行磁化处理,使弹丸周围有一个磁场,当它飞过线圈时,使线圈内产生感应电动势,如图7-7所示,这种靶叫作感应线圈靶。

另一种方法不需要把弹丸磁化,而是在线圈内另加一个通以直流电流的励磁线圈,从而使线圈周围形成一个磁场。当弹丸通过时,由于磁通量的变化,使感应线圈中产生感应电动势,如图7-8所示。这种靶叫作励磁线圈靶。

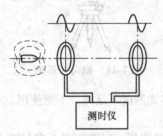 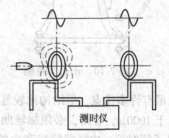

图 7-7　感应线圈靶工作原理　　　　图 7-8　励磁线圈靶工作原理

一般情况下,励磁线圈靶与感应线圈靶是通用的,不需要励磁线圈时,可使励磁线圈开路,感应线圈则可单独使用。

在测量过程中,根据弹丸的直径和使用情况选用和绕制线圈靶,具体数据参照表7-5。

表 7-5　感应线圈靶和励磁线圈靶参数

武器口径 /mm	靶内径 /mm	感应线圈		励磁线圈	
		匝　数	线径/mm	匝　数	线径/mm
>37	850	750	0.37	300	0.62
37	550	400		400	
<25	300	850	0.27	560	0.62
7.62	150	400	0.33	400	0.57

线圈靶广泛用于自动武器和火炮的试验中,但不适用于火箭炮的速度测量,因为火箭燃气射流对线圈靶有破坏作用。

② 声靶。用超音速飞行的弹丸的弹头波扫过作为靶的高频话筒,产生电信号,用以启动或停止测时仪器。这是一种较新的测速方法,使用较为方便,但对于低于音速飞行的弹丸无法测量。

③ 光电靶。当光通量改变时,光电元件能够产生电信号的变化。利用这一原理可以制成各种光电靶。

从一个光源(白炽光或激光)发出的光束,照射到光电元件(光电倍增管,光电二极管或硅光电池)上。当弹丸通过这一光束时,由于把光路挡住,使光电元件产生一个变化的电信号,用以启动或停止测时仪器。如图7-9所示。

另一种光电靶不用人工光源,而是利用天空的自然散射光作为光源,称为天幕靶。天幕靶对于仰角射击的测速,具有很大的优越性。它既不用高大的靶架,亦无须对弹丸进行任何处理,弹丸的材料、形状等均对测量没有影响。图7-10所示为放于地面上使用的正向天幕靶。图7-11为装在三脚架上的侧向天幕靶。它增加了一些用于瞄准和精确确定靶距的装置,如望远系统、照相系统、读数系统的对中装置等。

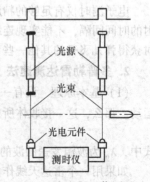

图 7-9　光电靶工作原理

图 7-10　正向天幕靶　　　　　图 7-11　侧向天幕靶

天幕靶虽有许多优点，但结构比较复杂，而且在自然光照度不足时，不能使用。一般天空最小照度应大于 1000lx，否则，必须加辅助照明。

（2）电子测时仪　由区截装置产生的信号输出给测时仪器，以获得弹丸穿过两个靶所经历的时间间隔。目前应用最广泛的是电子测时仪。

电子测时仪是以固定频率的电振荡脉冲为时间单元的计时装置，它可以记录并显示出在所测定的时间间隔 $t_{1,2}$ 内由振荡电路所发出的脉冲数目，也就测定了时间 $t_{1,2}$，即

$$t_{1,2} = n/f = nT \tag{7-13}$$

式中，n 为所测定的时间间隔内振荡器发出的脉冲数目；f 为振荡器的固有频率；T 为振荡器的脉冲周期。

测时仪的工作原理如图 7-12 所示。

脉冲发生器产生周期为 1μs 的电脉冲，一般采用石英晶体稳频的振荡电路，以使振荡频率有极高的稳定性，保证测时仪的精度。

计数器可以记录送给它的电脉冲的数目。显示器则可将所记录的数目用数码管显示出来。

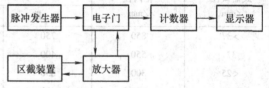

图 7-12　电子测时仪的方框图

由区截装置送来的电信号，经过放大器的放大整形后，控制电子门的工作状态。当送入第 I 靶信号时，电子门打开，使脉冲发生器的电脉冲通过，计数器开始计数。当送入第 II 靶信号时，电子门关闭，计数器停止工作。这时数码管所显示的数字就是所要测量的时间间隔 $t_{1,2}$（以 μs 为单位）。

电子测时仪有足够的精度，使用方便可靠，是目前应用最多的测时仪器。但它只能测单发射的时间间隔，不能实现连续测量，目前一种新型的速度计算机，可以连续进行测量，并可以同时获得弹丸飞行的其他一些参数，是一种较有发展前途的测速仪器。

2. 多普勒雷达测速法

（1）基本原理　设有一个波源，以 f_0 的频率发射电磁波，而接收体以速度 v 相对于此波源运动。那么，这一接收体所感受到的波的频率将不是 f_0，而是 f_t，并有如下之关系

$$f_0 - f_t = v/\lambda_0 \tag{7-14}$$

式中，λ_0 为波源发送的波的波长；记 $f_d = v/\lambda_0$，称为多普勒频率。

如果用一个雷达天线作为波源，它所发射的电磁波遇到以速度 v 飞行的弹丸后反射回来，弹丸的飞行是沿波束方向远离雷达天线，在这种情况下的多普勒频率为

$$f_d = 2v/\lambda_0 \tag{7-15}$$

此式给出了多普勒频率与弹丸飞行速度的关系。当雷达的发送频率已知时，若能测得 f_d，即

可求出弹丸的飞行速度。

$$v = \frac{\lambda_0 f_d}{2} = \frac{c f_d}{2 f_0} \qquad (7\text{-}16)$$

式中，c 为当地电磁波的传播速度。

f_d 可以通过雷达接收机测得。这种基于多普勒效应测量弹丸飞行速度的专用雷达称为多普勒测速雷达。图 7-13 所示为多普勒测速雷达的工作原理图。

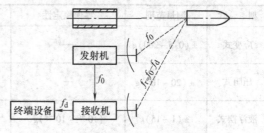

图 7-13 多普勒测速雷达工作原理

（2）系统组成及作用 图 7-14 所示为 640-1 型测速雷达的组成框图。它包括发射机、接收机、天线系统，终端设备及跟踪滤波器和红外启动器等部分。

发射机的振荡源是一个磁控管振荡器，可以产生稳定的振荡频率 f_0。大部分能量经过隔离器送至发射天线，少量送到接收机的混频器。

接收机由混频器、前置放大器、滤波器与限幅放大器等组成。接收天线接收到从弹丸反射的回波信号，在混频器混频，获得多普勒频率 f_d，经过放大和滤波以后，送至跟踪滤波器。

f_d 信号在跟踪滤波器内滤波，以提高信噪比，从而提高系统的灵敏度，并把该信号进行 6 次倍频后送给终端设备。

终端设备将送来的 $6f_d$ 信号处理和计数，获得所需要的弹丸飞行速度，并可用数码管显示出来。终端设备的工作由红外启动器控制。当火炮发射时，炮口焰的作用使红外启动器产生同步信号，控制终端设备的工作。

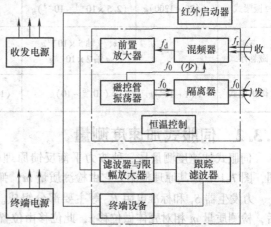

图 7-14 640-1 型测速雷达组成框图

7.3 加速度及惯性检测

7.3.1 加速度及加速度传感器

加速度是速度变化量与发生这一变化所用时间的比值，是描述物体速度改变快慢的物理量，单位为 m/s²（米/二次方秒）。在工程应用中常以重力加速度 $g = 9.81 \text{m/s}^2$ 作为计量单位。可以通过测量加速度来测量物体的运动状态，加速度测量广泛应用于航天、航空和航海的惯性导航系统及运载武器的制导系统中，在振动试验、地震监测、爆破工程、地基测量、地矿勘测等领域也有广泛的应用。

加速度测量是基于传感器内质量体敏感于加速度而产生惯性力原理，是一种全自主的惯性测量，主要是通过加速度传感器（加速度计），并配以适当的检测电路进行的。依据产生惯性力的原理不同，分为压电式、压阻式、应变式、电容式、振梁式、磁电感应式、隧道电流式、热电式加速度传感器等。按检测质量的支承方式来分，则可分为悬臂梁式、摆式、折叠梁式、简支承梁式等。表 7-6 列出了部分加速度计的检测方法及其主要性能特点。

表 7-6 加速度检测方法及其性能特点

型　式	测量范围	零偏稳定性	分辨力	特　点
压电式	$(5 \sim 10^5)g$	$(10^{-4} \sim 10^{-3})g$	$(10^{-2} \sim 10^{-5})g$	固有频率较高，用于冲击及振动测量，大地测量及惯性导航等

(续)

型　式	测量范围	零偏稳定性	分辨力	特点
应变式	$\pm(0.5\sim200)g$	—	—	低频响应较好，固有频率低，适用于低频振动测量
压阻式	$\pm(20\sim10^5)g$	—	—	灵敏度较高，便于集成化，耐冲击，易受温度影响
液浮摆式	$\pm(1\sim15)g$	$(10^{-6}\sim10^{-4})g$	$(10^{-6}\sim10^{-4})g$	带力反馈和温控，分辨力高，成本较高，适用于惯性导航
石英挠式	$\pm(10\sim30)g$	$(5\times10^{-5}\sim6\times10^{-6})g$	$(10^{-6}\sim10^{-5})g$	高可靠、高稳定、高分辨力，成本较高，适用于惯性导航、运载武器制导及微重力测量
振梁式	$\pm(20\sim1200)g$	$(2.5\times10^{-4}\sim10^{-3})g$	—	体积小，重量轻，成本低，可靠性好，适用于战术导弹等制导
三轴磁悬浮式	—	$x、y$轴$5\times10^{-7}g$ z轴$2\times10^{-6}g$	—	磁悬浮使摩擦小，零偏好，结构复杂，成本高，适用于高精度重力测量，惯性导航
微机电式	$\pm(1\sim10^5)g$	$(10^{-6}\sim10)g$	$(10^{-6}\sim10^{-3})g$	尺寸小，重量轻，成本低，适用于汽车安全防护，战术武器制导和惯性导航

7.3.2　伺服式加速度测量

伺服式加速度测量是一种按力平衡反馈原理构成的闭环测试系统。图7-15a是其工作原理图，图7-15b是其原理框图。它由检测质量m、弹簧k、阻尼器C、位置传感器S_d、伺服放大器S_s、力发生器S_F和标准电阻R_L等主要部分组成。当壳体固定在载体上感受被测加速度d^2x/dt^2后，检测质量m相对壳体做位移z，此位移由位置传感器检测并转换成电压，经伺服放大器放大成电流i，供给力发生器产生电恢复力，使检测质量返回到初始平衡位置。系统的运动方程为

$$m\frac{d^2z}{dt^2}+C\frac{dz}{dt}+kz=-S_Fi-m\frac{d^2x}{dt^2} \tag{7-17}$$

式中，S_F为力发生器灵敏度（N/A），对于常用的由永久磁铁和动圈组成的磁电式力发生器，$S_F=BL$，B为磁路气隙的磁感应强度（T），L为动圈导线的有效长度（m）。

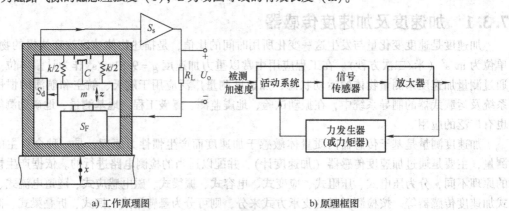

a) 工作原理图　　　　b) 原理框图

图7-15　伺服加速度计

由于电流i为

$$i=S_dS_sz \tag{7-18}$$

式中，S_d为位置传感器的灵敏度（V/m）；S_s为伺服放大器的灵敏度（A/V）。

将式(7-18)代入式(7-17)得关系式

$$\frac{d^2z}{dt^2} + 2\zeta\omega_n\frac{dz}{dt} + \omega_n^2 z = -\frac{d^2x}{dt^2} \tag{7-19}$$

式中，ω_n 为系统无阻尼固有圆频率；ζ 为系统阻尼比。它们分别为

$$\omega_n^2 = \frac{S_d S_s S_F}{m} + \frac{k}{m} \tag{7-20}$$

$$\zeta = \frac{C}{2\sqrt{\frac{S_d S_s S_F}{m} + \frac{k}{m}}} \tag{7-21}$$

由式(7-20)和式(7-21)可以看出，伺服式加速度计的 ω_n 和 ζ 不仅与机械弹簧的刚度和阻尼器阻尼系数有关，还与反馈引起的电刚度 $S_d S_s S_F$ 有关，因此可通过选择和调节电路的结构和参数来进行调节，具有很大的灵活性。

当系统处于加速度计工作状态时，$z = -\frac{1}{\omega_n^2}\frac{d^2x}{dt^2}$，因此，电压灵敏度 S_a 为

$$S_a = \frac{U_o}{d^2x/dt^2} = \frac{-mR_L}{S_F} \cdot \frac{1}{1 + k/(S_d S_s S_F)} \tag{7-22}$$

如选用刚度小的弹簧，使其满足 $S_d S_s S_F \gg k$，则

$$S_a = -mR_L/BL$$

即 S_a 仅决定于 m、R_L、B 和 L 等结构参数，而与位置传感器、伺服放大器、弹簧等特性无关。若能采取措施使这些参数稳定，不受温度等外界环境的影响，便可达到很高的性能。

由于有反馈作用，增强了抗干扰能力，提高了测量精度，扩大了测量范围，伺服加速度测量被广泛应用于惯性导航和惯性制导系统中，在高精度的振动测量和标定中也有应用。

7.3.3 微机电系统加速度计

1. 概述

近几十年来，微电子技术发展非常快，集成度几乎每年翻一番。微电子技术和测试技术的进步，促进了微机电系统（Micro Electro-Mechanical Systems，MEMS）技术的兴起和发展，各类微型传感器、微型执行器如雨后春笋，发展势头非常迅猛。在这些新型的微机电传感器中，微机电系统加速度计以其体积小、重量轻、成本低、可靠性好、功耗低和测量范围广等一系列独特优点而受到高度重视，并大有取代传统加速度计的趋势。

微机电系统加速度计通常是指利用微电子加工手段加工制作并和微电子测量线路集成在一起的加速度计，这种加速度计常用硅材料制作，故又名硅微型加速度计。

硅微型加速度计的形式多种多样。按检测质量支承方式分有悬臂梁支承、简支梁支承、方波梁支承、折叠梁支承和挠性轴支承等；按检测信号拾取方式分，有电容检测、电感检测、隧道电流检测和频率检测等。表7-7列举了几种目前常见的硅微加速度计的性能及特点。

表7-7 几种硅微加速度计的性能及特点

型　式	测量范围	零偏稳定性	分辨力	特　点
扭摆式	$\pm(1\sim10^5)g$	$(10^{-4}\sim10)g$	$(10^{-4}\sim2)g$	扭杆支承，力反馈控制、电容检测，耐冲击
悬臂梁式	$\pm(0.1\sim50)g$	$<10^{-3}g$	$(10^{-6}\sim10^{-3})g$	悬臂梁支承，三明治结构，灵敏度较高
叉指式	$\pm(5\sim50)g$	$10^{-3}g$	$10^{-3}g$	利用梳齿电容变化进行检测，制作容易
隧道电流式	$(-20\sim10)g$		$8\times10^{-3}g$	利用隧道电流变化进行检测，灵敏度高，动态范围宽
硅振梁式	$(10\sim120)g$	$(10^{-6}\sim5\times10^{-6})g$	$(3\sim10)\times10^{-6}g$	利用硅振梁谐振频率变化进行检测，电路简单，精度高，结构较复杂

2. 叉指式硅微型加速度计

叉指式硅微型加速度计（Finger-shaped Micromachined Silicon Accelerometer，FMSA）最初是由美国 AD 公司和德国 SIEMENS 公司联合研制的。目前已形成系列产品，包括5g、50g 单自由度和双自由度的产品。

叉指式硅微型加速度计的结构如图 7-16 所示。加速度计由中央叉指状活动极板与若干对固定极板组成。硅制活动极板通过一对支承梁弹簧与基座相连，支承梁能使活动极板（检测质量）敏感加速度而产生位移。活动极板上有若干对叉指，每个叉指对应一对固定极板，固定极板固定在基座上。当加速度计处于静止状态时，

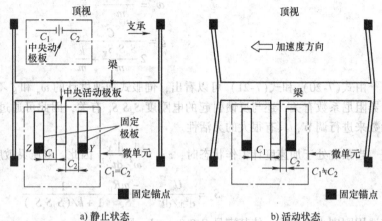

图 7-16 叉指式硅微型加速度计

叉指正好处于一对固定极板的中央，即叉指和与其对应的两个固定极板的间距相等（为 y_0），这时电容量 $C_1 = C_2$。当加速度计敏感加速度时，在惯性力作用下，活动极板产生位移，如图 7-16b 所示，这时，叉指和左右两固定极板的间距发生变化，即 $C_1 \neq C_2$，产生的瞬时输出信号将正比于加速度的大小。运动方向则通过输出信号的相位反映出来。

设活动极板的线位移 Δy 使某叉指两对极板的间隙分别变为 $y_0 + \Delta y$ 和 $y_0 - \Delta y$，此时单个电容量分别为 $C_1 = \varepsilon A/(y_0 + \Delta y)$ 和 $C_2 = \varepsilon A/(y_0 - \Delta y)$，略去高阶小量，其电容差值为

$$\Delta C_1 = C_2 - C_1 = 2\varepsilon \frac{A_1}{y_0^2} \Delta y = k_{s1} \Delta y \tag{7-23}$$

式中，A_1 为活动极板叉指与固定极板重叠部分的面积。

设加速度计有 n 组叉指，则总的电容差值为 $\Delta C = n\Delta C_1 = nk_{s1}\Delta y = k_s \Delta y$。

系统的静态灵敏度为

$$s = \frac{\Delta u}{a} = \frac{mk_s k_V}{k + k_s k_V k_F} \tag{7-24}$$

式中，k 为支承系统的弹簧刚度；m 为活动极板质量；k_V 为控制回路增益；k_F 为反馈力矩系数，$k_F = 2\varepsilon u_o \frac{A_1}{y_0^2}$。

叉指式硅微加速度计的控制系统框图如图 7-17 所示。

系统的固有频率可由下式近似求得

$$\omega_n = \sqrt{\frac{k}{m + 0.375 m_s}} \tag{7-25}$$

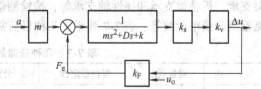

图 7-17 FMSA 控制系统框图

式中，k 为系统支承总刚度，m_s 为支承弹簧的总质量。

ADXL50 是 AD 公司开发的一个加速度计产品，主要用于汽车上的安全气囊。ADXL50 是集成在一片单晶硅片上的完整的加速度测量系统。整个芯片约 3mm×3mm，其中，加速度敏感元件部分边长为 1mm，信号处理电路则布于四周。加速度敏感元件是一个可变差动电容器，2μm 厚的活动极板上伸出 50 个叉指，形成了电容器的活动极板。固定电容极板则由一系列悬臂梁组成，

这些悬臂梁与基座间有 1μm 的间隙，悬壁梁的一端固连于基座上。整个活动极板通过支承梁固定，支承梁能保证活动极板沿敏感加速度的方向作线振动，而其他方向的运动都受到约束。支承梁同时作为一个弹簧，能将输入的加速度信号转换为位移信号，同时提供恢复力，使活动极板恢复到零点位置。支承梁可以是直梁或折叠梁。

ADXL50 的测试回路是一个闭环的力平衡反馈回路。其测量原理如图 7-18 所示。频率为 1MHz，相位相差 180°的两个方波信号 u_A 和 u_C 分别施于固定电容极板 Y 和 Z 上，这样，当在静止状态时，活动极板的输出信号 u_B 为零。为使活动极板输出在 ±50g 范围内都为正，需在固定电容极板 Y 和 Z 上分别施加偏置信号，分别为 +3.4V 和 +0.2V。这样，在静止时，动极板输出信号应为 +1.8V。u_B 信号进入相敏解调器解调前需经过缓冲器放大，使可变电容器的高阻抗信号变为低阻抗信号。经过解调和低通滤波的信号再经前置放大器输出。将前置放大器输出信号 u_o 反馈给活动极板，该反馈电压将在活动极板和固定电极之间产生静电力，该静电力和由加速度引起的惯性力方向相反，并力图使活动极板恢复到中间位置，从而使 u_B 信号减弱为零。由于是一个高增益的伺服回路，深度负反馈将使活动极板偏离其中心位置的最大距离不超过 0.01μm，此时，支承梁的弹性常数以及开环时的其他误差源均可忽略不计。加负反馈后，在没有加速度信号时，u_o = 1.8V，在满量程 ±50g 时，Δu = ±1.0V。

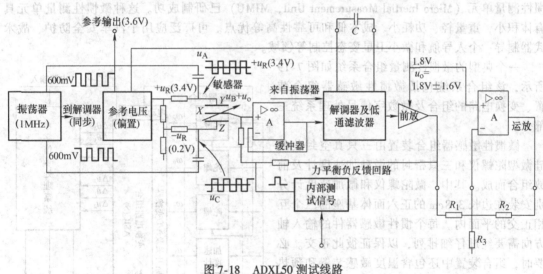

图 7-18 ADXL50 测试线路

7.3.4 惯性测量单元

1. 概述

惯性测量是利用惯性仪表（包括加速度计和陀螺仪）进行的测量。惯性测量是现代惯性导航的基础。所谓导航是引导载体到达目的地的过程。惯性导航则是利用载体上（或平台上）的惯性测量单元（Inertial Measurement Unit，IMU）提供的信息和一定的算法引导载体航行的过程。当经过初始对准，知道载体的初始信息（包括位置、速度和方位等）后，依靠载体上（或平台上）的惯性测量单元，其中加速度计能提供载体瞬时加速度信息，并由此推算出载体的瞬时速度和位置；陀螺仪则能提供载体瞬时角速率或角位置信息，提供加速度计每一瞬间的指向。这样，载体在空间的瞬时运动参量，包括线运动和角运动参量都可以通过惯性测量推算出。惯性导航是一种全自主式的导航。在导航过程中，惯性系统既不向载体外发射信号，也不从外部接收信号，因此在航空、航天、航海中得到了广泛的应用，尤其是在军事上，是一种不可或缺的关键技术。

惯性测量在工程测量中也得到广泛应用。例如，在工程测量中利用陀螺仪来指示子午线，测量经纬度，利用陀螺仪或加速度计进行倾斜测量，通过惯性测量，确定大地测量高程、方位角、重力异常、垂线偏差等。总之，惯性测量在大地测量、石油钻井定位、地球物理探测、水下电缆铺设、隧道和井巷定向、森林保护、地震等领域都有广泛应用。

2. 惯性测量单元

惯性导航系统的核心是惯性测量单元（IMU）。一个基本的惯性测量单元包括三个单自由度加速度计和三个单自由度陀螺仪或两个2自由度陀螺仪。这些加速度计和陀螺仪的输入轴分别沿空间的三个互相垂直的坐标轴方向。这样，惯性测量单元就可以敏感空间任意方向的线运动或角运动。但是，由于陀螺仪敏感的是相对于惯性空间的运动，而需要测量的是载体相对于某个参照系的相对运动，因此必须进行坐标变换。此外，加速度计所测加速度输出信号中往往包含重力加速度分量和有害加速度分量，必须对重力加速度分量进行修正，对有害加速度分量进行补偿，然后经过积分与计算得到运载体的速度和所在的地理位置。由此可见，惯性测量单元中各个惯性敏感器件敏感的信号需要经过信号变换和信号处理才能转换成可接收的有用信号。

随着微机电系统技术的发展，由微机电系统加速度计和微机电系统陀螺仪组合而成的微惯性测量单元（Micro Inertial Measurement Unit，MIMU）已研制成功。这种微惯性测量单元具有体积小，重量轻、功耗小、成本低和可靠性高等优点。可广泛应用于汽车安全防护、战术武器制导、个人导航和微小卫星姿态控制等领域。

一个典型的微惯性测量组合系统如图7-19所示，该组合系统包括微惯性敏感器组合装置、变换电路的组合及微数字信号处理系统三部分。

微惯性敏感器组合装置由三只真空封装的硅微型陀螺仪和三只密封的微硅加速度计及前放组合而成。其中，微陀螺仪和微加速度计分别安装在边长3.8cm的正六面体基座的三个互相正交的平面内。每个惯性敏感器件的输入轴方向需要经过仔细排列，以保证彼此正交。必要时，组合装置中还包含温度敏感装置和预热装置，以实现温控。

变换电路组合具有处理来自敏感装置前放的弱小模拟信号，并能将其转换成数字信号的功能，该电路组合并将信号激励电路、驱动电路和温控电路等集成在一块，形成专用芯片。

微型数字信号处理系统将制导、导航和控制的有关运算程序和信号处理软件集成在专用的数字信号处理芯片上。

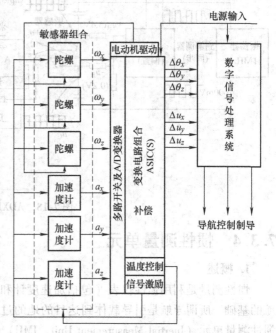

图7-19　MIMU系统框图

1998年，由美国桑地亚国家实验室（Sandia National Lab，SNL）及柏克利传感器执行器中心（the Berkeley Sensor Actuater Center，BSAC）等单位首次用桑地亚模块式，单片微机电系统工艺（The Sandia Modular，Monolithic，Micro-Electro-Mechanical Systems Technology，M3EMS）将一个敏感x、y平面角速率运动的二维微陀螺和一个敏感垂直轴向即z方向角速率的一维微陀螺及三维加速度计以及相应的测试回路完全集成在一块芯片上，芯片边长1cm，如图7-20所示。构成了一个集成化的微机电（IMEM）IMU原理样机。该IMU可用于GPS（全球定位系统）辅助的惯性导航系统。

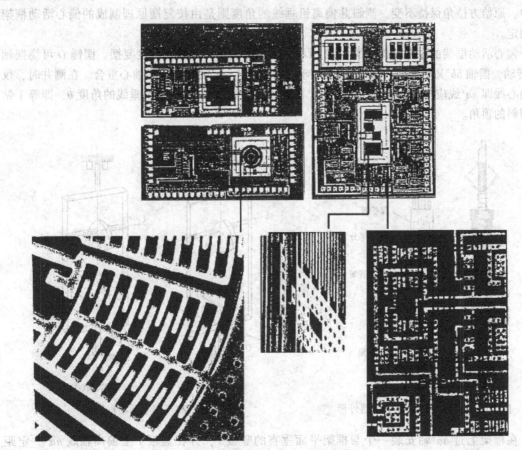

图 7-20 集成微机电 IMU 原理样机

3. 深井测斜

为了寻找地下丰富的宝藏，人们可以在地面或空中采用各种探测手段，其中从地面进行钻井探测是较常用的一种方法。目前根据工程需要，已能把井钻到五六千米，甚至更深。这么深的井，几乎不可能打得笔直，难以完全按照人们的意愿延伸。在钻探过程中，还会发生弯曲并偏离预定方向的情况，因此需要不断测量其倾斜角度，即钻井测斜。钻井测斜的另一作用，是为了保证钻斜井达到所要求的斜度指标。因为有许多工程要求钻井方向与地面形成一定倾斜角度，这就要求在钻井过程中，不断进行钻井斜度的测量，从而使钻具能按所要求的角度逐步往深处钻探。

无论是石油钻井，或是探矿钻井，利用一般测斜仪器置于井孔内进行测量难以有精确结果。因为井孔在地下，地面上常用的 GPS 接收机无法接收到无线电信号，又如采用地面上常用的一般磁罗盘，即使不考虑地磁影响，钻探设备钢质套管也会使磁罗盘失灵。因此，高精度深井测斜通常采用陀螺测斜仪。

图 7-21 所示为国产 JDT-Ⅲ型陀螺测斜仪井下仪器外形示意图。该种陀螺测斜仪的主要结构包括井下仪器和地面测量仪。地面测量仪包括信号处理和显示部分。井下仪器由定心脚、保护管、活动部分和固定框架组成。测斜时，井下仪器借助两个定心脚支撑在不同直径的测斜井或浆结管内，使仪器轴线与测斜井轴线严格一致。活动部分是整个仪器的心脏，是完成测斜任务的关键性部件。其中装有偏心活动框架和定向陀螺等敏感元件。定向陀螺是一个 2 自由度陀螺。由于陀螺具有定轴性，采用定向陀螺后，就使测斜仪具有了很强的抵抗干扰的方向稳定性。当在地面

上启动陀螺后，记下陀螺仪轴的原始方位角，然后再放入井下测量，并且必须保证在整个测量过程中，原始方位角保持不变。测斜井偏离铅垂线的角度则是由按复摆原理制成的偏心活动框架来测定。

偏心活动框架的原理结构如图 7-22 所示。这实际上是一个 2 自由度复摆。摆锤 O 可绕摆轴 bb' 转动，摆轴 bb' 又随框架一起绕 aa' 轴转动。在结构上 aa' 轴应与仪器轴心重合。在测井时，仪器轴心线即 aa' 线应与井心线重合或平行。因此，只要测出 aa' 线偏离铅垂线的角度 θ，即等于钻井偏斜的顶角。

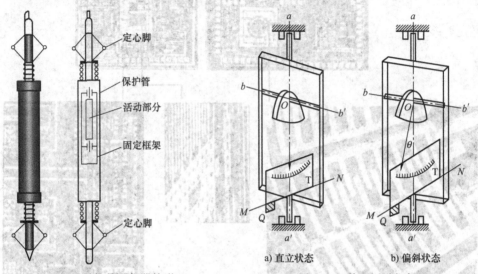

图 7-21　陀螺测斜仪井下仪器外形　　　　图 7-22　偏心活动框架

在框架上过 aa' 轴安装一个与框架平面垂直的竖板 T，并在竖板 T 上偏离轴线 aa' 一定距离处装一适当重量的重块 Q，以保证当轴线 aa' 偏离铅垂线后，复摆 O 的摆动平面仍在轴线 aa' 与铅垂线所确定的铅垂面内。在复摆摆锤上过复摆重心和转轴 O 装一指针，在竖板 T 上刻以刻度，当轴线 aa' 偏离铅垂线时，指针所指示方向即为铅垂方向，指针在 T 板上所指示的与 aa' 轴之间的夹角 θ，即为轴线 aa' 偏离铅垂线的角度，也就是钻井轴线的偏斜顶角。在复摆轴 bb' 上装一角度传感器，将此角 θ 的值变为电信号输出，即可测得井轴心线的偏斜顶角。

JDT-Ⅲ型陀螺测斜仪的主要技术指标为：顶角测量范围 0°～7°，量测精度 ±3′，方位漂移小于 10°/h，外形尺寸 60mm×190mm。

7.4　转速的检测

7.4.1　概述

转速即旋转角速度或旋转频率，它是衡量物体旋转快慢的一个物理量。转速通常用单位时间内的转数来表示，单位为转/分（或 r/min）。

转速计根据工作原理不同可分为计数式、模拟式和同步式 3 大类。计数式转速测量的方法是用某种方法输出一定时间内的总转数；模拟式的测量方法是测出由瞬时转速引起的某种物理量（如离心力、发电机的输出电压）的变化，同步式的测量方法是利用已知频率的闪光与旋转体的旋转同步测出转速。根据转速转换方式的不同，有不同的转速测量方法，常见测量方法见表 7-8。

表 7-8 转速测量方法分类

形 式		测量方法	适用范围	特 点	备 注
数字式	机械式	通过齿轮传动数字轮	中、低速	简单、价廉	与秒表并用，也可加配计时仪
	光电式	利用来自被测旋转体上的光线，使光电管产生电脉冲	中、高速，最高可测 2500r/min	没有扭矩损失，简单	数字式转速计
	磁电式	转轴带动磁性体旋转，磁电转换器将转速变换成电脉冲	中、高速		数字式转速计
模拟式	机械式	利用离心力与转速二次方成正比的关系	中、低速	简单	陀螺测速仪
	发电机式	励磁一定，发电机输出电压与转速成正比	中、高速，最高可测 10000r/min	可远距离指示	交、直流测速发电机
	电容式	利用电容充、放电回路产生与转速成比例的电流	中、高速	简单，可远距离指示	
同步式	机械式	转动带槽的圆盘，目测与旋转体同步的转速	中速	无扭矩损失	
	闪光式	利用已知频率闪光测出与旋转体同步的频率	中速	无扭矩损失	闪光测速仪

7.4.2 模拟式电测法

1. 测速发电机

它是根据电磁感应原理做成的专门测速的微型发电机，输出电压正比于输入轴上的转速，即

$$U_o = Blv = Blr\omega = \frac{2\pi Blrn}{60} \tag{7-26}$$

式中，B 为测速发电机中磁感应强度；r 为测速发电机绕组的平均半径；l 为测速发电机绕组的总有效长度；ω 为测速发电机转子的角速度；n 为测速发电机每分钟转数。

测速发电机可分为直流测速发电机和交流测速发电机两类。测速发电机的优点是线性好，灵敏度高和输出信号大。

2. 磁性转速表

磁性转速表的结构原理如图 7-23 所示，转轴随待测物旋转，永久磁铁也跟随同步旋转。铝制圆盘靠近永久磁铁，当永久磁铁旋转时，两者产生相对运动，从而在铝制圆盘中形成涡流。该涡流产生的磁场跟永久磁铁产生的磁场相互作用，使铝制圆盘产生一定的转矩 M_e，该转矩跟待测物的转速 n 成正比，即 $M_e = k_e n$。转矩 M_e 驱动铝盘转动，迫使游丝扭转变形产生与转角 θ 成比例的反作用力矩 $M_s = k_s \theta$。当两力矩相等时，铝盘及与其固联的指针停留于一定位置，此时指针指示的转角 θ 即对应于被测轴的转速

$$\theta = \frac{k_e}{k_s} n = kn \tag{7-27}$$

这种转速表有结构简单、维护和使用方便等优点，缺点是精度不高。检测范围 1～20000r/min，精度 1.5%～2.0%。磁性转速表实际上是将转速转换成角度的敏感器，因此若配接角度传感器，便可实现转速的电测法。

3. 频闪转速表

频闪转速表是基于人眼的视觉暂留现象，工作原理如图 7-24 所示。频率可调的多谐振荡器产生某一频率的等幅信号，控制频闪管发出相同频率的闪光至被测转轴的反光标志上。设 f_s 和 f_x 分别表示为闪光频率和被测转轴的转动频率。当 $f_s = f_x$ 时，由于人眼的视觉惰性，反光标志看起

来似乎在某一位置是静止不动的；当$f_s > f_x$时，反光标志朝与转轴相反方向旋转；当$f_s < f_x$时，则朝相同方向旋转。反复调节多谐振荡器的频率，直至看到反光标志最亮且似乎静止不动时为止，此时可从多谐振荡器振荡频率的指示盘上直接读出被测的转速。因此，频闪转速表可认为是把转速转换成频率测量的传感器。

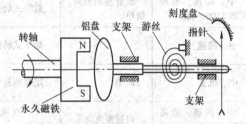

图 7-23 磁性转速表的结构原理

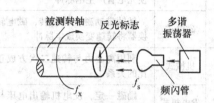

图 7-24 频闪转速表原理图

频闪转速表方便灵活，可随意移动测试，适用于中、高速测量，精度约为 0.1% ~ 2%。

4. 离心式转速表

图 7-25 为离心式转速检测法原理图。质量为 m 的重锤旋转时受到 $mr\omega^2$ 的离心力而远离主轴，这将克服弹簧力向上拉动套筒，套筒的升降通过齿轮带动指针转动，可直接读出转数。一般应使转轴沿垂直方向立起来使用。离心式转速表实际上是将转速转换成位移的敏感器，因此若配接位移传感器，便可实现转速的电测法。

同样的原理常用在动力机械的离心调速器上，套筒的升降通过油压传动给蒸汽阀，控制蒸汽流量，使蒸汽发动机的涡轮保持在一定的转速，这是比较经典的自动控制模型。

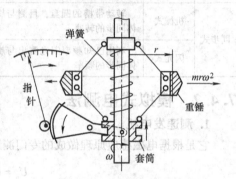

图 7-25 离心式转速表结构原理

7.4.3 计数式电测法

转速的计数式电测法是用转速传感器将转速转换成脉冲频率，再用测频法或测周法对脉冲频率进行数字测量。

1. 转速传感器

转速传感器的种类很多，其共同特点是将转速转换成脉冲频率。若每分钟转动圈数为 n，每转一圈传感器发出脉冲数为 m（m 的数值最好是 60 的整数倍），则传感器脉冲的频率为

$$f = mn/60 \tag{7-28}$$

因此，只要测得传感器脉冲的频率，即可求得转速

$$n = 60f/m \tag{7-29}$$

下面介绍几种转速传感器。

(1) 磁电式 图 7-26a 为开磁路磁阻式转速传感器，传感器由永久磁铁、软铁、感应线圈组成，齿数为 m 的齿轮安装在被测转轴上。当齿轮随转轴旋转时，齿的凹凸引起磁阻变化，致使线圈中磁通发生变化，感应出幅值交变的电动势，感应电动势的频率 f 由式(7-28)决定。

开磁路磁阻式转速传感器结构比较简单，但输出信号较小，另外当被测轴振动较大时，传感器输出波形失真较大。在振动强的场合往往采用闭磁路转速传感器，如图 7-26b 所示。它是由装在转轴上的内齿轮、外齿轮、线圈及磁铁构成，内外齿轮的齿数相同均为 m，转轴连接到被测轴上与被测轴一起转动，内外齿轮相对运动，使磁路气隙周期变化，在线圈中产生感应电动势，感应电动势频率计算同式(7-28)。

由于感应电动势的幅值取决于切割磁力线的速度，因而也与转速成一定比例。当转速太低时，输出电压很小，以致无法测量。所以磁电式转速传感器有一个下限工作频率为50Hz（闭磁路式的下限频率可降到30Hz）。其上限工作频率可达100kHz。

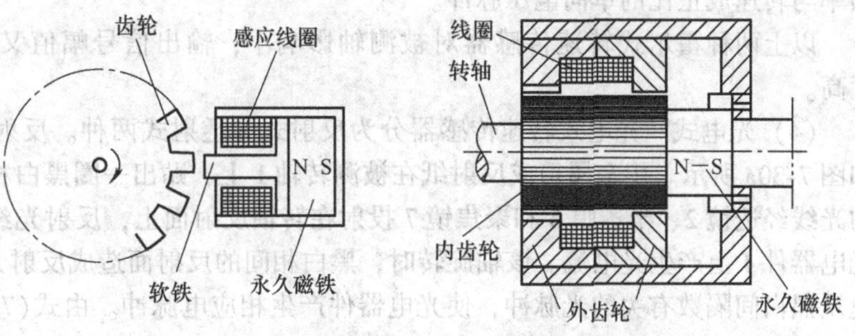

a) 开磁路磁阻式转速传感器　　　b) 闭磁路磁阻式转速传感器

图 7-26　磁电式转速传感器

磁阻式转速传感器采用转速—脉冲变换电路如图7-27所示。传感器感应电压由二极管VD削去负半周，送到VT_1进行放大，再由射极跟随器VT_2送入VT_3和VT_4组成的射极耦合触发器进行整形，这样就得到方波输出信号。

（2）电涡流式和电容式　图7-26a中的磁电式传感器若换成电涡流式传感器就构成电涡流式转速传感器。当金属齿轮随被测转轴转动时，电涡流式传感器线圈的电感将周期性地变化，其变化频率也由式(7-28)决定。

图7-26a中的磁电式传感器若换成变极距型电容传感器就构成电容式转速传感器，如图7-28

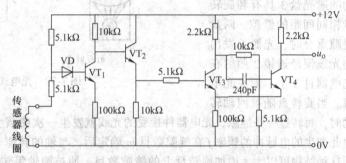

图 7-27　磁阻式转速—脉冲变换电路

所示，当齿轮作为电容传感器的动极板随被测转轴转动时，电容传感器的电容也周期性地变化，其变化频率也由式(7-28)决定。

（3）霍尔式　霍尔式转速传感器原理如图7-29所示。图7-29a所示是将一非磁性圆盘固定在被测转轴上，圆盘的周边上等距离地嵌装着m个永磁铁氧体，相邻两铁氧体的极性相反。由磁导体和置于磁导体间隙中的霍尔器件组成测量头（见图7-29a右上角），磁导体尽可能的安装在铁氧体边上。当圆盘转动时，霍尔器件感受的磁场强度周期性变化，霍尔器件输出正负交变的周期电压。

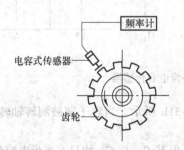

图 7-28　电容式转速传感器

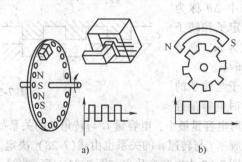

图 7-29　霍尔式转速传感器

图7-29b是在被测转轴上安装一个齿轮状的磁导体，对着齿轮固定着一个马蹄形的永久磁铁，霍尔器件粘贴在磁极的端面上。当被测轴转动时，带动齿轮状磁导体转动，于是霍尔器件磁路中的磁阻发生周期性变化，使霍尔器件感受的磁场强度也发生周期性变化，从而输出一系列

频率与转速成正比的单向电压脉冲。

以上两种霍尔式转速传感器对被测轴影响小，输出信号幅值又与转速无关，因此测量精度高。

(4) 光电式 光电式转速传感器分为反射式和透射式两种。反射式转速传感器的工作原理如图 7-30a 所示。用金属箔或反射纸在被测转轴 1 上，贴出一圈黑白相间的反射面，光源 3 发射的光线经透镜 2、半透膜 6 和聚焦镜 7 投射在转轴反射面上，反射光经聚焦镜 5 会聚后，照射在光电器件 4 上产生光电流。该轴旋转时，黑白相间的反射面造成反射光强弱变化，形成频率与转速及黑白间隔数有关的光脉冲，使光电器件产生相应电脉冲。由式(7-28) 可知，当黑白间隔数 m 一定时，电脉冲的频率 f 便与转速 n 成正比。

透射式光电转速传感器的工作原理如图 7-30b 所示。固定在被测转轴上的旋转盘 4 的圆周上开有 m 道径向透光的缝隙，不动的遮光盘 3 具有和旋转盘相同间距的缝隙，两盘缝隙重合时，光源 1 发出的光线便经透镜 2 照射在光电器件 5 上，形成光电流。当旋转盘随被测轴转

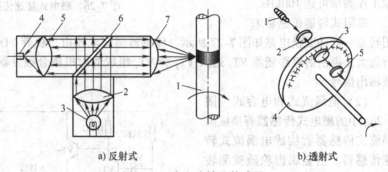

a) 反射式   b) 透射式

图 7-30 光电式转速传感器

动时，每转过一条缝隙，光电器件接受的光线就发生一次明暗变化，因而输出一个电脉冲信号。由此产生的电脉冲的频率 f 在缝隙数目 m 确定后，与轴的转速 n 成正比，如式(7-28) 所示。采用这种结构可以大大增加旋转盘上的缝隙数目，使被测轴每转一圈产生的电脉冲数增加，从而提高转速测量精度。

(5) 圆栅式 圆感应同步器和圆光栅均可用于转速的精密测量。这里再介绍另一种圆栅——柱状圆容栅传感器，它是由同轴安装的定子（圆筒）和转子（圆柱）组成，在定子内表面和转子外表面刻制一系列宽度相等的齿和槽，因此也称多齿电容传感器，如图 7-31a 所示，图中 $\Delta\theta$ 称为节距，若定子和转子的齿槽数为 m，则节距 $\Delta\theta = 2\pi/m$。

当定子与转子的齿面相对时电容量最

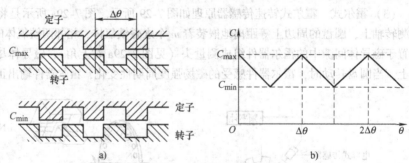

图 7-31 多齿电容传感器

大，错开时电容量最小，电容量 C 与转角 θ 的关系如图 7-31b 所示。当转子随被测转轴转动时，电容变化频率 f 与转速 n 的关系也由式(7-28) 决定。

虽然图 7-28 中电容变化也与图 7-31b 所示曲线一样，但其 C_{max} 与 C_{min} 均只有多齿电容传感器的 $1/m$，也就是多齿电容传感器的电容变化幅值将是图 7-28 中普通电容传感器的 m 倍。容栅也像光栅一样可以采用电子细分的方法，进一步提高对角位移的分辨率，这样就能进一步提高瞬时转速测量的精确度。

2. 转速传感器测量电路

（1）测频计数式　图 7-32a 为测频计数式转速传感器测量电路，转速传感器输出的脉冲信号经过放大整形，变成规整的频率为 f 的方波脉冲，晶体振荡器输出稳定的时钟频率 f_C，经分频器 k 分频后形成宽度为 $T = k/f_C$ 的门控信号，使控制门打开让方波脉冲通过，计数器从 0 开始对方波脉冲计数，在 T 时间内，计数结果为

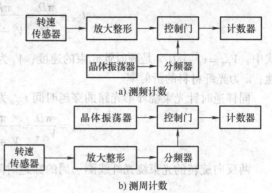

a) 测频计数

b) 测周计数

图 7-32　转速传感器测量电路

$$N = Tf = \frac{k}{f_C}f = \frac{km}{60f_C}n \tag{7-30}$$

由式（7-30）可见，测频计数式的特点是，转速越快，计数值越大。

（2）测周计数式　当转速很慢时，通常是测量转动周期 T 来反映转动快慢，这种测量转速的方法称为测周法，测量电路如图 7-32b 所示。转速传感器信号（周期为 T/m）经整形和 k 分频后，形成门控信号，使控制门打开让晶体振荡器输出的周期 T_C 稳定的时钟脉冲通过，计数器从 0 开始对时钟脉冲计数，计数结果为

$$N = \frac{k}{mT_C}T \tag{7-31}$$

由式（7-31）可见，测周计数式的特点是，转速越慢，计数值越大。

当需要测量瞬时转速时，可在随转轴转动的转盘上均匀分布 m 个测点，即每相邻两个测点的间距均为 $\Delta\theta = 2\pi/m$，只要测出转过各段 $\Delta\theta$ 所用时间 Δt_i 内的计时脉冲数 N_i，$\Delta t_i = N_i T_C$，即可求出每个测点的瞬时角速度

$$\omega_i = \frac{2\pi f_C}{mN_i} \quad i = 1, 2, \cdots, m \tag{7-32}$$

这种测量转速的方法称为测时法，这种方法的特点是把转速测量转化为时间来测量。

7.4.4　光纤陀螺测量角速率

陀螺仪作为一种重要的惯性敏感器是对相对于惯性空间角运动敏感的装置。它用于测量运载体的姿态、角和角速度，是构成惯性制导、惯性导航、惯性测量和惯性稳定系统的基础核心器件。光导纤维作为传感器，主要是根据被测对象的特点，利用光的属性（吸收、反射、折射、干涉等）设计和提供各种形式的探头，并对光电转换信号进行测量和处理。

光纤陀螺作为一种新型陀螺仪，其工作原理是基于萨格奈克（Sagnac）效应。Sagnac 效应是关于光沿着相对惯性空间旋转的闭合光路传播的一般相对性效应。由宽频带光源提供的光被分成两束，分别沿两个相反方向在光纤线圈中传播，当两束光在入射点处汇合时将发生光的干涉效应。当线圈静止时，正反方向传播的两束光的光程差相同，不存在相位差，干涉条纹的发光强度将不变化。但是当光纤线圈绕垂直于自身的轴旋转时，与旋转方向相同的光路光程要比逆旋转方向传播的光束走过的光程大一些，由此引起的相位差将导致干涉条纹的发光强度发生变化。相位差的大小与线圈的旋转速率成正比，并且相位差与干涉条纹的发光强度之间存在确定的函数关系，通过用光电探测器对干涉光发光强度进行检测，可以实现线圈旋转速率的测量。

在图 7-33 中，设直径为 D 的单匝光纤线圈绕垂直于自身的轴以角速度 ω 顺时针方向旋转时，从环形光路的 P 点分别沿顺时针（CW）、逆时针（CCW）发射两路光波。当 $\omega = 0$ 时，P′点和 P 点重

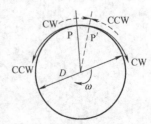

图 7-33　Sagnac 效应

合，两束光绕环形光路一周的穿越时间相同；当 $\omega \neq 0$ 时，入射点 P′ 和 P 在空间的位置将不再重合，顺时针光束绕环形光路的穿越时间 t_{CW} 为

$$t_{CW} = \frac{\pi D}{V_{CW}} = \frac{\pi D}{V_f - \frac{\omega D}{2}} = \frac{\pi D}{\frac{C}{n} - \frac{\omega D}{2}} \tag{7-33}$$

式中，$V_{CW} = v_f - \omega D/2$ 是顺时针光束的速度；V_f 为光在光纤线圈中的传播速度；C 为真空中的光速；n 为光纤材料的折射率。

同样逆时针光束绕环形光路的穿越时间 t_{CCW} 为

$$t_{CCW} = \frac{\pi D}{V_{CCW}} = \frac{\pi D}{V_f + \frac{\omega D}{2}} = \frac{\pi D}{\frac{C}{n} + \frac{\omega D}{2}} \tag{7-34}$$

两反向旋转的光束绕光纤线圈一周的穿越时间差 Δt 为

$$\Delta t = t_{CW} - t_{CCW} = \frac{\pi \omega D^2}{\frac{C^2}{n^2} - \frac{\omega^2 D^2}{4}} \tag{7-35}$$

一般 $\omega^2 D^2 /4 \ll C^2/n^2$，因此

$$\Delta t = \frac{\pi n^2 D^2}{C^2} \omega \tag{7-36}$$

假设一个光纤陀螺具有 N 匝光纤线圈，光学路径长度 $L = N\pi D$。与穿越时间差 Δt 对应的两光束相移 ϕ_s 为

$$\phi_s = N\omega \Delta t = N \frac{2\pi}{T} \Delta t = 2\pi N f \Delta t$$

$$= 2\pi N \frac{C}{\lambda} \frac{\pi n^2 D^2}{C^2} \omega = \frac{2\pi n^2 LD}{C\lambda} \omega = K_s \omega \tag{7-37}$$

式中，ϕ_s 为 Sagnac 相移；ω、f 分别为光波的角频率和频率；λ 为光波在真空中的波长；K_s 为光纤陀螺的 Sagnac 刻度系数。

可以看出，提高此种光纤陀螺仪输出灵敏度的途径在于加大 D 和增加光纤线圈的匝数 N。

式(7-37) 中考虑光纤线圈的直径为 80mm，光纤材料的折射率为 1.5，光纤长为 100m，光波在真空中的波长为 820nm，当基座以 15°/h 的速率旋转时，产生的 Sagnac 相移约为 0.0019°。因此，如果要求光纤陀螺能够检测到地球自转角速度（15°/h），则必须对该微小相移进行精确测量。由于式(7-37) 的分母中含有光速 C，这就要求陀螺装置具有非常高的尺寸稳定性，才能保证光在光纤线圈中沿两个方向传输时有相等的光程。

光纤陀螺仪诞生于 1976 年，发展至今已成为当今的主流陀螺仪表。由于其轻型的固态结构，使其具有可靠性高、寿命长、能够耐冲击和振动，有很宽的动态范围，带宽大、瞬时启动、功耗低等一系列独特优点，光纤陀螺仪广泛应用于航空、航天、航海和兵器等军事领域，以及钻井测量、机器人和汽车导航等民用领域。

第 8 章 流量检测

8.1 流量测量概述

流量是工业生产过程操作与管理的重要依据。在具有流动介质的工艺过程中，物料通过工艺管道在设备之间来往输送和配比，生产过程中的物料平衡和能量平衡等都与流量有着密切的关系。因此通过对生产过程中各种物料的流量测量，可以进行整个生产过程的物料和能量衡算，实时最优控制。

流体的流量是指流体在单位时间内流经某一有效截面的体积或质量，前者称体积流量（m³/s），后者称质量流量（kg/s）。

如果在截面上流体的速度分布是均匀的，则体积流量的表达式为

$$q_V = vA \tag{8-1}$$

式中，v 为流体流过截面时的平均流速；A 为截面面积。

如果密度介质为 ρ，则流体的质量流量为

$$q_m = \rho q_V = \rho v A \tag{8-2}$$

流过管道某截面的流体的速度在截面上各处不可能是均匀的，假定在这个截面上某一微小单元面积上 dA 速度是均匀的，流过该单元面积上的体积流量为

$$dq_V = v dA$$

整个截面积上的体积流量为

$$q_V = \int_A dq_V = \int_A v dA \tag{8-3}$$

以上定义的体积流量和质量流量又称瞬时流量。在某段时间内流体通过的体积总量和质量总量称为累积流量或流体总量，即

$$\begin{cases} V = \int_t q_V dt \\ M = \int_t q_m dt \end{cases} \tag{8-4}$$

用来测量流量的仪表统称为流量计。测量流量总量的仪表称为流体计量表或总量计。随着流量测量仪表及测量技术的发展，大多数流量计都同时具备测量流体瞬时流量和计算流体总量的功能。这两种仪表通常都由一次装置和二次仪表组成。一次装置安装于流体导管内部或外部，根据流体与一次装置相互作用的物理定律，产生一个与流量有确定关系的信号。一次装置又称流量传感器。二次仪表接收一次装置的信号，并转换成流量显示信号或输出信号。

8.1.1 流体的物理性质与管流基础知识

在流量测量中，必须准确地知道反映被测流体属性和状态的各种物理参数，如流体的密度、黏度、压缩系数等。对管道内的流体，还必须考虑其流动状况、流速分布等因素。

1. 流体的密度

单位体积的流体所具有的质量称为流体密度，用数学表达式表示为

$$\rho = \frac{M}{V} \tag{8-5}$$

式中，ρ 为流体的密度（kg/m³）；M 为流体质量（kg）；V 为流体体积（m³）。

流体密度是温度和压力的函数，流体密度可用密度计测定，某些流体的密度可查表求得。

2. 流体黏度

流体黏度是表示流体黏滞性的一个参数。由于黏滞力的存在，将对流体的运动产生阻力，从而影响流体的流速分布，产生能量损失（压力损失），影响流量计的性能和流量测量。

根据牛顿的研究，流体运动过程中阻滞剪切变形的黏滞力与流体的速度梯度和接触面积成正比，并与流体黏性有关，其数学表达式为

$$F = \mu A \frac{du}{dy} \tag{8-6}$$

式中，F 为黏滞力；A 为接触面积；du/dy 为流体垂直于速度方向的速度梯度；μ 为表征流体黏性的比例系数，称为动力黏度或简称黏度，各种流体的黏度不同。式(8-6)称为牛顿黏性定律。

流体的动力黏度 μ 与流体密度 ρ 的比值称为运动粘度 v，即

$$v = \frac{\mu}{\rho} \tag{8-7}$$

其中，动力黏度的单位为帕斯卡秒（Pa·s）；运动黏度的单位为米²/秒（m²/s）。

服从牛顿黏性定律的流体称为牛顿流体，如水、轻质油、气体等。不服从牛顿黏性定律的流体称为非牛顿流体，如胶体溶液、泥浆、油漆等。非牛顿流体的黏度规律较为复杂，目前流量测量研究的重点是牛顿流体。

流体黏度可由黏度计测定，有些流体的黏度可查表得到。

3. 流体的压缩系数和膨胀系数

所有流体的体积都随温度和压力的变化而变化。在一定的温度下，流体体积随压力增大而缩小的特性，称为流体的压缩性；在一定压力下，流体的体积随温度升高而增大的特性，称为流体的膨胀性。

流体的压缩性用压缩系数表示，定义为：当流体温度不变而所受压力变化时，其体积的相对变化率，即

$$k = -\frac{1}{V}\frac{\Delta V}{\Delta P} \tag{8-8}$$

式中，k 为流体的体积压缩系数（Pa⁻¹）；V 为流体的原体积（m³）；ΔP 为流体压力的增量（Pa）；ΔV 为流体体积变化量（m³）；因为 ΔP 与 ΔV 的符号总是相反，公式中引入负号以使压缩系数 k 总为正值。

液体的压缩系数很小，一般准确度要求时其压缩性可忽略不计。通常把液体看作是不可压缩流体，而把气体看作是可压缩流体。

流体的膨胀性用膨胀系数来表示，定义为：在一定的压力下，流体温度变化时其体积的相对变化率，即

$$\beta = \frac{1}{V}\frac{\Delta V}{\Delta T} \tag{8-9}$$

式中，β 为流体的体积膨胀系数（℃⁻¹）；V 为流体的原体积（m³）；ΔV 为流体体积变化量（m³）；ΔT 为流体温度变化量（℃）。

流体膨胀性对测量结果的影响较明显，无论是气体还是液体均须予以考虑。

4. 雷诺数

根据流体力学中的定义，雷诺数是流体流动的惯性力与黏滞力之比，表示为

$$Re = \frac{\bar{u}\rho L}{\mu} = \frac{\bar{u}L}{v} \tag{8-10}$$

式中，Re 为雷诺数，无量纲；$\bar{u}$ 为流动横截面的平均流速（m/s）；μ 为动力黏度（Pa·s）；v 为运动黏度（m²/s）；ρ 为流体的密度（kg/m³）；L 为特征长度（m）。

在圆管流中，特征长度为管道内径 D，故圆管流时雷诺数为

$$Re_D = \frac{\overline{u}\rho D}{\mu} = \frac{\overline{u}D}{v} \tag{8-11}$$

雷诺数是判别流体状态的准则，在紊流时流体流速分布更是与雷诺数有关，因此在流量测量中，雷诺数是很重要的一个参数。

5. 管流类型

通常把流体充满管道截面的流动称为管流。管流分为下述几种类型：

（1）单相流和多相流 在自然界中，物体的形态多种多样，有固态、液态和气态。热力学上将物体中每一个均匀部分叫作一个相，因此，各部分均匀的固体、液体和气体可分别称为固相、液相和气相物体或统称为单相物体。

管道中只有一种均匀状态的流体流动称为单相流，如只有单纯气态或液态流体在管道中的流动；两种不同相的流体同时在管道中流动称为两相流；两种以上不同相的流体同时在管道中流动称为多相流。

（2）可压缩和不可压缩流体的流动 流体可分为可压缩流体和不可压缩流体，所以流体的流动也可分为可压缩流体流动和不可压缩流体流动两种。这两种不同的流体流动在流动规律中的某些方面有根本的区别。

（3）稳定流和不稳定流 当流体流动时，若其各处的速度和压力仅与流体质点所处的位置有关，而与时间无关，则流体的这种流动称为稳定流；若其各处的速度和压力不仅和流体质点所处的位置有关，而且与时间有关，则流体的这种流动称为不稳定流。

（4）层流与紊流 管内流体有两种流动状态：层流和紊流。层流中流体沿轴向作分层平行流动，各流层质点没有垂直于主流方向的横向运动，互不混杂，有规则的流线。紊流状态时，管内流体不仅有轴向运动，而且还有剧烈的无规则的横向运动。

两种流动状态有不同的流动特性。层流状态流量与压力降成正比；紊流状态流量与压力降的二次方根成正比，且两种流动状态下管内流体流速的分布也不同。

可以用雷诺数 Re_D 作为判别管内流体的流动是层流还是紊流的判据。通常认为，$Re_D = 2320$ 从层流转变为紊流的临界值。当流体 Re_D 小于该数值时，流动是层流；大于该数值时，流动就开始转变为紊流。

6. 流速分布与平均流速

流体有黏性，当它在管内流动时，即使是在同一管路截面上，流速也因其流经的位置不同而不同。越接近管壁，由于管壁与流体的黏滞作用，流速越低；管中心部分的流速最快。流体流动状态不同将呈现不同的流速分布。

对具有圆形截面的管内流动情况，当管内流体为层流状态时，沿半径方向上的流速分布可用下式表示

$$u_x = u_{max}\left(1 - \frac{r_x}{R}\right)^2 \tag{8-12}$$

式中，u_x 为距管中心距离 r_x 处的流速；u_{max} 为管中心处最大流速；r_x 为距管中心的径向距离；R 为管内半径。

从式(8-12)可知层流状态下流速呈轴对称抛物线分布，在管中心轴上达到最大流速。当管内流体为紊流状态时，沿半径方向上的流速分布为

$$u_x = u_{max}\left(1 - \frac{r_x}{R}\right)^{1/n} \tag{8-13}$$

式中，n 为随流体雷诺数不同而变化的系数，见表8-1。

表 8-1　雷诺数 Re_D 与 n 的关系

$Re_D \times 10^4$	n	$Re_D \times 10^4$	n	$Re_D \times 10^4$	n
2.56	7.0	38.4	8.5	110.0	9.4
10.54	7.3	53.6	8.8	152.0	9.7
20.56	8.0	70.0	9.0	198.0	9.8
32.00	8.3	84.4	9.2	278.0	9.9

从式(8-13)可知紊流状态下流速呈轴对称指数曲线分布,如图 8-1 所示。与层流状态相比较,其流速在近管壁处比层流时的流速大,在管中心处比层流时的流速小。此外,其流速分布形状随雷诺数不同而变化,而层流流速分布与雷诺数无关。

流体需流经足够长的直管段才能形成上述管内流速分布,而在弯管、阀门和节流元件等后面管内流速分布会变得紊乱。因此,对于由测量流速进而求流量的测量仪表在安装时其上下游必须有一定长度的直管段。在无法保证足够的直管段长度时,应使用整流装置。

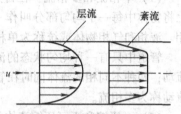

图 8-1　圆管内的流速分布

通过测流速求流量的流量计一般是检测出平均流速,然后求得流量。对于层流,平均流速是管中心最大流速的 0.5 倍 ($\bar{u}=0.5u_{\max}$);紊流时的平均流速 $\bar{u}$ 与 n 值有关

$$\bar{u}=\frac{2n^2}{(n+1)(2n+1)}u_{\max} \tag{8-14}$$

7. 流体流动的连续性方程和伯努利方程

(1) 连续性方程　研究流体流动问题时,认为流体是由无数质点连续分布而组成的连续介质,表征流体属性的密度、速度和压力等流体物理量也是连续分布的。

考虑流体在一管道内的定常流动,如图 8-2 所示。任取一管段,设截面Ⅰ、截面Ⅱ处的面积、流体密度和截面上流体的平均流速分别为 A_1、ρ_1、$\bar{u}_1$ 和 A_2、ρ_2、$\bar{u}_2$。

根据质量守恒定律,单位时间内经过截面Ⅰ流入管段的流体质量必等于通过截面Ⅱ流出的流体质量。即有连续性方程

$$\rho_1 \bar{u}_1 A_1 = \rho_2 \bar{u}_2 A_2 \tag{8-15}$$

由于截面Ⅰ、截面Ⅱ是任取的,故上式对管道中任意两个截面均成立。若应用于不可压缩流体,则 ρ 为常数,方程可简化为

$$\bar{u}_1 A_1 = \bar{u}_2 A_2 \tag{8-16}$$

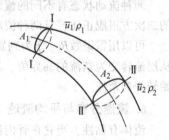

图 8-2　连续性方程示意图

(2) 伯努利方程　如图 8-3 所示,当理想流体在重力作用下在管内定常流动时,对于管道中任意两个截面Ⅰ和Ⅱ有如下关系式(伯努利方程)

$$gZ_1+\frac{p_1}{\rho}+\frac{\bar{u}_1^2}{2}=gZ_2+\frac{p_2}{\rho}+\frac{\bar{u}_2^2}{2} \tag{8-17}$$

式中,g 为重力加速度;Z_1、Z_2 为截面Ⅰ和Ⅱ相对基准线的高度;p_1、p_2 为截面Ⅰ和Ⅱ上流体的静压力;$\bar{u}_1$、$\bar{u}_2$ 为截面Ⅰ和Ⅱ上流体的平均流速。

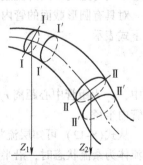

图 8-3　伯努利方程示意图

伯努利方程是流体运动的能量方程。在式(8-17)中,p/ρ 表示单位质量的压力势能,$\bar{u}_1^2/2$ 表示单位质量的动能,gZ 表示单位质量的位势能。伯努利方程说明,流体运动时,不同性质的机械能可以互相转换且总的机械能守

恒。应用伯努利方程，可以方便地确定管道中流体的速度或压力。

实际流体具有黏性，在流动过程中要克服流体与管壁以及流体内部的相互摩擦阻力而做功，这将使流体的一部分机械能转化为热能而耗散。因此，实际流体的伯努利方程可写为

$$gZ_1 + \frac{p_1}{\rho} + \frac{\bar{u}_1^2}{2} = gZ_2 + \frac{p_2}{\rho} + \frac{\bar{u}_2^2}{2} + h_{wg} \tag{8-18}$$

式中，h_{wg}为截面Ⅰ和Ⅱ之间单位质量实际流体流动产生的能量损失。

8.1.2 流量测量方法及流量仪表分类

1. 流量测量方法

生产过程中各种流体的性质各不相同，流体的工作状态（如介质的温度、压力等）及流体的黏度、腐蚀性、导电性也不同。很难用一种原理或方法测量不同流体的流量。

生产过程的情况复杂，某些场合的流体是高温、高压，有时是气液两相或液固两相的混合流体，所以目前流量测量的方法很多。测量原理和流量传感器（或称流量计）也各不相同。流量测量包括体积流量测量和质量流量测量。其中体积流量测量方法主要有以下两类：

（1）速度式 速度法是以测量管道内流体的平均流速，再乘以管道截面积求得流体的体积流量的。实际实现时常利用管道中流量敏感元件（如孔板、转子、涡轮等）把流体的流速变换成压差、位移、转速等对应的信号来间接测量流量的。基于这种检测方法的流量检测仪表有差压式流量计、转子式流量计、电磁流量计和超声波流量计等。

（2）容积式 容积式流量检测法是根据已知容积的容室在单位时间内所排出流体的次数来测量流体的瞬时流量和总流量。基于这种检测方法的流量检测仪表有椭圆齿轮流量计、活塞式流量计和刮板流量计等。

在工业生产中，由于物料平衡，热平衡以及储存、经济核算等所需要的都是质量，并非体积，所以在测量工作中，常需将测出的体积流量，乘以密度换算成质量流量。但由于密度随温度、压力而变化，所以在测量流体体积流量时，要同时测量流体的压力和密度，进而求出质量流量。在温度、压力变化比较频繁的情况下，难以达到测量的目的。这样便希望用质量流量计来测量质量流量，而无须再人工进行上述换算。

质量流量的测量方法主要有三类：

1）直接式。即直接检测与质量流量成比例的量，检测元件直接反映出质量流量，如角动量式、量热式和科氏力（即科里奥利力）式等。直接式质量流量测量具有不受流体压力、温度、黏度等变化影响的优点。

2）推导式。即用体积流量计和密度计组合的仪表来同时检测出体积流量和流体密度，再将体积流量乘以被测流体密度而得到质量流量。

3）补偿式。同时检测流体的体积流量和流体的温度、压力值，再根据流体的密度与温度、压力的关系，由计算单元计算得到该状态下流体的密度值，再计算得到流体的质量流量值。

许多直接式的测量方法和所有的推导式的测量方法，其基本原理都是基于式（8-2）所示的质量流量的基本方程式，即

$$q_m = \rho v A$$

如果管道的流通截面积A为常数，对于直接式质量流量测量方法，只要检测出与ρv乘积成比例的信号，就可以求出流量。而推导式测量方法，是由仪表分别检测出密度ρ和流速v，再将两个信号相乘作为仪表输出信号。应该注意，对于瞬变流量或脉动流量，推导式测量方法检测到的是按时间平均的密度和流速；而直接式测量方法是检测各量的瞬时值。因此，通常认为，推导式测量方法不适于测量瞬变流量。

补偿式测量方法在现场需要同时检测流体的体积流量和温度、压力，并通过计算装置自动

转换成质量流量。这样的方法，对于测量温度和压力变化较小，服从理想气体定律的气体，以及测量密度和温度呈线性关系（温度变化在一定范围内），并且流体组成已定的液体时，自动进行温度、压力补偿还是不难的。然而，温度变化范围较大、液体的密度和温度不是线性关系，以及高压时气体变化规律不服从理想气体定律，特别是流体组成变化时，就不宜采用这种方法。

2. 流量仪表的分类

流量计的种类繁多，现用的超过百种，它们各适合不同的工作场合。按测量原理分类，一些常用的流量计列于表 8-2。

表 8-2 常用流量仪表分类及性能

类别		工作原理	仪表名称		可测流体种类	适用管径/mm	测量精度（%）	安装要求及特点
体积流量计	差压式流量计	流体流过管道中的阻力件时产生的压力差与流量之间有确定关系，通过测量差压值求得流量	节流式	孔板	液、气、蒸汽	50~1000	±1~2	需直管段，压损大
				喷嘴		50~500		需直管段，压损中等
				文丘里管		100~1200		需直管段，压损小
			均速管		液、气、蒸汽	25~9000	±1	需直管段，压损小
			转子流量计		液、气	4~150	±2	垂直安装
			靶式流量计		液、气、蒸汽	15~200	±1~4	需直管段
			弯管流量计		液、气		±0.5~5	需直管段，无压损
	容积式流量计	直接对仪表排出的定量流体计数确定流量	椭圆齿轮流量计		液	10~400	±0.2~0.5	无直管段要求，需装过滤器，压损中等
			腰轮流量计		液、气			
			刮板流量计		液		±0.2	无直管段要求，压损小
	速度式流量计	通过测量管道截面上流体平均流速来测量流量	涡轮流量计		液、气	4~600	±0.1~0.5	需直管段，装过滤器
			涡街流量计		液、气	150~1000	±0.5~1	需直管段
			电磁流量计		导电液体	6~2000	±0.5~1.5	直管段要求不高，无压损
			超声波流量计		液	>10	±1	需直管段，无压损
质量流量计	直接式	直接检测与质量流量成比例的量来得到质量流量	热式质量流量计		气		±1	
			冲量式质量流量计		固体粉料		±0.2~2	
			科氏质量流量计		液、气		±0.15	
	间接式	同时测体积流量和流体密度来计算质量流量	体积流量经密度补偿		液、气		±0.5	
			温度、压力补偿					

3. 流量仪表的主要技术参数

（1）流量范围　流量范围指流量计可测的最大流量与最小流量的范围。正常使用条件下，在该范围内流量计的测量误差不超过允许值。

（2）量程和量程比　流量范围内最大流量与最小流量值之差称为流量计的量程。最大流量与最小流量的比值称为量程比，亦称流量计的范围度。

量程比是评价流量计计量性能的重要参数，它可用于不同流量范围的流量计之间比较性能。

量程比大，说明流量范围宽。流量计的流量范围越宽越好，但流量计量程比的大小受仪表测量原理和结构的限制。

(3) 允许误差和准确度等级　流量仪表在规定的正常工作条件下允许的最大误差，称为该流量仪表的允许误差，一般用最大相对误差和引用误差来表示。

流量仪表的准确度等级是根据允许误差的大小来划分的，其准确度等级有：0.02、0.05、0.1、0.2、0.5、1.0、1.5、2.5等。

(4) 压力损失　安装在流通管道中的流量计实际上是一个阻力件，在流体流过时将造成压力损失，这将带来一定的能源消耗。压力损失通常用流量计的进、出口之间的静压差来表示，它随流量的不同而变化。

压力损失的大小是流量仪表选型的一个重要技术指标。压力损失小，流体能耗小，输运流体的动力要求小，测量成本低；反之则能耗大，经济效益相应降低。故希望流量计的压力损失越小越好。

8.2　体积流量检测

体积流量的检测方法很多，下面对几种典型的体积流量计原理进行介绍。

8.2.1　差压式流量计

差压式流量计是在流通管道上安装孔板等流动阻力元件（节流元件），流体通过阻力元件时，流束将在节流元件处形成局部收缩，流通横截面积减小，使流速增大，静压力降低，于是在阻力元件前后产生压力差，如图8-4所示。该压力差通过差压计检出，根据伯努利方程原理，流体的流速或体积流量与差压计所测得的差压值有确定的数值关系。通过测量差压值便可求得流体流量，并转换成电信号（如DC 4~20mA）输出。节流式差压流量计主要由节流元件（孔板）、引压管路、三阀组和差压计组成，如图8-5所示。把流体流过阻力件使流束收缩造成压力变化的过程称节流过程，其中的阻力元件称为节流元件。

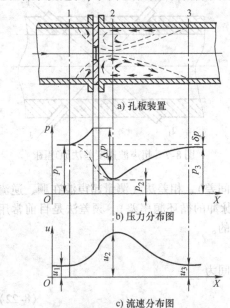

(虚线：管道中心处静压力；实线：管壁处静压力)

图8-4　差压式流量检测原理

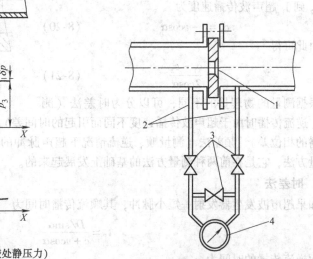

图8-5　节流式差压流量计组成

1—节流元件　2—引压管路
3—三阀组　4—差压计

8.2.2 转子式流量计

转子式流量计又名浮子式流量计或面积流量计。主要由一根自下向上扩大的垂直锥管和一只可以沿着锥管的轴向自由移动的浮子组成，如图 8-6 所示。当被测流体自锥管下端流入流量计时，由于流体的作用，浮子上下端面产生一差压，该差压即为浮子的上升力。当差压值大于浸在流体中浮子的质量时，浮子开始上升。随着浮子的上升，浮子最大外径与锥管之间的环形面积逐渐增大，流体的流速则相应下降，作用在浮子上的上升力逐渐减小，直至上升力等于浸在流体中的浮子的质量时，浮子便稳定在某一高度上。这时浮子在锥管中的高度与所通过的流量有对应的关系；测得浮子高度 h 的大小就可以测量流量。可以将这种对应关系直接刻度在流量计的锥管上。显然，对于不同的流体，由于密度发生变化，相同的流速对浮子产生的浮力将会不一样，浮子所处的高度也会不一样，原来的流量刻度将不再适用。所以原则上，转子流量计应该用实际介质进行标定。

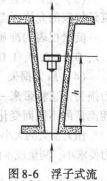

图 8-6 浮子式流量计示意图

浮子流量计具有结构简单，使用维护方便，对仪表前后直管段长度要求不高，压力损失小且恒定，测量范围比较宽，工作可靠且线性刻度，可测气体、蒸汽（电、气远传金属浮子流量计）和液体的流量，适用性广等特点。

8.2.3 超声波流量计

超声波流量测量方法有很多，这里主要介绍传播速度差方法的基本原理与流量方程。传播速度差法的基本原理是通过测量超声波脉冲在顺流和逆流传播过程中的速度之差来得到被测流体的流速。

超声波速度差法原理图如图 8-7 所示。在测量管道中，装两个超声波发射换能器 F_1 和 F_2 以及两个接收换能器 J_1 和 J_2，F_1J_2 和 F_2J_1 与管道轴线夹角为 α，管道直径为 D，流体由左向右流动，速度为 v，此时由 F_1 到 J_2 超声波传播速度为

$$c_1 = c + v\cos\alpha \quad (8\text{-}19)$$

F_2 到 J_1 超声波传播速度为

$$c_2 = c - v\cos\alpha \quad (8\text{-}20)$$

由此可得

$$v = \frac{c_1 - c_2}{2\cos\alpha} \quad (8\text{-}21)$$

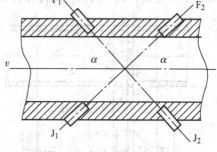

图 8-7 超声波速度差法原理图

根据测量的物理量的不同，可以分为时差法（测量顺、逆流传播时由于超声波传播速度不同而引起的时间差）、相差法（测量超声波在顺、逆流中传播的相位差）、频差法（测量顺、逆流情况下超声脉冲的循环频率差）。频差法是目前常用的测量方法，它是在前两种测量方法的基础上发展起来的。

1. 时差法

如果超声波发生器发射一短小脉冲，其顺流传播时间为

$$t_1 = \frac{D/\sin\alpha}{c + v\cos\alpha} \quad (8\text{-}22)$$

而逆流传播的时间为

$$t_2 = \frac{D/\sin\alpha}{c - v\cos\alpha} \quad (8\text{-}23)$$

逆流和顺流传播时间差为

$$\Delta t = t_2 - t_1 = \frac{2Dv\cot\alpha}{c^2 - v^2\cos^2\alpha} \tag{8-24}$$

由于 $v \ll c$，则

$$\Delta t = \frac{2Dv\cot\alpha}{c^2} \tag{8-25}$$

故流体的流速为

$$v = \frac{c^2 \Delta t}{2Dv\cot\alpha} \tag{8-26}$$

流体的体积流量为

$$q_v = Av = \frac{\pi D^2}{4} \cdot \frac{c^2 \Delta t}{2D\cot\alpha} = \frac{\pi Dc^2}{8} \Delta t \tan\alpha \tag{8-27}$$

从式(8-27) 可以看出，当声速 c 为常数时，流体的体积流量与时间差 Δt 成正比，测得时间差，就可以求出流量。但是在实际应用中 Δt 非常小，若流量测量要达到1%的精度，则时差测量需要达到 $0.01\mu s$ 的精度。这样不仅对测量电路要求高，而且限制了测量流量的下限。因此，为了提高精度，早期采用了检测灵敏度高的相位差法。

2. 相位差法

所谓相位差法，即是通过测量超声波在顺流和逆流时传播的相位差来得到流速。

设超声波换能器向流体发射的超声波为

$$s(t) = A\sin(\omega t + \phi_0)$$

式中，A 为超声波的幅值；ϕ_0 为超声波的初始相位角。

假设在 $t=0$ 时，有 $\phi_0=0$，则在顺流方向发射，收到信号的相位角为 $\phi_1 = \omega t_1$；在逆流方向发射，收到信号的相位角为 $\phi_2 = \omega t_2$。因此在顺流和逆流时接收信号之间的相位差为

$$\Delta\phi = \phi_2 - \phi_1 = \omega\Delta t = 2\pi f \Delta t$$

由此可见，相位差 $\Delta\phi$ 比时间差 Δt 大 $2\pi f$ 倍，且在一定范围内，f 越大放大倍数就越大，因此相位差 $\Delta\phi$ 比时间差 Δt 更容易测量。

利用相位差法测量流体流速和流量的计算公式为

$$\begin{cases} v = \dfrac{c^2 \Delta\phi}{4\pi fD\cot\alpha} \\ q_v = \dfrac{Dc^2}{16f} \Delta\phi\tan\alpha \end{cases} \tag{8-28}$$

3. 频差法

频差法是通过测量顺流和逆流时超声脉冲的重复频率差去测量流速。在单通道法中脉冲重复频率是在一个发射脉冲被接收器接收之后，立即发射出一个脉冲，这样以一定频率重复发射，对于顺流和逆流重复发射频率为

$$\begin{cases} f_1 = \dfrac{c + v\cos\alpha}{D/\sin\alpha} = \dfrac{c + v\cos\alpha}{D}\sin\alpha \\ f_2 = \dfrac{c - v\cos\alpha}{D/\sin\alpha} = \dfrac{c - v\cos\alpha}{D}\sin\alpha \end{cases}$$

发射频率之差为

$$\Delta f = f_1 - f_2 = \frac{c + v\cos\alpha}{D}\sin\alpha - \frac{c - v\cos\alpha}{D}\sin\alpha = \frac{\sin 2\alpha}{D}v$$

则流体的体积流量为

$$q_v = \frac{\pi}{4} D^3 \frac{\Delta f}{\sin 2\alpha} \tag{8-29}$$

由式 (8-29) 可知，流体的流量与频差成正比，与声速 v 无关，这是频差法的最显著的特点。频差 Δf 很小，直接测量时误差大，为了提高测量精度，一般采用倍频技术。由于顺逆流两个声回路在测循环频率时会相互干扰，工作难以稳定，而且要保证两个声循环回路的特性一致也是非常困难的。因此实际应用频差法测量流量时，仅用一对换能器按时间交替转换作为接收器和发射器使用。

超声波流量计由超声波换能器、电子电路和测量显示仪表组成。电子电路包括发射电路、接收电路和控制测量电路，显示系统可显示瞬时流量和累积流量。在测量时，超声波换能器置于管道外，不与流体直接接触，不破坏流体的流场，没用压力损失。可用于测量腐蚀性、高黏度液体和非导电液体得流量，尤其是测量大口径管道的水流量或各种水渠、河流、海水的流速和流量，在医学上还用于测量血液流量等。

8.2.4 涡街式流量计

涡街式流量计（Vortex Flow Meter）是利用流体流过阻碍物时产生稳定的漩涡，通过测量其漩涡产生频率而实现流量计量的。涡街式流量计由涡街流量传感器和流量显示仪表两部分构成。

1. 检测原理

涡街式流量计实现流量测量的理论基础是流体力学中著名的"卡门涡街"原理。在流动的流体中放置一根其轴线与流向垂直的非流线性柱形体（加三角柱、圆柱体等），称为漩涡发生体，如图 8-8 所示。

当流体沿漩涡发生体绕流时，会在漩涡发生体下游产生不对称但有规律的交替漩涡列，这就是所谓的卡门涡街。由于漩涡之间的相互影响，其形成通常是不稳定的。只有当两漩涡列之间的距离 h 和同列的两漩涡之间的距离 L 之比满足 $h/L = 0.281$ 时，所产生的涡街才是稳定的，且单列涡街产生的频率 f 与柱体附近流体的流速 v、柱体的特征尺寸 d 之间的关系式为

$$f = S_t \frac{v}{d} \tag{8-30}$$

式中，S_t 称为斯特罗哈尔数。对于圆柱体 $S_t = 0.21$，对于三角柱 $S_t = 0.16$，在此范围内，单列涡街产生的频率 f 只与柱体附近流体的流速 v、柱体的特征尺寸 d 有关，而不受流体的温度、压力、密度和黏度等影响。

在管道中插入漩涡发生体时，假设发生体处的流通截面积为 A_0，则流体的体积流量为

$$q_v = vA_0 = \frac{\pi D^2 md}{4S_t} f \tag{8-31}$$

式中，$m = A_0/A$，$A = \pi D^2/4$。

2. 漩涡频率的测量

漩涡频率的检出有多种方式，可以将检测元件放在漩涡发生体内，检测由于漩涡产生的周期性的流动变化频率，也可以在下游设置检测器进行检测。

图 8-8 为圆柱漩涡检测器原理。如图所示，在中空的圆柱体两侧开有导压孔与内部空腔相连，空腔由中间有孔的隔板分成两部分，孔中装有铂电阻丝。当流体在下侧产生漩涡时，由于漩涡的作用使下侧的压力高于上侧的压力；如在上侧产生漩涡，则上侧的压力高于下侧的压力，因此产生交替的压力变化，空腔内的流体亦呈脉动流动。用电流加热铂电阻丝，当脉动的流体通过铂电阻丝时，交替地对电阻丝产生冷却作用，改变其阻值，从而产生和漩涡频率一致的脉冲信号，检测此脉冲信号，即可测出流量。也可以在空腔间采用压电式或应变式检测元件测出交替变化的压力。

图 8-9 为三角柱体涡街检测器原理示意图，在三角柱体的迎流面对称地嵌入两个热敏电阻组成桥路的两臂，以恒定电流加热使其温度稍高于流体，在交替产生的漩涡的作用下，两个电阻被

周期地冷却，使其阻值改变，阻值的变化由桥路测出，即可测得漩涡产生频率，从而测出流量。三角柱漩涡发生体可以得到更强烈更稳定的漩涡，故应用较多。

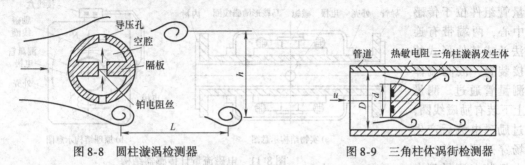

图 8-8　圆柱漩涡检测器　　　　图 8-9　三角柱体涡街检测器

3. 涡街流量计的特点

涡街流量计测量精度较高，为 ±0.5% ~ ±1%；量程比宽，可达 30:1；在管道内无可动部件，使用寿命长，压力损失小，水平或垂直安装均可，安装与维护比较方便；测量几乎不受流体参数（温度、压力、密度、黏度）变化的影响，用水或空气标定后的流量计无须校正即可用于其他介质的测量；仪表输出是与体积流量成比例的脉冲信号，易与数字仪表或计算机相连接。这种流量计对气体、液体和蒸汽介质均适用，是一种正在得到广泛应用的流量仪表。

涡街流量计实际是通过测量流速测流量的，流体流速分布情况和脉动情况将影响测量准确度，因此适用于紊流流速分布变化小的情况，并要求流量计前后有足够长的直管段。

8.2.5　电磁流量计

1. 测量原理

电磁流量计是根据法拉第电磁感应定律制成的一种测量导电液体体积流量的仪表。电磁流量计的测量原理图如图 8-10 所示，设在均匀磁场中，垂直于磁场方向有一个直径为 D 的管道。管道由不导磁材料制成，当导电的液体在导管中流动时，导电液体切割磁力线，因而在磁场及流动方向垂直的方向上产生感应电动势，如安装一对电极，则电极间产生和流速成比例的电位差。感应电动势的大小为

$$E = BDv$$

式中，B 为磁感应强度；D 为管道直径；v 为流体平均流速。则流体的体积流量为

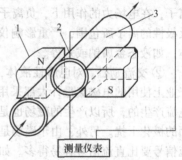

图 8-10　电磁流量计测量原理图
1—磁极　2—电极　3—管道

$$q_v = \frac{\pi D^2}{4}v = \frac{\pi D}{4B}E \quad (8-32)$$

式中，$k = \dfrac{\pi D}{4B}$ 称为仪表常数。对于确定的电磁流量计，k 为定值。

应当指出，式(8-32) 必须符合以下假定条件时才成立，即：磁场是均匀分布的恒定磁场；被测流体是非磁性的；流速轴为对称分布；流体电导率均匀且各向同性。

2. 电磁流量计的结构

电磁流量计在结构上一般由传感器和转换器两部分组成。一般情况下，传感器和转换器是分开的，传感器安装在生产过程工艺管道上感受流量信号；转换器将传感器送来的流量信号进行放大，并转换成标准电信号，以便进行显示、记录、计算和调节控制。也有的电磁流量计将转换器和传感器装在一起，组成一体型电磁流量计，可就地远传显示或控制。

（1）电磁流量计的传感器　电磁流量计传感器主要由测量管组件、磁路系统、电极及干扰

调整机构部分组成，如图 8-11 所示。下面主要介绍测量管组件、磁路系统及电极。

1）测量管组件。测量管组件位于传感器中心，两端带有连接法兰或其他形式的连接装置，被测流体由测量管通过。测量管上下装有励磁线圈，通过励磁电流后产生磁场穿过测量管，一对电极装在测量管内

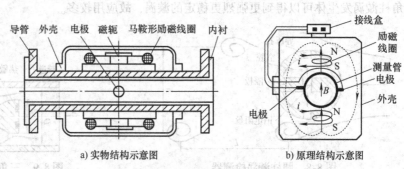

a) 实物结构示意图　　b) 原理结构示意图

图 8-11　电磁流量计传感器结构

壁与液体相接触，引出感应电势，送到转换器。励磁电流则由转换器提供。为避免磁力线被测量导管管壁短路，并尽可能地降低涡流损耗，以让磁力线能顺利地穿过测量管进入被测介质，测量导管由非导磁的高阻材料制成，一般为不锈钢、玻璃钢或某些具有高电阻率的铝合金，并在满足强度的前提下，管壁应尽量薄。其次，为了防止电极上的流量信号被金属管壁所短路，使流体与测量导管绝缘，在测量管内侧应有一完整的绝缘衬里。衬里材料应根据被测介质，选择有耐腐蚀、耐磨损、耐高温等性能的材料，如搪瓷、环氧树脂、聚四氟乙烯、耐酸橡胶等。电磁流量计的外壳用铁磁材料制成，以屏蔽外磁场的干扰，保护仪表。

2）磁路系统。磁路系统主要由励磁线圈和磁轭组成，以产生均匀和具有较大磁通量的工作磁场。目前，一般有三种励磁方式，即直流励磁、交流励磁和低频方波励磁。现分别予以介绍。

① 直流励磁。直流励磁方式用直流电或永久磁铁产生一个恒定的均匀磁场。这种直流励磁变送器的最大优点是受交流电磁场干扰影响很小，因而可以忽略液体中的自感现象的影响。但是，使用直流磁场易使通过测量管道的电解质液体被极化，即电解质在电场中被电解，产生正负离子，在电场力的作用下，负离子跑向正极，正离子跑向负极。这样，将导致正负电极分别被相反极性的离子所包围，严重影响仪表的正常工作。所以，直流励磁一般只用于测量非电解质液体，如液态金属钠或汞等。

② 交流励磁。对电解性液体，一般采用交流励磁，可以克服直流励磁的极化现象。目前，工业上使用的电磁流量计大部采用工频（50Hz）电源交流励磁方式，即它的磁场是由正弦交变电流产生的，所以产生的磁场也是一个交变磁场。交变磁场变送器的主要优点是消除了电极表面的极化干扰。另外，由于磁场是交变的，因此输出信号也是交变信号。放大和转换低电平的交流信号要比直流信号容易得多。如果交流磁场的磁感应强度为

$$B = B_m \sin\omega t$$

则电极上产生的感生电动势为

$$E = B_m D v \sin\omega t \tag{8-33}$$

被测体积流量为

$$Q_v = \frac{\pi D}{4 B_m \sin\omega t} E \tag{8-34}$$

式中，B_m 为磁场磁感应强度的最大值；ω 为励磁电流的角频率，$\omega = 2\pi f$；t 为时间；f 为电源频率。

由式(8-34)可知，当测量管内径 D 不变，磁感应强度 B_m 为一定值时，两电极上输出的感生电动势 E 与流量 Q_v 成正比。这就是交流磁场电磁流量变送器的基本工作原理。

值得注意的是，用交流磁场会带来一系列的电磁干扰问题，例如正交干扰、同相干扰等。这些干扰信号与有用的流量信号混杂在一起。因此，如何正确区分流量信号与干扰信号，并如何有

效地抑制和排除各种干扰信号，就成为交流励磁电磁流量计研制的重要课题。

③ 低频方波励磁。直流励磁方式和交流励磁方式各有优缺点，为了充分发挥它们的优点，尽量避免它们的缺点，20世纪70年代以来，人们开始采用低频方波励磁方式。它的励磁电流波形如图8-12所示，其频率通常为工频的1/4~1/10。

从图8-12可见，在半个周期内，磁场是恒稳的直流磁场，它具有直流励磁的特点，受电磁干扰影响很小。从整个时间过程看，方波信号又是一个交变的信号，所以它能克服直流励磁易产生的极化现象。因此，低频方波励磁是一种比较好的励磁方式，目前已在电磁流量计上广泛的应用。概括来说，它具有如下几个优点：

- 能避免交流磁场的正交电磁干扰。
- 能消除由分布电容引起的工频干扰。
- 能抑制交流磁场在管壁和流体内部引起的电涡流。
- 能排除直流励磁的极化现象。

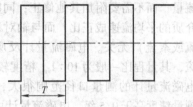

图8-12　方波励磁电流波形

3）电极。电极嵌在管壁上，其作用是正确引出感应电势信号。电极一般用不锈钢非导磁材料制成，测量腐蚀性流体时，多用铂铱合金、耐酸钨基合金或镍基合金等。电极应在管道水平方向安装，以防止沉淀物堆积在电极上而影响测量精度，电极端头要求与衬里齐平。电磁流量计的电极结构如图8-13所示。

（2）电磁流量计的转换器　电磁流量计是由流体流动切割磁力线产生感应电势的，但此感应电势很微小，励磁电源的频率又为50Hz，因此，各种干扰因素的影响很强。转换器的功能是将感应电势放大并能抑制主要的干扰信号。传感器采用交变磁场克服了极化现象，但增加了电磁正交干扰信号。正交干扰信号的相位和被测感应电势相差90°。造成正交干扰的主要原因是：在电磁流量计工作时，管道内充满导电液体，这样，电极引线、被测导管、被测液体和转换器的输入阻抗构成闭合回路，而交变磁通有部分要穿过该闭合回路，根据电磁感应定律，交变磁场在闭合回路中产生的感应电势为

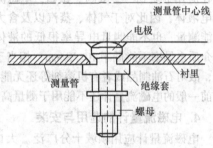

图8-13　电磁流量计的电极结构

$$e_t = -K\frac{dB_m\sin\omega t}{dt} = -KB_m\sin\left(\omega t - \frac{\pi}{2}\right) \tag{8-35}$$

比较式(8-33)和式(8-35)可知，有用信号感应电势E和正交干扰信号e_t的频率相同，而相位相差90°，所以称为正交干扰。此干扰信号较大，有时可以将有用信号埋没。因此，必须消除这一干扰信号，否则该流量计不能正常工作。

消除正交干扰的方法常用信号引线自动补偿和转换器的放大电路反馈补偿两种方式。

① 转换器与电磁流量传感器连线自动补偿方式，如图8-14所示，从一根电极上引出两根线，分别绕过磁极形成两个回路，当有磁力线穿过这两个闭合回路时，在两回路内产生方向相反的感应电势，通过调零电位器RP，使进入转换器的正交干扰电势相互抵梢。

② 转换器组成原理如图8-15所示，转换器的功能是将感应电势放大并抑制主要的干扰信号。转换器由前置放大器、主放大器、正交干扰抑制、相敏整流、功率放大、线圈、霍尔乘法器、电位分压器组成。抑制正交干扰由主放大器的正交干扰抑制反馈电路完成。霍尔乘法器用以消除励磁电压幅值和频率变化引起的误差。

3. 电磁流量计的特点

电磁流量计具有众多的优点。由于电磁流量计的测量导管内无可动部件或突出于管道内部

的部件，因而压力损失极小；也不会引起诸如磨损、堵塞等问题，特别适用于测量带有固体颗粒的矿浆、污水等液固两相流体，以及各种黏性较大的浆液等。流量计的输出电流与体积流量呈线性关系，且不受液体温度、压力、密度、黏度以及电导率（在一定范围内）等参数的影响，因此，电磁流量计只需经水标定以后，就可以用来测量其他导电性液体的流量，而不需要附加其他修正；同时，电磁流量计只与被测介质的平均流速成正比，而与轴对称分布下的流动状态（层流或紊流）无关。电磁流量计反应迅速，可以测量脉动电流，其量程比一般为10:1，精度较高的量程比可达100:1。电磁流量计的测量口径范围很大，可以在1mm以上，测量精度高于0.5级。电磁流量计可以测量各种腐蚀性介质：酸、碱、盐溶液以及带有悬浮颗粒的浆液。电磁流量计无机械惯性，反应灵敏，可以测量瞬时脉动流量，而且线性较好，可以直接进行等分刻度。

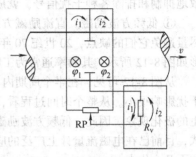

图8-14 连线自动补偿方式

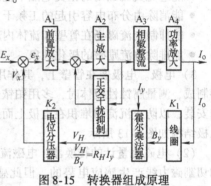

图8-15 转换器组成原理

除前述优点外，电磁流量计也有一些不足之处，致使在应用上受到一些限制。比如，电磁流量计只能测量导电液体，因此对于气体、蒸汽以及含大量气泡的液体不能测量，也不能测量电导率很低的液体，通常要求被测介质电导率不能低于10^{-5}S/cm，相当于蒸馏水的电导率，故对石油制品或者有机溶剂等还无能为力。由于测量管内衬材料一般不宜在高温下工作，所以目前一般的电磁流量计还不能用于测量高温介质。此外，电磁流量计易受外界电磁干扰的影响。

4. 电磁流量计的选用与安装

电磁流量计应用领域十分广泛。大口径仪表较多应用于给水排水工程。中小口径仪表常用于固液双相流等难测流体或高要求场所，如测量造纸工业纸浆液和黑液、有色冶金业的矿浆、选煤厂的煤浆、化学工业的强腐蚀液，以及钢铁工业高炉风口冷却水控制和监测、长距离管道煤的水力输送的流量测量和控制。小口径、微小口径仪表常用于医药工业、食品工业、生物工程等有卫生要求的场所。

(1) 选用考虑要点

1) 精度。市场上通用型电磁流量计的性能有较大差别，有些精度高、功能多，有些精度低、功能简单。精度高的仪表基本误差为（±0.5%～±1%）FS，精度低的仪表则为（±1.5%～±2.5%）FS，两者价格相差1～2倍。因此，测量精度要求不很高的场所（例如，非经济核算仅以控制为目的，只要求高可靠性和优良重复性的场所）选用高精度仪表在经济上是不合算的。

2) 流速。电磁流量计满度流量时，液体流速可在1～10m/s范围内选用，范围是比较宽的。上限流速在原理上是不受限制的，然而通常建议不超过5m/s，除非衬里材料能承受液流冲刷，实际应用很少超过7m/s，超过10m/s则更为罕见。满度流量的流速下限一般为1m/s，有些型号仪表则为0.5m/s。

3) 范围度。电磁流量计的范围度是比较大的，通常不低于20，带有量程自动切换功能的仪表，可超过50～100。

4) 口径。国内可以提供的定型产品的口径从10～3000mm，虽然实际应用还是以中小口径居多，但与大部分其他原理流量仪表（如容积式、涡轮式、涡街式或科里奥利质量式等）相比，大口径仪表占有较大比重。

5) 液体电导率。使用电磁流量计的前提是被测液体必须是导电的，不能低于阈值（即下限值)。电导率低于阈值,会产生测量误差直至不能使用,超过阈值即使变化也可以测量,示值误差变化不大。通用型电磁流量计的阈值在 $5\times10^{-6}\sim10^{-4}$ S/cm 之间,视型号而定。

工业用水及其水溶液的电导率大于 10^{-4} S/cm;酸、碱、盐液的电导率在 $10^{-4}\sim10^{-1}$ S/cm 之间,使用不存在问题;低度蒸馏水为 10^{-5} S/cm,使用也不存在问题;石油制品和有机溶剂电导率过低,因此就不能使用。

6) 电极和接地环材质。电磁流量计测量流量时,与介质接触部件有电极与接地环,为了保障测量的精度,必须根据测量介质正确地选择电极与接地环。当正确选择的材料使用一段时间后,仍产生测量误差和测量故障,则其原因除耐腐蚀问题外,主要是电极表面效应。表面效应包括:化学反应(表面形成钝化膜等)、电化学和极化现象(产生电势)、触媒作用(电极表面生成气雾等)。接地环也有这些效应,但影响程度要小一些。

(2) 流量传感器的安装

1) 安装场所。对流量传感器的安装场所有如下要求:
- 测量混合相流体时,选择不会引起相分离的场所;测量双组分液体时,避免安装在混合尚未均匀的下游;测量化学反应管道时,要安装在反应充分完成段的下游。
- 尽可能避免测量管内变成负压。
- 选择振动小的场所,特别对一体型仪表。
- 避免附近有大电机、大变压器等,以免引起电磁场干扰。
- 易于实现传感器单独接地的场所。
- 尽可能避开周围环境有高浓度腐蚀性气体。
- 环境温度在流量计允许的工作温度范围内,通常不超出 $-25\sim60$℃。
- 环境相对湿度位于流量计允许的范围内,通常在 10% ~90% 范围内。

2) 直管段长度要求。为获得正常的测量精确度,电磁流量传感器上游也要有一定长度直管段,但其长度与大部分其他流量仪表相比要求较低。90°弯头、T 形管、同心异径管、全开闸阀后通常认为只要离电极中心线(不是传感器进口端连接面)5 倍直径 (5D) 长度的直管段,不同开度的阀则需 10D;下游直管段为 2D~3D 或无要求。要防止蝶阀阀片或传感器密封垫圈突入到传感器测量管内,否则突入管道衬里的那一部分阀片或垫圈就起了一个节流件的作用,会破坏流速的对称分布,给测量带来不必要的误差。各标准或检定规程所提出的上、下游直管段长度亦不一致,其要求比通常要高。这是由于为保证达到当前 0.5 级精度仪表的要求。

3) 安装位置和流动方向。传感器安装方向水平、垂直或倾斜均可,不受限制,但要求液体充满管道。若液体未充满管道,则会出现测量结果误差增大、波动明显、超出满量程等故障现象。测量固液两相流体时,最好垂直安装,自下而上流动。这样能避免水平安装时衬里下半部局部磨损严重,低流速时固相沉淀等缺点。水平安装时要使电极轴线平行于地平线,不要垂直于地平线。因为处于底部的电极易被沉积物覆盖,顶部电极易被液体中偶尔存在的气泡擦过,从而遮住电极表面,使输出信号波动。

4) 接地。传感器必须单独接地(接地电阻在 100Ω 以下)。按照分离型原则,接地应在传感器一侧,转换器接地应在同一接地点。如传感器装在有阴极腐蚀的保护管道上,除了传感器和接地环一起接地外,还要用较粗铜导线(16mm²)绕过传感器跨接在管道两连接法兰上,使阴极保护电流与传感器之间隔离。

8.3 质量流量检测

如第 8.1.2 节所述,质量流量的检测方法主要有直接式、推导式和补偿式三类。本节中介绍直接式和推导式的质量流量测量方法。

8.3.1 科里奥利式质量流量检测

由力学理论可以知道，质点在旋转参照系中做直线运动时，质点要同时受到旋转角速度和直线速度的作用，即受到科里奥利力（Coriolis，简称科氏力）的作用。科氏力质量流量计（CMF）就是利用流体在振动管中流动时，产生与质量流量成正比的科氏力而制成的一种直接式质量流量计。这种流量计可以测量双向流，并且没有轴承、齿轮等转动部件，测量管道中也无插入部件，因而降低了维修费用，也不必安装过滤器等。其测量准确度为±0.15%，适用于高精度的质量流量测量。

科氏力流量计由传感器和转换器两部分组成，传感器将流体的流动转换为机械振动，转换器将振动转换为与质量流量有关的电信号，以实现流量测量。

传感器所用的测量管道（振动管）有U形、环形（双环、多环）、直管形（单直、双直）及螺旋形等几种形状，但基本原理相同。下面介绍U形管式的科氏力质量流量计，其基本结构如图8-16所示。

流量计的测量管道是两根平行的U形管（也可以是一根），其端部连通并与被测管路相连，这样流体可以同时在两个U形管内流动。驱动U形管产生垂直于管道角运动的驱动器是由激振线圈和永久磁铁组成，驱动器在外加交变电压作用下产生交变力，使两根U形管彼此一开一合地振动，相当于两根软管按相反方向不断摆动。位于U形管的两个直管管端的两个检测器用于监控驱动器的振动情况和检测管

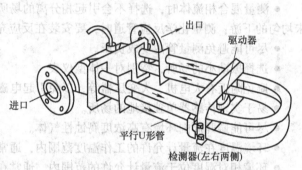

图8-16 科氏力质量流量计的基本结构

端的位移情况；根据出口侧振动相位超前于进口侧的规律，两个检测器输出的交变信号之间存在相位差（或振动时间差Δt），此相位差的大小与质量流量成正比。检测出这个相位差，经过转换器（二次仪表）变换，就可给出流经传感器的质量流量。

科氏力质量流量计的测量精度较高，主要用于黏度和密度相对较大的单相和混相流体的流量测量。由于结构等原因，这种流量计适用于中小尺寸的管道的流量检测。

下面分析其测量原理。U形管的受力分析如图8-17所示。

当U形管内充满流体而流速为零时，在驱动器对U形管进行激振时，U形管要绕O-O轴按其本身的性质和流体的质量所决定的固有频率进行简单的振动（见图8-18）。当流体的流速为u时，则流体在直线运动速度u和旋转运动角速度ω的作用下，对管壁产生一个反作用力，即科里奥利力。

$$F = 2m\omega \times u \tag{8-36}$$

式中，F、u、ω都是向量；m为流体的质量。

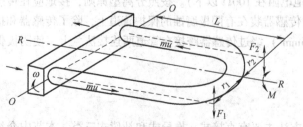

图8-17 U形管的受力分析

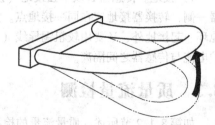

图8-18 U形管的振动

由于入口侧和出口侧的流向相反，越靠近 U 形管，管端的振动越大，流体在垂直方向的速度也越大，这意味着流体的垂直方向具有加速度 a，通过管端至出口这部分，垂直方向的速度慢慢减小，是具有负的加速度。相当于牛顿第二定律 $F=ma$ 的力 F 与加速度方向相反，因此，当 U 形管向上振动时，流体作用于入口侧管端的是向下的力 F_1，作用于出口侧管端的是向上的力 F_2（见图 8-19），并且大小相等。向下振动时，情况相似。

由于在 U 形管的两侧受到两个大小相等、方向相反的作用力，则使 U 形管产生扭曲运动（见图 8-20），其扭力矩为

$$M = F_1 r_1 + F_2 r_2 \tag{8-37}$$

因 $F_1 = F_2 = F$，$r_1 = r_2 = r$ 则

$$M = 2Fr = 4mur\omega \tag{8-38}$$

又因质量流量 $q_m = m/t$，流速 $u = L/t$，t 为时间，则上式可写成

$$M = 2Fr = 4\omega r L q_m \tag{8-39}$$

由此可以明显看出，q_m 取决于 m、u 的乘积。

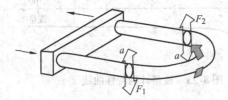

图 8-19 加速度与科里奥利力

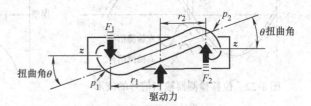

图 8-20 U 形管的扭曲

设 U 形管的弹性模量为 K_s，扭转角为 θ，由 U 形管的刚性作用所形成的反作用力矩为

$$T = K_s \theta \tag{8-40}$$

因 $T = M$，则由式（8-39）和式（8-40）可得出如下公式

$$q_m = \frac{K_s}{4\omega r L} \theta \tag{8-41}$$

扭曲的全过程如图 8-21 所示。在扭曲运动中，U 形管管端处于不同位置时，其管端轴线与 z-z 水平线间的夹角是在不断变化的，只有在其管端轴线越过振动中心位置时 θ 角最大。在稳定流动时，这个最大 θ 角是恒定的。在如图 8-21 所示的位置上安装两个位移检测器，就可以分别检测入口管端和出口管端越过中心位置时的 θ 角。前面提到，当流体的流速为零时，即流体不流动时，U 形管只作简单的上、下振动，此

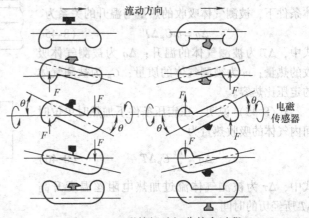

图 8-21 U 形管振动扭曲的全过程

时管端的扭曲角 θ 为零，入口管端和出口管端同时越过中心位置。随着流量的增大，扭转角 θ 也增大，而且入口管端先于出口管端越过中心位置的时间差 Δt 也增大。

假定管端在中心位置时的振动速度为 u_t，从图 8-20 可知存在如下关系

$$\sin\theta = \frac{u_t}{2r} \Delta t \tag{8-42}$$

式中，Δt 表示图 8-20 中 p_1 和 p_2 点横穿 z-z 水平线的时间差。由于 θ 很小，则 $\sin\theta \approx \theta$，且 $u_t = \omega L$，则可得出

$$\theta = \frac{\omega L}{2r}\Delta t \tag{8-43}$$

并由式(8-41)、式(8-43)可得如下关系

$$q_m = \frac{K_s}{4\omega rL}\cdot\frac{\omega L\Delta t}{2r} = \frac{K_s}{8r^2}\Delta t \tag{8-44}$$

式中，K_s 和 r 是由 U 形管所用材料和几何尺寸所确定的常数。

因而科氏力质量流量计中的质量流量 q_m 与时间差 Δt 成比例。而这个时间差 Δt 可以通过安装在 U 形管端部的两个位移检测器所输出的电压的相位差测量出来，如图 8-22 所示。

在二次仪表中将相位差信号进行整形放大之后，以时间积分得出与质量流量成比例的信号，给出质量流量。科氏力质量流量计的特性曲线如图 8-23 所示。

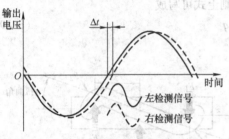

图 8-22 位移检测器输出信号的波形

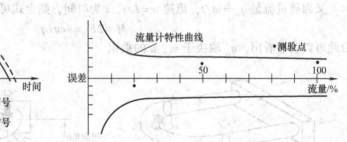

图 8-23 流量计的特性曲线

8.3.2 热式质量流量检测

由于气体吸收热量或放出热量均与该气体的质量成正比，因此可由加热气体所需能量或由此能量使气体温度升高之间的关系来直接测量气体的质量流量，其原理如图 8-24 所示。在被测流体中放入一个加热电阻丝，在其上、下游各放一个测温元件，通过测量加热电阻丝中的加热电流及上、下游的温差来测量质量流量。在上述具体条件下，被测气体吸收的热量与温升的关系为

$$\Delta q = mC_P\Delta T \tag{8-45}$$

式中，ΔT 为被测气体的温升；Δq 为被测气体吸收的热量；m 为被测气体的质量；C_P 为被测气体的定压比热容。

式(8-45)说明，在定压条件下加热时单位时间内气体的吸收热量为

$$\Delta q = \frac{m}{\Delta\tau}C_P\Delta T \tag{8-46}$$

式中，$\Delta\tau$ 为被测气体流过加热电阻丝温度升高 ΔT 所经历的时间。

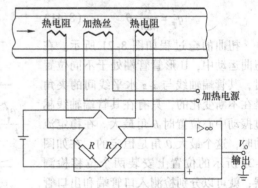

图 8-24 量热式质量流量计原理

从该式可以看出，若令 $m/\Delta\tau = M$，则 M 即为被测流体的质量流量。如果加热电阻丝只向被测气体加热，管道本身与外界很好地绝热，气体被加热时也不对外做功，则电阻丝放出的热量全部用来使被测气体温度升高，所以加热的功率 P 为

$$P = MC_P\Delta T \tag{8-47}$$

根据式(8-47)可以看出，当加热功率一定时，通过测量被测气体的温升或在温升一定时测量向被测气体加热所消耗的功率，都可以测出被测气体的质量流量。改写式(8-47)得

$$M = \frac{P}{C_P\Delta T} \tag{8-48}$$

可以看出，当 C_P 为常数时，质量流量与加热功率 P 成正比，与温升（上、下游温差）成反比。因为 C_P 与被测介质成分、温度和压力有关，所以仪表只能用在中、低压范围内，被测介质的温度也应与仪表标定时介质的温度差别不大。

当被测介质与仪表标定时所用介质的定压比热容 C_P 不同时，可以通过换算对仪表刻度进行修正。根据式(8-48) 可得

$$M' = M \frac{C_P}{C'_P} \tag{8-49}$$

式中，M 为仪表的刻度值；M' 为实际被测流体的质量流量；C_P 为仪表标定时所用介质的定压比热容；C'_P 为实际被测流体的定压比热容。

修正精度与给出的实际气体的定压比热容数值的精度、仪表标定时所用介质定压比热容数值的精度有关。

量热式质量流量计除内热式之外还有外热式，其工作原理如图8-25 所示。测量管是镍或不锈钢制成的薄壁管，总之要用导热性能良好的金属材料，否则会增加仪表的时间常数。测量管装在铝制的等温体内，测量管外绕上既作加热又作测温的铂丝。铂丝要与测量管很好地黏结在一起，以增强它们之间的热交换。两段铂丝 R_1、R_2 与电阻 R_3、R_4 配成电桥。管内没有流体流动时电桥是平衡的，桥路没有信号输出，这时铂丝在一定功率下加热流体，使之温度升高，但桥路仍处于平衡状态。当被测流体开始流动，就不断有新的未被加热的流体流入加热区，通过加热铂丝获得热量，温度升高，铂丝因散失热量而温度降低，阻值发生变化。因 R_1 和 R_2 散

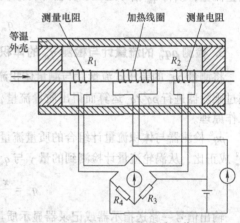

图 8-25 外热式质量流量计工作原理

失热量不同，所以温度也不同，阻值也不同，电桥失去平衡而有信号输出。如加热功率恒定，桥路输出的不平衡电压就与被测流体的质量流量成正比，所以通过测量电桥输出的不平衡电压就可测出被测流体的流量。

8.3.3 推导式质量流量测量

推导式质量流量计是采用测量体积的流量计与密度计组合，并加以运算得出质量流量信号的测量仪表。体积流量计可以是差压式，也可以是速度式；密度计可以是核辐射式、超声波式，也可以是振动管式。

1. 检测 ρq_v^2 的流量计与密度计组合的形式

利用节流流量计或差压流量计与连续测量密度的密度计组合测量质量流量的组成原理如图8-26 所示。流量计检测出与管道中流体的 ρq_v^2 成正比的 x 量，由密度计检测出与 ρ 成正比的 y。

由于差压式流量计测得的信号 x 正比于介质的差压 Δp，密度计测量的信号 y 正比于测量介质的密度，将 x、y 同时送到乘法器运算，可

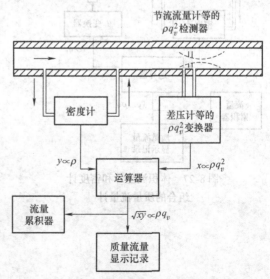

图 8-26 ρq_v^2 检测器和密度计组合的质量流量计

得 $xy \propto \rho^2 q_v^2$，再将其送至开二次方运算器运算后得质量流量

$$\sqrt{xy} = K\sqrt{\rho^2 q_v^2} = K\rho q_v = q_m \tag{8-50}$$

将 q_m 信号送至积算器即可得到总质量流量。

2. 检测 q_v 的体积流量计与密度计的组合形式

容积、旋涡、电磁式等流量计，可测量管道中的体积流量 q_v，将它与密度计组合可构成质量流量计。目前，实际使用的种类很多，如由体积流量计和浮子式密度计组合、涡轮流量计和浮子式密度计组合；电磁流量计与核辐射密度计组合等。

现以涡轮流量计与密度计组合而成的质量流量计为例来说明此类流量计的工作原理。如图 8-27 所示。涡轮流量计检测出与管道内流体的体积流量 q_v 成正比的信号 x，由密度计检出的与流体的密度 ρ 成正比的信号 y，经乘法器后得质量流量 $q_m = xy = K\rho q_v$，若求 t 时间内流过的总质量流量，须将 q_m 信号送至积算器即得累积流量

$$q_m = \int_0^t q_v \mathrm{d}t \tag{8-51}$$

3. 检测 ρq_v^2 的流量计与检测 q_v 的体积流量计组合的形式

将测量 ρq_v^2 的差压式流量计与测量体积流量 q_v 的涡轮、电磁、容积或旋涡式等流量计组合，通过乘除器进行 $\rho q_v^2 / q_v$ 运算而得出质量流量，现以涡轮流量计与差压式流量计组合为例来说明其工作原理。

ρq_v^2 检测器与体积流量计组合的质量流量计如图 8-28 所示，从差压式流量计检测到的量 x 与 ρq_v^2 成正比，从涡轮流量计检测到的量 y 与 q_v 成正比，两者之比为质量流量，即得

$$q_m = \frac{x}{y} = K\frac{\rho q_v^2}{q_v} = K\rho q_v \tag{8-52}$$

输出信号一路送指示器或记录器显示质量流量，一路送积算器得累积流量。

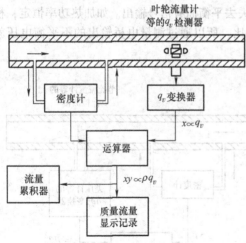

图 8-27 体积流量计和密度计组合的质量流量计

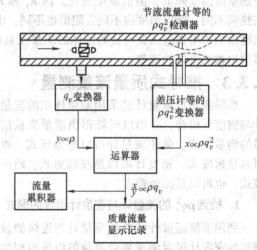

图 8-28 ρq_v^2 检测器与体积流量计组合的质量流量计

第9章 物位检测

物位检测是对设备和容器中物料储量多少的度量。物位测量的目的是：①正确测得容器中储藏物质的容量或重量；②监视容器内物位，使之保持在一定高度，对物位允许的上、下限发出报警；③连续监视或调节容器中流入流出物料的平衡。

在现代工业生产自动化过程监测中物位检测占有重要的地位。例如，在某些间歇生产的情况下，测量储槽（或计量槽）的液位，就可以算出物料的数量。显然，为此目的液位测量应该使用能反映整个容器液位高度的液位计，称为宽界液位计。在连续生产的情况下，维持某些设备（如蒸汽锅炉、蒸发器等）中液位高度的稳定，对保证生产和设备的安全则是必不可少的。比如大型锅炉的水位波动过大，在一旦停水几十秒钟时，就可能有烧干的危险。用于测量液位保持在某一规定值，而量程又不必很宽的液位计，称为狭界液位计。

9.1 物位及其检测仪表分类

9.1.1 物位的定义

"物位"一词统指设备和容器中液体或固体物料的表面位置。对应不同性质的物料又有以下的定义。

1) 液位：指设备和容器中液体介质表面的高低。
2) 料位：指设备和容器中所储存的块状、颗粒或粉末状固体物料的堆积高度。
3) 界位：指相界面位置。容器中两种互不相溶的液体，因其重度不同而形成分界面，为液—液相界面；容器中互不相溶的液体和固体之间的分界面，为液—固相界面。液—液、液—固相界面的位置简称界位。

物位是液位、料位、界位的总称。对物位进行测量、指示和控制的仪表，称为物位检测仪表。

9.1.2 物位检测仪表的分类

由于被测对象种类繁多，检测的条件和环境也有很大差别，所以物位检测的方法多种多样，以满足不同生产过程的测量要求。

物位检测仪表按测量方式可分为连续测量和定点测量两大类。连续测量方式能持续测量物位的变化。定点测量方式则只检测物位是否达到上限、下限或某个特定位置，定点测量仪表一般称为物位开关。

按工作原理分类，物位检测仪表有直读式、静压式、浮力式、机械接触式、电气式等。

1) 直读式。利用连通器的原理工作，采用容器侧壁开窗口或加装旁通管方式，直接显示容器中物位的高度。方法可靠、准确，但是只能在现场就地读取。主要用于压力较低场合下的液位检测。

2) 静压式。基于流体静力学原理，适用于液位检测。容器内的液面高度与液柱重量所形成的静压力成比例关系，当被测介质密度不变时，通过测量参考点的压力可测知液位。这类仪表有压力式、吹气式和差压式等形式。

3) 浮力式。其工作原理基于阿基米德定律，利用漂浮于液面上的浮子高度随液位变化而改变或对浸没于液体中的浮子的浮力随液面高度变化的原理工作。它可分为两种：一种是维持浮力不变的恒浮力式液面计，如浮标式、浮球式；另一种是变浮力液位计，如浮筒式液位计。

4) 机械接触式。通过测量物位探头与物料面接触时的机械力实现物位的测量。这类仪表有重锤式、旋翼式和音叉式等。

5）电气式。将电气式物位敏感元件置于被测介质中，当物位变化时其电气参数如电阻、电容等也将改变，通过检测这些电量的变化可知物位。

6）回波测距（TOF）式。利用能量波从发射探头发射到被测物料表面，再从这一表面反射回到接收探头的波的传播时间（Time of Flight）测出物位的方法。相应的物位计有超声物位计、微波物位计（俗称雷达物位计）及激光物位计。

7）射线式。放射线同位素所发出的射线（如 γ 射线）穿过被测介质时因被介质吸收衰减，其透射强度随物质层厚度的变化而变化，通过检测放射线透射强度的变化达到测量物位的目的。这种方法可以实现物位的非接触式测量，适用于高压、高温和有毒的在密封容器中的液位或料位测量，且不受周围电磁场、烟气和灰尘等影响。

除上述物位检测方法外，还有其他的一些物位检测方法，在此不一一赘述。各类物位检测仪表的主要特性见表9-1。

表 9-1　物位检测仪表的分类和主要特性

类别		适用对象	测量范围 /m	允许温度 /℃	允许压力 /MPa	测量方式	安装方式
直读式	玻璃管式	液位	<1.5	100~150	常压	连续	侧面、旁通管
	玻璃板式	液位	<3	100~150	6、4	连续	侧面
静压式	压力式	液位	50	200	常压	连续	侧面
	吹气式	液位	16	200	常压	连续	顶置
	差压式	液位、界位	25	200	40	连续	侧面
浮力式	浮子式	液位	2.5	<150	6、4	连续、定点	侧面、顶置
	浮筒式	液位、界位	2.5	<200	32	连续	侧面、顶置
	翻扳式	液位	<2.4	-20~120	6、4	连续	侧面、旁通管
机械接触式	重锤式	料位、界位	50	<500	常压	连续、断续	顶置
	旋翼式	液位	由安装位置定	80	常压	定点	顶置
	音叉式	液位、料位	由安装位置定	150	4	定点	侧面、顶置
电气式	电阻式	液位、料位	由安装位置定	200	1	连续、定点	侧面、顶置
	电容式	液位、料位	50	400	32	连续、定点	顶置
其他	超声式	液位、料位	60	150	0.8	连续、定点	顶置
	微波式	液位、料位	60	150	1	连续	顶置
	称重式	液位	20	常温	常压	连续	在容器钢支架上安装传感器
	核辐射式	液位、料位	20	无要求	随容器定	连续、定点	侧面

9.2　液位检测

9.2.1　静压式液位检测

静压式检测方法的测量原理如图9-1所示，将液位的检测转换为静压力测量。设容器上部空间的气体压力为 p_A，选定的零液位处压力为 p_B，则自零液位至液面的液柱高 H 所产生的静压差 Δp 可表示为

$$\Delta p = p_B - p_A = H\rho g$$

式中，ρ 为被测介质密度；g 为重力加速度。由上式有

$$H = \frac{\Delta p}{\rho g} \tag{9-1}$$

由于液体密度一定，所以 Δp 与液位 H 成正比例关系，测得差压 Δp 就可以得知液位 H 的大小。

1. 压力式液位计

对于开口容器，p_A 为大气压力，这种情况下测量液位高度的三种静压式液位计如图 9-2 所示。

图 9-2a 为压力表式液位计，它利用引压管将压力变化值引入高灵敏度压力表中进行测量。压力表的高度与容器底等高，压力表中的读数直接反映液位的高度。如果压力表的高度与容器底不等高，当容器中液位为零时，表中读数不为零，为容器底部与压力表之间的液体的压力差值，该差值称为零点迁移。压力表式液位计使用范围较广，但要求介质洁净，黏度不能太高，以免阻塞引压管。

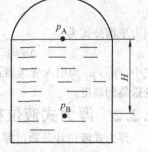

图 9-1 静压式液位计原理

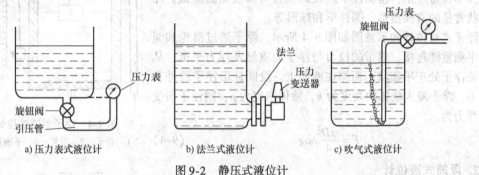

图 9-2 静压式液位计

图 9-2b 为法兰式液位计。压力变送器通过装在容器底部的法兰，作为敏感元件的金属膜盒经导压管与变送器的测量室相连，导压管内封入沸点高、膨胀系数小的硅油，使被测介质与测量系统隔离。法兰式液位计将液位信号转换为电信号或气动信号，用于液面显示或控制调节。由于采用了法兰式连接，而且介质不必流经导压管，因此可检测有腐蚀性、易结晶、黏度大或有色等介质。

图 9-2c 为吹气式液位计。将一根吹气管插入至被测液体的最低面（零液位），使吹气管通入一定量的气体，吹气管中的压力与管口处液柱静压力相等。用压力计测量吹气管上端压力，就可以测量液位。由于吹气式液位计将压力检测电移至顶部，其使用维修都很方便，很适合于地下储罐、深井等场合。

2. 差压式液位计

在封闭容器中，容器下部的液体压力除了与液位高度有关外，还与液面上部的介质压力有关。在这种情况下，可以采用测量差压的方法来测量液位，如图 9-3 所示。这种测量方法在测量过程中需消除液面上部气压及气压波动对示值的影响。差压式液位计采用差压式变送器，将容器底部反映液位高度的压力引入变送器的正压室，容器上部的气体压力引入变送器的负压室。引压方式可根据液体性质选择。为了防止由于内外温差使气压引压管中的气体凝结成液体，一般在低压管中充满隔离液体。

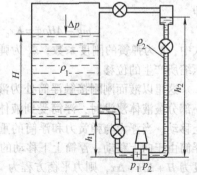

图 9-3 差压式液位计原理示意图

设被测液体密度为 ρ_1，隔离液体的密度为 ρ_2，一般使 $\rho_1 > \rho_2$，则正、负压室的压力平衡公式分别为

$$p_1 = \rho_1 g(H+h_1) + p \quad (9\text{-}2)$$
$$p_2 = \rho_2 g h_2 + p$$

压力平衡公式为

$$\Delta p = p_1 - p_2 = \rho_1 g(H+h_1) - \rho_2 g h_2 = \rho_1 g H + \rho_1 g h_1 - \rho_2 g h_2 \quad (9\text{-}3)$$

式中，p_1、p_2 为引入变送器正、负压室的压力；H 为液面高度；h_1、h_2 为容器底面或工作液面距变送器的高度。

9.2.2 浮力式液位检测

浮力式液位计是通过漂浮于液面上的浮子或浸没在液体中的浮筒，在液位发生变化时其浮力发生相应的变化。

1. 浮子式液位计

浮子式液位计是一种恒浮力式液位计。作为检测元件的浮子漂浮在液面上，浮子随着液面的变化而上下移动，所受到的浮力大小保持一定，检测浮子所在的位置可知液面的高低。浮子形状常见的有圆盘形、圆柱形和球形等。

浮子式液位计的示意图如图 9-4 所示，浮子通过滑轮和绳带与平衡重锤连接，绳带的拉力与浮子的重量及浮力平衡，从而保证浮子处于平衡状态而漂在液面上。设圆柱形浮子的外直径为 D，浮子浸入液体的高度为 h，液体密度为 ρ，则浮子所受到的浮力为

$$F = \frac{\pi D^2}{4} h \rho g \quad (9\text{-}4)$$

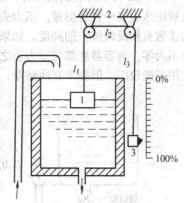

图 9-4 浮子重锤液位计
1—浮子 2—滑轮 3—平衡重锤

2. 浮筒式液位计

浮筒式液位计属于变浮力液位计，原理图如图 9-5 所示。其典型敏感元件为浮筒，当被测液面位置发生变化时，浮筒被浸没的体积发生变化，因而所受的浮力也发生了变化。通过测量浮力变化确定液位变化量的大小。

将一截面积为 A，质量为 m 的圆筒形空心金属浮筒悬挂在弹簧上，由于弹簧的下端被固定，弹簧因浮筒的重力被压缩。当浮筒的重力与弹簧力达到平衡时，则有

$$W - F = K x_0$$

即

$$mg - AH\rho g = K x_0 \quad (9\text{-}5)$$

式中，K 为弹簧的刚度系数；x_0 为弹簧由于浮筒重力被压缩所产生的位移。

这里以液面刚刚接触浮筒处为液面零点。当浮筒的一部分被液体浸没时，浮筒受到液体对它的浮力作用向上移动。当浮力与弹簧力和浮筒的重力平衡时，浮筒停止移动。若液面升高了 ΔH，浮力增加，浮筒由于向上移动，浮筒上下移动的距离即弹簧的位移改变量为 Δx，浮筒实际浸在液体里的高度为 $H + \Delta H - \Delta x$，则力平衡方程为

$$mg - A(H + \Delta H - \Delta x)\rho g = K(x_0 - \Delta x) \quad (9\text{-}6)$$

则

$$\Delta H = \left(1 + \frac{K}{A\rho g}\right)\Delta x \quad (9\text{-}7)$$

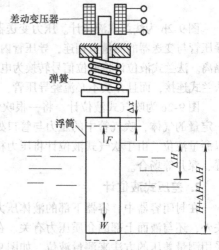

图 9-5 浮筒式液位计原理

从上式可以看出,当液位发生变化时,浮筒产生的位移量与液位高度成正比。检测弹簧变形有很多转换方法,常用的有差动变压器式、扭力矩力平衡式等。在浮筒的连杆上安装一铁心,并随浮筒一起上下移动,通过差动变压器使输出电压与位移成正比关系。也可将浮筒所收到的浮力通过扭力管达到力矩平衡,把浮筒的位移量变成扭力矩的角位移,进一步用其他转换元件转换为电信号,构成一个完整的液位计。

9.2.3 超声波式液位检测

超声波式液位计按照传声介质不同,可分为固介式、气介式和液介式三种,按探头的工作方式可分为自发、自收单探头方式和收发分开的双探头方式。相互组合可以得到六种超声波液位计。在实际测量中,有时液面会有气泡、悬浮物、波浪或沸腾,引起反射混乱,产生测量误差,因此在复杂情况下宜采用固介式液位计。

设超声波探头到液面的距离为 H,波的传播速度为 c,从发射超声波至接收到反射波的时间间隔为 Δt,则

$$H = \frac{1}{2}c\Delta t \tag{9-8}$$

要想通过测量超声波传播时间来确定液位,声速 c 必须恒定。实际上声速随介质及其温度变化而变化,为了准确地测量液位,对于一定的介质,必须对声速进行校正。对于液介式的声速校正的方法有校正具校正声速法、固定标记校正声速法和温度校正声速法。对于气介式的声速校正一般采用温度校正法,即采用温度传感器测量出仓或罐的温度,根据声速与温度之间的关系计算出当时的声速,再根据式(9-8) 求出液位 H。

空气中声速 c 与温度 T 之间的关系为

$$c = 331.3 + 0.6T \tag{9-9}$$

图 9-6 为基于单片机的超声波液位计的原理框图,该液位计以单片机为核心,进行超声波的发射、接收控制和数据处理,具有声速补偿功能及自动增益控制功能。

单片机根据量程确定发射周期,输出脉冲信号,此信号使发射电路发出一串高频(10~40kHz)电脉冲,经功率放大后,加到探头上,探头发出的超声波到达液面,发射后又回到探头,探头将接收到的超声

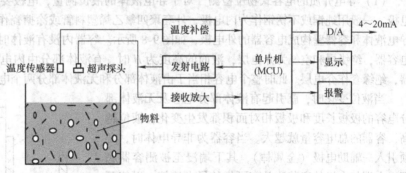

图9-6 基于单片机的超声波液位计原理框图

波能转换成电信号,经放大后,送入单机片的中断口。单片机对超声波从发射到接收所需的时间计时,同时测量现场环境温度,按式(9-8) 和式(9-9) 计算出探头到液面的高度 H,将料仓的高度减去 H 就可以得到液位的高度。

超声波液位计测量液位时与介质不接触,无可动部件,传播速度比较稳定,对光线、质黏度、湿度、介电常数、电导率、热导率不敏感,因此可以测量有毒、腐蚀性或高黏度等特殊场合的液位。超声波液位计既可以连续测量和定点测量液位,也可以方便地提供遥测或遥控信号,还能够测量高速运动或有倾斜晃动的液体液位,如置于汽车、飞机、轮船中的液位。但结构复杂,价格昂贵,测量时对温度比较敏感,温度的变化会引起声速的变化,因此为了保证超声波物位计的测量精度,应进行温度补偿。

9.2.4 电容式液位检测

1. 检测原理

电容式液位检测是利用敏感元件直接将物位变化转换为电容量的变化。电容式液位检测的敏感元件一般多使用由两个同轴圆筒电极组成的电容器,两电极间物位变化时,电容值也发生变化,其检测原理图如图9-7所示。设电容器的长度为L,外电极内径为D,内电极外径为d,当两个圆筒间一部分充以介电常数为ε_1的介质,另一部分被介电常数为ε_2的被测介质所淹没,设被淹没电极的长度为H,则此时的电容量为

$$C = C_1 + C_2 = \frac{2\pi\varepsilon_1(L-H)}{\ln(D/d)} + \frac{2\pi\varepsilon_2 H}{\ln(D/d)} \quad (9-10)$$

相对于被测介质高度$H=0$时的初始电容C_0,电容的变化量为

$$\Delta C = C - C_0 = \frac{2\pi(\varepsilon_2-\varepsilon_1)}{\ln(D/d)}H \quad (9-11)$$

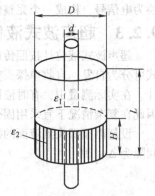

图9-7 同心圆柱式电容器物位检测原理

式(9-11)表明,当圆筒形电容器的尺寸L、D和d保持不变,而且介电常数ε_1和ε_2也不变时,电容器的电容变化量ΔC与电极间被测介质所淹没的高度H之间成正比关系,测量电容变化量即可得知物位。两种介质的介电常数的差值$\varepsilon_2-\varepsilon_1$越大,电容变化量$\Delta C$也越大,测量的相对灵敏度就越高。

2. 导电介质和非导电介质的电容式物位检测

电容式物位检测对介质本身性质的要求不像其他方法那样严格,可用于导电介质和非导电介质以及两种介电常数不同的非导电液体之间的界面测量,也可以测量倾斜晃动及高速运动的容器的液位,不仅可以进行液位控制,还能用于连续测量,因此在液位测量中地位比较重要。

(1) 导电介质的电容式物位检测 对于导电液体的液位测量,电极要用绝缘物覆盖作为中间电极,一般用纯铜或不锈钢作为内电极,外套聚四氟乙烯塑料管或涂搪瓷作为中间绝缘层介质,而导电液体和容器壁构成电容器的外电极,如图9-8所示。容器内没有液体时,内电极和容器壁组成电容器,绝缘层和空气为介电层,液面的高度为H时,有液体部分由内电极和导电液体构成电容器,绝缘套作介电层。此时整个电容相当于由液体部分和无液体部分两个电容的并联。

当液位变化时,就引起有液体部分电容及无液体部分电容的极板长度和极板相对面积都发生变化;液位越高,容器的总电容量就越大。当容器为非导电体时,必须引入一辅助电极(金属棒),其下端浸至被测容器底部,上端与电极的安装法兰有可靠的导电连接,以使两电极中有一个与大地及仪表地线相连,保证仪表的正常测量。应注意,如液体是黏滞介质,当液体下降时,由于电极套管上仍黏附一层被测介质,会造成虚假的液位示值,使仪表所显示的波位比实际液位高。

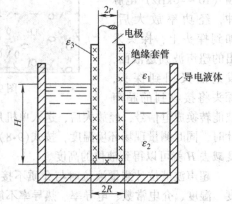

图9-8 导电液体液位测量示意图

(2) 非导电介质的电容式物位检测 当测量非导电液体,如轻油、某些有机液体以及液态气体的液位时,若容器为非金属容器,或容器直径D很大时,可采用一个金属内电极,外部套上一根金属管(如不锈钢),两者彼此用绝缘固定端板支撑固定,以被测介质为中间绝缘物质构成同轴套管筒形电容器,如图9-9所示。绝缘固定端板上有小孔,外套管上也有孔和槽,以便被测液体自由地流进或流出。也可以在容器中心设金属内电极而由

金属容器壁作为外电极，构成同心电容器，如图 9-10 所示。由式(9-11) 可知，电极浸没的高度 H 与电容量 ΔC 成正比关系，因此测出电容增量的数值便可知道液位的高度。

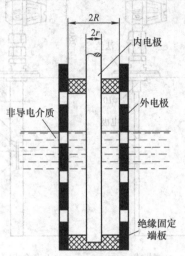

图 9-9　非导电液体液位测量

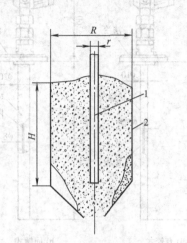

图 9-10　非导电固体料位测量
1—金属棒内电极　2—容器壁

当测量粉状非导电固体料位和黏滞非导电液体液位时，可采用光电极直接插入圆筒形容器的中央，将仪表地线与容器相连，以容器作为外电极，物料或液体作为绝缘物质构成圆筒形电容器，其测量原理与上述相同。

电容式液位计一般不受真空、压力、温度等环境的影响，安装方便，结构牢固，易维修，价格较低。但当介质的介电常数随温度等影响而变化，介质在电极上有沉积或附着，介质中有气泡等产生时，电容式液位计就不适用。

3. 电容式物位传感器的结构样式

由于被测介质有导电与非导电之分，同时介质容器的材料也有导体与非导体的区别等，常用的电容式物位检测用传感电极有如图 9-11 所示几种类型（图中 L = 测量范围 + 110mm）。实际当中，根据被测介质的不同，选用不同形式的测量传感器。

（1）被测介质为非导电介质时

1）直接将裸金属管电极插入非导电待测液体中，金属容器作为外电极，如图 9-11c 所示。

2）当容器为非金属，或容器直径 D 远远大于电极直径 d 时，可采用同轴电极结构，如图 9-11b 所示。

（2）被测介质为导电介质时

1）若容器为导体时电容器的外电极可借助于容器引出，电极的有效长度即为导电液体的液位高度。这样的电极结构为套管式，如图 9-11a 所示。

2）若容器为非导电体时必另加辅助电极（铜棒），下端浸至被测容器底部，上端要与电极的安装法兰有可靠的导电联结。两电极中要有一个与大地及仪表地线相连，保证测电容的仪表能正常工作。这样的电极结构为复合式，如图 9-11d 所示。

3）在测量黏性导电介质时，由于介质黏附电极相当于增加了液位的高度，会出现虚假液位，导致测量误差。消除虚假液位常用的方法有：一是尽量选用与被测介质亲和力较小的套管及涂层材料，这是最理想的方法。目前常用聚四氟乙烯或聚四氟乙烯加六氟丙烯的套管。二是采用隔离型电极，如图 9-12 所示。

隔离型电极由同心的内电极和外电极组成，在外电极的下端有隔离波纹管，在波纹管和内

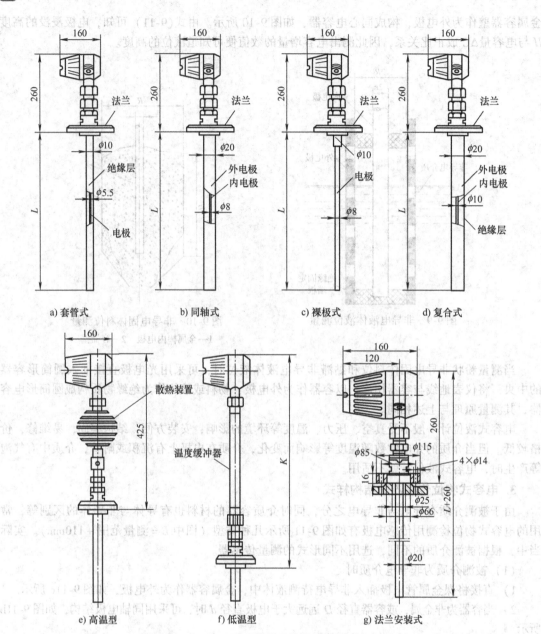

图 9-11 UYZ-50 型电容式液位传感器外形和安装

外电极之间充以部分非导电液体作为内充介质，内充介质应选用较高介电系数，黏性很小且不易受温度变化影响的液体。

当被测容器中黏性导电被测介质液位升高时，作用于波纹管的压力增大，波纹管受压体积缩小，因而内外电极间液体的液位升高，改变了内外电极的电容量，测出此电容量的变化，就可知道容器的液位，而容器中被测黏性导电介质在外电极的黏附（即虚假液位）对测量结果影响很小，可以不计。

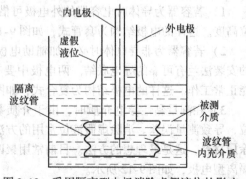

图 9-12 采用隔离型电极消除虚假液位的影响

4. 电容物位转换器

电容式物位计主要由电极（传感器）和电容检测电路（转换器后显示仪表）组成。由于电容的变化量很小，因此准确测量电容量的大小是液位测量的关键。目前在液位检测中，常见的电容检测方法主要有交流电桥法、充放电法和谐振电路法等，这些转换电路将传感器的电容变化量转换成 DC 0~10mA 或 DC 4~20mA 的标准信号输出，实现远距离传送。

图 9-13 所示是环形二极管电桥充放电电容转换电路。二极管 VD_1~VD_4 依次相接组成闭合环形电桥。频率为 f 的矩形波电压加在电桥的 A 端。C_x 是电容物位传感器，C_0 是用来平衡传感器起始分布电容 C_{x0} 的可变电容器，用以调节零点。电桥对角线 AC 间接微安电流表，与之并联的电容 C_m 作滤波用。

为了便于说明环形二极管电桥的原理，可略去二极管的正向压降，也不考虑起始截止区。对于微安表则认为其内阻很小，而且并联的电容 C_m 很大。当矩形波由低电位 U_1 跃变到高电位 U_2 时，C_x 和 C_0 同时被充电，它们的端电压都升高到 U_2。C_x 的充电途径由 VD_1 到 C_x；C_0 的充电途径是先经微安表及与之并联的电容 C_m，再经 VD_3 到 C_0。充电过程中，VD_2、VD_4 截止。矩形波达到平顶后充电结束，4 个二极管全部截止。充电期间由 A 点流向 C 点的电荷量为 $C_0(U_2-U_1)$。当矩形波由 U_2 降到 U_1 时，C_x 和 C_0 同时放电。C_x 的放电途径是经 VD_2、微安表和 C_m 返回 A 点，而 C_0 则经 VD_4 放电。放电过程中，VD_1 和 VD_3 都截止。在矩形波底部平坦部分放电结束，4 个二极管又全部截止。放电期间由 C 点流向 A 点的电荷量为 $C_x(U_2-U_1)$。充电和放电的途径分别由实线箭头和虚线箭头如图 9-13 所示。

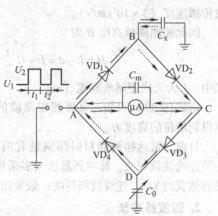

图 9-13 环形二极管电桥

在 C_x 和 C_0 被充电以及它们放电的过程中，流过微安表的平均电流 I 为

$$I = fC_x(U_2-U_1) - fC_0(U_2-U_1) = f(U_2-U_1)(C_x-C_0) = f\Delta U\Delta C \tag{9-12}$$

当被测物位 $H=0$ 时，调整 $C_0=C_x$，使上式 $I=0$。当有物位时，引起 ΔC 变化，I 与 ΔC 成正比，因而 I 与 H 成正比。将电流 I 经适当电路处理变为标准电流信号，就构成了电容式物位变送器。

因为图 9-13 中微安表不接地，不利于和电子放大线路配合，而且引线分布电容会带来误差，所以实用的电桥电路需要改进。改进的环形二极管电桥电路如图 9-14 所示。将微安表经过电感 L_2 接在 C 点与地之间，并把 A 通过 L_1 与地相连。这样就使直流分量 I 通过微安表，而交流分量仍从 C_m 上通过，电路有了对地输出端，因而便于输出电流的放大。同时在矩形波输入端加入串联电容 C_d，以隔断直流通路。

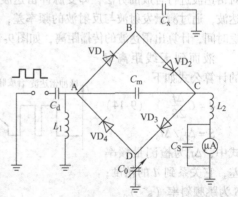

图 9-14 改进的环形二极管电桥电路

9.2.5 微波式液位检测

电磁波的波长在 1mm 到 1m 波段的称为微波。微波与无线电波比较，其特点是具有良好的定向辐射性，并且具有良好的传输特性，在传输过程中受火焰、灰尘、烟雾及强光的影响极小。介质对微波的吸收与介质的介电常数成比例，水对微波的吸收最大。基于上述特点，便可用微波法

对物位进行测量。当前广泛应用于石化领域的雷达式物位计就是一种采用微波技术的物位测量仪表。它没有可动部件、不接触介质、没有测量盲区，可以用于对大型固定顶罐、浮顶罐内腐蚀性液体、高黏度液体、有毒液体的液位进行连续测量。而且测量精度几乎不受被测介质温度、压力、相对介电常数及其易燃易爆等恶劣工况的限制。

1. 测量原理

雷达液位计的基本原理是雷达波由天线发出，抵达液面后反射，被同一天线接收，雷达波往返的时间 t 正比于天线到液面的距离。如图 9-15 所示，雷达波往返时间时间与物位距离关系为

$$t = 2d/C$$

式中，d 为被测介质界面与天线之间的距离（m）；C 为电磁波传播速度（3×10^5 km/s）。

因此被测液位高度 H 为

$$H = L - d = L - C\frac{t}{2} \qquad (9\text{-}13)$$

式中，L 为天线距罐底高度（m）。

由式(9-13) 可知，只要测得微波的往返时间 t，即可计算得到液位的高度 H。

目前，雷达探测器对时间测量有两种方式，即微波脉冲法及连续波调频法。脉冲测量法大多采用 5~6GHz 辐射频率，发射脉宽约 8ns；连续波调频法一般采用 10GHz 载波辐射频率，锯齿波宽带调频。

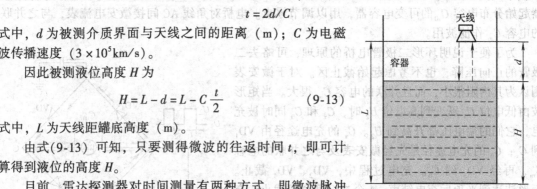

图 9-15 雷达液位计基本测量原理

2. 微波脉冲法

微波脉冲法的原理如图 9-16 所示。由发送器将脉冲发生器生成的一串脉冲信号通过天线发出，经液面反射后由接收器接收，再将信号传给计时器，从计时器得到脉冲的往返时间 t。用这种方法最大难点在于必须精确地测量时间 t，这是由于雷达波的传播速度非常快，而通过直接测量反射时间难以满足所要求的测量精度。通常采用对雷达波进行合成的方法，即变脉冲雷达波为合成脉冲雷达波，通过测量发射波与反射波的频率差，间接地求得往返时间，计算出雷达波的传播距离，如图 9-17 所示。

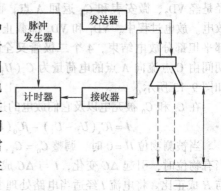

图 9-16 微波脉冲法的原理示意

液面到天线距离 d 的计算公式如下

$$d = C\frac{\Delta f}{2S} \qquad (9\text{-}14)$$

$$S = \Delta f_0 / \Delta t_0$$

式中，Δf 为检测量频率差，它关系到 d 的精度；S 为跳频斜率（s^{-2}）。

测量系统框图如图 9-18 所示。它主要包

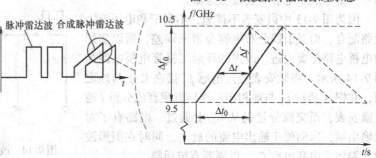

图 9-17 合成脉冲雷达波

括天线头、数据采集板 DAB、高频信号发生板 HFB 三部分组成。由测量原理可知，振荡器产生合成脉冲雷达波，由扫描控制决定 S 值；线性化使合成脉冲雷达波减少了干扰带来的波动；分配器将一束波分成互相隔离的两束波，B 波发射到基准天线（带有温度补偿），为自校正提供一个参考 Δf_1，然后经过采样 Δf_1，Δf 到微处理器，计算得出 d，d 为测量罐的空高度。

d 的其计算过程如下：设基准天线长度为 d_0，液面到天线距离为 d。

反射计 A：

$$d = v\frac{\Delta f}{2S} = kC\frac{\Delta f}{2S} \qquad (9-15)$$

式中，k 由传播介质和实际安装方式决定。

反射计 B：

$$d_0 = C\frac{\Delta f_1}{2S} \qquad (9-16)$$

由式(9-15) 和式(9-16) 得

$$d = d_0 k\frac{\Delta f}{\Delta f_1} \qquad (9-17)$$

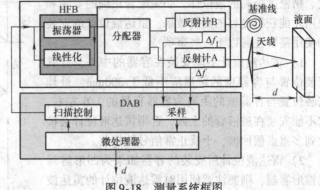

图 9-18 测量系统框图

式(9-17) 中，对于一确定测量介质和安装方式的雷达液位计，k 可认为是常数；d_0 为带有温度补偿的基准天线，其长度已知；分配器把雷达波分成两部分，而且这两部分互相隔离，互不影响；Δf_1 的测量是在具有工业防护的密封壳内，受外界影响很小。

3. 连续波调频法

连续波线性调频法雷达液位仪工作原理框图如图 9-19 所示。微波源是 x 波段（10GHz）的压控振荡器，它由锯齿控制电压产生扫描调频振荡信号，其微波信号经定向耦合器耦合部分信号送往混频器作为本地振荡信号。环形器将定向耦合器送来的信号全部传送到天线，由天线向被测液位表面辐射。从液位表面反射的微波信号又被天线接收，天线将接收信号送往环形器，再由环形器将天线接收的信号全部送往混频器。混频器对输入信号进行混频，产生差频信号 Δf_d，将差频信号再送往放大器，放大器将回波信号放大到规定的幅度后，送往数字信号处理器，数字信号处理器对输入信号进行采样和傅里叶变换，获得频谱特性。再由计算机进行检测和计算，最后输出液位信号，送往显示器进行液位显示。

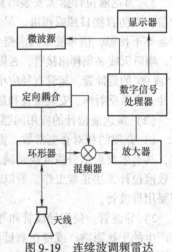

图 9-19 连续波调频雷达液位仪工作原理框图

图 9-20 所示为线性调频雷达液位仪测量原理波形。微波源产生的天线发射信号频率特性如图 9-20a 实线所示。天线接收的微波信号频率特性如虚线所示，接收信号相对发射信号延迟时间为 Δt，它与被测罐内液位空高 d 的关系为

$$d = \frac{v_P \Delta t}{2} \qquad (9-18)$$

式中，Δt 为接收信号延迟时间；v_P 为电磁波在传播路径上的传播（或传输）速度；d 为天线与液面平面间的距离（空高）。

经混频器产生的差频信号的频率特性如图 9-20b 所示，其差频频率 Δf_d 由下式表示：

$$\Delta f_d = \frac{\Delta F d}{T v_P} \qquad (9-19)$$

式中，Δf_d 为差频频率；ΔF 为发射信号调频带宽；T 为三角波调频扫描的半周期值。

回波信号的时间特性如图 9-20c 所示，回波信号的频谱特性如图 9-20d 所示。从中检测出差频频率值，由式(9-19) 可求出 d 值并计算出液位值，输出液位显示信号。

4. 雷达液位计的安装与使用

（1）雷达液位计的安装问题　雷达液位计的波束能量较低，在工业频率波段内都能够正常

工作，对人体和环境没有伤害。雷达液位计是精确度、精密度极高的液位计，必须配合正确的安装和使用才能获得良好的测量效果。雷达液位计的安装和使用需要注意以下一些事项：

1）雷达液位计不能安装在容器的中央，且其安装位置与容器壁的距离应不低于300mm，最佳安装位置与容器壁的距离为容器直径的1/6左右，也不能安装在进液管的上方，否则雷达液位计会接收到多重虚假回波，干扰正常信号的接收。

2）雷达液位计所安装的容器如果为凹形容器或锥形容器，则要注意使用时雷达液位计的雷达波束所达到的罐底最低点位置，若液位低于这一点则无法进行测量，因此应尽量对最低点位置进行调整，确保测量结果的正确性。

3）雷达液位计露天安装时建议安装不锈钢保护盖，以防直接日照或雨淋。尽量避开下料区、搅拌器等干扰源，信号波束内应避免安装任何装置，如限位开关、温度传感器等，提高信号的可信度。喇叭天线必须伸出接管，否则应使用天线延长管。若天线需要倾斜或垂直于罐壁安装，可使用45°或90°的延伸管。接管直径应小于或等于屏蔽管长度（100mm或250mm）。测量范围决定于天线尺寸、介质反射率、安装位置和最终的干扰发射，但天线探头下一般有0.3~0.5m的盲区。

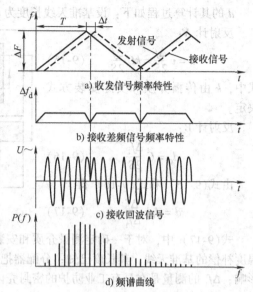

图9-20 线性调频雷达液位仪的测量原理波形

（2）雷达液位计的应用问题

1）介质的相对介电常数。雷达液位计发射的微波是沿直线传播的，在液面产生反射和折射后，其有效反射信号强度被衰减。当相对介电常数小到一定值时，会使微波有效信号衰减过大，导致液位计无法正常工作。所以，被测介质的相对介电常数必须大于产品所要求的最小值，否则需要用导波管。

2）导波管。使用导波管和导波天线，主要是为了消除有可能因容器的形状而导致多重回波所产生的干扰影响。或是在测量相对介电常数较小的介质液面时，用来提高反射回波能量，以确保测量准确度。当测量浮顶罐和球罐容器的液位时，一般要使用导波管。

3）温度和压力。微波传播速度决定于传播媒介的相对介电常数和磁导率，不受温度变化的影响。但对高温介质进行测量时，需要对传感器和天线部分采取冷却措施，以确保传感器在允许的温度范围内正常工作。

4）物料特性对测量的影响。液体介质的相对介电常数、液面湍流状态气泡大小等对微波有散射和吸收作用，从而造成微波信号的衰减，进而影响到液位计的正常工作。

9.3 料位检测

许多液位检测方法均可类似地用来测量料位或相界面，但是由于固体物料的状态特性与液体有些差别，因此料位检测既有其特有的方法，也有与液位检测类似的方法，但这些方法在具体实时时又略有差别。在实际应用中，料位检测包括重锤探测法、称重法、电学法、声学法等。

9.3.1 重锤探测法

重锤探测法原理示意图如图9-21所示。

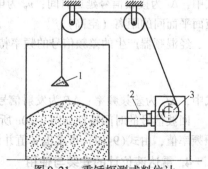

图9-21 重锤探测式料位计
1—重锤 2—伺服电动机 3—鼓轮

重锤连在与电动机相连的鼓轮上，电动机发讯使重锤在执行机构控制下动作，从预先定好的原点处靠自重开始下降，通过计数或逻辑控制记录重锤下降的位置；当重锤碰到物料时，产生失重信号，控制执行机构停转—反转，使电动机带动重锤迅速返回原点位置。

重锤探测法是一种比较粗略的检测方法，但在某些精度要求不高的场合仍是一种简单可行的测量方法，它既可以连续测量，也可进行定点控制，通常都是用于定期测定料位。

9.3.2 称重法

一定容积的容器内，物料重量与料位高度应当是成比例的，因此可用称重传感器或测力传感器测算出料位高低。图9-22为称重式料位计的原理图。

称重法实际上也属于比较粗略的测量方法，因为物料在自然堆积时有时会出现孔隙、裂口或滞留现象，因此一般也只适用于精度要求不高的场合。

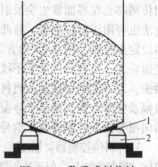

图9-22 称重式料位计
1—支承 2—称重传感器

9.3.3 电学法

电阻式和电容式物位计同样适用于料位检测，但传感器的安装方法与液位测量有些差别。

1. 电阻式物位计

电阻式物位计在料位检测中一般用作料位的定点控制，因此也称作电极接触式物位计。其测量原理示意图如图9-23所示。两支或多支用于不同位置控制的电极置于储料容器中作为测量电极，金属容器壁作为另一电极。测量时物料上升或下降至某一位置时，即与相应位置上的电极接通或断开，使该路信号发生器发出报警或控制信号。

接触电极式料位计在测量时要求物料是导电介质或本身虽不导电但含有一定水分能微弱导电；另外它不宜于测量粘附性的浆液或流体，否则会因物料的黏附而产生误信号。

2. 电容式料位计

电容式料位计测量原理示意图如图9-24所示。其应用非常广泛，不仅能测不同性质的液体，而且还能测量不同性质的物料，如块状、颗粒状、粉状、导电性、非导电性物料等。但是由于固体摩擦力大，容易"滞留"，产生虚假料位，因此一般不使用双层电极，而是只用一根电极棒。

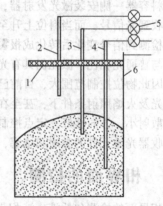

图9-23 电极接触式料位测量原理
1—绝缘套 2、3、4—电极
5—信号器 6—金属容器壁

电容式料位计在测量时，物料的温度、湿度、密度变化或掺有杂质时，会引起介电常数的变化，产生测量误差。为了消除这一介质因素引起的测量误差，一般将一根辅助电极始终埋入被测物料中。辅助电极与测量电极（也称主电极）可以同轴，也可以不同轴。设辅助电极长L_0，它相对于料位为零时的电容变化量C_{L_0}为

$$C_{L_0} = \frac{2\pi(\varepsilon - \varepsilon_0)}{\ln(D/d)} L_0 \qquad (9\text{-}20)$$

而主电极的电容变化量C_x，根据式(9-11)的表达式与上式相比得

$$\frac{C_x}{C_{L_0}} = \frac{H}{L_0} \qquad (9\text{-}21)$$

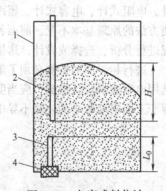

图9-24 电容式料位计
1—金属容器 2—测量电极
3—辅助电极 4—绝缘套

由于 L_0 是常数，因此料位变化仅与两个电容变化量之比有关，而介质因素波动所引起的电容变化对主电极与辅助电极是相同的，相比时被抵消掉，从而起到误差补偿作用。

9.3.4 声学法

上一节介绍过利用超声波在两种密度相差较大的介质间传播时会在界面发生全反射的特性进行液位测量，这种方法也可用于料位测量。除此以外，还可用声振动法进行料位定点控制。图9-25为音叉式料位信号器原理图，它是由音叉、压电元件及电子线路等组成。音叉由压电元件激振，以一定频率振动，当料位上升至触及音叉时，音叉振幅及频率急剧衰减甚至停振，电子线路检测到信号变化后向报警器及控制器发出信号。

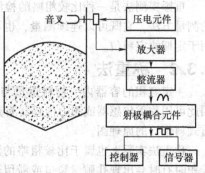

图9-25　音叉式料位控制原理

这种料位控制器灵敏度高，从密度很小的微小粉体到颗粒体一般都能测量，但不适于测量高黏度和有长纤维的物质。

9.3.5 光学法

光学法是一种比较古老的料位控制方法。一般只用来进行定点控制，工作方式采用遮断式。在储料容器一侧安装激光发射器，另一侧安装接收器，当料位未达到控制位置时接收器能够正常接收到光信号，而当料位上升至控制位置时，光路被遮断，接收器接收的信号迅速减小，电子线路检测到信号变化后转化成报警信号或控制信号。

与普通光相比，激光仍具有光的反射、透射、折射、干涉等特性，但它能量集中，发光强度大，因此物位控制范围大，目前已达20m。同时激光单色性强，不易受外界光线干扰，能用于强烈阳光及火焰照射条件下，甚至在1500℃的熔融物表面（如熔融玻璃）上亦能正常工作。激光光束散射小，方向性好，定点控制精度高。光学法测量料位最怕在粉料不断升降过程中对透光孔和接收器光敏元件的黏附和堵塞，因此光学法不宜用于黏性大的物料，对此必需认真对待。

9.4 相界面的检测

相界面的检测包括液—液相界面、液—固相界面的检测。液—液相界面检测与液位检测相似，因此各种液位检测方法及仪表（如压力式液位计、浮力式液位计、反射式激光液位计等）都可用来进行液—液相界面的检测。而液—固相界面的检测与料位检测相似，因此重锤探测式、吊锥式、称重式、遮断式激光料位计或料位信号器也同样可用于液—固相界面的检测控制。此外，电阻式计、电容式计、超声波物位计等均可用来检测液—液相界面和液—固相界面。各种检测方法的原理基本不变，前面各节已做了介绍，具体的实现方法上有些区别，需根据具体测量情况进行分析、选择或设计，这里不再赘述。

进行相界面的检测必须了解被测介质的物理性质，才能正确选择合适的测量方法。例如，若选用电阻式料位计检测，应当明确对被测介质的要求，即位于容器下部密度较大的一相导电，而浮于上面密度较小的一相不导电。

第 10 章 磁参量的检测

10.1 磁参量检测方法分类

现代科学技术的迅速发展，使磁性材料、电气设备和电力电子器件的应用日益广泛，电磁场对人体和生物的污染、对测量设备的干扰已倍受人们的关注，因此磁参数的测量也越显重要。近代磁测量的研究包括以下三个方面：对空间磁场、磁性材料性能的测量；物质的磁结构分析，物质在磁场中的各种磁效应测量；磁性测量在其他学科领域的应用。磁测量的直接应用包括测量磁场强度的各种磁场计，如地磁的测量，磁带、磁卡和磁盘的读出，磁性探伤，磁性诊断，磁控设备等。磁测量的间接应用包括把磁场作为媒介用以探测非磁信号的应用，如无接触开关、无触点电位器、电流计、功率计、线位移和角位移的测量等。除了电机、电器、仪表等行业外，磁测量技术广泛应用的科学技术领域实例有：农业上使用磁化水浇灌农作物；生物工程上测量蛋白质的磁性及物质结构；化学工程上用于测量催化剂的磁化率；医学上用于测量心脏磁场、绘制心电图、测血清磁化率；军事上用于测量弱磁并制成排雷、探潜等装置；地球上测量地磁变化、探矿、地震预报等；空间技术上用于测量星体周围磁场，对卫星通信和导弹制导等有重要意义；计算机的各种磁盘信息存储技术，生活上常见的音响和影像磁带、磁卡都是磁性材料高质量发展的结果。与之相应，磁测量技术和高精度的仪器仪表也得到了迅速的发展。

早期测量磁场方法是利用磁针在磁场中的自由振荡周期来测定地磁场的"磁强计"法。目前是通过电磁感应、固体内霍尔效应、磁阻效应、磁共振、约瑟夫逊器件、磁光效应等制成的磁性物理量传感器来检测的。不同用途的磁敏传感器对灵敏度、分辨率、线性度各有不同的要求，表 10-1 列举了磁敏传感器的主要类型。

表 10-1 磁敏传感器的主要类型

效应	种类和材料	特 征	应 用
电磁感应	检测线圈、倍频磁调制器	简单，精度低	长度测量器，接近传感器，扭力仪
磁共振	质子磁力计	精度高，结构复杂	测量磁场强度
超导体	超导量子干涉元件	高分辨率，需要超低温	检测生物体磁性
霍尔效应	霍尔器件，集成霍尔传感器	简单，价廉，受温度影响大	无刷电机，转速表
磁阻效应	磁敏电阻	简单，价廉	转速表，位置检测
磁光效应	BSO 磁场传感器	绝缘性能好，对环境适应性强	高电压电流计
磁性吸力	磁性簧片开关	简单，价廉	接近开关，位置检测

磁测量的内容包括磁场中磁通、磁位降、磁感应强度、磁场强度、磁导系数等的测量和磁性材料性能的测量。磁学原先使用的单位是绝对电磁单位制（CGSM），经过不断的演化，目前在工业中推荐采用国际单位制（SI）。表 10-2 列出了这两种单位制中单位名称、符号和换算关系。磁性材料性能的测量也是磁测量的一个重要内容，材料的磁性能与工作条件有关，在不同的外磁场（恒定、交变、低频、高频和脉冲）的条件下工作，显示出不同的磁化过程和动静态特性。限于篇幅，本章主要介绍磁通等磁性参数的测量与应用。

表 10-2 磁学量的度量单位

磁学量	CGSM		SI		换算关系
	单位名称	符号	单位名称	符号	
磁通 Φ	麦克斯韦	Mx	韦伯	Wb	$1\text{Wb} = 10^8 \text{Mx}$
磁感应强度 B	高斯	Gs	特斯拉	$T(=\text{Wb/m}^2)$	$1\text{T} = 10^4 \text{Gs}$
磁场强度 H	奥斯特	Oe	安/米	A/m	$1\text{A/m} = 4\pi \times 10^3 \text{Oe}$
磁导率 μ	真空磁导率 $\mu_0 = 1$		$\mu_0 = 4\pi \times 10^{-7}$	H/m	

10.1.1 电磁感应法测量磁场

电磁感应法是以电磁感应定律为基础的磁场测量方法。这类磁传感器是一个匝数为 N、截面积为 S 的探测线圈。探测线圈置于被测磁场 B 中,通过线圈与磁场的相对运动、旋转振动等使线圈中的磁通量发生变化,则探测线圈中将产生感应电动势。设 N 为线圈的匝数;S 为线圈的平均截面积;t 为磁场变化的时间,感应电动势的值可由下式计算:

$$e = -N \frac{d\varphi}{dt} \tag{10-1}$$

对上式测量的感应电动势进行时间积分,可求出磁感应强度 B 的变化量为

$$\Delta B = \frac{1}{NS} \int -e dt \tag{10-2}$$

1. 旋转线圈法

图 10-1 为旋转线圈法的工作原理图。若被探测磁场为直流磁场,电动机带动探测线圈以恒定角速度 ω 旋转,并使旋转轴线与磁场方向垂直,于是穿越线圈的磁通 Φ 发生变化,$\Phi = SB_m\sin\omega t$,则线圈的感应电动势为

$$e = -Nd\Phi/dt = -NS\omega B_m\cos\omega t \tag{10-3}$$

因此,感应电动势的有效值 E 为

$$E = 4.44 fNSB_m \tag{10-4}$$

式中,f 为交变磁场的变化频率,测出 E 值,就可间接得出磁场 B_m 值。由于式(10-4)根据的是发电机工作原理,这种检测方法又称旋转线圈法。

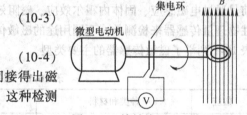

图 10-1 旋转线圈法工作原理图

旋转线圈法有较好的测量线性度,其灵敏度则可借助改变 ω 来调整,也可用交流放大得到提高。此方法用于测量恒定磁场,磁感应强度测量范围为 $10^{-8} \sim 10\text{T}$,误差为 $10^{-4} \sim 10^{-2}$。

应用探测线圈测得的磁感应强度实际上是探测线圈以内的平均值,用它测定空间磁场的分布时,线圈的尺寸应小于被测磁场的均匀范围;放置探测线圈时,须使线圈的轴线与磁场的轴线一致,否则会造成测量误差。探测线圈的引线应有良好的绝缘,两根引线应绞合在一起,以免外磁场在引线中感应附加电势产生误差。

2. 交变感应法

当被测磁场为交变磁场时,可将探测线圈置于磁场中的被测点,线圈中将产生感应电动势。

假设待测磁场为正弦交变磁场,$B = B_m\sin\omega t$,则通过线圈的磁通量同样有 $\Phi = SB_m\sin\omega t$,同样可得到感应电动势的有效值 $E = 4.44fNSB_m$。

如探测线圈的法线与磁场方向之间存在夹角 θ,则 $E = 4.44fNSB_m\cos\theta$。交变感应法还可以进一步确定磁场的方向,当感应电动势最小时,线圈的法线与磁场方向垂直。

3. 冲击检流计法

冲击检流计的结构与磁电系检流计基本相同,但是可动部分的转动惯量大。检流计测量脉

冲电流的工作过程如图10-2所示，分为两个阶段。

1) 脉冲电流阶段。脉冲电流所含的电量 Q 在极短的时间对检流计冲击。

2) 自由运动阶段。全部电量冲击后，可动部分自由振荡运动，最后衰减至初始位置。

按照冲击检流计理论，它的第一次最大偏转角与流过线圈的电量 Q 成正比

$$Q = C_q \alpha_{m1} \quad (10\text{-}5)$$

式中，C_q 为冲击检流计的电量冲击常数；α_{m1} 为冲击检流计第一次最大偏转角。

测量探测线圈的磁通量时，得要使该磁通量发生变化，如图10-3所示，使磁通从最大 $\Phi = NB_xS$ 变化到零，假设，在 dt 时间内探测线圈的磁通量变化 $d\Phi$，于是产生感应电动势和瞬时的感应脉冲电流 i

$$i = \frac{E}{R} = \frac{1}{R}\frac{d\Phi}{dt} \quad (10\text{-}6)$$

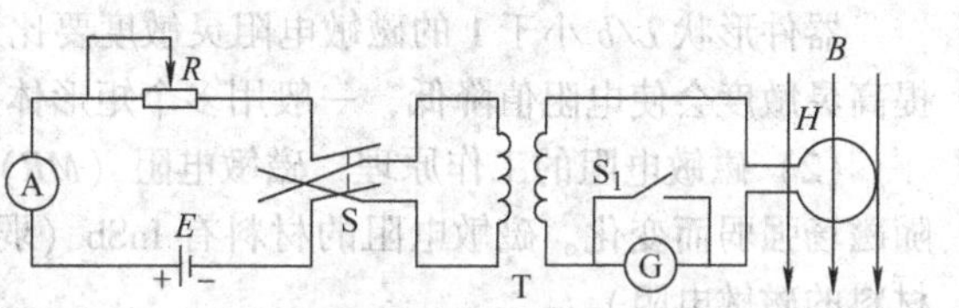

在磁通量变化的时间 t 内，通过冲击检流计的电量为

$$Q = \int_0^{t_0} i dt = \int_0^\Phi \frac{1}{R} d\Phi = \frac{NB_xS}{R} \quad (10\text{-}7)$$

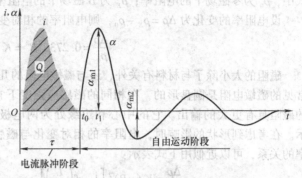

图 10-2 冲击检流计脉冲电流和偏转曲线

图 10-3 冲击电流计测量磁场原理

比较式(10-5)与式(10-7)得出

$$B_x = \frac{C_q R \alpha_{m1}}{NS} \quad (10\text{-}8)$$

式中，冲击检流计的磁通冲击常数 C_qR 也可表示为 C_Φ，它可以从产品说明书中获得，也可以借用标准互感器 T 测量得到。图10-3的开关合上后，T 的一次绕组中电流变化量为 Δi，二次绕组中的磁通变化量为 $\Delta \Phi = M \Delta I$。

此时通过冲击检流计的总电量为

$$Q' = \frac{\Delta \Phi}{R} = \frac{M \Delta I}{R} \quad (10\text{-}9)$$

并且 $Q' = C_q \alpha'_{m1}$，于是

$$C_q R = \frac{M \Delta I}{\alpha'_{m1}} \quad (10\text{-}10)$$

由于互感 M 是标准值，ΔI 可从安培计读出，再根据开关 S 接通时冲击检流计读出第一次最大偏转角 α'_{m1}，可以换算出检流计磁通冲击常数 C_qR。

10.1.2 磁效应元器件测磁

1. 磁敏电阻

(1) 磁阻效应 当通有电流的半导体或磁性金属薄片置于与电流垂直或平行的外磁场中，由于磁场的作用力加长了载流子运动的路径，使其电阻值加大的现象称为磁阻效应。20世纪末对于 InSb、InAs 等半导体材料的研究发现其具有明显磁阻效应之后，实用的磁敏电阻才得以问世。

在半导体中只有一种载流子时，磁阻效应几乎可忽略；当有两种载流子时，磁阻效应很强。磁阻中不仅出现电阻率与 B 有关，还出现电流的流动方向也与 B 有关的现象。在温度恒定和弱磁场作用的条件下，R 与 B^2 成正比。对于只有电子参与导电的最简单情况，磁阻效应可由下式表示：

$$\rho_E = \rho_0(1 + 0.273\mu^2 B^2) \tag{10-11}$$

式中，ρ_0 为零磁场下的电阻率；ρ_E 为 B 磁场下的电阻率；μ 为电子迁移率。

设电阻率的变化为 $\Delta\rho = \rho_E - \rho_0$，则电阻率的相对变化率为

$$\frac{\Delta\rho}{\rho_0} = 0.273\mu^2 B^2 = K(\mu B)^2 \tag{10-12}$$

磁阻的大小除了与材料有关外，还与磁敏电阻的几何形状有关，称为磁敏电阻的形状效应。常见的磁敏电阻是圆盘形的，在相同的磁感应强度下它相比其他形状的磁阻具有更大的输出。它的中心和边缘处为两电极，如图 10-4 所示。在考虑到形状的影响时，电阻率的相对变化与磁感应强度和迁移率的关系，可以近似用下式表示：

$$\frac{\Delta\rho}{\rho_0} = K(\mu B)^2 \left[1 - f\left(\frac{L}{b}\right)\right] \tag{10-13}$$

式中，L/b 是器件的长宽之比；$f\left(\dfrac{L}{b}\right)$ 是形状效应系数。

图 10-4　磁敏电阻形状

器件形状 L/b 小于 1 的磁敏电阻灵敏度要比形状为 L/b 大于 1 的灵敏度高。用形状的改进来提高灵敏度会使电阻值降低，一般用多个矩形体串联以获得几百欧到几千欧的实用电阻值。

（2）磁敏电阻的工作原理　磁敏电阻（MR）是利用磁阻效应构成的磁性传感器，它的阻值随磁场强弱而变化。磁敏电阻的材料有 InSb（弱磁材料的磁敏电阻）和 CoNi（镍化钴）（强磁材料的磁敏电阻）。

在弱磁场附近，灵敏度很低，需要对半导体磁敏电阻加偏磁，提高灵敏度，一般选用约 50mT 到几百毫特的永久磁铁提供偏磁。强磁体磁敏电阻一般不加偏置，但有时也加偏置以改善线性度。

InSb 常用来制作弱磁材料的半导体磁敏电阻，CoNi（镍化钴）用来制作强磁材料的磁敏电阻。

图 10-5a 所示为单个磁敏电阻的检测电路，温度特性较差；图 10-5b 是两个磁敏电阻串联方式的电路，其输出电压为

$$U_o = \frac{MR_1}{MR_1 + MR_2} U \tag{10-14}$$

式中，分母 $MR_1 + MR_2$ 与分子 MR_1 有同样的温度系数，可以互相抵消，改善了温度特性。U 的数值由稳压管的工作电压确定。磁阻元件的灵敏度是霍尔传感器的 10 倍。磁阻元件在磁性电话卡、公交卡中已经获得普遍应用。

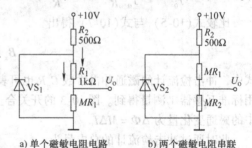

a) 单个磁敏电阻电路　　b) 两个磁敏电阻串联

图 10-5　磁敏电阻检测电路

2. 磁敏二极管和磁敏晶体管

（1）磁敏二极管的结构和工作原理　磁敏二极管的结构如图 10-6 所示，在高纯度锗或硅的两端分别做成高浓度掺杂的 P 型和 N 型区域，中间为长度较长的基区 v，因此磁敏二极管的 PN 结实际上是由 Pv 结和 vN 结共同组成。它们

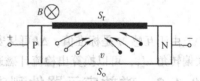

图 10-6　磁敏二极管的结构

与普通的二极管在结构上的不同之处是：普通二极管 PN 结的基区很短，以避免载流子在基区里复合；而磁敏二极管的 PN 结却有很长的基区，其长度大于载流子的扩散长度，同时其基区是由接近本征半导体的高阻材料构成。磁敏二极管主要有锗磁敏二极管和硅磁敏二极管两种，一般锗磁敏二极管用 $\rho = 40\Omega \cdot cm$ 左右的 P 型或 N 型单晶作基区（锗本征半导体的 $\rho = 50\Omega \cdot cm$），在它的两端有 P 型和 N 型锗，并引出，若 v 代表长基区，则其 PN 结实际上是由 Pv 结和 vN 结共同组成的。

在图 10-6 所示的磁敏二极管结构中，在基区 v 的上表面，通过喷砂法破坏晶格表面，使之形成载流子（空穴和电子）复合速率很高的薄层，该表面称为复合（recombination）面，用 S_r

表示此复合面的载流子复合速率。和复合面相对的下表面则是光洁面,载流子复合速率为 S_0,且 $S_r \gg S_0$。在上述 PN 结上施加正向电压,便会形成正向电流,即在 Pv 结向基区注入空穴,在 vN 结向基区注入电子。图中小圈代表空穴,黑点代表电子。

在垂直于纸面方向上有磁感应强度 B 时,电子和空穴受洛伦兹力作用,其运动路径都偏向上方的高复合区,如图中箭头所示。这样一来载流子复合速率加大了,空穴和电子一旦复合就失去导电作用,意味着基区的等效电阻加大,电流减小。反之,如果磁感应强度 B 的方向与原方向相反,会使载流子偏向下方的低复合区,基区等效电阻减小,电流加大。

(2) 磁敏二极管的特性和参数

1) 磁灵敏度。若将磁敏二极管接入图 10-7 所示的测试线路中,在一定的偏压源 U_s 和负载电阻下,在强度 $B=0.1T$ 的磁场中,磁敏二极管对磁场的感测灵敏度可用输出电压或偏置电流的相对磁灵敏度 h_{RU} 和 h_{RI} 表示,即

$$h_{RU} = \left| \frac{U_\pm - U_0}{U_0} \right| \times 100\% \quad (10\text{-}15)$$

$$h_{RI} = \left| \frac{I_\pm - I_0}{I_0} \right| \times 100\% \quad (10\text{-}16)$$

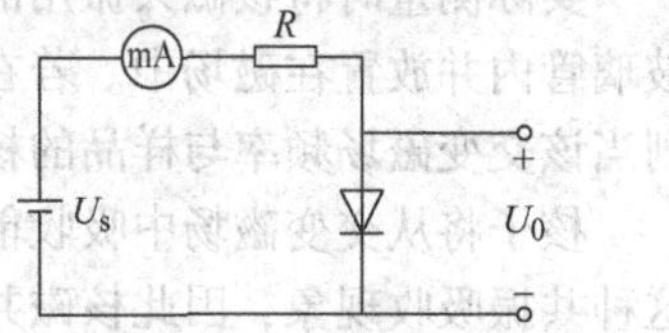

式中,$U_\pm$ 为外加磁场 $B = \pm 0.1T$ 时磁敏二极管两端的输出电压;U_0 为外加磁场 $B=0$ 时磁敏二极管两端的输出电压;$I_\pm$ 为外加磁场 $B = \pm 0.1T$ 时流经磁敏二极管的电流;I_0 为外加磁场 $B=0$ 时流经磁敏二极管的电流。

图 10-7 磁灵敏度 h_{RU}、h_{RI} 测试线路

为方便起见,习惯上也用绝对灵敏度 ΔU_+ 和 ΔU_- 表示,即

$$\Delta U_+ = (U_+ - U_0) \quad (10\text{-}17)$$

$$\Delta U_- = (U_- - U_0) \quad (10\text{-}18)$$

式中,U_+ 及 U_- 分别表示外加磁场 $B = +0.1T$ 及 $B = -0.1T$ 时磁敏二极管两端的输出电压。

锗磁敏二极管的磁灵敏度测试条件为 $U_s = 9V$,$R = 3k\Omega$,而硅磁敏二极管的 $U_s = 15V$,$R = 2\Omega$ 或 $U_s = 21V$,$R = 3k\Omega$。

上述测试方法比较方便,基本适应实际应用情况。使用时根据所选用的恒压源,参考测试条件给定的磁灵敏度,选择适当的负载电阻。

2) 温度特性。磁敏二极管的特性受温度的影响较大。锗磁敏二极管在 0~40℃ 的温度范围内,其两端电压的温度系数约为 -60mV/℃;硅磁敏二极管在 -20~120℃ 的温度范围内,其两端输出电压的温度系数为 +10mV/℃。锗磁敏二极管的磁灵敏度温度系数约为 -1%/℃,在温度大于 60℃ 时的灵敏度很低,不能应用。硅磁敏二极管的磁灵敏度温度系数约为 -6%/℃,它在 120℃ 时仍有极大的磁灵敏度。

3) 频率特性。磁敏二极管的频率特性由注入载流子在"基区"被复合和保持动态平衡的弛豫时间所决定。因为半导体的弛豫时间很短,所以有较高的响应频率。锗磁敏二极管的磁灵敏度截止频率约为 2kHz,而硅磁敏二极管的截止频率可达 100kHz。

(3) 磁敏晶体管

磁敏晶体管是一个 PNP 或 NPN 结构的晶体管,与普通晶体管不同之处是基区较长(长度大于载流子扩散长度),电流放大倍数小于1,一般为 0.05~0.1。在外加正磁场时,由于洛伦兹力的作用,使载流子向基极偏转,输送到集电极的电流减小,所以电流放大倍数减小;反之,外加反向磁场时,由于洛伦兹力的作用,使载流子向集电极偏转,输送到集电极的电流增大,所以电流放大倍数增大。磁敏晶体管的电流放大倍数随外加磁场变化,而且具有正反向磁灵敏度。使用时要注意外磁场方向要与磁敏感表面垂直,以获得最大的灵敏度。其灵敏度是霍尔传感器的 100~1000 倍。

3. 核磁共振法

磁性物质内具有磁矩的位子在直流磁场的作用下,其能级将发生分裂,当能级间的能量差

正好与外加交变磁场（其方向垂直于直流磁场）的量子值相同时，物质将强烈接受交变磁场的能量，并产生共振即为磁共振。它在本质上是能级间跃迁的量子效应，与物质的磁性有密切的关系。当磁矩来源于顺磁物质原子中的原子核时，此磁共振现象称为核磁共振。核磁共振法的原理是基于塞曼效应，即物质的原子核磁矩在恒定磁场中将绕着该磁场方向做进动，其进动频率为

$$\omega_0 = \gamma\mu_0 H_0 \tag{10-19}$$

式中，γ 为旋磁比，对于氢原子核，其值为 $2.67513 \times 10^8 Hz/T$，对于锂原子核，其值为 $1.03965 \times 10^8 Hz/T$；μ_0 为真空磁导率；H_0 为被测磁场强度。

由于磁共振的共振频率取决于磁场强度，因此可以制成磁传感器，用于高精度磁场强度的测量，其分辨率达 $10^{-7}T$，测量范围为 $5 \times 10^2 \sim 2 \times 10^6 A/m$，常用来校正标准磁场和用于磁场测量仪的校验仪器。

实际测量时将核磁共振用的样品（如掺一定浓度 $FeCl_3$ 的水、聚四氟乙烯和甘油等）密封于玻璃管内并放置在磁场中。若在垂直于恒定被测磁场 B_0 方向上，将样品加一个高频交变磁场，则当该交变磁场频率与样品的核子的进动频率相同时将发生共振现象。

核子将从交变磁场中吸收能量来维持共振，引起电压振幅突然下降，而使观察者容易看到这种共振吸收现象，因此核磁共振法也叫共振吸收法。

图 10-8 为核磁共振法测磁场的原理框图。该装置主要包括边缘振荡器、检波放大器、移相器、低频振荡器、频率器和示波器等。边缘振荡器产生可调高频交变磁场以寻找作为共振体的磁性样品的进动频率。低频振荡器（一般为 50Hz 工频交流）作为调制场线圈的一个励磁电源，该线圈提供与被测磁场同方向的叠加交变磁场，其目的是让共振吸收信号（图 10-9 中的下陷尖峰）周期性出现，以配合寻找共振吸收峰的位置（通常 $T_1 \neq T_2$），调节高频角频率 ω，当 $\omega = \omega_0$ 时，各吸收峰的时间间距将相等，即有 $T_1 = T_2$。图 10-9 为共振吸收峰的产生及其位置示意图，图中 $H_\sim$ 为低频交变磁场，H_0 为被测空间磁场，H 是高频角频率为 ω（$\omega \neq \omega_0$）时所对应的磁场强度（$H = \omega/(\mu_0\gamma)$）。

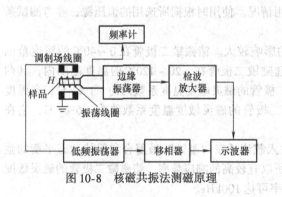

图 10-8 核磁共振法测磁原理

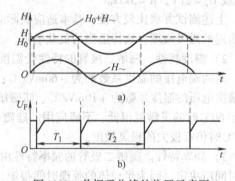

图 10-9 共振吸收峰的位置示意图

4. 磁光效应

置于外磁场中的物体，其光学特性（吸光与折射率等）在外磁场作用下发生变化的现象称为磁光效应。磁光效应有多种，例如磁光法拉第效应，它指的是平面偏振光（直线偏振光）通过带磁性的透光物体或通过在纵向磁场作用下的非旋光性物质时，其偏振光面发生偏转的现象。偏振光的旋转角与磁场强度成正比。运用磁光法拉第效应构成的测磁仪器可测 $5 \times 10^{-2}T$ 以下的磁感应强度，误差小于 1%，最高灵敏度可达 $5 \times 10^{-5}T$，频宽为 $3 \sim 750Hz$。这种方法还具有耐高压和无接地噪声感应等优点。

磁光的其他效应，如科顿—蒙顿（Cotton-Monton）效应，与光纤技术相结合构成了光纤电磁场传感器，具有高绝缘型和无感性，在高压电气系统中是最常用的检测器件。

5. 约瑟夫逊效应

约瑟夫逊（Josephson）效应是超导体的一种量子干涉效应。两块超导体之间放置厚度为 10^{-9}m 的极薄的绝缘层，组成超导隧道结（约瑟夫逊结），如图 10-10 所示。绝缘层的厚度远比超导电子相干长度（可达 10^{-6}m）小得多，所以绝缘层两侧的超导电子间就会发生耦合，呈现出超导电流的量子干涉效应，约瑟夫逊于 1962 年首创了此理论。

约瑟夫逊结在不外加电压或磁场时，有直流电流通过绝缘层，即超导电流能无电阻地通过极薄的绝缘层，称为直流约瑟夫逊效应。它的本质是部分电子因超导状态而形成具有超导性的凝聚态电子对（Cooper 对），此 Cooper 对进入绝缘层，使绝缘层也

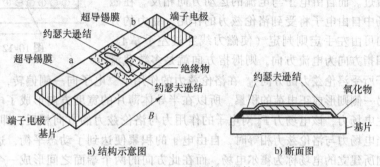

图 10-10 约瑟夫逊器件

具有弱超导性。当加上磁场时，超导电流的相位受到磁场明显的调制作用。超导电流和磁场 B 的关系出现类似衍射的图样。

约瑟夫逊效应的应用有电压标准、微波等的检测，超量子干涉器件 SQUID（Super Condoncting Quantum Interference Device），以及约瑟夫逊计算机等。SQUID 是利用直流约瑟夫逊效应制成的超导体环，可测量人体心脏和脑活动所产生的微小磁场变化，分辨率达 10^{-13}T，甚至更高。

图 10-11 所示的超导磁场传感器是由超导体的闭环开路将一个或两个约瑟夫逊结连接起来构成的。根据结构分别称为 RF-SQUID 或 DC-SQUID，它的工作原理是基于超导体中的电子对波

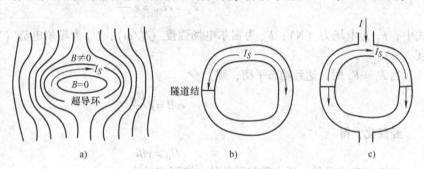

图 10-11 超导磁场传感器原理图

有很强的可干涉性。DC-SQUID 是含有两个特性一致的约瑟夫逊结并用直流电流驱动的超导环，它的磁通分辨率比 RF-SQUID 高，可以制作具有非常高灵敏度的磁通计。其中，图 10-11a 为受磁场作用的超导环；图 10-11b 是交流 SQUID，其超导环中仅有一个隧道结；图 10-11c 是直流 SQUID，其超导环中有两个隧道结。

除了前述磁效应测磁方法外，还有一类应用广泛的重要测磁方法是霍尔效应测磁方法，在 10.2 节中将详细叙述。

10.2 基于霍尔器件的磁场测量

10.2.1 霍尔器件工作原理

霍尔器件是霍尔传感器的敏感元件和转换元件，它是利用某些半导体材料的霍尔效应制成的。所谓霍尔效应是指置于磁场中的导体或半导体中通入电流时，若电流与磁场垂直，则在与磁场和电流都垂直的方向上出现一个电势差。

图 10-12 所示为一个 N 型半导体薄片，长、宽、厚分别为 L、l、d，在垂直于该半导体薄片平面的方向上，施加磁感应强度为 B 的磁场。在其长度方向的两个面上做两个金属电极，称为控制电极，并外加一电压 U，则在长度方向就有电流 I 流过。而自由电子与电流的运动方向相反。在磁场中自由电子将受到洛伦兹力的作用，受力的方向可由左手定则判定（使磁力线穿过左手掌心，四指方向为电流方向，则拇指方向就是多数载流子所受洛伦兹力的方向）。在洛伦兹力的作用下，电子向一侧偏转，使该侧形成负电荷的积累，另一侧则形成正电荷的积累。所以在半导体薄片的宽度方向形成了电场，该电场对自由电子产生电场力，该电场力 F_E 对电子的作用力与洛伦兹力的方向相反，即阻止自由电子的继续偏转。当电场力与洛伦兹力相等时，自由电子的积累便达到了动态平衡，这时在半导体薄片的宽度方向所建立的电场称为霍尔电场，而在此方向的两个端面之间形成一个稳定的电势，称为霍尔电势 U_H。上述洛伦兹力 F_L 的大小为

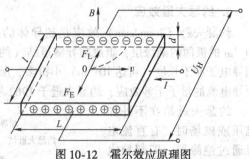

图 10-12 霍尔效应原理图

$$F_L = evB$$

式中，F_L 为洛伦兹力（N）；e 为电子电量，等于 1.602×10^{-19} C；v 为电子速度（m/s）；B 为磁感应强度（Wb/m²）。

电场力的大小为

$$F_E = eE_H = e\frac{U_H}{l}$$

式中，F_E 为电场力（N）；E_H 为霍尔电场强度（V/m）；U_H 为霍尔电势（V）；l 为霍尔器件宽度（m）。

当 $F_L = F_E$ 时，达到动态平衡，则

$$evB = e\frac{U_H}{l}$$

经简化，得

$$U_H = vBl \tag{10-20}$$

对于 N 型半导体，通入霍尔器件的电流可表示为

$$I = nevld \tag{10-21}$$

式中，d 为霍尔器件厚度（m）；n 为 N 型半导体的电子浓度（1/m³）；其余符号意义同上。

由式(10-21)得

$$v = \frac{I}{neld} \tag{10-22}$$

将式(10-22)代入式(10-20)得

$$U_H = \frac{IB}{ned} = \frac{R_H IB}{d} = K_H IB \tag{10-23}$$

式中，K_H 为霍尔器件的乘积灵敏度，$K_H = \frac{1}{ned}$；R_H 为霍尔灵敏系数，$R_H = \frac{1}{ne}$。

由式(10-23)知，霍尔电势与 K_H、I、B 有关。当 I、B 大小一定时，K_H 越大，U_H 越大。显然，一般希望 K_H 越大越好。

而乘积灵敏度 K_H 与 n、e、d 成反比。若电子浓度 n 较高，则使得 K_H 太小；若电子浓度 n 较小，则导电能力就差。所以，希望半导体的电子浓度 n 适中，而且可以通过掺杂来获得所希望的

电子浓度。一般来说，都是选择半导体材料来做霍尔器件的。此外，厚度 d 选择得越小，K_H 越高；但霍尔器件的机械强度下降，且输入/输出电阻增加。因此，霍尔器件不能做得太薄。

式（10-23）是在磁感应强度 B 与霍尔器件垂直的条件下得出来的。若磁感应强度 B 与霍尔器件平面的法线成一角度 θ，则输出的霍尔电势为

$$U_H = K_H I B \cos\theta \tag{10-24}$$

上面讨论的是 N 型半导体，对于 P 型半导体，其多数载流子是空穴，同样也存在着霍尔效应。用空穴浓度 p 代替电子浓度 n，同样可以导出 P 型霍尔器件的霍尔电势表达式为

$$U_H = K_H I B \quad 或 \quad U_H = K_H I B \cos\theta$$

式中，$K_H = \dfrac{1}{ped}$。

注意：采用 N 型或 P 型半导体，其多数载流子所受洛伦兹力的方向是一样的，但它们产生的霍尔电势的极性是相反的。所以，可以通过实验判别材料的类型。在霍尔传感器的使用中，若能通过测量电路测出 U_H，那么只要已知 B、I 中的一个参数，就可求出另一个参数。

10.2.2　霍尔器件的基本结构和主要特性参数

1. 基本结构

用于制造霍尔器件的材料主要有 Ge（锗）、Si（硅）、InAs（砷化铟）和 InSb（锑化铟）等。采用锗和硅材料制作的霍尔器件，具有霍尔灵敏系数高、加工工艺简单的特点，它们的霍尔灵敏系数分别为 4.25×10^3 和 2.25×10^3（单位：cm³/C）。采用砷化铟和锑化铟材料制作的霍尔器件，它们的霍尔灵敏系数相对要低一些，分别为 350cm³/C 和 1000cm³/C，但它们的切片工艺好，采用化学腐蚀法可将其加工到 $10\mu m$，且具有很高的霍尔灵敏系数。

霍尔器件的结构、符号及外形如图 10-13 所示。图中所示的矩形霍尔薄片称为基片，在其相互垂直的两组侧面上各装一组电极：电极 1、1′用于输入激励电压或激励电流，称为激励电极；电极 2、2′用于输出霍尔电势，称为霍尔电极。基片长宽比取 2 左右，即 $L:l = 2:1$，霍尔电极宽度应选小于霍尔器件长度且位置应尽可能地置于 $L/2$ 处。将基片用非导磁金属或陶瓷或环氧树脂封装，就制成了霍尔器件。霍尔器件的电路符号如图 10-13c 所示。其典型的外形如图 10-13d 所示，一般激励电流引线端以红色导线标记，霍尔电势输出端以绿色导线标记。国内常用的霍尔器件种类很多，表 10-3 列出了部分国产霍尔器件的有关参数，供选用时参考。

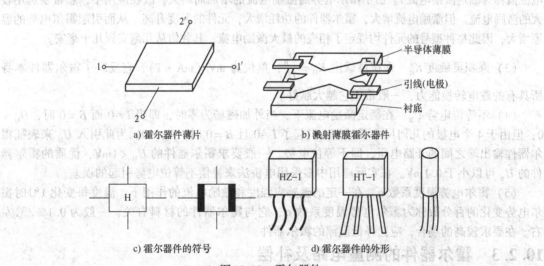

a) 霍尔器件薄片　　b) 溅射薄膜霍尔器件

c) 霍尔器件的符号　　d) 霍尔器件的外形

图 10-13　霍尔器件

表 10-3　常用霍尔器件的参数

参数名称	符号	单位	HZ-1 型	HZ-2 型	HZ-3 型	HZ-4 型	HT-1 型	HT-2 型	HS-1 型
						材料（N 型）			
			Ge (111)	Ge (111)	Ge (111)	Ge (100)	InSb	InSb	InAs
电阻率	ρ	$\Omega \cdot cm$	0.8~1.2	0.8~1.2	0.8~1.2	0.4~0.5	0.003~0.01	0.003~0.05	0.01
几何尺寸	$L \times l \times d$	mm	$8 \times 4 \times 0.2$	$4 \times 2 \times 0.2$	$8 \times 4 \times 0.2$	$8 \times 4 \times 0.2$	$6 \times 3 \times 0.2$	$8 \times 4 \times 0.2$	$8 \times 4 \times 0.2$
输入电阻	R_i	Ω	110 ($1 \pm 20\%$)	110 ($1 \pm 20\%$)	110 ($1 \pm 20\%$)	45 ($1 \pm 20\%$)	0.8 ($1 \pm 20\%$)	0.8 ($1 \pm 20\%$)	1.2 ($1 \pm 20\%$)
输出电阻	R_o	Ω	100 ($1 \pm 20\%$)	100 ($1 \pm 20\%$)	100 ($1 \pm 20\%$)	40 ($1 \pm 20\%$)	0.5 ($1 \pm 20\%$)	0.5 ($1 \pm 20\%$)	1 ($1 \pm 20\%$)
灵敏度	K_H	mV/(mA·T)	>12	>12	>12	>4	1.8 ($1 \pm 20\%$)	1.8 ($1 \pm 20\%$)	1 ($1 \pm 20\%$)
不等位电阻	R_M	Ω	<0.07	<0.05	<0.07	<0.02	<0.05	<0.05	<0.03
寄生直流电压	U_0	μA	<150	<200	<150	<100			
额定控制电流	I_c	mA	20	15	25	50	250	300	200
霍尔电势温度系数	α	1/℃	0.04%	0.04%	0.04%	0.03%	-1.5%	-1.5%	
输出电阻温度系数	β	1/℃	0.5%	0.5%	0.5%	0.3%	-0.5%	-0.5%	
热阻	R_Q	℃/mW	0.4	0.25		0.1			
工作温度		℃	-40~45	-40~45	-40~45	-40~75	0~40	0~40	-40~60

2. 主要特性参数

（1）输入电阻 R_i 和输出电阻 R_o　霍尔器件两激励电极端之间的直流电阻称为输入电阻 R_i，两霍尔电势输出端之间的电阻称为输出电 R_o。R_i 和 R_o 是纯电阻，可用直流电桥或欧姆表直接测量。R_i 和 R_o 均随温度的改变而改变，一般为几欧姆到几百欧姆。

（2）额定激励电流 I 和最大激励电流 I_M　霍尔器件在空气中产生 10℃ 的温升时所施加的激励电流值称为额定激励电流 I。由于霍尔电势随激励电流的增加而增大，故在应用中，总希望选用较大的激励电流。但激励电流增大，霍尔器件的功耗增大，元件的温度升高，从而引起霍尔电势的温漂增大，因此每种型号的元件均规定了相应的最大激励电流，其数值从几毫安到几十毫安。

（3）乘积灵敏度 K_H　乘积灵敏度 $K_H = \dfrac{U_H}{IB}$，单位为 mV/(mA·T)，它反映了霍尔器件本身所具有的磁电转换能力，一般希望它越大越好。

（4）不等位电势 U_M　在额定激励电流下，当外加磁场为零时，即当 $I \neq 0$ 而 $B = 0$ 时，$U_H = 0$；但由于 4 个电极的几何尺寸不对称，引起了 $I \neq 0$ 且 $B = 0$ 时，$U_H \neq 0$。为此引入 U_M 来表征霍尔器件输出端之间的开路电压，即不等位电势。一般要求霍尔器件的 $U_M < 1mV$，优质的霍尔器件的 U_M 可以小于 0.1mV。在实际应用中多采用电桥法来补偿不等位电势引起的误差。

（5）霍尔电势温度系数 α　在一定的磁感应强度和激励电流的作用下，温度每变化 1℃ 时霍尔电势变化的百分数称为霍尔电势温度系数 α，它与霍尔器件的材料有关，一般为 0.1%/℃ 左右。在要求较高的场合，应选择低温漂的霍尔器件。

10.2.3　霍尔器件的测量电路及补偿

1. 基本测量电路

霍尔器件的基本测量电路如图 10-14 所示。在图示电路中，激励电流由电源 E 供给，调节可变电阻可以改变激励电流 I，R_L 为输出的霍尔电势的负载电阻，它一般是显示仪表、记录装置、放大器电路的输入电阻。由于霍尔电势建立所需要的时间极短，为 $10^{-14} \sim 10^{-12}$ s，因此其频率响应范围较宽，可达 10^9Hz 以上。

在实际应用中，I 或 B 作为信号输入，或两者同时作为信号输入，输出信号则正比于 I 或 B，或两者的乘积。

霍尔器件的输出电压一般较小，一般需要用放大电路将其进行放大处理。为了获得较好的放大效果，通常采用差分放大电路，如图 10-15 所示。

使用一个运算放大器时，霍尔器件的输出电阻可能会大于运算放大器的输入电阻，从而产生误差，为了消除这一误差，通常采用图 10-16 所示的电路来实现。

2. 温度误差的补偿

霍尔器件属于半导体材料元件，必然对温度比较敏感。温度的变化对霍尔器件的输入/输出电阻，以及霍尔电势都有明显的影响。

由不同材料制成的霍尔器件的内阻（输入/输出电阻）与温度的关系曲线如图 10-17 所示。由图示关系可知，锑化铟材料的霍尔器件对温度最敏感，其温度系数最大，特别在低温范围内更明显，并且是负的温度系数；其次是硅材料的霍尔器件；再次是锗材料的霍尔器件，其中 Ge(HZ-1, 2, 3) 在 80℃ 左右有个转折点，它从正温度系数转为负温度系数，而 Ge(HZ-4) 的转折点在 120℃ 左右。而砷化铟的温度系数最小，所以它的温度特性最好。

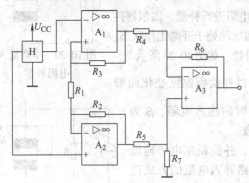

图 10-16　三个运算放大器的放大电路

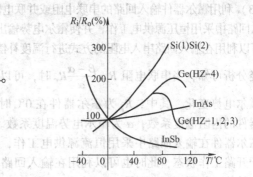

图 10-17　内阻与温度关系曲线

各种材料的霍尔器件的输出电势与温度的关系曲线如图 10-18 所示。由图示关系可知，锑化铟材料的霍尔器件的输出电势对温度变化的敏感最显著，且是负温度系数；砷化铟材料的霍尔器件比锗材料的霍尔器件受温度变化影响大，但它们都有一个转折点，到了转折点就从正温度系数转变成负温度系数，转折点的温度就是霍尔元件的上限工作温度，考虑到元件工作时的温升，其上限工作温度应适当地降低一些；硅材料的霍尔元件的温度电势特性较好。

霍尔器件的温度补偿可以采用如下几种方法。

（1）恒流源补偿法　温度的变化会引起内阻的变化，而内阻的变化又使激励电流发生变化以致影响到霍尔电势的输出，采用恒流源可以补偿这种影响，其电路如图 10-19 所示。

在如图 10-19 所示电路中，只要晶体管 VT 的输入偏置固定，放大倍数 β 固定，则 VT 的集电

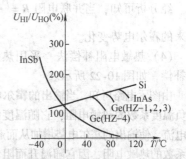

图 10-18　输出电势与温度关系曲线

极电流即霍尔器件的激励电流不受集电极电阻变化的影响，即忽略了强度对霍尔器件输入电阻变化的影响。

（2）选择合理的负载电阻进行补偿　在如图10-14所示的电路中，当温度为T时，负载电阻R_L上的电压

$$U_L = U_H \frac{R_L}{R_L + R_o}$$

式中，R_o为霍尔器件的输出电阻。

当温度由T变为$T+\Delta T$时，R_L上的电压变为

$$U_L + \Delta U_L = U_H(1+\alpha\Delta T)\frac{R_L}{R_L + R_o(1+\beta\Delta T)} \quad (10\text{-}25)$$

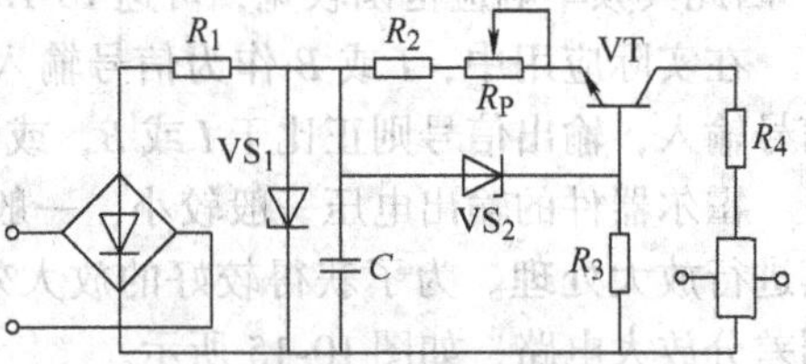

图10-19　恒流源补偿电路

式中，α为霍尔电势的温度系数；β为霍尔器件输出电阻的温度系数。

要使U_L不受温度变化的影响，只要合理选择R_L使温度为T时的R_L上的电压U_L与温度为$T+\Delta T$时R_L上的电压相等即可，即

$$U_L = U_L + \Delta U_L$$

$$U_H \frac{R_L}{R_L + R_o} = U_H(1+\alpha\Delta T)\frac{R_L}{R_L + R_o(1+\beta\Delta T)}$$

将上式进行化简整理后，得

$$R_L = R_o \frac{\beta - \alpha}{\alpha}$$

对一个确定的霍尔器件，可查表10-3得到α、β和R_o值，再求得R_L值，就可以在输出回路实现对温度误差的补偿了。

（3）利用霍尔器件输入回路的串联电阻或并联电阻进行补偿　霍尔器件在输入回路中采用恒压源供电工作，并使霍尔电势输出端处于开路工作状态。此时可以利用在输入回路串入电阻的方式进行温度补偿，如图10-20所示。

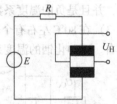

图10-20　串联输入电阻补偿

经分析可知，当串联电阻$R = \frac{\beta - \alpha}{\alpha}R_{i0}$时，可以补偿因温度变化而带来的霍尔电势变化，其中，R_{i0}为霍尔器件在0℃时的输入电阻，β为霍尔器件的内阻温度系数，α为霍尔电势温度系数。

霍尔器件在输入回路中采用恒流源供电工作，并使霍尔电势输出端处于开路工作状态，此时也可以利用在输入回路并入电阻的方式进行温度补偿，如图10-21所示。

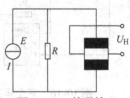

图10-21　并联输入电阻补偿

经分析可知，当并联电阻$R = \frac{\beta - \alpha}{\alpha}R_{i0}$时，可以补偿因温度变化而带来的霍尔电势变化。

（4）热敏电阻补偿法　采用热敏电阻对霍尔元件的温度特性进行补偿，如图10-22所示。

由图示电路可知，当输出的霍尔电势随温度增加而减小时，R_{t1}应采用负温度系数的热敏电阻，它随温度的升高而阻值减小，从而增加了激励电流，使输出的霍尔电势增加从而起到补偿作用；而R_{t2}也应采用负温度系数的热敏电阻，因它随温升而阻值减小，使负载上的霍尔电势输出增加，故同样起到补偿作用。在使用热敏电阻进行温度补偿时，要求热敏电阻和霍尔器件封装在一起，或者使两者之间的位置靠得很近，这样才能使补偿效果显著。

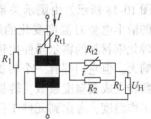

图10-22　热敏电阻补偿电路

3. 不等位电势的补偿

在无磁场的情况下，当霍尔器件中通过一定的控制电流I时，在两输出端产生的电压称为不

等位电势，用 U_M 表示。

不等位电势是由于元件输出极焊接不对称，或厚薄不均匀，以及两个输出极接触不良等原因造成的，可以通过桥路平衡的原理加以补偿。如图 10-23 所示为一种常见的具有温度补偿的不等位电势的桥式补偿电路。其工作电压由霍尔器件的控制电压提供；其中一个桥臂为热敏电阻 R_t，且 R_t 与霍尔器件的等效电阻的温度特性相同。在该电桥的负载电阻 R_{P2} 上取出电桥的部分输出电压（称为补偿电压），与霍尔器件的输出电压反接。当磁感应强度 B 为零时，调节 R_{P1} 和 R_{P2}，使补偿电压抵消霍尔器件此时输出的不等位电势，从而使 $B=0$ 时的总输出电压为零。

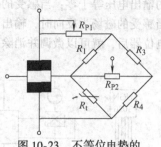

图 10-23 不等位电势的桥式补偿电路

在霍尔器件的工作温度下限 T_1 时，热敏电阻的阻值为 $R_t(T_1)$。电位器 R_{P2} 保持在某一确定位置，通过调节电位器 R_{P1} 来调节补偿电桥的工作电压，使补偿电压抵消此时的不等位电势 U_{ML}，此时的补偿电压称为恒定补偿电压。

当工作温度由 T_1 升高到 $T_1+\Delta T$ 时，热敏电阻的阻值为 $R_t(T_1+\Delta T)$。R_{P1} 保持不变，通过调节 R_{P2}，使补偿电压抵消此时的不等位电势（$U_{ML}+\Delta U_M$）。此时的补偿电压实际上包含了两个分量：一个是抵消工作温度为 T_1 时的不等位电势 U_{ML} 的恒定补偿电压分量，另一个是抵消工作温度升高 ΔT 时不等位电势的变化量 ΔU_M 的变化补偿电压分量。

根据上述讨论可知，采用桥式补偿电路，可以在霍尔器件的整个工作温度范围内对不等位电势进行良好的补偿，并且对不等位电势的恒定部分和变化部分的补偿可相互独立地进行调节，所以可达到相当高的补偿精度。

10.2.4 霍尔集成电路

随着微电子技术的发展，目前霍尔器件多已集成化。霍尔集成电路有许多优点，如体积小、灵敏度高、输出幅度大、温漂小、对电源稳定性要求低等。

霍尔集成电路可分为线性和开关型两大类。前者将霍尔器件和恒流源、线性放大器等集成在一个芯片上，输出电压较高，使用非常方便，目前得到了广泛的应用，较典型的线性霍尔器件有 UGN3501 等。开关型是将霍尔器件、稳压电路、放大器、施密特触发器、OC 门等电路集成在同一个芯片上。当外加磁场的强度超过规定的工作点时，OC 门由高电阻态变为导通状态，输出变为低电平；当外加磁场的强度低于释放点时，OC 门重新变为高阻态，输出高电平。这类器件中较典型的有 UGN3020 等。有一些开关型霍尔集成电路内部还包括双稳态电路，这种器件的特点是必须施加相反极性的磁场，电路的输出才能反转回到高电平，也就是说，具有"锁键"功能，这类器件又称为锁键霍尔集成电路。

如图 10-24 和图 10-26 所示分别为 UGN3501T 和 UGN3020 的外形尺寸及内部电路框图，如图 10-25 和图 10-27 所示分别为其输出电压与磁场的关系曲线。

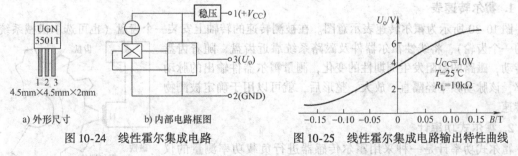

图 10-24 线性霍尔集成电路　　　图 10-25 线性霍尔集成电路输出特性曲线

图 10-28 和图 10-29 分别示出了具有双端差动输出特性的线性霍尔器件 UGN3501M 的外形、内部电路框图及输出特性曲线。当其感受的磁场的磁感应强度为零时，第 1 引脚相对于第 8 引脚

的输出电压等于零；当感受的磁场为正向（磁钢的 S 极对准 UGN3501M 的正面）时，输出为正；当感受的磁场为反向时，输出为负，因此使用起来更加方便。它的第 5、6、7 引脚外接一只微调电位器后，就可以微调并消除不等位电势引起的差动输出零点漂移。

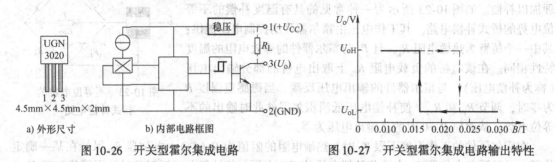

图 10-26 开关型霍尔集成电路　　　　图 10-27 开关型霍尔集成电路输出特性

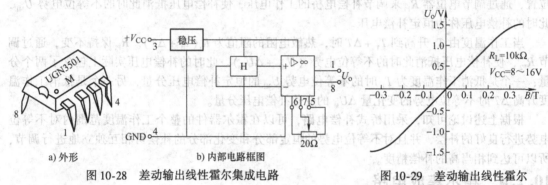

图 10-28 差动输出线性霍尔集成电路　　图 10-29 差动输出线性霍尔集成电路输出特性曲线

10.2.5 霍尔传感器的应用

霍尔电势是 I、B、θ 三个变量的函数，即 $E_H = K_H IB\cos\theta$，可利用这个关系形成若干组合：可以使其中两个变量不变，将第三个量作为变量；或者固定其中一个变量，将其余两个变量都作为变量。三个变量的多种组合使得霍尔传感器具有非常广阔的应用领域。归纳起来，霍尔传感器主要有下列三个用途。

1) 当控制电流保持不变，使传感器处于非均匀磁场中时，传感器的输出正比于磁感应强度。例如，测量磁场、测量磁场中的微位移，以及应用在转速表、霍尔测力器等上。

2) 当控制电流与磁感应强度都为变量时，传感器的输出正比于这两个变量的乘积，如乘法器、功率计、混频器、调制器等。

3) 当磁感应强度保持不变时，传感器的输出正比于控制电流，如回转器、隔离器等。

1. 霍尔转速表

图 10-30 所示为霍尔转速表示意图。在被测转速的转轴上安装一个齿盘（也可选取机械系统中的一个齿轮），将线性霍尔器件及磁路系统靠近齿盘，随着齿盘的转动，磁路的磁阻发生周期性的变化，测量霍尔器件输出的脉动频率，该脉动频率经隔直、放大、整形后，就可以用于确定被测物的转速。

2. 霍尔式功率计

霍尔式功率计是一种采用霍尔传感器进行负载功率测量的仪器，其工作原理如图 10-31 所示。

由于负载功率等于负载电压和负载电流之乘积，所以使用霍尔器

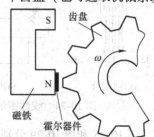

图 10-30 霍尔转速表

件时，分别使负载电压与磁感应强度成比例、负载电流与控制电流成比例，则负载功率就正比于霍尔器件的霍尔电势。由此可见，利用霍尔器件输出的霍尔电势为输入控制电流与驱动磁感应强度的乘积的函数关系，即可测量负载功率的大小。如图10-31所示为交流负载功率的测量线路，由图示线路可知，流过霍尔器件的电流I是负载电流I_L的分流值，R_f为负载电流I_L的取样分流电阻。为使霍尔器件的电流I能模拟负载电流I_L，要求$R_1 \ll Z_L$，（负载阻抗）。外加磁场的磁

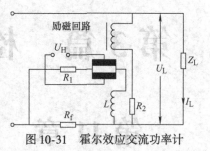

图10-31 霍尔效应交流功率计

感应强度是负载电压U_L的分压值，R_2为负载电压U_L的取样分压电阻，为使励磁电压尽量与负载电压同相位，励磁回路中的R_2要求取得很大，使励磁回路阻抗接近于电阻性，实际上它总略带一些电感性，因此电感L是用于相位补偿的。这样，霍尔电势就与负载的交流有效功率成正比了。

3. 霍尔式无刷直流电动机

霍尔式无刷直流电动机是一种采用霍尔传感器驱动的无触点直流电动机，其基本原理如图10-32所示。

由图10-32可知，转子是长度为L的圆桶形永久磁铁，并且以径向极化，定子线圈分成4组，呈环形放入铁心内侧槽内。当转子处于如图10-32a中所示位置时，霍尔器件H_1感应到转子磁场，便有霍尔电势输出，其经VT_4放大后便使L_{x2}通电，对应定子铁心产生一个与转子成90°的超前激励磁场，它吸引转子逆时针旋转；当转子旋转90°以后，霍尔器件H_2感应到转子磁场，便有霍尔电势输出，其经VT_2放大后便使L_{y2}通电，于是产生一个超前90°的激励磁场，它再吸引转子逆时针旋转。这样线圈依次通电，由于有一个超前90°的逆时针旋转磁场吸引着转子，所以电动机便连续运转起来，其运转顺序如下：N对$H_1 \rightarrow VT_4$导通$\rightarrow L_{x2}$通电，S对$H_2 \rightarrow VT_2$导通$\rightarrow L_{y2}$通电，S对$H_1 \rightarrow VT_3$导通$\rightarrow L_{x1}$通电，N对$H_2 \rightarrow VT_1$导通$\rightarrow L_{y1}$通电。霍尔式直流无刷电动机在实际使用时，一般需要采用速度负反馈的形式来达到稳定和调速的目的。

4. 磁场法测厚度

对钢铁表面的镀膜、油漆、塑料以及搪瓷等覆盖层的厚度可用霍尔线性传感器进行测量，其方法如图10-33所示。将U形硅钢片铁心中间断开，然后把霍尔器件和永磁体夹在中间并粘牢；测量时U形铁心的两极放到被测物体表面上，此时永磁体产生的磁通经过U形铁心和被测体构成磁回路，路径如点画线所示。当被测体的表面覆盖层厚度不同时，磁回路磁阻和磁通会发生变化，磁路中霍尔传感器产生的电压输出随覆盖层厚度变化，实现了覆盖层厚度到电压的转换。

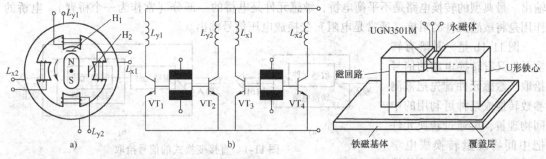

图10-32 霍尔无刷直流电动机基本原理　　图10-33 磁场法测厚原理

磁性材料性能的测量也是磁测量的一个重要内容。材料的磁性能与工作条件有关，在不同外磁场（恒定、交变、低频、高频和脉冲）的条件下，显示出不同的磁化过程和动静态特性。

第 3 篇　检测仪表系统分析

第 11 章　传感信号拾取电路

第 2 篇介绍了温度、压力、物位、流量等各种对象参数的检测方法，它们的共同特点是利用各种敏感元件把被测参数转换成电阻、电压、电容、位移、差压等物理量，这些物理量有些是直接反映被测量的基本电压或电流信号，能被后续处理电路或显示仪表直接利用；而有些还需进行相应的信号转换，才能变成可被后续电路或显示仪表利用的基本信号。这里所说的信号拾取就是指把敏感元件输出的某一物理量经过转换元件及（或）转换电路变换成能被后续检测电路直接利用的基本信号（如电压、电流、频率等）。

11.1　信号拾取方式

信号的拾取主要是指将被测物理参量转换为基本可测信号（如电流、电压、频率等）的过程，该过程是依靠转换元件和转换电路来实现的。转换元件是将敏感元件输出的非电物理量，如位移、应变、发光强度等转换为电学量，如电流、电压及其他电路参数量（如电阻、电容、电感等）。转换电路是将敏感元件或转换元件输出的电路参数量转换成便于测量的电量，或将非标准的电流、电压转换成标准的电流、电压信号（后者也称变送器）。

实现信号拾取的变换环节视检测仪表的不同千差万别。目前信号拾取环节主要以结构形式来分类，包括直接变换式、差动变换式、参比（补偿）变换式和平衡（反馈）变换式四种。

11.1.1　直接变换式

直接变换式的信号拾取结构形式有两种，如图 11-1 所示。图 11-1a 是一种只有转换电路的信号拾取。这种信号变换形式最为简单，它要求敏感元件能将被测量转换成电学量。如果敏感元件（如热电偶、光电池等）输出电压或电流信号，那么转换电路的任务只是信号的放大或是信号间的转换，如电压—电流转换；如果敏感元件输出电路参数量信号，如热敏电阻、气敏电阻，则转换电路一方面为敏感元件提供驱动能量，另一方面将相应的电路参数量转换成电压或电流输出。最典型的转换电路是不平衡电桥，敏感元件是电桥的一部分（常作为一个桥臂），电桥的作用是将敏感元件的阻抗（通常是电阻）变换成电压信号输出。

图 11-1b 是一种既有转换元件又有转换电路的信号拾取。敏感元件首先把被测参数转换成某种可利用的中间物理量，再通过转换元件把中间物理量转换成电学量，最后通过转换电路使输

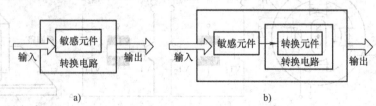

图 11-1　直接变换式的信号拾取

出的电压或电流信号与被测参数相对应。例如，粘贴式应变压力传感器，作为弹性元件的膜片是敏感元件，用它把被测压力转换为膜片的形变或位移；贴在膜片上的应变片是转换元件，它将膜片的形变或位移转换为应变片的电阻变化；电桥及相应的电路是转换电路，它把应变片的电阻转换成电压信号，其输出值与被测压力成函数关系。

第 11 章 传感信号拾取电路

在过程参数检测中，常用到的中间物理量主要有位移、光量和热量等，相应的转换元件有应变片、电感、电容、霍尔器件、光电器件和热敏元件等，详见表 11-1。在有些检测系统中，信号变换过程可能需要两个或两个以上的转换元件，这种变换称为多级变换。

表 11-1　可利用的中间物理量及转换元件

中间物理量	被测量	转换元件
位移	压力、温度、流速、力、加速度、扭矩等	应变片、电感、电容、霍尔器件
光量	气体成分、位移、浓度等	光电器件
热量	温度、流速等	热电偶、热敏电阻

由于转换元件的使用，增加了检测系统（仪表）设计的自由度，这样可以用同一种敏感元件，通过应用不同的转换元件，使检测仪表适应各种使用条件。

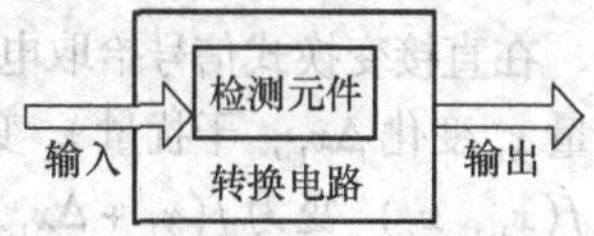

若把敏感元件和转换元件统称为检测元件，则图 11-1a 和 b 所示的简单直接变换可统一表示为图 11-2 形式，包含检测元件和转换电路两部分。

图 11-2　直接变换式信号拾取电路的一般形式

检测元件根据是否需要外加能源可分为两大类：一类是有源的，它所产生的输出信号的能量直接取自被测对象，如热电偶、压电元件等；另一类是无源的，它所产生的输出信号的能量不是取自被测对象，而是取自外部能源，如热电阻、电容传感器、电感等。由于检测元件的性质不同，相应的转换电路的信息能量传递方式也不一样。

1) 有源检测元件与转换电路连接。有源检测元件与转换电路连接的等效电路如图 11-3 所示。图中 E 为有源检测元件的等效电势，是与被测参数对应的有效信号，R_i 为检测元件的内阻，R_L 为转换电路的输入阻抗，相当于 E 的负载电阻。若为了让转换电路从检测元件中获得最大的有效功率，则应使转换电路的输入阻抗与检测元件输出阻抗尽量匹配，即应尽量保证 $R_L = R_i$。但在有些情况下，转换电路中带有功率（电流）放大，此时主要关心电压灵敏度，即要求转换电路从信号源（检测元件的输出电势）中获取最大的信号电压，这时就应使 R_L 尽可能大；当 $R_L = \infty$ 时，转换电路获得的最大有效电压为 $u_L = E$，此时电压灵敏度最高。

图 11-3　有源检测元件与转换电路连接的等效电路

2) 无源检测元件与转换电路连接。无源检测元件通常是把被测参数的变化转换为电阻、电容或电感的变化，因此无源检测元件的输出为阻抗 Z_P，要求转换电路将 Z_P 转换为电压或电流输出。外界被测参数通常是引起 Z_P 的变化，其变化量 ΔZ_P 为有效信号。图 11-4 是无源检测元件与转换电路连接的等效电路。图中 $\dot{E}_P$ 为外界提供的电源，Z_L 为转换电路的输入阻抗，也即负载阻抗。为了提高检测灵敏度，通常要求检测元件阻抗的相对变化量要大，外部电源 $\dot{E}_P$ 的电压要高。

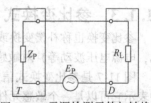

图 11-4　无源检测元件与转换电路连接的等效电路

11.1.2　差动变换式

为了提高信号拾取环节的灵敏度和线性度，减小或消除环境等因素的影响，信号拾取环节常采用差动变换式结构，即用两个性能完全相同的转换元件，互为反方向地感受敏感元件的输出量，并把它转换两个性质相同但沿反方向变化的物理量（常见的是电路参数量），如图 11-5 所示。这种形式也称为差分测量结构。

图 11-6 是两个差动变换式的信号拾取实例，其中图 11-6a 称为差动式变压器（或差动式电感器），当铁心在中间位置时，$e_1 = e_2$。当铁心向上移动时，e_1 增加，而 e_2 减小；当铁心向下移动，正好相反。图 11-6b 为差动式电容器，电容器由三个极板组成，其中两边为固定极板，中间为弹性元件（即为敏感元件），由此构成两个电容器。当弹性元件受力产生变形时，其中一个电容器因极板间的距离缩小而增大，而另一个电容器的电容量则减小。

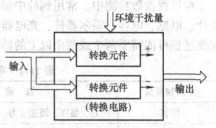

图 11-5 差动变换形式（差分测量结构）

差动式变换的转换电路一般采用电桥或差动放大形式，前者主要用于无源转换元件；后者主要用于有源转换元件。

在直接变换式信号拾取电路中，转换元件只有一个，设被测量 x_1 变化 Δx_1，干扰量 x_2 变化 Δx_2，则转换元件的输出函数由 $f(x_1, x_2)$ 变为 $f(x_1 + \Delta x_1, x_2 + \Delta x_2)$，用多项式展开，忽略二次以上高阶量，得

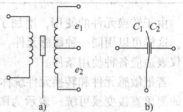

图 11-6 差动变换式信号拾取实例

$$f(x_1 + \Delta x_1, x_2 + \Delta x_2) = f(x_1, x_2) + \frac{\partial f}{\partial x_1} \cdot (\Delta x_1) + \frac{\partial f}{\partial x_2} \cdot (\Delta x_2)$$

$$+ \frac{1}{2} \left[\frac{\partial^2 f}{\partial x_1^2} \cdot (\Delta x_1)^2 + 2 \frac{\partial^2 f}{\partial x_1 \partial x_2} \cdot (\Delta x_1)(\Delta x_2) + \frac{\partial^2 f}{\partial x_2^2} \cdot (\Delta x_2)^2 \right] \quad (11-1)$$

而在差动变换式信号拾取结构中，由于使用的两个转换元件的性能是一样的，且它们以两个相反方向感受同一被测量，故转换元件 1 感受的被测量为 $x_1 + \Delta x_1$ 时，转换元件 2 感受的被测量为 $x_1 - \Delta x_1$。但对于干扰量为 x_2，它却以相同方向同时作用于两个转换元件。这样，在输入量 x_1 和干扰量 x_2 的作用下，两个转换元件的输出均为 $f(x_1, x_2)$；当输入量变化 Δx_1，干扰量变化 Δx_2 时，两个转换元件的输出分别为 $f(x_1 + \Delta x_1, x_2 + \Delta x_2)$、$f(x_1 - \Delta x_1, x_2 + \Delta x_2)$，取它们之差，并用多项式展开，忽略二次以上高阶量，得

$$f(x_1 + \Delta x_1, x_2 + \Delta x_2) - f(x_1 - \Delta x_1, x_2 + \Delta x_2) = 2 \frac{\partial f}{\partial x_1} \cdot (\Delta x_1) + 2 \frac{\partial^2 f}{\partial x_1 \partial x_2} \cdot (\Delta x_1)(\Delta x_2) \quad (11-2)$$

比较式(11-1)与式(11-2)可知：差动变换式比直接变换式的有效输出信号提高了一倍，信噪比得到改善。在式(11-2)中消除了非线性项 $(\Delta x_1)^2$，从而改善了检测仪表的非线性。如果 x_1 与 x_2 的关系为算术叠加，即 $f(x_1, x_2) = a_1 f_1(x_1) \pm a_2 f_2(x_2)$，则可以证明 $\partial^2 f/(\partial x_1 \partial x_2) = 0$，则式(11-2)中的二次项为零，说明干扰量 x_2 的影响可以完全消除。

11.1.3 参比变换式

参比变换也称补偿变换或补偿测量。采用这种变换的目的是消除环境条件变化（如温度变化，电源电压波动等）对敏感元件的影响。

图 11-7 是参比变换式信号拾取的原理框图，图中的检测元件表示它可以是一个敏感元件，也可以是一个敏感元件加转换元件。这种变换形式采用两个结构性能完全相同的检测元件，其中一个检测元件感受被测量和环境条件量，常称为测量元件；另一个检测元件只感受环境条件量，常称为补偿元件或参比元件。利用参比元件的输出结果，去补偿测量元件中的干扰量，使信号拾取电路的输出结果不受被检测参数以外信号的干扰，即相当于对环境条件进行了补偿，从而达到消除或减小环境干扰的影响。

图 11-7 参比变换形式（补偿测量结构）

图 11-8 为一种应变式压力传感器的电桥电路，其中 R 为固定电阻，R_1 为工作应变片，它粘贴在弹性元件上，R_2 是补偿用的应变片，安装在材料与 R_1 相同的补偿件上，温度与 R_1 相同，但不承

受应变。设 R_1 和 R_2 的温度系数都为 α，且其初始电阻值都等于 R，则
$$R_1 = R(1+\alpha\Delta t)(1+k\varepsilon)$$
$$R_2 = R(1+\alpha\Delta t)$$

式中，k 为工作应变片 R_1 的应变灵敏系数；ε 为 R_1 所感受的应变量。由图 11-8 可求得电桥的输出电压 u_o 为

$$u_o = \frac{k\varepsilon E}{2(2+k\varepsilon)} \approx \frac{1}{4}k\varepsilon E$$

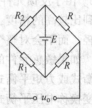

图 11-8 电阻应变片电桥电路补偿方式

因此，电桥的输出电压只与工作应变片感受的应变量有关，而与环境温度变化无关。

红外线气体分析仪也是一个典型的应用参比方式的检测仪表，如图 11-9 所示，同一光源发出的光经两面反射镜反射产生两束相同的光，这两束光分别通过工作气室（包含被测气体）和参比气室（只有不吸收红外光的气体），然后在检测室用红外线接收器，如薄膜电容接收器等，检测这两束红外光的强度差，得到被测气体中待测组分的浓度。由于采用了参比气室，大大减小了光源波动以及环境温度变化的影响。

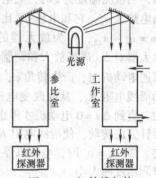

图 11-9 红外线气体分析仪原理

一般来讲，若设 x_1 为被测量，x_2 为环境条件量，也即干扰量，它们的变化量分别为 Δx_1 和 Δx_2，则根据参比变换式结构形式，同时感受被测量和干扰量的检测元件的输出为 $f(x_1+\Delta x_1, x_2+\Delta x_2)$，只感受干扰量的检测元件的输出为 $f(x_1, x_2+\Delta x_2)$。相对于被测量，如果干扰量的作用效果是相加的，即 $f(x_1,x_2) = a_1 f_1(x_1) + a_2 f_2(x_2)$，则 $\partial^2 f/(\partial x_1 \partial x_2)=0$。将 $f(x_1, x_2+\Delta x_2)$ 在 x_1、x_2 附近展开，并忽略二次以上的高阶项，得

$$f(x_1, x_2+\Delta x_2) = f(x_1,x_2) + \frac{\partial f}{\partial x_2}(\Delta x_2) + \frac{1}{2}\frac{\partial^2 f}{\partial x_2^2}(\Delta x_2)^2 \tag{11-3}$$

取两个检测元件的输出之差，并利用式（11-2）和式（11-3），可得

$$f(x_1+\Delta x_1, x_2+\Delta x_2) - f(x_1, x_2+\Delta x_2) = \frac{\partial f}{\partial x_1}(\Delta x_1) + \frac{1}{2}\frac{\partial^2 f}{\partial x_1^2}(\Delta x_1)^2 \tag{11-4}$$

由上式可知，它消除了环境条件量 x_2 的影响，达到了完全补偿的目的。但是 Δx_1 的二次项仍然存在，检测系统的非线性没有得到任何改善。

如果干扰量的作用效果相对于被测量是相乘的，即 $f(x_1, x_2) = af_1(x_1)f_2(x_2)$，则取两个检测元件的输出之比，可得

$$\frac{f(x_1+\Delta x_1, x_2+\Delta x_2)}{f(x_1, x_2+\Delta x_2)} = \frac{\alpha f_1(x_1+\Delta x_1)f_2(x_2+\Delta x_2)}{\alpha f_1(x_1)f_2(x_2+\Delta x_2)} = \frac{f_1(x_1+\Delta x_1)}{f_1(x_1)} \tag{11-5}$$

同样也消除了环境条件量 x_2 的影响，可得到完全补偿。这种补偿方式称为比率补偿。

11.1.4 平衡变换式

平衡变换也称反馈变换，是指信号变换环节（包括转换元件和转换电路）为闭环式结构。具有平衡变换式环节的仪表称为平衡式仪表，其原理框图如图 11-10 所示。图中 C 为比较器，即敏感元件的输出信号 x_i 与反馈元件的输出信号 x_f 在此进行比较，其差值传递给转换元件，通过转换电路和放大器后输出。

如果反馈元件的反馈系数为 $\beta(\beta = x_f/y)$，由于在平衡时通常 $x_f = x_i$，则变换环节的信号输入输出关系可近似为 $y/x_i =$

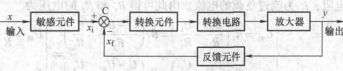

图 11-10 平衡式变换原理框图

$1/\beta$。由于反馈元件通常可以做得非常稳定，即反馈系数 β 的稳定性很高，整个变换环节就可以达到比较高的精度，而转换元件和转换电路的非线性以及环境条件量的影响等都可极大程度的减轻，而不会对整个环节的输入输出关系产生明显影响。

如果敏感元件的输出信号 x_i 为力或力矩，则比较器将进行力或力矩的比较，这种变换称力平衡式或力矩平衡式变换。如果敏感元件输出为电信号，则比较器将进行电压或电流的比较，这种变换称电压平衡式或电流平衡式变换，它一般不再需要转换元件。

图 11-11 是一平衡变换式温度检测仪表的原理图。敏感元件为热电偶，当被测温度为 t 时，热电偶的输出电势为 u_x，它和电压 u_{AB} 比较，得 $\Delta u = u_x - u_{AB}$，作为放大器的输入。放大器对 Δu 进行放大和调制，推动可逆电动机 M，产生转角 φ，同时带

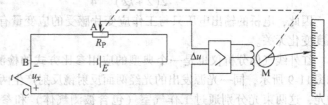

图 11-11　平衡变换式温度检测仪表原理图

动滑线电阻 R_P，从而改变电压 u_{AB}。当 $\Delta u \neq 0$ 时，则放大器有输出，电动机将按原方向继续转动，直到 $\Delta u = 0$ 电动机才停止转动。当被测温度 t 上升，u_x 也增加，则 $\Delta u > 0$，可逆电机将按顺时针方向转动，使滑线电阻 R_P 的触点向右移动，u_{AB} 增加。电动机转动时同时带动指针向下移动。当 $u_{AB} = u_x$ 时，电动机停止转动，指针指在标尺的某个位置，标尺在该位置上的读数代表了被测温度的大小。

11.2　测量电桥电路

对于电阻、电感、电容等传感器，外界压力、温度、发光强度等被测非电量的变化会引起传感器电阻、电感、电容的变化。电桥电路又叫惠斯通电桥，它是能将电阻、电容、电感等参数的变化转换为电压或电流输出的一种测量电路。具体来说，就是把对某物理量具有电阻（或电感、电容）敏感性的材料加工成传感器敏感元件，作为电桥中的某一工作臂，或某几个工作臂，通过电桥的失衡程度（桥路输出电流或电压）来判断该物理量的大小，比如说应变大小等。由于电桥电路简单可靠，且具有很高的精度和灵敏度，因此在测试装置中得到了广泛的应用。

11.2.1　电桥电路的基本形式

电桥线路根据应用的不同，形式各异，各桥臂上可以是电阻、电感、电容，也可以是变压器的二次绕组。电桥根据其输出方式的不同可分为电流输出型和电压输出型，主要根据负载情况而定。当电桥的输出信号较大，输出端又接入电阻值较小的负载如检流计或光线示波器进行测量时，电桥将以电流形式输出；当电桥输出端接有放大器时，由于放大器的输入阻抗很高，可以认为电桥的负载电阻为无穷大，这时电桥以电压的形式输出，输出电压即为电桥输出端的开路电压。一般来说，电桥根据激励电源的不同，可分为直流电桥和交流电桥两类，其工作方式有两种：平衡电桥（零位法测量）和不平衡电桥（偏位法测量）。在传感器的应用中主要是不平衡电桥，下面主要以该分类方式介绍。

1. 直流电桥

（1）直流电桥的工作原理及平衡条件　典型的直流电桥结构如图 11-12a 所示。它有 4 个纯电阻的桥臂，传感器电阻可以充当其中任意一个桥臂。U 为电源电压，U_L 为输出电压，R_L 为负载电阻，I_L 为流过负载的电流。由此可得 R_1 和 R_3 的电压为

$$\begin{cases} U_{R1} = R_1 \left(\dfrac{U_{R2}}{R_2} - \dfrac{U_L}{R_L} \right) = R_1 \left(\dfrac{U - U_{R1}}{R_2} - \dfrac{U_L}{R_L} \right) \\ U_{R3} = R_3 \left(\dfrac{U_{R4}}{R_4} + \dfrac{U_L}{R_L} \right) = R_3 \left(\dfrac{U - U_{R3}}{R_4} + \dfrac{U_L}{R_L} \right) \end{cases} \Rightarrow \begin{cases} U_{R1} = \dfrac{R_2}{R_1 + R_2} \left(\dfrac{R_1}{R_2} U - \dfrac{R_1}{R_L} U_L \right) \\ U_{R3} = \dfrac{R_4}{R_3 + R_4} \left(\dfrac{R_3}{R_4} U + \dfrac{R_3}{R_L} U_L \right) \end{cases}$$

将上式带入 $U_L = U_{R1} - U_{R3}$，可解得

$$U_L = \frac{R_L(R_1 R_4 - R_2 R_3)}{R_L(R_1+R_2)(R_3+R_4)+R_1 R_2(R_3+R_4)+R_3 R_4(R_1+R_2)}U \tag{11-6}$$

$$I_L = \frac{R_1 R_4 - R_2 R_3}{R_L(R_1+R_2)(R_3+R_4)+R_1 R_2(R_3+R_4)+R_3 R_4(R_1+R_2)}U \tag{11-7}$$

当 U_L 或 I_L 为零时，称为电桥平衡。显然，由式(11-6)和式(11-7)可以看出，要满足电桥平衡必须使

$$R_1 R_4 = R_2 R_3 \quad \text{或} \quad \frac{R_1}{R_2} = \frac{R_3}{R_4} \tag{11-8}$$

式(11-8)可表述为电桥相对两臂电阻的乘积相等，或电桥相邻两臂电阻的比值相等，称为电桥的平衡条件。

(2) 直流电桥输出电压灵敏度　为了讨论方便，设负载电阻 R_L 为无穷大（空载），此时电桥的平衡条件依然如式(11-8)所述。若电桥中 R_1 所在的桥臂为工作臂，称为单臂电桥，即 R_1 的阻值会随着被测量的变化而变化，如图 11-12b 所示。当被测参数的变化引起电阻变化 ΔR_1 时，则桥路平衡被破坏，将使电桥输出不平衡电压为

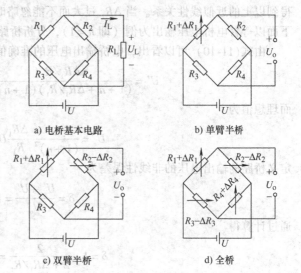

图 11-12　直流电桥

$$U_o' = \frac{(R_1+\Delta R_1)R_4 - R_2 R_3}{(R_1+\Delta R_1+R_2)(R_3+R_4)}U \tag{11-9}$$

因为 $R_1 R_4 = R_2 R_3$，所以式(11-9)将变为

$$U_o' = \frac{\Delta R_1 R_4}{(R_1+\Delta R_1+R_2)(R_3+R_4)}U = \frac{\frac{\Delta R_1}{R_1}\frac{R_4}{R_3}}{(1+\Delta R_1/R_1+R_2/R_1)(1+R_4/R_3)}U \tag{11-10}$$

设 $R_1/R_2 = R_3/R_4 = 1/n$ 为桥臂比，且略去分母中的 $\Delta R_1/R_1$，则有

$$U_o' \approx \frac{n}{(1+n)^2}\frac{\Delta R_1}{R_1}U \tag{11-11}$$

定义 $K_U = \frac{U_o'}{\Delta R/R_1}$ 为单臂电桥的输出电压灵敏度，其物理意义是，单位电阻相对变化量引起电桥输出电压的大小。则

$$K_U = \frac{U_o'}{\Delta R_1/R_1} = \frac{n}{(1+n)^2}U \tag{11-12}$$

K_U 的大小由电桥电源 U 和桥臂比 n 决定，由式(11-12)可知：

1) 电桥电源电压越高，输出电压的灵敏度越高。但提高电源电压将使桥臂电阻功耗增加，温度误差也随之增大。一般电源电压取 3~6V 为宜。

2) K_U 是 n 的函数，令 $dK_U/dn = 0$，可求出 K_U 的最大值，即

$$\frac{dK_U}{dn} = \frac{1-n^2}{(1+n)^4} = 0$$

显然，当 $n=1$ 时，K_U 有最大值。即当 $R_1 = R_2 = R_3 = R_4 = R$ 时，电桥输出电压为

$$U_{omax}' = \frac{1}{4}\frac{\Delta R_1}{R_1}U \tag{11-13}$$

同时,其灵敏度也达到最大值

$$K'_{U\max} = \frac{1}{4}U \tag{11-14}$$

此时,因为电桥的四个桥臂电阻均相等,所以被称为等臂电桥。

(3) 直流电桥的非线性误差 上面在讨论电桥的输出特性时,应用了 $R_1 \gg \Delta R_1$ 的条件,才得到以上的近似线性关系。当 ΔR_1 过大而不能忽略时,桥路输出电压将存在较大的非线性误差。下面以等臂电桥电压输出为例(即 $n=1$),分析桥路输出非线性误差的大小。

由式(11-10)可以看出,电桥输出电压的准确值应为

$$U'_o = \frac{n\Delta R_1/R_1}{(1+n+\Delta R_1/R_1)(1+n)}U = \frac{\Delta R_1/R_1}{2(2+\Delta R_1/R_1)}U \tag{11-15}$$

而理想值为

$$U_o = \frac{n}{(1+n)^2}\frac{\Delta R_1}{R_1}U = \frac{1}{4}\frac{\Delta R_1}{R_1}U \tag{11-16}$$

定义桥路的输出电压的非线性误差为

$$\delta = \frac{U_o - U'_o}{U_o} = 1 - \frac{U'_o}{U_o} \tag{11-17}$$

通过计算得

$$\delta = 1 - \frac{2}{2+\Delta R_1/R_1} = \frac{\Delta R_1/R_1}{2+\Delta R_1/R_1} \tag{11-18}$$

即若 $\Delta R_1/R_1 = 10\%$,则 $\delta = \frac{0.1}{2+0.1} = 4.76\%$。

(4) 直流电桥的工作方式 直流电桥还有其他几种工作方式,现以等臂电桥为例,分以下几种情况分别讨论其输出电压的灵敏度。

1) 等臂电桥,单臂工作。设 $R_1 = R_2 = R_3 = R_4 = R$,其中 R_1 为工作桥臂电阻,相应的阻值变化为 $R_1 + \Delta R_1 = R + \Delta R$,$R_2$、$R_3$、$R_4$ 为固定电阻(称为平衡电阻),如图 11-12b 所示。则其电桥输出电压及其电压灵敏度如式(11-13)和式(11-14)所述。

2) 第一对称、单臂工作。所谓第一对称是指 $R_1 = R_2 = R$,$R_3 = R_4 = R'$,且工作臂电阻 $R_1 + \Delta R_1 = R + \Delta R$,则可求得输出电压与等臂电桥单臂工作的情况完全一致。

3) 等臂电桥,双臂工作(半桥)。设 $R_1 = R_2 = R_3 = R_4 = R$,其中 R_1 和 R_2 为工作桥臂,且在相邻桥臂上,相应的阻值变化为 $R_1 + \Delta R_1 = R + \Delta R$ 和 $R_2 - \Delta R_2 = R - \Delta R$,$R_3$、$R_4$ 为固定电阻,如图 11-12c 所示。则其电桥输出电压为

$$U'_o = \frac{(R_1 + \Delta R_1)R_4 - (R_2 - \Delta R_2)R_3}{(R_1 + \Delta R_1 + R_2 - \Delta R_2)(R_3 + R_4)}U = \frac{1}{2}\frac{\Delta R}{R}U \tag{11-19}$$

其电压灵敏度为

$$K_U = \frac{U'_o}{\Delta R/R} = \frac{1}{2}U \tag{11-20}$$

另外,当电桥处于双臂工作时,要保证相邻两个工作桥臂电阻所受测量环境影响相同(如环境温度的影响),这样可以保证测量环境发生变化时,两个工作桥臂电阻由温度引起的变化量相同,即 $R_1 + \Delta R_{t1} = R_2 + \Delta R_{t2}$。那么,在被测量没有发生变化时,桥路将不会因为测量环境的温度变化而产生输出误差,起到有效抑制干扰的作用。

4) 等臂电桥,四臂工作(全桥)。设 $R_1 = R_2 = R_3 = R_4 = R$,其中 R_1、R_2、R_3、R_4 均为工作桥臂,且有 R_1 与 R_2、R_3 为相邻桥臂,与 R_4 为相对桥臂,相应的阻值变化为 $R_1 + \Delta R_1 = R_4 + \Delta R_4 = R + \Delta R$ 和 $R_2 - \Delta R_2 = R_3 - \Delta R_3 = R - \Delta R$,如图 11-12d 所示。则其电桥输出电压为

$$U'_o = \frac{(R_1+\Delta R_1)(R_4+\Delta R_4)-(R_2-\Delta R_2)(R_3-\Delta R_3)}{(R_1+\Delta R_1+R_2-\Delta R_2)(R_3+R_4)}U = \frac{\Delta R}{R}U \tag{11-21}$$

其电压灵敏度为

$$K_U = \frac{U'_o}{\Delta R/R} = U \tag{11-22}$$

同理，四臂工作时，电桥也具有抑制干扰的作用。

根据以上分析做如下说明：

① 单臂工作时，存在非线性，只有当 $\Delta R/R$ 远小于 1 时，才近似认为是线性的，而双臂及四臂工作时，是线性的。

② 单臂工作时，不能消除由环境温度带来的误差，而双臂及四臂工作时，能有效抑制温度误差。

③ 以上的四种工作方式，输出电压均与 $\Delta R/R$ 和 U 成正比，因此，适当提高这两个量有利于提高灵敏度。但 U 太大，将使桥路功耗增加；而对于单臂工作，$\Delta R/R$ 太大，将使非线性误差变大。另外，由于输出值与 U 有关，因此电源电压的稳定度直接影响输出精度。

④ 几种工作方式的灵敏度大小关系为：$4K_U(单臂) = 2K_U(双臂) = K_U(四臂)$

⑤ 电桥的输出电压 U'_o 与桥臂电阻本身的阻值无关，仅与其电阻的相对变化量 $\Delta R/R$ 有关，即 $\Delta R/R$ 越大，U'_o 越大。

（5）直流电桥的特点 从前述分析可知，电桥也可以认为是一种信号变换和放大电路。如果直接测传感电阻的改变，可能很困难；如果在传感电阻上施加恒压测电流的改变也一样可能很困难，因为测量一个在很大的基值上附加的一个很小的信号是很困难的，这需要大量程高灵敏度。但是利用电桥可以把这个信号的基值去掉，变成了一个在零值附近的信号，并且可以通过桥路电压的增加，增大灵敏度。这样测量起来就方便得多，需要测量设备的量程就小得多，可以具有很高的灵敏度。

直流电桥的优点是：高稳定度直流电源易于获得，电桥调节平衡电路简单，传感器至测量仪表的连接导线分布参数影响小等。缺点是：其后续要采用直流放大器，容易产生零点漂移，线路也较复杂，多用于纯电阻变化的测量，如应变式压力传感器等。

2. 交流电桥

在有些测量系统中多采用交流电桥。在用交流供电时，其平衡条件、引线分布参数影响、平衡调节、后续信号放大线路等许多方面与直流电桥都有明显差异，多用于电感、电容变化的测量，如电容式或电感式压力传感器等。所以，具体使用哪种方式应根据实际测量情况而定。

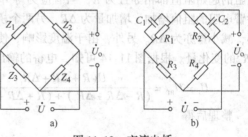

图 11-13 交流电桥

（1）交流电桥的平衡条件 图 11-13a 为交流电桥电路。Z_1、Z_2、Z_3、Z_4 为复阻抗，$\dot U$ 为交流电压源，开路输出电压为 $\dot U_o$，根据电路分析可求出

$$\dot U_o = \frac{Z_1 Z_4 - Z_2 Z_3}{(Z_1+Z_2)(Z_3+Z_4)}\dot U \tag{11-23}$$

要满足电桥平衡，即使 $\dot U_o = 0$，则应有

$$Z_1 Z_4 = Z_2 Z_3 \quad 或 \quad \frac{Z_1}{Z_2} = \frac{Z_3}{Z_4} \tag{11-24}$$

式（11-24）即为交流电桥的平衡条件。

设交流电桥四臂阻抗分别为

$$Z_1 = R_1 + jX_1 = |Z_1|e^{j\phi_1}$$
$$Z_2 = R_2 + jX_2 = |Z_2|e^{j\phi_2}$$
$$Z_3 = R_3 + jX_3 = |Z_3|e^{j\phi_3}$$
$$Z_4 = R_4 + jX_4 = |Z_4|e^{j\phi_4}$$

上式中，R_1、R_2、R_3、R_4 为各桥臂的电阻，X_1、X_2、X_3、X_4 为各桥臂的电抗，$|Z_1|$、$|Z_2|$、$|Z_3|$、$|Z_4|$ 和 ϕ_1、ϕ_2、ϕ_3、ϕ_4 分别为各桥臂复阻抗的模和辐角。代入式(11-24)中，得交流电桥的平衡条件为

$$|Z_1||Z_4| = |Z_2||Z_3| \quad 及 \quad \phi_1 + \phi_4 = \phi_2 + \phi_3 \tag{11-25}$$

式(11-25)说明，交流电桥平衡要满足两个条件，即相对两桥臂复阻抗的模之积相等，并且其辐角之和相等。

(2) 交流电桥的输出特性　设交流电桥的初始状态是平衡的，即 $Z_1 Z_4 - Z_2 Z_3 = 0$。当被测量的变化引起了桥臂 Z_1 改变了 ΔZ_1，可算出

$$\dot{U}_\circ = \frac{Z_2/Z_1 \cdot \Delta Z_1/Z_1}{(1 + Z_2/Z_1 + \Delta Z_1/Z_1)(1 + Z_4/Z_3)}\dot{U} \tag{11-26}$$

略去上式分母中的 $\Delta Z_1/Z_1$ 项，并设初始状态时 $Z_1 = Z_2$、$Z_3 = Z_1$，则

$$\dot{U}_\circ = \frac{1}{4}\frac{\Delta Z_1}{Z_1}\dot{U} \tag{11-27}$$

11.2.2　电桥的驱动电源

直流电桥使用的电源是直流电源，交流电桥使用的电源为交流电源。

1. 直流电桥的电源

直流电桥驱动电路通常采用的是恒压工作方式（恒压驱动）或恒流工作方式（恒流驱动）。恒压电路常使用在不需要很高精度的地方，而在高精度的场合，恒流电路是不可缺少的。

(1) 恒压源驱动电路分析　假设等臂全桥的四个桥臂传感电阻的起始阻值都相等且为 R，当有应力等外界作用时，两个桥臂电阻的阻值增加，增加量为 ΔR，另两个桥臂电阻的阻值减小，减小量亦为 ΔR。另外，由于温度影响，使每个电阻都产生 ΔR_t 的变化量。根据图 11-14 可知，电桥的输出为

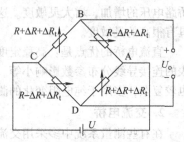

图 11-14　恒压源供电

$$U_\circ = U_{BD} = \frac{U(R + \Delta R + \Delta R_t)}{(R - \Delta R + \Delta R_t)+(R + \Delta R + \Delta R_t)} - \frac{U(R - \Delta R + \Delta R_t)}{(R + \Delta R + \Delta R_t)+(R - \Delta R + \Delta R_t)}$$

整理后得

$$U_\circ = \frac{\Delta R}{R + \Delta R_t}U \tag{11-28}$$

如果 $\Delta R_t = 0$，即没有温度影响，则

$$U_\circ = \frac{\Delta R}{R}U \tag{11-29}$$

这说明电桥输出与 $\Delta R/R$ 成正比，也就是与被测量成正比，同时又与 U 成正比。这亦说明电桥的输出与电源电压的大小都与精度有关。

如 $\Delta R_t \ne 0$，则 $U_\circ$ 与 ΔR_t 有关，也就是与温度有关，而且与温度的关系是非线性的，所以用恒压源供电时，不能消除温度的影响。

(2) 恒流源驱动电路分析　恒流源供电时的电路如图 11-15 所示。假设电桥两个支路的电阻相等，即 $R_{ABC} = R_{ADC} = 2(R + \Delta R_t)$，则有

$$I_{ABC} = I_{ADC} = \frac{1}{2}I$$

因此，电桥的输出为

$$U_o = U_{BD} = \frac{1}{2}I(R + \Delta R + \Delta R_t) - \frac{1}{2}I(R - \Delta R + \Delta R_t)$$

整理后得

$$U_o = I\Delta R \qquad (11-30)$$

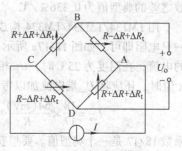

图 11-15 恒流源供电

可见，电桥的输出与电阻的变化量成正比，即与被测量成正比，当然也与电源电流成正比。但是电桥的输出与温度无关，不受温度影响，这是恒流源供电的优点。

压阻式半导体应变片的温度稳定性差，在高精度测量的场合，就必须采用恒流驱动电路。

当然，对传感器的测量电路、变换电路、放大电路、校正电路等外围电路，都应根据实际要求，选择合适的恒压工作或恒流工作状态。鉴于恒流源驱动的前述优点，下面再讨论恒流源。

恒流源电路可由分立元件与运算放大器组成，但是利用恒流元件组成的电路则更加简单。专用的恒流元件有恒流二极管、三端可调恒流源和四端可调恒流源。它们的优点是体积小，允许浮置，不需附加电源，使用方便。用三端和四端可调恒流源外接一个或两个电阻，就可构成两端恒流元件。通过调节外接电阻的阻值，就可调整输出电流值和电流温度系数，使其满足不同应用的要求。

下面介绍一种常用的 LMX34 系列三端可调恒流源，包括 LM134/LM234/LM334 三种型号，分别对应不同的工作温度范围。

图 11-16 所示为 CW334 的内部等效原理电路。图中 R 是外接电阻，VT_1、VT_2、VT_4 和 VT_5 组成恒流源，VT_2、VT_3 和 VT_6 组成三级误差信号放大器。

在 U_+ 和 U_- 两端刚加上电压的瞬间，由于 C_1 上的电压不能突变，VT_2 管集电极电位和 U_- 端电位相等，因此，VT_4 管的集电极与发射极之间的电压等于外加电压。此时，VT_4 管的穿透电流 I_{CEO4} 流向电容 C_1，使 C_1 上积累的电荷逐渐增加。当 C_1 上的电压达到某一数值时，I_{CEO4} 会有部分注入 VT_3 的基极，而 I_{b3} 的增加会使 I_{c3} 增大，而 I_{c3} 的增加会使 I_{b4} 增大，而 I_{b4} 的增加会使 I_{c4} 增大，而 I_{c4} 的增加又进一步会使 I_{b3} 增大，这是一个正反馈过程。同时，I_{c3} 的增加会使 I_{b5} 增大，I_{c5}

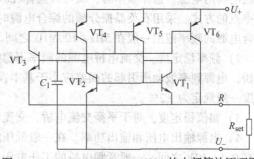

图 11-16 LM134/LM234/LM334 的内部等效原理图

流过 VT_1，从而建立 VT_1 和 VT_2 的工作点，完成启动过程。这一过程所需的时间和所设置的电流大小有关。若设置电流大，则所需时间短。例如，$I_{set} = 1\text{mA}$ 时，所需时间约为 $5\mu s$。

VT_1、VT_2 和 VT_6 构成的负反馈环节用以稳定设置的电流。外接电阻 R_{set} 将设置电流的变化转换为误差电压信号，送入 VT_2 管基极（$U_{be2} = U_{be1} + U_R$），VT_2 和 VT_3 将误差信号放大、反相（VT_4 为恒流管）。

稳流过程如下：

$$I_{set}\uparrow \to U_R\uparrow \to U_{b1}\uparrow \to I_{b2}\uparrow \to I_{c2}\uparrow \to I_{b4}\downarrow \to I_{c3}\downarrow \to I_{b6}\downarrow \to I_{c6}\downarrow \to I_{set}\downarrow$$

LM134/LM234/LM334 的主要电路功能是：在 R 端输出一个相对于 U_- 端的 64mV 电压（25℃时）。这个电压的特点是：随外加电压变化甚小，随温度变化呈线性关系。该电压是利用 VT_1 和 VT_2 两管发射极电流密度不等得到的，因此，温度对 VT_1 和 VT_2 两管的 U_{be} 影响不同，其温度系数之差的典型值为 0.336%/℃。

用 LM134/LM234/LM334 构成恒流源很简单，只要外接一只电阻即可，如图 11-17a 所示。设置电流是指流入 U_+ 端的电流，在温度为 25℃ 时，U_R 相对于 U_- 是 64mV。但在求 R 值时，还应将 U_- 端电流加以考虑，所以有

$$I_{set} = \frac{18}{17} \times \frac{64(\text{mV})}{R} \approx \frac{67.8(\text{mV})}{R}$$

系数 18/17 是一个典型值。要想获得准确的 I_{set} 值，还应根据实际测试，调整 R_{set} 的值。

当需要零温漂的电流源时，要按照图 11-17 所示电路进行连接。电路中利用外接二极管的负温度特性对 LM134/LM234/LM334 进行补偿。只要仔细选择这些外接元件，就可得到满意的恒流效果。

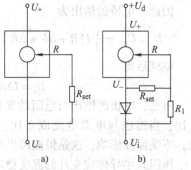

图 11-17　LM134/LM234/LM334 的应用电路

2. 交流电桥的电源

交流电桥的电源要求为纯净的正弦波信号。获得稳定的交流电桥驱动电源的方法有多种。对于音频电桥，一般采用 RC 振荡器。只有在工频下工作的高压交流电桥，才直接使用电网电压。对于有严格频率要求的交流电桥，目前通常采用石英晶体振荡器，通过频率综合器或可编程分频器得到所需要的频率。随着集成电路的发展，已出现了专用正弦信号发生集成电路，为用户获得所需频率的信号源提供了极大方便。随着专用集成电路和单片机应用技术的发展，可编程控制的多功能数字式正弦波发生器也得到了广泛使用。

交流电桥的电源应满足下列基本要求。

1) 有效频率范围。音频振荡器的频率范围通常在 1Hz～300kHz 之间，可以部分或全部用作交流电桥的电源。选择频率时，既可以选择在频率范围内连续可调的方式，也时以选择几个常用频率点的方式。采用石英晶振分频的综合电源时，通常采用几个固定的频率点。石英晶振分频的综合电源的频率范围一般在 5Hz～100MHz 之间。

2) 频率稳定度。交流电桥电源的频率不稳定会给测量带来误差。通常规定，与频率有关的电桥，电源频率波动所引起的误差应小于基本误差的 1/10～1/5；而与频率无关的电桥，频率稳定度一般规定为 ±2%。

3) 幅值稳定度。对于平衡交流电桥，交流电源幅值的稳定度要求在 ±2% 以下。

4) 电源输出电压和输出功率。在一般低压测控领域中，自动电桥及数字电桥的工作电压一般在 0.1～10V 之间。一般音频电桥的工作电压小于 200V。为了便于按工作状态和被测元件的特性选择适当的电源，通常要求供电电源能分档进行选择。

电桥的输出功率是根据电桥所需要的电源、电压和在该电压下允许流过的工作电流决定的。一般交流电桥的输出功率在零点几瓦到 2W 之间。

11.2.3　电桥调零

电桥在工作时，很容易造成测量误差的一个原因是电桥的初始状态不平衡，即初始时电桥输出不为零（称为零位电势）。其主要原因是，电桥四个臂上的阻抗在初始时很难做到完全相等，即对于图 11-13a 所示电桥，$Z_1 \neq Z_2 \neq Z_3 \neq Z_4$，或电桥相对两臂阻抗的模之积和辐角之和不相等，即 $Z_1Z_4 \neq Z_2Z_3$（直流电桥将 Z 换为 R 即可）。那么，这就需要设法将电桥在工作之前调零。

1. 直流电桥调零

直流电桥调零，只需要在初始时满足相对两桥臂阻值的乘积相等即可，调零电路如图 11-18 所示。

第11章 传感信号拾取电路

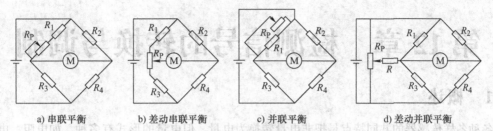

a) 串联平衡　　b) 差动串联平衡　　c) 并联平衡　　d) 差动并联平衡

图 11-18　直流电桥平衡调节的配置方式

理想情况是 $R_1=R_2=R_3=R_4$，即可取得零位电势为零。实际上若存在零位电势，则说明此四个电阻不等，即电桥不平衡；为使其达到平衡，可按图 11-18a 所示在阻值较小的臂上串联电阻，或者按图 11-18c 所示在阻值较大的臂上并联电阻。也可在两个臂上同时串联或并联电阻，以差动串联或并联的方式调节零点平衡，如图 11-18b 和 d 所示，显然这种差动连接的方式调整起来比较方便。

2. 交流电桥调零

交流电桥调零，不仅要满足相对两桥臂复阻抗的模之积相等，还要满足其辐角之和相等。现举例说明。若一交流电桥如图 11-13b 所示，其中 C_1、C_2 表示测量线路导线或电缆分布电容。$Z_3=R_3$，$Z_4=R_4$，$Z_1=R_1/(1+j\omega R_1 C_1)$，$Z_2=R_2/(1+j\omega R_2 C_2)$，按平衡条件式(11-24) 可得出

$$\frac{R_3}{R_1}+j\omega R_3 C_1 = \frac{R_4}{R_2}+j\omega R_4 C_2$$

使其实部和虚部分别相等，并整理可得图 11-13b 所示交流电桥的平衡条件为

$$\begin{cases} R_3/R_1 = R_4/R_2 \quad \text{或} \quad R_1 R_4 = R_2 R_3 \\ R_2/R_1 = C_1/C_2 \quad \text{或} \quad R_1 C_1 = R_2 C_2 \end{cases} \tag{11-31}$$

对于这种交流电容电桥，除要满足电阻平衡条件外，还必须满足电容平衡条件。为此在桥路上除设有电阻平衡调节外，还设有电容平衡调节，常见交流电桥调零电路如图 11-19 所示。

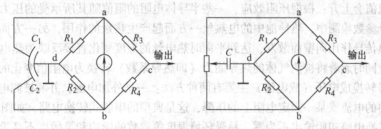

图 11-19　常见交流电桥调零电路

第12章 检测信号的转换与调制

12.1 概述

各种各样传感器的共同特点是把非电量转换为电量,但电量的形式有多种,如电阻、电感、电容、电压、电流、频率、相位等多种形式。

变送器是从传感器发展而来的,凡是能输出标准信号的传感器就称之为变送器,标准信号是指物理量的形式和数值范围都符合国际标准的信号。由于直流信号具有不受线路中电感、电容及负载性质的影响,不存在相移问题等优点,所以国际电工委员会(IEC)将电流信号DC 4~20mA和电压信号DC 1~5V确定为过程控制系统中模拟信号的统一标准。

有了统一的信号形式和数值范围,就便于把各种变送器和其他仪表互连组成各种检测系统或调节系统。无论什么仪表或装置,只要有同样标准的输入电路或接口,就可以从各种变送器获得被测变量的信号。这样,兼容性和互换性大为提高,仪表的配套也极为方便。

输出为非标准信号的传感器,必须和特定的仪表或装置相配套,才能实现检测或调节功能。为了加强通用性和灵活性,某些传感器的输出可以靠相应的转换器把非标准信号转换成标准信号,使之与带有标准信号的输入电路或接口配套。不同的标准信号也可借助相应的转换器互相转换,例如4~20mA与0~10mA,1~5V与4~20mA,0~5V与0~10mA等的相互转换。

下面就对检测仪表中常见的电参量之间的转换技术进行介绍。

12.2 电阻与电压的转换

在参数检测中,经常把被测变量转换成电阻量,这是因为电阻体容易制成,而且可以做得很精确,另外电阻量也很方便转换成电压或电流量,转换技术比较成熟。第2篇中已指出,可以用敏感元件(实际上是一个电阻体)将很多参数的变化转换成电阻量的变化。例如,金属热电阻随被测温度的升高其电阻值会上升;根据压阻效应,一些半导体电阻的阻值随其所承受的压力的变化而增加或降低;在成分参数检测中,热导池中的电热丝一方面起产生热量的作用,另一方面,由于热量通过被测气体的热传导作用向壁面散发,达到平衡时热电丝的温度变化直接反映为热电丝的电阻值变化,因此电热丝同时起着将被测气体的热导能力(即热导系数)转换为电阻值变化的作用。

把电阻信号转换成电压(或电流)主要有两种方法:一是外加电源,并和被测电阻一起构成回路,测量回路中的电流或某一固定电阻上的压降,这是典型的串联式转换电路,如图11-4所示。这种方法存在着转换电路初始输出不为零,易受环境温度等参数的影响和灵敏度不高等问题。另一种方法是利用电桥进行转换,应用电桥转换可以较好地解决串联式转换电路中存在的问题。

首先,当被测变量为初始状态 x_0 时,设敏感元件的初始电阻为 R_0,则可以调整电桥其他桥臂上的电阻值,使电桥达到平衡,这样可以保证当被测变量为"0"时,电桥的输出电压为零。

其次,利用电桥还能进行温度补偿,以补偿敏感元件的电阻值随温度变化的影响。有关这方面的应用实例如图11-8所示及与之相关的内容。

最后,如果同时使用两个敏感元件或转换元件,并且它们能产生差动输出,即 $R_1 = R_{10} + \Delta R$,$R_2 = R_{20} - \Delta R$,则电桥的输出电压将增加一倍,同时从理论上讲非线性误差可降为零。如果采用四个电阻也为检测元件,并且是两两差动,则输出电压还将增加一倍。因此,采用电桥转换电路有利于提高灵敏度。

电阻→电压的变换可以用直流电,也可以用交流电,但对于电容、电感等阻抗的变换则必须用交流电桥。直流电桥有灵敏度和精度都较高等特点,交流电桥的特点是其输出为交流信号,可以直接用没有零漂的交流放大器进行放大。

电桥变换有多种形式,如不平衡电桥、平衡电桥以及双电桥等。其中不平衡电桥应用最多;平衡电桥主要在显示仪表中使用;双电桥在气体成分参数检测中用得较多。关于电桥的详细内容,请参见第11.2节。

12.3 电容与电压的转换

在压力检测、物位检测和气体成分参数检测中,有时利用敏感元件(或加转换元件)把这些被测变量转换成电容器的电容量,然后再用转换电路将电容转换为电压。

电容器的形式可以有多种多样,常见的有平行板电容器、双圆筒式电容器和球面状电容器等。作为检测元件用的电容器的电容量变化可以是不同的原因引起的,主要有由于被测变量变化而改变几何形状(如电容器两极板间的距离)以及改变电容器中两极板间的介电常数。不管是哪种原因引起的电容变化,它们的外特性表现都相同。因此,下面只讨论电容—电压转换的一般原理,而不涉及电容器的结构以及它的应用。

电容量的检测一般须用交流电源,而且频率应选高一些,以利于比较各容抗间的差别。但频率过高会使寄生电容的影响增大,反而不利。因此,一般采用频率为几千赫兹的交流电源。

电容检测的基本思路有两个:其一是把电容作为一个阻抗元件,按照电阻—电压转换的方式进行变换,但其中电源必须采用交流电;其二是充分利用电容的充放电特性进行变换。下面介绍几个常用的转换电路。

1. 桥式电路

图12-1为两个桥式电容—电压转换电路。图12-1a为单臂接法的桥式电路,电容 C_1、C_2、C_3、C_x 构成电容电桥的四个桥臂,其中 C_x 为电容检测元件。当 $C_x = C_{x0}$,并有

$$C_1 C_3 = C_2 C_{x0} \quad (12-1)$$

时,该交流电桥达到平衡,输出电压 $\dot{u}_o = 0$。

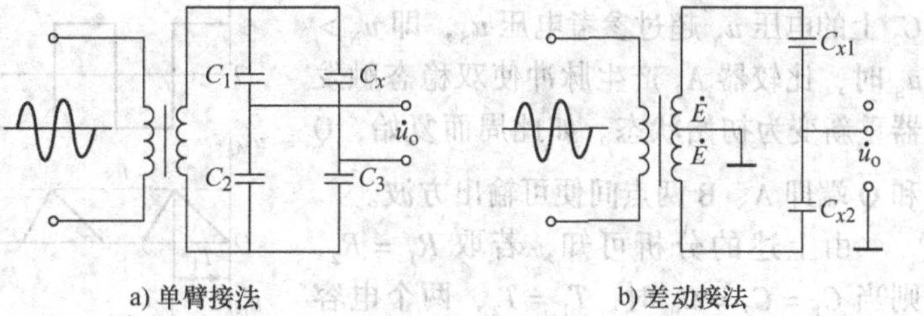

图12-1 桥式电容—电压转换电路
a) 单臂接法 b) 差动接法

当被测变量变化而使 C_x 变化时,电桥的输出电压为

$$\dot{u}_o = \frac{\frac{1}{j\omega C_2}\dot{u}}{\frac{1}{j\omega C_1}+\frac{1}{j\omega C_2}} - \frac{\frac{1}{j\omega C_3}\dot{u}}{\frac{1}{j\omega C_3}+\frac{1}{j\omega C_x}} = \frac{-C_2 \Delta C \cdot \dot{u}}{(C_1+C_2)(C_3+C_{x0}+\Delta C)} = K\Delta C \cdot \dot{u} \quad (12-2)$$

式中,$K = -C_2/(C_1+C_2)(C_3+C_{x0}+\Delta C)$;$\omega$ 为电源的角频率;ΔC 为检测元件的电容增量,$\Delta C = C_x - C_{x0}$。当 $\Delta C \ll C_{x0}$ 时,K 可视为常数,则由式(12-2)可知,输出电压 $\dot{u}_o$ 是与电源同频率、与检测元件的电容增量 ΔC 成正比的高频交流电压。

图12-1b为差动桥式转换电路,其左边两臂为电源变压器的次级绕组,设感应电势均为 $\dot{E}$,另外两臂为检测元件的电容,并且有 $C_{x1} = C_0 + \Delta C$ 和 $C_{x2} = C_0 - \Delta C$,则电桥的空载输出电压 $\dot{u}_o$ 为

$$\dot{u}_o = \frac{C_{x2} - C_{x1}}{C_{x2} + C_{x1}} \dot{E} = -\frac{\Delta C}{C_0} \dot{E} \quad (12-3)$$

由式(12-3)可以看出,差动桥式转换电路有较高的灵敏度和良好的线性特性,因此电容的测量精度较高。

2. 脉宽调制电路

图 12-2 为脉冲宽度调制电路原理图。图中 C_1、C_2 为两个作为检测元件的电容，并且有 $C_1 = C_0 + \Delta C$，$C_2 = C_0 - \Delta C$。双稳态触发器的两个输出端 Q 及 $\overline{Q}$ 产生反相的方波脉冲电压。当 Q 端为高电平时，u_A 经 R_1 对 C_1 充电，使 u_M 升高。充电过程可用下式来描述

$$u_M = u_A(1 - e^{-t/T_1}) \qquad (12\text{-}4)$$

当忽略双稳态触发器的输出电阻，并认为二极管 VD_1 的反向电阻也无穷大时，则式(12-4) 中的充电时间常数 $T_1 = R_1C_1$。若 $t \ll T_1$，则有

$$u_M = \frac{u_A}{T_1} t \qquad (12\text{-}5)$$

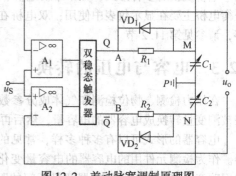

图 12-2 差动脉宽调制原理图

式(12-5) 表明，若 C_1 越大，T_1 也越大，则 u_M 对 t 的斜率就越小，说明充电过程慢。

当 $u_M > u_S$ 时，比较器 A_1 产生脉冲使双稳态触发器翻转，Q 端变为低电平，$\overline{Q}$ 端变成高电平。这时 C_1 上的电压经 VD_1 迅速放电趋近零，而 $\overline{Q}$ 端的高电平开始向 C_2 充电，充电的过程与式(12-4) 描述的一样，其中时间常数变为 $T_2 = R_2C_2$。当 C_2 上的电压 u_N 超过参考电压 u_S，即 $u_N > u_S$ 时，比较器 A_2 产生脉冲使双稳态触发器重新变为初始状态。如此周而复始，Q 和 $\overline{Q}$ 端即 A、B 两点间便可输出方波。

由上述的分析可知，若取 $R_1 = R_2$，则当 $C_1 = C_2 = C_0$ 时，$T_1 = T_2$，两个电容器的充电过程完全一样，这样 A、B 间的电压 u_{AB} 为对称的方波，其直流分量为零。图 12-3a 给出了在 $C_1 = C_2$ 时各点的波形情况。

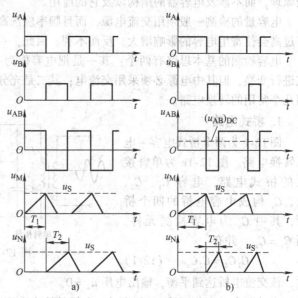

图 12-3 差动脉宽调制的波形

若 $C_1 > C_2 (C_1 = C_0 + \Delta C, C_2 = C_0 - \Delta C)$，则 C_1 的充电过程的时间常数 T_1 就要延长，而 C_2 的充电过程的时间常数 T_2 就要缩短，这时 u_{AB} 的方波将不对称，各点的波形如图 12-3b 所示。u_{AB} 的直流分量将大于零，由图 12-3 可得，其直流输出为

$$u_o = (u_{AB})_{DC} = \frac{T_1 u_{Am} - T_2 u_{Bm}}{T_1 + T_2} = \frac{R_1 C_1 u_{Am} - R_2 C_2 u_{Bm}}{R_1 C_1 + R_2 C_2} \qquad (12\text{-}6)$$

式中，u_{Am}、u_{Bm} 为 u_A、u_B 的高电平值。当 $u_{Am} = u_{Bm} = u_m$，$R_1 = R_2$ 时，则式(12-6) 变为

$$u_o = \frac{C_1 - C_2}{C_1 + C_2} u_m = \frac{\Delta C}{C_0} u_m \qquad (12\text{-}7)$$

3. 运算放大器电路

以上两种转换电路主要适用于差动电容，对于由单个电容组成的检测元件可采用简单的运算放大器电路来实现电容—电压的转换，其转换电路如图 12-4 所示。图中 C_0 为已知电容，作为输入容抗，C_x 为被测电容，作为反馈容抗，$\dot{E}$ 为外加的高频电源。根据运算放大器一般原理，

在放大器放大倍数和输入阻抗足够大时,放大器的输出电压为

$$u_o = -\frac{\frac{1}{j\omega C_x}}{\frac{1}{j\omega C_0}}\dot{E} = -\frac{C_0}{C_x}\dot{E} \tag{12-8}$$

上式表明,放大器的输出 u_o 与被测电容 C_x 成反比。如果被测电容是位移检测用的平行板,因为 C_x 与位移 d 成反比,则 u_o 与 d 成线性正比关系。

图 12-4 所示的运算放大器电路虽然易于实现,但它主要有在两个问题:一是该电路没有零输出,也就是说当 C_x 为初始状态时,输出电压不为零,为解决这个问题,需要增加零点调整电路;二是被测电容 C_x 的引线等的寄生电容影响较大,而且这种影响不是一般屏蔽和接地所能克服的,必须用等电位屏蔽,也就是采用"驱动电缆"技术,它需要严格保证放大倍数 1:1 的放大器和双层屏蔽电缆,这一般不容易做到。

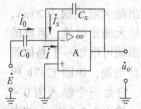

图 12-4 应用运算放大器的电容测量电路

4. 谐振电路

谐振电路如图 12-5 所示,高频电源经变压器给由 L、C_1、C_x 构成的谐振电路供电,取被测电容 C_x 两端的电压 $\dot{u}_c$ 经放大器放大及变换后输出。根据图 12-5b 的等效电路,可以求得电容器两端的电压 $\dot{u}_c$ 为

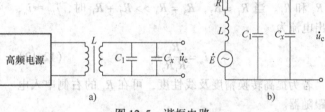

图 12-5 谐振电路

$$\dot{u}_c = \frac{\frac{1}{j\omega C}}{R + j\omega L + \frac{1}{j\omega C}}\dot{E} = \frac{\dot{E}}{1 - \omega^2 LC + j\omega RC} \tag{12-9}$$

式中,$C = C_1 + C_x$。由此可确定的谐振频率 ω_r 为

$$\omega_r = 1/\sqrt{LC} \tag{12-10}$$

该频率即为供电电源的频率。在这个频率下,输出电压 $\dot{u}_c$ 与电容 C_x 之间的特性曲线如图 12-6 所示。改变调谐电容 C_1,使输出电压 $\dot{u}_c$ 为谐振电压 $\dot{u}_{cm}$ 的一半,这时电路在特性曲线的 N 点上。该点称为工作点,是特性曲线右半直线段的中间处,这样就保证了输出 $\dot{u}_c$ 与电容变化量 ΔC 的线性关系。如果被测变量在测量范围内使 ΔC 的变化值不超过特性曲线的右半段直线区,则能确保输出与被测量间的单值线性关系。

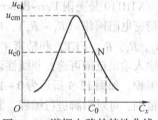

图 12-6 谐振电路的特性曲线

12.4 电压与电流的转换

电压与电流的相互转换实质上是恒压源与恒流源的相互转换。一般来说,恒流源的内阻远大于负载电阻,因此,原则上讲,将电压转换为电流必须采用输出阻抗高的电流负反馈电路,而将电流转换为电压则必须采用输出阻抗低的电压负反馈电路。

12.4.1 U/I 转换

1. 由运放构成的电压—电流 (U/I) 转换电路

图 12-7a 所示是一个简单的电压—电流转换电路。它类似于一个同相放大器,R_L 的两端都不接地,利用虚地的概念,可得出输出电流与电压的关系为

$$i_o = \frac{u_i}{R_1 + R_2} \quad (12\text{-}11)$$

调节 R_2 就可以改变输入电压与电流之间的转换系数。通常所用的运放其输出最大电流约为 20mA，为扩大输出电流，运放的输出端可增加一个晶体管驱动电路，如图 12-7b 所示，它是一个输入为 0～1V，输出为 0～10mA 的电压—电流转换电路。

图 12-8 所示是一个负载接地的电压—电流转换器，其原理与图 12-7a 类似，所不同的是电流采样电阻 R_7 是浮动的，而负载 R_L 则有一端接地，所以需要两个反馈电阻 R_3 和 R_4。当 $R_1 = R_2$，$R_3 = R_4 \gg R_7 + R_1$ 时，$i_{R7} \approx i_o$，输出电流为

$$i_o = \frac{R_3}{R_1 R_7} u_i \quad (12\text{-}12)$$

若为提高转换精度及线性度，可在 R_4 的右侧串入电压跟随器。

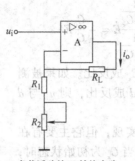

a) 负载浮动的 U/I 转换电路

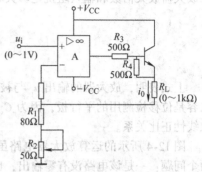

b) 0～1V 变为 0～10mA 的 U/I 转换电路

图 12-7 U/I 转换电路

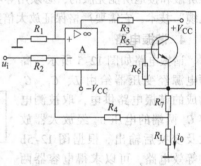

图 12-8 负载接地的 U/I 转换电路

2. 专用集成 U/I 转换电路

目前，国内外已经生产出传感器专用的集成电压—电流变换芯片，常用的电压—电流转换集成电路如 AD639、AD694、XTR110、ZF2B20、AM462 等，为实际应用带来了方便。

XTR110 是美国 Burr-Brown 公司（简称 BB 公司）生产的精密电压—电流变换器件。该芯片由精密电阻网络（$R_1 \sim R_5$）、电压—电流变换模块（A_1、VT_1、R_6、R_7）、电流/电流变换模块（A_2、R_8、R_9、FET）和精密 +10V 电压基准模块组成。其中 FET 为外接场效应晶体管。其特点是输入输出范围可选；非线性误差小，最大为 0.005%；电源电压范围宽，为 13.5～40V；引脚可编程。如图 12-9 所示为 0～10V 输入，4～20mA 输出的典型应用电路。如需对应其他的输入输出范围，可对引脚进行编程，其功能表见表 12-1。

表 12-1 XTR110 管脚编程和范围选择

输入范围/V	输出范围/mA	引脚 3	引脚 4	引脚 5	引脚 9	引脚 10
0～10	0～20	GND	u_I	GND	GND	GND
2～10	4～20	GND	u_I	GND	GND	GND
0～10	4～20	+10V	u_I	GND	GND	OPEN
0～10	5～25	+10V	u_I	GND	GND	GND
0～5	0～20	GND	GND	u_I	GND	GND
1～5	4～20	GND	GND	u_I	GND	GND
0～5	4～20	+10V	GND	u_I	GND	OPEN
0～5	5～25	+10V	GND	u_I	GND	GND

在图 12-9 所示电路中，由 R_1 到 R_5 组成的精密电阻网络的输出电压为 u_I，另设电阻 R_1、R_2 与 R_5 相连接的点电压为 u_A，则有

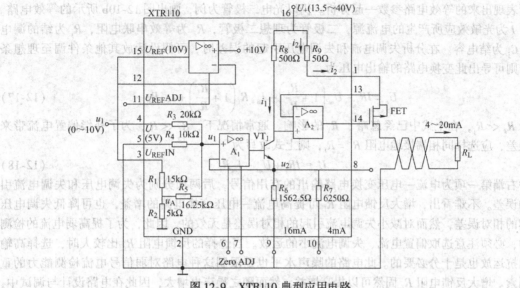

图 12-9 XTR110 典型应用电路

$$\begin{cases} \dfrac{10-u_A}{R_1} - \dfrac{u_A}{R_2} - \dfrac{u_A - u_1}{R_5} = 0 \\ \dfrac{u_1 - u_1}{R_3} - \dfrac{u_1}{R_4} - \dfrac{u_1 - u_A}{R_5} = 0 \end{cases} \qquad (12\text{-}13)$$

由式(12-13)解出

$$u_1 = 0.25u_1 + 0.625(\text{V}) \qquad (12\text{-}14)$$

由运算放大器 A_1、晶体管 VT_1 和电阻 R_6 组成 U/I 变换器，其输出电流 i_1 为

$$i_1 = \dfrac{u_2}{R_6} = \dfrac{u_1}{R_6} = 0.16u_1 + 0.4(\text{mA}) \qquad (12\text{-}15)$$

由运算放大器 A_2、电阻 R_8、R_9 和外接场效应晶体管组成电流放大器，其输出电流 i_2 为

$$i_2 = \dfrac{R_8}{R_9} i_1 = 1.6u_1 + 4(\text{mA}) \qquad (12\text{-}16)$$

可见，XTR110 实现了从 0~10V 的电压到 4~20mA 电流的转换。由于输出电流的功率加在外接场效应晶体管和负载电阻上，因此集成器件 XTR110 不会发热。此外，由于输出电流 i_2 的数值由电阻 R_9 决定，因此，场效应晶体管的选取不会带来 U/I 变换的精度误差。

12.4.2 I/U 转换

电流—电压变换最典型的应用当属光电检测。光电二极管将光信号转换为二极管反向电流，因此传感器的检测电路首先就需将电流转换为电压。图 12-10a 就是由运放构成的电流—电压变换电路原理图。光电二极管在光照射下，产生的光电流 I 流入运放的反相端，在理想运放条件下，运放的输出电压为 $U_o = IR_f$。

通常，电流式传感器的输出电流比较小，特别是在弱信号检测时，必须分析运放失调电流和失调电压所带来的误差。在分析这一项误差时，必须连同电流式传感

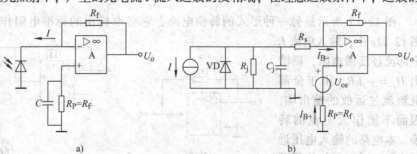

图 12-10 光电检测的电流—电压变换电路

器所表现出来的等效电路参数一起分析。仍以光电二极管为例,画出图12-10b所示的等效电路。图中 I 为光敏效应所产生的电流源,二极管为理想二极管,R_s 为等效串联电阻,R_j 为结的漏电阻,C_j 为结电容。在分析失调电流和失调电压引起的误差时,可假设运放其他条件调至理想条件,则可导出此变换电路的输出电压为

$$U_o = IR_f + U_{oS}\left(1 + \frac{R_f}{R_j}\right) - I_{B+} R_f\left(1 + \frac{R_f}{R_j}\right) + I_{B-} R_f \qquad (12\text{-}17)$$

由于 $R_s \ll R_j$,在上式中已经忽略了 R_s 的影响。通常情况下,$R_f \ll R_j$,为了补偿偏置电流带来的误差,应选择同相端接地电阻 $R_p = R_f$,则上式改写为

$$U_o \approx IR_f + U_{oS} - I_{oS} R_f \qquad (12\text{-}18)$$

式中右端第一项为电流—电压变换电路输出的有用信号,后两项分别为失调电压和失调电流引起的误差。不难看出,增大反馈电阻 R_f 可提高电流—电压变换电路的增益,也可降低失调电压引起的相对误差,然而对减小失调电流引起的相对误差是无效的。因此,为了提高弱电流的检测能力,必须注意选取偏置电流、失调电流小的运放。当选择的反馈电阻 R_f 比较大时,选择高输入阻抗运放也是十分必要的。此电路的噪声水平也是限制这种电路对弱信号电流检测能力的重要因素。增大反馈电阻 R_f 固然可以提高增益,然而随之噪声也增大,因此在电路设计与调试中,还应注意选择低噪声运放,并注意分析噪声对电流检测分辨力的影响。

在远程监控系统中经常遇到的情况是,电流信号经过长距离导线传送到数据采集接口电路,需要再将电流信号转换成电压以进行 A/D 转换。电流—电压转换电路将输入电流成比例地转换成输出电压。

图12-11a 所示为传感器的长线电流输入的情况。

图12-11b 的输入电流 I_i 直接流过基准电阻 R,输出电压为 $U_o = I_i R$。当工作范围为 $-10V < I_i R < +10V$ 时,一般根据 I_i 适当选取 R,而对 I_i 的大小没有限制。当 R 值很小时,I_i 可能取很大的值。例如 $R = 10\Omega$ 时,I_i 最大值可能取 $\pm 1A$。这时应注意 R 的发热情况。由于 R 为电路的输入阻抗,因此当主信号源内阻不太大时,电流值将产生误差。

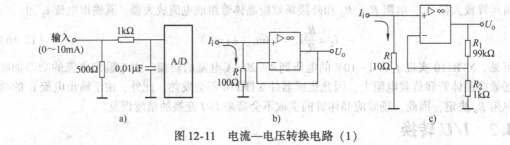

图 12-11 电流—电压转换电路 (1)

当输入电流很小时,可使用图12-11c 所示的电压放大电路,则有

$$U_o = I_i R \frac{R_1 + R_2}{R_2} = 100 R I_i \qquad (12\text{-}19)$$

图12-12 所示是另一种形式的转换电路,它将取样用的标准电阻作为运放的反馈电阻。图12-12a 中,输入电流 I_i 全部流经反馈电阻,则输出 $U_o = -I_i R$。由于全部电流流过运放的输出端,因而不能作大电流的转换。本电路的输入电压近似为零,因而即使信号源

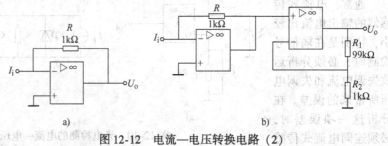

图 12-12 电流—电压转换电路 (2)

内阻很低，也不会产生电流误差。小电流转换时，需用大的反馈电阻，同时要求运算放大器的失调电压要小。标准电阻 R 的阻值范围一般为 $10\Omega < R < 1M\Omega$。当 $R < 10\Omega$ 时，布线电阻的影响将增大；当 $R > 1M\Omega$ 时，电阻精度难以保证且很容易受噪声影响。图 12-12b 的电路用于小电流的情况。例如，将 10nA 的电流转换为 1V 时，如采用图 12-12a 的方案，则 $R = 100M\Omega$，精度难以保证。而利用图 12-12b 的电路时，先将 10nA 电流转换成 10mV，再用一个增益为 100 的电压放大器将电压放大到 1V，避免了大电阻的采用。

一种大电流—电压变换电路如图 12-13 所示。电路中，利用小阻值的取样电阻 R_s，把电流转换成电压后，再用差动放大器进行放大。输入电流在 0.1~1A 范围内，变换精度为 ±0.5%。根据该电路的结构，只要选用 $R_1 = R_2 = R_F$，$R_3 = R_4 = R_5 = R_6 = R_f$，则差动放大倍数为

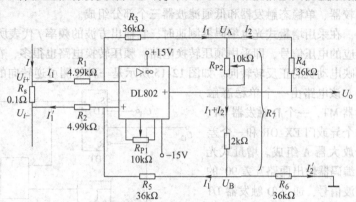

图 12-13 大电流—电压变换电路

$$K_d = -2\left(1 + \frac{R_f}{R_7}\right)\left(\frac{R_f}{R_F}\right) \tag{12-20}$$

由上式可见，R_7 越小，K_d 越大。调节 R_{P2}，可以使 K_d 在 58~274 内变化。当 $K_d = 100$ 时，电流—电压变换系数为 10V/A。运算放大器必须采用高输入阻抗（10^7~$10^{12}\Omega$）、低漂移的运算放大器。

另一种微电流—电压变换器电路如图 12-14 所示。该电路只需输入 5pA 电流，就能得到 5V 电压输出。图中，输入级 CA3130 本身输入阻抗极高，加上因同相输入端和反相输入端均处于零电位，进一步减小了漏电流。如果对输入端接线工艺处理得好，其漏电流可以小于 1pA。第二级 CA3140 接成 100 倍反相放大器。

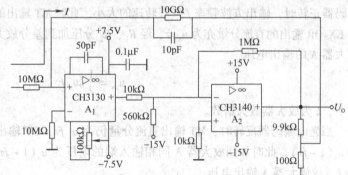

图 12-14 微电流—电压变换电路

根据输入电流的极性，一方面产生反相的电压输出，一方面提供负反馈，保证有稳定的变换系数。

该电路的一个特点在于反馈引出端不是在 U_o，而是在 100Ω 和 9.9kΩ 电阻中间。按常规的接法，10GΩ 反馈电阻产生的变换系数为 10^{10}，即 5pA 电流产生 0.05V 电压。但是该电路的反馈从输出电压的 1/100 分压点引出，将灵敏度提高了 100 倍。于是，当输出 $U_o = 5$V 时，反馈电阻两端的电压为 50mV，这时仅需电流为 50mV/10GΩ = 5pA。

12.5 频率—电压转换

12.5.1 f/U 转换

f/U（频率—电压）转换是一种数/模（D/A）转换，是把频率变化的信号线性地转换成电压变化的信号，转换之后信号的电压与转换前信号的频率成比例。f/U 转换器具有占用总线数量

少，易于远距离传送，抗干扰能力强等优点。因此，f/U 转换技术的使用越来越广泛。

频率—电压转换器的工作原理是将各种形式的频率（或周期）信号，如正弦波、三角波等，变换成脉宽固定的同频矩形波，然后经滤波后得到与频率信号成正比的直流电压。通常由电平比较器、单稳态触发器和低通滤波器三个部分组成。

在采用增量式光电编码器测速时，它输出方波的频率 f 代表所测转速，为此需要将它转变成相应的电压信号，即采用频压转换电路。频压转换电路也很多，在实际测量系统中，常常还要求反映电动机的正反转转向。如图 12-15 所示是一种能测可逆转向的频压转换电路。

该电路由一个单稳态触发器 MT，一个 D 触发器 DT、一个异或门 EX-OR 和一个差分放大器 A 组成。增量式光电编码器输出两路互差 90°的方波信号，通过 D 触发器 DT 以鉴别转向，正转向时 DT 输出低电平"0"，反转时 DT 输出高电平"1"。再取其中一路用以触发单稳态触发器

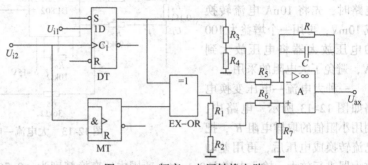

图 12-15 频率—电压转换电路

MT。然后将 DT 输出与 MT 输出加到异或门 EX-OR 输入端，EX-OR 输出端经电阻 R_1、R_2（且 $R_1 = R_2$）接地，取中点经 R_6 接差分放大器的同相输入端，DT 输出端亦接电阻 R_3、R_4（且 $R_3 = R_4$）接地，取其中点经 R_5 接差分放大器的反向输入端。

假定 DT、MT、EX-OR 输出的高电平皆为 u_s，低电平皆为 0V，MT 的暂态时间为 τ。当光电编码器正转时，输出方波频率 f 代表转速的大小，此时 MT 输出的直流分量为 $u_s f\tau$，DT 输出为 0，故 EX-OR 输出的直流分量亦为 $u_s f\tau$，经 R_1、R_2 分压加到差分放大器同相输入端的电压为 $u_s f\tau/2$，放大器 A 的输出电压

$$u_{ax} = \frac{1}{2}ku_s f\tau \qquad (12-21)$$

式中，k 为放大器放大倍数。

当光电编码器反转时，MT 输出直流分量仍为 $u_s f\tau$，DT 输出为 u_s，EX-OR 输出的直流分量为 $u_s(1-f\tau)$。此时加到放大器 A 同相输入端的电压为 $u_s(1-f\tau)/2$，加到反相输入端的电压为 $u_s/2$。故放大器 A 输出电压

$$u_{ax} = -\frac{1}{2}ku_s f\tau \qquad (12-22)$$

由此可见，输出端电压 u_{ax} 与 f 成正比，且能表示方向。

不管是电压—频率转换还是频率—电压转换，都已经有专用的集成芯片，常用的集成芯片有 LM231、LM331、AD650、AD652、VFC320、AD654 和 AD537 等。

12.5.2 U/f 转换

U/f（电压—频率）变换就是将输入电压变换为与之成正比的频率信号输出，故 U/f 变换器又称为电压控制（压控）振荡器（VCO），其传输函数可表示为

$$f_o = k|U_I| \qquad (12-23)$$

变换后的输出波形可以是任何周期性波形，如方波、脉冲序列、三角波或正弦波等。将模拟输入电压转换成频率信号，可提高信号传输的抗干扰能力，还可节省系统接口资源。电压—频率变换在调频、锁相和模/数变换等许多领域得到广泛的应用。

第 12 章　检测信号的转换与调制

1. 积分复原型 U/f 变换器

积分复原型电压—频率变换器由积分器、比较器和积分复原模拟开关等部分组成。积分复原型电压—频率变换器基本工作原理相似，主要差别在于复位方法、复位时间长短，模拟开关常用晶体管、场效应晶体管等元件。图 12-16 所示为积分复原型电压—频率变换器原理图。

积分复原型电压频率变换器工作原理：

输入信号 u_i 经过积分器积分，积分后的电压 u_o 与比较器的参考电压 u_R 比较，u_o 上升至 $u_o = u_R$ 时，比较器翻转，比较器输出控制模拟开关切换到 u_f，模拟开关使积分器复原为零。

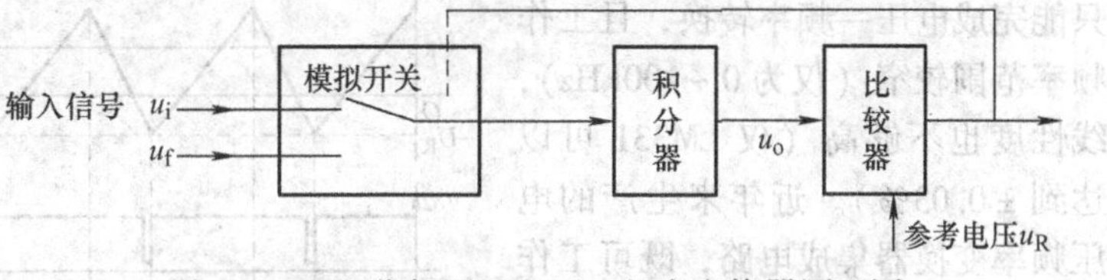

假定 $u_i > 0$，则积分器输出

$$u_o = \frac{1}{\tau}\int u_i \mathrm{d}t$$

图 12-16　积分复原型电压—频率变换器原理图

式中，τ 为积分器的时间常数。

经过一段时间 T_1 后，$u_o = \frac{1}{\tau}u_i T_1 = u_R$，比较器翻转，积分器经过一段时间 T_2 后复原为零。比较器输出频率 $f_o = 1/(T_1 + T_2)$，令 $T_1 \gg T_2$，

$$f_o \approx \frac{1}{T_1} \approx \frac{1}{\tau u_R}u_i \tag{12-24}$$

由式(12-24) 可知，变换电路的输出频率 f_o 与输入电压 u_i 成正比。

2. 电荷平衡型 U/f 变换器

积分复原型 U/f 变换器的精度和动态范围由于复位电路具有非线性特性而受到限制。这类变换电路提高精度的主要方法是缩小复位时间。若要使非线性误差从 0.1% 提高一个数量级，达到 0.01%，则复位时间必须减小到最小信号周期的 0.01% 以下。当额定工作频率为 10kHz 时，信号最小周期为 0.1ms，复位时间则必须小于 $0.01\mu s$，积分复原型电压频率变换器往往很难实现。采用电荷平衡法可以解决上述问题。

图 12-17 和图 12-18 所示为电荷平衡型 U/f 变换器原理图及波形图。变换器复位电路由定时电路、恒流源和模拟开关组成。复位电路的工作由比较器 A_2 控制。每当比较器的输出从高电位变到低电位时，定时电路就输出脉宽固定为 T_2 的负脉冲，使 VD_2 截止，VD_1 导通。

输入电流 I_f 加入后，积分器 A_1 负向积分，当 A_1 输出电压下降到比较器 A_2 的给定的基准电压 u_R 时，比较器 A_2 的输出从高电位变成低电位，u_{o3} 输出低电平，VD_2 截止，于是复位电路从积分电容上取走固定电荷量 $(I_s - I_f)T_2$。因为 I_s 总大于 I_f，所以在定时电路输出负脉冲期间，积分器正向积分，直到定时电路复原，才又开始下

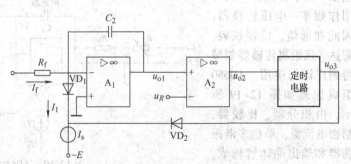

图 12-17　电荷平衡型 U/f 变换器原理图

一个周期。在一个周期内，积分电容得到的电荷量与放出的电荷量应该相等，$I_f T_1 = (I_s - I_f)T_2$，输出 u_{o2} 或 u_{o3} 频率

$$f_o = \frac{1}{T_1 + T_2} = \frac{I_f}{I_s T_2} \tag{12-25}$$

3. 集成 U/f 转换电路

电压频率变换器集成电路早期产品功能单一，例如 FC32、LM331 均属于 U/f 转换器（VFC），只能完成电压—频率转换，且工作频率范围较窄（仅为 0~100kHz），线性度也不够高（仅 LM331 可以达到 ±0.03%）。近年来生产的电压频率变换器集成电路，既可工作于 U/f 模式，又可工作于 f/U 模式，使用更加方便。其典型产品有美国 Telcom 公司的 TC9401 型、美国 ADI 公司的 AD650 型。两者都采用电荷平衡式 U/f 转换原理，但 AD650 的性能远优于 TC9401。

1）AD650 采用电荷平衡式 U/f 转换原理，既可输入单极性电压，亦可输入双极性电压或差分电压，输出为矩形波。转换精度达 14 位（TC9401 仅为 13 位）。

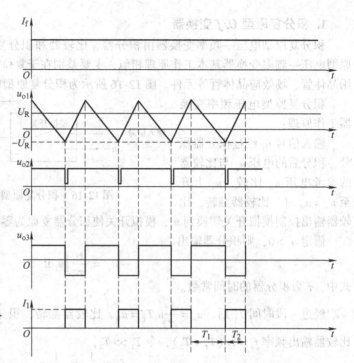

图 12-18 电荷平衡型 U/f 变换器波形图

2）频率范围宽、非线性误差小。工作频率范围是 0~1MHz。在 10kHz、100kHz 及 1MHz 时，非线性误差分别为 0.002%、0.005% 及 0.07%（典型值）。其输入电阻高达 1000MΩ，输入电容仅为 10pF。利用可调电阻或电位器，能进行零点校准及满度校准。

3）只需对外围电路稍加改动，即可构成 f/U 转换器。

4）使用灵活，除常规用法外，还可以构成微分式 U/f 转换器或锁相环 U/f 转换器。其外围电路比 TC9401 更简单。

5）采用集电极开路输出，输出端经过上拉电阻接 5~30V 电源，能与 CMOS、TTL 电路兼容。

AD650 电路既能用作电压—频率转换器，又可用作频率—电压转换器，因此在通信、仪器仪表、雷达、远距离传输等领域得到广泛的应用。AD650 组成原理如图 12-19 所示，由积分器、比较器、精密电流源、单稳多谐振荡器和输出晶体管构成。输入信号电流可直接由电

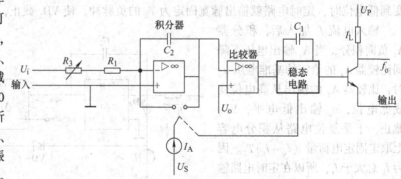

图 12-19 AD650 组成原理图

源提供，亦可由电阻（$R_1 + R_3$）端输入电压产生。由 1mA 内部电流源开关控制，以精确脉冲提供的内部反馈电流使这种电流源精确平衡。这种电流脉冲可看成是由精密的电荷群构成。输出晶体管每产生一个脉冲所需要的电荷群数量依赖于输入电流信号的幅度。由于每单位时间传递到求和点的电荷数量对输入信号电流幅度呈线性函数关系，所以可实现电压—频率转换。由于电荷平衡式结构对输入信号作连续积分，所以具有优良的抗噪声性能。实现电压—频率转换及

频率—电压转换的应用电路如图 12-20 和图 12-21 所示。

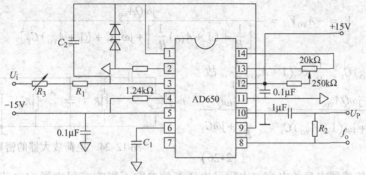

图 12-20　正负电压输入（-5～+5V）的电压—频率转换器应用电路

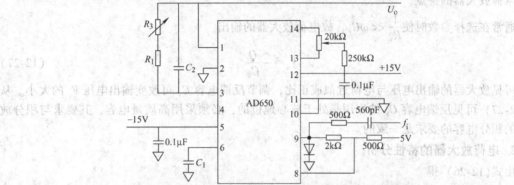

图 12-21　AD650 用作频率—电压转换器的应用电路

12.6　电荷—电压转换

在力、加速度、振动、冲击等测量中广泛采用的压电传感器，是将被测量转换成电荷输出的传感器；在这种传感器的测量线路中，就需要用到电荷—电压的转换电路，通常称这种转换电路为电荷放大器。

电荷放大器，就是输出电压正比于输入电荷的一种放大器，其主要特点是它与压电传感器连接后不影响所产生的电荷量，且测量灵敏度与电缆的长度无关。

1. 电荷放大器的基本原理

压电传感器可用一个直流电源和一个与它串联的阻容等效网络来等效，等效电路如图 12-22 所示。电容上的电压 V、电荷量 Q 和电容 C_q 之间的关系为

$$V = Q/C_q$$

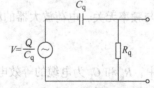

图 12-22　压电传感器等效电路

通常 R_q 很大，所以产生的电荷能较长时间保存，但如果外接的电阻很小，传感器受力后所产生的电荷就会以时间常数 $\tau = (R_q // R_L)C_q$，按指数规律很快放电，因此与压电传感器连接的电荷放大器必须具有高输入阻抗。

电荷放大器和压电传感器的连接原理图如图 12-23 所示。图中 C_F 为反馈电容；R_F 为反馈电阻，作用是避免放大器饱和；C 为传感器电容和电缆分布电容的并联；R 为压电传感器的内阻与缆线绝缘电阻的并联。

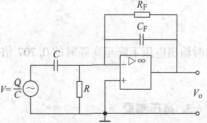

图 12-23　电荷放大器的原理图

将图 12-23 进行密勒等效后得图 12-24，图中 $C_M = (1 + A_{VO})C_F$，$R_M = R_F/(1 + A_{VO})$。

由图可求得

$$V_o = -A_{VO}V_- = -\frac{j\omega Q A_{VO}}{\left[\frac{1}{R}+(1+A_{VO})\frac{1}{R_F}\right]+j\omega[C+(1+A_{VO})C_F]}$$

一般 $C \ll (1+A_{VO})C_F$, $\frac{1}{R} \ll (1+A_{VO})\frac{1}{R_F}$, 故

$$V_o = -\frac{j\omega Q A_{VO}}{\frac{1+A_{VO}}{R_F}+j\omega(1+A_{VO})C_F} \approx -\frac{j\omega Q}{\frac{1}{R_F}+j\omega C_F} \quad (12\text{-}26)$$

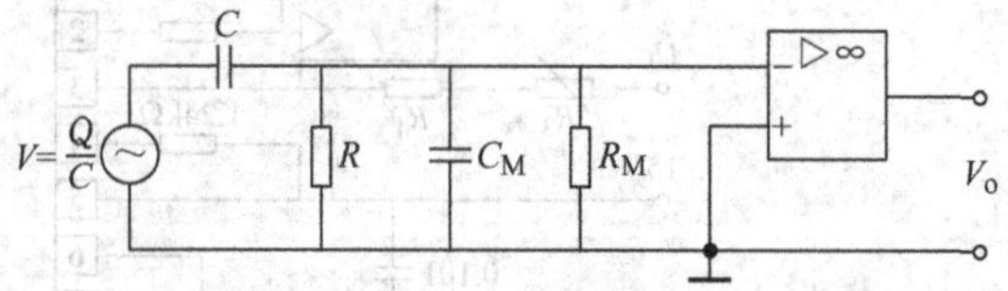

图12-24 电荷放大器的密勒等效

由此可知, 传感器本身的电容、电阻及电缆等效参数不影响或很少影响电荷放大器的输出, 这是电荷放大器的特点。

通常在选择参数时使 $\frac{1}{R_F} \ll \omega C_F$, 故电荷放大器的输出

$$V_o \approx -\frac{Q}{C_F} \quad (12\text{-}27)$$

可见放大器的输出电压与电荷近似成正比, 调节反馈电容 C_F 可改变输出电压 V_o 的大小。从式(12-27)可见反馈电容 C_F 的作用是处于核心地位的, 必须采用高质量电容, 其要求与积分放大器的积分电容的要求是一致的。

2. 电荷放大器的特性分析

由式(12-26)得

$$V_o \approx -\frac{j\omega Q}{\frac{1}{R_F}+j\omega C_F} = -\frac{Q}{C_F}\frac{1}{1+\frac{1}{j\omega C_F R_F}}$$

由公式可知, 电荷放大器的输出不仅取决于电荷量, 还与反馈网络参数及信号频率有关系。当

当 $\omega \gg \frac{1}{R_F C_F}$ 时

$$V_o = -\frac{Q}{C_F} \quad (12\text{-}28)$$

V_o 与频率无关, 电荷放大器的频率特性由运放决定, 其上限频率为

$$f_H = \frac{1}{2\pi R_k(C_q+C_k)} \quad (12\text{-}29)$$

式中, R_k 和 C_k 为电缆的等效电阻和等效电容; C_q 为传感器的等效电容。

当 $\omega = \frac{1}{R_F C_F}$ 时,

$$V_o = -\frac{1}{\sqrt{2}}\frac{Q}{C_F}$$

此时输出电压下降至高频时的0.707倍, 此时的频率为下限频率

$$f_L = \frac{1}{2\pi R_F C_F} \quad (12\text{-}30)$$

3. 高压测量

利用电荷放大器的原理, 可以测定上千伏直流高压, 如图12-25所示, 采用一电荷转移电路, 对高压进行精确的分压, 分压是这样实现的: 把一个小的高压电容器上的电荷转移到一个大的低压电容器上, 而大电容接在运放的反馈回路中。

当开关 S_1 打到位置 A 时, 待测电压 V_{in} 对 C_1 充电。S_1 的接点设计应注意消除电晕损耗。采

用油浸电容器作为 C_1，可以消除介质损耗所引入的误差。把 S_1 打到位置 B，则 C_1 的电荷将完全转移到 C_2 上，电阻 R_2 的作用是减慢电荷转移过程以保证放大器的响应。当电荷转移完毕后，输出电压

$$V_o = -\frac{C_1}{C_2}V_{in} \quad (12\text{-}31)$$

S_3 的作用是使 C_2 放电，以进行新的测量。测量准确度要求 C_1 和 C_2 的比值稳定，并不要求采用高精度电容。

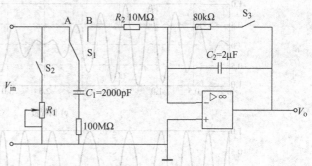

图 12-25　10kV 高压测量电路原理图

12.7　信号的调制与解调

12.7.1　调制与解调概述

一些被测量，如力、位移等，经过传感器变换以后，常常是一些缓变的电信号。从放大处理来看，直流放大有零漂和级间耦合等问题。为此，常把缓变信号先变为频率适当的交流信号，然后利用交流放大器放大，最后再恢复为原来的直流缓变信号，像这样的一种变换过程称为调制与解调，它被广泛用于传感器和测量电路中。

调制是指在时域上用一个低频信号（缓变信号）对人为提供的高频信号的某特征参量（幅值、频率或相位）进行控制，使该特征参量随着该缓变信号的变化而变化。这样，原来的缓变信号就被这个受控的高频振荡信号所携带，而后可以进行该高频信号的放大和传输，从而得到最好的放大和传输效果。

一般将控制高频振荡信号的缓变信号（低频信号）称为调制信号；载送缓变信号的高频振荡信号称为载波；经过调制后的高频振荡信号称为已调制波。当被控制参量分别为高频振荡信号的幅值、频率和相位时，则相应地分别称为：幅值调制（AM），即调幅；频率调制（FM），即调频；相位调制（PM），即调相。其调制后的波形分别称为调幅波、调频波和调相波。图 12-26 所示分别为载波信号、调制信号、调幅波、调频波。由于被测信号通常是用来控制高频载波的幅值、频率或相位的，因此，被测信号在调制中就是调制信号。

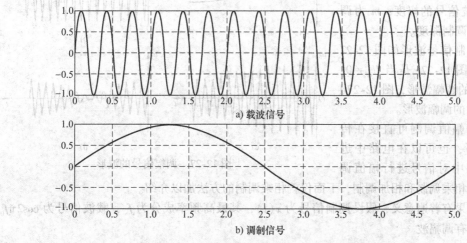

图 12-26　载波信号、调制信号、调幅波及调频波

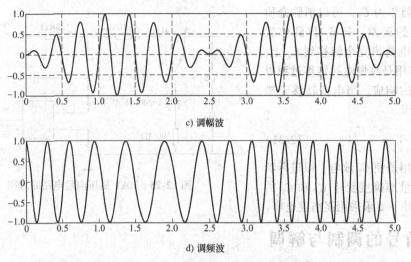

c) 调幅波

d) 调频波

图 12-26 载波信号、调制信号、调幅波及调频波（续）

FM 和 PM 在本质上都是具有角度调制的特点，所以在具体处理上具有共同的特点。测试技术中常用的是幅值调制和频率调制。

解调是从已调制波中不失真地恢复原有的测量信号（低频调制信号）的过程。调制与解调是对信号做变换的两个相反过程。

调制技术不仅在检测仪表中应用，而且是工程遥测技术的重要内容。工程遥测技术对被测量的远距离测量，以现代通信方式（有线或无线通信、光通信）实现信号的发送和接收。

12.7.2 幅度调制及其解调

1. 调幅原理

调幅是将一个高频简谐信号（载波信号）与测试信号（调制信号）相乘，使载波信号随测试信号的变化而变化。调幅的目的是为了便于缓变信号的放大和传送。常用的方法是线性调幅，即让调幅波的幅值随调制信号 x 按线性规律变化。调幅波的表达式可写为

$$u_s = (U_m + mx)\cos\omega_c t \tag{12-32}$$

式中，ω_c 为载波信号的角频率；U_m 为原载波信号的幅度；m 为调制灵敏度或调制深度。

幅值调制信号波形如图 12-27 所示，其中图 12-27c 是当 $U_m \neq 0$，且 $U_m > mx$ 的调幅波形，图 12-27d 是 $U_m = 0$ 时的调幅波形。

信号的幅值调制可直接在传感器内进行，也可以在电路中进行。在电路中对信号进行幅值调制的方法有相乘调制和相加调制，下面仅就相乘调制的方法加以介绍。

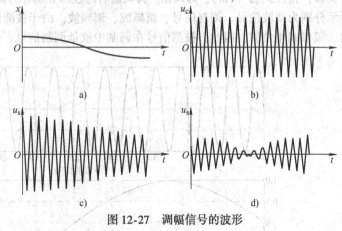

图 12-27 调幅信号的波形

为使结果有普遍意义，假设调制信号为 $x(t)$，其最高频率成分为 f_m，载波信号为 $\cos 2\pi f_0 t$，$f_0 \gg f_m$，则有调幅波

$$x(t)\cos 2\pi f_0 t = \frac{1}{2}[x(t)e^{-j2\pi f_0 t} + x(t)e^{j2\pi f_0 t}] \tag{12-33}$$

设被测信号 $x(t)$ 的傅里叶变换为 $X(f)$，表示为 $x(t) \leftrightarrow X(f)$，由傅里叶变换性质：在时域中两个信号相乘，其对应在频域中这两个信号为卷积，即

$$x(t)y(t) \leftrightarrow X(f) * Y(f)$$

余弦函数的傅里叶变换有

$$\cos 2\pi f_0 t \leftrightarrow \frac{1}{2}[\delta(f-f_0) + \delta(f+f_0)]$$

则利用傅里叶变换的频移性质，有

$$x(t)\cos 2\pi f_0 t \leftrightarrow \frac{1}{2}[X(f) * \delta(f-f_0) + X(f) * \delta(f+f_0)] \tag{12-34}$$

由单位脉冲函数的性质可知，频域内一个频谱函数与单位脉冲函数卷积的结果就是将该频谱函数由坐标原点平移至该脉冲函数所在频率处。所以调幅使被测信号 $x(t)$ 的频谱从 $f=0$，向左、右迁移了 $\pm f_0$，而幅值降低了 $1/2$，如图 12-28 所示。但 $x(t)$ 中所包含的全部信息都完整地保存在调幅波中。载波频率 f_0 称为调幅波的中心频率，$f_0 + f_m$ 称为上旁频带，$f_0 - f_m$ 称为下旁频带。调幅以后，原信号 $x(t)$ 中所包含的全部信息均转移到以 f_0 为中心，宽度为 $2f_m$ 的频带范围之内。即将有用信号从低频区推移到高频区。因为信号中不包含直流分量，可以用中心频率为 f_0，通频带宽是 $\pm f_m$ 的窄带交流放大器放大，然后再通过解调从放大的调制波中取出有用的信号。所以调幅过程就相当于频谱"搬移"过程。由此可见，调幅的目的是为了便于缓变信号的放大和传送。如在电话电缆、有线电视电缆中，由于不同的信号被调制到不同的频段，因此，在一根导线中可以传输多路信号。为了减小放大电路可能引起的失真，信号的频宽（$2f_m$）相对中心频率（载波频率 f_0）应越小越好，实际载波频率常至少数倍甚至数十倍于调制信号频率。

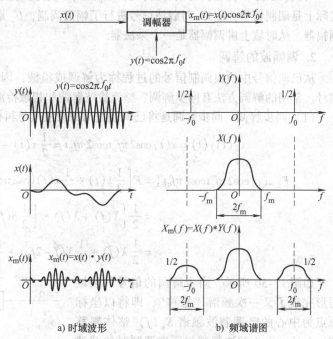

a) 时域波形　　b) 频域谱图

图 12-28　调幅过程示意图

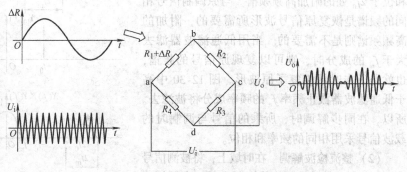

图 12-29　电桥调幅的输入/输出关系

下面研究如图 12-29 所示的利用电桥的幅值调制的实现过程。

根据第 11.2.1 节所述电桥电压灵敏度定义及式（11-20）和式（11-22）知，不同接法的电桥

自动检测技术及仪表

输出电压可表示为

$$U_o = K \frac{\Delta R}{R_0} U_i \tag{12-35}$$

式中，K 为接法系数。当电桥输入 $\Delta R/R_0 = R(t)$ 为被测的缓变信号，$U_i = E_0 \cos 2\pi f_0 t$ 时，式(12-35)可表示为

$$U_o = KR(t)E_0 \cos 2\pi f_0 t \tag{12-36}$$

可以看出：电桥的输出电压 U_o 随 $R(t)$ 的变化而变化，即 U_o 的幅值受 $R(t)$ 的控制，其频率为输入电压信号 U_i 的频率 f_0。

与式(12-33)比较，可以看出：$U_i = E_0 \cos 2 f_0 t$ 实际上是载波信号，电桥的输入 $\Delta R/R_0 = R(t)$ 实际上是调制信号，$R(t)$ 对载波信号进行了幅值调制，U_o 是调幅信号。这就是说，电桥是一个调幅器。从时域上讲调幅器是一个乘法器。

2. 调幅波的解调

从已调信号中检出调制信号的过程称为解调或检波，因此解调的目的是为了恢复被调制的信号。常用的解调方法有同步解调、整流检波解调和相敏检波解调。

(1) 同步解调 同步解调是将已调制波与原载波信号再作一次乘法运算，即

$$x_m(t)y(t) = x(t)\cos 2\pi f_0 t \cos 2\pi f_0 t = \frac{1}{2}x(t) + \frac{1}{2}x(t)\cos 2\pi(2f_0)t \tag{12-37}$$

$$F[x(t)\cos 2\pi f_0 t \cos 2\pi f_0 t] = F\left[\frac{1}{2}x(t) + \frac{1}{2}x(t)\cos 2\pi(2f_0)t\right]$$

$$= \frac{1}{2}\left\{X(f) + X(f) * \left[\frac{1}{2}\delta(f-2f_0) + \frac{1}{2}\delta(f+2f_0)\right]\right\}$$

$$= \frac{1}{2}X(f) + \frac{1}{4}X(f-2f_0) + \frac{1}{4}X(f+2f_0) \tag{12-38}$$

如图 12-30 所示，同步解调的信号的频域图形完成了又一次频谱"搬移"，即将以坐标原点为中心的已调制波频谱 $X_m(f)$ 整体搬移到 $\pm f_0$ 处。由于载波频谱与原来调制时的载波频谱 $Y(f)$ 相同，第二次搬移后的频谱有一部分搬移到原点处，所以同步解调后的频谱包含两部分，即与原调制信号频谱相同的低频频谱和位于 $2f_0$ 处的附加高频频谱。与原调制信号相同的频谱是恢复原信号波形所需要的，附加的高频频谱则是不需要的。当用低通滤波器滤去大于 f_m 的成分时，则可以复现原信号的频谱，也就是说在时域恢复了原波形。图 12-30 中高于低通滤波器截止频率 f_c 的频率成分将被滤去。所以，在同步解调时，所乘的信号与调制时的载波信号采用相同的频率和相位。

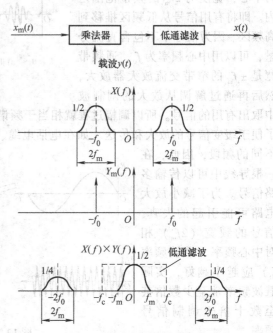

图 12-30 同步解调示意图

(2) 整流检波解调 在时域上，将被测信号即调制信号 $x(t)$ 进行幅值调制之前，先预加一直流分量 A，使偏置后的信号都具有正电压，然后再与高频载波相乘得到已调制波，那么调幅波的包络线将具有原调制信号的形状，如图 12-31a 所示。把该调幅波进行简单的整流和检波、滤波，并减去所加的偏置电压就可以恢复原调制信

第 12 章 检测信号的转换与调制

号。这种解调方式称为整流检波解调,又称作包络分析或包络检波。

整流检波解调的信号检出过程如图 12-32 所示,其中 u_s、u_s'、u_o 和 u_o' 分别是调幅信号、整流信号、峰值检波信号和平均值检波信号。

图 12-33 是采用二极管 VD 作为整流器件的包络检波电路。若 u_s 如图 12-32a 所示,则经 VD 整流后的波形如图 12-32b 所示,经电容 C 低通滤波后所得的输出信号 u_o 的波形如图 12-32d 所示。

图 12-34 是采用晶体管 VT 作为整流器件实现的平均值检波电路。由于 VT 在 u_s 的半个周期导通,i_C 对电容 C 充电,在 u_s 的另半个周期 VT 截止,电容 C 向 R_L 放电,流过 R_L 的平均电流只有 $i_C/2$,因而所获得的是平均值检波,其输出信号 u_o' 的波形如图 12-32d 所示。应当指出,虽然平均值检波使波形幅值减小 1/2,但由于晶体管的放大作用,使检波输出信号比输入的调幅信号在量值上要大得多,因而具有较强的承载能力。

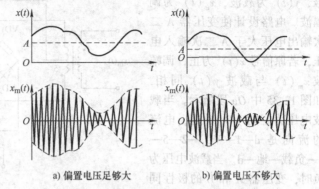

a) 偏置电压足够大   b) 偏置电压不够大

图 12-31 调制信号加偏置的调幅波

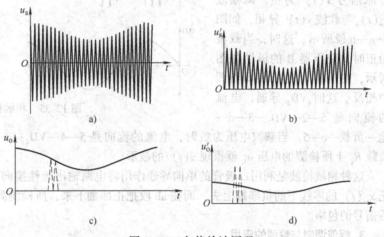

图 12-32 包络检波原理

整流检波解调虽然可以恢复原信号,但在调制解调过程中有一加、减直流分量 A 的过程,由于实际工作中要使每一直流本身很稳定,且使两个直流完全对称是较难实现的,这样原信号波形与经调制解调后恢复的波形虽然幅值上可以成比例,但在分界正、负极性的零点上可能有漂移,从而使得分辨原波形正、负极性上可能有误,如图 12-31b 所示。而相敏检波解调技术就解决了这一问题。

(3) 相敏检波 相敏检波器(与滤波器配合)可以将调幅波还原成原缓变信号波形,即起解调作用。采用相敏检波时,对原信号可不必再加直流偏置。交变的调制信号在过零线时符号(+、-)发生突变,调幅波的相位(与载波比较)也相应地发生 180° 的相位跳变;由此比较载波信号与调幅信号之间的幅值和相位关系,便既能反映出原调制信号的幅值又能反映其极性。

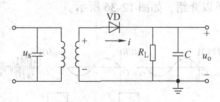

图 12-33 二极管包络检波

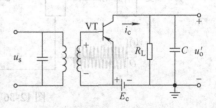

图 12-34 晶体管包络检波

图 12-35 中 $x(t)$ 为原信号，$y(t)$ 为载波，$x_m(t)$ 为调幅波。电路设计使变压器 A 二次输出电压大于 A 二次输入电压，若原信号 $x(t)$ 为正，调幅波 $x_m(t)$ 与载波 $y(t)$ 同相，如图 12-35 中 Oa 段所示。当载波电压为正时 VD_1 导通，电流的流向是 d—1—VD_1—2—5—c—负载—地—d。当载波电压为负时，变压器 A 和 B 的极性同时改变，电流的流向是 d—3—VD_3—4—5—c—负载—地—d。若原信号 $x(t)$ 为负，调幅波 $x_m(t)$ 与载波 $y(t)$ 异相，如图中 a—b 段所示。这时，当载波为正时，变压器 B 的极性如图所示，变压器 A 的极性却与图中相反。这时 VD_2 导通，电流的流向是 5—2—VD_2—3—d—

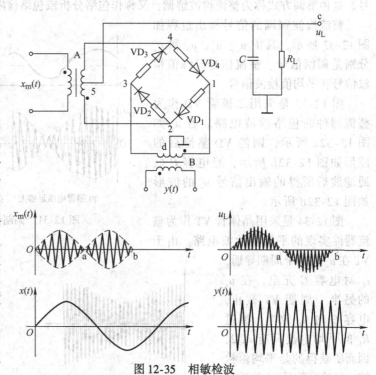

图 12-35 相敏检波

地—负载—c—5。当载波电压为负时，电流的流向是 5—4—VD_4—d—地—负载—c—5。因此在负载 R_L 上所检测的电压 u_L 就重现 $x(t)$ 的波形。

这种相敏检波是利用二极管的单向导通作用将电路输出极性换向。这种电路相当于在 Oa 段把 $x_m(t)$ 的零线下的负部翻上去，而在 ab 段把正部翻下来，所检测到的信号 u_L 是经过"翻转"后信号的包络。

3. 幅值调制与解调的应用

幅值调制与解调在工程技术上用途很多，下面就常用的 Y6D 型动态应变仪作为一典型实例予以介绍，如图 12-36 所示。

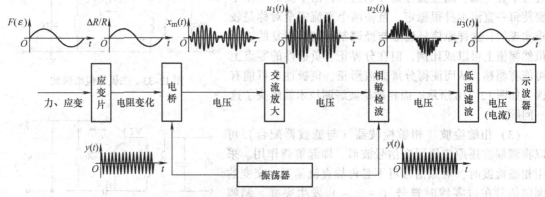

图 12-36 动态电阻应变仪原理框图

交流电桥由振荡器供给高频等幅正弦激励电压源作为载波 $y(t)$，贴在试件上的应变片受力 $F(\varepsilon)$ 等作用，其电阻变化 $\Delta R/R$ 反映试件上的应变 ε 的变化。由于电阻 R 为交流电桥的一桥臂，则电桥有电压输出 $x(t)$。作为原信号的 $x(t)$（电阻变化 $\Delta R/R$），其与高频载波 $y(t)$ 做幅

值调制后的调制波 $x_m(t)$，经放大器后幅值将放大为 $u_1(t)$。$u_1(t)$ 送入相敏检波器后被解调为原信号波形包络的高频信号波形 $u_2(t)$，$u_2(t)$ 进入低通滤波器后，高频分量被滤掉，则恢复了原信号被放大后的 $u_3(t)$。最后记录器将 $u_3(t)$ 的波形记录下来，$u_3(t)$ 反映了试件应变变化情况，其应变大小及正负都能准确地显示出来。

12.7.3 频率调制及其解调

1. 频率调制

调频就是用调制信号（缓变的被测信号）去控制载波信号的频率，使其随调制信号的变化而变化。常用的是线性调频，即让调频信号的频率按调制信号的线性函数变化。经过调频的被测信号寄存在频率中，不易衰落，也不易混乱和失真，使得信号的抗干扰能力得到很大的提高；同时，调频信号还便于远距离传输和采用数字技术。由于调频信号的这些优点使得调频和解调技术在测试技术中得到了广泛应用。

如图 12-37 所示是利用信号电压的幅值控制一个振荡器，振荡器输出的是等幅波，但其振荡频率偏移量和信号电压成正比。信号电压为正值时调频波的频率升高，负值时则降低；信号电压为零时，调频波的频率就等于中心频率。

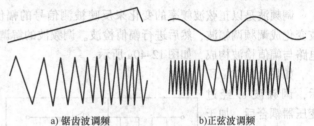

a) 锯齿波调频　　　　b) 正弦波调频

图 12-37　调频信号的波形

调频波的瞬时频率为

$$f = f_0 \pm \Delta f \tag{12-39}$$

式中，f_0 为载波频率或称为中心频率；Δf 为频率偏移，与调制信号 $x(t)$ 的幅值成正比。

设调制信号 $x(t)$ 是幅值为 X_0、频率为 f_m 的余弦波，其初始相位为 0，则

$$x(t) = X_0 \cos 2\pi f_m t \tag{12-40}$$

载波信号为

$$y(t) = Y_0 \cos(2\pi f_0 t + \varphi_0), \quad f_0 \gg f_m \tag{12-41}$$

调频时载波的幅度 Y_0 和初始相位角 φ_0 不变，瞬时频率 $f(t)$ 围绕着 f_0 随调制信号电压做线性变化，因此

$$f(t) = f_0 + k_f X_0 \cos 2\pi f_m t = f_0 + \Delta f_f \cos 2\pi f_m t \tag{12-42}$$

式中，Δf_f 是由调制信号 X_0 决定的频率偏移，$\Delta f_f = k_f X_0$（k_f 为比例常数，其大小由具体的调频电路决定）。

由式（12-42）可见，频率偏移与调制信号的幅值成正比，与调制信号的频率无关，这是调频波的基本特征之一。

常用的调频方法有直接调频法、电参数调频法、电压调频等。

直接调频法是利用被测参数的变化直接引起传感器输出信号频率的改变，图 12-38 所示的就是一个典型例子，是用于测量力的振弦式传感器的原理图，其中振弦 3 的一端与支撑相连，另一端与膜片 1 相连。在外加激励作用下，振弦 3 按固有频率 ω_c 振动，且 ω_c 随张力 F_T 的变化而变化。振弦 3 在磁场 2 内振动时产生感应电动势，它就是受张力 F_T 调制的调频信号。

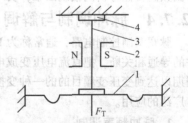

图 12-38　振弦式调频传感器
1—膜片　2—磁极　3—振弦　4—支承

在被测量小范围变化时，电容（或电感）的变化也有与之对应的接近线性的变化。例如，在电容传感器中以电容作为调谐参数，因此，回路的振荡频率将和调谐参数的变化呈线性关系，

也就是说，在小范围内，它和被测量的变化有线性关系。这种把被测量的变化直接转换为振荡频率的变化称为直接调频式测量电路，其输出也是等幅波。

如图12-39所示的电路是一种电参数调频电路。其基本原理是首先将被测参数的变化转化为传感器的 L、R、C 的变化，将传感器线圈、电容或电阻接在一定的振荡回路中，这样被测参数的变化就会引起振荡器振荡频率的变化，输出调频信号。

电压调频法的基本原理是利用电压变化控制振荡回路参数 L、C、R，从而使振荡频率得到调制，因此又称为压控振荡器，常用的受控元件有变容二极管、晶体管和场效应晶体管等，电压调频法常用于遥测仪器中。

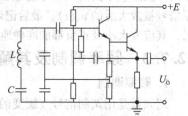

图12-39 电参数调频电路

2. 频率解调

调频波是以正弦波频率的变化来反映被测信号的幅值变化。因此调频波的解调是先将调频波变化成调频调幅波，然后进行幅值检波。调频波的解调由鉴频器完成。通常鉴频器由线性变换电路与幅值检波构成，如图12-40a所示。

如图12-40a所示，调频波 e_f 经过变压器耦合后，加于 L_1、C_1 组成的谐振电路上，而在 L_2、C_2 并联振荡回路两端获得如图12-40b所示的电压—频率特性曲线。当等幅调频波 e_f 的频率等于回

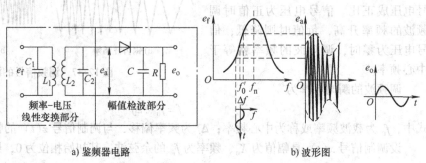

图12-40 调频波的解调原理图

路的谐振频率 f_n 时，线圈 L_1、L_2 中的耦合电流最大，次级输出电压 e_a 也最大。e_f 的频率偏离 f_n，e_a 也随之下降。通常利用特性曲线的次谐振区近似直线的一段实现频率—电压变换。将 e_a 经过二极管进行半波整流，再经过 RC 组成的滤波器滤波，滤波器的输出电压 e_o 与调制信号成正比，复现了被测量信号 $x(t)$，则解调完毕。

调频方法也存在着严重缺点，调频波通常要求很宽的频带，甚至为调幅所要求带宽的20倍；调频系统较之调幅系统复杂，因为频率调制是一种非线性调制，它不能运用叠加原理。因此，分析调频波要比分析调幅波困难，实际上，对调频波的分析是近似的。

12.7.4 脉冲调制与解调

脉宽调制控制电路，通常称为PWM控制电路，是利用半导体功率晶体管或晶闸管等开关器件的导通和关断，把直流电压变成电压脉冲序列，并通过调节控制电压脉冲宽度和脉冲序列的周期以达到变压变频目的的一种变换电路。它在开关稳压电源、电动机调速、数模转换等场合有着广泛的应用。

1. 脉冲频率调制

图12-41是通过改变多谐振荡器中的电容实现脉冲调频的例子。靠稳压管电压 V_S 将输出电压 u_o 稳定在 $\pm U_T$。若输出电压为 U_T，则它通过 $R+R_P$ 向电容 C 充电，当电容 C 上的充电电压 $u_C > FU_T$ 时 [其中 $F=R_4/(R_3+R_4)$]，A的状态翻转，使 $u_o = -U_T$。$-U_T$ 通过 $R+R_P$ 对电容 C 反向充电，当电容上的充电电压 $u_C < -FU_T$ 时，A再次翻转，使 $u_o = U_T$，这样就构成一个在 $\pm U_T$ 间来回振荡的多谐振荡器，其振荡频率 $f=1/T_0$，它由充电回路的时间常数 $(R+R_P)C$ 决定。可以

用一个电容传感器的电容作为图中的 C，这样就可使振荡器的频率得到调制，R_P 用来调整调频信号的中心频率。也可以用一个电阻式传感器的电阻作 R，振荡器的频率随被测量的变化得到调制。

2. 脉冲宽度调制（PWM）

图 12-41 介绍了通过改变多谐振荡器的 C 或 R 实现频率调制。如果对这电路略加改造，即可构成脉宽调制电路。图 12-41 中，在两个半周期内是通过同电阻通道 $R+R_P$ 向电容 C 充电，同个半周期充电时间常数相同，从而输出占空比为 1:1 的方波信号。如果让电路在两个半周期内通过不同的电阻通道向电容充电，如图 12-42 所示。那么两个半周期充电时间常数不同，从而输出信号的占空比也随两支充电回路的阻值而变化。图 12-42 中，R_{P2}、R_{P3} 为差动电阻传感器的两臂，$R_{P2}+R_{P3}$ 为一常量，输出信号的频率不随被测量值变化，而它的占空比随 R_{P2}、R_{P3} 的值变化，即输出信号的脉宽受被测信号调制。

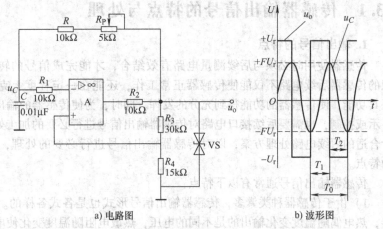

图 12-41 通过改变多谐振荡器的 C 或 R 实现调频电路
a) 电路图　　b) 波形图

在图 12-41 所示多谐振荡器中，若 R_4 不接地，而接某一电压 u_x，如图 12-43 所示。那么运算最大器 A 同相输入端的电位为

$$u_+ = \frac{u_o R_4 + u_x R_3}{R_3 + R_4} \quad (12\text{-}43)$$

若 u_x 为正，则它使 u_+ 升高。在 u_o 为正的半周期，只有当电容 C 上的电压 u_C 超过 u_+ 时，才使输出电压 u_o 发生负跳变。u_+ 升高使充电时间延长，即使输出信号 u_o 处于高电平的时间延长。在 u_o 负半周期时，u_x 的升高使 u_C 能较快地降至 u_+ 之下。当 u_C 降至 $u_C < u_+$ 时，输出电压 u_o 发生正跳变，使输出信号 u_o 处于低电平的时间缩短。这就是说，u_+ 升高使输出信号 u_o 处于高电平的脉宽加大，u_o 处于低电平的脉宽减小；反之，u_+ 下降使输出信号 u_o 处于低电平的脉宽加大，u_o 处于高电平的脉宽减小，从而使脉宽受到调制。

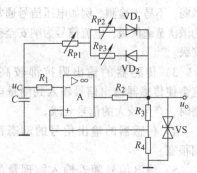

图 12-42 用电阻变化实现脉宽调制的电路

3. 脉冲调制信号的解调

脉宽调制电路的解调比较简单，脉宽有两种处理方法。一种方法是将脉宽信号 u_o 送入一个低通滤波器，滤波后的输出为脉宽信号的平均值 $U_o(=\bar{u}_o)$ 与脉宽 B 成正比。另一种方法是 u_o 用作门控信号。只有当 u_o 为高电平时，时钟脉冲 CLK（周期为 T_o）才通过门进入计数器。这样进入计数器的脉冲数 N 为 $N = B/T_o$，两种方法电路均具有线性特性。

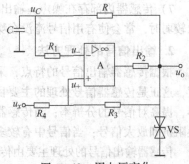

图 12-43 用电压变化实现脉宽调制的电路

第 13 章 信号的放大变换

13.1 传感器输出信号的特点与处理

1. 输出信号的特点

传感器使用时必须与后续测量电路有效结合,才能完成信号的转换和测量结果的显示。理想的传感器后续电路不仅能使传感器正常工作,还能在一定程度上克服传感器本身的不足,扩展其功能,使传感器的功能得到充分的发挥。同时,为使传感器的输出信号能用于仪器、仪表的显示或控制,也需要后续接口电路对传感器输出信号进行必要的加工处理。因此,为了选择或设计合适的后续电路处理方案,以对传感器输出信号进行必要的处理,必须了解传感器输出信号的特点。

传感器输出信号通常有以下特点:

1)由于传感器种类繁多,传感器输出信号形式也是各式各样的。例如,尽管同是温度传感器,热电偶随温度变化输出的是不同的电压,热敏电阻随温度变化使电阻发生变化,而双金属温度传感器则随温度变化输出开关信号。传感器的一般输出信号形式见表 13-1。

2)传感器的输出信号一般都比较微弱,不易于检测。例如电压信号通常为微伏至毫伏级,电流信号为纳安至毫安级。

3)传感器的输出阻抗都较高。这会使传感器输出信号输入到测量电路时,产生较大的信号衰减。

4)传感器的输出信号的动态范围很宽。

5)输出信号随着输入物理量的变化而变化,但不一定是线性比例关系。例如,热敏电阻的阻抗随温度按指数函数变化。

表 13-1 传感器的输出信号形式

输出形式	输出变化量	传感器的例子
开关信号型	机械触点	双金属温度传感器
	电子开关	霍尔开关式集成传感器
模拟信号型	电压	热电偶、磁敏元件、气敏元件
	电流	光电二极管
	电阻	热敏电阻、应变片
	电容	电容式传感器
	电感	电感式传感器
其他	频率	多普勒速度传感器、谐振式传感器

6)输出信号会受到环境因素的影响(特别是温度),影响到测量的准确度。

7)传感器内部存在噪声,输出信号会与噪声信号混合在一起,当噪声比较大而输出信号又比较弱时,常会使有用信号淹没在噪声之中。

2. 输出信号的处理方法

根据传感器输出信号的特点,采取不同的信号处理方法来提高测量系统的测量精度和线性度,这正是传感器信号处理的主要目的。例如当传感器输出信号十分微弱时,必须采用前置放大器,提高对信号的分辨率;当传感器输出阻抗很高时,必须采用阻抗变换器、电荷放大器等以变换阻抗和放大信号;当信号中有较多的噪声成分时,必须进行滤波处理等。

传感器输出信号的处理主要由传感器接口电路完成。因此,传感器接口电路应具有一定的信号预处理功能,经预处理后的信号,应成为可供测量、控制及便于向微型计算机输入的信号形式。

完成传感器输出信号处理的各种接口电路统称为传感器检测电路,这些电路对不同的传感器是不同的。典型的传感器接口电路见表 13-2。

表 13-2　典型的传感器接口电路

接口电路	对信号的预处理功能
阻抗变换电路	在传感器输出为高阻抗的情况下，变换为低阻抗，以便于检测电路准确地拾取传感器的输出信号
放大变换电路	将微弱的传感器输出信号放大
电流—电压转换电路	将传感器的电流输出转换成电压
电桥电路	把传感器的电阻、电容、电感变化为电流或电压
频率—电压转换电路	把传感器输出的频率信号转换为电压
电荷放大器	将电场型传感器输出产生的电荷转换为电压
有效值转换电路	在传感器为交流输出的情况下，转为有效值，变为直流输出
滤波电路	通过低通及带通滤波器的噪声成分
线性化电路	在传感器的特性不是线性的情况下，用来进行线性校正
对数压缩电路	当传感器输出信号的动态范围较宽时，用对数电路进行压缩

13.2　检测系统的负载效应及阻抗匹配

在实际测量工作中，测试系统和被测对象之间、测试系统内部各环节之间相互连接，必然产生相互作用。接入的测试装置构成被测对象的负载，后接环节总是成为前面环节的负载，并对前面环节的工作状况产生影响。两者总是存在能量交换和相互影响，以致系统的传递函数不再是各组成环节传递函数的累加（如并联时）或连乘（如串联时），这时就需要考虑负载效应与阻抗匹配问题。

1. 负载效应

前面曾假设相互连接的各环节之间没有能量交换，各环节在互连前后保持原有传递函数不变，由此导出了环节串、并联后所形成的系统的传递函数表达式——式(4-32) 和式(4-33)。然而这种只有信息传递而没有能量交换的连接，在实际系统中很少遇到。只有用不接触的辐射源信息探测器，如可见光和红外探测器或其他射线探测器，才可算是这类连接。

当一个装置连接到另一个装置上，并发生能量交换时，就会发生两种现象——前装置的连接处甚至整个装置的状态和输出都将发生变化；两个装置共同形成一个新的整体，该整体虽然保留两组装置的某些主要特征，但其传递函数已不能用式(4-32) 和式(4-33) 来表达。某装置由于后接另一装置而产生的这种现象，称为负载效应。

负载效应产生的后果，有的可以忽略，有的却很严重，以至于不能不对其加以考虑。下面举例来说明负载效应的严重后果。集成电路芯片温度虽高，但功耗很小，几十毫瓦，相当于一个小功率的热源。若用一个带探针的温度计去测其结点温度，显然温度计会从芯片吸收可观的热量而成为芯片的散热元件，这样不仅不能正确地测出结点的工作温度，而且整个电路的工作温度都会下降。又如，在一个单自由度振动系统的质量块 m 上连接一个质量为 m_f 的传感器，致使参与振动的质量成为 $m + m_f$，从而导致系统固有频率的下降。

现以简单的直流电路（见图 13-1）为例来考察负载效应的影响。

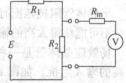

图 13-1　直流电路中的负载效应

不难算出电阻器 R_2 电压降 $U_o = \dfrac{R_2}{R_2 + R_1}E$。为了测得该量，可在 R_2 两端并联一个内阻为 R_m 的电压表。这时，由于 R_m 的接入，R_2 和 R_m 两端的电压降变为

$$U = \frac{R_L}{R_1 + R_L}E = \frac{R_m R_2}{R_1(R_m + R_2) + R_m R_2}E$$

式中，由 $\frac{1}{R_L} = \frac{1}{R_2} + \frac{1}{R_m}$，有 $R_L = \frac{R_m R_2}{R_m + R_2}$。

显然，由于接入测量电表，被测系统（原电路）状态及被测量（R_2 的电压降）都发生了变化。原来电压降为 U_0，接入电表后变为 U，$U \neq U_0$，两者的差值随 R_m 的增大而减小。为了定量说明这种负载效应的影响程度，令 $R_1 = 100\text{k}\Omega$，$R_2 = R_m = 150\text{k}\Omega$，$E = 150\text{V}$，代入上式可得 $U_0 = 90\text{V}$，而 $U = 64.3\text{V}$，误差达到 28.6%。若 R_m 改为 $1\text{M}\Omega$，其余不变，则 $U = 84.9\text{V}$，误差为 5.7%。此例充分说明了负载效应对测量结果的影响有时是很大的。

2. 减轻负载效应的措施

减轻负载效应所造成的影响，需要根据具体环节和装置来具体分析后再采取措施。对于电压输出的环节，减轻负载效应的办法如下。

1）提高后续环节（负载）的输入阻抗。

2）在原来两个相连接的环节之中，插入高输入阻抗、低输出阻抗的放大器，以便一方面减小从前环节吸取能量，另一方面在承受后一环节（负载）后又能减小电压输出的变化，从而减轻总的负载效应。

3）使用反馈或零点测量原理，使后面环节几乎不从前环节吸取能量。如用电位差计测量电压等。

如果将电阻抗的概念推广为广义阻抗，那么就可以比较简便地研究各种物理环节之间的负载效应。

总之，在测试工作中应建立系统的整体概念，充分考虑各种装置、环节连接时可能产生的影响。测试装置的接入成为被测对象的负载，将会引起测量误差；两环节连接时，后环节将成为前环节的负载，产生相应的负载效应。在选择成品传感器时，必须仔细考虑传感器对被测对象的负载效应。在组成测试系统时，要考虑各组成环节之间连接时的负载效应，尽可能减小负载效应的影响。对于成套仪器系统来说，各组成部分间的相互影响，仪器生产厂家应该有充分的考虑，使用者只需考虑传感器对被测对象产生的负载效应。

3. 阻抗匹配器

传感器的输出阻抗都比较高，为防止信号的衰减，常常采用高输入阻抗的阻抗匹配器作为传感器输入到检测系统的前置电路。常见的阻抗匹配器有半导体管阻抗匹配器、场效应晶体管阻抗匹配器及运算放大器阻抗匹配器。

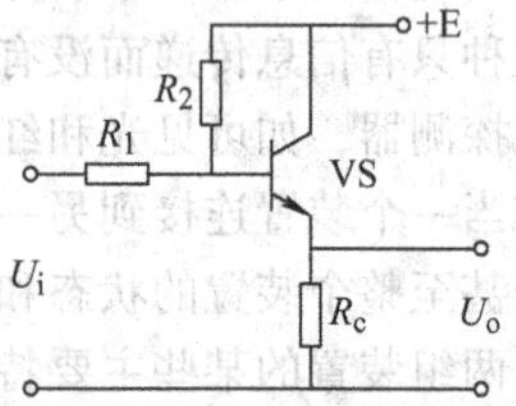

图 13-2 所示是半导体管阻抗匹配器，它实际上是一个半导体管共集电极电路，又称为射极输出器。射极输出器的输出相位与输入相位相同，其电压放大倍数小于 1，电流放大倍数较大，从几十到几百倍。当发射极电阻为 R_e 时，射极输出器的输入阻抗 $R_i = \beta R_e$。因此，射极输出器的输入阻抗高、输出阻抗低，带负载能力强，常用来作阻抗变换电路或前后级隔离电路使用。

图 13-2 半导体管阻抗匹配器

半导体管阻抗匹配有较高的输入阻抗，但由于受偏置电阻和本身基极及集电极间电阻的影响，不可能获得太高的输入阻抗，还无法满足一些传感器的要求。

场效应晶体管是一种电平驱动器件，栅、漏极间电流很小，具有更高的输入阻抗。如图 13-3 所示电路就是常见的一种场效应晶体管阻抗匹配器。这种阻抗匹配器结构简单、体积小，其输入阻抗可高达 $10^{12}\Omega$ 以上。因此，场效应晶体管阻抗匹配器常用做前置级的阻抗变换器。场效应晶体管阻抗匹配器有时还直接安装在传感器内，以减少外界的干扰，在电容式传感器、压电式传感器等容性传感器中得到了广泛的应用。

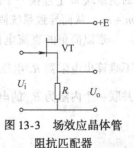

图 13-3 场效应晶体管阻抗匹配器

除上述两种阻抗匹配器外，还可以使用运算放大器组成阻抗匹配器，如图 13-4 所示。这种阻抗匹配器常用作与传感器接口的前置放大器。此时，运算放大器的放大倍数和输入阻抗可由下式计算，即

$$A = \frac{U_o}{U_{IN}} = 1 + \frac{R_2}{R_1} \qquad (13\text{-}1)$$

$$R_i = R_B + \frac{R_1 R_2}{R_1 + R_2} \qquad (13\text{-}2)$$

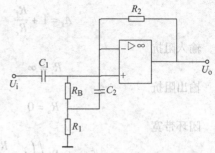

图 13-4 运算放大器组成阻抗匹配器

13.3 典型放大电路

13.3.1 基本放大电路

1. 反向比例放大器

简单的反相比例放大器如图 13-5 所示。在理想运放的情况下，其主要电路公式可归纳如下：

闭环电压增益

$$A_f = -R_f / R_r \qquad (13\text{-}3)$$

输入电阻

$$R_i = R_r \qquad (13\text{-}4)$$

输出电阻

$$R_o = 0 \qquad (13\text{-}5)$$

闭环带宽

$$f_{cp} = f_{op} A_o \frac{R_r}{R_f} \qquad (13\text{-}6)$$

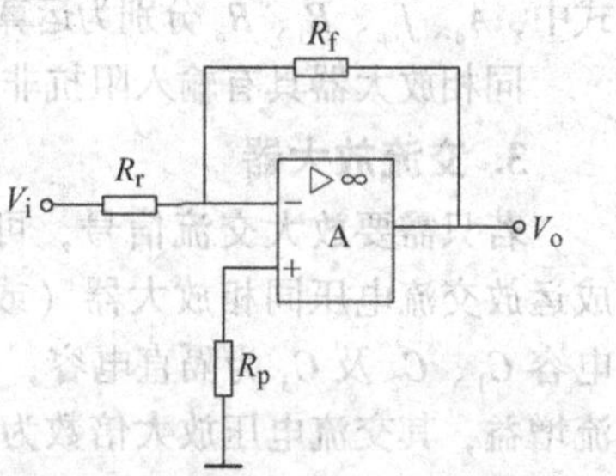

最佳反馈电阻

$$R_f = \sqrt{\frac{R_i R_o (1 - A_f)}{2}} \qquad (13\text{-}7)$$

平衡电阻

$$R_p = R_r P R_f \qquad (13\text{-}8)$$

图 13-5 简单的反相比例放大器

式中，A_o、f_{op}、R_i、R_o 分别为运放本身的开环直流增益、开环带宽、差模输入电阻、输出电阻。

反馈电阻 R_f 值不能太大，否则会产生较大的噪声及漂移，一般为几十千欧至几百千欧。R_r 的取值应远大于信号源 U_i 的内阻。

图 13-6 是在图 13-5 基础上附加一个辅助放大器 A'，用它提供的补偿电流去减小主放大器 A 从信号源吸取的电流，便可以大幅度地提高主放大器的等效输入阻抗 R_{in}。在 $R' = R_f$，$R_f' = 2R_r$ 情况下，有

$$R_{in} = \frac{V_i}{I_i} = \frac{R_r R}{R - R_r} \qquad (13\text{-}9)$$

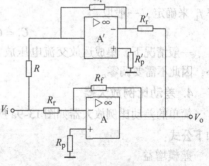

图 13-6 高输入阻抗反相放大器

式(13-9) 表明：只要 R 稍大于 R_r，就能获得很高的输入阻抗，可高达 100MΩ。但 R 绝对不能小于 R_r，否则输入阻抗为负，会产生严重自激。

2. 同相比例放大器

同相比例放大器电路如图 13-7 所示，在理想运放情况下，其主要电路公式可归纳如下：
闭环增益

$$A_f = 1 + \frac{R_f}{R_r} \tag{13-10}$$

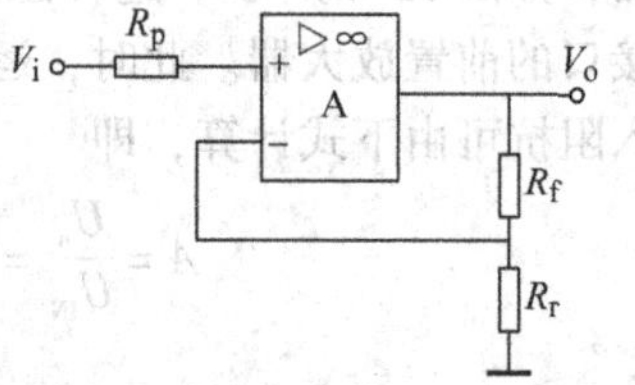

输入阻抗
$$R_i = \infty \tag{13-11}$$

输出阻抗
$$R_o = 0 \tag{13-12}$$

闭环带宽
$$f_{cp} = f_{op} R_o \bigg/ \left(1 + \frac{R_f}{R_r}\right) \tag{13-13}$$

最佳反馈电阻
$$R_f = \sqrt{\frac{R_i R_o}{2} A_f} \tag{13-14}$$

平衡电阻
$$R_p = R_r P R_f \tag{13-15}$$

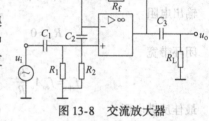

图 13-7 同相比例放大器

式中，A_o、f_{op}、R_i、R_o 分别为运算放大器本身的开环直流增益、开环带宽、差模输入电阻、输出电阻。

同相放大器具有输入阻抗非常高，输出阻抗很低的特点，广泛用于前置放大级。

3. 交流放大器

若只需要放大交流信号，可采用如图 13-8 所示的集成运放交流电压同相放大器（或交流电压放大器）。其中电容 C_1、C_2 及 C_3 为隔直电容，因此交流电压放大器无直流增益，其交流电压放大倍数为

$$A_U = 1 + \frac{R_f}{R_1} \tag{13-16}$$

图 13-8 交流放大器

其中电阻 R_1 接地是为了保证输入为零时，放大器的输出直流电位为零。交流放大器的输入电阻为

$$R_i = R_1 \tag{13-17}$$

R_1 不能太大，否则会产生噪声电压，影响输出。但也不能太小，否则放大器的输入阻抗太低，将影响前级信号源输出。R_1 一般取几十千欧。耦合电容 C_1、C_3 可根据交流放大器的下限频率 f_L 来确定，一般取

$$C_1 = C_3 = (3 \sim 10)/(2\pi R_L f_L) \tag{13-18}$$

一般情况下，集成运放交流电压放大器只放大交流信号，输出信号受运放本身的失调影响较小，因此不需要调零。

4. 差动比例放大器

简单的差动比例放大器如图 13-9a 所示。图中 $R_1 = R_3 = R_r$，$R_2 = R_4 = R_f$，由理想运放特性可得如下公式：

差模增益
$$A_f = \frac{V_o}{V_{i2} - V_{i1}} = \frac{R_f}{R_r}$$
(13-19)

差模输入阻抗
$R_{id} = 2R_r$ (13-20)

共模输入阻抗

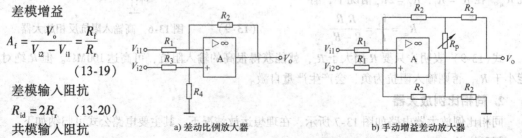

a) 差动比例放大器　　b) 手动增益差动放大器

图 13-9 差动放大器

$$R_{ic} = \frac{1}{2}(R_f + R_r) \qquad (13\text{-}21)$$

共模抑制比

$$K_{CMR} = \frac{K_{CMR_R} K_{CMR_{op}}}{K_{CMR_R} + K_{CMR_{op}}} \qquad (13\text{-}22)$$

式中，$K_{CMR_{op}}$ 为运放本身有限的共模抑制比；K_{CMR_R} 为电阻失配引起的共模抑制比，在电阻失配最严重，即 $R_1 = R_r(1+\Delta)$，$R_2 = R_f(1-\Delta)$，$R_3 = R_r(1-\Delta)$，$R_4 = R_f(1+\Delta)$ 的情况下（Δ 为电阻 $R_1 \sim R_4$ 的公差），达到最小值为

$$K_{CMR_R} = \frac{(1+A_f)}{4\Delta} \qquad (13\text{-}23)$$

增益可调的差动比例放大器电路图如图 13-9b 所示，该电路差模增益为

$$A_f = \frac{2R_2}{R_1}\left(1 + \frac{R_2}{R_p}\right) \qquad (13\text{-}24)$$

只要改变 R_p 就可改变电路增益，且不破坏原有的共模抑制比。但由于 R_p 与增益之间的非线性函数关系，因此仅用于调整范围小于 10% 的场合。

由于差动放大器具有双端输入单端输出、共模抑制比较高的特点，通常用作传感放大器或测量仪器的前端放大器。

13.3.2 测量放大器

在精密测量和控制系统中，需要把来自各种传感器的电信号在共模条件下按一定的倍数精确地放大，这些电信号往往是微弱的差值信号，这就要求放大电路具有很大的共模抑制比，极高的输入电阻，放大倍数能在大范围内可调，且误差小、稳定性好等特点，这样的放大电路称之为测量放大电路，又称为精密放大电路或仪用放大电路。典型的测量放大电路如图 13-10 所示，图中所有电阻均采用精密电阻。

1. 电路结构与特性

如图 13-10 所示是由三个运算放大器组成的测量放大电路，两个对称的同相放大器 A_1、A_2 构成第一级，差动放大器 A_3 构成第二级。为提高电路的抗共模干扰能力和抑制漂移的频率响应，应使电路上下对称，即取 $R_1 = R_2$，$R_4 = R_6$，$R_5 = R_7$。若 A_1、A_2、A_3 都是理想运放，则 $V_1 = V_4$，$V_2 = V_5$，故有

$$\begin{cases} V_3 = V_1 + \dfrac{V_1 - V_2}{R_G}R_1 \\ V_6 = V_2 - \dfrac{V_1 - V_2}{R_G}R_2 \end{cases}$$

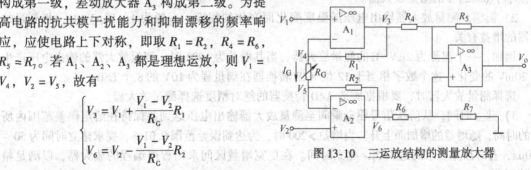

图 13-10 三运放结构的测量放大器

由上两式可得

$$\begin{cases} \dfrac{1}{2}(V_3 + V_6) = \dfrac{1}{2}(V_1 + V_2) \\ A_{f1} = \dfrac{V_3 - V_6}{V_1 - V_2} = \left(1 + \dfrac{R_1 + R_2}{R_G}\right) = 1 + \dfrac{2R_1}{R_G} \end{cases}$$

整个放大器的闭环放大倍数

$$A_f = \frac{V_o}{V_1 - V_2} = -\left(1 + \frac{2R_1}{R_G}\right)\frac{R_5}{R_4} \qquad (13\text{-}25)$$

整个放大器的共模抑制比为

$$K_{CMR} = \frac{A_{f1} K_{CMR\,II} K_{CMR\,I}}{A_{f1} K_{CMR\,II} + K_{CMR\,I}} \tag{13-26}$$

式中，$K_{CMR\,II}$ 为第二级共模抑制比；$K_{CMR\,I}$ 为第一级的共模抑制比，由运放 A_1 和 A_2 的共模抑制比 $K_{CMR\,I}$、$K_{CMR\,II}$ 确定

$$K_C = \frac{K_{CMR\,I} K_{CMR\,II}}{K_{CMR\,I} + K_{CMR\,II}} \tag{13-27}$$

当 $K_{CMR\,I} \gg A_{f1} K_{CMR\,II}$ 时

$$K_{CMR} \approx A_{f1} K_{CMR\,II} \tag{13-28}$$

由式(13-28)可见，图 13-10 的测量放大器比图 13-9a 差动比例放大器的共模抑制比提高 A_n 倍。因此一般测量放大器取第二级的增益 $A_{f2}=1$，第一级增益 A_{f1} 即整个放大器的增益 A_f。

调节 R_G 就可方便地改变放大倍数，且 R_G 接在运放 A_1、A_2 的反相输入端之间，它的阻值改变不会影响电路的对称性。

该电路具有很高的共模抑制比。只要 A_3 的两输入端所接的电阻对称，V_3 和 V_6 共模成分则可以互相抵消。例如，若 V_1、V_2 为共模信号，$K_{CMR} \to \infty$。

从以上分析可知，即使运放本身 K_{CMR} 不是很大，只要 A_1、A_2 对称性很好，各电阻阻值的匹配精度高，整个电路的 K_{CMR} 仍然非常大。若电阻匹配误差为 ±0.001%，K_{CMR} 可达 100dB。

由此可见，测量放大电路具有以下的特点：
1）测量放大器是一种带有精密差动电压增益的器件。
2）具有高输入阻抗、低输出阻抗。
3）具有强抗共模干扰能力、低温漂、低失调电压和高稳定增益等特点。
4）在检测微弱信号的系统中被广泛用作前置放大器。

2. 测量放大器的主要技术指标

1）非线性度。放大器实际输出输入关系曲线与理想直线的偏差。如果当增益为 1 时，一个 12 位 A/D 转换器有 0.025% 的非线性偏差，那么当增益为 500 时，其非线性偏差可达到 0.1%，相当于把 12 位 A/D 转换器变成 10 位以下转换器，因此在选择测量放大器时，要选择非线性度偏差小于 0.024% 的测量放大器。

2）温漂。测量放大器输出电压随温度变化而变化的程度。一般为 1~50μV/℃，与测量放大器的增益有关。

例如，一个温漂为 2μV/℃ 的测量放大器，当其增益为 1000 时，测量放大器的输出电压产生约 20mV 的变化。这个数字相当于 12 位 A/D 转换器在满量程为 10V 的 8 个 LSB。

选择测量放大器时，要根据所选 A/D 转换器的绝对精度选择测量放大器。

3）建立时间。从阶跃信号驱动瞬间至测量放大器输出电压达到并保持在给定误差范围内所需的时间，随增益的增加而上升。当增益 >200 时，为达到误差范围 0.01%，要求建立时间为 50~100μs，有时甚至要求高达 350μs 建立时间。在更宽增益区间采用程序编程的放大器，以满足精度的要求。

4）恢复时间。放大器撤除驱动信号瞬间至放大器由饱和状态恢复到最终值所需的时间。放大器的建立时间和恢复时间直接影响数据采集系统的采样速率。

5）电源引起的失调。电源引起的失调是指电源电压每变化 1%，引起放大器的漂移电压值。

6）共模抑制比。当放大器两个输入端具有等量电压变化值 U_1 时，在放大器输出端测量出电压变化值 U_{CM}，则共模抑制比 K_{CMR}

$$K_{CMR} = 20 \lg \frac{U_{CM}}{U_1} \tag{13-29}$$

测量放大电路应用非常广泛，目前已有单片集成芯片产品，如 AD521、AD522、AD612、

AD614、AD524、AMP-02、AMP-03、INA102、LH0036、LH0038 等，增益可调范围为 1～1000，输入电阻高达 10^8 数量级，共模抑制比为 10^5。

13.3.3 隔离放大器

隔离放大电路是一种特殊的测量放大电路，其输入回路与输出回路之间是电绝缘的，没有直接的电耦合，即信号在传输过程中没有公共的接地端。隔离放大电路主要用于便携式测量仪器和某些测控系统（如生物医学人体测量、自动化实验设备、工业过程控制系统等）中，能在噪声环境下以高阻抗、高共模抑制能力传送信号。

在隔离放大器中，信号的耦合方式主要有两种：一种是通过光电耦合，称为光电耦合隔离放大器（如美国 B-B 公司生产的 ISO100）；另一种是通过电磁耦合，即经过变压器传递信号，称为变压器耦合隔离放大器（如美国 AD 公司生产的 AD277）。图 13-11 是隔离放大器的组成和符号图，图 13-12 是变压器耦合隔离放大器和光电耦合隔离放大器的原理图。

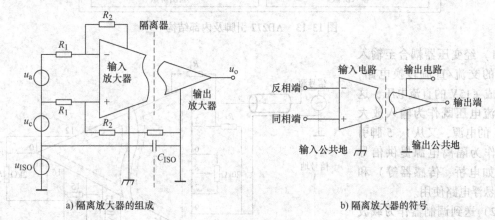

图 13-11 隔离放大器的组成和符号

普通的差动放大器和测量放大器，虽然也能抑制共模干扰，但却不允许共模电压高于放大器的电源电压。而隔离放大器不仅有很强的共模抑制能力，而且还能承受上千伏的高共模

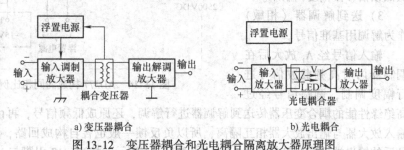

图 13-12 变压器耦合和光电耦合隔离放大器原理图

电压。因此，隔离放大器一般用于信号回路具有很高的共模电压的场合。

变压器耦合隔离放大器有两种结构：一种为双隔离式结构，例如 AD277、AD284、AD202/204 等；另一种为三隔离式结构，如 AD210、AD290、AD295 等。下面举例说明其工作原理与运用。

1. AD277 隔离放大器

AD277 是美国 AD 公司生产的双隔离式结构的隔离放大器，如图 13-13 所示，图 13-14 为用 AD277 构成的同相比例运算放大器。

图 13-13 上面从左至右为信号的传输通道，下面从右至左是电源能量的传输通道，图中 $\pm V_s$（$\pm 15V$）为外部供电电源（亦称系统电源），由 14、15、16 引脚引入（16 引脚为电源公共端或称电源"地"）为变送器提供能量，变送器是一个振荡器，将直流电源变为高频交流电压，此高频交流电压有三个作用：

自动检测技术及仪表

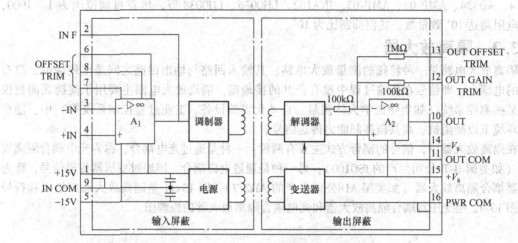

图 13-13 AD277 引脚及内部结构

1) 经变压器耦合至输入部分的交流/直流转换电路,还原成 ±15V 的直流电压,这个直流电压既作为输入放大器 A_1 的电源,又从 1、5 脚引出,作为隔离电源提供信号源(如电桥、传感器等)和其他悬浮电路使用。

2) 送到调制器作为载波供低频信号作幅度调制用。

3) 送到解调器(相敏)作为解调用基准信号。

输入信号经 A_1 放大后在调制器内对高频载波信号进行幅度调制,调幅信号经过

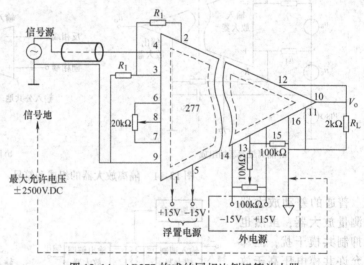

图 13-14 AD277 构成的同相比例运算放大器

高绝缘性能的耦合变压器传送到解调器进行解调,还原成低频信号,再由 A_2 放大后输出。由于输入放大器与输出放大器相互隔离,所以负反馈一般也各自构成回路,不能像普通运放那样从最后的输出端反馈到最前的输入端。如图 13-14 所示的接法,12 引脚与 10 引脚相连,故 A_2 的增益为 1,整个放大器的增益由 A_1 决定为

$$A_f = 1 + \frac{R_f}{R_1}$$

由图 13-13 和图 13-14 可见,除了输入放大器和输出放大器是用变压器隔离的外,输入公共端(9 引脚)与电源公共端(16 引脚)也是用变压器隔离的,但输出公共端(11 引脚)与电源公共端(16 引脚)相连即没有隔离。因此 AD277 型为双隔离型。

2. AD210 隔离放大器

如图 13-15 所示,AD210 内部用三个变压器 T_1、T_2、T_3,将放大器的输入、输出和电源隔离成三个独立部分,与 AD277 型相比,增加了一个输出供电电源(也是隔离电源),它的输入公共端(18 引脚)、输出公共端(2 引脚)和电源公共端(29 引脚)即三个"地"是互相隔离的。AD210 能抗高共模电压 2500V,共模抑制达 120dB,非线性率低达 ±0.012%,频宽可达 20kHz,

低增益漂移,最大为 $\pm 25 \times 10^{-6}$ V/℃。

图 13-16 是 AD210 用于热电偶信号放大的电路,图中 AD590 为电流型集成温度传感器,它产生与温度成正比的电流,该电流在 62.3Ω 上的电压作为热电偶冷端补偿电压。图中左侧电路所用电源 $\pm V_{ISS}$ 由 AD210 的 14、15 脚提供,左侧输入电路的所有"地"端,均应与 AD210 的 18 引脚相连。AD210 的 29 引脚是外部"系统电源" +15V 的"地"端,不能与 18 引脚(输入公共端)相连,也不能与 2 引脚(输出公共端)相连,因为这三个"地"端,应是相互隔离的。图中 OP07 的增益为 (1 + 100kΩ/1kΩ = 101)。AD210 的增益为 (1 + 10kΩ/13.7kΩ = 1.73),电路总增益为 $101 \times 1.73 \approx 175$。

3. 光电隔离放大器

光电隔离放大器可用光电耦合器件组成。但光电耦合器件的电流传输系数是非线性的,直接用来传输模拟量时,非线性失真比较大,精度差。

由两个性能、规格相同的光电耦合器或同一封装的光电耦合器 G_1 和 G_2,可组成一个线性度较好的光电隔离放大器,如图 13-17 所示。G_1 和 G_2 的初级串联并用同一偏置电流 I_1。设 G_1 和 G_2 的电流传输系数分别为 a_1 和 a_2,则

$$I_2 = a_1 I_1, \quad I_3 = a_2 I_1$$

该集成运放 A_1 具有理想特性,则

$$U_i = I_2 R_2$$

而输出电压 U_o 可由下式确定

$$U_o = I_3 R_3$$

电路的电压增益 A_U 可由下式确定

$$A_U = \frac{U_o}{U_i} = \frac{I_3 R_3}{I_2 R_2} = \frac{a_2 R_3}{a_1 R_2} \quad (13\text{-}30)$$

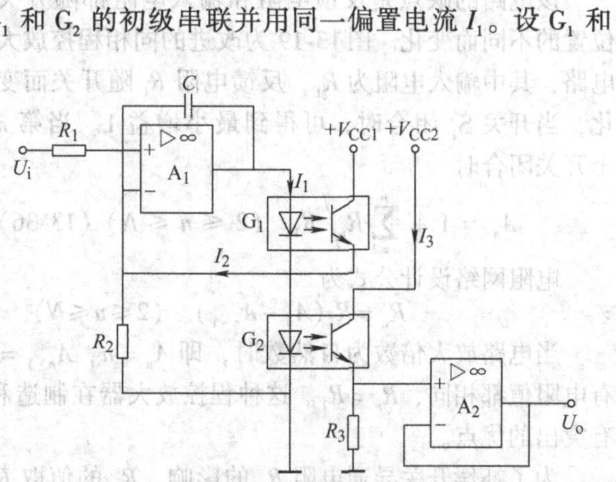

由于 G_1 和 G_2 是同性能同型号的光电耦合器件,因此 G_1 和 G_2 的电流传输系数 a_1 和 a_2 可以看成是相等的,所以图 13-17 所示电路的电压增益为

$$A_U = \frac{R_3}{R_2} \quad (13\text{-}31)$$

与 G_1 和 G_2 的电流传输系数 a_1 和 a_2 无关。实际上图 13-17 电路是利用 G_1 和 G_2 的电流传输

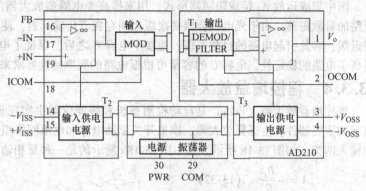

图 13-15 AD210 引脚及内部结构

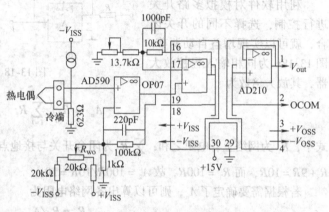

图 13-16 热电偶信号放大隔离电路

图 13-17 光电隔离放大器

系数的对称性补偿了它们之间的非线性。

图中集成运放 A_2 接成跟随器形式,用来提高光电隔离放大器的输出能力。电容 C 用来消除电路的自激振荡。由于光电耦合器初次级之间存在着传输延迟,使 G_1 和 R_2 组成的负反馈电路显得迟缓,容易引起电路的自激振荡,连接了电容 C 之后,保证了电路对瞬变信号的负反馈作用,提高了电路的稳定性。电容 C 的容量可根据电路的频率特性要求来确定。

13.3.4 程控增益放大器

程控增益放大器(PGA)是自动检测系统和智能仪器中实现量程增益自动转换和调整信号电平的重要器件,由运算放大器、模拟开关驱动电路和电阻网络组成。基本形式有同相输入和反相输入两类,如图 13-18 所示,其中图 13-18a 所示的是一种反相输入程控放大器,其放大倍数为

$$A = -\frac{R_f}{R} \quad (13\text{-}32)$$

式中,R_f 为反馈网络电阻。

利用软件对模拟多路开关进行控制,选择不同的开关闭合,就可以实现增益自动调节。图 13-18b 为同相输入程控放大器,其放大倍数为

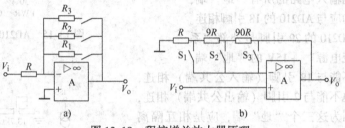

图 13-18 程控增益放大器原理

$$A_n = R_T \Big/ \sum_{i=1}^{n} R_i \quad (13\text{-}33)$$

式中,R_T 为网络上各电阻之和;$\sum_{i}^{n} R_i$ 为闭合开关与接地点之间电阻之和。若 S_2 闭合,则 $\sum R_i = R + 9R = 10R$,而 $R_T = 100R$,故 $A_2 = 100R/10R = 10$。

若根据需要确定了 A_n,则可以算出各网络电阻为

$$R_1 = R_T/A_1 \quad (13\text{-}34)$$

$$R_n = R_T \left(\frac{1}{A_n - A_{n-1}}\right) \quad 1 < n \leq N \quad (13\text{-}35)$$

该电路的缺点是反馈电阻和输入电阻都随开关位置的不同而变化。图 13-19 为改进的同相程控放大电路,其中输入电阻为 R_1,反馈电阻 R_f 随开关而变化,当开关 S_1 闭合时,可得到最小增益 1。当第 n 个开关闭合时

$$A_n = 1 + \sum_{i=2}^{n} R_i \Big/ R_1 \quad (2 \leq n \leq N) \quad (13\text{-}36)$$

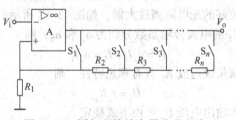

图 13-19 同相程控放大器改进电路

电阻网络设计公式为

$$R_n = R_1(A_n - A_{n-1}) \quad (2 \leq n \leq N) \quad (13\text{-}37)$$

当电路放大倍数为自然数时,即 $A_n = n$,$A_{n-1} = n - 1$ 时,则所有电阻值都相同,$R_n = R_1$。这种程控放大器在制造和时间跟踪上都有突出的优点。

为了补偿开关导通电阻 R_s 的影响,R_2 的值取 $R_n - R_s$,这样除了 A_1 尚有误差以外,其余增益都能得到准确值。

图 13-20 是另一种同相输入程控放大器电路,当开关 S_n 闭合时,其放大倍数 $A_n = 1 + R_f/R_n$,所以

$$R_n = R_f/A_{n-1} \quad (2 \leq n \leq N) \quad (13\text{-}38)$$

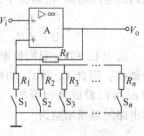

图 13-20 另一种同相输入程控放大器电路

该电路中，开关导通电阻的影响也可以通过减小相应输入电阻来补偿。

13.3.5 跨导运算放大器

普通运算放大器的输入输出特性主要体现为其电压增益。普通运算放大器的结构和参数一旦确定后即具有固定的增益。在电路的应用中，往往需要提供能自动改变电路增益的手段，因此开发了程控运算放大器和程控电位器之类的特殊器件来满足改变增益的需求，但是这些电路中增益的调整仍然是不连续的。

在运算放大器的家族中还有一种跨导运算放大器，其特性采用其输出电流 I_o 与输入电压 U_i 之比来描述，用跨导（Transconductance）G_m 表示

$$G_m = I_o / U_i \tag{13-39}$$

由此可见，跨导放大器受关注的是其输出电流。但跨导放大器最主要的特点乃是其跨导在一定的范围内与一个输入的偏置电流 I_{ABC}（Amplifier Bias Current）呈线性关系。这样，放大器以跨导体现的增益就取决于一个由外部输入的偏置电流，而不像普通反馈放大器那样取决于输入电阻和负反馈电阻。这个偏置电流的自动连续调节显然比电阻的自动连续调节要方便得多，这就为实现某些功能，如电路中的自动增益控制提供了条件。

典型的跨导运算放大器为CA3094，其原理图如图13-21所示，其跨导与偏置电流的关系曲线如图13-22所示。

由特性曲线可以看到随着偏置电流 I_{ABC} 的变化，跨导 G_m 有4个数量级的变化，而且在一定范围内，G_m 与 I_{ABC} 呈线性关系。设 $K = G_m / I_{ABC}$，则在图13-23中可得到如下关系

$$U_o = K U_c U_i R_L / R_1 = K' U_c U_i \tag{13-40}$$

如果把 U_i 和 U_c 分别看作两个输入信号，则图13-23可以看作是一个乘法器。如果 U_i 是欲加以处理的电压信号，那么 U_c 就是一个增益控制信号。可以通过某种控制手段（例如由自动控制软件提供的D/A输出）改变 U_c，控制对 U_i 的放大程度，或者实现对 U_i 的调制。

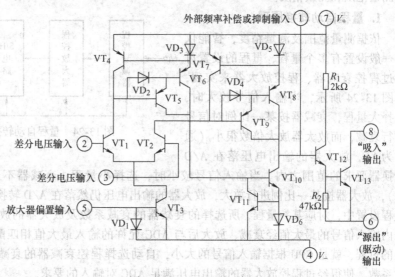

图13-21 CA3094电路原理

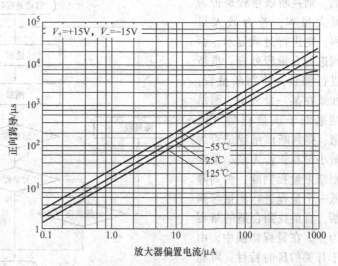

图13-22 CA3094特性曲线

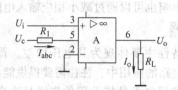

图 13-23 跨导放大器基本工作电路

13.4 量程自动切换及标度变换

13.4.1 量程自动切换

智能仪器通常都具有量程自动转换功能，它能根据被测量的大小自动选择合适量程，以提高测量范围和测量精度。

1. 量程自动转换原理

依据测量范围及测量精度，智能仪器一般设置有多个量程，量程的设置可通过程控衰减器、程控放大器来实现，如图 13-24 所示，当输入信号较大时，选择大量程，衰减器按某一比例对信号进行衰减，而放大器放大倍数很小（通常为 1），放大器的输出电压落在 A/D

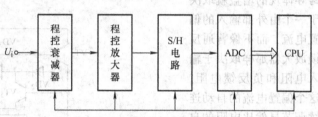

图 13-24 量程自动转换电路示意图

转换器要求的范围之内。当输入信号较小时，选择小量程，衰减器不进行衰减（处于直通状态），放大器按某一比例进行放大，放大器的输出电压仍然落在 A/D 转换器要求的范围之内。在量程设置中，对应某一量程，所选择的衰减器的衰减系数及放大器的放大系数应能保证在本量程内输入信号的最大值经衰减、放大后与 ADC 允许的输入最大值相匹配（相等）。自动量程转换的过程，就是 CPU 根据输入信号的大小，自动选择程控衰减器的衰减系数及程控放大器的放大系数，使得经过程控放大器的输出电压满足 ADC 对输入的要求。

量程自动转换的控制流程如图 13-25 所示。在某一量程下，如果测量结果超过该量程的上限值，则判断该量程是否为最大量程，若为最大量程，则进行过载显示，否则进行升量程处理，重新进行测量，并判断量程；如果在某一量程下，测量结果低于该量程的下限值，则判断该量程是否为最小量程，若为最小量程则结束量程判断，否则降低一个量程进行测量与判断，直至找到合适的量程为止。在量程切换中，由于开关的延时特性，可能导致输入信号不稳定，因此在控制流程中增加了一

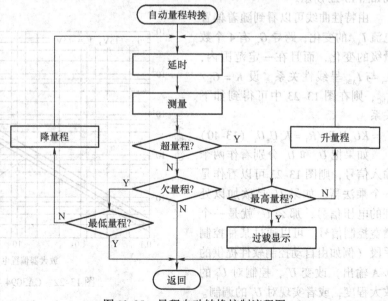

图 13-25 量程自动转换控制流程图

个延时环节。

2. 量程上、下限的确定

智能仪器中,每一量程的上、下限值,主要取决于输入信号的范围、衰减器的倍数及放大器的增益、ADC 的量化误差、ADC 的分辨率等。下面通过一个具体子进行分析。

假设输入信号经过衰减器、放大器后,已与 ADC 对输入幅度的要求相匹配。ADC 的转换位数为 8 位,由量化误差产生的相对误差 ≤ 0.5%,试确定量程转换的条件。

8 位 ADC 的量化值 q 为

$$q = \frac{U_H}{2^8} = \frac{U_H}{256}$$

式中,U_H 为 ADC 满刻度输出对应的输入电压值。

如果 ADC 采取舍入量化形式,最大量化误差为

$$e_m = \frac{1}{2}q$$

根据要求,由 ADC 量化误差产生的相对误差 δ 不大于 0.5%,即

$$\delta = \frac{e_m}{U_i} \leqslant 0.5\%$$

将 e_m 的值代入上式,有

$$U_i = \frac{e_m}{\delta} \geqslant 100q$$

上式表明输入电压 U_i 的最小值不得小于 100 位。也就是说,当输入电压 U_i 经 A/D 转换后的数字量小于 100 位时,必须控制前级放大器切换至高一档增益,即降低一量程进行测量。因此量程的下限值为

$$U_{imin} = 100q$$

输入信号幅度越大,由 ADC 量化误差产生的相对误差越小,理论上量程的上限值可以达到 ADC 满刻度输出对应的输入值 U_H。即

$$U_{imax} = 255q$$

通常,量程的上限值设置得小于 $255q$,如

$$U_{imax} = 250q$$

3. 量程自动转换电路

因为量程切换就是以换档方式改变仪表的灵敏度,所以用波段选择开关替代调满度电路中的调满度电位器,就可实现量程切换。最常见的量程切换方式是切换决定放大器增益的电阻,如图 13-26 所示。

图 13-26 所示电路输出端接电压表(图中未画出)即构成电子电阻表,试分析图中电位器和波段开关 SW 的作用,并计算该电阻表的量程。

图 13-26 所示电路输出端接电压表(图中未画出)即构成电子电阻表。被测电阻 R_x 作为运放 A_2 的反馈电阻,SW 为量程切换开关,选择 5 个标准电阻中的一个。运放 A_1 组成基准电压源电路,运放 A_2 为反相放大器,故电路输出电压为

$$U_o = -V_{ref}\frac{R_x}{R_N}$$

式中,R_N 为换档开关 SW 所连电阻。图中电位器用于调满度,使 $V_{ref} = -2V$,若运放 A_2 后接电压表量程为 $U_m = 10V$,则该电子电阻表量程为

$$R_{xmax} = \left(\frac{U_m}{U_{ref}}\right)R_N = 5R_N$$

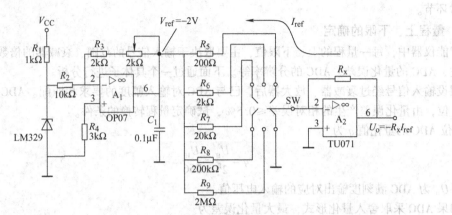

图 13-26 电子电阻表电路

因此，当 SW 所连电阻 R_N 分别为 200Ω、2kΩ、20kΩ、200kΩ、2MΩ 时，该电阻表量程分别为 1kΩ、10kΩ、100kΩ、1MΩ、10MΩ。

4. 量程自动转换性能的提高

前边介绍的量程自动转换电路及其控制流程用于实现量程自动转换的基本功能，在实际应用中，为了提高系统的性能，还需要采取下列措施。

(1) 提高测量速度　量程自动转换的测量速度，是指根据被测量的大小自动选择合适量程并完成一次测量的速度。前述的量程自动转换电路，对某一被测量进行测量时，可能会发生多次转换量程、多次测量的现象，测量速度较低。为此，可以充分利用微机的软件功能，使得当读数大于或小于当前量程允许范围时，只需要经过一次中间测量，就可以找到正确的量程。例如，在某一量程进行测量时，发现被测量超过该量程的上限值，则立刻回到最高量程进行一次测量，将测量值与各量程的上限值相比较，寻找合适的量程。而当发现被测量小于该量程的下限值时，只需要将读数直接同较小量程的上限值进行比较，就可以找到合适的量程。此外，在大多数情况下，被测量不一定会经常发生大幅度变化。所以，一旦选定合适的量程，应该在该量程继续测量下去，直到出现超量程或欠量程。

(2) 消除量程的不确定性　量程的不确定性是指发生在两个相邻量程间反复选择的现象，这种情况的出现是由于测量误差造成的。例如某一电压表有两个量程：20V 档（2~20V）、2V 档（0~2V），20V 档存在着负的测量误差，而 2V 档又存在着正的测量误差。那么在升降量程转换点附近就有可能出现反复选择量程的现象。假设被测电压为 2V，在 20V 档读数可能为 1.999V，低于满度值的 1/10，应降量程到 2V 档进行测量。但是，在 2V 档测量时读取为 2.002V，超过满度值，应该升至 20V 档进行测量，于是就产生了在两个相邻量程间的反复选择，造成被选量程的不确定性。

量程选择的不确定性，可以通过给定高量程下限值与低量程上限值回差的方法来解决（使高量程下限值低于低量程上限值）。通常可采用减小高量程下限值，而低量程上限值不变的方法。例如本例中，20V 档量程下限值选取满度值的 9.5% 而不是 10%，即 1.9V，而 2V 档量程上限值仍然为 2V，就不会出现量程反复选择的现象。实际上，在这种情况下，只要两个相邻量程的测量误差绝对值之和不超过 0.5%，就不会造成被选量程的不确定性。

(3) 增加过载保护措施　由于每次测量并不都从最高量程开始，而是在选定量程上进行。因此，不可避免地会发生被测量超过选定量程的上限值，甚至超过仪器的最大允许值。这种过载现象需经过一次测量后才能发觉，因此量程输入电路必须要有过载保护能力。当过载发生时，至少在一次测量过程中仍然能正常工作，并且不会损坏仪器。

下面介绍一个典型的输入过电压保护电路,电路如图 13-27 所示。当输入电压过载超过保护电压 U_S 时,二极管 VD_1 或 VD_2 导通,输入电压经降压电阻 R_1 后被限制在 $\pm U_S$ 之内。

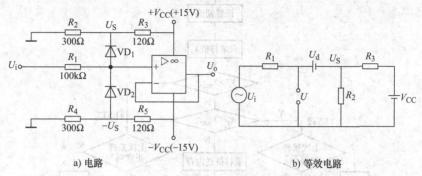

图 13-27 输入电压过载保护电路

二极管导通时的等效电路如图 13-27b 所示。利用叠加原理可得放大器输入端电压 U 为

$$U = \frac{R_2 /\!/ R_3}{R_1 + R_2 /\!/ R_3} U_i + \frac{R_1}{R_1 + R_2 /\!/ R_3} U_d + \frac{R_1 /\!/ R_2}{R_3 + R_1 /\!/ R_2} V_{CC}$$

式中,U_d 为二极管导通压降。

因为 $R_1 \gg R_2 、 R_3$,所以

$$U \approx \frac{R_2 /\!/ R_3}{R_1} U_i + U_d + \frac{R_2}{R_2 + R_3} V_{CC}$$

按图 13-27 所取电阻值,当输入电压为 1000V 时,可限制在 ±12V 左右的范围内。此时,流经电阻 R_1 和二极管的电流约为 100mA。当电阻 R_1 功率不小于 10W 时,可保证在最大输入电压为 1000V 的情况下,电路中长期承受过载电压。

13.4.2 超限报警

有些控制系统要求,当采样值测出大于规定数值 X_{max},或小于规定数值 X_{min} 时,应能自动调整参数。若连续调整几次仍不能脱离不正常状态,则说明有某种故障存在应人为排除,并由自动状态切换到手动状态。

图 13-28 为某超限报警处理程序框图。本报警处理程序的中心思想是,如果连续采样 n 次都在规定的范围 (X_{min}, X_{max}) 之外,则说明系统可能存在某些故障,应进行报警并且转手动处理。如果只是几次不正常(小于 n 次),则只执行超上限处理或超下限处理,即把上次采样值作为本次采样值并将表示采样不正常的标志位 FLAG 置 1,系统并不报警且仍处于自动采样状态。这样可避免系统运行时多次停机。这种思想属于容错技术,即允许系统有 $n-1$ 次不正常采样。

规定的上下限值分别存于 X_{max} 和 X_{min} 单元,规定的允许超限次数 n 存于 COUNT1 单元,每连续超上限或超下限一次,允许超限次数减 1,剩余的允许超限次数 Z 存于 COUNT2 单元。

每次采样值 X_i 先与上限报警值 X_{max} 进行比较,如果大于上限报警值,再检查上次采样是否正常(由标志位 FLAG 的状态决定,FLAG = 1 表示不正常,FLAG = 0 表示正常);若不大于上限报警值再与下限报警值进行比较,如果又不小于下限值,则说明本次采样值正常,即将正常值送入 RESULT 单元,并将标志位置 0,最后返回,等待下一次采样值再进行处理,这是本报警处理程序的主流程,即图 13-28 的中间部分的流程。如果采样值大于 X_{max} 值则转分支程序 TEST1,小于 X_{min} 即转分支程序 TEST2。

分支程序 TEST1 主要是做上限报警处理。首先从标志位 FLAG 的状态判断上次采样值是否正常。如果上次采样值正常,则将 n 从 COUNT1 单元读入 COUNT2 单元,即取 $Z = n$。然后转上限处理,并将表示采样不正常的标志位 FLAG 置 1;如果上次采样值也不正常,则将 COUNT2 单元

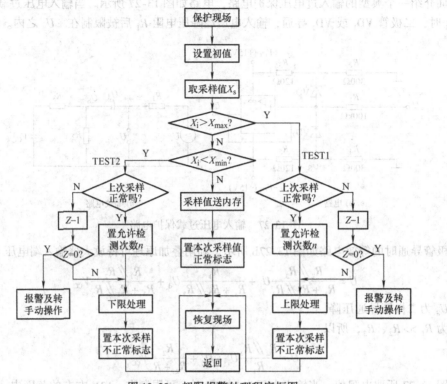

图 13-28 超限报警处理程序框图

中的 Z 减 1，再检查一下是否 $Z=0$ 即连续 n 次不正常。若是连续 n 次不正常，则进行报警并转手动操作；如果不是连续 n 次不正常，则再把剩下的允许连续不正常的次数 Z 存入 COUNT2 单元，然后再进行上限处理，置本次采样不正常标志，并返回主程序。

下限报警处理程序与上限报警处理程序思想是完全一样的，这里不再赘述。

13.4.3 标度变换

智能仪器检测的物理量，一般都要通过传感器转换为电量，再通过数据采集系统后得到与被测量对应的数字量。由于数字量仅仅对应于被测参数的大小，并不等于原来带有量纲的参数值，因此必须把它转换为带有量纲的数值后才能显示或打印输出，这种转换就是工程量变换，又称标度变换。例如，某一压力测量智能仪器，当压力变化范围为 0~10N 时，压力传感器输出的电压为 0~10mV，将其放大为 0~5V 后进行 A/D 转换，转换结果为 00H~FFH（假设采用 8 位 ADC）数字量。这一数字量需要通过标度变换，转换为具有压力单位（N）的被测量。

标度变换分为线性标度变换与非线性标度变换两种。

1. 线性标度变换

假设包括传感器在内的整个数据采集系统是线性的，被测物理量的变化范围为 $A_0 \sim A_m$，即传感器的测量值下限为 A_0、上限为 A_m，物理量的实际测量值为 A_x，而 A_0 对应的数字量为 N_0，A_m 对应的数字量为 N_m，A_x 对应的数字量为 N_x。则标度变换公式为

$$A_x = A_0 + (A_m - A_0)\frac{N_x - N_0}{N_m - N_0} \tag{13-41}$$

式中，A_0、A_m、N_0、N_m 对于某一固定的参数，或者仪器的某一量程来说，均为常数，可以事先存入计算机。对于不同的参数或者不同的量程它们会有不同的数值，这种情况下，计算机应存入多组这样的常数。进行标度变换时，根据需要调入不同的常数来计算。

为了使程序简单，通常通过一定的处理，使被测参数的起点 A_0 对应的 A/D 转换值为零，即 $N_0 = 0$，这样上式变为

$$A_x = A_0 + (A_m - A_0) \frac{N_x}{N_m} \qquad (13\text{-}42)$$

式(13-41) 及式(13-42) 称为线性标度变换公式。

下面以一个实例说明线性标度变换公式的具体应用。

已知某智能温度测量仪的温度传感器是线性的，温度测量范围为 10～100℃，ADC 转换位数为 8 位。对应温度测量范围，ADC 转换结果范围为 0～FFH，被测温度对应的 ADC 转换值为 28H，求其标度变换值。

由于温度传感器是线性的，因此可以用式(13-42) 进行标度变换，其中，$A_0 = 10$℃，$A_m = 100$℃，$N_m = \text{FFH} = 255\text{D}$，$N_x = 28\text{H} = 40\text{D}$，标度变换结果为

$$A_x = A_0 + (A_m - A_0)\frac{N_x}{N_m} = 10℃ + (100 - 10)℃ \times \frac{40}{255} = 24.1℃$$

2. 非线性标度变换

前述的标度变换公式是针对线性化电路而导出的，实际中许多智能仪器所使用的传感器都是非线性的。这种情况下应先进行非线性校正，然后再按照前述的标度变换方法，进行标度变换。但是如果传感器输出信号与被测物理量之间有明确的数学关系，就没有必要先进行非线性校正，然后再进行标度变换，可以直接利用该数学关系式进行标度变换。

例如，利用节流装置测量流量时，流量与节流装置两边的差压之间有以下关系

$$G = k\sqrt{\Delta P} \qquad (13\text{-}43)$$

式中，G 为流量（即被测量）；k 为系数（与流体的性质及节流装置的尺寸有关）；ΔP 为节流装置两边的差压。显然，式(13-43) 中 G 和 $\sqrt{\Delta P}$ 之间是线性关系，因此可以方便地得出流量的标度变换公式

$$G_x = G_0 + (G_m - G_0)\frac{\sqrt{N_x} - \sqrt{N_0}}{\sqrt{N_m} - \sqrt{N_0}} \qquad (13\text{-}44)$$

式中，G_x 为被测流量；G_m 为被测流量上限；G_0 为被测流量下限；N_x 为差压变送器所测得的差压值（数字量）；N_m 为差压变送器上限对应的数字量；N_0 为差压变送器下限对应的数字量。

由于一般情况下，流量的下限可取为 0，因此式(13-44) 可以改写成

$$G_x = G_m \frac{\sqrt{N_x}}{\sqrt{N_m}} \qquad (13\text{-}45)$$

13.5 检测信号的运算电路

运算放大器辅之以不同的电路元器件，可以组成诸如比例、加减、微分、积分、对数、指数和乘除等电路，这正是其称之为运算放大器的原因。之所以能形成形形色色的运算电路，正是由于运算放大器接近于理想的增益、输入电阻、输出电阻等方面的特性。在模拟式仪表中，这些基本运算电路是仪表中的关键部分。随着以微处理器为代表的数字化技术对现代自动化仪表的渗透，尽管部分电路的运算功能逐渐被软件所取代，但模拟运算电路在小信号运算、高速宽带信号运算、仪器偏移调节及校准、信号调制及实时处理方面仍然具有不可替代的优势。

检测电路中经常使用到的运算电路包括 T 形反馈网络比例运算电路、加减乘除及指数对数等四则运算电路、积分和微分电路等，详细情况请参考《模拟电子技术》等基础教材，此处不再赘述。

第14章 信号的自动采集技术

14.1 信号采集电路的一般结构

在微机应用于智能化仪器仪表、信号处理和工业自动化等的过程中，都存在着模拟量测量与控制问题，即将温度、压力、流量、位移及角度等模拟量转变为数字信号，再收集到微机进一步予以显示、处理、记录和传输，这个过程称为"数据采集"，相应的系统称为数据采集系统（Data Acquisition System）。

科学技术的发展已在速度、分辨率、精度、接口能力、抗干扰等方面向现代的数据采集系统提出了越来越高的要求。因此，从事该领域工作的设计者一方面必须熟悉日新月异的新器件，了解各种器件的性能和特点，以便应用这些器件组成系统；另一方面还必须掌握微机本身的性能、接口技术及相应的程序设计。

智能化仪表的数据采集系统硬件由两部分组成：一是信号的滤波、放大、采样保持、转换部分；二是微机及其接口部分。图14-1所示为一个数据采集系统的结构框图。采样保持环节根据系统的要求进行采样并保持采样值，多路转换器从多个采样保持环节中选择一路送到模/数（A/D）转换器或电压/频率（U/f）转换器转换为计算机能识别的数字信号，转换结果（数字量）经接口进入微机，存于寄存器或内存中。

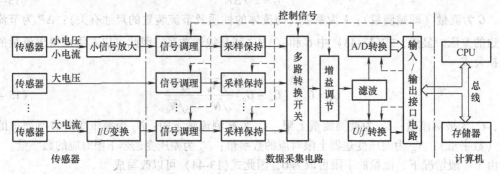

图 14-1　数据采集系统结构框图

构成数据采集系统的常用方法为：

1) 采用多片单一功能器件和分立元件，构成数据放大、采样保持、模/数转换和接口电路，与微机连接后形成数据采集系统，这种方法灵活，可适用于多种情况。

2) 采用单片数据采集系统芯片。

3) 采用数据采集卡（板）及其驱动软件。

数据采集包含模拟信号量化过程。首先要对模拟信号进行采样，将一个连续的时间函数 $f(t)$ 用时间离散的连续函数 $f^*(t)$ 来表示。理想采样是抽取模拟信号的瞬间函数值。采样信号仅对时间是离散的，而信号值依然是连续的，称为离散（对时间）的模拟信号。数字信号是量化的离散模拟信号，即数字信号不仅在时间上是离散的，而且在数值上也是离散的。量化精度取决于最小量化单位，称为量化当量 δ，它是二进制数码最低有效位所对应的模拟信号——数值。例如 $\delta = 1mV$，即数字盘的最低有效位对应于 1mV。因此量化当量越小，量化的精度越高。

图14-2所示为一个单通道数据采集系统的原理框图。模拟量经过前置放大器 A、抗混叠滤

波器 AF 及采样保持放大器 SHA 进入模/数转换器 ADC，转换为数字量后送入微机。A 的作用在于将输入电压放大到 ADC 接收的最佳范围，AF 的作用为消除信号中高频成分所造成的混叠误差，SHA 的作用为保证 ADC 达到所需的动态特性。

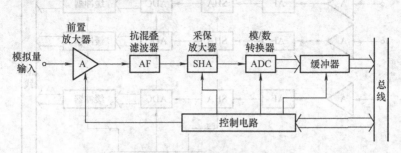

图 14-2　单通道数据采集系统

图 14-3 所示为多通道一般型数据采集系统，它是通过多路转换器 MUX 将各路模拟量轮流送给 SHA 及 ADC 去进行模数转换，是多通道型结构上最简单的一种。图 14-4 所示为多通道同步型数据采集系统，它在每个通道上都加一个 SHA，并受同一触发信号控制，这样可以做到在同一时刻内将采集信号暂存在各自的保持电容上。以后由微型机逐一取走并经 ADC 送入存储器中。这种电路可允许对各通道之间的相互关系进行分析。图 14-5 所示为多通道并行数据采集系统，它是许多单通道数据采集系统的组合，共同由控制电路进行控制。它的灵活性强，可满足不同精度、不同速度数据采集的要求，但成本最高。

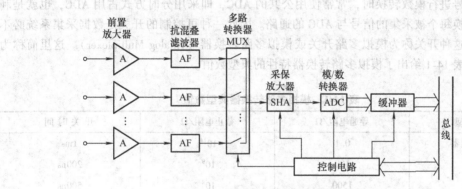

图 14-3　多通道一般型数据采集系统

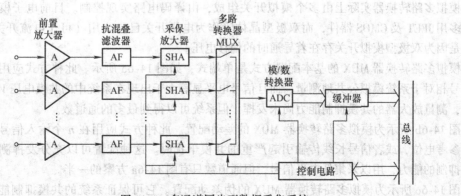

图 14-4　多通道同步型数据采集系统

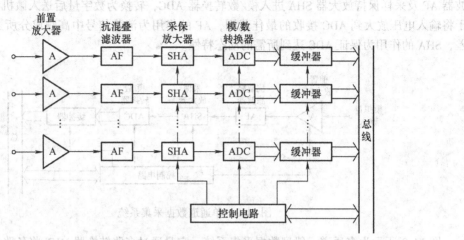

图 14-5　多通道并行数据采集系统

14.2　信号的多路转换技术

14.2.1　模拟多路转换器的功能与配置

在智能仪器中，往往需要同时或依次采集多路信号，以便对生产过程的状态进行分析计算。对这些模拟信号进行模数转换时，常常使用公共的 ADC，即采用分时方式占用 ADC，也就是利用开关轮流切换每个被采集的信号与 ADC 的通路。因此一种可控制的开关是数据采集系统必不可少的元件，这种开关称为模拟多路开关或模拟多路转换器（Analog Multiplexer）。这里简称为多路转换器。表 14-1 给出了模拟多路转换器特性的典型数值。

表 14-1　模拟多路转换器典型数值

类　型	导通电阻/Ω	截止电阻/Ω	开关时间
舌簧继电器	0.1	10^{14}	1ms
JFET	100	10^9	200ns
CMOS	1500	10^8	500ns

模拟多路转换器实际上由多个模拟开关组成，由译码电路实现控制。目前电子模拟多路转换器多用 JFET 及 CMOS 器件，而双极型晶体管作为电压开关已很少用（可作电流开关用），这主要是因为双极型模拟开关存在着导通时的偏移电压。

模拟多路转换器 MUX 的基本配置方式是单端式，如图 14-6a 所示。此种方式应用在所有输入信号相对于系统模拟公共地测量，而且信号电平显著大于出现在系统中的共模电压 V_{cm} 的场合。此时，测量放大器的共模抑制能力尚未发挥，但系统可以得到最多的通道数。

图 14-6b 所示为模拟多路转换器 MUX 的差动配置。此种方式应用在 n 个输入信号有各自独立的参考电位，或者信号长线传输引起严重的共模干扰时。这种配置可以充分发挥测量放大器共模抑制的能力，用以采集低电平信号，但通道数只有图 14-6a 方案的一半。

图 14-6c 所示为模拟多路转换器 MUX 的伪差动配置。它可保证系统的共模抑制能力，而无须减少一半通道数。这种方式仅适用于所有输入信号均参考一个公共电位的系统，而且各信号源均置于同样的噪声环境。

第14章 信号的自动采集技术

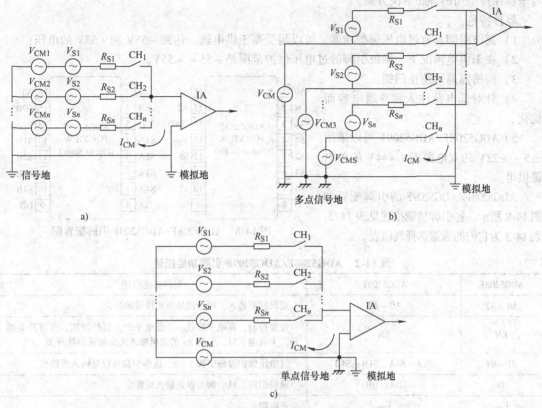

图14-6 模拟多路转换器的配置

14.2.2 半导体多路转换器芯片 ADG5208/9F

ADG5208F 和 ADG5209F 分别为美国 AD 公司生产 8:1 和双通道 4:1 模拟多路复用器,通道的选择控制分别为 3 位及 2 位二进制地址码与 EN 控制端,功能框图如图 14-7 所示。ADG5208F 将 8 路输入中的一路切换至公共输出,ADG5209F 将 4 路差分输入中的一路切换至公共差分输出。两款器件均提供 EN 输入,用来使能或禁用器件。当接通时,各通道在两个方向的导电性能相同,输入信号范围可扩展至电源电压范围。在整个工作电压范围内,数字输入与 3V 逻辑输入兼容。

没有电源时,通道保持关断状态,开关输入处于高阻态。正常工作条件下,如果任一 Sx 引脚上的模拟输入信号电平超过 V_{DD} 或 V_{SS},并且超出幅度达到阈值电压 VT,则相应的通道关断,并且漏极引脚将被拉至所超过的电源电压。无论有无供电,相对于地达到 -55V 或 +55V 的输入信号电平都会被阻塞。

这些开关具有低电容和电荷注入特性,因而是要求低开关毛刺和快速建立时间的数据采集

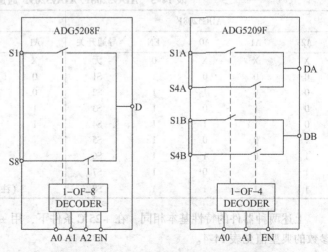

图14-7 ADG5208F/ADG5209F 的功能框图

与采样保持应用的理想解决方案。

器件特色:

1) 源极引脚具有过电压保护功能,可以耐受高于供电轨、达到 -55V 和 +55V 的电压。

2) 在未供电情况下,源极引脚的过电压保护范围是 -55 ~ +55V。

3) 沟槽隔离可防止闩锁。

4) 针对低电荷注入和导通电容而优化。

5) ADG5208F/ADG5209F 可以采用 $\pm 5 \sim \pm 22V$ 的双电源或 8~44V 的单电源供电。

ADG5208F/ADG5209F 的引脚配置如图 14-8 所示,各引脚功能描述见表 14-2,表 14-3 为它们的通道选择真值表。

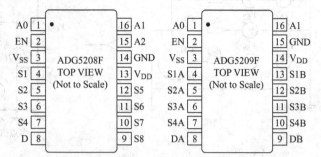

图 14-8 ADG5208F/ADG5209F 引脚配置图

表 14-2 ADG5208F/ADG5209F 引脚功能描述

ADG5208F	ADG5209F	引脚功能描述
A0 ~ A2	A0 ~ A1	逻辑控制输入。用于选择所要接通的开关
EN	EN	使能控制,高电平有效。为低电平时,器件禁用,所有开关断开。为高电平时,引脚 Ax 的逻辑输入决定接通哪些开关
S1 ~ S8	S1A ~ S4A、S1B ~ S4B	过电压保护源极引脚 1~8。这些引脚可以是输入或输出
D	DA、DB	漏极引脚。该引脚可以是输入或输出
V_{DD}	V_{DD}	正电源
GND	GND	地 (0V) 参考
V_{SS}	V_{SS}	负电源

表 14-3 ADG5208F/ADG5209F 通道选择真值表

ADG5208F					ADG5209			
A2	A1	A0	EN	导通开关	A1	A0	EN	导通开关对
X	X	X	0	无	X	X	0	无
0	0	0	1	S1	0	0	1	S1A、S1B
0	0	1	1	S2	0	1	1	S2A、S2B
0	1	0	1	S3	1	0	1	S3A、S3B
0	1	1	1	S4	1	1	1	S4A、S4B
1	0	0	1	S5				
1	0	1	1	S6				
1	1	0	1	S7				
1	1	1	1	S8				

(注:表中 X 表示取 0 或 1 中的任意值)

上述两种器件的特性基本相同,在 +25℃ 条件下,用 ±15V 电源时,这两种器件的主要性能参数的典型值见表 14-4。

表 14-4 ADG5208F/ADG5209F 的典型性能参数

(+20℃, $V_{DD} = (15 \pm 10\%)$V, $V_{SS} = (-15 \pm 10\%)$V, GND = 0V)

参数	典型值	单位	测试条件/注释
模拟信号范围	V_{DD} 至 V_{SS}	V	
导通电阻 R_{ON}	250	Ω	$V_S = \pm 10V$, $I_S = -1mA$

(续)

参　数	典　型　值	单　位	测试条件/注释
通道间导通电阻匹配 ΔR_{ON}	2.5	Ω	$V_S = \pm 10V$, $I_S = -1mA$
导通电阻平坦度 $R_{FLAT(ON)}$	6.5	Ω	$V_S = \pm 10V$, $I_S = -1mA$
源极关断泄漏 $I_S(Off)$	±0.1	nA	$V_S = \pm 10V$, $V_D = \mp 10V$
漏极关断泄漏 $I_D(Off)$	±0.1	nA	$V_S = \pm 10V$, $V_D = \mp 10V$
通道接通泄漏 $I_D(On)$、$I_S(On)$	±0.3	nA	$V_S = V_D = \pm 10V$
$t_{ON}(EN)$	180	ns	$R_L = 1k\Omega$, $C_L = 35pF$
$t_{OFF}(EN)$	95	ns	$R_L = 1k\Omega$, $C_L = 35pF$
关断隔离	-76	dB	$R_L = 50\Omega$, $C_L = 5pF$, $f = 1MHz$
插入损耗	10.5	dB	$R_L = 50\Omega$, $C_L = 5pF$, $f = 1MHz$

在表 14-4 中:

V_D 和 V_S 分别表示 D/Dx 引脚和 Sx 引脚上的模拟电压。

R_{ON} 表示 D/Dx 引脚与 Sx 引脚之间的电阻（欧姆）。

ΔR_{ON} 表示任意两个通道的 R_{ON} 之差。

$R_{FLAT(ON)}$ 为平坦度, 定义为在额定模拟信号范围内测得的导通电阻最大值与最小值之差。

$I_S(Off)$ 和 $I_D(Off)$ 分别表示开关断开时的源极漏电流和漏极漏电流。

$I_D(On)$ 和 $I_S(On)$ 表示开关接通时的通道漏电流。

$t_{ON}(EN)$ 和 $t_{OFF}(EN)$ 分别表示从施加数字控制输入至输出开启和关闭之间的延迟时间。

关断隔离衡量通过断开开关耦合的无用信号。插入损耗指开关导通电阻引起的损耗。

14.2.3 多路测量通道的串音问题

在多通道数字测试系统中, MUX 常被用做多选一开关或多路采样开关。每当某一通道开关接通时, 其他各通道开关全都是关断的。理想情况下, 负载上只应出现被接通的那一通道的信号, 其他被关断的各通道信号都不应出现在负载上。然而实际情况并非如此, 其他被关断的信号也会出现在负载上, 对本来是唯一被接通的信号形成干扰, 这种干扰称为通道间串音干扰, 简称串音。

通道间串音干扰的产生主要是由于模拟开关的断开电阻 R_{off} 不是无穷大和 MUX 中存在寄生电容的缘故。图 14-9 所示为第一通道开关接通, 其余 ($N-1$) 通道开关均关断时的情况。为简化起见, 假设各通道信号源内阻 R_i 及电压 U_i 均相同, 各开关断开电阻 R_{off} 均相同。

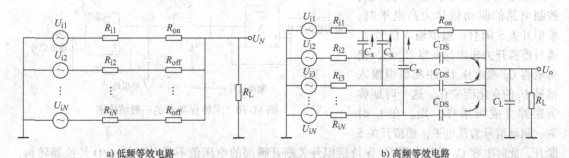

a) 低频等效电路　　　　　　　　b) 高频等效电路

图 14-9　多路切换系统的等效电路

由图 14-9a 可见, 其余 ($N-1$) 通道被关断的信号因 $R_{off} \neq \infty$ 而在负载 R_L 上产生的泄漏电压总和为

$$U_N = (N-1)\frac{(R_i+R_{on})//R_L//\dfrac{R_i+R_{off}}{N-2}}{R_i+R_{off}+(R_i+R_{on})//R_L//\dfrac{R_i+R_{off}}{N-2}}U_i \tag{14-1}$$

一般 $(R_i+R_{on})\ll R_L\ll \dfrac{R_i+R_{off}}{N-2}$，故上式简化为

$$U_N = (N-1)\frac{R_i+R_{on}}{2R_i+R_{on}+R_{off}}U_i$$

又因为 $(2R_i+R_{on})\ll R_{off}$，上式可进一步简化为

$$U_N = (N-1)(R_i+R_{on})\frac{U_i}{R_{off}} \tag{14-2}$$

由式 (14-2) 可见，为减小串音干扰，应采取如下措施：
1) 减小 R_i，为此前级应采用电压跟随器。
2) 选用 R_{on} 极小、R_{off} 极大的开关管。
3) 减少输出端并联的开关数 N。若 $N=1$，则 $V_N=0$。

除 $R_{off}\neq\infty$ 引起串音外，当切换多路高频信号时，截止通道的高频信号还会通过通道之间的寄生电容 C_x 和开关源、漏极之间的寄生电容 C_{DS} 在负载端产生泄漏电压，如图 14-9b 所示。寄生电容 C_x 和 C_{DS} 的数值越大，信号频率越高，泄漏电压就越大，串音干扰也就越严重。因此，为减小串音应选用寄生电容小的 MUX。

14.3 模拟信号的采样保持

模拟信号进行 A/D 转换时，从启动转换到转换结束输出数字量，需要一定的转换时间，即 A/D 转换器的孔径时间。在这个转换时间内，模拟信号要基本保持不变，否则转换精度没有保证，特别是在输入信号频率较高时，会造成很大的转换误差。要防止这种误差的产生，必须在 A/D 转换开始时将输入信号的电平保持住，而在 A/D 转换结束后又能跟踪输入信号的变化。能完成这种功能的电路叫采样保持电路，由采样保持电路构成的器件叫采样保持器，采样保持器在保持阶段相当于一个"模拟信号存储器"。

14.3.1 采样保持器的工作原理

采样保持器是一种具有信号输入、信号输出以及由外部指令控制的模拟门电路。它主要由模拟开关 S、电容 C_H 和缓冲放大器 A 组成，它的一般结构形式如图 14-10 所示。

如图 14-11 所示，在 t_1 时刻前，控制电路的驱动信号为高电平时，模拟开关 S 闭合，模拟输入信号 U_i 通过模拟开关 S 加到电容 C_H 上，使得电容 C_H 端电压 U_C 跟随模拟输入信号 U_i 的变化而变化，这个时期称为跟踪（或叫采样）期。在 t_1 时刻，驱动信号为低电平，模拟开关 S

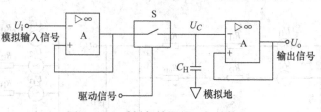

图 14-10 采样保持器的一般结构图

断开，此时电容 C_H 上的电压 U_C 保持模拟开关断开瞬间的电压值不变并等待 A/D 转换器转换，这个时期称为保持期。在 t_2 时刻，保持结束，新一个跟踪（采样）时刻到来，此时驱动信号又为高电平，模拟开关 S 重新闭合，电容 C_H 端电压 U_C 又跟随模拟输入信号 U_i 的变化而变化，直到 t_3 时刻驱动信号为低电平时，模拟开关 S 断开。

采样保持器是用逻辑电平控制其工作状态的，它具有两个稳定的工作状态：

1) 跟踪状态。在此期间它尽可能快地接收模拟输入信号，并精确地跟踪模拟输入信号的变化，一直到接到保持指令为止。

2) 保持状态。对接收到保持指令前一瞬间的模拟输入信号进行保持。

采样保持器是在"保持"命令发出的瞬间进行采样，而在"跟踪"命令发出时，采样保持器跟踪模拟输入量，为下次采样做准备。

在数据采集系统中，采样保持器主要起以下两种作用：

1) "稳定"快速变化的输入信号，以利于 A/D 转换器把模拟信号转换成数字信号，减小采样误差。

2) 用来储存模拟多路开关输出的模拟信号，这样可使模拟多路开关继续切换下一个待转换的信号。

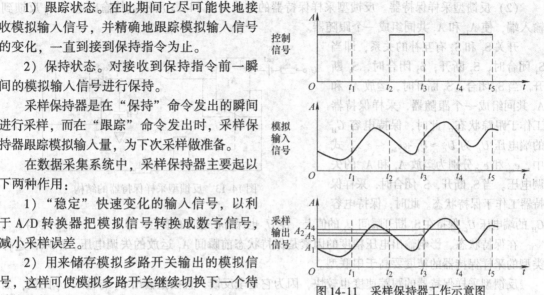

图 14-11 采样保持器工作示意图

电容 C_H 对采样保持的精度有很大的影响，如果电容过大，则其时间常数大，当模拟信号频率高时，由于电容充放电时间长，将会影响电容对输入信号的跟踪特性，而且在跟踪的瞬间，电容两端的电压会与输入信号电压有一定的误差。而当处于保持状态时，如果电容的漏电流太大，负载的内阻太小，都会引起保持信号电平的变化。

为使采样保持器有足够的精度，一般在其输入端和输出端均采用缓冲器，以减少信号源的输出阻抗，增加负载的输入阻抗。在选择电容时，容量大小要适宜，以保证其时间常数适中，并选用泄漏小的电容。

目前，采样保持器大多数是集成在一块芯片上，芯片内不包含保持电容器，保持电容器由用户根据需要自选并外接在芯片上。常用的集成采样保持器有多种，如 AD582、LF398 等。

14.3.2 采样保持器的类型和主要性能参数

1. 采样保持器的类型

采样保持器可用通用的元件来组合，也可以使用集成式芯片，目前多数是使用集成采样保持器芯片。采样保持器按结构可分为串联型和反馈型。

(1) 串联型采样保持器 串联型采样保持器的结构原理如图 14-12 所示，图中 A_1 和 A_2 分别是输入和输出缓冲放大器，用以提高采样保持器的输入阻抗，减小输出阻抗，以便与信号源和负载连接。S 是模拟开关，它由控制信号电压 U_K 控制其断开或闭合。C_H 是保持电容器。

当开关 S 闭合时，采样保持器为跟踪状态。由于 A_1 是高增益放大器，其输出电阻和开关 S 的导通电阻 R_{ON} 很小，输入信号 U_i 通过 A_1 对 C_H 的充电速度很快，C_H 的电压将跟踪 U_i 的变化。当 S 断开时，采样保持器从跟踪状态变为保持状态，这时 C_H 没有充放电回路，在理想情况下，C_H 的电压将一直保持在 S 断开瞬间 U_i 的最终值上。

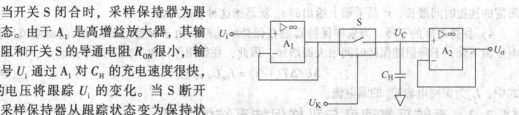

图 14-12 串联型采样保持器的结构原理图

串联型采样保持器的优点是结构简单。缺点是其失调电压为两个运放失调电压之和比较大，影响其精度。另外，它的跟踪速度也较低。

(2) 反馈型采样保持器　反馈型采样保持器的结构如图 14-13 所示。其输出电压 U_o 反馈到输入端，使 A_1 和 A_2 共同组成一个跟随器。

开关 S_1 和 S_2 有互补的关系，即当 S_1 闭合时，S_2 断开；S_2 闭合时，S_1 断开。当 S_1 闭合，S_2 断开时，运放 A_1 和 A_2 共同组成一个跟随器，采样保持器工作于跟踪状态。此时，保持电容 C_H 的端电压 U_C 为 $U_C \approx U_i + e_{os1} - e_{os2}$。式中，$e_{os1}$ 和 e_{os2} 分别为运放 A_1 和 A_2 的失调电压。当 S_1 断开，S_2 闭合时，采样保持器工作于保持状态。此时，保持电容

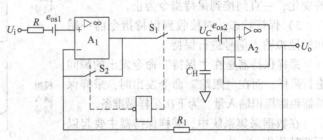

图 14-13　反馈型采样保持器的结构

C_H 的端电压 U_C 保持在 S_1 断开瞬间 U_i 的值上，使 U_o 也保持在这时的值上，即 $U_C \approx U_i + e_{os2} \approx U_i + e_{os1}$。

在保持状态，影响输出电压精度的因素是保持状态前瞬间 A_1 运放的失调电压。所以，这种类型的采样保持器的精度要高于串联型。

反馈型采样保持器的跟踪速度也较快，因为它是全反馈，直接把输出 U_o 与输入 U_i 比较，如果 $U_o \neq U_i$，则其差被 A_1 放大，迅速对 C_H 充电。

2. 采样保持器的主要性能参数

1) 孔径时间 t_{AP}。指保持指令给出瞬间到模拟开关有效切断所经历的时间。

在采样保持器中，由于模拟开关从闭合到完全断开需要一定时间，当接到保持指令时，采样保持器的输出并不保持在指令发出瞬时的输入值上，而会跟着输入变化一段时间。

由于孔径时间的存在，采样保持器实际保持的输出值与希望的输出值之间存在一定误差，该误差称为孔径误差。如果保持指令与 A/D 转换命令同时发出，则因有孔径时间的存在，所转换的值将不是保持值，而是在 t_{AP} 时间内一个变化着的信号，这将影响转换精度。

2) 孔径不定 ΔT_{ap}。孔径不定 ΔT_{ap} 是指孔径时间的变化范围。

孔径时间只是使采样时刻延迟，如果每次采样的延迟时间都相同，则对总的采样结果的精确性不会有影响。但若孔径时间在变化，则就会对精度有影响。如果改变保持指令发出的时间，可将孔径时间消除。因此，仅需考虑 ΔT_{ap} 对精度及采样频率的影响。

3) 捕捉时间 t_{AC}。捕捉时间是指当采样保持器从保持状态转到跟踪状态时，采样保持器的输出从保持状态的值变到当前的输入值所需的时间。它包括逻辑输入开关的动作时间、保持电容的充电时间和放大器的设定时间等。

捕捉时间不影响采样精度，但对采样频率的提高有影响。如果采样保持器在保持状态时的输出为 -FSR，而在保持状态结束时输入已变至 +FSR，则以保持状态转至跟踪状态采样保持器所需的捕捉时间最长，产品手册上给出的 t_{AC} 就是指这种状态的值。

4) 保持电压的下降。当采样保持器处在保持状态时，由于保持电容器 C_H 的漏电流使保持电压值下降，下降值随保持时间增大而增加，因此，往往用保持电压的下降率来表示，即

$$\Delta U / \Delta T (V/s) = I_{PA} C_H (pF) \tag{14-3}$$

式中，I_{PA} 为保持电容 C_H 的漏电流。

14.3.3　系统采集速度与采样保持系统的关系

在数据采集系统中，采样保持器用来对输入 A/D 转换器的模拟信号进行采集和保持，以确保 A/D 转换的精度。要保证 A/D 转换的精度，就必须确保 A/D 转换过程中输入的模拟信号的变化量不得大于 LSB/2。在数据采集系统中，如果模拟信号不经过采样保持器而直接输入 A/D 转换器，那么，系统允许该模拟信号的变化率就得降低。

在数据采集系统中，直接用 A/D 转换器对模拟信号进行转换时，应该考虑到任何一种 A/D 转换器都需要一定转换时间来完成量化和编码等过程。A/D 转换器的转换时间取决于转换的位数、转换的方法、采用的器件等因素。如果在转换时间 t_{CONV} 内，输入的模拟信号仍在变化，此时进行量化必然会产生一定的误差。

一个 n 位的 A/D 转换器能表示的最大数字是 2^n，设它的满量程电压为 FSR，则它的"量化单位"或最小有效位 LSB 所代表的电压 $U_1 = FSR/2^n$。如果在转换时间 t_{CONV} 内，正弦信号电压的最大变化不超过 1 LSB 所代表的电压，则在 $U_m = FSR$ 条件下，数据采集系统可采集的最高信号频率为

$$f_{max} = \frac{1}{2^n \pi t_{CONV}} \tag{14-4}$$

若允许正弦信号变化为 LSB/2，则系统可采集的最高信号频率为

$$f_{max} = \frac{1}{2^{n+1} \pi t_{CONV}} \tag{14-5}$$

14.4 模/数（A/D）转换器

随着数字技术，特别是计算机技术的飞速发展与普及，在现代控制、通信及检测领域中，对信号的处理广泛采用了计算机技术。由于系统的实际处理对象往往都是一些模拟量（如温度、压力、位移、图像等），要使计算机或数字仪表能识别和处理这些信号，必须首先将这些模拟信号转换成数字信号；而经计算机分析、处理后输出的数字量往往也需要将其转换成为相应的模拟信号才能为执行机构所接收。这样，就需要一种能在模拟信号与数字信号之间起桥梁作用的电路——模/数（A/D）转换电路和数/模（D/A）转换电路。

能将模拟信号转换成数字信号的电路称为模/数转换器（或称 A/D 转换器，ADC）；而将能把数字信号转换成模拟信号的电路称为数/模转换器（或称 D/A 转换器，DAC），A/D 转换器和 D/A 转换器已经成为计算机系统中不可缺少的接口电路。

随着大规模集成电路技术的发展，各种类型的 A/D 和 D/A 转换芯片已大量供应市场，其中大多数是采用电压—数字转换方式，输入、输出的模拟电压也都标准化，如单极 0 ~ 5V、0 ~ 10V 或双极 ±5V、±10V 等，给使用带来极大的方便。

14.4.1 A/D 转换的一般步骤

在 A/D 转换器中，因为输入的模拟信号在时间上是连续量，而输出的数字信号代码是离散量，所以进行转换时必须在一系列选定的瞬间（亦即时间坐标轴上的一些规定点上）对输入的模拟信号采样，然后再把这些采样值转换为输出的数字量。因此，一般的 A/D 转换过程是通过采样、保持、量化和编码这四个步骤完成的，如图 14-14 所示。

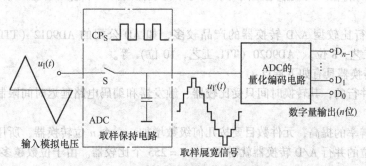

图 14-14 模拟量到数字量的转换过程

14.4.2 A/D 转换的工作原理

ADC 从电路结构看可分为并联比较型、逐次比较型、双积分型等。并联比较型具有转换速度高的优点，但随着位数的增加，所使用的元件数量以几何级数上升，使得造价剧增，故应用并不广泛；双积分型具有精度高的优点，但转换速度太低，一般应用于非实时控制的高精度数字仪器仪表中；逐次逼近型转换速度虽然不及并联比较型，属于中速 ADC，但具有结构简单的价格优势，在精度上可以达到一般工业控制要求，故目前应用比较广泛。

1. 并行比较型 A/D 转换器

3 位并行比较型 A/D 转换器包括电压比较器、寄存器和代码转换器三部分，如图 14-15 所示。

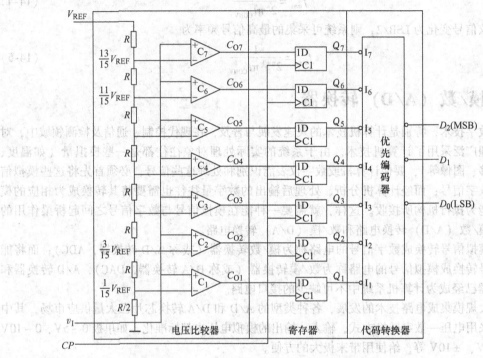

图 14-15 3 位并行比较型 A/D 转换原理电路图

电压比较器中量化电平是用电阻链把参考电压 V_{REF} 分压，得到从 $\frac{1}{15}V_{REF}$ 到 $\frac{13}{15}V_{REF}$ 之间 7 个比较电平，量化单位 $\Delta = \frac{2}{15}V_{REF}$。然后，把这 7 个比较电平分别接到 7 个比较器 $C_1 \sim C_7$ 的输入端作为比较基准。同时将输入的模拟电压同时加到每个比较器的另一个输入端上，与这 7 个比较基准进行比较。

单片集成并行比较型 A/D 转换器的产品较多，如 AD 公司的 AD9012（TTL 工艺，8 位）、AD9002（ECL 工艺，8 位）、AD9020（TTL 工艺，10 位）等。

并行 A/D 转换器具有如下特点：

1) 转换是并行的，其转换时间只受比较器、触发器和编码电路延迟时间限制，因此转换速度最快。

2) 随着分辨率的提高，元件数目要按几何级数增加。一个 n 位转换器，所用的比较器个数为 $2^n - 1$，如 8 位的并行 A/D 转换器就需要 $2^8 - 1 = 255$ 个比较器。由于位数越多，电路越复杂，因此制成分辨率较高的集成并行 A/D 转换器是比较困难的。

3) 使用这种含有寄存器的并行 A/D 转换电路时，可以不用附加采样保持电路，因为比较器和寄存器这两部分也兼有采样保持功能。这也是该电路的一个优点。

2. 逐次比较型 A/D 转换器

逐次逼近转换过程与用天平称物重非常相似。

按照天平称重的思路，逐次比较型 A/D 转换器，就是采用对分搜索原理，将输入模拟信号与不同的参考电压做多次比较，使转换所得的数字量在数值上逐次逼近输入模拟量的对应值。一般由电压比较器 A、N 位 D/A 转换器、N 位控制逻辑及移位寄存器等部分组成，其原理结构框图如图 14-16 所示。

下面分析其工作过程：

当启动脉冲到来时，D/A 转换器输出的各位均为 0。当第一个时钟脉冲到来时，控制逻辑电路动作，启动转换，移位寄存器的最高位置 1，其余位仍为 0，它经 N 位 D/A 转换器转换输出的模拟电压值为 u_s，u_s 送至比较器反相输入端与模拟输入电压 u_x 比较。若 $u_x > u_s$，则比较器输出逻辑 1，由控制逻辑电

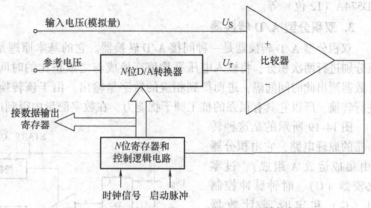

图 14-16　逐次逼近式 A/D 转换器原理结构框图

路使 N 位寄存器中最高位的 1 保留；反之，则比较器输出为 0。在第二个时钟脉冲时间，使移位寄存器的次高位置 1，经 D/A 转换器转换后再和模拟输入电压比较，根据比较结果决定次高位为 1 还是为 0。然后依次对 N 位寄存器其余位重复上述类似过程直到最低位。最后 N 位寄存器中所得到的值就是和模拟输入电压相对应的数字量。

4 位逐次比较型 A/D 转换器的逻辑电路如图 14-17 所示。

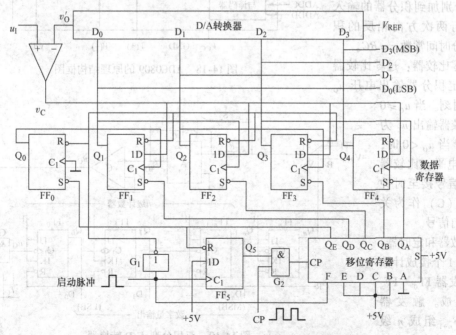

图 14-17　4 位逐次比较型 A/D 转换器的逻辑电路

图中 5 位移位寄存器可进行并入/并出或串入/串出操作,其输入端 F 为并行置数使能端,高电平有效。其输入端 S 为高位串行数据输入。数据寄存器由 D 边沿触发器组成,数字量从 $Q_4 \sim Q_1$ 输出。

逐次比较型 A/D 转换器完成一次转换所需时间与其位数和时钟脉冲频率有关,位数越少,时钟频率越高,转换所需时间越短。这种 A/D 转换器兼顾了转换速度和转换精度两方面的指标,是测试系统中应用最广泛 A/D 转换器件。

常用的集成逐次比较型 A/D 转换器有 ADC0808/0809 系列(8 位)、AD575(10 位)、AD574A(12 位)等。

3. 双积分型 A/D 转换器

双积分型 A/D 转换器是一种间接 A/D 转换器。它的基本原理是,对输入模拟电压和参考电压分别进行两次积分,将输入电压平均值变换成与之成正比的时间间隔,然后利用时钟脉冲和计数器测出此时间间隔,进而得到相应的数字量输出。由于该转换电路是对输入电压的平均值进行转换,所以它具有很强的抗工频干扰能力,在数字测量中得到广泛应用。

图 14-19 所示的是这种转换器的原理电路,它由积分器(由集成运放 A 组成)、过零比较器(C)、时钟脉冲控制门(G)和定时器/计数器($FF_0 \sim FF_n$)等几部分组成。

积分器:积分器是转换器的核心部分,它的输入端所接开关 S_1 由定时信号 Q_n 控制。当 Q_n 为不同电平时,极性相反的输入电压 u_1 和参考电压 V_{REF} 将分别加到积分器的输入端,进行两次方向相反的积分,积分时间常数 $\tau = RC$。

过零比较器:过零比较器用来确定积分器输出电压 u_0 的过零时刻。当 $u_0 \geq 0$ 时,比较器输出 u_C 为低电平;当 $u_0 < 0$ 时,u_C 为高电平。比较器的输出信号接至时钟控制门(G)作为关门和开门信号。

计数器和定时器:它由 n+1 个接成计数型的触发器 $FF_0 \sim FF_n$ 串联组成。触发器 $FF_0 \sim FF_{n-1}$ 组成 n 级计数器,对输入时钟

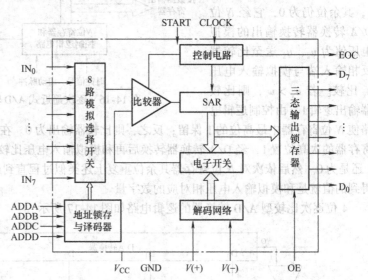

图 14-18 ADC0809 的原理结构框图

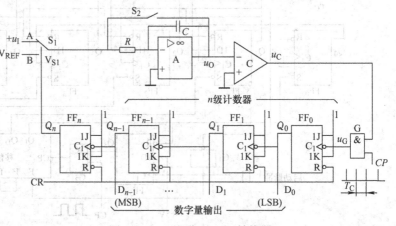

图 14-19 双积分型 A/D 转换器

脉冲 CP 计数，以便把与输入电压平均值成正比的时间间隔转变成数字信号输出。当计数到 2^n 个时钟脉冲时，$FF_0 \sim FF_{n-1}$ 均回到 0 状态，而 FF_n 反转为 1 态，$Q_n = 1$ 后，开关 S_1 从位置 A 转接到 B。

时钟脉冲控制门：时钟脉冲源标准周期 T_C，作为测量时间间隔的标准时间。当 $u_C = 1$ 时，与门打开，时钟脉冲通过与门加到触发器 FF_0 的输入端。

单片集成双积分式 A/D 转换器有 ADC—EK8B（8 位，二进制码）、ADC-EK10B（10 位，二进制码）、MC14433（3 位半，BCD 码）等。

14.4.3 A/D 转换器的关键技术指标

1. 转换精度

单片集成 A/D 转换器的转换精度是用分辨率和转换误差来描述的。

1) 分辨率。它说明 A/D 转换器对输入信号的分辨能力。

A/D 转换器的分辨率以输出二进制（或十进制）数的位数表示。从理论上讲，n 位输出的 A/D 转换器能区分 2^n 个不同等级的输入模拟电压，能区分输入电压的最小值为满量程输入的 $1/2^n$。在最大输入电压一定时，输出位数越多，量化单位越小，分辨率越高。例如 A/D 转换器输出为 8 位二进制数，输入信号电压最大值为 5V，那么这个转换器应能区分输入信号的最小电压为 19.53mV。

2) 转换误差。表示 A/D 转换器实际输出的数字量和理论上的输出数字量之间的差别。常用最低有效位的倍数表示。例如给出相对误差 ≤ ±LSB/2，这就表明实际输出的数字量和理论上应得到的输出数字量之间的误差小于最低位的半个字。

2. 转换时间

指 A/D 转换器从转换控制信号到来开始，到输出端得到稳定的数字信号所经过的时间。不同类型的转换器转换速度相差甚远。其中并行比较 A/D 转换器转换速度最高，8 位二进制输出的单片集成 A/D 转换器转换时间可达 50ns 以内。逐次比较型 A/D 转换器次之，它们多数转换时间在 10~50μs 之间，也有达几百纳秒的。间接 A/D 转换器的速度最慢，如双积分 A/D 转换器的转换时间大都在几十毫秒至几百毫秒之间。在实际应用中，应从系统数据总的位数、精度要求、输入模拟信号的范围及输入信号极性等方面综合考虑 A/D 转换器的选用。

14.5 单片集成数据采集系统 ADμC8XX 简介

目前，随着大规模集成电路工艺的发展，市场上已经出现了各种专用的数据采集系统芯片。这种芯片集高速高精度 SH、ADC、基准时钟源及数字接口于一体，可以达到很高的水平。美国 Analog Device 公司推出的 ADμC8XX 系列微转换器（Micro Converter）就是其中的典型代表，在单一芯片上集成了高精度、多通道 16 位/24 位 Σ-Δ A/D 转换器、12 位电压输出 D/A 转换器、温度传感器，同时还集成了 80C51 内核及大容量闪速存储器 FLASH（8~62KB）、I^2C 串行总线接口、SPI 串行总线接口等。该芯片具有增益可程控的前置放大单元，可以作为数据采集系统的前端转换器，直接接收低电平信号，不需要外加信号放大和调理电路，给用户带来极大的方便。典型芯片有 ADμC812、ADμC816、ADμC824、ADμC836、ADμC848 等。

14.5.1 ADμC824 的性能特点

本节以 ADμC824 为例来介绍这种新型数据采集系统芯片。它具有如下主要特性：

1) 业标准的 8052 内核，与 80C51 完全兼容。可采用 32kHz 的晶振（晶体振荡器的简称）工作，利用片内可编程 PLL（锁相环）产生内部所需的工作频率，MCU（微控制器或单片机）内核工作频率和数据输出率可编程，输出精度随程控增益和输出数据速率的变化而改变；3 个 16 位的定时器/计数器；26 根可编程 I/O 线；12 个中断源，两个优先级。

2）两个独立的 Σ-Δ A/D 通道，主通道为 24 位分辨率，差分输入，带增益可编程调节的输入缓冲器，自校准功能。辅助通道为 16 位分辨率，单端输入，自校准功能。单通道 12 位电压输出型的数/模转换器（DAC）；片内温度传感器；两个激励电流源；基准检测电路；定时间隔计数器（TIC）。

3）8KB 片内闪速/电擦除程序存储器；640B 片内闪速/电擦除数据存储器；片内电荷泵（不需要外部输入编程电压 VPP）；256B 片内数据 RAM；可扩展 64KB 程序存储器空间和 16MB 数据存储器空间。

4）一个通用 UART 串行 I/O；一个与 I^2C 兼容的二线串口和 SPI 串口；一个看门狗定时器（WDT）；一个电源监视器（PSM）。

5）采用 3V、5V 电压工作；具有正常、空闲和掉电三种工作模式。

6）片内嵌入式下载/调试器功能。

14.5.2 ADμC824 的结构及工作原理

ADμC824 使用 52 引脚方形扁平塑料封装，ADμC824 的内部功能结构如图 14-20 所示。主要由以下 12 部分组成。

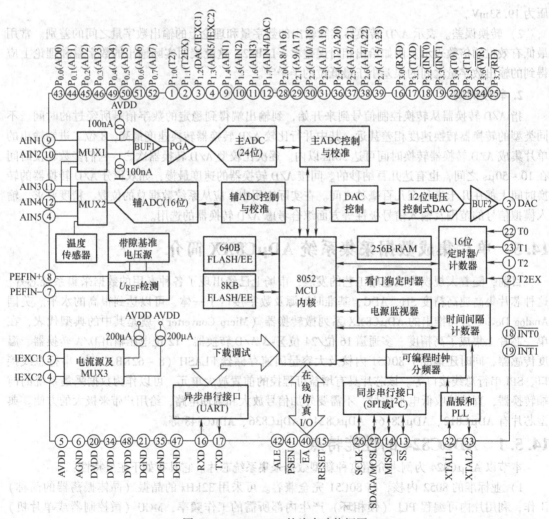

图 14-20 ADμC824 的片内功能框图

1) 模拟主通道,包括模拟信号多路转换器(MUX1),两路100mA电流源,缓冲器(BUF1),可编程增益放大器(PGA,允许直接测量低电平信号),主ADC(24位Σ-Δ ADC),ADC控制与校准电路。

2) 辅助通道,包括模拟信号多路转换器(MUX2),温度传感器(测温范围-40~85℃,测温精度为±2℃,可用于监测芯片温度),辅ADC(16位Σ-Δ式ADC),ADC控制与校准电路。

3) 2.5V带隙基准电压源和基准电压(U_{REF})检测电路。

4) 电流源多路转换器(MUX3),两路200μA电流源。

5) 8052微控制器内核(MCU)。

6) 存储器,包括8KB程序存储器和640B数据存储器(FLASH/EEPROM)、256B随机存取存储器(RAM)。

7) 数/模转换器,包含数/模转换控制电路,12位电压输出式DAC,缓冲器(BUF2)。

8) 电源监视器。

9) 看门狗定时器。

10) 晶振锁相倍频器(含振荡器、锁相环PLL及可编程分频器)。

11) 16位定时器/计数器,时间间隔计数器(可记录的最大时间间隔为1/128s~255h)。

12) 下载调试和异步通信接口(UART)、基于SPI总线并与I^2C总线兼容的同步串行接口及单端在线仿真I/O。

下面简单介绍引脚功能以及各单元电路的工作原理。

1. 各引脚的功能

按照功能来划分,一般将52个引脚分成以下5类。

(1) 电源引脚

AVDD、AGND:第5脚和第6脚分别为模拟电路的电源端和模拟地,接+3V或+5V电源。

DVDD、DGND:分别为第20、34、48和第21、35、47脚,依次为数字电路的电源端和数字地,接+3V或+5V电源。

(2) 分时复用引脚

第43~52脚:这些引脚是P0口(P0.0~P0.7),复用功能是访问外部程序存储器或数据存储器时,分时输出低8位地址和8位数据(AD0~AD7)。

第1~4脚、第9~12脚:P1口(P1.0~P1.7)。复用功能如下:P1.0/T2(T2定时器2的时钟输入端);P1.1/T2EX(定时器2的输入允许端);P1.2/DAC/IEXC1、P1.3/AIN5/IEXC2(DAC电压输出端,亦可配置成200μA或400μA电流源输出端,给外置传感器提供测试电流);P1.4/AIN1、P1.5/AIN2(分别为主ADC通道的正向、负向模拟输入端);P1.6/AIN3(主通道辅助通道的正向模拟输入端);P1.7/AIN4/DAC(主通道/辅助通道的负向模拟输入端,亦可作DAC输出电压端)。

第16~19脚、第22~25脚:P3口(P3.0~P3.7)。复用功能如下:P3.0/RXD(UART口的接收端);P3.1/TXD(UART口的发送端);P3.2/$\overline{INT0}$中断0的输入端);P3.3/$\overline{INT1}$(中断1的输入端);P3.4/T0(定时器0的外部输入端);P3.5/T1(定时器1的外部输入端);P3.6/$\overline{WR}$(写信号);P3.7/$\overline{RD}$(读信号)。

第28~31脚、第36~39脚:(P2.0~P2.7)。当访问外部程序存储器时,P2口作为16位地址中的高8位地址使用;在访问外部数据存储器时,P2口分时输出24位地址中的中8位地址和高8位地址(A8~A15、A16~A23)。

(3) SPI总线串行接口

第13、14、26、27脚:分别为$\overline{SS}$(从选择输入端);MISO(主输入/从输出数据端);SCLK

（串行时钟端）；SDATA/MOSI（主输出/从输入数据端）。

(4) 单端在结仿真

第40脚：$\overline{EA}$（接低电平时允许系统读取外部存储器，经过上拉电阻接 DVDD 时可进行在线仿真）。

(5) 其他引脚 $\overline{PSEN}$（外部程序存储器允许端，为低电平时允许外部程序存储器占用总线。若进行串行下载操作，该引脚需通过 1kΩ 电阻拉成低电平）；ALE（地址锁存允许端）；RESET（复位端）；XTAL1，XTAL2（接 32.768kHz 石英晶体）；REFIN+、REFIN-（基准电压的正、负端）。

2. 单元电路功能简介

(1) 双通道 Σ-Δ 型 A/D ADμC824 包括两个带有数字滤波器的 Σ-Δ 式 ADC 通道（主通道和辅助通道）。主通道的简化电路如图 14-21 所示，主要用于测量主传感器的输入，这个通道具有缓冲器，可以接收来自输入引脚 AIN1/2 和 AIN3/4 的差分信号。缓冲器可处理较高内阻的信号源，而且可在输入通道前加入模拟 RC 滤波器。主通道可通过调节编程放大器的增益而接收 ±20mV、±40mV、±2.56V 等 8 种量程的输入。两个 100μA 电流源向外部传感器流出电流，供用户来检测外部传感器是否发生开路或短路故障。若检测到的 U_{IN} 为满度值，说明传感器开路（该电流未流过传感器）；若 $U_{IN}=0V$，证明传感器短路。CHOP 为作信号预处理用的交替转换器，它能抑制直流偏置、漂移及电磁干扰，使 ADC 达到高精度指标。缓冲放大器（BUF）具有很高的输入阻抗，能适应输入各种信号源的要求。PGA 为可编程增益放大器，用于设定模拟输入通道的电压量程。U_{REF} 为差分基准电压源，给主 ADC 提供基准电压，既可使用内部 2.5V 基准电压源，也允许接外部基准电压源，再通过主 ADC 控制寄存器（ADC0CON）中的 XREF0 位来选择不同的 U_{REF} 值。主 ADC 采用 24 位 Σ-Δ 式 A/D 转换器，内含 Σ-Δ 式调制器和数字滤波器，可确保达到无遗漏码的 24 位精度。平均值电路通过内部处理器对数字量进行求和，再取平均，以调整信号零点。定标电路用于校准系数。

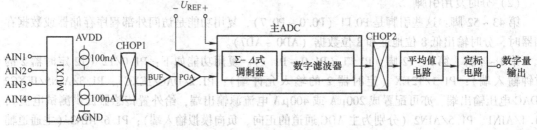

图 14-21 主通道的简化电路

辅助通道用于接收辅助信号的输入，例如冷端二极管或热敏电阻的输入。它只有 3 个模拟输入端（AIN3～AIN5，辅助通道中没有 BUF 和 PGA 电路，当外部基准电压为 2.5V 时，辅 ADC 的输入电压范围是 0～2.5V。

模拟输入通道中绝大多数硬件电路的特性，是由 MCU 通过相应的寄存器来设定的。这是 ADμC824 的一大特点，极大地减轻了用户设计电路的工作量。

(2) ADμC824 的存储器结构 ADμC824 的片内存储器包括 8KB 片内 FLASH/EE 程序存储器、640B（字节）片内 FLASH/EE 数据存储器和 256B 片内 RAM。

ADμC824 的程序和数据存储器有分开的寻址空间。如用户在 EA 置 0 时上电或复位，则芯片执行外部程序空间的指令而不能执行内部 8KB FLASH/EE 程序存储器空间的指令。若 EA 被置 0，则从内部 8KB FLASH/EE 开始执行程序。附加的 640B FLASH/EE 数据存储器是通过专用寄存器块（SFR）中的一组控制寄存器来间接访问的。

ADCSTAT(D8H)：状态寄存器，包括数据准备就绪、校准状态和一些出错信息。

ADCMODE(D1H)：模式寄存器，控制主通道和辅助通道的操作模式。ADC0CON(D2H)：主通道控制寄存器。ADC1CON(D3H)：辅助通道控制寄存器。

SF(D4H)：数字滤波器寄存器，通过调节滤波器参数来控制主、辅通道数据的更新速率。

ICON(D5H)：恒流源控制寄存器，用于控制片内恒流源（片内有两个 200μA 恒流源，可带外接变送器提供激励电流）。

ADC0L/M/H(D9/DA/DBH)：3B，用于存放主通道 24 位转换结果。

ADC1L/H(DC/DDH)：2B，用于存入辅助通道 16 位转换结果。

OF0L/M/H(E1/E2/E3H)：3B，用于存放主通道偏移校准系数。OF1L/H(E4/E5H)：2B，用于存入辅助通道偏移校准系数。

GN0L/M/H(E9/EA/EBH)：3B，用于存放主通道增益校准系数。GN1LH(EC/EDH)：2B，用于存放辅助通道增益校准系数。

其中，ADC 模式寄存器（ADCMODE）中的 MD2~MD0 位，可用来设定主、辅 ADC 的工作状态、转换模式及校准功能，见表 14-5。主 ADC 控制寄存器则用来配置主 ADC 的输入电压范围、输入通道选择、外部基准允许、确定有无符号位及符号编码，详见表 14-6。使用外基准时，可选 AD780、REF43、REF192 等型号的基准电压源，以获得低噪声的基准电压。

表 14-5　ADCMODE SFR 的部分功能

MD2	MD1	MD0	功　　能
0	0	0	掉电模式（上电默认模式）
0	0	1	空闲模式
0	1	0	单次转换模式
0	1	1	连续转换模式
1	0	0	内部零刻度校准（芯片自动将正在工作的 ADC 输入引脚短路）
1	0	1	内部满刻度校准（芯片自动将内部或外部的基准电压 U_{REF} 接到 ADC 的输入引脚）
1	1	0	系统零刻度校准（用户把系统零刻度电压接到 ADC 的输入引脚）
1	1	1	系统满刻度校准（用户把系统满刻度电压接到 ADC 的输入引脚）

ADμC824 的片内 FLASH/EE 程序存储器可用两种模式进行编程，即在线串行下载和并行编程。另外，ADμC824 还可通过标准的 UART 串行端口下载源代码。若管脚 PSEN 通过一个下拉电阻被下拉，芯片则自动进入串行下载模式。当设备连接正确时，源代码将自动载入程序存储器，并可通过这种方式进行在线编程。

表 14-6　ADC0CON SFR 的位功能分配

位	名称	功　　能
7	--	保留位
6	XREF0	主 ADC 的外部基准电压选择位 用户置位，允许主 ADC 通过 REFIN+/REFIN− 端使用外部基准电压 用户清除，允许主 ADC 使用内部基准电压（$U_{REF}=1.25V$）
5 4	CH1 CH0	主 ADC 的通道选择位 用户写入，指定主 ADC 使用的差分输入对，具体如下： CH1　CH0　正向输入　负向输入 　0　　　0　　　AIN1　　　AIN2 　0　　　1　　　AIN3　　　AIN4 　1　　　0　　　AIN2　　　AIN2（内部短接） 　1　　　1　　　AIN3　　　AIN2

(续)

位	名称	功 能
3	UNI0	主 ADC 有单极性使能位 当 UNI0 = 1 时，单极性无符号编码，差分零输入时 ADC 输出 000000h 当 UNI0 = 0 时，双极性有符号编码，差分零输入时 ADC 输出 800000h
2 1 0	RN2 RN1 RN0	主 ADC 的输入电压范围控制位 由用户写入设定主 ADC 的输入电压范围，具体如下： RN2　RN1　RN0　主 ADC 的输入电压范围（$U_{REF} = 2.5V$） 0　　0　　0　　±20mV 0　　0　　1　　±40mV 0　　1　　0　　±80mV 0　　1　　1　　±160mV 1　　0　　0　　±320mV 1　　0　　1　　±640mV 1　　1　　0　　±1.28V 1　　1　　1　　±2.56V

(3) 串行通信接口电路

1) 基于 SPI 总线的同步串行接口。ADμC824 芯片上集成了一个 SPI 总线同步串行接口，该接口有 4 个引脚：串行时钟端（SCLK），主输出/从输入串行数据端（SDATA/MOSI），主输入/从输出端（MISO），从机选择输入端（SS）。SPI 接口可用以下 4 种时序来发送或接收数据：主机模式（CPHA = 1）；主机模式（CPHA = 0）；从机模式（CPHA = 1）；从机模式（CPHA = 0）。

2) 异步串行接口。ADμC824 的异步串行接口（UART）有两个引脚：RXD 为串行数据接收端（异步），亦可作为数据发送接收端（同步）；TXD 为串行数据发送端（异步）或串行时钟发送端。

3) 与 I²C 兼容的串行接口。ADμC824 还支持 I²C 二线串行接口，并能与 SPI 总线接口兼容，此时第 26 脚仍作串行时钟端，第 27 脚改为数据 I/O 端，第 13、14 脚不用。

(4) 其他外设

1) DAC。ADμC824 上集成了一个 12 位电压输出的数据转换器。它有一个轨对轨的电压输出缓冲，可驱动 10kΩ/100pF 的负载。它有两个输出范围：0 ~ U_{REF} 和 0 ~ AVDD，能以 8 位或 12 位模式工作。DAC 有一个控制存储器 DACCON 和两个数据寄存器 DACL/H。

2) 片内 PLL。一般 Σ-Δ 式 A/D 都需外接一个晶振，CPU 工作也需要外部晶振。ADμC824 使用一个 32.768kHz 的外部晶振同时为 A/D 和 CPU 提供时钟信号。片内 PLL 以倍速锁存（32 × 16 倍）方式为系统提供稳定的 12.582912MHz 的时钟信号。CPU 核心可以用这个频率工作，也可以以该频率分频后的频率工作，以降低功耗，减少干扰。A/D 时钟也来源于 PLL 时钟，其调制速度和晶振频率相同。以上的频率选择保证了 A/D 调制器和 CPU 核心的时钟同步。PLL 的控制寄存器是 PLLCON。

3) 时间间隔计数器（TIC）。可用于计量较长的时间间隔，而标准 8051 的定时器/计数器却不能。有六个 SFR 寄存器与 TIC 有关，TIMECON 是它的控制寄存器，INTVAL 是用户定时设置寄存器，当 TIC 的计时器达到 INTVAL 的设置值时，TIC 将有一个主动的输出，此输出可引发一个中断或使 TIMEON 中的 TII 位置位。HOUR、MIN、SEC、HTHSEC 分别是时、分、秒、1/128s（秒）的寄存器。

(5) 辅助电路

1) 看门狗定时器（WDT）。当受到电磁干扰（EMI）或射频干扰（RFI）而导致程序运行错误时，看门狗定时器（Watch Dog Timer）会发出一个信号，令系统复位或者产生中断。

2) 电源监视器（PSM）。其作用是对两路电源端（AVDD 和 DVDD）进行监控。一旦 AVDD 端或 DVDD 端低于设定值，即发出报警信号。电源监视寄存器中的 SFR 位专用于设定 AVDD、

DVDD 的欠电压阈值,用户可从 2.63V、2.93V、3.08V、4.63V 中进行选择。通常选 AVDD 的欠电压阈值为 2.63V,DVDD 的欠电压阈值为 4.63V。

14.5.3 ADμC824 在智能传感器中的应用

智能传感器主要由传感器、微处理器及其相关电路组成,其典型的结构如图 14-22 所示。其工作原理是:传感器将被测的物理量转换成相应的电信号,送到信号调理电路中,进行滤波、放大、模/数转换后,送到微处理器中。微处理器是智能传感器的核心,它不但可以对传感器测量数据进行计算、存储、数据处理,还可以通过反馈回路对传感器进行调节。可见,微处理器的自身性能和集成极大地决定了智能传感器的多功能化和集成化程度。图 14-22 中的信号调理电路和输出接口独立于微处理器之外,不但影响智能传感器的精度,而且不易于实现智能传感器的进一步集成。

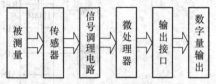

图 14-22 智能传感器典型结构

采用单片机 ADμC824 来构成智能传感器,由于它可直接接收来自传感器的微弱信号且集成度高、体积小,可以大大简化结构,实现智能传感器的高度集成。同时,充分利用各种软件的功能,完成硬件难以完成的任务,从而大大降低传感器制造的难度,提高传感器的性能,降低成本,如图 14-23 所示。

图 14-23 ADμC824 构成智能传感器结构框图

下面以数字温度压力(Digital Temperature Pressure, DTP)型智能压力传感器为例进行介绍,图 14-24 是其结构框图。它的硬件电路分为 4 大部分:电源模块、CPU 模块、传感器模块和数据输出模块。ADμC824 构成智能传感器的 CPU 模块,是整个传感器的核心。

在智能压力传感器中,CPU、A/D、D/A、EEPROM、WDT 等芯片及其片外设备是必不可少的。由于 ADμC824 不仅将这些功能高度集成到一块芯片上,还集成了片内外设 SPI 和 I²C 串行接口,可以用 RS-232 指令格式传输数据,且其 ADC 可以直接接收来自传感器的微弱信号,因此,用单独一片 ADμC824 即可

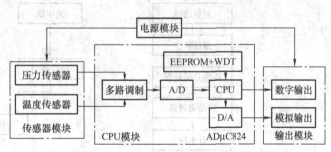

图 14-24 智能压力传感器结构框图

同时实现原 CPU 模块和数据输出模块的全部功能,完成对传感器输出的微弱信号进行放大、处理、存储和计算机通信。

传感器模块用来将被测物理量转换为相应的电压信号。其中,主传感器为压力传感器,它的作用是测量被测压力参数;辅助传感器为温度传感器和环境压力传感器。温度传感器的作用是检测主传感器工作时,由于环境温度变化或被测介质温度变化而使其压力敏感元件发生的温度变化,以便根据其温度变化修正与补偿温度变化对测量带来的误差。而环境压力传感器的作用是测量工作环境大气压变化,以便修正大气压变化对测量的影响。可见,这种智能式传感器需要具有较强的自适应能力,并可以判断工作环境因素的变化,进行必要的修正,保证测量的准确性。

电源模块的功能是为集成芯片提供 5V 的工作电压。数据输出模块的功能是实现数据通信。

图 14-25 所示为 ADμC824 与传感器模块及上位机的接口电路,ADμC824 中的两个独立的主、辅 ADC 可以同时直接接收来自主、辅传感器的信号。若有多个辅助传感器(如温度传感器、环

境压力传感器等），则可通过多路器与辅助 ADC 连接，利用定时中断进行数据采集。该系统以 UART 方式，通过 RS-232 标准接口与上位机通信。系统软件采用模块化结构。主程序和串行口中断通信服务程序的框图如图 14-26 所示。

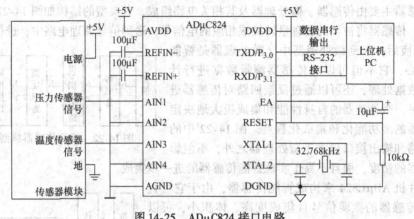

图 14-25 ADμC824 接口电路

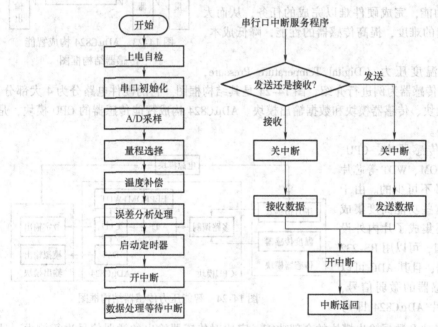

图 14-26 主程序和串行口中断通信服务程序的框图

14.6 数模（D/A）转换器

在测控系统中，计算机的处理结果需要对外部设备及工业过程实施控制，而大部分情况又必须用模拟量来控制。因此必须把数字量转换成模拟量。D/A 转换器是一种把数字量转换为模拟量的器件。按照输出形式，可分为电流输出型和电压输出型。对于以电流方式输出的 D/A 转换器，使用时一般外接运算放大器，将电流输出转换为电压输出。

14.6.1 D/A 转换器基本原理

数字量是用代码按数位组合起来表示的，对于有权码，每位代码都有一定的权。为了将数字量转换成模拟量，必须将每 1 位的代码按其权的大小转换成相应的模拟量，然后将这些模拟量相加，即可得到与数字量成正比的总模拟量，从而实现了数字与模拟转换。这就是构成 D/A 转换器的基本思路。

图 14-27 所示是 D/A 转换器的输入、输出关系框图，$D_0 \sim D_{n-1}$ 是输入的 n 位二进制数，u_o 是与输入二进制数成比例的输出电压。

图 14-28 所示是一个输入为 3 位二进制数时 D/A 转换器的转换特性，它具体而形象地反映了 D/A 转换器的基本功能。

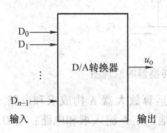 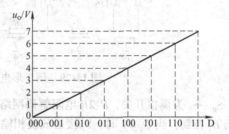

图 14-27　D/A 转换器的输入-输出关系框图　　图 14-28　3 位 D/A 转换器的转换特性

14.6.2　D/A 转换器的主要技术指标

（1）转换精度　D/A 转换器的转换精度通常用分辨率和转换误差来描述。

1）分辨率。D/A 转换器模拟输出电压可能被分离的等级数。

输入数字量位数越多，输出电压可分离的等级越多，即分辨率越高。在实际应用中，往往用输入数字量的位数表示 D/A 转换器的分辨率。此外，D/A 转换器也可以用能分辨的最小输出电压（此时输入的数字代码只有最低有效位为 1，其余各位都是 0）与最大输出电压（此时输入的数字代码各有效位全为 1）之比给出。n 位 D/A 转换器的分辨率可表示为 $\frac{1}{2^n - 1}$。它表示 D/A 转换器在理论上可以达到的精度。

2）转换误差。转换误差的来源很多，转换器中各元件参数值的误差、基准电源不够稳定和运算放大器的零漂的影响等。

D/A 转换器的绝对误差（或绝对精度）是指输入端加入最大数字量（全 1）时，D/A 转换器的理论值与实际值之差。该误差值应低于 LSB/2。

例如，一个 8 位的 D/A 转换器，对应最大数字量（FFH）的模拟理论输出值为 $\frac{255}{256}V_{REF}$，$\frac{1}{2}$LSB $= \frac{1}{512}V_{REF}$，所以实际值不应超过 $\left(\frac{255}{256} \pm \frac{1}{512}\right)V_{REF}$。

（2）转换速度

1）建立时间（t_{set}）。是指输入数字量变化时，输出电压变化到相应稳定电压值所需时间。一般用 D/A 转换器输入的数字量 NB 从全 0 变为全 1 时，输出电压达到规定的误差范围（±LSB/2）时所需的时间表示。D/A 转换器的建立时间较快，单片集成 D/A 转换器建立时间最短可达 0.1μs 以内。

2）转换速率（SR）。是指大信号工作状态下模拟电压的变化率。

（3）温度系数　温度系数是指在输入不变的情况下，输出模拟电压随温度变化产生的变化量。一般用满刻度输出条件下温度每升高 1℃，输出电压变化的百分数作为温度系数。

14.6.3　D/A 转换器的种类

（1）倒 T 形电阻网络 D/A 转换器　在单片集成 D/A 转换器中，使用最多的是倒 T 形电阻网络 D/A 转换器。4 位倒 T 形电阻网络 D/A 转换器的原理图如图 14-29 所示。

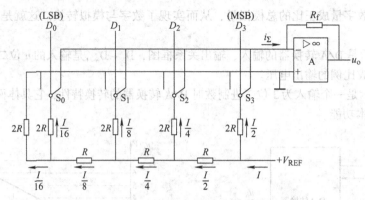

图 14-29 倒 T 形电阻网络 D/A 转换器的原理图

$S_0 \sim S_3$ 为模拟开关，R-$2R$ 电阻解码网络呈倒 T 形，运算放大器 A 构成求和电路。S_i 由输入数码 D_i 控制，当 $D_i = 1$ 时，S_i 接运放反相输入端（"虚地"），I_i 流入求和电路；当 $D_i = 0$ 时，S_i 将电阻 $2R$ 接地。

无论模拟开关 S_i 处于何种位置，与 S_i 相连的 $2R$ 电阻均等效接"地"（地或虚地）。这样流经 $2R$ 电阻的电流与开关位置无关，为确定值。

分析 R-$2R$ 电阻解码网络不难发现，从每个接点向左看的二端网络等效电阻均为 R，流入每个 $2R$ 电阻的电流从高位到低位按 2 的整倍数递减。设由基准电压源提供的总电流为 I（$I = V_{REF}/R$），则流过各开关支路（从右到左）的电流分别为 $I/2$、$I/4$、$I/8$ 和 $I/16$。为于是可得总电流

$$i_\Sigma = \frac{V_{REF}}{R}\left(\frac{D_0}{2^4} + \frac{D_1}{2^3} + \frac{D_2}{2^2} + \frac{D_3}{2^1}\right) = \frac{V_{REF}}{2^4 R}\sum_{i=0}^{3}(D_i 2^i)$$

输出电压为

$$u_o = -i_\Sigma R_f = -\frac{R_f}{R}\frac{V_{REF}}{2^4}\sum_{i=0}^{3}(D_i 2^i)$$

将输入数字量扩展到 n 位，可得 n 位倒 T 形电阻网络 D/A 转换器输出模拟量与输入数字量之间的一般关系式为

$$u_o = -\frac{R_f}{R}\frac{V_{REF}}{2^n}\left[\sum_{i=0}^{n-1}(D_i 2^i)\right]$$

设 $K = \frac{R_f}{R}\frac{V_{REF}}{2^n}$，$N_B$ 表示括号中的 n 位二进制数，则

$$u_o = -KN_B$$

要使 D/A 转换器具有较高的精度，对电路中的参数有以下要求：

1）基准电压稳定性好。
2）倒 T 形电阻网络中 R 和 $2R$ 电阻的比值精度要高。
3）每个模拟开关的开关电压降要相等。为实现电流从高位到低位按 2 的整倍数递减，模拟开关的导通电阻也相应地按 2 的整倍数递增。

由于在倒 T 形电阻网络 D/A 转换器中，各支路电流直接流入运算放大器的输入端，它们之间不存在传输上的时间差。电路的这一特点不仅提高了转换速度，而且也减少了动态过程中输出端可能出现的尖脉冲。它是目前广泛使用的 D/A 转换器中速度较快的一种。常用的 CMOS 开关倒 T 形电阻网络 D/A 转换器的集成电路有 AD7520（10 位）、DAC1210（12 位）和 AK7546（16 位高精度）等。

（2）权电流型 D/A 转换器 尽管倒 T 形电阻网络 D/A 转换器具有较高的转换速度，但由于电路中存在模拟开关电压降，当流过各支路的电流稍有变化时，就会产生转换误差。为进一步提

高 D/A 转换器的转换精度，可采用权电流型 D/A 转换器。

图 14-30 所示为权电流型 D/A 转换器的原理电路图，其恒流源从高位到低位电流的大小依次为 $I/2$、$I/4$、$I/8$、$I/16$。

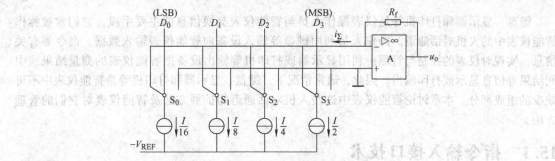

图 14-30 权电流型 D/A 转换器的原理电路

当输入数字量的某一位代码 $D_i = 1$ 时，开关 S_i 接运算放大器的反相输入端，相应的权电流流入求和电路；当 $D_i = 0$ 时，开关 S_i 接地。分析该电路可得出

$$\begin{aligned} u_o &= i_\Sigma R_f \\ &= R_f \left(\frac{I}{2} D_3 + \frac{I}{4} D_2 + \frac{I}{8} D_1 + \frac{I}{16} D_0 \right) \\ &= \frac{I}{2^4} R_f (D_3 2^3 + D_2 2^2 + D_1 2^1 + D_0 2^0) \\ &= \frac{I}{2^4} R_f \sum_{i=0}^{3} D_i 2^i \end{aligned}$$

采用了恒流源电路之后，各支路权电流的大小均不受开关导通电阻和压降的影响，这就降低了对开关电路的要求，提高了转换精度。采用这种权电流型 D/A 转换电路生产的单片集成 D/A 转换器有 AD1408、DAC0806、DAC0808 等。

第 15 章 自动化仪表的人机接口

键盘、显示器和打印机等是仪表操作人员与智能仪表交换信息的主要手段，它们常被称作智能仪表中的人机对话通道。操作人员利用键盘等输入设备向智能仪表输入数据、命令等有关信息，实现对仪表的控制与管理；利用显示器或打印机等输出设备把智能仪表的测量结果或中间结果等信息显示或打印输出。因此，通常情况下，键盘、显示器和打印机等是智能仪表中不可缺少的组成部分。本章讨论智能仪表中这些人机对话通道的扩展方法及智能仪表对它们的管理方法。

15.1 指令输入接口技术

15.1.1 键盘输入电路

键盘是一组按键的集合，操作者通过键盘输入数据或命令，实现简单的人机对话以完成对智能仪器的操作和控制，具有使用方便、简单可靠、软件修改按键含义容易等特点，是智能仪器最常见的输入设备。在键盘系统的设计工作中，需根据具体情况确定键盘编码方案、选择键盘工作方式，软件处理应注意规范性和通用性。

1. 按键类型

目前常用的按键有三种：机械触点式按键、导电橡胶式按键和柔性按键（又称轻触按键）。机械触点式按键是利用金属的弹性使按键复位，具有手感明显、接触可靠的特点。导电橡胶按键则是利用橡胶的弹性来复位，通常采用压制方法把面板上所有的按键制作在一起，体积小，装配方便。柔性按键出现较晚但发展迅速，分为凸球型和平面型两类；前者动作行程触感明显、富有立体感，但工艺复杂；后者动作行程极微、触感较弱，但工艺简单、防尘耐蚀、寿命长、外观和结构容易满足仪器设计要求。

2. 键抖动、键连击及串键的处理

（1）键抖动与键连击处理 键触点的闭合或断开瞬间，由于触点的弹性作用，键按下和键松开时会产生短暂的抖动现象，按键抖动情况如图 15-1 所示。抖动时间长短与按键特性有关，一般为 5~10ms。抖动过程引起电平信号的波动，可能令 CPU 误解为多次按键操作而引起误处理，必须采取适当的方法加以解决。键去抖通常有软件方法和硬件方法。

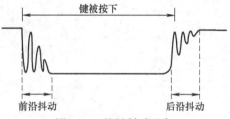

图 15-1 按键抖动现象

按键数目较少时，可考虑采用硬件去抖方法：在每个键上加 RS 触发器或单稳态电路组成消除按键抖动电路，如图 15-2 所示。按键数目较多时，通常采用软件去抖方法：当监测到有键按下时，执行一个延时子程序（一般取 5~10ms），等待抖动消失后，如果再次监测到该键仍为闭合状态，才确认该键已按下并进行相应的处理工作。同样，键松开时也应采取相同的措施。图 15-3 所示的键盘扫描子程序流程图说明了软件去抖的过程。相比于硬件去抖，软件消除键抖动影响的措施更加切实可行。当然，按键数目较少时也可采用软件消除键抖动。

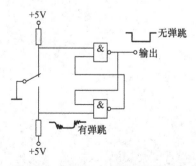

图 15-2 采用 RS 触发器的去抖电路

操作者一次按键操作过程（按下键，观察到系统响应，再松开键）的时间为秒级，而 CPU 即使考虑延时去抖动的时间，处理按键操作的速度也很快，这样会造成单次按键而 CPU 多次响应的问题，理论上相当于多次按键的结果。以上现象称为键连击。采用图 15-3 流程即可有效解决键连击问题：当某键被按下时，首先进行去抖动处理，确定键被按下时，执行相应的处理功能，执行完之后不是立即返回，而是等待闭合键释放之后再返回。

键连击现象可合理地加以利用。例如，通常情况下按键较少的仪器通过多次按键实现有关参数的加 1 或减 1 操作，如果允许存在连击现象，只要按住调整键不放，参数就会连续加 1 或减 1，给操作者带来方便。另外，利用键连击现象可赋予单一按键"短按"和"长按"双重功能，可有效地提高按键的利用率。

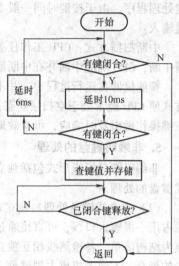

图 15-3　键盘扫描子程序流程图

（2）键盘串键处理　在同一时间有多个键按下称为串键。采用相应的技术可对串键情况加以避免或利用。处理串键有两种技术：N 键锁定技术和 N 键有效技术。

N 键有效技术将所有按键信息都存入缓冲器中，然后逐个处理或组合处理。组合处理方式可赋予串键特定功能，提高按键的利用率。

N 键锁定技术只处理一个键，通常只有第一个被按下的键或最后一个松开的键产生键码，视为正确按键，执行相关的处理。

3. 键盘处理步骤

无论键盘系统采用何种组织形式和工作方式，键盘的处理都应包含以下内容：

监视有无键按下（键监视）：判断是否有键按下。若有，进行下一步；若无，则等待或转做其他工作。

判断哪个键按下（键识别）：在有键按下的情况下，进一步识别出按下的是哪个键并确定具体按键的键码。

实现按键的功能（键处理）：单义键情况下，CPU 只需根据键码执行相应的键盘处理程序；多义键情况下，应根据键码和具体键序执行相应的键盘处理程序。

4. 键盘的组织形式和工作方式

键盘按其工作原理可分为非编码式和编码式两种组织形式。非编码式键盘不含编码器，硬件较为简单，主要由软件完成键监视和键识别。编码式键盘内含编码器，软件简单，主要由硬件电路完成键监视和键识别，同时产生选通脉冲与 CPU 进行联络。

键盘的工作方式分为编程扫描方式、定时扫描方式和中断扫描方式，具体采用哪种工作方式应根据实际系统中 CPU 工作的忙、闲情况而定，其原则是既要保证及时响应按键操作，又不要过多占用 CPU 的工作时间。

编程扫描方式：一个工作周期内，CPU 在执行其他任务的空闲时间调用键盘扫描子程序反复扫描键盘，以响应用户从键盘上输入的命令和数据，有键操作则获取键码并执行相应的键处理程序。由于该方法在 CPU 运行其他程序时不响应键盘输入，因此应考虑程序是否对每次按键都会做出及时响应。

定时扫描方式：该方式每隔一定的时间对键盘扫描一次，通常利用 CPU 内部定时器产生定时中断，CPU 响应定时器溢出中断请求，对键盘进行扫描，有键操作则获取键码并执行相应的键处理程序。由于按键时间一般不小于100ms，定时中断周期应与按键时间相匹配以避免漏检按键输入。

中断扫描方式：CPU工作任务十分繁重的情况下，只在有键按下时，键盘电路才向CPU申请中断，CPU响应中断并在中断服务程序中进行键盘扫描，获取键码并执行相应的键处理程序。

智能仪器在运行过程中，并不会经常进行键操作，因而编程扫描工作方式和定时扫描工作方式使CPU经常处于空扫描状态；中断扫描工作方式无键按下时不进行扫描，并能确保对每次按键操作做出及时响应，可有效地提高CPU的工作效率。

5. 非编码键盘的处理

非编码键盘组织形式包括独立式键盘和矩阵式键盘两种。以下分别介绍独立式键盘和矩阵式键盘的处理。

（1）独立式键盘处理　独立式键盘结构如图15-4所示，其特点为一键一线，即每个按键单独占用一根输入口线，可直接通过相应口线的电平变化判断出哪一个键被按下。独立式键盘优点为结构简单，各检测线相互独立，按键容易识别；缺点为占用较多的输入口线，适用于按键较少的场合，不便于组成大型键盘。

图示独立式键盘工作于中断扫描方式。独立式键盘的处理较为简单：如果"与门"输出信号由高变低，说明有键按下（键监视）；CPU响应中断并在中断服务程序中进行键盘扫描即读取输入口线电平，判断哪根口线为低电平，然后执行按键前沿去抖操作，如果该口线仍为低电平，则说明该口线对应按键已稳定按下，进而获取该键键码（键识别）；CPU根据键码执行相应的键处理程序（键处理）；执行按键后沿去抖操作，确认闭合键释放后返回。图中的上拉电阻保证未按下键对应的检测口线为稳定的高电平。如果去掉图中的与门，则需采用编程扫描方式或定时扫描方式，即CPU空闲时或定时器溢出中断发生时进行键盘扫描，依据输入口线电平是否为低电平判断有无按键按下。

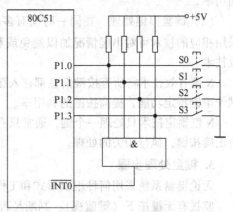

图15-4　独立式键盘结构

（2）矩阵式键盘处理　短阵式键盘结构如图15-5所示，其特点为多键共用行、列线，按键位于行、列的交叉点上，行、列线分别连接到按键开关的两端，行线通过上拉电阻接到+5V。无键按下时，行线处于高电平状态；有键按下时，行线电平由与此行线相连的列线电平决定。所以必须将行、列线信号配合起来并做适当的处理，才能确定闭合键的位置。矩阵式键盘按键排列为行列式矩阵结构，也称行列式键盘。图示键盘为4×4矩阵结构，共16个键，只占用8根数据线，较独立式键盘节省大量数据线，适用于按键数目较多的场合。

图示矩阵式键盘工作于中断扫描方式。矩阵式键盘的处理较为烦

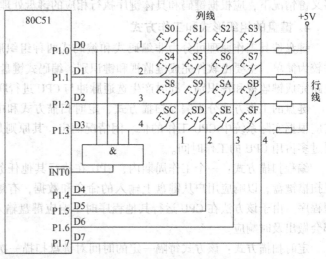

图15-5　矩阵式键盘结构

琐,通常采用的键盘扫描方式有扫描法和线反转法,下面介绍其原理。

1)扫描法。扫描法是以步进扫描的方式,在确认有键闭合之后,每次在键盘的一列发出扫描信号,若发现某行输入信号与扫描信号一致,则位于该行和扫描列交叉点的键被按下。

键监视:初始化过程中,设置 P1.0 ~ P1.3 为输入口,P1.4 ~ P1.7 为输出口,利用输出指令使所有列线为低电平。仪器工作过程中,如果"与门"输出信号由高变低,说明有键按下,但无法得知被按下键的具体位置,需进一步处理。

键识别:CPU 响应中断并在中断服务程序中进行键盘扫描,利用输出指令使列线 1 为低电平,其余列线为高电平,利用输入指令读取行线电平状态,若某行为低电平,说明该行与第一列的交叉点上的按键被按下,转入键处理程序;若所有行都为高电平,说明该列无键按下,继续扫描下一列。行线状态和列线状态的组合确定了闭合键的位置,由行线和列线电平状态构成的数据字节即为按键键码,表 15-1 列出了部分按键的键码。扫描法要逐列扫描查询,当被按下键处于最后一列时,则需要多次扫描才能最后获得此按键的键码,花费时间较多。

表 15-1 键盘编码表

键	D7	D6	D5	D4	D3	D2	D1	D0	十六进制
S0	1	1	1	0	1	1	1	0	EE
S9	1	1	0	1	1	0	1	1	DB
S6	1	0	1	1	1	1	0	1	BD
SF	0	1	1	1	0	1	1	1	77

键处理:获得被接下键的键码后,则可根据该键码执行为其服务的专用子程序,以完成该键的操作功能。

以上叙述了中断扫描法的主要步骤,下面以流程图的形式说明 4×4 矩阵键盘的编程扫描法按键处理过程,如图 15-6 所示。

2)线反转法。反转法要求连接矩阵键盘行线和列线的接口为双向口,而且在行线和列线上都需要接上拉电阻,以保证无键按下时行线或列线处于稳定的高电平状态。图 15-7 为应用线反转法的矩阵式键盘电路。

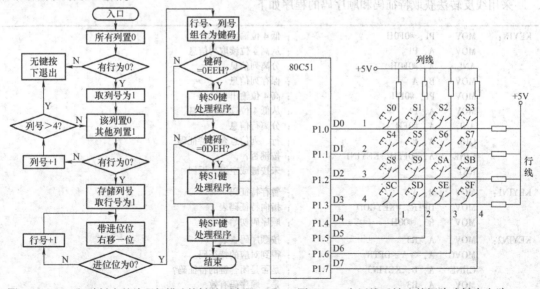

图 15-6 4×4 矩阵键盘的编程扫描法按键处理流程　　图 15-7 应用线反转法的矩阵式键盘电路

在反转法中，无论键盘矩阵规模大小和被按键具体位置，只需要经过两步操作就能获得被按键键码，与扫描法相比速度较快。

第一步：设置 P1.0～P1.3 为输出口、P1.4～P1.7 为输入口，使 P1 口的低四位为全 0 输出（所有行线电平状态为 0），从 P1 口的高四位读入列电平信息 D7D6D5D4；第二步：输入口和输出口反转，即设置 P1.4～P1.7 为输出口、P1.0～P1.3 为输入口，使 P1 口的高四位为全 0 输出（所有列线电平状态为 0），从 P1 口的低四位读入行电平信息 D3D2D1D0；两次读入的电平信息的组合 D7D6D5D4D3D2D1D0 即为当前闭合键的特征码。S9 键被按下时获得的特征码为 11011011。无论是单键闭合还是多键闭合，特征码的特点为闭合键所处的行、列线对应的数据位均为 0，其他位均为 1。

上面获得的特征码离散性较大，不便于键盘处理程序做散转处理，因此希望将特征码（键码 1）和顺序码（键码 2）对应起来，表 15-2 为建立的键码转换表。FFH 被定义为空键的特征码和顺序码，表的长度不固定，便于扩张新的键码以用于增加新的复合键。获得特征码后通过查表得到顺序码，可方便地进行分支处理。

表 15-2 键码转换表

键名	特征码	顺序码	键名	特征码	顺序码
S0	EEH	00H	S9	DBH	09H
S1	DEH	01H	SA	BBH	0AH
S2	BEH	02H	SB	7BH	0BH
S3	7EH	03H	SC	E7H	0CH
S4	EDH	04H	SD	D7H	0DH
S5	DDH	05H	SE	B7H	0EH
S6	BDH	06H	SF	77H	0FH
S7	7DH	07H	SB+SC	63H	10H
S8	EBH	08H	空键	FFH	FFH

采用线反转法获取特征码和顺序码的程序如下。

```
KEYIN:  MOV   P1, #0F0H         ；低 4 位输出 0
        MOV   A, P1             ；从高 4 位读取列信息
        ANL   A, #0F0H          ；分离列信息
        MOV   B, A              ；保存列信息
        MOV   P1, #0FH          ；高 4 位输出 0
        MOV   A, P1             ；从低 4 位读取列信息、
        ANL   A, #0FH           ；分离行信息
        ORL   A, B              ；行、列信息合成特征码
        CJNE  A, #0FFH, KEYIN1  ；按键否？
        RET                     ；未按键或空键，返回
KEYIN1: MOV   B, A              ；暂存特征码
        MOV   DPTR, #KEYCOD     ；指向特征码表
        MOV   R3, #00H          ；顺序码初始化
KEYIN2: MOV   A, R3             ；按顺序码查表
        MOVC  A, @A+DPTR        ；得到对应的特征码
        CJNE  A, B, KEYIN3      ；是否是闭合键的特征码？
        MOV   A, R3             ；是，顺序码有效
        RET                     ；返回对应的顺序码
```

```
KEYIN3:   INC   R3                      ;不是，调整顺序码，准备查下一项
          CJINE A, #0FFH, KEYIN2         ;是否为表格结束标志？
          RET                            ;表格结束认为找到，以未按键处理
KEYCOD:   DB    0EEH, 0DEH, 0BEH, 7EH    ;S0～S3 的特征码
          DB    0EDH, 0DDH, 0BDH, 7DH    ;S4～S7 的特征码
          DB    0EBH, 0DBH, 0BBH, 7BH    ;S8～SB 的特征码
          DB    0E7H, 0D7H, 0B7H, 77H    ;SC～SF 的特征码
          DB    63H                      ;SC 与 SF 组合键的特征码和表格结束标志
          DB    0FFH                     ;未按键或空键的特征码
```

6. 编码键盘的处理

编码键盘的基本任务是由硬件自动完成键监视和键识别操作，同时产生选通脉冲与 CPU 进行联络，可以节省 CPU 相当多的时间。有的编码键盘还具有自动去抖、处理同时按键等功能。编码键盘是采用硬件电路实现键盘编码，不同的编码键盘在硬件线路上有较大的差别。

简单编码键盘通常采用普通编码器。图 15-8 所示为采用 8-3 编码器（74LS148）的键盘接口电路：有键按下时，编码器 GS 端输出低电平信号至 CPU，CPU 响应中断，在中断服务子程序中通过 P0 口读取编码器输出

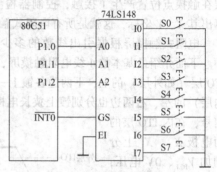

图 15-8 简单编码键盘的接口电路

的对应于闭合键的键码。这种编码器不进行扫描，因而称为静态式编码器，其缺点是一键一线，不适合按键数目较多的情况，而且需要软件去抖，也无法处理同时按键。除采用通用编码器外，也可考虑利用可编程逻辑器件（PLD）实现编码器功能，使用上较为灵活和方便。

当按键数量较少时，采用前述的键盘处理方法简单易行。当按键数量较多时，应采用扫描方式，可使用通用键盘管理接口芯片来实现键盘处理，如北京凌志比高科技有限公司推出的大规模集成电路芯片 HD7279A。

15.1.2 触摸屏输入

触摸屏是一种新型的智能仪器、仪表输入设备，具有简单、方便、自然的人—机交互方式。工作时，操作者首先用手指或其他工具触摸屏，然后系统根据触摸的图标或菜单定位选择信息输入。触摸屏由检测部件和控制器组成，检测部件安排在显示器前面，用于检测用户触摸位置，并转换为触摸信号；控制器的作用是接收触摸信号，并转换成触摸坐标后送给 CPU，它同时能接收 CPU 发来的命令并加以执行。

透明性能：触摸屏由多层复合薄膜构成，透明性能的好坏直接影响到触摸屏的视觉效果。衡量触摸屏透明性能不仅要从视觉效果上来衡量，还应该包括透明度、色影失真度、反光性和清晰度。

绝对坐标系统：传统鼠标是一种相对定位系统，当前位置的确定和前一次鼠标的位置坐标有关，而触摸屏则是一种绝对坐标系统，要选哪里就直接点哪里，与相对定位系统有着本质的区别。绝对坐标系统的特点是每一次定位坐标与上一次定位坐标没有关系，每次触摸产生的数据通过校准转为屏幕上的坐标，同一位置点的输出数据是固定的。

漂移问题：由于技术原理的原因，并不能保证同一触摸点每一次采样数据都相同，这就是触摸屏的漂移。对于性能质量好的触摸屏来说，漂移的情况并不严重。

检测与定位：触摸屏的绝对定位是依靠传感器来完成的，有的触摸屏本身就是一套传感器系统。各类触摸屏的定位原理和所用传感器决定了触摸屏的反应速度、可靠性、稳定性和寿命。

1. 触摸屏的结构及特点

按照触摸屏的工作原理和传输信息介质的不同，触摸屏主要分为 4 类，即电阻式触摸屏、电

容式触摸屏、红外线式触摸屏及表面声波触摸屏。下面介绍各类触摸屏的结构、原理及特点。

(1) 电阻式触摸屏 电阻式触摸屏的屏体部分（检测部件）是一块与显示器表面紧密配合的多层复合薄膜，由一层玻璃或有机玻璃作为基层，表面涂有一层阻性导体层（如铟锡氧化物 ITO），上面再盖有一层外表面被硬化处理、光滑防刮的塑料层，塑料层的内表面也涂有一层阻性导体层，在两层导体层之间有一层具有许多细小隔离点的隔离层，把两导体层隔开绝缘，如图 15-9 所示。当手指触摸屏幕时，两导体层在触摸点位置产生了接触，控制器检测到这个接通点后计算出其 X、Y 坐标，这就是所有电阻式触摸屏的基本原理。

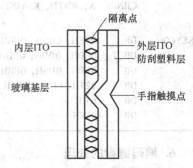

图 15-9 电阻式触摸屏结构

电阻式触摸屏根据引出线数的多少，分为 4～8 线等多种。下面介绍最基本的 4 线电阻触摸屏，图 15-10 所示是 4 线电阻触摸屏的检测原理图。在一个 ITO 层（如外层）的上、下两边各镀上一个狭长电极，引出端为 Y_+、Y_-，在另一个 ITO 层（如内层）的左、右两边也分别镀上狭长电极，引出端为 X_+、X_-，为了获得触摸点在 X 方向的位置信号，在内 ITO 层的两电极 X_+、X_- 上分别加 V_{REF}、0V 电压，这样内 ITO 层上形成了 0V～V_{REF} 的电压梯度，触摸点至 X_- 端的电压为该点两端的电阻对 V_{REF} 的分压，分压值代表了触摸点在 X 轴方向的位置，

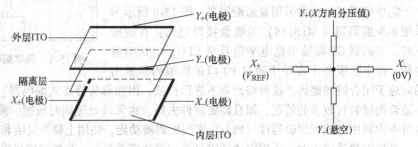

图 15-10 4 线电阻触摸屏检测原理

然后将外层 ITO 的一个电极（如 Y_-）端悬空，从另一个电极（Y_+）就可以取出这一分压，将该分压进行 A/D 转换，并与 V_{REF} 进行比较，便可以得到触摸点的 X 轴坐标。

为了获得触摸点在 Y 轴方向的位置信号，需要在外 ITO 层的两电极 Y_+、Y_- 上分别加 V_{REF}、0V 电压，而将内 ITO 层的一个电极（X_-）悬空，从另一电极（X_+）上取出触摸点在 Y 轴方向的分压。

电阻式触摸屏对外需要完全隔离，不怕油、污、灰尘、水，而且经济性很好，供电要求简单，非常容易产业化。电阻式触摸屏适用于各种领域，尤其在工控领域内，由于它对环境和条件要求不高，更显示出它的独特性，其产品在触摸屏产品中占到 90% 的市场份额。

电阻式触摸屏的缺点是，由于复合薄膜的外层采用塑料材料，如果触摸用力过大或使用锐器工具触摸，可能会划伤整个触摸屏而导致报废。

(2) 电容式触摸屏 电容式触摸屏的构造主要是在玻璃屏幕上镀一层透明的阻性导体层，再在导体层外加上一层保护玻璃。导体层作为工作面，四边镀有狭长电极，并从四个角引出电极引线。如图 15-11 所示。工作时从 4 个电极引线上引入高频信号，当手指触摸外层玻璃时，由于人体电场的存在，手指与导体层间会形成一个耦合电容，4 个电极上的高频电流会经此耦合电容分流一部分，分去的电流与触摸到电极的距离成反比，控制器据此比例就可以计算出触摸点坐标。

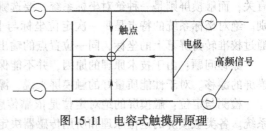

图 15-11 电容式触摸屏原理

电容式触摸屏是众多触摸屏中最可靠、最精确的一种，但价钱也是众多触摸屏中最昂贵的一种。电容式触摸屏感应度极高，能准确感应轻微且快速（约 3ms）的触碰。电容式触摸屏的双玻璃结构不但能保护导体层及感应器，而且能有效地防止环境因素给触摸屏造成的影响。电容式触摸屏反光严重，而且电容技术的复合触摸屏对各波长的透光率不均匀，存在色影失真的问题，由于光线在各层间反射，还易造成图像字符的模糊；电容式触摸屏用戴手套的手指或将不导电的工具触摸时没有反应，这是因为增加了更为绝缘的介质。电容式触摸屏更主要的缺点是漂移，当温度、湿度改变时，或者环境电场发生改变时，都会引起电容式触摸屏的漂移，造成不准确。

(3) 红外线式触摸屏　红外线式触摸屏以光束阻断技术为基本原理，不需要在原来的显示器表面覆盖任何材料，而是在显示屏的四周安放一个光点距（Opti-matrix）架框，光点距架框四边排放了红外线发射管及接收管，在屏幕表面形成一个红外线栅格，如图 15-12 所示。当用手指触摸屏幕某一点时，便会挡住经过该位置的两条红外线，红外线接收管会产生变化信号，计算机根据 X、Y 方向两个接收管变化的信号，就可以确定触摸点的位置。

红外线式触摸屏的主要优点是价格低廉、安装方便，可以用在各档次的计算机上。另外它完全透光，不影响显示器的清晰度。而且由于没有电容的充放电过程，响应速度比电容式快。红外线式触摸屏的主要缺点是：由于发射、接收管排列有限，因此分辨率不高；由于发光二极管的寿命比较短，影响了整个触摸屏的寿命；由于依靠感应红外线工作，当外界光线发生变化，如阳光强弱或室内射灯的开、关均会影响其准确度；红外线触摸屏不防水防尘，甚至非常细小的外来物也会导致误差。红

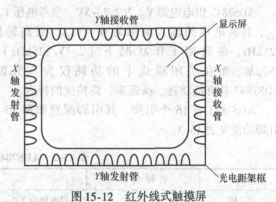

图 15-12　红外线式触摸屏

外线触摸曾经一度淡出过市场，近来红外线触摸屏技术有了较大的发展，克服了不少原来致命的问题。第二代红外线触摸屏部分解决了抗光干扰的问题，第三代和第四代产品在提升分辨率和稳定性上亦有所改进。

(4) 表面声波触摸屏　表面声波触摸屏是在显示器屏幕的前面安装一块玻璃平板（玻璃屏），玻璃屏的左上角和右下角各固定了垂直和水平方向的超声波发射换能器，右上角则固定了两个相应的超声波接收换能器，玻璃屏的四个周边则刻有 45°由疏到密间隔非常精密的反射条纹，如图 15-13 所示。

以右下角 X 轴发射器为例介绍工作原理：X 轴发射器发出的超声波经底部反射条纹后，形成向上传递的均匀波面，再由顶部反射条纹聚成向右传递的波束被 X 轴接收器接收，X 轴接收器将返回的声波能量转变为电信号。当发射器发射一个窄脉冲后，就有不同路径的声波能量到达接收器，不同路径的声波能量在 Y 轴经历的路程是相同的，但在 X 轴经历的路程是不同的，反映在接收器的输出端，不同路径的声波能量对应的电信号在时间上有先后。当手指触摸玻璃屏时，某条途径上的声波能量被部分吸收，对应接收器输出

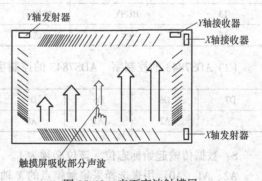

图 15-13　表面声波触摸屏

的电信号某一时间产生衰减，根据衰减时间就可以确定触摸点的 X 坐标，同样的方法可以判定触摸点的 Y 坐标。表面声波触摸屏除了能够确定代表触摸位置的 X、Y 坐标外，还能确定代表触

摸压力大小的 Z 坐标，Z 坐标根据接收器输出信号的衰减量确定。

表面声波触摸屏的优点是：低辐射、不耀眼、不怕振、抗刮伤性好；不受温度等环境因素影响，寿命长；透光率高，能保持清晰透亮的图像质量；没有漂移，只需安装时一次校正；有第三轴（即压力轴）效应。

表面声波触摸屏的不足之处是需要经常维护，因为灰尘、油污甚至饮料的液体沾污在屏表面时，都会阻塞触摸表面的导波槽，使声波不能正常发射，或使波形改变而控制器无法正确识别。另外表面声波触摸屏容易受到噪声干扰。

2. 触摸屏控制器 ADS7843

(1) ADS7843 功能简介　ADS7843 是一个内置低导通电阻模拟开关、12 位逐次逼近 A/D 转换器和同步串行接口的 4 线触摸屏控制器，用于实现触摸屏电极驱动切换及电极电压信号的 A/D 转换，获取触摸点位置坐标。

ADS7843 供电电源 V_{CC} 为 2.7~5V，参考电压 V_{REF} 为 1V~V_{CC}，转换电压的输入范围为 0~V_{REF}，最高转换速率为 125kHz，在典型工作状况下（2.7V/125kHz）功耗为 150μW，而在关闭模式下的功耗仅为 0.5μW。因此，ADS7843 具有低功耗、高速率、高精度的特点。

ADS7843 有 16 个引脚，其引脚配置如图 15-14 所示，引脚功能见表 15-3。

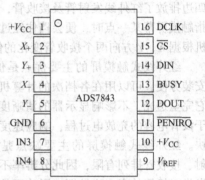

图 15-14　ADS7843 引脚图

表 15-3　ADS7843 引脚功能端

引脚号	引脚名称	功　能
1, 10	+V_{CC}	供电电源 2.7~5V
2, 3	X_+、Y_+	接触摸屏正电极，信号送至内部 A/D 通道
4, 5	X_-、Y_-	接触摸屏负电极
6	GND	电源地
7, 8	IN3、IN4	两个附属 A/D 通道输入
9	V_{REF}	A/D 参考电压输入，1~V_{CC}
11	$\overline{PENIRQ}$	中断输出，须接外电阻（10kΩ 或 100kΩ）
12, 14, 16	DOUT、DIN、DCLK	串行接口输出、输入、时钟端，在时钟下降沿数据移出，上升沿移进
13	BUSY	忙指示
15	$\overline{CS}$	片选

(2) ADS7843 的控制字　ADS7843 的控制字如下：

D7	D6	D5	D4	D3	D2	D1	D0
S	A2	A1	A0	MODE	SER/$\overline{DFR}$	PD1	PD0

S：数据传输起始标志位，该位必须为 1。

A2、A1、A0：用来选择采集触摸点的 X 轴信号或 Y 轴信号。A2A1A0 = 001，采集 Y 轴信号；A2A1A0 = 101，采集 X 轴信号。

MODE：A/D 转换位数选择位。1 选择 8 位精度，0 选择 12 位精度。

SER/$\overline{DFR}$：用来选择参考电压的输入模式。1 为参考电压非差动输入模式，0 为参考电压差动输入模式。

PD1、PD0：用于选择省电模式，00 省电模式允许，在两次 A/D 转换期间掉电，且中断允许；01 同 00，但不允许中断；11 禁止省电模式。

(3) ADS7843 的参考电压输入模式　ADS7843 支持两种参考电压输入模式：一种是参考电压固定为 V_{REF}，另一种采取差动输入模式，参考电压来自驱动电极。两种模式分别称为参考电压非差动输入模式（单端参考源模式）及参考电压差动输入模式（差动参考源模式），两种模式的内部接法如图 15-15 所示。采用差动模式可以消除开关导通压降带来的影响。表 15-4 和表 15-5 为两种参考电压输入模式所对应的内部开关状态。

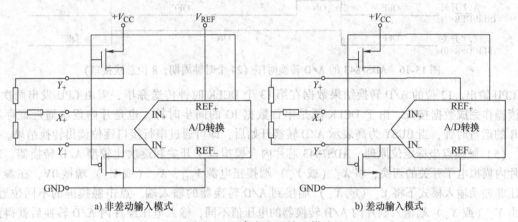

a) 非差动输入模式　　　　　　　b) 差动输入模式

图 15-15　参考电压输入模式

表 15-4　参考电压非差动输入模式内部开关状态（$SER/\overline{DFR}=1$）

A_2	A_1	A_0	X_+	Y_+	IN_3	IN_4	IN_-	X 开关	Y 开关	REF_+	REF_-
0	0	1	IN_+				GND	OFF	ON	V_{REF}	GND
1	0	1		IN_+			GND	ON	OFF	V_{REF}	GND
0	1	0			IN_+		GND	OFF	OFF	V_{REF}	GND
1	1	0				IN_+	GND	OFF	OFF	V_{REF}	GND

表 15-5　参考电压差动输入模式内部开关状态（$SER/\overline{DFR}=0$）

A_2	A_1	A_0	X_+	Y_+	IN_3	IN_4	IN_-	X 开关	Y 开关	REF_+	REF_-
0	0	1	IN_+				Y_-	OFF	ON	Y_+	Y_-
1	0	1		IN_+			X_-	ON	OFF	X_+	X_-
0	1	0			IN_+		GND	OFF	OFF	V_{REF}	GND
1	1	0				IN_+	GND	OFF	OFF	V_{REF}	GND

(4) ADS7843 的 A/D 转换时序　为完成一次电极驱动切换和电极电压 A/D 转换，需要先通过串口往 ADS7843 发送控制字，A/D 转换完成后再通过串口读出电压转换值。标准的一次转换需要 24 个时钟周期，如图 15-16 所示。由于串口支持双向同时进行传送，并且在一次读数与下一次发控制字之间可以重叠，所以转换速率可以提高到每次 16 个时钟周期。如果条件允许，CPU 可以产生 15 个 CLK 的话，转换速率还可以提高到每次 15 个时钟周期。

为获得一个触点坐标，ADS7843 与 CPU 之间需要经过三次 8 位串行操作。首先经过 DIN 引脚向 ADS7846 传送控制字，当 ADS7843 接收到控制字的前 5 位后，A/D 转换器进入采样阶段。控制字节输入完毕后，在每个 DCLK 的下降沿，A/D 转换的结果从高位到低位逐位从 DOUT 引脚

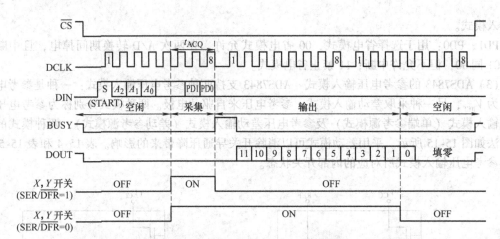

图 15-16 ADS7843 的 A/D 转换时序（24 个时钟周期，8 位总线接口）

向 CPU 输出。12 位的 A/D 转换结果数据在第 13 个 DCLK 时钟传送完毕，需由 CPU 发出两次 8 位读操作完成数据接收。由于 DCLK 既是串行数据 IO 的同步时钟，也是片内逐次逼近寄存器 SAR 的运行时钟，当 BUSY 为高表示 A/D 转换开始后，即可通过串行接口逐位读出转换结果。

（5）触摸点坐标定位原理 ADS7843 芯片内含模拟电子开关和逐次比较型 A/D 转换器。通过片内模拟电子开关的切换，将 X_+（或 Y_+）端接正电源 V_{REF}，X_-（或 Y_-）端接 0V，在参考电压非差动输入模式下将 Y_+（或 X_+）端接到 A/D 转换器的输入端。点击触摸屏的不同位置，则由 Y_+（或 X_+）端输入到片内 A/D 转换器的电压值不同，输入电压经片内 A/D 转换后就得到触点的 X（或 Y）输出值，而该输出值与触点位置成近似线性关系。因此，ADS7843 的输出数值 X 和 Y 便能描述触点的坐标。参考电压差动输入模式下的工作原理类同。

3. ADS7843 接口方法

ADS7843 为串行接口芯片，与 80C51 单片机的接口非常简单，如图 15-17 所示。

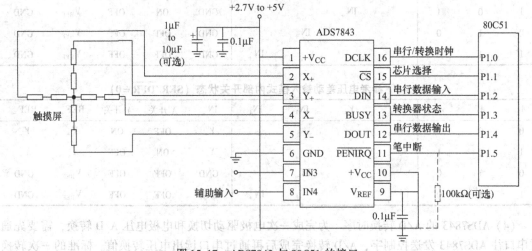

图 15-17 ADS7843 与 80C51 的接口

在程序设计中，可循环检测 BUSY 信号，当 BUSY 为高电平后，启动串行读操作。当控制字发送完毕后，也可在软件中延迟一段时间再启动串行读操作。ADS7843 的坐标获取流程如图 15-18 所示。

4. 实际应用时应注意的问题

4 线电阻触摸屏中，X 轴的位置电压从右向左逐渐增加，Y 轴的位置电压从下向上逐渐增加，因此 X 轴、Y 轴位置电压对应坐标的原点在触摸屏的右下角。

触摸屏常和点阵式液晶显示（LCD）屏叠加在一起配套使用，而触摸屏的坐标原点、标度和显示屏的坐标原点、标度不一致，有时还会出现配合扭曲问题。电阻式触摸屏的电阻分布并不是理想的线性关系，通过 ADS7843 片内 A/D 转换器获取的触点坐标与触点的实际位置存在偏差。由于上述问题的存在，触摸屏通常需要校准和坐标变换步骤，才能准确地得到触点在 LCD 屏上的位置坐标。

触摸屏和点阵式 LCD 屏配合使用时，X、Y 轴位置电压转换值必须与 LCD 屏的点阵（$W \times N$ 点阵，原点坐标位置在左下角）相对应，采用的计算公式为

$$x = \frac{X_{max} - X}{X_{max} - X_{min}}W, \quad y = \frac{Y - Y_{min}}{Y_{max} - Y_{min}}N$$

式中，X 和 Y 分别为触点在触摸屏 X 工作面和 Y 工作面上的电压的实际测量值，(X, Y) 反映了触点在触摸屏上的坐标；X_{min}、Y_{min}、X_{max} 和 Y_{max} 分别为触摸屏最小和最大坐标点在 X 工作面和 Y 工作面上电压的实际测量值，(X_{min}, Y_{min}) 和 (X_{max}, Y_{max}) 反映了触摸屏上最小和最大坐标点的坐标；(x, y) 为触点映射到 LCD 屏上的像素点坐标。

图 15-18　ADS7843 的坐标获取流程图

对于触摸物在按下和释放过程中的抖动问题，可通过软件去抖。简单方法为两次比较，即连续测量 X 和 Y 坐标值两次，若差值在允许的误差范围内则认为是有效单击。

15.2　显示输出接口技术

15.2.1　LED 显示

发光二极管（LED）显示器，是一种由某些特殊半导体材料制作成的 PN 结，由于掺杂浓度很高，当正向偏置时，会产生大量的电子—空穴复合，把多余的能量释放变为光能。

LED 显示器具有工作电压低、体积小、寿命长（约十万小时）、响应速度快（小于 1μs）、颜色丰富（红、黄、绿等）等特点，是智能仪器最常用的显示器。

LED 的正向工作压降一般为 1.2~2.6V，发光工作电流为 5~20mA，发光强度基本与正向电流成正比。实际应用中，电路应串联适当的限流电阻。LED 非常适合于脉冲工作状态，在平均电流相同的情况下，脉冲工作状态产生的亮度增强 20% 左右。

LED 显示器按照结构的不同，分为单个 LED 发光管、七段 LED 显示器、点阵式 LED 显示器及 LED 光柱。智能仪器中应用较多的是七段 LED 显示器及点阵式 LED 显示器。

1. 七段 LED 显示器及接口

（1）七段 LED 显示器　七段 LED 显示器由七个条形 LED 组成，分别称作 a、b、c、d、e、f、g 段，点亮不同的段，可显示出数字 0~9 及多个字母、符号。七段 LED 显示器的段排列及引脚说明如图 15-19a 所示，其中引脚 COM 为公共端。为了能够显示出小数点，一般在右下角设置一圆形 LED，称为 dp 段。

根据内部电路连接方式的不同，七段 LED 显示器有两种结构，即共阴极及共阳极结构，分别如图 15-19b 和 c 所示。在共阴极结构中，所有 LED 的阴极连接在一起引出（叫公共端）接地，阳极经限流电阻后连到管脚。各段阳极接高电平时，段点亮；接低电平时，段熄灭。共阳极结构中，所有 LED 的阳极连接在一起接 +5V 电源，当各段阴极接低电平时，段点亮；接高电平时，段熄灭。

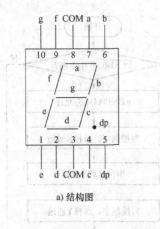
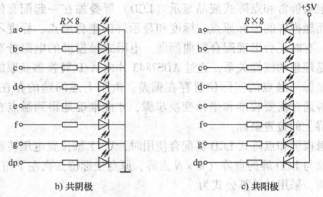

a) 结构图　　　　　　b) 共阴极　　　　　　c) 共阳极

图 15-19　七段 LED 显示器

为了用七段 LED 显示器显示数字，必须将要显示的数字译成相应的段码。译码有两种方法，即硬件译码和软件译码。

硬件译码电路由锁存器、译码器、驱动器等组成。译码器一般有两种，即十六进制型和 BCD 型。图 15-20 所示的译码电路用于将 BCD 码译为七段

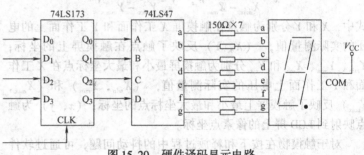

图 15-20　硬件译码显示电路

字型码（简称段码），其中 74LS173 为锁存器，74LS47 为 BCD 码—七段字型码译码/驱动器。硬件译码的优点是可以节省 CPU 的时间。但成本高，而且只能译出十进制或十六进制的字符，无法显示除此之外的其他字符。

软件译码的基本思想是预先在内存中建立一张见表 15-6 的段码表，根据要显示的数字或字符去查表获得对应的段码，将查得的段码经过驱动器后送至七段 LED 显示器，就可以显示出对应的数字或字符。

表 15-6　七段 LED 显示器段码表

显示字符	共阴极段码	共阳极段码	显示字符	共阴极段码	共阳极段码
0	3FH	C0H	C	39H	C6H
1	06H	F9H	D	5EH	A1H
2	5BH	A4H	E	79H	86H
3	4FH	B0H	F	71H	8EH
4	66H	99H	P	73H	8CH
5	6DH	92H	U	3EH	C1H
6	7DH	82H	Γ	31H	CEH
7	07H	F8H	y	6EH	91H
8	7FH	80H	8.	FFH	00H
9	6FH	90H	"灭"	00H	FFH
A	77H	88H			
B	7CH	83H			

七段 LED 显示器的显示方式有两种，一种为静态显示方式，就是各位 LED 恒定地显示对应的数字、字符。在这种显示方式中，每位 LED 需要一个锁存器锁存段码信号。静态、显示方式的优点是显示程序简单，占用 CPU 工作时间少，缺点是当显示位数增加时，硬件成本增加，功耗增大。另一种为动态显示方式，就是各位 LED 轮流显示对应数字、字符。由于人眼存在视觉残留现象，只要

各位 LED 轮流显示的时间间隔足够短，就会造成各位 LED 同时显示的视觉。动态显示方式硬件开支小、功耗低，但需要 CPU 以扫描的方式送出各位 LED 的段码及位码，占用 CPU 一定的工作时间。在智能仪器仪表中常用动态显示方式。

（2）动态显示接口电路及程序　采用动态显示方式的 6 位七段 LED 显示器接口电路如图 15-21 所示。LED 显示器采用共阴极接法，接口芯片采用 8155，其中 A 口用于输出段码，B 口用于输出位码，其地址分别为 FD01H 和 FD02H。

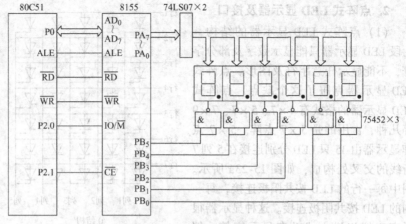

图 15-21　动态扫描显示接口电路

设显示缓冲区为 30H~35H，工作时，先取出一位要显示的数（十六进制数），利用软件译码的方法求出待显示数的段码，送至 8155 的 A 口，再将位码送至 8155 的 B 口，于是选中的显示器点亮。若将各位从左至右依次进行显示，每位数码管显示 3~5ms，显示完最后一位后，再重复上述过程，则可得到连续的显示效果。

设对 8155 的初始化工作已在主程序中完成，则完成上述显示任务的子程序流程图如图 15-22 所示，程序清单如下：

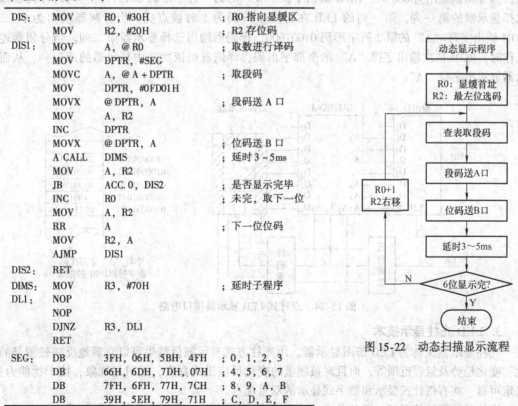

```
DIS:   MOV    R0, #30H          ; R0 指向显缓区
       MOV    R2, #20H          ; R2 存位码
DIS1:  MOV    A, @R0            ; 取数进行译码
       MOV    DPTR, #SEG
       MOVC   A, @A+DPTR        ; 取段码
       MOV    DPTR, #0FD01H
       MOVX   @DPTR, A          ; 段码送 A 口
       MOV    A, R2
       INC    DPTR
       MOVX   @DPTR, A          ; 位码送 B 口
       ACALL  DIMS              ; 延时 3~5ms
       MOV    A, R2
       JB     ACC.0, DIS2       ; 是否显示完毕
       INC    R0                ; 未完，取下一位
       MOV    A, R2
       RR     A                 ; 下一位位码
       MOV    R2, A
       AJMP   DIS1
DIS2:  RET
DIMS:  MOV    R3, #70H          ; 延时子程序
DL1:   NOP
       NOP
       DJNZ   R3, DL1
       RET
SEG:   DB     3FH, 06H, 5BH, 4FH    ; 0, 1, 2, 3
       DB     66H, 6DH, 7DH, 07H    ; 4, 5, 6, 7
       DB     7FH, 6FH, 77H, 7CH    ; 8, 9, A, B
       DB     39H, 5EH, 79H, 71H    ; C, D, E, F
```

图 15-22　动态扫描显示流程

2. 点阵式 LED 显示器及接口

（1）点阵式 LED 显示器的结构　　七段 LED 显示器只能显示数字及部分字符，不能显示任意字符及图形。点阵式 LED 显示器克服了这个缺点。点阵式 LED 显示器的格式有 4×7、5×7、7×9 等几种，常用的是 5×7 点阵。5×7 点阵显示器由 35 只 LED 分别连接在 5 列 7 行线的交叉处构成，如图 15-23a 所示。图中每一行的 LED 按共阳极连接，每一列的 LED 按共阴极连接。这种显示器很适宜于按扫描方式动态显示字符。例如，若显示字符"A"，可将图 15-23b

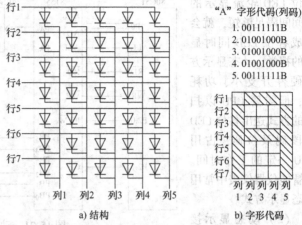

所示字形代码（或称列码）并行依次送入，同时依次选通对应的列，然后重复进行，便可在显示器上出现稳定的字符"A"。

（2）点阵式 LED 显示器接口电路　　接口电路由字符 ROM、输出口、点阵式显示器、五分频器、译码器等组成，如图 15-24 所示。字符 ROM 用于存放所有被显示字符的字形代码，高 7 位地址信号 $A_9 \sim A_3$ 是输出口送出的被显示字符的 ASCII 码。低 3 位地址信号由五分频计数器输出得到。五分频计数器的输出同时经译码器以选择显示器的某一列。欲显示某一字符（如"A"）时，输出口送出字符"A"的 ASCII 码 0100001，它选中了 ROM 中字符"A"字形代码所在的区域。当分频器输出为 000 时，ROM 输出字符"A"的第一列字形码 00111111，同时译码器输出选择显示器的第一列，第一列的 LED 在对应字形码为 1 时被点亮。当分频器输出为 001 时，ROM 输出字符"A"的第 2 列字形码 01001000，译码器输出选择显示器第二列。当分频器连续工作时，ROM 依次输出字符"A"的全部字形码，译码器也依次选中显示器的所有列，从而显示器显示出字符"A"。

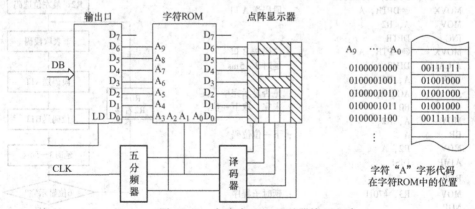

图 15-24　点阵式 LED 显示器接口电路

3. LED 光柱显示技术

光柱显示器又称为 LED 条图显示器。用光柱方式显示测量结果可以直观地反映被测量的变化、变化趋势及量程范围等，而且对被测量的变化反应迅速真实，无阻尼现象，抗干扰能力强，稳定可靠，共有指针式显示和数字式显示的双重优点。

光柱显示器的外观显示部分是由一串排成长条形的点（或条）状显示器组成，长条旁边有标度尺，显示点在标度尺上的位置反映被测量的大小。显示方式可采用点显示方式，也可采用线显示方式。点显示方式下，仅显示零点和被测量值的点；而线显示点式下，显示零点到被测量值点的一列点。

目前，一个光柱显示器的 LED 的段数多为 64 段、100 段或 128 段。64 段一般采用 8×8 行列阵，分别有 8 条行扫线和 8 条列扫线。100 段光柱显示器有两种方式，采用 10×10 或 8×13 行列阵。8×13 行列阵时，8 个阳极，13 个阴极，第 13 个阴极上只有 4 段，其他 12 个阴极均为 8 段。128 段光柱显示器采用 8×16 行列阵结构，即由 8 条阳线、16 条阴线组成。如图 15-25 所示为 10×10 阵列的 100 段 LED 光柱的内部结构。

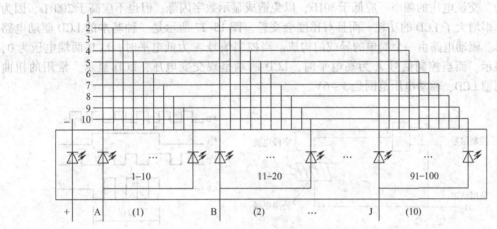

图 15-25　10×10 阵列的 100 段 LED 光柱内部结构

由于光柱显示器是行列式结构，所以只能采用动态扫描方式来驱动。如图 15-21 所示，将阳极连接到数据接口，将阴极连接到位驱动接口。轮流显示，每次可显示 8 个 LED，不断循环。同样需要注意的是，每个 LED 每次显示的时间要小于 1/25s。也可以采用专用的光柱显示驱动电路作为接口，或使用光柱显示模块。使用光柱显示模块时只能对其提供与光柱显示相对应的模拟信号即可，有的模块还可以接收串行数字信号的控制。

15.2.2　液晶屏显示

液晶显示器（Liquid Crystal Diode, LCD）是一种功耗极低、体积小、重量轻的显示器件，是袖珍式仪表和低功耗系统中的首选器件，随着制造技术的发展，液晶显示器的性价比不断提高，在智能仪器仪表中的应用日益广泛。

1. 液晶显示器的原理及驱动方式

液晶是一种介于固体与液体之间的一种特殊有机化合物。液晶显示器是利用液晶的扭曲——向列效应原理制成的。图 15-26 是常用的反射式液晶显示器原理示意图。由偏极方向垂直的上下偏光片、玻璃基板、配向膜、电极、反射板及填充于上、下配向膜间的液晶构成。

偏光片用来选择某一偏极方向的偏极光，配向膜是渡在玻璃基板上的配向剂，它具有相互平行的细沟槽。处在配向膜附近

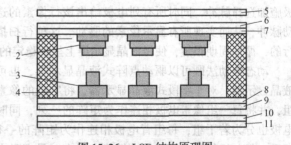

图 15-26　LCD 结构原理图
1—液晶　2、3—上下电极　4—封接剂　5、10—上下偏光片
6、9—上下玻璃基板　7、8—配向膜　11—反射板

的液晶分子按配向膜进行配向，由于上、下配向膜沟槽偏离 90°，所以处在上、下配向膜间的液晶分子扭转成 90°。当上、下电极没有加电压时，偏极光经过偏光片进入液晶区后，跟着液晶做

90°扭转，由于上、下偏光片偏极方向成90°，所以光线就会通过下偏光片，并经过反射板反射回来，液晶显示器看起来就呈现"亮"的白色状态。当上下电极间加一定电压时，电极部分对应的液晶分子受到极化，转成上、下垂直排列，失去扭转特性。由于上、下偏光片偏极方向垂直，所以从上偏光片通过的偏极光就无法通过下偏光片，因而器件就呈现"暗"的黑色状态。根据需要，将电极做成字段、点阵，就可以构成字段式、字符点阵式及图像点阵式液晶显示器。

LCD的一个重要特点是必须采用交流驱动方式（一般用矩形波驱动）。若交流电压中含有直流成分，其值应小于100mV，否则会使液晶材料在长时间直流电压作用下发生电解，大大缩短LCD寿命。交流电压的频率不应低于30Hz，以免造成显示数字闪烁，但也不应高于200Hz，因为较高的频率增大了LCD的功耗，而且对比度会变差。图15-27所示是一种基本的LCD驱动电路及其波形。驱动电路由一个简单的异或门构成。当控制信号A为低电平时，LCD两端电压为0，LCD不显示。而当控制信号A为高电平时，LCD两端呈现交变电压，LCD显示。常用的扭曲——向列型LCD，驱动电压范围是3~6V。

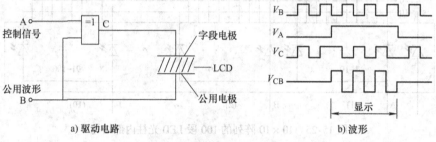

图15-27 LCD的基本驱动电路及波形

LCD的驱动方式有静态驱动法和动态驱动法。静态驱动法是指在每个像素（如段式显示器的一个字段或矩阵显示器的一个点）的前后电极上施加交变电压时呈显示状态，不施加交变电压时则呈非显示状态的一种驱动方法。静态驱动法中，每个像素的像素电极均需引出，而所有像素的公用电极连在一起引出，显示的像素越多，引出线也越多，相应的驱动电路也越多，故它适应于像素较少的场合。

动态驱动法也称时间分割驱动法或多路驱动法。为了适应多像素显示，将显示器件的电极制作成矩阵结构，把水平一组像素的背电极连在一起引出，称之为行电极（或公共电极COM），把纵向一组像素的像素电极连在一起引出，称之为列电极（或像素电极PIX），每个显示像素都由其所在的行与列的位置唯一确定。其驱动方法是循环地给每行电极施加选择脉冲，同时所有列电极给出该行像素的选择或非选择驱动脉冲，从而实现所有显示像素的驱动。这种行扫描是逐行顺序进行的，循环周期很短，使得液晶显示屏上呈现稳定的图像效果。

动态驱动法既可以驱动点阵式液晶显示器，也可以驱动字段式液晶显示器。对于字段式液晶显示器，将字段的像素电极分为若干组，并将每一组像素电极相连作为矩阵的一列，同时，将字段的背电极也分为若干组，每组背电极相连作为矩阵的一行，如图15-28所示。任一组像素电极与任一组背电极中，最多只有一个像素电极与背电极为同一像素所有。所构成的矩阵式电极结构，便可以用上述动态驱动方法驱动。

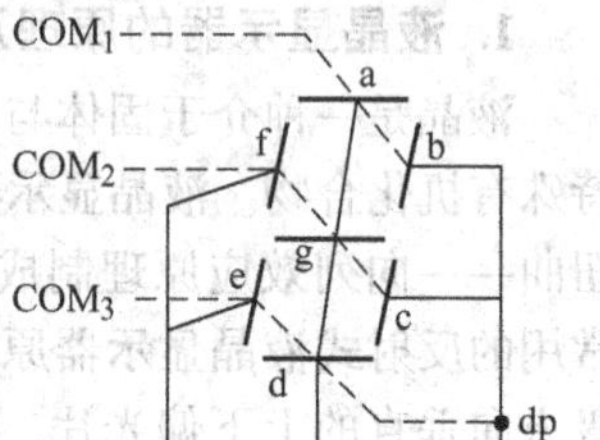

图15-28 字段式LCD动态驱动的连线方法

2. 段式LCD显示器接口

段式LCD显示器是以条状像素组成的液晶显示器，其中七段显示方式最为常见。段式LCD显示器可以采用静态驱动方式或动态驱动方式，取决于显示器件各个像素外引线的引出和排列

第15章 自动化仪表的人机接口

方式。段式LCD显示器的静态驱动方式有两种：一种是采用由硬件、译码驱动器，将欲显示的数字译为段码，再转换为交变信号送到LCD显示器；另一种是采用软件译码加驱动器的方法，译码通过单片机查译码表完成。

图15-29 所示为采用硬件译码驱动器的LCD显示器接口电路，图中4N07为4位段式LCD显示器，工作电压为3~6V，阈值电压为1.5V，工作频率为50~200Hz，采用静态工作方式。四组a1~g1 分别为4位LCD显示器的7个字段电极，COM为所有字段的公共电极。MC14543是带锁存器的CMOS型译码驱动器，可以将输入的BCD码转换为7个字段电极信号。PH为驱动方式控制端，驱动LCD时，PH端输入方波信号。A、B、C、D为BCD码输入端。LD为锁存信号输入端。LD为高电平时，输入的BCD码进入锁存器，LD跳变为低电平时，锁存输入代码。a~g为输出的7个字段电极信号，某段显示时，对应字段电极信号相位与PH端反相，使加在该字段正、背面电极的信号反相。字段不显示时，字段电极信号相位与PH端同相。因为消隐控制端，因为高电平时消隐，即输出端a~g信号的相位与PH端相同。

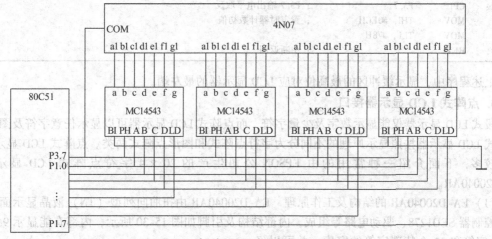

图15-29 采用译码驱动器的段式LCD接口

在图15-29中，80C51的P1.0~P1.3接到MC14543的BCD码输入端A~D，P1.4~P1.7提供4片MC14543的锁存信号LD。P3.7提供MC14543的方式控制信号PH及4N07的公共电极信号COM，它是一个供显示用的低频方波信号。方波信号由80C51定时器T1的定时中断产生，频率为50Hz。

下面给出将显示缓冲区中的内容显示在LCD上的程序。

```
;主程序
DISB    EQU     60H             ;定义显示缓冲区
        ORG     0000
HINIT:  LJMP    START           ;主程序入口
        ORG     001BH
        LJMP    INTT1           ;定时器1中断入口
        ORG     0030H
START:  MOV     TMOD, #10H      ;置定时器T1为方式1
        MOV     TH1, #0ECH      ;10ms定时, fosc=6MHz
        MOV     TL1, #78H
        SETB    TR1             ;启动T1
        SETB    EA              ;开中断
        SETB    ET1
        ⋮                       ;其他工作
        LCALL   DISP            ;调用显示子程序
        ⋮                       ;其他工作
```

```
;显示子程序
DISP:   MOV   R0,#DISB        ;R0 指向显示缓冲区首地址
        MOV   R2,#10H         ;设定最高位锁存控制标志
DISP1:  MOV   A,@R0           ;取显示数据
        ANL   A,#0FH          ;保留 BCD 码
        ORL   A,R2            ;加上锁存控制位
        MOV   P1,A            ;送入 MC14543
        ANL   P1,#0FH         ;置所有 MC14543 为锁存状态
        INC   R0              ;R0 指向显示缓冲区下一位
        MOV   A,R2            ;锁存端控制标志送 A
        RL    A
        MOV   R2,A
        JNB   ACC.0,DISP1     ;未完成 4 位则继续
        RET                   ;已更新显示,返回
;定时器 1 中断服务程序
INTT1:  CPL   P3.7            ;P3.7 输出电平取反
        MOV   TH1,#0ECH       ;置定时器计数初值
        MOV   TL1,#78H
        RETI                  ;中断返回
```

上述程序中,显示缓冲区的最高位对应 LCD 显示器的最左端。

3. 点阵式 LCD 显示器接口

段式 LCD 显示器仅能显示数字及少量字符,而点阵式 LCD 显示器可以显示任意字符及图形。点阵式 LCD 显示器按照显示原理的不同分为字符点阵式和图形点阵式两类。点阵式 LCD 显示器品种较多,下面介绍一种常用的由 EPSON 公司生产的 20×4 字符点阵式 LCD 显示器 EA-D20040AR。

(1) EA-D20040AR 的结构及工作原理 EA-D20040AR 由扭曲向列型(TN)液晶显示面板、集成控制器 SED1278、驱动电路等组成,内部结构及引脚如图 15-30 所示,内部有能显示 96 个 ASCII 字符和 92 个特殊字符的字库,并可以经过编程自定义 8 个字符(5×7 点阵)。

EA-D20040AR 引脚功能如下。

- V_{SS}:参考地端。
- V_{DD}:+5V 电源输入端。
- V_0:LCD 面板亮度调节端。接至电位器 (20kΩ) 可调端,电位器两端分别接 V_{DD}、地。
- RS:寄存器选择信号输入端。RS=0 选择指令寄存器,RS=1 选择数据寄存器。
- $R/\overline{W}$:读/写信号输入端。$R/\overline{W}=0$ 写有效,$R/\overline{W}=1$ 读有效。
- E:片选信号输入端,高电平有效。
- $D_0 \sim D_7$:数据总线。

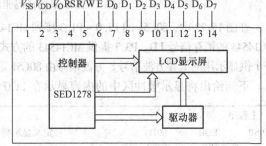

图 15-30 EA-D20040AR 内部结构及引脚

下面介绍 EA-D20040AR 工作原理。

EA-D20040AR 液晶显示模块采用 5×7 点阵图形显示字符。显示时,微处理器先送出被显示字符在液晶显示模块上的地址(位置),存储在液晶显示模块的指令寄存器中,然后微处理器送出被显示字符的代码,存储在液晶显示模块的显示数据 RAM(DDRAM)中,控制器根据此代码从字符发生存储器(字库)中取出对应的字符点阵(5×7),送到由指令寄存器中地址指定的显示屏位置上,显示出该字符。字符发生存储器有随机存储器 CGRAM 和只读存储器 CGROM 两种。

(2) 寄存器及存储器

1) 指令寄存器 IR、数据寄存器 DR。EA-D20040AR 内部有两个 8 位寄存器：指令寄存器和数据寄存器。用户可以通过 RS 和 R/$\overline{W}$ 信号的组合选择指定的寄存器，进行相应的操作。寄存器的选择及功能见表 15-7。

表 15-7 寄存器的选择及功能

RS	R/$\overline{W}$	说 明
0	0	将指令写入指令寄存器
0	1	分别将忙标志 BF 和地址计数器 AC 内容读到 DB_7 和 $DB_6 \sim DB_0$
1	0	将数据写入数据寄存器中，模块的内部操作自动将数据写到 DDRAM 或者 CGRAM 中
1	1	将数据寄存器内的数据读出，模块的内部操作自动将 DDRAM 或者 CGRAM 的数据送入数据寄存器

2) 忙标志 BF 及地址计数器 AC。忙标志 BF：当 BF = 1 时，表明液晶显示模块正在进行内部操作，不会接受任何命令。在 RS = 0，R/$\overline{W}$ = 1 时，BF 输出到 DB_7。每次操作之前应进行状态检测，只有在确认 BF = 0 时，CPU 才能访问液晶显示模块。

地址计数器 AC：地址计数器的内容是显示数据 RAM（DDRAM）或字符发生存储器 CGRAM 单元的地址。当设置地址指令写入指令寄存器后，DDRAM 或 CGRAM 单元的地址就送入地址计数器 AC。当对 DDRAM 或 CGRAM 进行读写数据时，地址计数器自动加 1 或自动减 1。当 RS = 0、R/$\overline{W}$ = 1 时，地址计数器的内容从 $DB_6 \sim DB_0$ 输出。

3) 显示数据 RAM（DDRAM）。显示数据 RAM 是 80×8 位的 RAM，能够存储 80 个 8 位字符代码。没用上的 DDRAM 单元被 CPU 当作一般 RAM 使用。DDRAM 的地址用 7 位二进制数 $A_6 \sim A_0$ 表示，程序中用 2 位十六进制数表示。DDRAM 地址与 LCD 显示屏上显示位置的关系见表 15-8。要注意的是第二行地址与第一行地址并没有连续，而是第一、第三行地址连续，第二、第四行地址连续。该液晶显示模块实质上为独立两行显示。

表 15-8 DDRAM 地址与显示屏上显示位置的关系

DDRAM 地址 \ 屏列号 屏行号	1	2	3	4	5	6	7	8	9	10	11	12	13	14	15	16	17	18	19	20
1	00	01	02	03	04	05	06	07	08	09	0A	0B	0C	0D	0E	0F	10	11	12	13
2	40	41	42	43	44	45	46	47	48	49	4A	4B	4C	4D	4E	4F	50	51	52	53
3	14	15	16	17	18	19	1A	1B	1C	1D	1E	1F	20	21	22	23	24	25	26	27
4	54	55	56	57	58	59	5A	5B	5C	5D	5E	5F	60	61	62	63	64	65	66	67

字符代码与字符的关系见表 15-9。在液晶显示模块中，表中第一列由 CGRAM 产生（可自定义），其余各列由 CGROM 产生。

表 15-9 字符代码与字符的关系

低位 \ 高位	0000 (CGRAM 产生)	0010	0011	0100	0101	0110	0111	1010	1011	1100	1101	1110	1111
0000	(1)		0	@	P	\	p	―	々	ミ	α	p
0001	(2)	!	1	A	Q	a	q	·	ヌ	チ	ム	a	q
0010	(3)	"	2	B	R	b	r	┌	イ	ツ	メ	β	θ

（续）

低位 \ 高位	0000	0010	0011	0100	0101	0110	0111	1010	1011	1100	1101	1110	1111
0011	(4)	#	3	C	S	c	s	」	ウ	チ	モ	ε	∞
0100	(5)	$	4	D	T	d	t	、	エ	ト	ヤ	μ	Ω
0101	(6)	%	5	E	U	e	u	。	オ	ナ	ユ	σ	O
0110	(7)	&	6	F	V	f	v	ラ	カ	ニ	ヨ	ρ	Σ
0111	(8)	,	7	G	W	g	w	ア	キ	ヌ	ラ	g	π
1000	(1)	(	8	H	X	h	x	イ	ク	ネ	リ	∫	X
1001	(2)	)	9	I	Y	i	y	ウ	ケ	ノ	ル	-1	Y
1010	(3)	*	:	J	Z	j	z	エ	コ	ハ	レ	j	千
1011	(4)	+	;	K	[	k	{	オ	サ	ヒ	ロ	×	万
1100	(5)	,	<	L	¥	l	|	セ	シ	フ	ワ	Φ	⊕
1101	(6)	-	=	M	]	m	}	コ	ス	ヘ	ン	£	÷
1110	(7)	.	>	N	-	n	→	ヨ	セ	ホ	ハ	n	
1111	(8)	/	?	O	—	o	←	ツ	ソ	マ	ロ	O	■

4）字符发生器 ROM（CGROM）。在 CGROM 中，液晶显示模块已经生成了所有字符的字符字模（一个字符字模为一个 5×7 点阵图形）。CGROM 的单元地址与字符字模的关系如图 15-31 所示。CGROM 的单元地址（字符字模一行的地址）为 12 位，高 8 位为字符代码，低 4 位由内部电路产生。字符字模数据位的 $D_4 \sim D_0$ 用于表示字符，$D_7 \sim D_5$ 位为 0，第八行表示光标位置，数据位均为 0，第九行以下数据全为 0。

CGROM地址												数据					
A_{11}	A_{10}	A_9	A_8	A_7	A_6	A_5	A_4	A_3	A_2	A_1	A_0	D_4	D_3	D_2	D_1	D_0	
								0	0	0	0	1	0	0	0	0	
								0	0	0	1	1	0	0	0	0	
								0	0	1	0	1	0	0	0	0	
								0	0	1	1	1	1	1	1	1	
								0	1	0	0	1	0	0	0	1	
								0	1	0	1	1	0	0	0	1	
								0	1	1	0	1	1	1	1	1	
0	1	1	0	0	0	1	0	0	1	1	1	0	0	0	0	0	←光标位置
								1	0	0	0	0	0	0	0	0	
								1	0	0	1	0	0	0	0	0	
								1	0	1	0	0	0	0	0	0	
								1	0	1	1	0	0	0	0	0	
								1	1	0	0	0	0	0	0	0	
								1	1	0	1	0	0	0	0	0	
								1	1	1	0	0	0	0	0	0	
								1	1	1	1	0	0	0	0	0	

字符代码　　行地址

图 15-31　CGROM 的地址与字符字模的关系

5）字符发生器 RAM（CGRAM）。CGRAM 用于产生用户自定义的字符字模，可以生成 5×7 点阵的字符字模 8 个，相对应的字符代码范围为 00H～07H（或 08H～0FH）。CGRAM 的地址与字符字模、字符代码的关系见表 15-10，该表右列是自定义自符“上”的自模。CGRAM 地址共 6 位，高 3 位地址为字符代码的低 3 位，CGRAM 地址的低 3 位用于选择字模的不同行。字符字模的第八行是光标位置，第八行数据为 0 时显示光标，为 1 时不显示光标。字符字模仅用 $D_4 \sim D_0$ 位表示字符，因此 $D_7 \sim D_5$ 位可用作一般数据 RAM。在产生字符字模时，液晶模块对字符代码的 D_3 位未作确定，所以字符代码 00H～07H 与 08H～0FH 选中相同的 8 个自定义字模。如字符代码 00H 与 08H 均选择了表 15-10 中字符“上”的字模。

第15章 自动化仪表的人机接口

表 15-10　CGRAM 地址与字符字模、字符代码的关系

字符代码（DDRAM 数据）								CGKAM 地址						字符字模（CGRAM 数据）							
C_7	C_6	C_5	C_4	C_3	C_2	C_1	C_0	A_5	A_4	A_3	A_2	A_1	A_0	D_7	D_6	D_5	D_4	D_3	D_2	D_1	D_0
0	0	0	0	×	0	0	0	0	0	0	0	0	0	×	×	×	0	0	1	0	0
											0	0	1	×	×	×	0	0	1	0	0
											0	1	0	×	×	×	0	0	1	0	0
											0	1	1	×	×	×	1	1	1	1	1
											1	0	0	×	×	×	0	0	1	0	0
											1	0	1	×	×	×	0	0	1	0	0
											1	1	0	×	×	×	1	1	1	1	1
											1	1	1	×	×	×	0	0	0	0	0

(3) 命令功能　液晶模块的显示命令有 11 条。

1) 清显示命令。命令代码如下：

RS	R/$\overline{W}$	D_7	D_6	D_5	D_4	D_3	D_2	D_1	D_0
0	0	0	0	0	0	0	0	0	1

将空格字符代码 20H 送入全部 DDRAM 中；地址计数器 AC 复位为零；光标/闪烁回到显示屏左上角（起始位置）；不改变移位设置模式；并设置输入模式为地址自动增 1（I/D=1），整个显示移动（S=1）。

2) 返回命令。命令代码如下：

RS	R/$\overline{W}$	D_7	D_6	D_5	D_4	D_3	D_2	D_1	D_0
0	0	0	0	0	0	0	0	1	X

置地址计数器 AC=0；光标/闪烁回到起始位置；DDRAM 中的内容不变。

3) 输入模式设置命令。命令代码如下：

RS	R/$\overline{W}$	D_7	D_6	D_5	D_4	D_3	D_2	D_1	D_0
0	0	0	0	0	0	0	1	I/D	S

● I/D：对 DDRAM、CGRAM 读/写时，地址计数器 AC 变化趋势标志。I/D=1，对 DDRAM 读/写一个字符代码后，光标右移，AC 自动加 1。I/D=0，对 DDRAM 读/写一个字符代码时，光标左移，AC 自动减 1。对 CGRAM 进行读/写操作时，AC 变化趋势与 DDRAM 相同，但与光标无关。

● S：显示移位标志。S=1，将全部显示右移（I/D=0）或者左移（I/D=1）一位。S=0，显示不发生移位。

4) 显示开/关控制命令。命令代码如下：

RS	R/$\overline{W}$	D_7	D_6	D_5	D_4	D_3	D_2	D_1	D_0
0	0	0	0	0	0	1	D	C	B

● D：显示开/关控制标志。D=1，开显示；D=0，关显示，关显示后 DDRAM 中的数据不变。
● C：光标显示控制标志。C=1，光标显示；C=0，光标不显示。
● B：光标闪烁控制标志。B=1，光标闪烁，而且光标所指位置上交替显示字符和全黑点阵。

5) 光标或显示移位命令。命令代码如下：

RS	R/$\overline{W}$	D_7	D_6	D_5	D_4	D_3	D_2	D_1	D_0
0	0	0	0	0	1	S/C	R/L	X	X

光标或显示移位命令可使光标或显示在没有读/写显示数据的情况下，向左或向右移动。运用此指令可以实现显示的查找和替换。在双行显示方式下，光标可以从第一行40位移到第二行首位，但不能从第二行40位移到第一行首位，而是回到第二行首位；显示字符只能在本行移动。移位方式见表15-11。

表15-11 光标或显示移位方式

S/C	R/L	功　能
0	0	光标左移，AC自动减1
0	1	光标右移，AC自动增1
1	0	光标和字符一起左移，AC值不变
1	1	光标和字符一起右移，AC值不变

6) 功能设置命令。命令代码如下：

RS	R/$\overline{W}$	D_7	D_6	D_5	D_4	D_3	D_2	D_1	D_0
0	0	0	0	1	IF	N	F	X	X

- IF：用于设置接口数据宽度。IF=1，接口数据为8位；IF=0 接口数据宽度为4位，D_7 ~ D_4 为有效数据位，D_3 ~ D_0 未用。
- N：用于设置显示行数。N=1，显示两行；N=0，显示一行。
- F：用于设置显示字符点阵格式。F=1，为5×10点阵；F=0，为5×7点阵。

7) CGRAM 地址设置命令。命令代码如下：

RS	R/$\overline{W}$	D_7	D_6	D_5	D_4	D_3	D_2	D_1	D_0
0	0	0	1	A_5	A_4	A_3	A_2	A_1	A_0

该命令的功能是设置 CGRAM 的地址指针。把6位 CGRAM 地址 A_5 ~ A_0 送到地址计数器 AC 中。命令执行后，CPU 可以对 CGRAM 连续进行读/写操作。

8) DDRAM 地址设置命令。命令代码如下：

RS	R/$\overline{W}$	D_7	D_6	D_5	D_4	D_3	D_2	D_1	D_0
0	0	1	A_6	A_5	A_4	A_3	A_2	A_1	A_0

该命令用于设置 DDRAM 的地址指针。把7位 DDRAM 地址 A_6 ~ A_0 送到地址计数器 AC。命令执行后，CPU 可以对 DDRAM 进行读/写操作。

9) 读忙标志和地址命令。命令代码如下：

RS	R/$\overline{W}$	D_7	D_6	D_5	D_4	D_3	D_2	D_1	D_0
0	1	BF	A_6	A_5	A_4	A_3	A_2	A_1	A_0

该命令的功能是将忙标志 BF 及地址计数器 AC 当前值读出。若读出的 BF=1，说明系统内部正在进行操作，不能接收下一条命令。读出的 AC 值为 CPU 当前进行访问的 DDRAM 或 CGRAM 的地址。

10) CGRAM 或 DDRAM 写数据命令。命令代码如下：

RS	R/$\overline{W}$	D_7	D_6	D_5	D_4	D_3	D_2	D_1	D_0
1	0	D	D	D	D	D	D	D	D

该命令的功能是将 1 字节二进制数 DDDDDDDD，写到当前地址计数器 AC 指定的 CGRAM 或 DDRAM 中。在执行本命令前，应将地址计数器 AC 设置或调整到需要写数的 CGRAM 或 DDRAM 地址上。

11) CGRAM 或 DDRAM 读数据命令。命令代码如下：

RS	R/$\overline{W}$	D_7	D_6	D_5	D_4	D_3	D_2	D_1	D_0
1	1	D	D	D	D	D	D	D	D

该命令的功能是从当前地址计数器 AC 指定的 CGRAM 或 DDRAM 单元中读出数据。执行本命令前，应将 AC 设置或调整到需要读数的 CGRAM 或 DDRAM 地址上。

(4) 接口电路及程序　图 15-32 所示的是 EA-D20040AR 与 80C51 单片机的接口电路，液晶显示模块的 R/$\overline{W}$ 信号由单片机的 $\overline{RD}$、$\overline{WR}$ 组合得到，液晶模块的命令寄存器地址为 8000H，数据寄存器地址为 8001H。

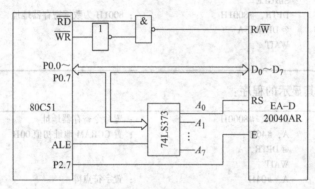

图 15-32　EA-D20040AR 与 80C51 的接口

初始化、显示字符串及自定义字符的程序如下：

```
;初始化程序
START:  MOV     DPTR, #8000H        ;8000H 为命令寄存器地址
        MOV     A, #38H             ;置功能，2 行，5×7 点阵，8 位数据
        MOVX    @DPTR, A
        LCALL   WAIT
        MOV     A, #06H             ;置输入模式，光标左移
        MOVX    @DPTR, A
        LCALL   WAIT
        MOV     A, #0FH             ;置显示开/关控制
        MOVX    @DPTR, A
        LCALL   WAIT
        MOV     A, #01H             ;总清
        MOVX    @PDTR, A
        LCALL   WAIT
        RET
WAIT:   MOV     DPTR, #8000H        ;置命令寄存器地址
        MOV     A, @DPTR
        JB      ACC.7, WAIT         ;读忙标志
        RET
```

显示字符串 SINGLE 的程序，程序执行后，从第一个字符位置上开始显示。

SINGLE:	MOV	DPTR, #8000H	; 置命令寄存器地址
	MOV	A, #84H	; 置DDRAM地址初值04H
	MOV	@DPTR, A	
	LCALL	WAIT	
	MOV	A, #53H	; S
	LCALL	CHAR1	
	MOV	A, #49H	; I
	LCALL	CHAR1	
	MOV	A, #4EH	; N
	LCALL	CHAR1	
	MOV	A, #47H	; G
	LCALL	CHAR1	
	MOV	A, #4CH	; L
	LCALL	CHAR1	
	MOV	A, #45H	; L
	LCALL	CHAR1	
	LJMP	SINGLE	
CHAR1:	MOV	DPTR, #8001H	; 8001H为数据寄存器地址
	MOVX	@DPTR, A	
	LCALL	WAIT	
	RET		

自定义字符"上"及其显示的程序：

CHAR1:	MOV	DPTR, #8000H	; 置命令寄存器地址
	MOV	A, #40H	; 置CGRAM地址初值00H
	MOVX	@DPTR, A	
	LCALL	WAIT	
	MOV	A, #04H	; 置字符点阵
	LCALL	CHAR1	
	MOV	A, #04H	
	LCALL	CHAR1	
	MOV	A, #04H	
	LCALL	CHAR1	
	MOV	A, #07H	
	LCALL	CHAR1	
	MOV	A, #04H	
	LCALL	CHAR1	
	MOV	A, #04H	
	LCALL	CHAR1	
	MOV	A, #1FH	
	LCALL	CHAR1	
	MOV	A, #00H	
	LCALL	CHAR1	
SHG:	MOV	DPTR, #8000H	; 置命令寄存器地址
	MOV	A, #88H	; 置DDRAM地址初值0BH
	MOVX	@DPTR, A	
	LCALL	WAIT	
	MOV	A, #00H	; 显示"上"
	LCALL	CHAR1	
	LJMP	SHG	

程序中从标号CHAR1到SHG是定义字符"上"（5×7点阵）的程序段。标号SHG开始的程序段用于把定义好的字符进行显示。

第 4 篇　仪表系统的准确可靠性

第 16 章　仪表系统的抗干扰处理

检测系统或传感器工作现场的环境条件常常是很复杂的，各种干扰通过不同的耦合方式进入测量系统，使测量结果偏离准确值，严重时甚至使测量系统不能正常工作。为保证测量装置或测量系统在各种复杂的环境条件下正常工作，就必须要研究抗干扰技术。

抗干扰技术是检测技术中一项重要的内容，它直接影响测量工作的质量和测量结果的可靠性。因此，测量中必须对各种干扰给予充分的注意，并采取有关的技术措施，把干扰对测量的影响降低到最低或容许的限度。

16.1　干扰来源及其耦合方式

16.1.1　干扰来源

通常把影响检测系统正常工作和检测结果的各种内部和外部因素的总和，称为干扰。由干扰产生的系统响应信号就是噪声。形成干扰必须有三个条件：干扰源、受干扰体、干扰传播的途径，如图 16-1 所示。

干扰来自干扰源，在工业现场和环境中干扰源是各式各样的。按干扰的来源，可以把干扰分成内部干扰和外部干扰两大类。

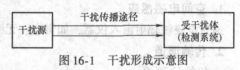

图 16-1　干扰形成示意图

1. 外部干扰

外部干扰是指那些与系统结构无关，由使用条件和外界环境因素所决定的干扰。它主要来自自然界的干扰以及周围电气设备的干扰。

自然界的干扰产生的原因来自自然现象，如闪电、雷击、宇宙辐射、太阳黑子活动等，它们主要来自天空，因此，自然干扰主要对通信设备、导航设备有较大影响。然而，在检测装置中已广泛使用半导体器件，在光线作用下将激发出电子—空穴对而产生电势，从而影响检测装置的正常工作，所以半导体元器件均封装在不透光的壳体内。对于具有光敏作用的元器件，尤其要注意光的屏蔽问题。

各种电气设备所产生的干扰有电磁场、电火花、电弧焊接、高频加热、晶闸管整流等强电系统所造成的干扰。这些干扰主要是通过供电电源对测量装置和微型计算机产生影响。在大功率供电系统中，大电流输电线周围所产生的交变电磁场，对安装在其附近的智能仪表也会产生干扰。此外，地磁场的影响及来自电源的高频干扰也可视为外部干扰。

2. 内部干扰

内部干扰是指装置内部的各种元器件引起的各种干扰，它又包括固定干扰和过渡干扰。过渡干扰是电路在动态工作时引起的干扰。固定干扰包括电阻中随机性的电子热运动引起的热噪声；半导体及电子管内载流子的随机运动引起的散粒噪声；由于两种导电材料之间的不完全接触，接触面的电导率的不一致而产生的接触噪声，如继电器的动静触头接触时发生的噪声等；因布线不合理、寄生参数、泄漏电阻等结合形成寄生反馈电流所造成的干扰；多点接地造成的电位差引起的干扰；寄生振荡引起的干扰；热骚动的噪声干扰等。

上述两类来源的干扰，可粗略地示意于图 16-2 中。图中涉及的只是电气方面的干扰，各代号所代表的干扰分别为：

① 装置开口或隙缝处进入的辐射干扰（辐射）。
② 电网变化干扰（传输）。
③ 周围环境用电干扰（传输、感应、辐射）。
④ 传输线上的反射干扰（传输）。
⑤ 系统接地不妥引入的干扰（接地）。
⑥ 外部线间串扰（传输、感应）。
⑦ 逻辑线路不妥造成的过渡干扰（传输）。
⑧ 线间串扰（感应）。
⑨ 电源干扰（传输）。
⑩ 强电器引入的接触电弧干扰（辐射、传输、感应）。
⑪ 内部接地不妥引入的干扰（接地）。
⑫ 漏磁感应（感应）。
⑬ 传输线反射干扰（传输）。
⑭ 漏电干扰（传输）。

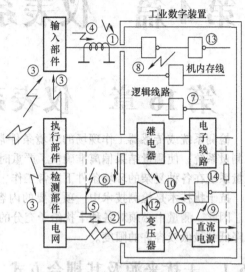

图 16-2 内部和外部干扰示意图

16.1.2 干扰的主要传播通道

对于前述各类干扰，其窜入仪器的渠道重点可归纳为空间电磁感应、传输通道和配电系统三个方面，如图 16-3 所示。

1. 空间电磁感应

通过电磁波辐射窜入仪器，如雷电、无线电波等。

2. 传输通道

一般把检测系统中各种信号流过的回路称为信号传输通道。各种干扰很容易通过仪器的输入输出通道窜入，特别是长传输线受到的干扰更为严重。在信号的输入通道中，最容易传入的干扰是差模干扰和共模干扰。

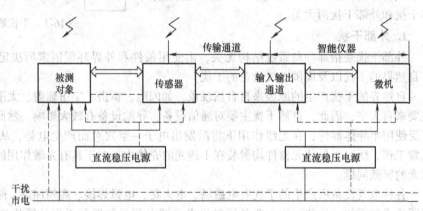

图 16-3 干扰窜入智能仪器的主要渠道

（1）差模干扰　差模干扰（也称串模干扰、线间干扰或横向干扰）是指干扰电压与有效信号串联叠加后作用到仪表上，如图 16-4 所示。产生差模干扰的主要原因为信号线分布电容的静电耦合，信号线传输距离较长引起的互感，空间电磁的电磁感应以及工频干扰等。由传感器来的信号线有时长达 100~200m，干扰源通过电磁感应和静电耦合作用，加上如此之长的信号线，其感应

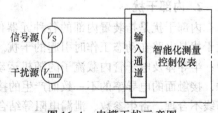

图 16-4 串模干扰示意图

第16章 仪表系统的抗干扰处理

电压的数值是相当可观的。例如，一路电线与信号线平行铺设时，信号线上的电磁感应电压和静电感应电压分别都可达到毫伏级，然而来自传感器的有效信号电压的动态范围通常仅有几十毫伏，甚至更小。差模干扰常常使放大器饱和、灵敏度下降和零点偏移。

由此可知：第一，由于测量控制系统的信号线较长，通过电磁和静电耦合所产生的感应电压有可能大到与被测有效信号相同的数量级，甚至比后者大得多。第二，对测量控制系统而言，由于采样时间短，工频的感应电压也相当于缓慢变化的干扰电压。这种干扰信号与有效直流信号一起被采样和放大，造成有效信号失真。

除了信号线引入的串模干扰外，信号源本身固有的漂移、纹波和噪声以及电源变压器不良屏蔽或稳压滤波效果不良等也会引入串模干扰。

(2) 共模干扰　共模干扰是相对于公共的电位基准点（通常为接地点），在检测系统的两个输入端子上同时出现的干扰电压，也称纵向干扰、共态干扰或对地干扰。这种干扰可以是直流电压，也可以是交流电压，其幅值可达几伏甚至更高，取决于现场产生干扰的环境条件和仪表的接地情况。在测控系统中，检测元件和传感器是分散在生产现场的各个地方，因此，被测信号 V_S 的参考接地点和仪表输入信号的参考接地点之间往往存在着一定的电位差 V_{cm}（见图 16-5）。由图可见，对于输入通道的两个输入端来说，分别有 $V_s + V_{cm}$ 和 V_{cm} 两个输入信号。显然，V_{cm} 是仪器输入端上共有的干扰电压，故称共模干扰电压。

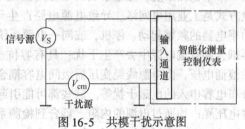

图 16-5　共模干扰示意图

在测量电路中，被测信号有单端对地输入和双端不对地输入两种输入方式，如图 16-6 所示。对于存在共模干扰的场合，不能采用单端对地输入方式，因为此时的共模干扰电压将全部成为串模干扰电压，如图 16-6a 所示，必须采用双端不对地输入方式，如图 16-6b 所示。

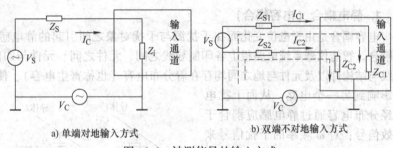

a) 单端对地输入方式　　　b) 双端不对地输入方式

图 16-6　被测信号的输入方式

注：Z_S、Z_{S1}、Z_{S2}—信号源内阻；Z_i、Z_{C1}、Z_{C2}—输入通道的输入阻抗。

由图 16-6b 可见，共模干扰电压 V_C 对两个输入端形成两个电流回路 I_{C1} 和 I_{C2}（如虚线所示），每个输入端的共模电压为

$$V_1 = \frac{Z_{C1}}{Z_{S1} + Z_{C1}} V_C \tag{16-1}$$

$$V_2 = \frac{Z_{C2}}{Z_{S2} + Z_{C2}} V_C \tag{16-2}$$

因此，在两个输入端之间呈现的共模电压为

$$\begin{aligned} V_{1,2} &= V_1 - V_2 \\ &= \frac{Z_{C1}}{Z_{S1} + Z_{C1}} V_C - \frac{Z_{C2}}{Z_{S2} + Z_{C2}} V_C \\ &= V_C \left(\frac{Z_{C1}}{Z_{S1} + Z_{C1}} - \frac{Z_{C2}}{Z_{S2} + Z_{C2}} \right) \end{aligned} \tag{16-3}$$

如果此时 $Z_{S1} = Z_{S2}$ 和 $Z_{C1} = Z_{C2}$ 时，则 $V_{1,2} = 0$ 表示不会引入共模干扰，但实际上无法满足上述

条件，只能做到 Z_{S1} 接近于 Z_{S2}，Z_{C1} 接近于 Z_{C2}，因此 $V_{1,2}\neq 0$。也就是说，实际上总存在一定的共模干扰电压。显然，Z_{S1}、Z_{S2} 越小，Z_{C1}、Z_{C2} 越大，并且 Z_{C1} 与 Z_{C2} 越接近时，共模干扰的影响就越小。一般情况下，共模干扰电压 V_{C} 总是转化成一定的串模干扰出现在两个输入端之间。由此可见，虽然共模干扰电压不直接影响测量结果，但是当信号输入电路参数不对称时，它会转化为差模干扰，对测量产生影响，所以共模干扰对测量结果的影响更为严重。

以上分析可知，单端输入方式由 V_{C} 引入的串模电压 V_n 较大，说明其抗共模干扰能力较差；而双端输入方式，由 V_{C} 引入的串模电压 V_n 较小，所以抗共模干扰能力很强。

输入通道的输入阻抗通常由直流绝缘电阻和分布耦合电容产生的容抗决定。差分放大器的直流绝缘电阻可达到 $10^9\Omega$，工频寄生耦合电容可小到几个皮法（容抗达 10^9 数量级），但共模电压仍有可能造成 1% 的测量误差。

3. 配电系统

对于检测系统，配电系统的电源电路是引入外界干扰的内部主要环节。检测系统的主要供电方式是工业用电网络。导致电源电路产生干扰的因素有：供给该系统的供电线缆上可能有大功率电器的频繁起动、停机，或同一电源系统中的晶闸管器件通断时都会产生的尖峰，通过变压器耦合到直流电源中去产生干扰；具有容抗或感抗负载的电器运行时，对电网的能量回馈产生的浪涌电压，由电源线经变压器级间电容耦合产生的干扰；通过变压器的一次、二次绕组之间的分布电容串入的电磁干扰等。这些都可能引起电源的过电压、欠电压、浪涌、下陷及尖峰等，这些电压噪声均通过电源的内阻，耦合到检测系统内部的电路，从而对系统造成极大的危害。

16.1.3 干扰的耦合方式

1. 静电耦合（电容耦合）

电容耦合是由于电位变化而在干扰源与干扰对象之间引起的静电感应，又称静电耦合或电场耦合。智能仪器系统电路板上各印制导线之间、元件之间、元件与印制导线之间、线圈之间、导线与结构件以及元件与地之间均存在着分布电容（也称寄生电容），使一个电路导体的电荷变化影响到另一个电路，从而干扰电压经分布电容通过静电感应耦合于有效信号；对 ω 频率的干扰信号来说，分布电容提供了 $1/j\omega C$ 的电抗通道，电场干扰就可以对仪器系统产生影响。图 16-7 所示的是两根平行导体之间电容耦合的表示方法和等效电路。

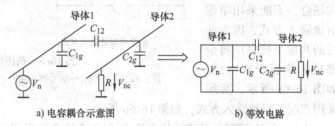

a) 电容耦合示意图　　b) 等效电路

图 16-7　两根平行导体间的电容耦合

图中，C_{12} 是导体 1、2 之间的分布电容的总和，C_{1g} 和 C_{2g} 是导体 1、2 分别对地的总电容，R 是导体 2 对地的电阻。导体 1 上有干扰源 V_n 存在，导体 2 为接受干扰的导体，则导体 2 上出现的干扰电压 V_{nc} 为

$$V_{nc} = \frac{j\omega RC_{12}}{1 + j\omega R(C_{12} + C_{2g})}V_n \tag{16-4}$$

当导体 2 对地电阻 R 很小，使 $\omega R(C_{12} + C_{2g}) \ll 1$ 时，式(16-4) 可近似表示为

$$V_{nc} \approx j\omega RC_{12}V_n \tag{16-5}$$

表明 V_{nc} 与干扰源频率 ω 和幅值 V_n，输入阻抗 R，耦合电容 C_{12} 成正比关系。因此，只要设法降低 R 值就能减小耦合受感回路的噪声电压。实际上，R 可看作受感回路的输入等效电阻，从抗干扰考虑，降低输入阻抗是有利的。

当导体 2 对地电阻 R 很大，使 $\omega R(C_{12} + C_{2g}) \gg 1$ 时，式(16-4) 可近似为

第16章 仪表系统的抗干扰处理

$$V_{nc} \approx \frac{C_{12}}{C_{12}+C_{2g}} V_n \tag{16-6}$$

表明此时干扰电压 V_{nc} 与信号电压的角频率基本无关，而由电容 C_{12} 和 C_{2g} 的分压关系及 V_n 确定，其幅值比第一种情况大得多。显然，只要设法降低 C_{12}，就能减小 V_{nc} 值。因此，在布线时应增大两导线间的距离，并尽量避免两导线平行。

在数字电路中，因电容耦合而产生的干扰尤为明显。数字电路的输入和输出信号均只有高、低电平两种状态，且两种电平的翻转速度很快，为几十纳秒；数字电路基本上以导通或截止方式运行，工作速率比较高，对供电电路会产生高频浪涌电流，对于高速采样与信道切换等高速开关状态电路，会因电容耦合形成较大的干扰，甚至导致系统工作不正常。

现假设 A、B 两导线的两端均接有门电路，如图 16-8 所示。当门1 输出一个方波脉冲，而受感线（B 线）正处于低电平时，可以从示波器上观察到如图 16-9 所示的波形。

图 16-8 布线干扰

图 16-9 中，V_A 表示信号源，V_B 为感应电压。若耦合电容 C_{AB} 足够大，使得正脉冲的幅值高于门 4 的开门电平 V_T，脉冲宽度也足以维持使门 4 的输出电平从高电平下降到低电平，则门 4 就输出一个负脉冲，即干扰脉冲。

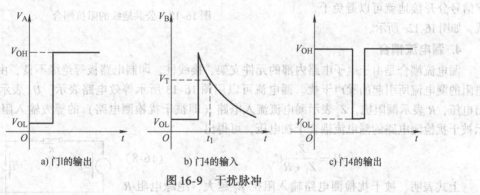

a) 门1的输出   b) 门4的输入   c) 门4的输出

图 16-9 干扰脉冲

在印制电路板上，两条平行导线间的分布电容为 $0.1 \sim 0.5 \mathrm{pF/cm}$，与靠在一起的绝缘导线间的分布电容有相同数量级。

2. 电磁耦合

电磁耦合又称互感耦合，它是由于两个导体、电路之间存在互感，使一个电路的电流变化通过互感影响到另一个电路。例如，在检测系统内部线圈或变压器的漏磁是对邻近电路的一种很严重干扰；在检测系统外部当两根导线在较长一段区间平行架设时，也会产生电磁耦合干扰，如图 16-10a 所示。在一般情况下，电磁耦合干扰可用如图 16-10b 所示的等效电路表示，图中 I_1 表示噪声源电流，M 表示两个导体之间的互感系数，U_2 表示通过电磁耦合感应的干扰电压。如果噪声源的角频率为 ω，则

$$U_2 = j\omega M I_1 \tag{16-7}$$

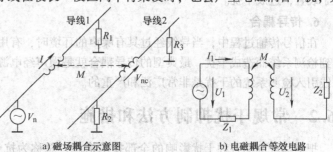

a) 磁场耦合示意图   b) 电磁耦合等效电路

图 16-10 两导线间的磁场耦合

3. 公共阻抗耦合

公共阻抗耦合是指在同一系统的电路和电路之间、设备和设备之间总存在着公共阻抗，如地线与地之间形成的阻抗为公共地阻抗。当一个电路中有电流流过时，通过共有阻抗便在另一个电路中产生干扰电压。在检测系统内部，各个电路往往共用一个直流电源，这时电源内阻、电源线

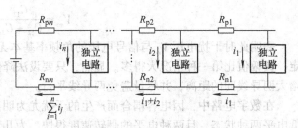

图 16-11 公共电源线的阻抗耦合

阻抗形成公共电源阻抗。如图 16-11 所示，在印制板上各独立电路回流通过公共回流线电阻 R_{pi} 和 R_{ni}（$i=1,2,\cdots,n$）产生干扰压降

$$i_1(R_{p1}+R_{n1}), (i_1+i_2)(R_{p2}+R_{n2}),\cdots,\left(\sum_{j=1}^{n}i_j\right)(R_{pn}+R_{nn})$$

它们分别耦合进各级电路形成干扰。

如果测量系统的模拟、数字地没有分开接地，如图 16-12a 和 b 所示，则数字信号就会耦合到模拟信号中去。模拟和数字信号分开接地就可以避免干扰，如图 16-12c 所示。

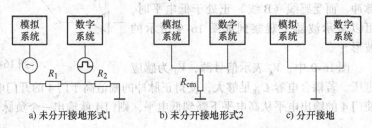

a) 未分开接地形式1　　b) 未分开接地形式2　　c) 分开接地

图 16-12 公共地线的阻抗耦合

4. 漏电流耦合

漏电流耦合是由于电子电路内部的元件支架、接线柱、印制电路板等绝缘不良，由流经绝缘电阻的漏电流所引起的噪声干扰。漏电流可以用图 16-13 所示等效电路表示。U_1 表示干扰源输出电压，R 表示漏阻抗，Z_i 表示漏电流流入电路（即被干扰检测电路）的等效输入阻抗，U_2 表示被干扰检测电路的漏电流耦合干扰电压，可得出

$$U_2=\frac{Z_i}{Z_i+R}U_1 \tag{16-8}$$

上式表明，被干扰检测电路输入阻抗 Z_i 越大，绝缘电阻 R 越小，漏电流所引起的干扰就会越大。

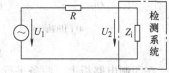

图 16-13 漏电流耦合等效电路

5. 辐射电磁场耦合

辐射电磁场通常来源于大功率高频电气设备、广播发射台、电视发射台等在电能量交换频繁的地方。如果在辐射电磁场中放置一个导体，则在导体上产生正比于电场强度的感应电势。配电线特别是架空配电线都将在辐射电磁场中感应出干扰电势，并通过供电线路侵入检测系统的电子装置，造成干扰。

6. 传导耦合

在信号传输过程中，当导线经过具有噪声的环境时，有用信号就会被噪声污染，并经导线传送到检测系统而造成干扰。最典型的传导耦合就是噪声经电源线传到检测系统中。事实上，经电源线引入检测系统的干扰是非常广泛和严重的。

16.2 常规干扰抑制方法和措施

把消除或削弱各种干扰影响的全部技术措施，总称为抗干扰技术或称为防护。通常抗干扰技术包括：屏蔽技术、隔离技术、接地技术、滤波技术、电路的合理布局和制作等。

16.2.1 电磁兼容性

电磁兼容性（Electro Magnetic Compatibility，EMC）是指装置能在规定的电磁环境中正常工作，而不对该环境或其他设备造成不允许的扰动的能力。换言之，电磁兼容性是以电为能源的电气设备及其系统在其使用的场合中运行时，自身的电磁信号不影响周边环境，也不受外界电磁干扰的影响，更不会因此发生误动作或遭到损坏，并能够完成预定功能的能力。

要满足电磁兼容性，第一步要分析电磁干扰的频谱和强度分布等物理特性；第二步要分析仪表在这些干扰下的受扰反应，估算出仪表抵抗电磁干扰的能力以及感受电磁干扰的敏感度（亦称噪声敏感度）；第三步要根据仪表的功能和应用场合，采取下列方法：

1）仪表设计符合"电磁兼容不等式"，即

$$干扰源噪声发送能量 \times 耦合因子 < 设备噪声敏感阈值$$

2）屏蔽技术，包括静电屏蔽、磁屏蔽和电磁屏蔽。
3）隔离技术。
4）接地技术。
5）滤波技术，包括电源滤波电路、信号滤波电路和单片机数字滤波技术。
6）仪表电路的合理布局和制作等。

16.2.2 屏蔽技术

屏蔽技术是利用金属材料对于电磁波具有较好的吸收和反射能力来进行抗干扰的。根据电磁干扰的特点选择良好的低电阻导电材料或导磁材料，构成合适的屏蔽体。利用铜或铝等金属材料制成容器，将需要防护的部分包起来。或者利用导磁性良好的铁磁材料制成的容器将需要防护的部分包起来，此种防止静电或电磁的相互感应所采用的技术措施称为屏蔽。屏蔽的目的就是隔断磁场或电场的耦合通道。

1. 静电屏蔽

在静电场作用下，导体内部无电力线，即各点电位相等。因此，用导体做成的屏蔽外壳处于外电场时，由于壳内的场强为零，可使放置其内的电路不受外界电场的干扰；或者将带电体放入接地的导体外壳内，则壳内电场也不能穿透到外部。

使用静电屏蔽技术时，应注意屏蔽体必须接地，否则虽然导体内无电力线，但导体外仍有电力线，导体仍受到影响，起不到静电屏蔽的作用。

2. 电磁屏蔽

电磁屏蔽是采用导电良好的金属材料做成屏蔽层，把设备和连接导线包围起来，利用高频干扰电磁场在屏蔽金属内产生的涡流，再利用涡流磁场抵消高频干扰磁场的影响，从而达到抗高频电磁场干扰的效果，以隔离电磁干扰进入测量系统。

电磁屏蔽依靠涡流产生作用，因此必须用良导体如铜、铝等制作屏蔽层。考虑到高频趋肤效应，高频涡流仅在屏蔽层表面一层，因此屏蔽层的厚度只需考虑机械强度。

屏蔽层不仅可以用于测量系统，使它少受空间电磁波的干扰；也可以用于干扰源，使它减少向空间发射电磁波的能量。

测量系统采用屏蔽时要注意两点：一是屏蔽层必须和信号零线相接，以免无意地给测量线路增加反馈回路，影响测量系统工作；二是必须保证干扰电流不能流经信号线。因此，不能把信号线的屏蔽层兼作信号零线。

将电磁屏蔽妥善接地后，其具有电场屏蔽和磁场屏蔽两种功能。

3. 低频磁屏蔽

电磁屏蔽对低频磁场干扰的屏蔽效果是很差的，因此在低频磁场干扰时，要采用高磁导率材料作屏蔽层，以便将干扰限制在磁阻很小的磁屏蔽体的内部，起到抗干扰的作用。

为有效地屏蔽低频磁场，屏蔽材料要选用坡莫合金之类对低频磁通有高磁导率的材料，同时要有一定厚度，以减少磁阻。

4. 驱动屏蔽

驱动屏蔽就是用被屏蔽导体的电位，通过 1：1 电压跟随器来驱动屏蔽层导体的电位，其原理如图 16-14 所示。具有较高交变电位 U_n 干扰源的导体 A 与屏蔽层 D 间有寄生电容 C_{s1}，而 D 与被防护

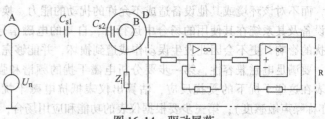

图 16-14 驱动屏蔽

导体 B 之间有寄生电容 C_{s2}，Z_i 为导体 B 对地阻抗。为了消除 C_{s1}、C_{s2} 的影响，图中采用了由运算放大器构成的 1：1 电压跟随器 R。设电压跟随器在理想状态下工作，导体 B 与屏蔽层 D 之间绝缘电阻为无穷大，并且等电位。因此在导体 B 外，屏蔽层 D 内空间无电场，各点电位相等，寄生电容 C_{s2} 不起作用，故交变电压 U_n 干扰源 A 不会对 B 产生干扰。

必须注意，驱动屏蔽中所应用的 1：1 电压跟随器，不仅要求其输出电压与输入电压的幅值相同，而且要求两者相位一致。实际上，这些要求只能在一定程度上得到满足。

5. 屏蔽线与屏蔽罩

对于微弱信号测量电路，特别是测量电路输入端引线较长时，为了防止感应干扰信号，应采用屏蔽线和屏蔽罩。对于大信号的非线性电路，为了防止谐波干扰其他电路，也应采用屏蔽罩。图 16-15 所示为测量电路输入端引线未采用屏蔽线的情况，干扰电压 U_F 在输入端引线上产生干扰电流 I_F，与信号电流 I_i 一起进入测量电路，使得测量电路输出信号 U_o 中混进了干扰信号。

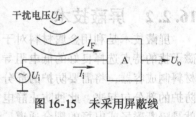

图 16-15 未采用屏蔽线

(1) 采用屏蔽线　测量电路输入端引线采用屏蔽线时的情况如图 16-16 所示。由于屏蔽线的外部屏蔽层接地，干扰电压 U_F 在屏蔽层产生的干扰电流 I_F 被旁路到地，不能进入测量电路，因此测量电路输出信号 U_o 中没有干扰信号。

为保证屏蔽效果，屏蔽线的屏蔽层应一端接地，如图 16-17 所示。如果屏蔽线的屏蔽层两端都接地，干扰信号将会在屏蔽层和地线之间形成环流，严重破坏其屏蔽效果。

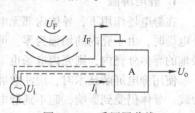

图 16-16 采用屏蔽线

电源线或大信号连接线常采用双绞线。双绞线也具有屏蔽功能，如图 16-18a 所示，当交流电源经双绞线传输给负载时，由于其每个双绞环节都改变了磁通方向，使得交流电流在双绞线上产生的磁通互相抵消，大大减小了对其他电路的电磁干扰。双绞线也能够抵制外界干扰。当外界干扰磁通作用于双绞线时，在每个双绞环节产生图 16-18b 所示的干扰电流。由于在每根导线上各段干扰电流方向相反、大小相等，互相抵消了，干扰电流便不会到达后续电路。

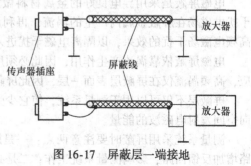

图 16-17 屏蔽层一端接地

(2) 采用屏蔽罩　屏蔽罩的作用如图 16-19a 所示，屏蔽罩既能阻止外界杂散信号对屏蔽罩内电路的干扰，又能防止屏蔽罩内电路对外面其他电路的干扰。

测量电路制作中，屏蔽罩一般可用薄铜皮等金属材料制成，屏蔽罩将需要屏蔽的元器件罩起来。屏蔽罩应可靠接地，如图 16-19b 所示，否则将不起屏蔽作用。如果屏蔽罩内有可调元器

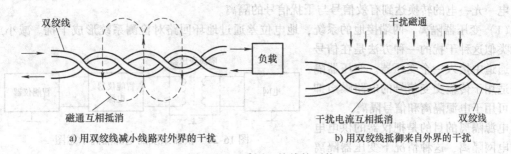

a) 用双绞线减小线路对外界的干扰　　　　b) 用双绞线抵御来自外界的干扰

图 16-18　采用双绞线抗干扰

件可在屏蔽罩的相应位置开个孔，以便调节。

制作和安装屏蔽罩时应注意，罩内、罩外的元器件均不得与屏蔽罩相碰触，以免造成短路。如果屏蔽罩内外空间较小，应在罩内、罩外放置绝缘纸，以保证安全。

在使用屏蔽技术时，原则上，屏蔽体单点接地，在仪表内部选择一个专用的屏蔽接地端子，所有屏蔽体都单独引线到该端子上，而用于连接屏蔽体的线缆必须具有绝缘护套。在信号波

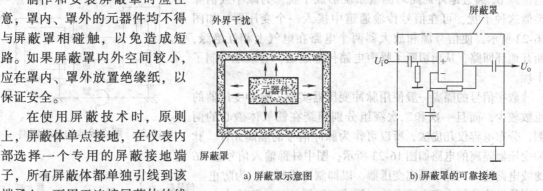

a) 屏蔽罩示意图　　　　b) 屏蔽罩的可靠接地

图 16-19　采用屏蔽罩抗干扰

长为线缆长度的 4 倍时，信号会在屏蔽层产生驻波，形成噪声发射天线，因此要两端接地；对于高频而敏感的信号线缆，不仅需要两端接地，而且还必须贴近地线敷设。

仪表的机箱可以作为屏蔽体，可以采用金属材料制作箱体。采用塑料机箱时，可在塑料机箱内壁喷涂金属屏蔽层。

16.2.3　隔离技术

仪器系统的信号输入输出通道直接与对象相连，干扰会沿通道进入系统，使用隔离技术切断对象与通道之间的环路电流，从而破坏干扰途径、切断噪声耦合通道是一种有效抑制干扰的方法。仪表中采用的隔离技术分为两类：空间隔离及器件性隔离。

1. 空间隔离

空间隔离技术包括：

（1）上述屏蔽技术的延伸　屏蔽技术是对仪表实施的一种"包裹性"措施，以排除静电、磁场和电磁辐射的干扰。若被屏蔽体内部的构成环节之间存在"互扰"，可采用"空间隔离"的方法——把干扰体"孤立"起来，以抑制干扰。例如，负载回路中产生的热效应，可以通过机械手段与其他功能电路来实现"温度场"隔离。

（2）功能电路之间的合理布局　由于仪表由多种功能电路组成，当彼此之间相距较近时会产生"互扰"，应间隔一定的距离。例如，数字电路与模拟电路之间，智能单元与负载回路之间，微弱信号输入通道与高频电路之间等。

（3）信号之间的独立性　例如，当多路信号同时进入仪表时，多路信号之间会产生"互扰"，可在信号之间用地线进行隔离。

2. 器件性隔离

器件性隔离一般有隔离放大器隔离、变压器隔离和光电耦合器隔离，这些是通过电→磁→

电、电→光→电的转换达到有效信号与干扰信号的隔离。

(1) 变压器隔离　两端接地的系统，地电位差通过地环回路对检测系统形成干扰。减小或消除类似这种干扰的一种方法是在信号传输通道中接入一个变压器。变压器隔离法适用于传输交变信号的电路噪声抑制，可用于电源隔离和信号隔离。

电源隔离的目的是把仪器的供电电源与电网隔离，这种情况下变压器隔离的电路结构如图 16-20 所示。

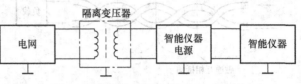

图 16-20　仪器系统的电源隔离示意图

信号隔离用于如图 16-21 所示的两端接地的系统。其中地电位差 U_N 通过地环回路对测量系统形成干扰。为减小或消除类似这种干扰，可在信号传输通道中接入一个变压器，如图 16-22 所示，使信号源和放大器两个电路在电气上相互绝缘，断开地环回路，从而切断了噪声电路传输通道，有效地抑制了干扰。

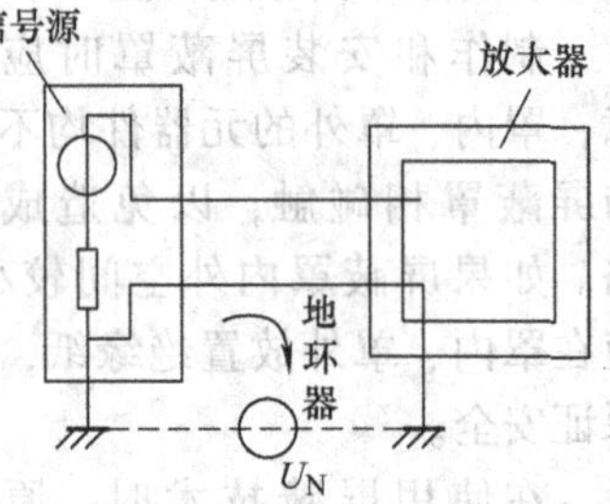

数字信号的隔离一般使用脉冲变压器实现。脉冲变压器的匝数较少，而且一次和二次绕组分别缠绕在铁氧体磁心的两侧，分布电容仅几皮法，所以可作为脉冲信号的隔离元件。脉冲变压器隔离的电路如图 16-23 所示，图中外部输入信号经 RC 滤波电路输入到脉冲隔离变压器，以抑制串模噪声。为防止过高的对称信号击穿电路元件，脉冲变压器的二次侧输入电压经限幅后进入智能仪器内部。

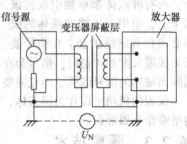

图 16-21　两点接地的地环回路

图 16-22　信号的变压器隔离

(2) 光电耦合器隔离　光电耦合器是将一个发光二极管和一个光电晶体管封装在一个外壳里的器件，如图 16-24a 所示，之间用透明绝缘体填充，并使发光管与光敏管对准，则输入电信号使发光二极管发光，其光线又使光电晶体管产生电信号输出，从而既完成了信号的传递，又实现了信号电路与接收电路之间的电气隔离，切断了干扰传输的通道。

光电耦合器隔离方法是在电路上接入一个光电耦合器，即用一个光电耦合器代替隔离变压器，用光作为信号传输的媒介，则两个电路之间既没有电耦合，也没有磁耦合，切断了电和磁的干扰耦合通道，从而抑制了干扰，如图 16-24b 所示。该图是一个简单的接入光电耦合器的数字电路，其中 R_1 是限流电阻，VD 是反向保护二极管，R_L 是负载电阻（R_L 也可接在光电晶体管的射极端）。当输入 V_i 使光电晶体管导通时，V_o 为低电平（即逻辑0）；反之为高电平（即逻辑1）。

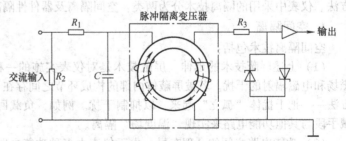

图 16-23　脉冲变压器隔离法示意图

光电耦合器的以下特性决定了它具有良好抗干扰能力。

1) 光电耦合器的输入阻抗很低（一般为 100~1000Ω），而干扰源内阻一般都很大，通常为 $10^5 \sim 10^6 \Omega$。根据分压原理，能够传送到光电耦合器输入端的干扰就很小了。

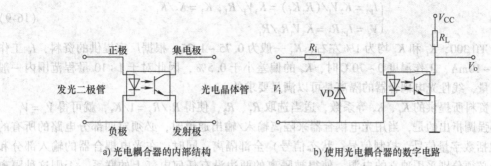

a) 光电耦合器的内部结构　　　　　b) 使用光电耦合器的数字电路

图 16-24　光电耦合器隔离

2) 光电耦合器的输入侧和输出侧是以光为媒介进行间接耦合,输入侧部分的发光二极管只有在通过一定强度的电流时才发光,输出侧的光电晶体管只能在一定强度下才能工作。因此即使有时窜入的干扰电压幅值较高,但由于没有足够的能量,也不能使二极管发光,这样,窜入的干扰就被抑制了。

3) 光电耦合器的输入侧和输出侧之间的电容很小,一般为 0.5~2pF,绝缘电阻又非常大,一般为 $10^{11} \sim 10^{13} \Omega$,因此一侧的干扰很难通过光电耦合器馈送到另一侧。

4) 光电耦合器的光电耦合部分是在一个密封的管壳内,因此不会受到外界光的干扰。

一般的光电耦合器广泛用于数字接口电路中的噪声抑制,但是由于它非线性特性强,所以在模拟电路中使用线性光电耦合器实现隔离。

TIL300 是一种价格较低的线性光电耦合器,其工作原理及其封装如图 16-25 所示。

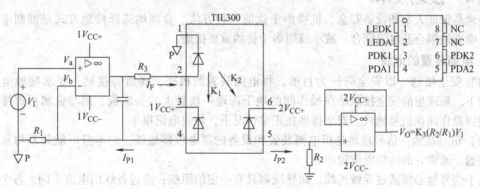

图 16-25　TIL300 线性光电耦合器

TIL300 由一个红外发光二极管和两个光电二极管组成。两个光电二极管分别称为反馈光电二极管和输出光电二极管。它们具有由红外发光二极管(Light Emitted Diode,LED)照射分叉配置的反馈光电二极管和输出光电二极管的结构。反馈光电二极管吸收 LED 光通量的一部分而产生控制信号,该信号可用来调节 LED 的驱动电流。这种技术可用来补偿 LED 时间和温度特性的非线性,输出光电二极管产生的输出信号与 LED 发出的伺服光通量成线性比例。TIL300 具有高传输增益稳定性。

输入 V_I 经运放驱动 LED,反馈光电二极管产生的反馈电流经过 R_1,由于 V_a 和 V_b 之间虚短,而对运放输入为虚断,则可得

$$I_{P1} = V_I / R_1$$

I_{P1} 和输出电流 I_{P2} 与输入电流 I_F 都成正比

$$I_{P1} = K_1 I_F, \quad I_{P2} = K_2 I_F$$

最后可得

$$\begin{cases} I_{P2} = K_2 V_1/(R_1 K_1) = K_3 V_1/R_1, \ K_3 = K_2/K_1 \\ V_o = I_{P2} R_2 = K_3 V_1 R_2/R_1 \end{cases} \tag{16-9}$$

对于 TIL300，K_1 和 K_2 均为 1% 左右，K_3 一般为 0.75～1.25。根据厂家提供的资料，I_F 工作电流为 1～10mA，工作温度 0～70℃ 时，K_3 的偏差小于 0.5%，因此对于 1∶10 量程范围内一般精度的测量，线性光电耦合器的隔离是可以满足要求的。

根据资料所提供的 K_1、K_2 等系数，适当选取 R_1、R_2，使得 $R_1/R_2 = 1/K_3$，就可得 $V_o = V_1$。

需要强调指出的是，当用光电耦合器来隔离输入/输出通道时，必须对两部分电路的所有的信号（包括数字量信号、控制信号、状态信号）全部隔离；同时，在光电耦合器的输入部分和输出部分必须分别采用独立的电源，使得被隔离的两边没有任何电气上的联系。否则这种隔离将失去意义。

光电耦合器除了可起抗干扰隔离作用外，还可起到很好的安全保障作用，即使故障造成 V_1 与电力线相接也不致于损坏仪表，因为光电耦合器的输入回路与输出回路之间可耐很高的电压，有些光电耦合器可达 1000V，甚至更高。

模拟量 I/O 电路与外界的电气隔离可用安全栅来实现。安全栅是有源隔离式的四端网络。与传感器相接时，其输入信号由传感器提供；与执行部件相接时，其输入信号由电压/电流转换器提供，都是 4～20mA 的电流信号。它的输出信号是 4～20mA 的电流信号，或 1～5V 的电压信号。经过安全栅隔离处理之后，可以防止一些故障性的干扰损害智能仪器。但是，一些强电干扰还会经此或通过其他一些途径从模拟量输入/输出电路窜入系统。因此在设计时，为保证仪器在任何时候都能工作在既平稳又安全的环境里，要另加隔离措施加以防范。

16.2.4 接地技术

接地是保证人身和设备安全、抗噪声干扰的一种方法。合理地选择接地方式是抑制电容性耦合、电感性耦合及电阻耦合，减小或削弱干扰的重要措施。

1. 电测装置的地线

（1）安全接地 以安全防护为目的，将电测装置的机壳、底盘等接地，要求接地电阻在 10Ω 以下。最理想的安全接地是在操作间的地下深埋一块较大的金属板，用与金属板焊接的粗铜线接到操作间作信号地线。安全接地在正常情况下，地线电流很小。

（2）信号接地 信号接地是指电测装置和设备的零电位接地线，它本身可能并不与真正的大地相通。通常它的地线电流较小。

由于信号地必须通过导线连线，而导线都具有一定的阻抗，流过各线的电流不同，各个接地点的电位就不完全相同。设计接地点的目的是尽量减少各电路电流流过公共地阻抗时产生的耦合干扰，还要避免地环路电流，从而避免环路电流与其他电路产生耦合干扰。

（3）信号源接地 传感器可看作非电量测量系统的信号源。信号源地线就是传感器本身的零电位电平基准公共线，由于传感器与其他电测装置相隔较远，因此它们在接地要求上有所不同。

（4）负载接地 负载中电流一般较前级信号电流大得多，负载地线上的电流在地线中产生的干扰作用也大。因此对负载地线与对测量仪器中的地线有不同的要求。有时两者在电气上是相互绝缘的，它们之间通过磁耦合或光耦合传输信号。

（5）单点接地 单点接地如图 16-26 所示。它是把各电路的地线接在一点上，这种方法的优点是不存在环形地回路，因而也不存在地环流，各电路的接地点只与本电路的地电流和地阻抗有关。如果各电路的电流都比较小，各地线中的电压降也较小。当两个电路相距较近时采用单点接地法，由于地线较短，

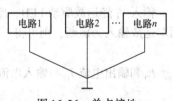

图 16-26 单点接地

它们之间电位差小,所以各段地线间相互干扰也小。

(6) 串联接地 图 16-27 是串联接地的示意图,接地点顺序连接在一条公共用地线上。在图示电路中共用地线电流是 n 个电路电流流过地线之和。电路 1 和电路 2 之间的地线电流是电路 2、电路 3 和电路 n 地线电流的总和。因此,每个电路的地线电位都受其他电路的影响,噪声通过公共地线互相耦合。

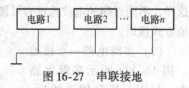

图 16-27 串联接地

从防止干扰的角度出发,这种接法不尽合理,但因为它接法简单,在许多地方仍被采用。例如在一块印制电路板上,各元器件或电路之间的地线一般都是串联接法,最终连到印制电路板的地线引线端上。从防止干扰和噪声的角度来看,这种接法不合理。但因其接法简单,在许多地方仍被采用。特别是在设计印制电路板上应用比较方便。

(7) 多点接地 多点接地如图 16-28 所示。为了降低阻抗,地线一般用宽铜皮镀银作为接地母线。它是把所有电路的地线都连接到离它最近的接地母线上,以便降低接地阻抗。这种接法在数字电路中是常用的。一般系统由多块印制电路板组成,它们之间的地线通过装在机架上的宽

图 16-28 多点接地

铜皮镀银的接地母线连接在一起,再把接地母线的一端接到直流电源的地线上,构成工作接地点,这种方法适用于高频电路。

不论是用哪种方法连接地线,地线尽可能宽一些。实际上,电子设备中信号地的接法不是简单地采用某种形式,而是采用以上几种方法组成的混合形式。

(8) 模拟地和数字地 在一些电子电路中,如数字仪表和自动控制设备中,同时有数字信号和模拟信号,而数字电路都工作在开关状态,电流起伏波动较大,若两种信号间的耦合还采用电耦合,则在其地线间必定会产生相互干扰,造成模数转换的不稳定。为了消除这种干扰,最好采用两套电源电路,分别供给模拟部分和数字部分,信号间采用光电耦合器进行耦合,这样即可把两套电源间的地线实现电隔离。具体电路可采用图 16-29 所示电路。

(9) 系统接地 一般把信号电路地、功率电路地和机械地都称为系统地。为了避免大功率电路流过地线回路的电流对小信号电路产生影响,通常功率地线和机械地线必须自成一体。接到各自的地线上,然后一起连到机壳地上,如图 16-30 所示。

系统接地的另一种方法是,把信号电路地和功率地接到直流电源地线上,而机壳单独安全接地(接大地)。这种接法称系统浮地(见图 16-31)。系统浮地同样能起到抑制干扰和噪声的作用。

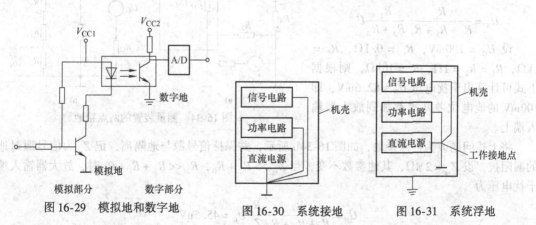

图 16-29 模拟地和数字地　　图 16-30 系统接地　　图 16-31 系统浮地

2. 电路一点接地准则

(1) 单级一点接地准则 如图 16-32a 所示,单级选频放大器的原理电路上有 7 个线端需要

接地。如果只从原理图的要求进行接线，则这7个线端可以任意地接在接地母线的不同位置上。这样，不同点间的电位差就有可能成为这级电路的干扰信号，因此应按图16-32b所示的一点接地方式接地。

(2) 多级电路一点接地

图16-33a所示多级电路中，利用一段公用地线后，再在一点接地，它虽然避免了多点接地可能产生的干扰，但是在这段公用地线上却存在着A、B、C三点不同的对地电位差。当各级电平相差较大时，高电平电路将会产生较大的地电流干扰到

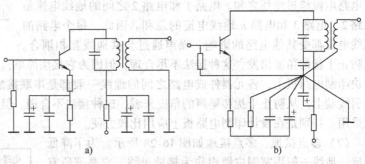

图16-32　单级电路的一点接地

低电平电路中去。只有当级数不多，电平相差不大时这种接地方式可勉强使用。图16-33b采用了分别接地方式，适用于1MHz以下低频电路。它们只与本电路的地电流和地线阻抗有关。

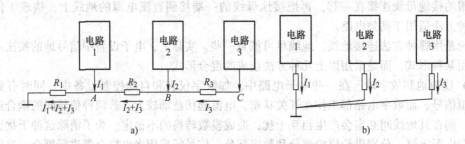

图16-33　多级电路的一点接地

(3) 测量装置的两点接地　图16-34a为两点接地对测量装置的影响。图中U_S、R_S为信号电压及其内阻，R_1、R_2为传输线等效电阻，R_i为放大器的输入电阻，U_G、R_G为两接地点之间的地电位差和地电阻。

当R_1、R_2均小于$R_S+R_i+R_1$时，干扰电压U_N为

$$U_N = \frac{R_i}{R_i+R_1+R_S}\frac{R_2}{R_2+R_G}U_G$$

设$U_G=100\text{mV}$，$R_G=0.1\Omega$，$R_S=1\text{k}\Omega$，$R_1=R_2=1\Omega$，$R_i=10\text{k}\Omega$，则根据上式可计算出干扰电压$U_N\approx 82.6\text{mV}$，即100mV的地电位差几乎都加到放大器输入端上。

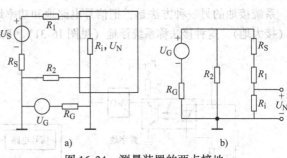

图16-34　测量装置的两点接地

将上述问题改为一点接地，如图16-34b所示，并保持信号源与地隔离，记Z_{sg}为信号源对地的漏阻抗，设$Z_{sg}=2\text{M}\Omega$，其他参数不变，当$Z_{sg}\gg R_2+R_G$，$R_2\ll R_S+R_i+R_1$时，放大器输入端干扰电压为

$$U_N = \frac{R_i}{R_i+R_1+R_S}\frac{R_2}{Z_{sg}}U_G = 45.5\text{nV}$$

可见信号源与测量装置单点接地时的干扰电压大大降低。

3. 测量系统的接地

通常测量系统至少有三个分开的地线，即信号地线、保护地线和电源地线。

这三种地线应分开设置，并通过一点接地。图 16-35 说明了这三种地线的接地方式。若使用交流电源，电源地线和保护地线相接，干扰电流不可

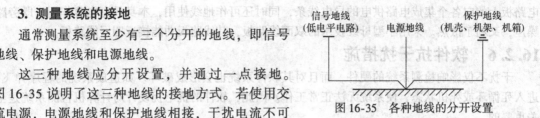

图 16-35　各种地线的分开设置

能在信号电路中流动，避免因公共地线各点电位不均所产生的干扰，它是消除共阻抗耦合干扰的重要方法。

16.2.5　电路的合理布局和制作

1. 元器件的选择

构成电路的基本单元是元器件，选择合适的元器件是抑制干扰的基本保证。

电阻器应尽可能选用金属膜电阻，缩短接线长度。

用于低频、旁路场合的电容器，可以采用纸介电容器；在高频和高压电路中，应选用云母电容器或陶瓷电容器；在电源滤波或退耦电路中，用电解电容器。铝电解电容器易产生噪声，钽电容器漏电小，长期稳定性好且频率稳定，是首选的电容元件。

用接插件时应注意：①选用带金属壳的线缆接插件和喷镀金属的导电塑料垫；②对于屏蔽线缆的屏蔽金属网，弯折后缠绕上铝箔，用接插件的夹子夹紧，再固定到金属壳上；③要与仪表良好的固定，不会随振动而松动。

2. 电路的设计

设计模拟电路时，要注意以下几点：①对输入信号，加设模拟滤波电路；②电压频率转换器中的积分电容器需要屏蔽隔离，并单点接地；③将模拟电路和数字电路分开一定的距离安装，模拟地与数字信号地在线路板上不能短接。

设计数字电路时，要注意以下几点：①增加退耦电容，在数字集成电路的电源和地之间并入一个退耦电容器；②时序匹配；③采用光电耦合器进行数字信号的传输。

为有效抑制共模干扰，增大共模抑制比，采用差动方式传输和接收信号，并采用光电耦合器或变压器对信号进行电气隔离。信号若在极为恶劣的环境中传输，可将有效信号转换成具有大电压和电流的强信号或者采用光纤传输技术。采用双绞线作信号传输线，并增设滤波器。采用双绞线作信号线，能使双绞线中各个小环路的感应电势互相呈反向抵消，减少电磁感应。

3. 印制电路板的制作

（1）减少辐射干扰　当电路中采用肖特基电路和动态数据存储器时，电源电流随工作状态的变化而产生辐射现象，应在集成电路附近增设旁路电容退耦，以降低电源线阻抗，缩小电流环路，使电路工作稳定。

（2）抑制电源线和地线阻抗引起的振荡　每个集成电路的电源和地之间接旁路电容，缩短开关电流的流通途径；将电源线和地线布局成棋格状，缩短线路回路；将电路中的地线设计成封闭回路，将电源线和地线设置得粗一些。

（3）合理布局和走线　以双层线路板为例，一面为水平走向，另一面为垂直走向；在线路必须折向时，以 45°为宜，90°处会增加电压驻波；线路的粗细由线路的功能来定。

（4）采用最新技术　若电路要求很高，建议采用多层线路板。多层线路板的特点是：①内层有专用的电源层和地线层，极大地降低了电源线路的阻抗，有效减少了公共阻抗干扰；②由于对信号线都有均匀的接地面，信号的特性阻抗稳定，减少了由反射引起的波形畸变；③加大了信号线和地线之间的分布电容，减少了信号的串模干扰。

印制电路板的制作还可采用小型母线和条型电源母线。小型母线（Minibus）是敷设于印制

电路板上的向各个集成电路供电的导电线条，同时还可作地线使用，本身具有电容作用，既旁路噪声，又利于散热。采用小型母线技术的双面线路板，其线路板功能接近四层线路板。

16.2.6 软件抗干扰措施

干扰不仅影响检测系统的硬件，而且对其软件系统也会形成破坏。如造成系统的程序弹飞、进入死循环或死机状态，使系统无法正常工作。因此，软件的抗干扰设计对计算机检测系统是至关重要的。

除了前面介绍的数字滤波软件抗干扰措施外，还有软件陷阱、"看门狗"技术等。

软件陷阱是通过指令强行将捕获的程序引向指定地址，并在此用专门的出错处理程序加以处理的软件抗干扰技术。前面提到干扰可能会使程序脱离正常的运行轨道，软件陷阱技术可以让弹飞了的程序安定下来。在程序固化时，在每个相对独立的功能程序段之间，插入跳转指令，如 LJMP 0000H，将程序存储器（EPROM）后部未用区域全部用 LJMP 0000H 填满，一旦程序"跑飞"进入该区域，自动完成软件复位。将 LJMP 0000H 改为 LJMP ERROR（故障处理程序），可实现"无扰动"复位。

"Watchdog" 俗称看门狗，即监控定时器，是计算机检测系统中普遍采用的抗干扰和可靠性措施之一。"Watchdog" 有多种用法，其主要的应用则是用于因干扰引起的系统程序弹飞的出错检测和自动恢复。它实质上是一个可由 CPU 复位的定时器，原则上由定时器以及与 CPU 之间的适当的输入/输出接口电路组成，如振荡器加上可复位的计数器构成的定时；各种可编程的定时器/计数器（如 Intel 8253/8254 等）；单片机内部的定时器/计数器等。

16.3 差模干扰和共模干扰的抑制

16.3.1 串模干扰的抑制

检测系统对串模干扰的抑制能力用串模抑制比也称常模抑制比（Normal Mode Rejection Ratio，NMRR）来衡量：

$$NMRR = 20\lg \frac{V_{nm}}{V_{nml}} \tag{16-10}$$

式中，V_{nm} 为串模干扰电压；V_{nml} 为仪器输入端由串模干扰引起的等效差模电压。一般要求 NMRR > 40～80dB。

串模干扰一般是由叠加在各种不平衡输入信号和输出信号上，或通过供电线路而窜入系统的。由于干扰直接与信号串联，因此只能从干扰的特性和来源入手，采取相应抑制措施。

（1）用双绞线或同轴电缆作信号线 对主要来源于空间电磁场的干扰，采用双绞线作信号线，目的是减少电磁感应，并且使各个小环路的感应电势互相呈反向而抵消，或选用同轴电缆，并应有良好的接地系统。

（2）用滤波器抑制串模干扰 采用滤波器抑制交流串模干扰也是常用的方法（而对直流串模干扰则采用补偿措施）。根据串模干扰频率与被测信号频率的分布特性，决定选用具有低通、高通、带通等传递特性的滤波器。一般在智能仪器中，主要的抗串模干扰措施是用低通滤波器滤除输入的交流干扰，而对直流串模干扰采用补偿措施。常用的低通滤波器是由电阻 R、电容 C、电感 L 等无源元件组成的 RC、LC 及双 T 等无源滤波器，如图 16-36a～c 所示，它们具有结构简单、成本低的优点，缺点是信号有很大衰减，串模抑制比不高。

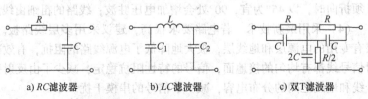

a) RC 滤波器　　b) LC 滤波器　　c) 双 T 滤波器

图 16-36　无源低通滤波器构成

RC 滤波器的结构简单，成本低，也不需调整。但它的串模抑制比较低，一般需要 2~3 级串联使用才能达到规定的串模抑制比指标，而且时间常数 RC 较大，RC 过大将影响放大器的动态特性。

LC 滤波器的串模抑制比较高，但需要绕制电感线圈，体积大、成本高。

双 T 滤波器对某一固定频率的干扰具有很高的抑制比，偏离该频率后抑制比迅速减小。主要用来消除工频干扰，而对高频干扰无能为力，其结构虽然也简单，但调整比较麻烦。

为了把增益和频率特性结合起来，可以采用以反馈放大器为基础的有源低通滤波器，如图 16-37 所示。可以获得比较理想的频率特性，也可以提高增益，其缺点是线路复杂。

通常，仪器的输入滤波器都采用 RC 滤波器，在选择电阻和电容参数时除了要满足 NMRR 指标外，还要考虑信号源的内阻，兼顾共模抑制比和放大器动态特性的要求，故常用二级 RC 低通滤波器网络作为输入通道的滤波器，如图 16-38 所示，它可使 50Hz 的串模干扰信号衰减至 1/600 左右。该滤波器的时间常数小于 200ms，当被测信号变化较快时应当相应改变网络参数，以适当减小时间常数。

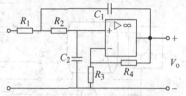

图 16-37 有源低通滤波器

（3）选择器件 双积分式 A/D 转换器是对输入信号的平均值进行转换，对周期性干扰具有很强的抑制能力。一般积分周期等于工频周期的整数倍，可以抑制工频信号产生的串模干扰。另外，可以采用高抗干扰逻辑器件，通过提高阈值电平来抑制低噪声的干扰。在速度允许的情况下，也可以人为地附加电容器，吸收高频干扰信号。

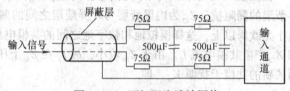

图 16-38 两级阻容滤波网络

（4）对信号进行预处理 如果串模干扰主要来自传输线电磁感应，可以尽早地对被测信号进行前置放大，以提高信号噪声比，从而减小干扰的影响；或者在传感器中完成 A/D 转换，使信号变为传输抗干扰能力较强的数字信号。

16.3.2 共模干扰的抑制

检测系统输入端对共模干扰的抑制能力用共模抑制比（Common Mode Rejection Ratio, CMRR）表示，即

$$\text{CMRR} = 20\lg \frac{V_{cm}}{V_{cm1}} \tag{16-11}$$

式中，V_{cm} 为共模干扰电压；V_{cm1} 为仪器输入端由共模干扰引起的等效差模输入电压。

共模干扰产生的主要原因是不同"地"之间存在共模电压，以及模拟信号系统对地的漏阻抗。采用双端输入的差分放大器作为仪表输入通道的前置放大器，是抑制共模干扰的有效方法。设计比较完善的差分放大器，在不平衡电阻为 1kΩ 的条件下，共模抑制比 CMRR 可达 100 ~ 160dB。此外，共模干扰的抑制还可以采用以下两种方法。

（1）变压器或光电耦合器隔离 利用变压器或光电耦合器把各种模拟与数字信号源隔离开来，也就是把模拟地与数字地断开，以使共模干扰电压不形成回路，从而抑制了共模干扰。此外，隔离前和隔离后使用互相独立的电源，切断两部分的地线联系，如图 16-39 所示。当共模干扰电压很高或要求共模漏电流很小时，常在信号源与仪器的输入通道之间插入隔离放大器。

（2）浮地屏蔽 浮地屏蔽采用屏蔽方法使输入信号的"模拟地"浮空，从而达到抑制干扰的目的。在图 16-40a 中，采用单层屏蔽双线采样（S_1，S_2）浮地

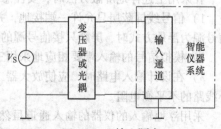

图 16-39 输入隔离

隔离或双层屏蔽三线采样（S_1，S_2，S_3）浮地隔离来抑制共模干扰电压。所谓三线采样，是将地线和信号线一起采样，提高了共模输入阻抗，减少了共模电压在输入回路中引起的共模电流，从而抑制共模干扰的来源，其等效电路如图 16-40b 所示。

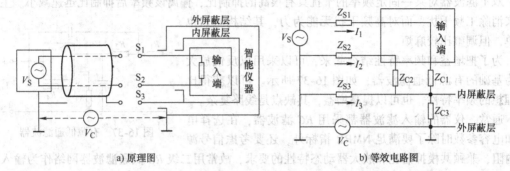

a) 原理图　　　　　　　　　　　　b) 等效电路图

图 16-40　浮地屏蔽

在图 16-40b 中，Z_{S1}、Z_{S2} 为信号源内阻，Z_{S3} 为信号线的屏蔽层电阻，Z_{C1}、Z_{C2} 为输入端对内屏蔽层的漏阻抗，Z_{C3} 为内屏蔽层与外屏蔽层之间的漏阻抗。合理的设计应使 Z_{C1}、Z_{C2}、Z_{C3} 达到数十兆欧姆以上，这样模拟地和数字地之间的共模电压 V_C 不会直接引入输入端，而是先经过 Z_{S3} 和 Z_{C3} 产生共模电流 I_3。由于 Z_{S3} 较小，故 I_3 在 Z_{S3} 上压降 V_{S3} 也很小，可以把它看成一个已受到抑制的新的共模干扰源 V_{n1}，即

$$V_{n1} = V_{S3} = V_C \frac{Z_{S3}}{Z_{S3} + Z_{C3}} \tag{16-12}$$

因为在 $Z_{C3} \gg Z_{S3}$，所以

$$V_{n1} \approx V_C \frac{Z_{S3}}{Z_{C3}} \tag{16-13}$$

V_{n1} 通过 Z_{S1}、Z_{C1} 和 Z_{S2}、Z_{C2} 分别形成回路，产生共模电流 I_1、I_2，并在 Z_{S1} 和 Z_{S2} 上产生干扰电压 V_{S1} 和 V_{S2}。这时输入端所受到共模电压的影响 V_{n2} 即为 V_{S1} 和 V_{S2} 之差值

$$V_{n2} = V_{S2} - V_{S1} = V_{n1} \left(\frac{Z_{S2}}{Z_{S2} + Z_{C2}} - \frac{Z_{S1}}{Z_{S1} + Z_{C1}} \right) = V_C \frac{Z_{S3}}{Z_{C3}} \left(\frac{Z_{S2}}{Z_{S2} + Z_{C2}} - \frac{Z_{S1}}{Z_{S1} + Z_{C1}} \right) \tag{16-14}$$

因为 $Z_{C1} \gg Z_{S1}$，$Z_{C2} \gg Z_{S2}$，所以

$$V_{n2} \approx V_C \frac{Z_{S3}}{Z_{C3}} \left(\frac{Z_{S2}}{Z_{C2}} - \frac{Z_{S1}}{Z_{C1}} \right) \tag{16-15}$$

如果无内屏蔽层，而采用单层屏蔽双线采样浮地隔离式放大器，则放大器输入端间所受到的共模电压的影响 V_{n3} 为

$$V_{n3} \approx V_C \left(\frac{Z_{S2}}{Z_{C2}} - \frac{Z_{S1}}{Z_{C1}} \right) \tag{16-16}$$

比较式 (16-15) 和式 (16-16) 可知，双层屏蔽三线采样比单层屏蔽双线采样抗干扰能力强。

在采用上述浮地屏蔽方法时，要注意以下几点：

1) 信号线屏蔽层只允许一端接地，并且只在信号源一侧接地，而放大器一侧不得接地。当信号源为浮地方式时，屏蔽只接信号源的低电位端。

2) 模拟信号的输入端要相应地采用三线采样开关。

3) 在设计输入电路时，应使放大器二输入端对屏蔽罩的绝缘电阻尽量对称，并且尽可能减小线路的不平衡电阻。

采用浮地输入的仪器的输入通道虽然增加了一些器件，例如每路信号都要用屏蔽线和三线开关，但对放大器本身的抗共模干扰能力的要求大为降低，因此这种方案已获得广泛应用。

16.4 温度补偿技术

一般测量系统都是由几个基本单元组成,如敏感元件、放大器、处理电路和显示器等。然而这些单元的技术性能无不与工作温度有关,尤其是敏感元件的静特性与环境温度关系更为密切。如作为压力测量使用的敏感元件——金属波纹膜片,它的原材料是合金材料,而这些合金材料的弹性模量 E 是随温度而变化,这就决定了金属波纹膜片的刚度系数随环境温度而变化,从而使其静特性随温度而变化。又如电感式传感器,当周围环境温度升高时,线圈电阻变大、磁场强度减弱及气隙间的磁感应强度减小等,使特性产生变化。不仅如此,温度升高还会引起零部件热膨胀,使传感器的机械尺寸产生变形,从而影响技术性能指标。

对于电子线路,电阻的阻值、电容器的电容值、二极管和晶体管的特性参数也都随环境温度而变化,这就造成放大器的放大倍数以及直流放大器的零点随环境温度而变化。显然,这些都要引出测量仪表的附加误差。

为了满足应用中对系统性能在温度方面的要求,就需要在系统的研究、设计和制造过程中采取一系列技术措施,以抵消或减弱环境温度对仪表特性的影响,从而保证系统性能的技术参数对温度的稳定性,这些技术措施统称为温度补偿技术。

16.4.1 温度补偿原理

为了讨论环境温度对传感器工作的影响,首先必须确定输出值随温度变化的关系,如图 16-41 所示

设仪表的输出量 y 是输入量 x 和环境温度 T 的函数,即 $y=f(x、T)$,当输出 y 与输入 x 之间是非线性函数关系时,$y=f(x、T)$ 一般可表示为

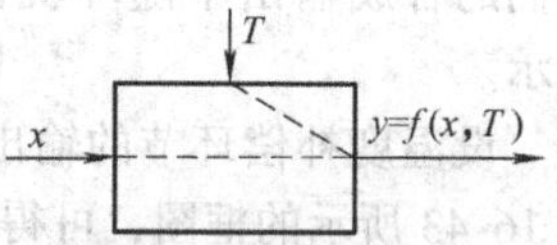

$$y=f(x,T)=a_0(T)+a_1(T)x+a_2(T)x^2+\cdots+a_n(T)x^n$$

图 16-41 温度 T 对传感器输出的影响

式中,$a_0(T)$ 为输入量 x 为零时,传感器的输出值;$a_1(T)$ 为传感器灵敏度,其值随 T 而变;$a_i(T)$ 为传感器各次分量的传递系数 $(i=2\sim n)$ 的输出值。

在某一输入量 x 下,由温度变化引起的仪表输出变化为

$$S_T \approx \frac{da_0(T)}{dT}+\frac{da_1(T)}{dT}x+\cdots+\frac{da_n(T)}{dT}x^n \tag{16-17}$$

式中,$da_0(T)/dT$ 为传感器零点对温度的灵敏度,它的大小反映了零点随温度的漂移;$da_1(T)/dT$ 为传感器灵敏系数对温度的灵敏度,它的大小反映了传感器灵敏度随温度变化的大小;$da_i(T)/dT$ 为传感器各次分量传递系数随温度的变化率 $(i=2\sim n)$。

为了便于研究环境温度对传感器工作的影响,略去上式的高次项。只取一次分量,即近似地把系统看成是线性系统,则式(16-17) 简化为

$$S_T \approx \frac{da_0(T)}{dT}+\frac{da_1(T)}{dT}x \tag{16-18}$$

同时

$$y \approx a_0(T)+a_1(T)x$$

从上述分析可以看出,为了降低环境温度对传感器工作的影响,应设法减少传感器对温度的灵敏度即有害灵敏度。这可以从两方面着手,一是减小传感器输出零点对温度的有害灵敏度;二是减小传感器的灵敏度对温度的敏感性。亦即设法使

$$\begin{cases} \dfrac{da_0(T)}{dT} \approx 0 \\ \dfrac{da_1(T)}{dT} \approx 0 \end{cases} \tag{16-19}$$

16.4.2 温度补偿方式

实现温度补偿的方式主要有三类：自补偿、并联补偿和反馈式补偿。

1. 自补偿

自补偿是利用传感器本身的一些特殊部件受温度影响产生的变化而相互抵消。很显然要达到补偿的目的，必须对这些元件受温度影响而变化的规律有充分的认识，这样才能做到配合恰当，从而使之互消。

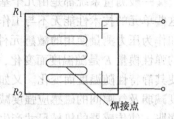

图 16-42　自补偿应变片

组合式温度自补偿应变片就是这类元件，其结构参见图 16-42。它是利用电阻材料的电阻温度系数有正、有负的特性，将两种不同的电阻丝栅（R_1、R_2）串联制成一个应变片。温度变化时，两段电阻丝栅随温度变化，产生两个大小相等，符号相反的增量，即满足 $-(\Delta R_1)_T = (\Delta R_2)_T$，从而实现温度补偿。两段丝栅的电阻大小，可按下式选择

$$\frac{R_1}{R_2} = -\left(\frac{\Delta R_2}{R_2}\right)_T \bigg/ \left(\frac{\Delta R_1}{R_1}\right)_T \tag{16-20}$$

2. 并联补偿

并联补偿是在原有的测量系统中，人为地增加一个温度补偿环节，该补偿环节与主测量系统并行相连，其目的是使它们的合成输出不随环境温度 T 变化。其框图如图 16-43 所示。

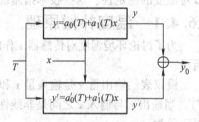

图 16-43　并联补偿结构框图

设温度补偿环节的输出特性为 $y' = a'_0(T) + a'_1(T)$。按图 16-43 所示的框图，可得到总输出增量 Δy_0 与输入量 x 及温度 T 的增量之间的关系为

$$\begin{aligned}\Delta y_0 &= \Delta y + \Delta y' \\ &= \left[\frac{da_0(T)}{dT} + \frac{da_1(T)}{dT}x\right]\Delta T + a_1(T)\Delta x + \left[\frac{da'_0(T)}{dT} + \frac{da'_1(T)}{dT}x\right]\Delta T + a'_1(T)\Delta x \\ &= \left[\frac{da_0(T)}{dT} + \frac{da'_0(T)}{dT}\right]\Delta T + x\left[\frac{da_1(T)}{dT} + \frac{da'_1(T)}{dT}\right]\Delta T + [a'_1(T) + a_1(T)]\Delta x \end{aligned} \tag{16-21}$$

从式(16-21)可以得出，为了实现温度补偿，并使输出灵敏度增加，应使

$$\begin{cases} \dfrac{da_0(T)}{dT} + \dfrac{da'_0(T)}{dT} = 0 \\ \dfrac{da_1(T)}{dT} + \dfrac{da'_1(T)}{dT} = 0 \\ a'_1(T) + a_1(T) = 2a_1(T) \end{cases} \tag{16-22}$$

由此可见，在进行并联补偿时，需满足下列条件：

1）补偿环节输出对温度的反应与被补偿环节输出对温度的反应大小相等且符号相反，才可能实现全补偿。实际上就是两个不同性能的传感器，在同一温度条件下，应做差动输出。但由于两个环节的温度变化，不可能完全相同，因此在工程上只能做到某些点实现全补偿。

2）补偿环节对输入量 x 的反应与被补偿环节对 x 的反应大小应相等且符号相同，以提高灵敏度。

3. 反馈式补偿

反馈式温度补偿是应用负反馈原理，通过自动调整过程，保持传感器的零点和灵敏度不随环境温度而变化，其原理如图 16-44 所示。图中 A_0、A_1 是传感器零点 $a_0(T)$、灵敏度 $a_1(T)$ 的

检测环节，B_0、B_1 是信号变换环节，U_{re0}、U_{re1} 是恒定的参比电压，K_0、K_1 是电子放大器，D_0、D_1 是执行环节，$y = f(x, T, x_{s0}, x_{s1})$ 是传感器被补偿部分特性。

工作过程是 A_0 检测出零点随温度的变化，经 B_0 变换成电压 U_{fn0} 并与参比电压 U_{re0} 比较，取得差值 ΔU_0，经放大、执行环节，使零点变化减小，直至完成消除温度对零点的影响。

由此可见，反馈式温度补偿的关键问题是：

1）如何将传感器零点 $a_0(T)$、灵敏度 $a_1(T)$ 通过 A_0、A_1 检测出来，并经 B_0、B_1 变换成电压信号 U_{fa0} 和 U_{fa1}。

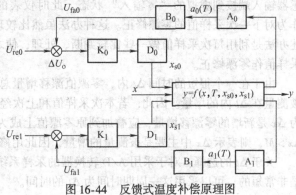

图 16-44　反馈式温度补偿原理图

2）如何用 A_0、A_1 的输出，通过 D_0、D_1 产生控制作用，自动改变 $a_0(T)$ 和 $a_1(T)$，以达到自动补偿环境温度 T 对 $a_0(T)$ 和 $a_1(T)$ 的影响。

当采用反馈式温度补偿时，应先通过理论分析，找出传感器输出、输入方程的表达式，进而分析该方程，找出能反映 $a_0(T)$ 和 $a_1(T)$ 值变化的参数，最后确定控制 $a_0(T)$ 和 $a_1(T)$ 的手段。

16.4.3　温度补偿方法

环境温度变化引起仪表的零点漂移和工作特性的改变，可以采用并联或反馈方式进行修正，也可以进行综合补偿修正。补偿方法可以选择硬件措施，也可以选择软件措施，或两者配合，应视具体情况而定。

1. 硬件方法

（1）零点补偿　环境温度的变化引起仪表零点漂移，可在系统中加入一个附加电路，使其产生一个与零点漂移值大小相等、极性相反的信号，它与零点漂移相串联，两者相互抵消而实现补偿。

（2）灵敏度补偿　在环境温度变化时，会引起检测系统灵敏度的变化而且造成测量误差。为了消除它的影响，需要对灵敏度的有害灵敏度进行检测，根据这一检测值通过一定电路去控制检测系统的灵敏度使其维持不变，来实现灵敏度的温度补偿。

（3）综合补偿　在不少情况下不便或不必去区分开补偿零点和灵敏度，而是综合补偿，保证检测系统的输出不随温度干扰而变。

2. 软件方法

在大多数情况下，用硬件补偿的方法难以取得满意的结果。在应用微机的检测系统中，只要能建立温度误差的数学模型，就能较好地解决温度变化对仪表的各部分特性的影响。

（1）零点补偿　检测系统在零输入信号时（对某些检测可能是空载），包括信号输入放大器及微机接口电路在内的整个检测部分的输出应为零，但由于零漂的存在，它的输出不为零。此时的输出值实际上就是仪表的零点漂移值。微机系统可以把检测到的零漂值存入内存中，然后，在每次测量中都减去这个零漂值，这就能实现零点补偿。

（2）零漂的自动跟踪补偿　产生零漂的原因，温度变化是一个重要因素，此外还有多种因素。零漂值不是一个定值，它会随环境温度、时间而变化，且不是线性的。因此，在要求比较高的情况下，按定值或一定时间内按定值进行补偿，不能满足检测的要求。在有微机参与的仪表中，可以借助于软件实施零漂的自动跟踪补偿，用跟踪到的零漂值对被测量的采样值进行修正，就可以得到满意的结果。

零漂的自动跟踪补偿办法可有多种。例如每次测量采样之前（或之后），要使控制开关将传感器输入端接到虚拟的"零输入"状态，此时仪表的输出即为当前的零漂值，将其存入内存，作为对下一次采样值的零漂修正。这种办法虽然比较理想，但对采样速度会带来一定的影响。下述办法是利用每次采样值做一些比较判断、处理，使之尽可能得到最新当前零漂值，用以对当前采样值作零漂修正。

由于在一个很短的时间 Δt 内，零漂值漂移增量总是很小，设它等于或小于 M，M 不会超过被测量在 Δt 内的增量。因此，若本次采样值和上次经零漂移修正过的采样值之差 $\Delta x \leqslant M$，则认为 Δx 是新增的零漂移增量，应叠加到原零漂值上成为当前零漂值，并用于修正本次采样值；若 $\Delta x > M$，则表示 Δx 中主要是被测量的增量，因此用修正上次采样值的零漂值来修正本次采样值。

关于 Δt 的选择：对于采用 A/D 转换器的采样系统，本次采样到下一次采样开始之间的时间是非常短的，可以采用这一周期时间为 Δt 的时间。

关于 M 的设定：M 的设定值，它与不同的被测量及其量大量程的选择有关。在具体的检测系统中，通过调整而获得，然后固定在指定的内存单元中。

(3) 传感器的温度误差修正　在环境温度变化较大或对传感器要求较高的场合，从整个检测系统整体进行温度补偿又不能有效地克服传感器的温度附加误差，这时，需要单独考虑环境温度变化对传感器零点和灵敏度的影响。在这些情况下，只采用模拟量或硬件电路难以实现补偿时，在应用微机的智能仪表或检测系统中，只要精确地建立温度误差的数学模型，就可以较好地解决这一问题。

传感器温度误差修正的基本思路是：在传感器内靠近对温度敏感的部件处，安装一个测温元件，用以检测传感器所在环境的温度。把测温元件的输出经过多路开关与信号一同送入 CPU，根据温度误差的数学模型去补偿被测信号，以达到精确测量的目的，如图 16-45 所示。

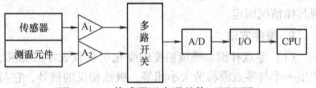

图 16-45　传感器温度误差修正原理图

温度误差数学模型可分为简单和较精确的两种模式。

简单的温度误差修正模型为

$$y_c = y(1 + a_0 \Delta t) + a_1 \Delta t \tag{16-23}$$

式中，y 为未经温度误差修正的数字量；y_c 为已经温度误差修正的数字量；Δt 为实际工作环境温度与标准温度之差；a_0 为温度误差系数，用于补偿灵敏度的变化；a_1 为温度误差系数，用于补偿零点温度漂移。

较精确的温度误差修正模型为

$$y_c = y(1 + a_0 \Delta t + a_1 \Delta t^2) + a_2 \Delta t + a_3 \Delta t^2 \tag{16-24}$$

式中，a_0、a_1 为温度误差系数，用于补偿灵敏度的变化；a_2、a_3 为温度误差系数，用于补偿零点温度漂移。

对于传感器的灵敏度及零点漂移与温度呈非线性关系的情况，这种模型能收到较好的效果。

第 17 章 检测系统的标定与校准

17.1 量值的传递与仪表的标校

1. 量值传递

所谓"量值"（Value Quantity），是指由数值和单位所表示的量的大小，如 200mm、50℃、100kPa 等。

工业过程检测中可能遇到的各种物理量，在国际单位制（SI）中有它们各自的计量单位。表 17-1 列出了 SI 的七个基本单位，它们均有严格的科学定义，在量纲上彼此独立，是国际单位的基础。国际单位除了这七个基本单位外，还包括大量的导出单位，是可以按照选定的代数式由基本单位组合起来构成的单位。国际单位制是我国法定计量单位的基础，一切属于国际单位制的单位都是我国的法定计量单位。此外，还根据我国的情况，适当增加了一些其他单位。为了保证全国量值的统一，国家建立了稳定的、可以准确复制的计量基准，并通过各级计量标准器逐级传递到经济建设、国防建设和科学研究使用的仪器仪表中去，这种工作被称为量值传递。

表 17-1 国际单位制的基本单位

量的名称	单位名称	单位符号
长度	米	m
质量	千克	kg
时间	秒	s
电流	安［培］	A
热力学温度	开［尔文］	K
物质的量	摩［尔］	mol
发光强度	坎［德拉］	cd

通常把表示计量单位和数值的量具及仪器仪表统称为计量器具。根据计量器具在量值传递过程中的作用及其不同的准确度，分为国家计量基准器、计量标准器和工作量具（工作用仪器仪表）。国家计量基准器是体现计量单位量值、具有现代科学技术所能达到的最高准确度的计量器具，经国家鉴定合格后，作为全国计量单位量值的最高依据。计量标准器是国家根据生产建设的实际需要，规定不同等级的准确度，用来传递量值的计量器具。如图 17-1 所示为压力单位量值的传递关系，由图可以清楚地看出压力单位量值由高到低逐级传递的过程。

量值传递是一项法制性的管理工作，各级计量机构建立自己的最高一级计量标准器时，须经上级计量管理机构的审查批准，以保证计量器具准确一致，统一全国量值。

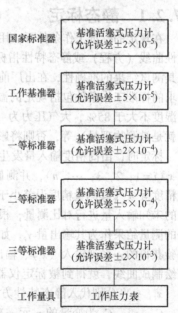

图 17-1 压力单位量值的传递关系

2. 仪表的校准

不管是传感器还是检测仪表，在制造、装配完毕后都必须进行一系列试验，对其技术性能进行全面的检定，以确定其实际性能；经过一段时间储存或使用的检测系统也需对其性能进行复测，以判断其是否可以继续使用。通常，在明确输入—输出变换对应关系的前提下，利用某种标准量或标准器具对检测系统的量值进行准确标度称之为标定（Graduation）。将检测系统在储存或使用一段时间后进行的性能复测、修正和调整等称之为校准（Calibration）。标定和校准就其实验内容来说，都是测定仪表的特性参数，其本质相同，故本节以标定进行叙述。

检测系统的标定是通过实验以建立检测系统输入量与输出量之间的关系，同时确定出不同使用条件下的误差关系。

标定的基本方法是利用标准设备产生已知的非电量（如标准力、压力、位移等）作为输入量，输入至待标定的传感器，然后将系统的输出量与输入的标准量做比较，获得一系列校准数据或曲线。有时输入的标准量是利用标准仪器检测而得，这时的标定实质上是待标定系统与标准仪器系统之间的比较。

传感器的标定系统一般由以下几部分组成：
1) 被测非电量的标准发生器。如活塞式压力计、测力机、恒温源等。
2) 被测非电量的标准测试系统。如标准压力传感器、标准力传感器、标准温度计等。
3) 待标定传感器所配接的信号调节器和显示、记录器等。所配接的仪器亦作为标准测试设备使用，其精度是已知的。

为了保证各种量值的准确一致，标定应按计量部门规定的检定规程和管理办法进行。例如压力量值传递系统如图17-1所示，只能用上一级标准压力装置检定下一级压力检测仪表。

工程测试所用检测仪表的标定应在与其使用条件相似的环境下进行。有时为了获得较高的标定精度，可将检测仪表与配用的电缆、电源等部件一起标定。有些检测仪表标定时还应十分注意规定的安装技术条件。

17.2 静态标定和动态标定

检测仪表的标定分为静态标定和动态标定两种。静态标定的目的是确定检测仪表的静态特性指标，如线性度、灵敏度、滞后和重复性等。动态标定的目的是确定检测仪表系统的动态特性参数，如频率响应、时间常数、固有频率和阻尼比等。

17.2.1 静态标定

在规定的标准工作条件下，用实测方法确定检测系统静态的输入和输出关系、获取其静态特性曲线（方程）或静态特性指标的过程称为静态校准或静态标定。对于一个测试系统，为保证其测试结果的准确性，在出厂前必须进行标定，或者使用一段时间后定期进行校准。标定时所要求的标准工作条件包括规定的温度范围、大气压、湿度等，例如：环境温度（20±5）℃，相对湿度不大于85%，大气压力为（101.3±8）kPa，没有加速度、振动和冲击（除非这些参数本身就是被测物理量）等，否则将影响校准的准确度。

标定时，由高精度输入量发生器给出一组数值准确已知的、不随时间变化的静态标准输入量$x_i(i=1, 2, 3, \cdots, n)$，并测量检测系统相应的输出量$y_i(i=1, 2, 3, \cdots, n)$。也可采用更高精度等级（其测量精度误差小于被校检测系统允许误差的1/3）的标准设备，同时对一系列相同的未知输入量进行对比测量，根据标准标定设备的输出确定对应输入的准确值x_i，将被标定设备的测量结果作为其输出量y_i，如图17-2所示。通过标定实验获得的一系列输入（x_i）、输出（y_i）数据后，据此列表绘制成曲线，就得到被标定仪器的静态特性曲线；或者将（x_i, y_i）分别代入静态特性方程式(4-6)，得到以C_0，C_1，C_2，$\cdots$，C_n为变量的n元一次线性方程组，解出C_0，C_1，C_2，$\cdots$，C_n的具体值代入式(4-6)，就得到了该被校检测系统的静态特性方程。同时也可根据校准所得的一系列输入（x_i）、输出（y_i）数据，采用规定的方法（如工程上常用的最小二乘法）计算、拟合得到的一直线方程，由此方程得到的直线称为该检测系统的理想静态特性直线，亦称为拟合直线或工作直线。根据静态特性曲线或静态特性方程，便可确定被标定系统的静态特性指标。

图17-2 测试系统的静态标定

在通过标定实验获得数据（x_i, y_i）的过程中，通常需要重复多次（不少于3次）进行全量程逐级地加载和卸载测量，求出同一条件下输入、输出的平均值，并以此平均值作为（x_i, y_i）进行静态特性曲线的绘制或静态特性方程的求解。全量程的逐级加载是指输入值从最小值逐渐等间隔地加大到满量程值；逐级卸载是指输入值从满量程值逐渐等间隔减小到最小值。加载测量又称为正行程或进程，卸载测量称为反行程或回程。进行正行程和反行程测量的目的是消除系统误差。

在进行具体的系统标定时，可按如下步骤进行：

1）将传感器全量程（测量范围）分成 n 个测量点 $x_i (i=1, 2, \cdots, n)$。n 个测点 x_i 通常是等分的，根据实际需要也可以是不等分的。同时第一个测点 x_1 就是被测量的最小值 $x_{\min}$，第 n 个测点 x_n 就是被测量的最大值 $x_{\max}$。

2）根据传感器量程分点情况，由小到大依次递增方式输入相应的标准量值 x_i，并记录与各输入值 x_i 相对应的输出值 y_{uij}。

3）将输入值由大到小递减，同时记录与各输入值 x_i 相对应的输出值 y_{dij}。

4）将 2）、3）所述过程按正、反行程对仪表往复循环测试 m 次，将得到 m 组输入—输出测试数据（x_i, y_{uij}）和（x_i, y_{dij}）（$i=1, 2, \cdots, n; j=1, 2, \cdots, m$）。

5）对于第 i 个测量点，基于上述标定值，按下式计算出所对应的平均输出

$$\bar{y}_i = \frac{1}{2m} \sum_{j=1}^{m} (y_{uij} + y_{dij}) \quad i = 1, 2, \cdots, n$$

6）根据数据（x_i, $\bar{y}_i$），制成相应的数据表格，或做出相应的曲线，如图17-3所示。

7）对前述测试数据或图表进行必要的处理，进一步确定检测仪表系统的线性度、灵敏度、迟滞和重复性等静态特性指标。

对检测系统进行标定，是根据实验数据确定传感器的各项性能指标，实际上也是确定传感器的测量精度。所以在标定检测系统时，用于生成输入量的标准信号发生器或用于测量的标准仪器精度至少要比被标定检测系统的精度高一个等级。这样，通过标定确定的检测系统的静态性能指标才是可靠的，所确定的精度才是可信的。

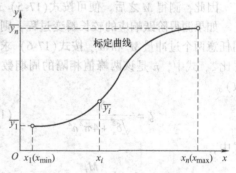

图17-3 测试系统的标定曲线

17.2.2 动态标定

动态标定是以正弦信号或阶跃信号等典型信号作为仪表的输入信号来测定仪表的动态响应特性。通过动态校准，可以测定仪表的时间常数、阻尼率和固有频率等动态特性参数。对测试系统进行动态标定的过程要比静态标定的过程复杂得多，而且目前也没有统一的方法。本章仅针对一般意义的动态标定过程，就测试系统典型输入下的动态响应过程来获取一阶或二阶测试系统的动态性能指标。

1. 动态标定的一般方法

检测系统的动态标定主要是研究检测系统的动态响应，而与动态响应有关的参数：一阶系统只有一个时间常数 τ，二阶系统则有固有频率 ω_n 和阻尼比 ζ 两个参数。

对系统进行动态标定，需要对它输入一标准激励信号。为了便于比较和评价，常常采用阶跃变化和正弦变化的输入信号，即以一个已知的阶跃信号激励系统，使系统按自身的固有频率振动，并记录下运动状态，从而确定其动态参量；或者以一个振幅和频率均为已知、可调的正弦信号激励系统，根据记录的运动状态，确定系统的动态特性。

对于一阶系统，外加阶跃信号，测得阶跃响应之后，取输出值达到最终值的 63.2% 所经历的时间作为时间常数 τ。但这样确定的时间常数实际上没有涉及响应的全过程，测量结果仅取决于某些个别的瞬时值，可靠性较差。如果用下述方法确定时间常数，可以获得较可靠的结果。

一阶系统的单位阶跃响应函数为

$$y(t) = 1 - e^{-t/\tau} \tag{17-1}$$

令 $z = \ln[1 - y(t)]$，则上式可变为

$$z = -t/\tau \tag{17-2}$$

式(17-2) 表明 z 和时间 t 呈线性关系，并且有 $\tau = \Delta t / \Delta z$（见图17-4）。因此，可以根据测得的 $y(t)$ 值做出 $z-t$ 曲线，并根据 $\Delta t/\Delta z$ 的值获得时间常数 τ，这种方法考虑了瞬态响应的全过程。

二阶系统（$\zeta < 1$）的单位阶跃响应为

$$y(t) = 1 - \left(\frac{e^{-\zeta \omega_n t}}{\sqrt{1-\zeta^2}}\right) \sin\left(\sqrt{1-\zeta^2}\, \omega_n t + \arcsin\sqrt{1-\zeta^2}\right) \tag{17-3}$$

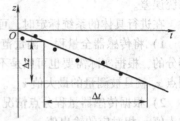

图 17-4　一阶系统时间常数的求法

相应的响应曲线如图17-5所示，图中

$$M = e^{-\left(\frac{\zeta \pi}{\sqrt{1-\zeta^2}}\right)} \tag{17-4}$$

或

$$\zeta = 1 \Big/ \sqrt{\left(\frac{\pi}{\ln M}\right)^2 + 1} \tag{17-5}$$

因此，测得 M 之后，便可按式(17-5) 或图17-5 求得阻尼比 ζ。

如果测得阶跃响应的较长瞬变过程，则可利用任意两个过冲量 M_i 和 M_{i+n} 按式(17-6) 求得阻尼比 ζ，式中，n 是该两峰值相隔的周期数（整数）。

$$\zeta = \frac{\delta_n}{\sqrt{\delta_n^2 + 4\pi^2 n^2}} \tag{17-6}$$

式中，

$$\delta_n = \ln \frac{M_i}{M_{i+n}} \tag{17-7}$$

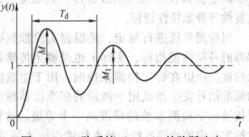

图 17-5　二阶系统（$\zeta < 1$）的阶跃响应

当 $\zeta < 0.1$ 时，若考虑以 1 代替 $\sqrt{1-\zeta^2}$，此时不会产生过大的误差（不大于 0.6%），则可用式(17-8) 计算 ζ，即

$$\zeta = \frac{\ln \dfrac{M_i}{M_{i+n}}}{2n\pi} \tag{17-8}$$

若系统是精确的二阶系统，则 n 值采用任意正整数所得的 ζ 值不会有差别。反之，若 n 取不同值获得不同的 ζ 值，则表明该系统不是线性二阶系统。

根据响应曲线，不难测出振动周期 T_d，于是有阻尼的固有频率 ω_d 为

$$\omega_d = 2\pi \frac{1}{T_d} \tag{17-9}$$

则无阻尼固有频率 ω_n 为

$$\omega_n = \frac{\omega_d}{\sqrt{1-\zeta^2}} \tag{17-10}$$

当然还可以利用正弦输入测定输出和输入的幅值比和相位差以确定系统的幅频特性和相频

特性，然后根据幅频特性，分别按图17-6、图17-7求得一阶系统的时间常数τ、欠阻尼二阶系统的固有频率ω_n和阻尼比ζ。

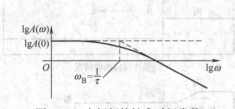

图17-6 由幅频特性求时间常数τ

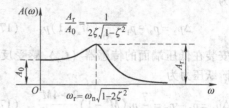

图17-7 欠阻尼二阶系统的ω_n和ζ

2. 实例：压力传感器的动态标定

下面以压力传感器为例说明检测系统的动态标定方法。

压力传感器的动态标定方法有正弦激励法、半正弦激励（落球、落锤冲击）法和阶跃压力激励法。上述三种方法是目前标定压力传感器的主要方法。本节仅介绍用激波管产生阶跃压力信号的方法。它具有压力幅值范围宽，频率范围广，便于分析研究和数据处理的特点。

（1）激波管标定装置工作原理 激波管标定装置系统示意图如图17-8所示。整个装置由气源、激波管、传感器（包括测速传感器和被测压力传感器）及记录仪器四部分组成。

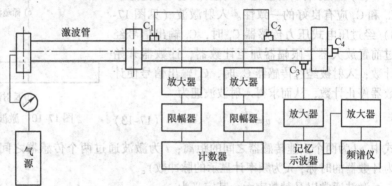

图17-8 激波管标定装置系统示意图
C_1、C_2、C_3、C_4—传感器

激波管由高压室和低压室组成，高压室和低压室之间由铝或塑料膜片隔开。低压室的压力一般为101.325kPa，仅给高压室充以高压气体。压缩气体经减压器、控制阀进入激波管的高压室，在一定的压力下膜片爆破后高压气体迅速膨胀冲入低压室，从而形成激波。这个激波的波阵面压力保持恒定，接近理想的阶跃波，并以超音速冲向被标定的传感器。传感器在激波的激励下按固有频率产生一个衰减振荡，如图17-9所示。其波形由显示系统记录下来，用于分析确定传感器的动态特性。

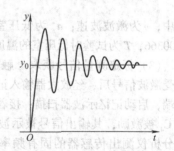

图17-9 被标定传感器输出波形

激波管中压力波动情况如图17-10所示。图17-10a为膜片爆破前的情况。p_4为高压室的压力，p_1为低压室的压力。图17-10b为膜片爆破后稀疏波反射前的情况。p_2为膜片爆破后产生的激波压力，p_3为高压室爆破后形成的压力，p_2与p_3的接触面称为温度分界面。因为p_3与p_2所在区域的温度不同，但其压力值相等即$p_2=p_3$。稀疏波就是在高压室内膜片破碎时形成的波。图17-10c为稀疏波反射后的情况。当稀疏波波头达到高压室端面时，便产生稀疏波的反射，叫作反射稀疏波，其压力减小如p_6所示。图17-10d为反射激波的波动情况。当p_2达到低压室端面时也产生反射，压力增大如p_5所示，称为反射激波。p_2和p_5都是在标定传感器时要用到的激液，视传感器安装的位置而定；当被标定的传感器安装在侧面（图17-8中$C_1\sim C_3$位置）时要用p_2，当装在端面（图17-8中C_4

位置）时要用 p_5；两者不同之处在于 $p_5 > p_2$，但维持恒压的时间 τ_5 略小于 τ_2。

侧装传感器（$C_1 \sim C_3$）感受入射激波的阶跃压力为

$$\Delta p_2 = p_2 - p_1 = \frac{7}{6}(M_a^2 - 1)p_1 \quad (17\text{-}11)$$

安装在低压端面的传感器（C_4）感受反射激波的阶跃压力为

$$\Delta p_5 = p_5 - p_1 = \frac{7}{3}p_1(M_a^2 - 1)\frac{2 + 4M_a^2}{5 + M_a^2} \quad (17\text{-}12)$$

式中，M_a 为激波的马赫数，由测速系统决定。

其基本关系式可参考有关资料，这里不做详细推导。p_1 一般采用当地的大气压，因此，上列各式只要 p_1 及 M_a 给定，各压力值易于计算出来。

(2) 入射激波的波速　测速用的压力传感器 C_1 和 C_2 应有良好的一致性。入射激波（见图 17-8）经过压电式压力传感器 C_1 时，C_1 输出信号经过前置放大器、限幅器加至计数器，计数器开始计数；入射波经过传感器 C_2 时，C_2 输出信号使计数器停止计数，从而求得入射波速为

$$v = \frac{l}{t} \quad (17\text{-}13)$$

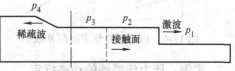
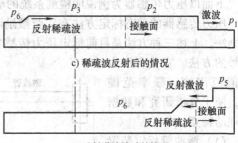

图 17-10　激波管中压力与波动情况

式中，l 为两个测速传感器之间的距离；t 为激波通过两个传感器之间所需的时间（$t = \Delta t n$，Δt 为计数器的时标，n 为频率计显示的脉冲数）。

激波通常以马赫数表示，其定义为

$$\begin{cases} M_a = \dfrac{v}{a_T} \\ a_T = a_0 \sqrt{1 + \beta T} \end{cases} \quad (17\text{-}14)$$

式中，v 为激波波速；a_T 为低压室的 T℃时音速；a_0 为 0℃时的音速；β 为常数，$\beta = 1/273 = 0.00366$；T 为试验时低压室的温度（室温一般为 25℃）。

(3) 标定测量信号获取　触发传感器 C_3 感受激波信号后，经放大器输入记忆示波器输入端，启动记忆示波器扫描；接着，被测传感器 C_4 被激励，其输出信号被示波器记录；频谱分析仪测出传感器的固有频率。模拟量由 A/D 转换器输入微处理机进行处理，从而求得传感器的幅频特性、相频特性、固有频率及阻尼比等参数。

(4) 传感器的动态参数确定方法　图 17-11 所示为传感器对阶跃压力的响应曲线。由于它输出的是压力与时间关系曲线，故又称为时域

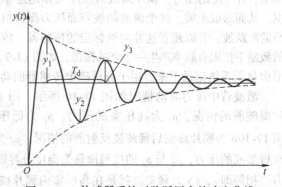

图 17-11　传感器系统对阶跃压力的响应曲线

曲线。若传感器振荡周期 T_d 是稳定的，且振荡幅度有规律地单调减小，则传感器（或测压系统）可以近似地看成单自由度的二阶系统。由第 4.3 节分析可知，只要能得到传感器的无阻尼固有频率 ω_n 和阻尼比 ξ，那么传感器的幅频特性和相频特性可分别表示为

第 17 章 检测系统的标定与校准

$$|H(\mathrm{j}\omega)| = \frac{K}{\sqrt{[1-(\omega/\omega_n)^2]^2 + 4\xi^2(\omega/\omega_n)^2}}$$

$$\varphi(\omega) = \arctan\left[\frac{2\xi}{(\omega/\omega_n)-(\omega_n/\omega)}\right]$$

根据响应曲线不难测出振动周期 T_d，于是其有阻尼的固有频率 ω_d 为

$$\omega_d = 2\pi/T_d \tag{17-15}$$

并且，定义其对数衰减比为

$$\delta = \ln\frac{y_i}{y_{i+1}} \tag{17-16}$$

不难证明，阻尼系数 ξ 与对数衰减比 δ 之间有如下的关系

$$\xi = \frac{\delta}{\sqrt{\delta^2 + 4\pi^2}} \tag{17-17}$$

无阻尼固有频率 ω_n 为

$$\omega_n = \frac{\omega_d}{\sqrt{1-\xi^2}} \tag{17-18}$$

将求得的 ξ 和 ω_n 代入幅频特性公式和相频特性公式，即可求得压力传感器的幅频特性和相频特性。

17.3 零点和满量程校准

大多数模拟式检测仪表标定时，都采用线性刻度，其刻度方程为

$$\theta = Sx \tag{17-19}$$

式中，S 为仪表的标定数，即标称灵敏度。它表示仪表的标称量程 x_{max} 与满度偏转角 θ_{max} 的比例关系

$$S = \theta_{max}/x_{max} \tag{17-20}$$

然而由于温度变化、电源波动、仪器老化等原因，检测仪表实际的输入—输出关系可能偏离标定时的刻度方程而变为

$$\begin{cases} \theta = \theta_0 + S'x \\ S' = S + \Delta S \end{cases} \tag{17-21}$$

式中，θ_0 为仪表的零位（$x=0$）输出或零点漂移；S' 为仪表的实际灵敏度；ΔS 为仪表的灵敏度漂移。

在这种情况下，被测量在仪表刻度盘上的读数 x' 与被测量的实际值 x 就有差距

$$\Delta x = x' - x = \frac{\theta_0 + S'x}{S} - x = \frac{\theta_0 + (S + \Delta S)x}{S} - x = \frac{\theta_0}{S} + \frac{\Delta S}{S}x \tag{17-22}$$

由式（17-22）可见，测量误差 Δx 是因为零点漂移 θ_0 和灵敏度漂移 ΔS 产生的。

除了模拟式检测仪表存在前述漂移外，智能仪表同样会因为放大器、A/D 转换器或变换基准源等部件的电路状态和参数随着温度和时间的变化而偏离标准值，这种偏移仍然集中反映在零点和增益的变化上。

零点漂移是指仪表的输入为零时，输出不为零。增益变化是指信号的输入与输出之比偏离了设定值。在仪表的模拟量输入通道中这种漂移和偏移所引起的系统误差直接影响了仪器的测量准确度。因此，为了消除测量误差必须对灵敏度漂移和零点漂移进行调整，分别称为"调灵敏度"和"调零点"。由式（17-20）可见，调灵敏度就是使仪表灵敏度的实际值达到标称值，也就是重新给仪表输入标准的被测量 x_{max}，通过调整相关电路使仪表指针正好满度偏转 θ_{max}，即指

向 x_{max}。因此，调灵敏度也称为"调满度"。调零就是重新给仪表输入标准的被测量 $x=0$，通过调整相关电路使仪表指针正好零偏转，即指向 0。

调零和调满度是检测仪表使用前最基本最常见的两项调试工作。在零点和灵敏度都发生漂移的情况下，通常是先调零。零点调好后，再调灵敏度即调满度。普通的检测仪表内部没有微处理器，零点和灵敏度不能自动调整，只能手动调整。因此普通的检测仪表大多设置有手动调零和手动调满度的电位器及相关电路。而对于智能化仪器，则可自动完成零点和满度的调节和校准。

由式(17-20)可见，如果仪表灵敏度 S 成倍地改变，仪表的量程 X_{max} 也就成倍地改变。很显然，当被测量较小时，换用小量程测量比用大量程测量精确度要高得多。因此，有些检测仪表为提高精度和扩大量程，设置了灵敏度的多档选择开关，即量程切换开关。

下面分别介绍零点和满量程的人工及自动校准方法。

17.3.1 人工校准

1. 常见的调零电路

（1）传感器调零电路 例如，差动自感传感器电路，当衔铁位于中间位置时，电桥输出理论上应为零，但实际上总有残余电压输出，造成零位误差。造成零位误差的原因有以下几种。①磁路加工不对称；②线圈的分布电容不对称；③电源有高次谐波；④磁路工作在饱和状态。消除的方法是：①机械加工要对称；②电路失真要小，电压不能太高；③采用磁路调节机构（如可调端盖）以保证磁路的对称性；④采用下列电路措施来减小零位电压。

一种常用的方法是采用补偿电路，如图 17-12 所示。图 17-12a 中 R_1 的作用是使线圈的有效电阻值趋于相等，以消除基波零位电压，阻值为 $0.1 \sim 0.5\Omega$，可用康铜丝绕制。并联电阻 R_2 用来消除高次谐波零位电压，阻值通常为几百欧至几十千欧；并联电容 C 用来补偿变压器二次线圈的不对称，消除基波正交分量或高次谐波分量，其值通常为 $100 \sim 500\mathrm{pF}$。图 17-12b 中在两臂分别串入 5Ω 电阻和 10Ω 电位器，调整电位器使两臂电阻分量达到平衡。图 17-12c 中两臂并联 $10k\Omega$、$43k\Omega$ 电阻和 $50k\Omega$ 电位器，调节电位器，压低高次谐波的影响。

另一种有效的方法是外接相敏检波电路，它能有效地消除基波正交分量与偶次谐波分量，减小奇次谐波分量，使传感器零位电压减至极小。

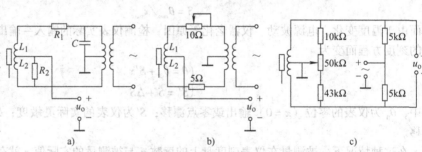

图 17-12 差动自感传感器零位电压补偿电路

上述差动自感传感器的零位误差分析和消除方法，也适用于差动变压器传感器。差动变压器同样可采用相敏检波来减小零位误差。

（2）电桥调零电路 阻抗式传感器多采用电桥作为测量电路，为保证被测参数为零时，电桥输出也为零，通常要设置调零电位器和调零电路。如图 11-18 和图 11-19 所示。

（3）放大器输入偏移调节电路 如果被测量 x 为零时，前级电路的输出电压 $U_x = U_a \neq 0$，在 U_x 与 x 为线性关系情况下，可设

$$U_x = U_a + xS_x \tag{17-23}$$

式中，U_a 为前级测量电路的零位输出。可以设置如图 17-13 所示的电路，通过放大器输入端的偏移电压或偏移电流的方法来消除零位电压 U_a，即保证放大器输出电压 U_0 在 $x=0$ 时为零。为此，在图 17-13a 中，须调整 U_b，使 $U_b = U_a$；在图 17-13b 中，须调整 U_b 和 R_2，使 $U_a/R_1 = U_b/$

R_2；在图 17-13c 中，须调整 U_b，使 $U_b = U_a$。

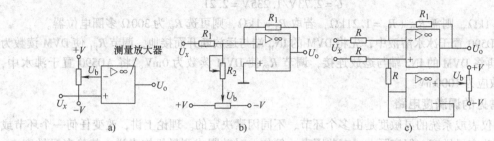

图 17-13 放大器输入偏移法调零电路

（4）数字式仪表的零位调整 A/D 转换式数字检测仪表的零位调整可以在 A/D 转换器之前的电路中进行，也可在 A/D 转换器中进行。因为 A/D 转换式数字检测仪表在 A/D 转换之前的模拟电路与模拟式检测仪表的电路基本上是相似的，所以，数字式检测仪表"在 A/D 转换之前调零"，完全可以采用前述的常见的调零电路。

如果没有在 A/D 转换之前实现调零，也就是说，前级模拟电路输出电压 U_x 在被测量 x 为零时并不为零，而为 U_a，那就应该在 A/D 转换器中实现调零。通常是将前级模拟电路输出电压 U_x 加到 A/D 转换器的输入高端（IN_H），同时在 A/D 转换器的输入低端（IN_L）通过调零电路提供一个偏移电压 U_b，而且使 $U_b = U_a$。这样 A/D 转换器实际转换的模拟电压就是两输入端电压之差，数字转换结果为

$$N = \frac{U_x - U_b}{q} = \frac{U_x - U_a}{q} = \frac{(U_a + Sx) - U_a}{q} = \frac{Sx}{q} \tag{17-24}$$

式中，S 为传感器和 A/D 转换之前模拟电路的总灵敏度；q 为 A/D 转换器的量化单位，即 $N=1$ 所对应的模拟电压。

由式（17-24）可见，当 $x = 0$ 时，数字转换结果 $N = 0$。这样就实现了零位调整。

【例 17-1】 图 17-14 为 AD590 数字温度计电路。为使该数字温度计，直接显示摄氏温度数 t，应怎样进行调试？

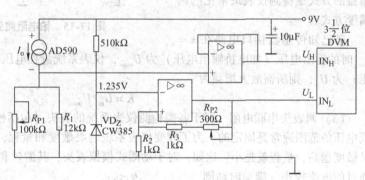

图 17-14 AD590 数字温度计电路

解：由第 5.3 节所述集成温度传感器原理可知，AD590 输出电流 I_o 与其绝对温度 T 成正比，可记为

$$I_o = C_I T$$

对于 AD590，式中 $C_I = 1\mu A/K$，调整图中 R_{P1} 使 $R_{P1} // R_1 = 10k\Omega$，则 DVM 高输入端电压为

$$U_H = I_o 10k\Omega = C_V T$$

式中，$C_V = C_I 10k\Omega = 10mV/K$。摄氏温度 t 与绝对温度 T 的关系为 $T = 273 + t$，故上式变为

$$U_H = C_V(273 + t)$$

当 $t = 0°C$ 时，$U_H = U_{H0} = 1\mu A \times 10k\Omega \times 273 = 2.73V$。

若使 $U_L = U_{H0}$，则 DVM 的输入电压为

$$U_{H-L} = U_H - U_L = C_V t = 10t$$

这就是说，只要把数字电压表上读出的 U_{H-L} 的毫伏数除以 10，即是被测的摄氏温度数 t。

为了使 $t=0℃$ 时，$U_{H-L}=0$，须使 $U_L=2.73V$，因此，运放 A 的增益应为
$$G=2.73V/1.235V=2.21$$
若取 $R_2=1k\Omega$，则需 $R_{P2}+R_3=1.21k\Omega$，若取 $R_3=1k\Omega$，则可选 R_{P3} 为 300Ω 多圈电位器。

将 AD590 置于冰水溶液中，先将 DVM 的 IN_H 端与运放断开而接地，调节 R_{P1} 使 DVM 读数为 2.73V，再将 DVM 的 IN_H 端与运放连接，调节 R_{P2} 使 DVM 读数为 0mV。将 AD590 置于沸水中，DVM 读数应为 1000mV。

2. 常见的调满度电路

检测仪表或系统的灵敏度是由多个环节、不同因素决定的。理论上讲，改变任何一个环节或因素都可改变灵敏度，但实际上，有些因素，例如，对动圈式测量机构来说，其静态灵敏度 S_0、线圈电阻 r 都是不便于改变的，而量程电阻 R、传感器及其接口电路的灵敏度 S_x、放大器增益 K，都是可以改变的，因此可以有以下三种调满度的电路。

（1）调电源供电电压（或供电电流） 很多传感器电路（如恒压源或恒流源供电的传感器电桥电路）的输出电压都与电源的供电电压（或供电电流）成正比。因此，把调满度电位器设置在电源供电电路中，可通过调整电源的供电电压（或供电电流）来调整灵敏度。例如，图 17-15 中电位器 R_{P2} 就是采用调电源供电电压的方式调满度的。

（2）调放大器的增益 传感器电路输出的电压，通常要进行放大。很显然，把调满度电位器设置在决定放大器增益的电路中，就可通过调放大器的增益来调满度。调增益的方式是检测仪表最常见的调满度方式。

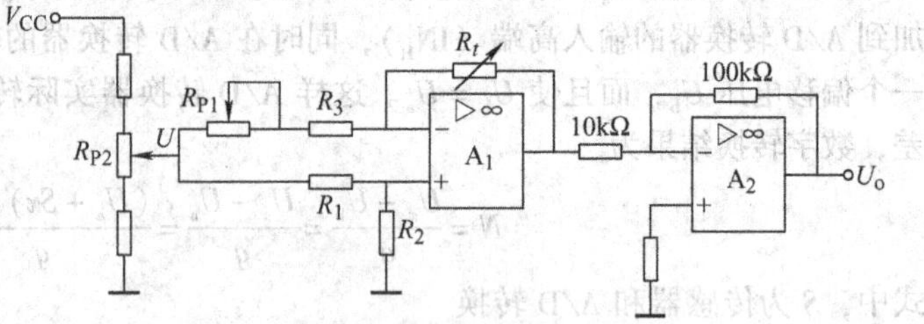

若已知传感器接口电路在 $x=x_{max}$ 时的输出电压（如电桥输出电压）为 U_{imax}，仪表系统量程电压（即仪表系统最大允许输入电压）为 U_m，则所需放大增益为
$$K=U_m/U_{imax} \tag{17-25}$$

图 17-15 铂电阻测温电路调零和调满度

（3）调表头串联电阻 对于各类检测仪表系统的表头（包括模拟式和数字式），其输入电流或电压的范围通常是固定的。为了改变仪表系统的灵敏度和量程，可以给表头并联或串联电阻。灵敏度越高，量程就越小。比如，对于动圈式模拟表头，其游丝和动圈导线的电阻 r 很大，允许通过的电流较小，满偏时动圈电流 I_g 一般在微安级至几十毫安范围，不能测量较大的电流和电压。为了测量较大的直流电流，必须给动圈式表头并接适当的分流电阻，如图 17-16a 所示；为了测量较大的直流电压，也必须给动圈式表头串接适当的分压电阻，如图 17-16b 所示。

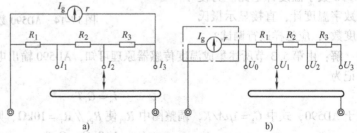

图 17-16 多量程电流表和电压表

【例 17-2】 图 17-15 是铂电阻测温电路，输出端接一个毫伏表（图中未画出）即构成模拟式电子温度计。若要求在 0℃ 时毫伏表指 0mV，100℃ 时毫伏表指 100mV，该电路应怎样设计和调整？

解：为使计算简便，通常选 $R_1=R_2=R_0$，由图中所标电阻值，可知测温电路输出电压为
$$U_o=5U\left(\frac{R_t}{R_3+R_{P1}}-1\right)$$

设铂电阻 R_t 在 0℃ 时的电阻值为 R_0，则由上式可见，为使 $t=0℃$ 时，$U_o=0$，须调 R_{P1} 使 $R_3 + R_{P1} = R_0$。完成调零后，上式简化为

$$U_o = 5U\left(\frac{R_t}{R_0} - 1\right)$$

设铂电阻 R_t 在 100℃ 时的电阻值为 R_{100}，铂电阻比为 W，为使 $t=100℃$ 时，$U_o = 100\text{mV}$，须调 R_{P2}，使电源电压为

$$U = \frac{100\text{mV}}{5\left(\dfrac{R_{100}}{R_0} - 1\right)} = \frac{20}{W-1}$$

17.3.2 自动校准

智能仪器与常规仪器一样，由于传感器、测量电路、信号放大器等不可避免地存在温度和时间漂移，给整个仪器引入零位误差和增益误差（这类误差属于系统误差）。下面介绍这些误差的校准方法。

1. 仪表的自动校准方法

智能仪表进行自动校准通常有内部和外部两种方式。

内部自动校准技术利用仪器内部的校准源将各功能、各量程按工作条件调整到最佳状态。当在环境差别较大的情况下工作时，内部自动校准实际上消除了环境因素对测量准确度的影响，补偿工作环境的变化、内部校准温度的变化和可能影响测量的其他因素的变化。内部自动校准不需要任何外部设备和连线，只需要按要求启动内部自动校准程序。目前多数仪器中采用了内部自动校准技术，完全去掉了普通的微调电位器和微调电容，所有的内部调节工作都是通过存储的校准数据、可调增益放大器、可变电流源、比较器及 D/A 转换器来实现的。不用打开仪器盖（但要通过安全确认措施）就可以改变存储的校准数据，这就意味着校准工作可以在计算机的控制下快速完成，且费用降低。

外部自动校准要采用高精度的外部标准。在进行外部校准期间，板上校准常数要参照外部标准来调整。例如一些智能仪器只需要操作者按下自动校准的按键，仪器显示屏便提示操作者应输入的标准电压；操作者按提示要求将相应标准电压加到输入端之后，再按一次键，仪器就进行一次测量，并将标准量（或标准系数）存入到校准存储器；然后显示器提示下一个要求输入的标准电压值，再重复上述测量存储过程。当对预定的校正测量完成之后，校准程序能够自动计算每两个校准点之间的插值公式的系数，并把这些系数也存入校准存储器，这样就在仪器内部固定存储了一张校准表和一张插值公式系数表。在正式测量时，它们将同测量结果一起形成经过修正的准确测量值。校准存储器可以采用 EEPROM 或 FlashROM，以确保断电后数据不丢失。

外部校准一旦完成，新的校准常数就被保存在测量仪器存储器的被保护区域内且用户无法取得，这样就保护了由于偶然的调整对校准完整性的影响。制造商都应提供相应的校准流程和在基于计算机的测量仪器装置上进行外部校准所必需的校准软件。

2. 智能仪表自动校准过程

在智能仪表中由于采用了微处理器，使得校准过程可以自动进行。自动校准就是利用微处理器的控制能力、计算能力和一些外加的部件实现对零点和增益的自动校准。如图 17-17 所示就是智能仪表校准电路的原理图。图中 S_1、S_2、S_3 为模拟量开关，在微处理器的控制下，它们可以使模拟测量通道的输入端分别与地、内部标准源 U_{ref} 和被测量 U_{in} 相接。U_{0s} 为折合到模拟测量通道输入端的零点漂移电压。

（1）零点的自动校准 智能仪器做零位校正时，需中断正常的测量过程，把输入端短路（使输入为零），这时包括传感器在内的整个仪器的输入通道的输出为零位输出。但由于存在零位误差，使仪器的输出值并不为零。根据整个仪器的增益，将仪器的输出值折算成输入通道的零

位输入值,并把这一零位输入值存在内存单元中。在正常测量过程中,仪器在每次测量后均从采样值中减去原先存入的零位值,从而实现了零位校正。这种零位校正法已经在智能化数字电压表、数字欧姆表等仪器中得到广泛的应用。

零点漂移电压 U_{0s}(见图 17-17)分为恒定不变和随时间变化两种情况,下面分别讨论其 U_{0s} 的具体校准步骤。

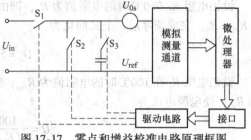

图 17-17 零点和增益校准电路原理框图

1) 零点漂移电压 U_{0s} 恒定不变时,校准过程包括以下 3 步。

① 切断开关 S_1、S_3,闭合开关 S_2,使输入端与地短接。U_{0s} 输入模拟测量通道。设此时 A/D 转换器的输出为 D_0,则有

$$D_0 = kU_{0s} \tag{17-26}$$

式中,k 为总的增益和转换系数。

② 切断开关 S_2、S_3,闭合开关 S_1,被测信号 U_{in} 和 U_{0s} 一起输入模拟测量通道。设此时 A/D 转换器的输出为 D_1,则有

$$D_1 = k(U_{in} + U_{0s}) \tag{17-27}$$

③ 对上述两次测量数据进行计算,即

$$D = D_1 - D_0 = kU_{in} \tag{17-28}$$

计算后的数值 D 消除了零点漂移的影响。

2) 零点漂移电压 U_{0s} 随时间变化时,如果在上述两次测量期间,U_{0s} 发生了变化,则不能简单地使用上述方法,而应当对 U_{0s} 进行插值处理。设 U_{0s} 随时间线性变化,校正步骤如下:

① 切断开关 S_1、S_3,闭合开关 S_2,测得此时零漂电压为 U_{0s1}。在测量 U_{0s1} 的同时,启动仪表内部的计时器,设此刻的时间为 t_1,A/D 转换器的输出为

$$D_1 = kU_{0s1} \tag{17-29}$$

② 切断开关 S_2、S_3,闭合开关 S_1,设此时的零漂电压为 U_{0s2},则 U_{0s2} 和被测量 U_{in} 一起输入到模拟测量通道的输入端,测得 A/D 转换器的输出为

$$D_2 = k(U_{in} + U_{0s2}) \tag{17-30}$$

同时读取内部计时器的时间,设为 t_2。

③ 切断开关 S_1、S_3,再次闭合开关 S_2,假设此时的零漂电压为 U_{0s3},输出为 D_3,则

$$D_3 = kU_{0s3} \tag{17-31}$$

同时读取内部计时器的时间,设为 t_3。

由于假设在 $t_1 \sim t_3$ 之间,零漂呈线性变化,可利用线性插值法求 U_{0s2},即

$$U_{0s2} = U_{0s1} + \frac{U_{0s3} - U_{0s1}}{t_3 - t_1}(t_2 - t_1) \tag{17-32}$$

所以

$$kU_{0s2} = kU_{0s1} + \frac{t_2 - t_1}{t_3 - t_1}(kU_{0s3} - kU_{0s1}) = D_1 + \frac{t_2 - t_1}{t_3 - t_1}(D_3 - D_1)$$

则

$$D = kU_{in} = D_2 - kU_{0s2} = D_2 - D_1 - \frac{t_2 - t_1}{t_3 - t_1}(D_3 - D_1) \tag{17-33}$$

计算所得的数值 D 是消除了零漂影响的测量值。

(2) 增益的自动校准 利用智能仪表内部附加的标准源 U_{ref}(见图 17-17),可以校准增益偏移对测量产生的影响。其校准步骤如下(假设此时 $U_{0s}=0$):

① 切断开关 S_1、S_2，闭合开关 S_3，标准源 U_{ref} 被接入模拟测量通道输入端。设输出为 D_{ref}，则

$$D_{ref} = kU_{ref} \qquad (17\text{-}34)$$

② 切断开关 S_2、S_3，闭合开关 S_1，被测量 U_{in} 被接入模拟测量通道输入端。设输出为 D_{in}，则

$$D_{in} = kU_{in} \qquad (17\text{-}35)$$

③ 对上述测量数据进行以下计算

$$D = \frac{D_{in}}{D_{ref}} = \frac{U_{in}}{U_{ref}}$$

可得

$$U_{in} = \frac{D_{in}}{D_{ref}} U_{ref} = DU_{ref} \qquad (17\text{-}36)$$

这样得到的数值 D，与增益 k 没有关系，因而消除了 k 的偏移所引起的系统误差。需要注意以下几点：

1) 这里假设零漂电压 U_{0s} 为零。
2) 在两次测量中，k 应保持不变。
3) 要求仪表内部附加的标准源稳定性要好，其准确数值为已知，内部标准源要定期进行校准。

(3) 自动校准的程序流程　在实用的仪表中进行自动校准时，既要考虑零点的漂移，也要考虑增益的偏移。此时的校准步骤如下：

① 微机控制切断开关 S_1、S_3，闭合开关 S_2，测接地信号，设输出为 D_{0s}，则有

$$D_{0s} = kU_{0s} \qquad (17\text{-}37)$$

式中，k 为总的增益或转换系数。

② 微机控制切断开关 S_1、S_2，闭合开关 S_3，测标准源信号，设输出为 D_{ref}，则有

$$D_{ref} = k(U_{ref} + U_{0s}) \qquad (17\text{-}38)$$

③ 微机控制切断开关 S_2、S_3，闭合开关 S_1，测实际信号，设输出为 D_{in}，则有

$$D_{in} = k(U_{in} + U_{0s}) \qquad (17\text{-}39)$$

④ 对上述两次测量数据进行下列计算

$$D_1 = D_{ref} - D_{0s} = kU_{ref}$$
$$D_2 = D_{in} - D_{0s} = kU_{in}$$
$$D = \frac{D_2}{D_1} = \frac{U_{in}}{U_{ref}}$$

所以

$$U_{in} = DU_{ref} = \frac{D_{in} - D_{0s}}{D_{ref} - D_{0s}} U_{ref} \qquad (17\text{-}40)$$

通过上式的计算，便消除了 U_{0s} 和 k 的影响。

在上述自校准时需要注意以下几点：

1) 每测量一个被测量要进行三次测量，测量时间增加两倍。
2) 三次测量中，认为 U_{0s} 和 k 为不变值。通常，在连续的三次测量期间，测量间隔时间短而测试速度很快时，可认为此条件满足。
3) 内附标准源应稳定性好，其准确数值为已知。

上述校准方法的程序流程如图 17-18 所示。

在设计仪表时，安排内部自动校准有两种方案：

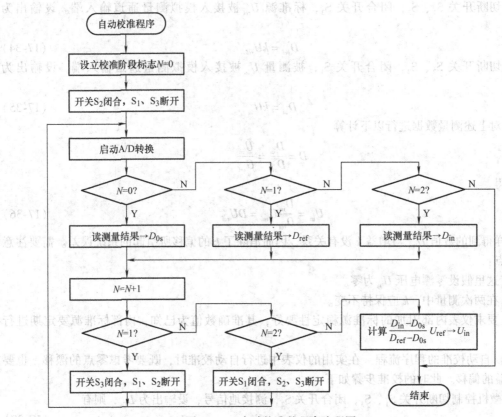

图 17-18 自动校准的程序流程图

1) 每测量一个被测量都进行零点漂移和增益偏移的自动校准。这时,测试速度会显著降低,这时牺牲了速度却获得了测量的准确度。

2) 每隔一定的时间自动进行一次校准,将校准计算的数据 D_{ref} 和 D_{0s},存入仪表的 EEPROM 中,每次测量直接使用已校准过的数据进行计算。定期校准时,刷新这些数据。

17.4 非线性校正

在实际工程中,有许多传感器或检测系统是非线性的,即其输出信号和输入被测量之间的关系呈非线性关系。造成非线性的原因主要有两个方面:

第一,许多传感器的转换原理是非线性的。例如,在温度测量中,热电阻及热电偶与温度的关系就是非线性的。

第二,仪表采用的测量电路是非线性的。例如,测量热电阻所用的四臂电桥,当电阻的变化引起电桥失去平衡时,将使输出电压与热电阻变化量之间的关系为非线性。

传感器或检测系统的非线性程度用非线性误差(或称线性度)来衡量。在非线性情况下,尽管可以对显示仪表采取不均匀的非线性刻度,或者缩小测量范围,在小范围内将其近似地视作线性,但实际中人们仍希望系统的输出与输入在整个测量范围内呈线性关系。因为在非线性情况下,测量仪表的非线性刻度给制造和读数都带来不便,而且由于测量系统在整个测量范围内的灵敏度不均匀,也不便于分析和处理测量结果;另外,工业过程测控中常用的单元组合仪表之间用标准信号连接,也要求仪表具有线性特性。由此,对非线性及其误差进行补偿和校正(也称为线性化处理),使输入和输出之间具备线性关系,就变得非常必要。

在计算机化的智能仪器和测控系统中,常用的校正及线性化有两种方法:硬件补偿(模拟线性化）和软件补偿（数字线性化）。

17.4.1 非线性特性的模拟校正

1. 模拟非线性校正的数学原理

所谓模拟非线性校正（也称为模拟线性化或硬件线性化），就是把一个适当的校正电路（即线性化器）串接到测量电路中，从而使整个仪表的输入—输出特性变成线性关系。其结构原理一般可用图 17-19 所示框图表示。

图中，x 为被测非电量，它经传感器及其接口电路转换成电压 u_1，假设传感器为非线性环

图 17-19 硬件非线性校正原理

节，则 x 与 u_1 为非线性关系，u_1 经放大器放大后可获得一个电平较高的电量 u_2，但一般放大器为线性环节。所以，x 与 u_2 仍为非线性关系，引入线性化器的作用是利用线性化器本身的非线性特性来校正或补偿传感器特性的非线性，从而使整个仪表的输入与输出之间具有线性关系。显然，要达到这一目的，关键是如何设计一个合适的线性化器。

设图 17-19 中传感器输入—输出关系的表达式为

$$u_1 = f(x) \tag{17-41}$$

放大器的表达式为

$$u_2 = ku_1 \tag{17-42}$$

式中，k 为常数。

要求整个仪表的输入与输出之间具有线性关系

$$y = Sx \tag{17-43}$$

式中，S 为整个仪表的灵敏度。

为了求出线性化器的输入—输出关系表达式 $y = \varphi(u_2)$，可将式(17-41)、式(17-42)、式(17-43) 联立，消去中间变量 u_1、x，从而得到线性化器输入－输出关系的表达式为

$$u_2 = kf(y/S) \tag{17-44}$$

或

$$y = Sf^{-1}(u_2/k) \tag{17-45}$$

由式(17-45) 可见，非线性校正就是在非线性环节后，串接一个线性化器，只要该线性化器的特性曲线与非线性环节的特性曲线成反函数关系，就能达到线性校正的目的。这就是非线性校正的数学原理。

在电路上，可以将原函数转换器接入反馈回路的方法获得反函数，如图 17-20 所示。电容 C 为滤除高频干扰与抑制自激振荡用。对于理想放大器，流入反相输入端的电流为零，于是

$$\frac{U_i}{R} + \frac{U_f}{R} = 0$$

$$U_f = -f(U_o) = -U_i$$

$$U_o = f^{-1}(U_i) \tag{17-46}$$

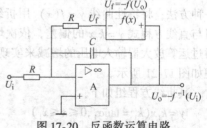

图 17-20 反函数运算电路

由式(17-46) 可见，将一个输入—输出特性与被校正的非线性环节相同的非线性环节接入运放的反馈环路，再将此运放与被校正的非线性环节串接起来，即可实现非线性校正。很多书上称此为闭环式非线性校正，而称图 17-19 为开环式非线性校正，实际上两者本质是相同的。

2. 模拟非线性校正的实现方法

（1）采用与已知传感器特性函数相反的运算电路　有些传感器电路的输入与输出呈现明确

的函数关系，可以采用与该函数关系相反的运算电路作为测量电路，以实现非线性校正。例如，热敏电阻、半导体温度传感器等，它们的输入与输出呈现指数关系，这时可通过对输出做对数变换来实现线性化。又例如，差压式流量传感器的差压与流量的二次方成正比，这时可通过开方电路来实现线性化。振弦传感器的振动频率与张力的二次方根成正比，可通过二次方电路来实现线性化。电容传感器的电容与极距成反比，通过反比电路能实现线性化。

（2）采用多项式运算电路　通过标定实验，或者通过分度表，可以获得被测非电量 x 与传感器及其接口电路输出电压 U 之间的函数关系 $U=f(x)$ 的一系列对应数据 (U_i, x_i)，从这些数据中选取3个插值点 (U_k, x_k) $(k=1, 2, 3)$，求解如下3个方程

$$a_0 + a_1 U_k + a_2 U_k^2 = x_k, \quad k=1,2,3 \tag{17-47}$$

求得3个系数 a_0、a_1、a_2，建立一个二次多项式，该二次多项式即可以作为非线性校正所需的反函数的近似公式。即

$$U_o = S(a_0 + a_1 U + a_2 U^2) \approx Sx \tag{17-48}$$

式（17-48）中的多项式运算可以用乘法、加法电路组合成的多项式运算电路或 AD538 等集成运算电路来实现。（具体实例见本节"3 模拟非线性校正的实例"。）

（3）采用折线近似的函数放大器电路　若被测非电量 x 与传感器及其接口电路输出电压 U 之间的函数关系 $U=f(x)$，则 $x=f^{-1}(U)$，$U_o = Sf^{-1}(U) = Sx$，所以，在传感器接口电路后串接一个能实现 $U_o = Sf^{-1}(U)$ 的函数放大器电路，就可以实现非线性校正，使 $U_o = Sx$。

函数放大器电路一般采用由二极管开关和电阻组成非线性网络取代反相放大器的输入电阻 R_r 或反馈电阻 R_f，使反相放大器的输入—输出关系呈多段折线逼近 $U_o = Sf^{-1}(U)$ 曲线

$$U_o = \frac{R_f}{R_r} U \approx Sf^{-1}(U) \tag{17-49}$$

式中，R_f 或 R_r 在 U 的不同区段取不同的需要值。

常用的折线逼近法是折线转折点都位于被逼近的曲线上。折线分段数 n 越多，逼近的误差越小。实际上一般取 $n \leq 10$ 就足够了。通过标定实验，或者通过分度表，可以获得被测非电量 x 与传感器及其接口电路输出电压 U 之间的函数关系 $U=f(x)$ 的一系列对应数据 (U_i, x_i)，从这些数据中选取 n 个插值点 (U_k, x_k) $(k=1, 2, \cdots, n)$ 作为折线转折点，再依次求出各折线段的斜率，各折线段的斜率与灵敏度 S 的乘积分别为 $k_1, k_2, \cdots, k_n$。随输入电压逐步增大，放大倍数逐步从 k_1 增大到 k_n，使反相放大器的输入—输出关系呈多段折线逼近 $U_o = Sf^{-1}(U)$ 曲线。

（4）线性提升法　线性提升法是模拟非线性校正的又一种方法，将特性曲线 $y=f(x)$ 用折线代替后，根据折线组与直线方程式 $y=k_1 x$ 的偏差，依次增减偏差部分（这是通过运算放大器输入电压的增减来实现的）。线性提升法原理如图 17-21 所示。

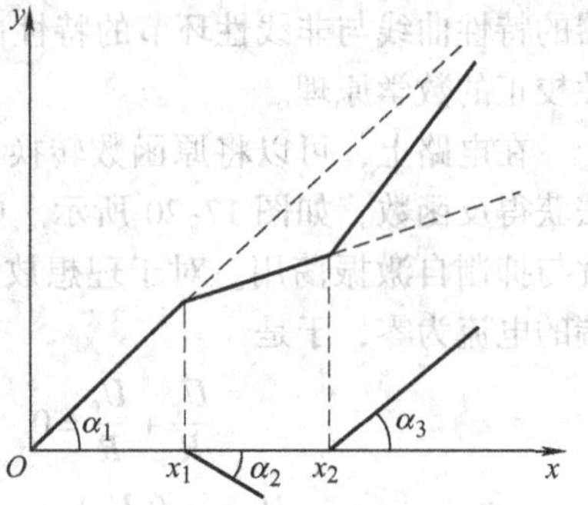

其折线方程组如下：

$$y = k_1 x \, (k_1 = \tan\alpha_1, 0 \leq x \leq x_1)$$
$$y = k_1 x - k_2(x - x_1) \, (k_2 = \tan\alpha_2, x_1 \leq x \leq x_2)$$
$$y = k_1 x - k_2(x - x_1) + k_3(x - x_3) \, (k_3 = \tan\alpha_3, x_2 \leq x \leq x_3)$$

图 17-21　线性提升法示意图

为实现模拟非线性校正的折线逼近法和线性提升法，均需要有非线性元件来产生折线的转折点，例如利用二极管的导通、截止特性，更普遍的是采用运算放大器和二极管、电阻等组成的模拟电路。

可以看出，转折点越多，折线越逼近曲线，精度也越高；但转折点太多，则会因电路本身的

误差而影响精度。图17-22所示为一个最简单的折点电路，其中E决定了转折点偏置电压，二极管VD作开关用，其转折电压为

$$U_1 = E + U_D \quad (17\text{-}50)$$

式中，U_D为二极管正向压降。由式(17-50)可知，转折电压不仅与E有关，而且与二极管正向压降U_D有关。

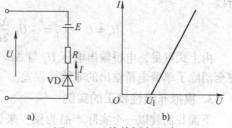

图17-22 简单折点电路

图17-23所示为精密折点单元电路，它是由理想二极管与基准电源E组成的。由图可知，当U_i与E之和为正时，运算放大器的输出为负，VD_2导通，VD_1截止，电路输出为零。当U_i与E之和为负时，VD_1导通，VD_2截止，电路组成一个反馈放大器，输出电压随U_i的变化而改变，有

$$U_o = -\left(\frac{R_f}{R_1}U_i + \frac{R_f}{R_2}E\right) \quad (17\text{-}51)$$

在这种电路中，折点电压只取决于基准电压E，避免了二极管正向压降U_D的影响，而且在这种由精密折点单元电路组成的线性化电路中，各折点的电压将是稳定的。

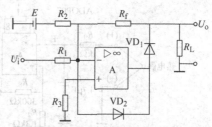

图17-23 精密折点单元电路

(5) 增益控制式非线性特性补偿法 对于被动式传感器，它的非线性特性通常可表示为激励源输出幅度E与非线性函数$f_1(x)$的乘积，因此被动式传感器本身亦起到乘法器的作用，比如电桥输出与其激励电源幅度之间的关系。这种情况可让输出反馈直接作用于产生非线性的环节上，通过调整激励源幅度来校正非线性，其结构原理一般可用图17-24所示框图表示。被动式传感器是在激励源的激励下，将被测物理量x变换成u_1。该变换是非线性变换，其非线性规律由传感器工作所根据的物理规律决定。主放大、整流、滤波环节为线性环节。增益控制电路为非线性环

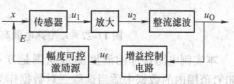

图17-24 增益控制式非线性补偿框图

节，将它置于反馈通道上，实现对激励源输出幅度E的控制，从而完成对非线性特性的补偿。

图17-25为采用恒压源供电的单臂工作电桥。图中$R_1 = R + \Delta R$为电阻式传感器，$R_2 = R_3 = R_4 = R$为固定电阻，U为电桥电源电压，电桥不平衡时的输出电压为

$$U_o = -\frac{1}{4}\frac{\Delta R}{R}\bigg/\left(1 + \frac{\Delta R}{2R}\right) \quad (17\text{-}52)$$

上式表明U_o与ΔR之间为非线性关系。为了完全消除非线性误差，可采用如图17-26所示的可变电压源电桥电路。图中运算放大器A和晶体管VT构成可变电压源，稳压管VD_1提供稳定参考电压V_R给运算放大器反相输入端。由于运算放大器输入阻抗远大于桥臂电阻R_2，故其影响可忽略不计。

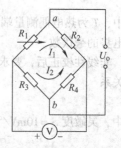

图17-25 恒压源单臂电桥

在理想运放情况下，图17-26中的电桥电源电压为

$$U_c = U_a \frac{R_1 + R_2}{R_2} = U_a \frac{2R + \Delta R}{R}$$

$$U_b = U_c \frac{R_4}{R_3 + R_4} = \frac{U_c}{2} \quad U_a = U_R$$

所以

$$U_o = U_a - U_b = -U_R \frac{\Delta R}{2R} \qquad (17\text{-}53)$$

由上式可见，电桥输出电压 U_o 与 $\Delta R/R$ 为线性关系，这样就完全消除了单臂电桥输出的非线性误差。

3. 模拟非线性校正的实例

下面我们就以一个实际产品为例，来说明怎样实现模拟非线性校正。由于热电偶的热电势与温度的关系为非线性关系，为了实现高精度的温度测量，采用热电偶的温度仪一般都要进行非线性校正。例如 K 型热电偶高精度测温仪就采用 AD538 及相关电路实现式(17-48) 的多项式运算，从而实现对 K 型热电偶的非线性校正，使其输出电压与被测温度成正比（10mV/℃）。其模拟非线性校正电路如图 17-27 所示。

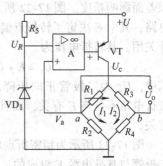

图 17-26 可变电压源电桥电路

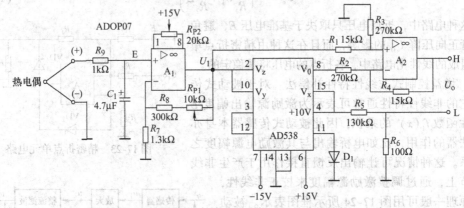

图 17-27 K 型热电偶高精度测温仪采用的非线性校正电路

本实例电路设计的温度测量范围是 0~600℃。如前所述，从 K 型热电偶的分度表在 0~600℃ 范围内的数据中适当选取三对数据作为三个插值点，就可求得式(17-48) 的三个系数，从而建立式(17-48) 的多项式运算表达式。K 型热电偶在 0~600℃ 温度范围内，其温度与热电势的数字关系（即热电势与温度数字关系的反函数）的近似表达式为

$$T = -0.776 + 24.9952E - 0.034733E^2 \qquad (17\text{-}54)$$

式中，T 为热电偶测量端（热端）的摄氏温度数，E 为热电偶参考端（冷端）温度 $T_0 = 0℃$ 时，热电势的毫伏数。

非线性校正后，要求总的输出电压（毫伏数）与被测温度 T（摄氏温度数）呈以下线性正比关系

$$U_o = ST = 10T \qquad (17\text{-}55)$$

式中，灵敏度 $S = 10\text{mV}/℃$，将式(17-54) 代入式(17-55) 得

$$U_o = 10T = -7.76 + 249.952E - 0.34733E^2 \qquad (17\text{-}56)$$

上式中第二项表示须将热电势 E 放大 249.952 倍，因此图中同相放大器 A_1 的输出应为

$$U_1 = 249.952E \qquad (17\text{-}57)$$

为此，同相放大器 A_1 的增益应设计和调整为

$$K_1 = 1 + \frac{R_8 + R_{P1}}{R_7} = 249.952$$

将式(17-57) 代入式(17-56) 得

$$U_o = -7.76 + U_1 - 5.56 \times 10^{-6} U_1^2 \qquad (17\text{-}58)$$

上式的第三项为运算集成电路 AD538 的输出。

AD538 的内部电路如图 17-28 所示,当第 3 脚与第 12 脚短接,第 17、18 脚均悬空时,其第 2、8、10、15 脚电压可实现以下运算

$$U_\mathrm{o} = \frac{V_\mathrm{y} V_\mathrm{z}}{V_\mathrm{x}} \tag{17-59}$$

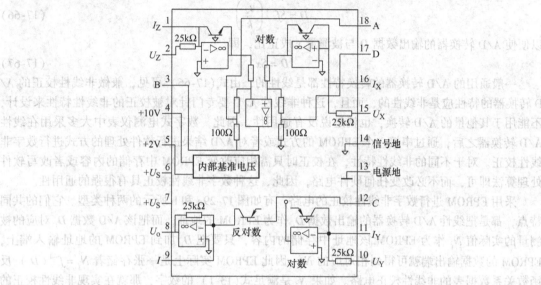

图 17-28 AD538 的内部结构

图 17-27 中 $V_\mathrm{z} = V_\mathrm{y} = U_1$,$V_\mathrm{x} = 10\mathrm{V} = 1 \times 10^4 \mathrm{mV}$,代入上式得

$$U_\mathrm{o} = 1 \times 10^{-4} U_1^2 \tag{17-60}$$

图 17-27 中,A_2 为减法运算电路,依据叠加原理,其输出端对地电压 U_H 为

$$U_\mathrm{H} = U_1 \frac{1 + R_4/R_2}{1 + R_1/R_3} - \frac{R_4}{R_2} V_\mathrm{o} \tag{17-61}$$

将 $R_1 = R_4 = 15\mathrm{k}\Omega$,$R_2 = R_3 = 270\mathrm{k}\Omega$,代入上式得

$$U_\mathrm{H} = U_1 - \frac{15}{270} U_\mathrm{o} = U_1 - 0.0556 V_\mathrm{o} \tag{17-62}$$

将式(17-60)代入上式得

$$U_\mathrm{H} = U_1 - 5.56 \times 10^{-6} U_1^2 \tag{17-63}$$

图 17-27 中 L 端对地电压 U_L 为 AD538 第 4 脚 +10V 输出电压经电阻分压得到的

$$U_\mathrm{L} = 10000 \frac{R_6}{R_5 + R_6} = 7.76\mathrm{mV} \tag{17-64}$$

又 H、L 两端之间输出电压为

$$U_\mathrm{o} = U_\mathrm{H} - U_\mathrm{L} \tag{17-65}$$

将式(17-57)、式(17-53)与式(17-54)代入上式即可依次得到式(17-58)、式(17-56)、式(17-55),因而也就证明了,图 17-27 电路的总输出电压确实与被测摄氏温度保持 10mV/℃ 的线性关系。

K 型热电偶不校正时,约有 1% 的非线性误差,校正后,线性误差可减小到 0.1% ~ 0.2%。因此非线性校正是很必要的。

17.4.2 非线性特性的数字校准

1. 数字非线性校正的原理

前面介绍的模拟非线性校正电路都是对模拟信号进行非线性校正,特别适合于模拟式电测

仪表。对于数字式电测仪表，既可选择在模数转换之前进行非线性校正即模拟非线性校正，也可选择在模数转换期间或模数转换之后进行非线性校正即数字非线性校正。

在模数转换期间进行非线性校正，就是要使 A/D 转换器充当图 17-19 所示开环式非线性校正中的"非线性校正环节"（也即线性化器）。据式（17-45），A/D 转换器的输出数据 D 与输入电压 u_2 的关系应为传感器非线性特性的反函数

$$D = Sf^{-1}\left(\frac{u_2}{k}\right) \quad (17\text{-}66)$$

以便使 A/D 转换器的输出数据 D 与被测量 x 成正比，即

$$D = Sx \quad (17\text{-}67)$$

一般通用的 A/D 转换器的转换特性都是线性的，由式（17-66）可见，兼做非线性校正的 A/D 转换器的特性应是非线性的，而且，这种非线性 A/D 要专门针对被校正的非线性特性来设计，不能用于其他量的 A/D 转换，也就是说没有通用性。因此，数字式电测仪表中大多采用在线性 A/D 转换器之后，通过串接一个 EPROM 的方式或者对 A/D 结果进行软件处理的方式进行数字非线性校正。对于不同的非线性特性，在校正时只需相应改变 EPROM 中存储的内容或者改写软件处理算法即可，而不必改变任何硬件电路，因此，这种数字非线性校正具有很强的通用性。

采用 EPROM 进行数字非线性校正的电路，有如图 17-29a 和 b 所示的两种类型。它们的共同特点，都是把线性 A/D 转换器的输出数据 D_i 作为 EPROM 的地址，而将该 A/D 数据 D_i 对应的被测量的实际值 N_i 作为 EPROM 该地址中存储的内容，只要把 D_i 加到 EPROM 的地址输入端上，EPROM 的数据输出端就可得到相对应的 N_i。因此 EPROM 实际上是一张存储着 $N_i = f^{-1}(D_i)$ 反函数关系数据表的非线性校正电路。如果 N_i 是满足式（13-1）的数字，那就在实现非线性校正的同时也完成了标度变换。

由于数字显示仪表，通常采用 n 位十进制数字 LED 显示。因此，EPROM 中每个 N_i 数据字也是这 n 位十进制数的 BCD 码或显示字段码组成。图 17-29a 表示 EPROM 存储的是 N_i 各位显示数字的 BCD 码。因此，需外接 BCD 锁存译码器，以便将 BCD 码转换成对应的段选码。图 17-29b 表示 EPROM 存储的是 N_i 各位显示数字的段选码。因此，无须再外加锁存译码器。

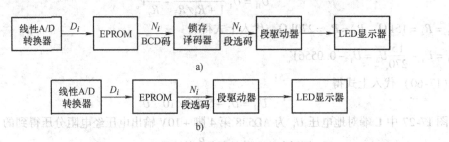

图 17-29　EPROM 数字非线性校正电路框图

在以微处理器为基础构成的智能仪表中，更多地采用各种非线性校正软件算法，从仪表数据采集系统输出的、与被测量呈非线性关系的数字量中提取与之相对应的被测量，然后由 CPU 控制显示器接口以数字方式显示被测量，如图 17-30 所示。图中所采用的各种非线性校正算法均由仪表中的微处理器通过执行相应的软件来完成，显然这要比传统仪表中采用的硬件技术方便并且具有较高的精度和广泛的适应性。

图 17-30　由软件实现的数字非线性校正原理框图

实际上，对于相同的非线性校正来说，在采用 EPROM 实现数字非线性校正的方案中，获取 EPROM 中所存数据 N_i 所使用的非线性校正函数 $N_i = f^{-1}(D_i)$ 与图 17-30 所示软件实现的数字非线性校正方案中的非线性校正函数 $Z = \phi(N)$ 是一样的，即 $f^{-1}(*) = \phi(*)$。只不过区别在于，在 EPROM 方案中，在非线性校正之前就已经完成了非线性校正运算，而在软件实现非线性校正方案中，在非线性校正时才进行非线性校正函数的运算。下面对数字非线性校正的常用软件算法给予介绍。

2. 数字非线性校正的软件算法

（1）校正函数法 如果能找到传感器非线性特性的解析式，则可以利用相应的校正函数进行校正，从图 17-30 中可看出，被测参数 x 经过传感器后得到输出信号 y，y 再经过数据采集系统 A/D 转换得到与 y 成比例对应的数字量 N 送往计算机。N 与 x 之间不是线性关系，在计算机内，按校正函数 $Z = \phi(N)$ 满足 $y = f(x)$ 的反函数，这样就可获得 Z 与 x 之间的线性关系。

例如某热敏电阻的特性如下式所示：

$$R_T = \alpha R_{25℃} e^{\beta/T} \tag{17-68}$$

式中，R_T 为热敏电阻在温度为 T 时的阻值，$R_{25℃}$ 为在 25℃ 时热敏电阻的电阻值；T 为绝对温度；α、β 为常数，在 0~50℃ 范围内大约是 1.44×10^{-6} 和 4016K。

据此特性，校正函数为

$$Z = \phi(Y) = \frac{K}{\ln(R_T) - \ln(\alpha R_{25℃})} \tag{17-69}$$

将上两式合并得

$$Z = \frac{K}{\beta/T} = \frac{K}{\beta} T \tag{17-70}$$

也就是说，经过校正函数的校正作用以后，Z 与 T 之间完全是线性关系。在实际应用中许多传感器很难直接找到其特性的解析式，这就要利用曲线拟合来求校正函数。

（2）查表法 查表法与图 17-29 所示的 EPROM 数字非线性校正方法的实质是相同的，只不过不是采用单独接入 EPROM 硬件的方法，而是采用软件方法。具体步骤如下：

1）在系统的输入端逐次加入一个个已知的标准被测量 y_1、y_2、…、y_n，并记下对应的输出读数 x_1、x_2、…、x_n。

2）把每个标准输入值 $y_i(i = 1, 2, …, n)$ 存储在存储器的一个单元，把 x_i 作为存储器中这个存储单元的地址，把对应的 y_i 值作为该单元的存储内容，这样就在存储器中建立了一张标定数据表 (x_i, y_i) $(i = 1, 2, …, n)$。

3）实际测量时，让微机根据输出读数 x_i 去访问该存储地址，读出该地址中存储的 y_i 即为被测量的真值。

4）若实际测量的输出读数 x 在两个标准读数 x_i 和 x_{i+1} 之间，可按最邻近的一个标准读数 x_i 或 x_{i+1} 去查找对应的 y_i 和 y_{i+1} 作为被测量的近似值。很显然，这个结果带有一定的误差。如果要减少误差，那就还要在查表基础上做内插计算来进行误差修正。最简单的内插是线性内插，即按下式从查表查得的 y_i 与 y_{i+1} 计算出 y 的近似值即显示数据 z

$$z = y_i + (x - x_i) \frac{y_{i+1} - y_i}{x_{i+1} - x_i} \tag{17-71}$$

查表法的优点是不需要进行计算或只需简单的计算，缺点是需要在整个测量范围内实验测得很多的测试数据。数据表中数据个数 n 越多，精确度才越高。此外，对非线性严重的检测系统来说按式(17-71) 计算出的显示值与被测量真值间的误差可能也比较大。

（3）代数插值法 设有 $n + 1$ 组离散点 (x_i, y_i) $(i = 0, 1, 2, …, n; x_i \in [a, b])$ 和未知函数 $f(x)$，并有 $f(x_i) = y_i$。要找一个函数 $g(x)$，在 $x = x_i (i = 0, 1, 2, …, n)$ 处使 $g(x_i)$

与 $f(x_i)$ 相等。此即为插值问题，满足该条件的函数 $g(x)$ 称为 $f(x)$ 的插值函数，x_i 称为插值节点。若找到了函数 $g(x)$，则在以后的计算中在区间 $[a, b]$ 上均用 $g(x)$ 近似代替 $f(x)$。在插值法中，$g(x)$ 有多种选择方法。由于多项式是最容易计算的一类函数，一般常选择 $g(x)$ 为 n 次多项式，并记 n 次多项式为 $P_n(x)$，这种插值法就叫代数插值，也叫多项式插值。因此，所谓代数插值，就是用一个次数不超过 n 的代数多项式

$$P_n(x) = a_n x^n + a_{n-1} x^{n-1} + \cdots + a_1 x + a_0 \tag{17-72}$$

去逼近 $f(x)$，使 $P_n(x)$ 在节点引处满足 $P_n(x_i) = f(x_i) = y_i (i = 0, 1, 2, \cdots, n)$。

对于前述 $n+1$ 组离散点，系数 $a_i(i = 0, 1, 2, \cdots, n)$ 应满足的方程组为

$$\begin{cases} a_n x_0^n + a_{n-1} x_0^{n-1} + \cdots + a_1 x_0 + a_0 = y_0 \\ a_n x_1^n + a_{n-1} x_1^{n-1} + \cdots + a_1 x_1 + a_1 = y_1 \\ \vdots \\ a_n x_n^n + a_{n-1} x_n^{n-1} + \cdots + a_1 x_n + a_n = y_n \end{cases} \tag{17-73}$$

式(17-73)是一个含有 $n+1$ 个未知数的线性方程组，当 $x_0, x_1, \cdots, x_n$ 互异时，该方程组有唯一解，即一定存在唯一的 $P_n(x)$ 满足所要求的插值条件。这样，只要用已知的 (x_i, y_i)（$i = 0, 1, 2, \cdots, n$）去求解方程组(17-73)，即可求得 $a_i(i = 0, 1, 2, \cdots, n)$，从而得到 $P_n(x)$。此即为求出插值多项式的最基本的方法。

由于实际应用中，(x_i, y_i) 总是已知的，因此 a_i 可以先离线求出，然后按所得的 a_i 编出一计算 $P_n(x)$ 的程序。这样，对于每一个传感器输出信号的测量数值 x_i 就可近似地实时计算出被测量 $y_i [y_i = f(x_i) \approx P_n(x_i)]$。

通常，给出的离散点数总多于求解插值方程所需要的离散点数，因此，在用多项式插值方法求解离散点的插值函数时，首先必须根据所需要的逼近精度来决定多项式的次数。多项式的次数与所要逼近的函数有关，例如函数关系接近性的，可从离散点中选取两点，用一次多项式来逼近（即 $n=1$）。接近抛物线的可从离散点中选取三点，用二次多项式来逼近（即 $n=2$）。同时多项式次数还与自变量的范围有关。一般地，自变量的允许范围越大（即插值区间越大），达到同样精度时的多项式的次数也较高。对于无法预先决定多项式次数的情况，可采用试探法，即先选取一个较小的 n 值，看看逼近误差是否接近所要求的精度，如果误差太大，则使 n 加 1，再试一次，直到误差接近精度要求为止。在满足精度要求的前提下，n 不应取得太大，以免增加计算时间。一般最常用的多项式插值是线性插值和抛物线（二次）插值。

1）线性插值。线性插值是从一组数据 (x_i, y_i) 中选取两个有代表性的点 (x_0, y_0) 和 (x_1, y_1)，然后根据插值原理，求出插值方程

$$P_1(x) = \frac{x - x_1}{x_0 - x_1} y_0 + \frac{x - x_0}{x_1 - x_0} y_1 = a_1 x + a_0 \tag{17-74}$$

中的待定系数 a_1 和 a_0

$$\begin{cases} a_1 = \frac{y_1 - y_0}{x_1 - x_0} \\ a_0 = y_0 - a_1 x_0 \end{cases} \tag{17-75}$$

当 (x_0, y_0) 和 (x_1, y_1) 取在非线性特性曲线 $f(x)$ 或数组的两端点 A、B 时（见图17-31），线性插值就是最常用的直线方程校正法。

设 A、B 两点的数据分别为 $[a, f(a)]$、$[b, f(b)]$，则根据式(17-75)就可求出其校正方程 $P_1(x) = a_1 x + a_0$，式中，$P_1(x)$ 是 $f(x)$ 的近似表示。当 x_i 为 x_0、x_n 之外的其他值时，$P_1(x_i)$ 与

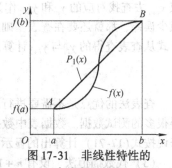

图 17-31　非线性特性的直线方程校正

$f(x_i)$ 一般不相等,存在误差 V_i,其绝对值为

$$V_i = |P_1(x_i) - f(x_i)| \quad i = 1, 2, \cdots, n-1$$

若在 x 的全部取值区间 $[a, b]$ 上始终有 $V_i < \varepsilon$(ε 为允许的校正误差),则直线方程 $P_1(x) = a_1 x + a_0$ 就是理想的校正方程。实时测量时,每采样一个 x 值,就用该方程计算 $P_1(x)$ 并把 $P_1(x)$ 当作被测量值的校正值。

当线性插值不能满足要求时,应考虑其他插值方法,如抛物线插值和分段线性插值。

2) 抛物线插值。抛物线插值(二次插值)是在一组数据中选取 (x_0, y_0),(x_1, y_1),(x_2, y_2) 三点,相应的插值方程为

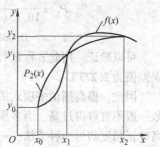

图 17-32 抛物线插值

$$P_2(x) = \frac{(x-x_1)(x-x_2)}{(x_0-x_1)(x_0-x_2)} y_0 + \frac{(x-x_0)(x-x_2)}{(x_1-x_0)(x_1-x_2)} y_1 + \frac{(x-x_0)(x-x_1)}{(x_2-x_0)(x_2-x_1)} y_2 \quad (17-76)$$

3) 分段插值。分段插值有等距节点分段插值和不等距节点分段插值两类。

① 等距节点分段插值。这种方法是将曲线 $y = f(x)$ 按等距节点分成 N 段,每段用一个插值多项式 $P_{ni}(x)(i = 1, 2, \cdots, N)$ 来进行非线性校正。

等距节点分段插值适用于非线性特性曲率变化不大的场合。分段数 N 及插值多项式的次数 n 均取决于非线性程度和仪表的精度要求。非线性越严重或精度越高,则 N 取大些或 n 取大些。为实时计算方便,常取 $N = 2^m$(m 为非负整数)及 $n < 2$。每段的多项式系数可离线求得,然后存入仪表的程序存储器中。实时测量时只要先用程序判断输入 x(即传感器输出数据)位于折线的哪一段,然后取出与该对应的多项式系数,并按此段的插值多项式计算 $P_{ni}(x)$,就可求得被测物理量的近似值。

② 不等距节点分段插值。对于曲率变化大的非线性特性,若采用等距节点的方法进行插值,要使最大误差满足精度要求,分段数 N 就会变得很大(因为一般取 $n \le 2$)。这将使多项式的系数组数相应增加,占用内存也就增加。此时更宜采用不等距节点分段插值法。即在线性好的部分,节点间距离取大些,反之则取小些,从而使误差达到均匀分布。

下面以镍铬—镍铝热电偶为例,说明这种方法的具体作用。

0~490℃ 的镍铬—镍铝热电偶分度表见表 17-2。若允许的校正误差小于 3℃,分析能否用直线方程进行非线性校正。

表 17-2 0~490℃ 镍铬—镍铝热电偶分度表

温度/℃	0	10	20	30	40	50	60	70	80	90
	热电势/mV									
0	0.00	0.40	0.80	1.20	1.61	2.02	2.44	2.85	3.27	3.68
100	4.10	4.51	4.92	5.33	5.73	6.14	6.54	6.94	7.34	7.74
200	8.14	8.54	8.94	9.34	9.75	10.15	10.56	10.97	11.38	11.80
300	12.21	12.62	13.04	13.46	13.87	14.29	14.71	15.13	15.55	15.97
400	16.40	16.82	17.24	17.67	18.09	18.51	18.94	19.36	19.79	20.21

取 $A(0, 0)$ 和 $B(20.21, 490)$ 两点,按式(17-75)可求得 $a_1 = 24.245$,$a_0 = 0$,即 $P_1(x) = 24.245x$,此即为直线校正方程。显然两端点的误差为 0。通过计算可知最大校正误差在 $x = 11.38$mV 时,此时 $P_1(x) = 275.91$,误差为 4.09℃。另外,在 240~360℃ 范围内校正误差均大于 3℃,即用直线方程进行非线性校正不能满足准确度要求。

现仍以表 17-2 所列数进行抛物线插值,节点选择 $(0, 0)$,$(10.15, 250)$ 和 $(20.21, 490)$ 三点。由式(17-76)得

$$P_2 = \frac{x(x-20.21)}{10.15(10.15-20.21)} \times 250 + \frac{x(x-10.15)}{20.21(20.21-10.15)} \times 490$$
$$= -0.038x^2 + 25.02x$$

可以验证，用此方程进行非线性校正，每点误差均不大于3℃，最大误差发生在130℃处，误差值为2.277℃。

因此，提高插值多项式的次数可以提高校正准确度。考虑到实时计算这一情况，多项式的次数一般不宜取得过高，当多项式的次数在允许的范围内仍不能满足校正精度要求时，可采用提高校正精度的另一种方法——分段插值法。

在表17-2中所列的数据中取3点（0，0），（10.15，250），（20.21，490），并用经过这3点的两个直线方程来近似代替整个表格。通过计算得

$$P_1(x) = \begin{cases} 24.63x & 0 \le x \le 10.15 \\ 23.86x + 7.85 & 10.15 \le x \le 20.21 \end{cases}$$

可以验证，用这两个插值多项式对表17-2中所列的数据进行非线性校正时，第一段的最大误差发生在130℃处，误差值为1.278℃，第二段最大误差发生在340℃处，误差为1.212℃。显然与整个范围内使用抛物线插值法相比，最大误差减小1℃。因此，分段插值可以在大范围内用较低的插值多项式（通常不高于二阶）来达到很高的校正精度。

(4) 曲线拟合法　运用n次多项式或n个直线方程（代数插值法）对非线性特性进行逼近，可以保证在$n+1$个节点上校正误差为零，即逼近曲线（或n段折线）恰好经过这些节点。但是如果这些数据是实验数据，含有随机误差，则这些校正方程并不一定能反映出实际的函数关系，即使能够实现，往往次数太高，使用起来不方便。因此对于含有随机误差的实验数据，可以用曲线拟合法来寻找传感器的非线性传输特性，它是通过实验求取有限对测试数据(x_i, y_i)，利用这些数据来获得近似的函数$y' = F(x)$，并不要求$y' = F(x)$的曲线通过所有的(x_i, y_i)点，只要求$y' = F(x)$反映其一般趋势，不允许出现局部波动。拟合的方法有多种，如平均法、样本函数和最小二乘法等，但应用最多的是最小误差逼近的最小二乘法。

最小二乘曲线拟合法的实质，是利用一组实测的数据值(x_i, y_i)（其中$i = 1, 2, \cdots, n$）拟合成一条m次方程的有理多项式曲线$y' = F(x)$。在曲线拟合过程中，应保证两者的均方差为最小的条件来确定多项式的系数。假设x_i和y_i分别为N个测试数据，它们之间存在非线性关系，且很难用准确数学方程表示，因此用N对实测数据表示。

设拟合函数：$y' = a_0 + a_1 x + \cdots + a_m x^m = \sum_{j=1}^{m} a_j x^j$

则标定函数$y = f(x)$与拟合函数$y' = F(x)$的均方差δ为

$$\delta = \frac{1}{n}\sum_{i=1}^{n}[y'_i - y_i]^2 = \frac{1}{n}\sum_{i=1}^{n}\left[\sum_{j=0}^{m}a_j(x_i)^j - y_i\right]^2 \tag{17-77}$$

取均方差为最小（由于误差可能为正，也可能为负，而均方差对正负误差均有效），可以对上式求a_j的一阶导数，并令其为零，得

$$\frac{\mathrm{d}\delta}{\mathrm{d}a_j} = \frac{2}{n}\sum_{i=1}^{n}\left\{\left[\sum_{j=0}^{m}a_j(x_i)^j - y_i\right](x_i)^j\right\} = 0$$

此式相当于$(m+1)$元线性方程组

$$\begin{cases} s_0 a_0 + s_1 a_1 + s_2 a_2 + \cdots + s_m a_m = t_0 \\ s_1 a_0 + s_2 a_1 + s_3 a_2 + \cdots + s_{m+1} a_m = t_1 \\ \vdots \\ s_m a_0 + s_{m+1} a_1 + s_{m+2} a_2 + \cdots + s_{2m} a_m = t_m \end{cases} \tag{17-78}$$

上式中系数

第 17 章 检测系统的标定与校准

$$s_k = x_1^k + x_2^k + \cdots + x_n^k = \sum_{i=1}^n x_i^k \quad (k = 0,1,2,\cdots,2m) \tag{17-79}$$

$$t_j = x_1^j y_1 + x_2^j y_2 + \cdots + x_n^j y_n = \sum_{i=1}^n x_i^j y_i \quad (j = 0,1,2,\cdots,m) \tag{17-80}$$

根据实验数据 (x_i, y_i) 值,可求得系数 s_k、t_j 代入线性方程组,即可求得系数 a_j,进而确定 $y(x)$ 的拟合曲线方程 $y'(x) = F(x)$。

实验数据被拟合的精度,和 n 与 m 的取值有很大关系。通常要求 $n > m$,且 m 的取值越大,逼近的精度越高。但考虑到在微机上运算量与运算速度的限制也不宜太大,若已给定精度要求,可以用试探法寻找 m 值。即先假定一个 m 值,求出 a_j,得到 y' 再算出各点函数值并与给定实测值比较,若误差超过允许的误差 e,则令多项式的 m 次方加高,再重新计算 a_j,直到求得满足的精度为止。

上述利用最小二乘拟合整个曲线的方法,在微机中获得好的效果,保证系统的精度要求和速度要求。也可以简化最小二乘法为直线最小二乘拟合法、分段直线拟合法、分段 m 次曲线拟合法及不等距分段拟合法,这些都可以获得非常满意的曲线拟合效果。

第18章 仪表系统的检定

各种检测仪表在测量过程中，实质上是把被测变量信号以能量形式一次或多次不断转换和传送的过程；测量过程实质上也是将被测变量与其相应的测量单位进行比较的过程，而检测仪表就是实现比较的工具。

仪表检定所要解决的问题：①比较工具（即检测仪表）是否正确，用什么方法来判断比较工具合格与否，即检测仪表的检定；②检测仪表合格的判定标准，有哪些因素影响检测仪表的合格率，如何来评定检测仪表的性能。

我国贯彻执行 ISO 9000 质量保证体系，为我们的产品走向世界提供了有力的质量保证。检测仪表的检定、安装及性能评定都有了国家标准及地方（部门）标准，为量值统一及传递提供了法律依据。

18.1 仪表检定与仪表校准的区别

在认证审核过程中，一些审核员经常向受审核方提出偏离标准的要求。其中一个明显的表现就是不能将校准和检定的概念加以区分。例如，根据实际需要及我国法制计量管理的规定，用户的测量装置通过校准就可以满足要求，而审核员却开出了"没有检定"的不合格报告，强制要求组织按检定实施控制，并强制要求用户到专业的计量部门进行检定，给用户造成了较大的经济损失。

ISO10012—1《计量检测设备的质量保证要求》标准将"校准"定义为"在规定条件下，为确定计量仪器或测量系统的示值或实物量具或标准物质所代表的值与相对应的被测量的已知值之间关系的一组操作。"这里，校准结果可用以评定计量仪器、测量系统或实物量具的示值误差，或给任何标尺上的标记赋值；校准也可用以确定其他计量特性；可将校准结果记录在有时称为校准证书或校准报告的文件上；有时核准结果表示为修正值、校准因子或校准曲线。ISO/IEC 指南 25—1990《校准和检验实验室技术能力的通用要求》将"检定"定义为"通过校验提供证据来确认符合规定的要求"（ISO8402/DADI-3.37，根据本指南的目的增加了注解）。为了与计量仪器的管理相衔接，检定的目的是校验计量仪器的示值与相对应的已知量值之间的偏差，使其始终小于有关计量仪器管理的标准、规程或规范中所规定的最大允许误差。根据检定的结果对计量仪器做出继续使用、进行调查、修理、降级使用或声明报废的决定。任何情况下，当检定完成时，应在计量仪器的专门记录上记载检定的情况。国际计量组织对检定给出的定义是："查明和确认计量器具是否符合法定要求的程序，它包括检查、加标记和（或）出具检定证书。"

根据以上定义，可以看出校准和检定有本质区别。两者不能混淆，更不能等同。现就两者之间的主要区别做如下讨论。

1. 目的不同

校准的目的是对照计量标准，评定测量装置的示值误差，确保量值准确，属于自下而上量值溯源的一组操作。这种示值误差的评定应根据组织的校准规程做出相应规定，按校准周期进行，并做好校准记录及校准标识。校准除评定测量装置的示值误差和确定有关计量特性外，校准结果也可以表示为修正值或校准因子，具体指导测量过程的操作。例如，某机械加工组织使用的卡尺，通过校准发现与计量标准相比较已大出 0.2mm，可将此数据作为修正值，在校准标识和记录中标明已校准的值与标准器相比较大出的 0.2mm 的数值。在使用这一计量器具（卡尺）进行实物测量过程中，减去大出 0.2mm 的修正值，则为实物测量的实测值。只要能达到量值溯源目的，明确了解计量器具的示值误差，即达到了校准的目的。

检定的目的则是对测量装置进行强制性全面评定。这种全面评定属于量值统一的范畴,是自上而下的量值传递过程。检定应评定计量器具是否符合规定要求。这种规定要求就是测量装置检定规程规定的误差范围。通过检定,评定测量装置的误差范围是否在规定的误差范围之内。

2. 对象不同

校准的对象是属于强制性检定之外的测量装置。我国非强制性检定的测量装置,主要指在生产和服务提供过程中大量使用的计量器具,包括进货检验、过程检验和最终产品检验所使用的计量器具等。

检定的对象是我国计量法明确规定的强制检定的测量装置。《中华人民共和国计量法》第九条明确规定:"县级以上人民政府计量行政部门对社会公用计量标准器具,部门和企业、事业单位使用的最高计量标准器具,以及用于贸易结算、安全防护、医疗卫生、环境监测方面的列入强检目录的工作计量器具,实行强制检定。未按规定申请检定或者检定不合格的,不得使用。"因此,检定的对象主要是三个大类的计量器具。

1)计量基准。包括国际〔计量〕基准和国家〔计量〕基准。ISO10012-1《计量检测设备的质量保证要求》做出的定义是,国际〔计量〕基准:"经国际协议承认,在国际上作为对有关量的所有其他计量基准定值依据的计量基准。"国家〔计量〕基准:"经国家官方决定承认,在国内作为对有关量的所有其他计量标准定值依据的计量基准"。

2)〔计量〕标准。ISO10012-1标准将〔计量〕标准定义为:"用以定义、实现、保持或复现单位或一个或多个已知量值,并通过比较将它们传递到其他计量器具的实物量具、计量仪器、标准物质或系统(例:①1kg质量标准;②标准量块;③100Ω标准电阻;④韦斯顿标准电池)。"

3)我国计量法和中华人民共和国强制检定的工作计量器具明细规定:"凡用于贸易结算、安全防护、医疗卫生、环境监测的,均实行强制检定。"在这个明细目录中,已明确规定59种计量器具列入强制检定范围。值得注意的是,这个《明细目录》第二款明确强调,"本目录内项目,凡用于贸易结算、安全防护、医疗卫生、环境监测的,均实行强制检定。"这就是要求列入59种强检目录中的计量器具,只有用于贸易结算等四类领域的计量器具,属于强制检定的范围。对于虽列入59种计量器具目录,但实际使用不是用于贸易结算等四类领域的计量器具,可不属于强制检定的范围。以上三大类之外的测量装置则属于非强制检定,即为校准的范围。

3. 性质不同

校准不具有强制性,属于用户自愿的溯源行为。这是一种技术活动,可根据用户的实际需要,评定计量器具的示值误差,为计量器具或标准物质定值的过程。用户可以根据实际需要规定校准规范或校准方法,自行规定校准周期、校准标识和记录等。

检定属于强制性的执法行为,属法制计量管理的范畴。其中的检定规程协定周期等全部按法定要求进行。

4. 依据不同

校准的主要依据是用户根据实际需要自行制定的《校准规范》,或参照《检定规程》的要求。在《校准规范》中,用户自行规定校准程序、方法、校准周期、校准记录及标识等方面的要求。因此,《校准规范》属于用户实施校准的指导性文件。

检定的主要依据是《计量检定规程》,这是计量设备检定必须遵守的法定技术文件。其中,通常对计量检测设备的检定周期、计量特性、检定项目、检定条件、检定方法及检定结果等做出规定。计量检定规程可以分为国家计量检定规程、部门计量检定规程和地方计量检定规程三种。这些规程属于计量法规性文件,组织无权制定,必须由经批准的授权计量部门制定。

5. 方式不同

校准的方式可以采用用户自校、外校,或自校加外校相结合的方式进行。用户在具备条件的情况下,可以采用自校方式对计量器具进行校准,从而节省较大费用。用户进行自行校准应注意必要的条件,而不是对计量器具的管理放松要求。例如,必须编制校准规范或程序,规定校准周期,具备必要的校准环境和具备一定素质的计量人员,至少具备高出一个等级的标准计量器具,从而使校准的误差尽可能缩小。在多数测量领域,标准器的测量误差应不超过被确认设备在使用时误差的1/3~1/10为好。此外,对校准记录和标识也应作出规定。通过以上规定,确保量值准确。

必须到有资格的计量部门或法定授权的单位进行检定。根据我国现状,多数生产和服务组织都不具备检定资格,只有少数大型组织或专业计量检定部门才具备这种资格。

6. 周期不同

校准周期由用户根据使用计量器具的需要自行确定。可以进行定期校准,也可以不定期校准,或在使用前校准。校准周期的确定原则应是在尽可能减少测量设备在使用中的风险的同时,维持最小的校准费用。可以根据计量器具使用的频次或风险程度确定校准的周期。

检定的周期必须按《检定规程》的规定进行,用户不能自行确定。检定周期属于强制性约束的内容。

7. 内容不同

校准的内容和项目只是评定测量装置的示值误差,以确保量值准确。检定的内容则是对测量装置的全面评定,要求更全面,除了包括校准的全部内容之外,还需要检定有关项目。例如,某种计量器具的检定内容应包括计量器具的技术条件、检定条件、检定项目和检定方法,检定周期及检定结果的处置等内容。

校准的内容可由用户根据需要自行确定。因此,根据实际情况,检定可以取代校准,而校准不能取代检定。

8. 结论不同

校准的结论只是评定测量装置的量值误差,确保量值准确,不要求给出合格或不合格的判定。校准的结果可以给出《校准证书》或《校准报告》。

检定则必须依据《检定规程》规定的量值误差范围,给出测量装置合格与不合格的判定。超出《检定规程》规定的量值误差范围为不合格,在规定的量值误差范围之内则为合格,检定的结果是给出《检定合格证书》。

9. 法律效力不同

校准的结论不具备法律效力,给出的《校准证书》只是标明量值误差,属于一种技术文件。检定的结论具有法律效力,可作为计量器具或测量装置检定的法定依据,《检定合格证书》属于具有法律效力的技术文件。

18.2 过程检测仪表检定的概念

为了弄清楚检测仪表检定的一般要求和方法,有必要回顾及总结检测仪表的性能指标和有关术语。

18.2.1 过程检测仪表检定的相关术语

1) 检测仪表的标称值。标注在检测仪表上用以表明其特性或指导其使用的量值。例如,标准电阻上的量值(即标准电阻上标注的10Ω,20Ω,…)。

2) 检测仪表的示值。由检测仪表所指示的被测量值。这里要说明的是:示值用被测量的单位表示,而与标在标尺上的单位无关,有时标尺上的值(也称为直接示值,直接读数或标尺值)须乘以仪表常数得到示值;相邻标尺标记之间的内插估计值也称示值。

3) 标尺范围。在已知的标尺上两端点之间的值。标尺范围以标在标尺上的单位表示,与被

第18章 仪表系统的检定

测量的单位无关，标尺范围的上、下限可分别称为始点值、终点值。

4）标称范围（示值范围）。对于每个标尺范围而言，当检测仪表的可调部件调到某一位置时，检测仪表输出处在此标尺范围内的一组被测量的示值。标称范围的上、下限分别称为最高值、最低值。例如，在标尺范围的始点值为 -30℃，终点值为 20℃ 的玻璃液体温度计，其标称范围即为 -30 ~ 20℃。当最低值为零摄氏时，标称范围通常只用最高值表示，如 0 ~ 100℃ 的温度计，其标称范围可表示为 100℃。

5）量程。标称范围的上、下限之差的值。例如标称范围为 -30 ~ 20℃ 时，其量程为 50℃。

6）测量范围。是使检测仪表处于允许误差范围内的被测量值的范围。测量范围的上、下限分别称为上限值、下限值。

7）漂移。检测仪表的测量特性随时间的缓慢变化的现象。在仪表使用条件下，对一个恒定的输入，在规定时间内的输出变化，称为点漂。标称范围最低值上的点漂，称为零点漂移，简称零漂；当最低值不为零时也称始点漂移。

8）响应特性。在仪表使用条件下，输入与对应输出的关系。此关系可建立在理论的或试验的研究基础上，它可以用代数式方程、数或图的形式表示。当输入按时间的函数改变时，传递函数是响应特性的一种形式。

9）稳定度。检测仪表保持其特性恒定不变的能力。通常稳定度是对时间而言的，当对其他量考虑稳定度时，则应该明确说明。

10）鉴别力。检测仪表对输入值微小变化的输出能力。

11）鉴别力阈。使检测仪表的输出产生一个可察觉变化的最小输入变化值。鉴别力阈也可称为灵敏阈或灵敏限。鉴别力阈有可能与噪声、摩擦、阻尼、惯性、量子化值有关。

12）分辨率。检测仪表的指示装置对紧密相邻量值有效辨别的能力。一般认为模拟式指示仪表的分辨率为标尺分度值的 1/2，数字式仪表的分辨率为末位数的一个字码。

13）死区。不引起检测仪表输出有任何可觉察变化的最大输入变化范围。

14）滞后。由于施加输入值的方向（上行程和下行程）不同，检测仪表对同一输入值给出不同输出的特性。

15）响应时间。输入受到一规定的突变瞬间与输出达到并保持在最终稳定值瞬间的时间间隔。

16）仪表常数。为求得检测仪表的示值，必须与直接示值相乘的系数。当直接示值等于被测量值时，检测仪表的仪表常数为1。单一标尺的多量程检测仪表有几个仪表常数，它们对应于选择开关的不同位置。

18.2.2 计量、检定的基本概念

1）量。长度、质量、容量、温度、硬度、时间等，都是现象和物体本身所固有性质，即属性，它既可以定性区别又可以定量确定，人们把这种现象和物体的属性称为"量"。这里所说的量，是指可测量的量，一般简称为"量"。所以量就是"可以定性区别并能定量确定的现象或物体的属性"。对于有些现象，如酒的味道，气体香臭，虽可以定性区别，但尚不能定量测定，因此这些不能叫量，只能叫"性质"。当一经能够测定时，这种性质也就转化为量。"量"是计量学研究的基本对象。

2）量值。一个量的大小、程度如何定量表示呢？往往是选择一个标准的量，即作为已知的单位量，与该量进行比较，从而以比较量的多少倍或几分之几来定量确定该量的值。如以 1m 长度单位量，量一个桌子，其长度为 1m 的 1.75 倍，则该桌子的长度为 1.75m。定量确定某个量大小的值称为量值，它由与单位量相比较的数值和单位量本身大小所决定，所以说量值就是"数值和计量单位的乘积"。

这里要注意的是量的大小和量值的概念有原则的差别，任意一个量，相对地说其大小是不

变的，是客观存在的，但其量值将随着单位的不同而不同，量值只是在一定单位下表示其大小的一种表达形式，如某一物体为1kg，又可表示1000g，由于单位的不同，同一物体可得到不同的量值，但其量本身的大小并未变化。把量值的纯数部分，即量值与单位的比值称为量的数值。

3) 测量。一个量的大小用量值表示，量值获得是通过测量来实现的。测量就是"为确定被测对象的量值而进行的实验过程或全部操作"。测量的目的是确定量值，测量对象是被测对象的量，测量本身是一个实验过程。所谓实验过程，它都是利用实验的方法或专门的仪器设备将一个已知的单位量与同类被测量进行比较的过程，其结果可以在一定准确度内重复实现。为此，测量必须具有一定的手段和方法，其结果都是具有确定单位的量值所表达。如果被测的不是一个量，也确定不了量值，这种实验过程不能称为测量。如酒类评比，只能叫"品尝"，不能叫测量，因为它的结果还不能用量值来进行描述。

4) 计量。人们认识自然要进行大量的测量活动。最初，测量是十分原始的，单位可以任选的。随着生产的发展和商品的交换形成社会性活动时，客观上要求实现测量的统一，即在一定准确度内同一物体在不同的地方，用不同的测量手段，测量所得的结果应达到一致。因而出现了大家公认的统一单位及体现单位的实物标准，用公认的标准来标定测量器具，并用法律的形式将其固定下来，从而形成了区别于测量的概念，也就是计量的概念。计量正是在要求于一定准确度内实现测量统一这一基础上才出现的。从这个意义上来说，计量的目的就是保证"测量统一"，保证量值的准确可靠和一致。

计量和测量的关系是十分密切的，没有测量谈不上有什么计量；没有计量，测量也将失去真正的价值。但是计量并不等于测量，那么计量、测量有何区别？是什么关系？以及计量的本质特征是什么？有了测量并要求测量统一，才出现计量的概念，计量的目的是保证测量单位的统一和量值准确传递。因此把"保证或实现测量单位统一、量值准确一致的测量"称为计量。这既体现了计量的统一性、准确性、法制性这三个特征的内在本质，又明确了计量和测量的关系与区别。这一定义可以从狭义和广义两种概念去理解。狭义上可理解为计量是一种特殊形式的测量，只是目的在于保证测量统一和量值准确的测量；广义上理解为定义中的"保证"二字包含了为达到统一和准确所进行的全部活动，如单位的统一、基础标准的建立、量值传递、计量监督管理、测量方法及其手段的研究等，可以说包含了整个计量工作的内容。

依据前述"计量"的解释，更具体点说，"计量"一般是指用精度等级更高的标准量具、器具或标准仪器，对送检量具、仪器或被测样品、样机进行考核性质的测量；这种测量通常具有非实时及离线和标定的性质，一般在规定的具有良好环境条件的计量室、实验室，采用比被测样品、样机更高精度的并按有关计量法规经定期校准的标准量具、器具或标准仪器进行测量。而"检测"通常是指在生产、实验等现场，利用某种合适的检测仪器或综合测试系统对被测对象进行在线、连续的测量。

研究测量、保证测量统一和准确的科学被称为计量学。具体来讲，计量的内容包括计量理论、计量技术与计量管理，这些内容主要体现在计量单位、计量基准（标准）、量值传递和计量管理等。计量工作主要是把未知量与经过准确确定、并经国家计量部门认可的基准或标准相比较来加以测定，也就是通过建立基准、标准，进行量值的传递。

5) 计量器具。是用来测量并能得到被测对象确切量值的一种技术工具或装置。其测量方法可以是直接测量，也可以是间接测量。因此，把"凡能用以直接或间接测出对象量值的技术装置称为计量器具"。计量器具的特点是：第一用于测量；第二是为了确定被测对象的量值；第三它本身是一种技术装置。所以所有的仪器仪表不一定就是计量器具，如一个恒温槽或一个烘箱，它可以反映温度的量值，但它不是计量器具，它不用于测量也不能确定被测对象的量值，它只是一个恒温容器；而控制恒温槽或烘箱的温度计则是计量器具。因此，所定义的计量器具实质是指需要实现测量统一的测量器具和装置，包括计量基准、计量标准和需要进行量值的工作用计量器具。

计量器具在计量工作中有相当重要的地位,全国量值的统一首先反映在计量器具的准确可靠性和一致性上,所以计量器具是确保全国量值统一的具体对象和手段,是计量部门提供计量保证的技术基础。因此,对计量器具必须进行计量检定。

6) 计量检定。计量器具只有在标准的基础上才有使用价值,因为使用不准确的计量器具会产生一系列严重后果。因此,要想使各种计量器具准确,达到全国统一,就要对计量器具开展计量检定。"检定"是统一量值确保计量器具准确的重要措施;是进行传递的重要形式;是为工农业生产、科研、人民生活提供计量保证的重要条件;也是对全国测量实行国家监督的一种手段。因此,检定在计量工作中具有十分重要的地位。

检定具有下列特点:

① 检定对象是计量器具(当然包括标准物质)。

② 检定的目的是确保量值的统一,所以它主要评定的是计量器具的计量性能,确定其误差大小、准确程度、寿命、安全等。

③ 检定的结论是要确定计量器具是否合格,即新制的可否出厂,使用中的可否继续使用。

④ 检定作为计量工作的专门术语,具有法制性,但与从事检定的部门和使用范围相联系,其检定结果具有不同的法律地位和效力,如计量监督部门或其授权的组织进行的检定,具有国家法制监督的性质,检定证书在社会上具有法律效力,检定的本身是国家对测量的一种监督。根据检定的这些特点,可以把检定定义为"为评定计量器具的计量性能(准确度、稳定度、灵敏度等)是否合格所进行的全部工作"。

7) 不确定度。是"表示由于测量误差的存在而对被测量值不能肯定的程度",它是指测量结果不能肯定的误差范围。它对某一被测量值而言,即对测量结果而言。为什么存在着不能肯定的误差范围呢?因为测量中总存在着误差,当系统误差做了修正,但还有随机误差和未定系统误差存在。因此,每个测量结果总存在着不确定度。如人体的温度,其测量结果为 (36.5 ± 0.15)℃,则说明实际体温在 36.35~36.65℃ 之间,而 ±0.15℃ 这一不能肯定的误差范围即为不确定度。

不确定度是建立在误差理论基础上的一个新概念。由于不确定度包括测量结果中无法修正的部分,它反映了测量结果中未能确定的量值范围。严格地说,作为一个测量结果,不仅要表示其量值大小,而且只有标出其测量的不确定度,才能叫作一个完整的结果,才能使人们知道其测量结果的准确可靠程度。

18.2.3 检定的分类

检定以大类区别,可以分为强制检定和非强制检定两大类。对社会公用计量仪表仪器,部门和企业、事业单位使用的最高标准仪器,以及贸易结算、安全防护、医疗卫生、环境监测方面等仪器仪表实行强制检定。

强制检定是指由县级以上人民政府计量部门指定的法定计量检定机构或授权的计量检定机构,对强制检定的仪器仪表实行的定点、定期检定。检定周期由执行强制检定的计量检定机构根据计量检定规程,结合实际使用的情况确定。这种规范所表现的形式,属于强制规范或命令规范,使用单位必须按规定申请检定,对法律规定的这种权利和义务,不允许以任何方式加以变更或违反,当事人没有选择、变通的余地,必须无条件地遵照执行。

除了强制检定的仪器仪表以外的其他依法管理的计量标准和工作用的仪器仪表,属非强制检定的仪器仪表。非强制检定的仪器仪表可由使用单位依法自选定期检定。就规范所表现的形式而言,属任意性规范或允许规范。

在工矿企业管理中,检测仪表是保证产品质量,降低消耗,提高经济效益的物质基础。因此，配好、用好、管理好检测仪表是工矿企业计量技术管理的重要组成部分。为了保证检测仪表可靠、准确、安全地进行，必须进行以下几种检定。

1. 入库检定

检测仪表在出厂后，要经过运输，有的要进过几次转手，从出厂到用户收货入库，要经过一定时间。在这段时间里，由于种种原因存在着检测仪表变成不合格的可能。所以要对供应部门按审查过的申请计划购进的检测仪表，必须进行入库检定或验收，经检定或验收合格方可入库。

2. 发放检定

仓库存放的检测仪表，企业计量部门须对每件检测仪表进行建账登记、编号、立卡，确定检定周期后方可发放使用。并对外观和基本功能进行检定，已超过检定有效期的，应进行全面检定。检测仪表在仓库存放的时间较长，保管不善或其他种种原因，都可能使原来合格的检测仪表变成不合格，所以一定要经过检定合格，才准发放使用。

3. 周期检定

周期检定包括强制检定和非强制检定。要按计量法的规定加以区别管理，它是整个检定工作的核心。属于强制检定的检测仪表，使用单位要登记造册，报当地计量行政部门备案并向指定的计量检定机构申请周期检定。为方便生产，也可由政府计量部门授权有能力的企业执行强制检定工作。要做好周期检定工作，首先要合理确定周期。强制检定的检测仪表的最长检定周期不能超过检定规程的规定。对某些检测仪表的检定周期可参考下述经验公式

$$3 < \frac{T}{t} < 5 \tag{18-1}$$

式中，T 为修理周期；t 为检定周期。

如果该检测仪表平均12个月需要修理一次，即 $T=12$，检定周期符合上述要求，则 t 为 $2.4 \sim 4$ 个月。

4. 返回检定

在工具库或工具室借用的检测仪表，凡经借出使用、再归还来的检测仪表，未经检定的不能借出。这种检定一般只做外观和相互作用及零位检定，通过观察，是否有异常情况，如有异常情况再做全面检定。

5. 巡回检定

对重点产品、关键工艺和生产流水线上使用的检测仪表要加强管理，到车间、到生产现场进行巡回检定。巡回检定可以根据生产实际情况需要，对部分项目进行检定，如温度计量中控温仪表的炉前检定等都属于这种性质。

6. 临时检定

检测仪表在检定周期内发生故障，可根据使用人要求，给予临时检定。

7. 仲裁检定

在生产过程中，对计量测试结果发生争议时，根据争议双方使用的检测仪表进行检定，分析双方测试方法是否合理等。

8. 降级、报废、销号

对于检测仪表的检定，要严格按检定规程进行。对检定合格的检测仪表，应发给检定合格证书；对于无法保证原来的准确度或无修理价值的检测仪表，按一定程序和标注规定，该降级的给予降级，该报废的给予报废。报废的检测仪表即抽卡销号。无检定证书或过了检定周期的检测仪表，一律不准使用。

如果各工矿企业都能严格执行上述八项要求，那么每台（件）检测仪表从进厂到报废全过程中，检测仪表本身就不会发生质量问题，产品质量就有了保证，至少不会由于检测仪表不标准

造成测量数据不正确而影响产品质量和产量。上述检定是保证量值统一的关键。

18.2.4 检定的基本要求

　　检定的目的是要保证所有工矿企业使用的检测仪表计量单位与国家计量单位制统一和它的量值的准确可靠。为此，就需要研究和建立各种能保存和复现某一具体的物理量单位量值的计量基准以及各种不同准确度等级的计量标准，开展量值传递。所谓量值传递，是指将国家计量基础所复现的单位量值，通过各级计量标准逐级传递到工作用计量器具（包括检测仪表）的检定活动。通过检定，对计量器具的计量性能进行评定，确定其是否合格，从而保证所有用于检定和测量的计量标准、检测仪表的量值在规定的误差范围内与国家计量基准的量值保持一致，达到统一量值的目的。由此可见，开展计量检定是量值传递的重要手段，也是国家对整个测量业务进行监督的根本措施。

　　要实现量值传递，除了应建立国家计量基准以外，关键是要制定国家计量检定系统和计量检定规程。计量基准是用以保存和复现计量单位，作为统一全国计量单位量值的最高依据的计量器具。就一个国家范围来说，它具有现代测量技术所能达到的最高准确度。而计量检定系统和计量检定规程则是建立计量标准、组织量值传递、开展计量检定时所必须遵循的技术依据，是国家的计量技术法规。

1. 计量检定系统

　　为了保证量值的准确传递，各国的国家计量部门一般都以技术文件的形式，对量值传递的程序，即哪一级检定哪一级，以及用于检定和被检定计量器具（包括基准、标准和工作计量器具）的类型、名称、测量范围、准确度和检定方法等，做出明确具体的规定。这种以技术文件的形式对量值传递体系所做的技术规定，就是计量检定系统。

　　我国的计量检定系统一般是用图表加文字说明的形式来表达的。它的制定是由建立计量基准的单位负责起草，由国家技术监督局组织审定批准发布的。目前，我国已建立的计量基准有150多种（不包括一级标准物质），正式批准发布的检定系统有28个。

2. 计量检定规程

　　计量检定规程是在具体检定某一计量器具（如检测仪表等），评定其计量性能是否合格时，作为检定依据用的国家法定技术文件。其主要内容包括规程的使用范围、计量器具的计量性能、检定项目、检定条件、检定方法、检定周期以及检定结果的处理等。

　　我国现行的检定规程来看，大致可分为以下三种类型。

　　1）指导性检定规程。只是对某一类型的计量器具的检定做原则行的规定，或者在缺乏具体规程的情况下考虑同类新型计量器具的检定时，有一定的指导作用。

　　2）综合性检定规程。是一种适用于某些同一类型不同规格型号的计量器具的普通规程，如电子电压表检定规程、交流电度表检定规程等。

　　3）适用于某一具体型号的检定规程。这类规程只适用于某一具体型号的计量器具，对计量标准的选用、检定操作步骤等都规定得比较具体，编写也比较容易，但使用范围最窄，如JJG-75标准铂电阻温度计试行检定规程。

　　目前，我国的计量检定规程分为国家规程、地方规程和部门规程三种（地方和部门过去叫作"暂行检定方法"，计量法颁布后，统一改成"规程"）。国家规程由国家技术监督局组织制定、修订、批准发布，在全国范围施行。它具体的起草和审定，又分别由国家计量检定规程归口单位和审定委员会负责。没有国家规程的，属于地区通用的计量器具，可由省、自治区、直辖市技术监督局组织制定地方计量检定规程，在本行政区域内施行；属于部门专门的计量器具，可由国务院有关主管部门组织制定部门计量检定规程，在本部门施行。当正式发布国家规程后，相应的地方和部门的规程不得与国家规程相抵触。

18.2.5 检定的方法

1. 全数检定

全数检定是依据计量器具技术标准和检定规程，对计量器具实行100%的检定。合格的允许出厂和使用。检定不合格的退回制造厂返修复验后再送计量部门检定。全数检定，一般来说能有效地保证计量器具的质量，特别是不稳定的和批量比较小的计量器具。但是，这种方法有三个缺点：第一，对批量较大的计量器具全数检定，检定量大，检定费用多；第二，容易造成制造厂的依赖性，认为只要经过计量部门检定合格的就可以出厂，不合格的经过返修还可以再送检，即使合格率很低，但总是有部分合格的产品可以出厂；第三，当计量器具批量很大时，持续较长时间的检定，容易产生疲劳，产生误检或漏检。

2. 抽样检定

抽样检定是从制造厂的产品的总体中或从流通领域（批发商和零售商）中随机抽取一部分，通过检定这一部分产品来估计产品总体的质量。抽检方案可分为计量检定和计数检定两大类。凡对抽样组中的各个产品的质量特性加以计量测定，从而推断检定批中所有产品的不合格率，这样的检定即为计量检定。若对抽样组中的每一个产品的某些质量特性仅确定其为合格品或不合格品，从而推断整个检定批中产品的不合格率，这样的检定叫作计数检定。无论哪类抽检，最终目的都是要推断产品检定批的质量，而这种估量总量以产品的不合格品率来表示的。

两类方案各有所长，可根据不同需要正确地选用。

计量检定的优点主要有以下几点：

1) 计量检定只要随机（按照概率统计的估计规律）抽取较少的样品个数即可判断检定批的产品的不合格率，从而决定这个检定批接受与否。如果检定同样个数产品的抽样组，计量检定结果的可靠性要比计数检定结果要高。这是因为对每一个产品的质量特性进行严格的计量检定，要比对每一个产品的质量特性仅仅区别其合格与否的计数检定更为精确，因而能够提供更多、更详细产品质量信息。

2) 某些不能过关的关键性产品质量特性，一般可采用计量检定。

3) 计量检定对检定批是否符合技术标准和检定规程要求，能够给出一个明确的答案；而计数检定，有时对某些质量特性仅能给出一个不太明确的数值界限。

计数检定优点主要有以下几点：

1) 因为它仅把产品区分为合格与不合格，不仅手续比较简便，而且检定费用比较节省。尤其当产品具有多种（如20种）质量特性时，对计数检定来说，一般只要通过一个抽检方案，就能做出检定批是否被接受的结论；而计量检定需要20个抽检方案才能作出判断结论，因此总的检定工作量很大。另外，对计数检定来说，一般不需要以往的经验，即可挑选出一个合适的方案。因此，在一般情况下，计量部门宁可采用抽取较多单位产品的计数检定，而不愿采用抽取较少单位产品的计量检定。

2) 对于计数检定来说，不需要预先假定分布规律，而计量检定则必须预先假定分布规律。

18.3 常见检测仪表的检定

工矿企业生产的不断发展，先进的设备、先进的工艺大量的投入，对检测仪表的要求也越来越高。要求实现自动、快捷、准确、连续的检测为生产自动化创造条件。同时，专业化协作网的生产，更需要以统一量值为基础。各协作生产部门提供的原材料、元器件必须符合规定的指标，提供零部件必须达到高度互换性。这里就存在一个问题，即检测仪表所测量出来的量值是否正确。要知道量值正确与否，先要了解检测仪表的性能是否合格，检定就是确定检测仪表合格的一种手段。

第 18 章　仪表系统的检定

这里需要指出的是，目前极个别工矿企业，特别是中等学校在仪表实验课中，经常听到的是仪表的调校（或校验）这个术语。那么，调校（校验）与检定有什么区别呢？主要有以下几点：

1) 调校（校验）所进行的工作只是个人行为，所出具的调校（校验）报告别人可以不予认可；而检定时按法定要求所进行的工作，它具有法律效力，所出具的检定报告任何人都得认可。

2) 调校（校验）所进行的项目，可以是技术指标中的全部，也可以是一部分，也可以在某一部分的某一区域中进行；而检定必须按检定规程中所列出的全部项目进行检定。例如，有一台电子自动电位差仪，分度号为 K，示值范围为 0~1100℃，如果进行检定，则必须按 JJG74-83 电子自动电位差计检定规程中的所有项目进行全部检定，即对外观、绝缘电阻、阻尼特性、行程时间、指示基本误差、记录基本误差、回程误差、记录质量、运行试验等项目全部进行检定，并且还必须执行规程中规定的检定条件（检定设备和检定环境条件）及检定方法等。如果进行调校（校验），条件就不那么严格了，一般只校验仪表的准确度等级及回程误差，认为被测指标合格，则该表就可以用了。如某企业经常指示的温度为 800℃，而且此温度是产品质量的关键温度。因此，仪表工往往对 700~900℃，特别对 800℃ 进行指示基本误差的校验。认为此区域的示值误差符合技术指标，则该表就是合格的，至于其他各温度点有超差现象和其他技术指标有些不合格，均不予考虑。

3) 调校（校验）所使用的标准仪器没有严格的要求，如调校一台仪表的精度，一般考虑标准仪器的精度高于被校仪表就行了；而检定对标准仪器有严格的规定，一般在技术规范中指定使用某种型号的标准仪器，并经过上一级法定的计量部门检定，具有检定证书，才可使用。

4) 调校（校验）工作人员只要具备专业知识，懂得调校（校验）的一些方法，就可以进行此项工作了。而检定，工作人员必须经过应知、应会的考试，拥有法定的计量部门颁发的计量人员上岗证，才可以进行此项工作，并能出具检定证书。

因此，用调校（校验）来评定仪表的技术性能存在着极大的缺陷，在技术规范日益完善的情况下，我国已执行 ISO9000 国际质量保证体系的今天，各工矿企业采用检定方法来确定仪表的质量指标（有些仪表采用强制检定）。为了使所学知识能直接用于社会，所以在本书中，采用了检定这个技术术语及其检定方法，不用调校（校验）这个术语（在国家技术监督局颁布的有关文件中已无调校（校验）术语）。

本节就以温度仪表、流量仪表、模拟显示仪表和数字显示仪表为例对仪表的检定加以介绍，其余检测仪表的检定可参阅国家或有关部门颁布的检定规程。

18.3.1　温度检测仪表的检定

以工业上最常用的分度号为 K 的镍铬—镍硅热电偶检定为例。

1. 检定条件

1) 标准器。测量范围为 0~300℃ 的二等标准水银温度计一支；二等标准铂铑$_{10}$—铂热电偶、标准镍铬—镍硅热电偶各一支。

2) 仪器设备。准确度不低于 0.05 级，最小步进值为 1μV 的低电势直流电位差计一台；多点转换开关一只，其寄生电动势小于 1μV；管式检定炉一台，其长度约 600mm，常用温度为 1200℃，最高温区偏离检定炉管中心位置不应超过 30mm；水、油恒温槽一个，在有效工作区域内温差小于 0.2℃；冰点恒温器一个和测量范围为 -20~50℃、最小分度值小于 0.5℃ 的精密水银温度计一支等。

2. 检定方法

(1) 外观检查　新制热电偶的电极直径应均匀、平直、无裂纹，使用中的热电偶不应有严重的腐蚀或明显缩径等缺陷；热电偶测量端的焊接要牢固，表面应光滑，无气孔，无夹灰，呈近似球状。Ⅱ级镍铬—镍硅热电偶也可绞接或焊接，其绞接应均匀成麻花状，绞接长度相当于电极直径的 4～5 倍。

经外观检查合格的新制热电偶，示值检定前，应在检定炉中最高检定点温度下退火 2h。使用中的热电偶，可不退火。

（2）示值检定 热电偶的示值检定点温度，按偶丝材料及电极直径粗细决定，见表 18-1。

表 18-1 镍铬—镍硅热电偶检定点

热电极直径/mm	检定点温度/℃	热电极直径/mm	检定点温度/℃
0.3	400、600、700	1.2、1.5、2.5	400、600、800、1000
0.5、0.8、1.0	400、600、700	3.2	400、600、800、1000、1200

1) 300℃以下点的检定。在水、油恒温槽中，与二等标准水银温度计进行比较检定。将热电偶的两电极分别套上高铝绝缘瓷珠，再在外面套上玻璃保护管，插入恒温槽中，插入深度不应小于 300mm，玻璃管口沿热电偶周围用棉花堵好。热电偶的参考端直接用铜导线连接，接触要良好。然后插入装有变压器油或酒精的玻璃试管或塑料管中，再插入冰点恒温器内。采用微差法检定时，参考端可置于室温中并修正到 0℃。

2) 300℃以上点的检定。与二等标准铂铑$_{10}$—铂热电偶进行比较检定，Ⅱ级镍铬—镍硅热电偶也可与标准镍铬—镍硅热电偶进行比较检定。检定时捆扎成一束的热电偶总数，包括标准在内不应超过 6 支。将捆扎成束的热电偶，装入检定炉内管轴中心，热电偶的测量端应处于检定炉最高温区内，插入深度为 300mm。为保证被检与标准热电偶测量端温度尽量相同，检定炉最高温区内可装有耐高温的镍块套（或合金块套），并用绝热材料堵好检定炉炉口与热电偶束之间空隙。检定顺序由低温向高温逐点升温检定，测量时，炉温偏离检点温度不应超过 ±10℃。

3) 采用双极比较法检定。双极比较法连接线路实际上是两组被检热电偶和一个标准热电偶通过转换开关切换实现双极比较，通过电位差计直接测量标准与被检热电偶的热电动势。

当炉温升到检定点温度，待恒定后，自标准热电偶开始，依次顺序测量各被检热电偶的热电动势。测量顺序如下：

标→被$_1$→被$_2$→被$_3$→被$_4$→被$_5$→被$_5$→被$_4$→被$_3$→被$_2$→被$_1$→标。

顺序中："标"为标准热电偶；"被$_1$"为被检热电偶第一支；"被$_2$"为被检热电偶第二支；依次类推。每支热电偶测量时间间隔应相近，测量不应少于两次，在此测量内检定炉内温度变化不得超过 0.5℃。

4) 采用微差法检定。微差法检定连接线路是两组被检热电偶和一个标准热电偶通过转换开关和换向开关配合，将被检与标准热电偶反向串联，实现切换比较，通过电位差计测量其热电动势的差值。

连接线路时，将标准热电偶正极与转换开关正极相接，并将转换开关的所有正极串联，标准和被检热电偶的负极与转换开关的一个公共负极相接，被检热电偶的正极依顺序与转换开关的其他负极相接。当换向开关置于反面时，测得的热电动势为负（标准热电偶的正极与电位差计正极相接）。

用标准热电偶测量炉温时，将换向开关置于反向，当炉温升到检定点温度，待恒定后进行测量，先测量标准热电偶的热电动势，然后依次顺序测量每反串组的热电动势。测量顺序同上。每反串组的测量不应少于两次，在此测量时间内检定炉内温度变化不得超过 5℃。

3. 检定结果的处理

1) 采用双极比较法检定时，被检热电偶的热电动势误差用下式计算：

$$\Delta e = \bar{e}_{被测} + \frac{e_{标正} - \bar{e}_{标测}}{S_{标}} S_{被} - e_{分} \tag{18-2}$$

式中，$\bar{e}_{被测}$ 为被检热电偶在某检定点附近温度下（参考端温度为 0℃时）测得的热电势平均值（mV）；

$\bar{e}_{标测}$ 为标准热电偶在某检定点附近温度下（参考端温度为0℃时）测得的热电势平均值（mV）；$e_{标正}$ 为标准热电偶证书上某检定点温度的热电动势值（mV）；$e_分$ 为在热电偶分度表上查得的某检定点温度的热电动势值（mV）；$S_标$、$S_被$ 分别为标准热电偶、被检热电偶在某检定点温度的微分热电动势（mV/℃）。

检定时，如参考端温度未处于0℃，可用下式计算参考端温度为0℃时的热电动势值

$$E(t, t_0) = E(t, t_1) + E(t_1, t_0) \tag{18-3}$$

式中：E 为热电偶的热电动势（mV）；t 为热电偶的测量端温度（℃）；t_0 为热电偶参考端温度0℃；t_1 为检定时，热电偶参考端所处的温度（℃）。

【例18-1】在1000℃附近测得二等标准铂铑₁₀—铂、被测Ⅱ级镍铬—镍硅热电偶的热电动势平均值 $\bar{e}_{标测} = 9.445 \text{mV}$、$\bar{e}_{被测} = 40.486 \text{mV}$，水银温度计测得的参考端温度 $t_1 = 20℃$，标准热电偶证书中1000℃的热电动势为9.581mV，求被检热电偶在1000℃时的误差。

解： 先利用式(18-2)修正标准与被检热电偶参考端温度为0℃时，测得的热电动势。

从S型（铂铑₁₀—铂）、K型（镍铬—镍硅）热电偶分度表中查得20℃时热电动势 $E_标(20, 0) = 0.133 \text{mV}$、$E_被(20, 0) = 0.798 \text{mV}$。

则
$$E_标(t, t_0) = (9.445 + 0.113)\text{mV} = 9.558 \text{mV}$$
$$E_被(t, t_0) = (40.486 + 0.798)\text{mV} = 41.284 \text{mV}$$

各热电偶微分热电动势见表18-2，由表18-2中查得1000℃时，标准与被检热电偶1℃分别相当于 $S_标 = 0.012 \text{mV}$、$S_被 = 0.039 \text{mV}$。从K型（镍铬—镍硅）热电偶分度表中查得1000℃的热电动势为 $e_分 = 41.269 \text{mV}$。

表18-2 热电偶微分热电动势

温度/℃	铂铑₁₀—铂	镍铬—镍硅	镍铬—考铜	温度/℃	铂铑₁₀—铂	镍铬—镍硅	镍铬—考铜
	S/(μV/℃)				S/(μV/℃)		
0	5.40	39.48	64.50	700	10.54	41.93	85.00
100	7.33	41.37	74.00	800	10.87	41.00	86.00
200	8.46	39.35	82.00	900	11.20	39.96	
300	9.14	41.46	83.50	1000	11.53	38.93	
400	9.57	42.22	86.50	1100	11.83	37.84	
500	9.89	42.61	87.00	1200	12.02	36.50	
600	10.19	42.53	89.00	1300	12.12	34.88	

将以上数据代入式(18-1)，可计算出误差

$$\Delta e = \bar{e}_{被测} + \frac{e_{标正} - \bar{e}_{标测}}{S_标} S_被 - e_分 = \left(41.284 + \frac{9.581 - 9.558}{0.012} \times 0.039 - 41.269\right) \text{mV} \approx 0.090 \text{mV}$$

再将此值除以 $S_被$，即可得到温度的示值误差

$$\Delta t = \Delta e / S_被 = 0.090 / 0.039 ℃ = 2.3 ℃$$

则该热电偶在1000℃时，其示值的误差为2.3℃，其修正值为 -2.3℃。

2）采用微差法检定时，被检热电偶的热电动势误差用下式计算

$$\Delta e = \bar{e}_1 - c \tag{18-4}$$

式中，$\bar{e}_1$ 为被检与标准热电偶反向串联时在某检定点温度上测得的热电动势平均值（mV）；c 为标准热电偶对分度表的修正值，即分度表上某检定点的热电动势与标准热电偶证书中相应检定点热电动势之差（mV）。

【例18-2】在800℃附近测得的被检与标准镍铬—镍硅热电偶反向串联时的热电动势平均值

自动检测技术及仪表

$\Delta \bar{e}_1 = -0.157\text{mV}$，标准热电偶证书上800℃热电动势为33.270mV，求被检热电偶在800℃时的误差。

解：利用公式(18-4)计算$\Delta \bar{e}$，从K型（镍铬—镍硅）热电偶分度表中查得800℃时热电动势为33.277mV。标准热电偶对分度表的修正值为

$$c = (33.277 - 33.270)\text{mV} = 0.007\text{mV}$$

被检镍铬—镍硅热电偶在800℃时示值的误差，即

$$\Delta e = \Delta \bar{e}_1 - c = (-0.157 - 0.007)\text{mV} = -0.164\text{mV}$$

换算成温度误差为

$$\Delta t = \Delta e/S = -0.164/0.041℃ = -4.0℃$$

即示值的温度误差为$-4.0℃$，其修正值为$4.0℃$。式中S为被检热电偶在800℃点温度的微分热电动势（mV/℃）。

3) 热电偶的检定周期一般为0.5年，特殊情况可按使用条件来确定。

4. 镍铬—镍硅热电偶的级别

按允许误差数值镍铬—镍硅热电偶分为Ⅰ级、Ⅱ级。热电偶的热电动势（在规定的温度范围内，参考端温度为0℃时）允许误差，以温度数值表示时应符合表18-3规定。

表18-3 允许误差

等级	测量温度/℃	允许误差/℃
Ⅰ	≤400	±1.6
	>400	±0.4%t（t为测量温度）
Ⅱ	≤400	±3
	>400	±0.75%t（t为测量温度）

18.3.2 流量检测仪表的检定

随着科学技术的发展，流量检测仪表日新月异，应用工作原理也不断更新。这里仅以目前国内外应用最广泛的节流式流量计为例加以叙述。

目前国内外应用最广泛流量计是节流式流量计，而节流式流量计由三部分组成，即节流元件（孔板等）、差压变送器和流量积算器。至于节流元件孔板按标准JJG643—1994规定检定，这里不再赘述；这里只以差压变送器（Ⅱ型）为例来介绍流量计的检定。

差压变送器（Ⅱ型）的检定包含如下内容：

1. 检定条件

1) 标准器及检定设备。对检定装置的要求，应符合表18-4。

表18-4 标准器及检定设备

序号	名称	规格	数量	备注
1	自耦调压器	0~250V, 1kV·A	1	
2	交流稳压器	220V, 1kV·A, 稳压精度1%	1	
3	直流电压表	0~300V, 1级	1	
4	交流毫伏表	输入阻抗>100kΩ, 2.5级	1	
5	直流毫安表	0~10mA(DC), 0.5级	1	
6	兆欧表	500V, ≤1%	1	
7	数字电压表	4.5位以上，基本误差0.05%	1	
8	十进制电阻箱	0~9999Ω, 0.1%	1	
9	标准电阻	100(1±0.05%)Ω	1	
10	标准压力计	0.5~2.5kPa, ±0.1%	1套	
11	气源装置	根据压力计需要设置		
12	活塞压力计	0.04~250MPa	1套	
13	标准压力表	准确度等级0.4	1	范围根据需要确定

第18章 仪表系统的检定

2）检定环境与工作条件。周围空气温度为 15~35℃，周围空气相对湿度不应超过 85%；供电电源的波动不得超过 ±2.5V；输出负载电阻为 1.5Ω；输入信号应平稳均匀变化；接通电源后应稳定 15min 后方能检定；每项检定过程中不允许调零，各项检定间可调零，检定前零误差不得超过允许基本误差的 1/2。

2. 检定项目和检定方法

1）检定项目见表 18-5。

表 18-5 检定项目

检定类别 \ 检定项目	外观	绝缘电阻	基本误差	回程误差	输出交流分量	密封性	工作压力误差	电源电压变化影响	电源中断影响
使用中检定	+	+	+	+	—	+	+	+	—
修理后检定	+	+	+	+	+	+	+	+	+

注："+"表示要检定，"—"表示不需检定。

2）外观检查。用目测方法检查差压变送器的外壳及零部件的表面覆盖层，不得有严重的剥落及伤痕等缺陷；面板及铭牌均应清晰光洁；紧固件不得有松动及影响仪表准确度的损伤等现象；可动部分应灵活可靠。

3）绝缘电阻检定。用 500V 兆欧表测试；输出端子对机壳不小于 20MΩ；电源端子对机壳不小于 50MΩ；电源端子对输出端子不小于 50MΩ。

4）基本误差检定。计算确定能使输出信号为公称值（不小于 4 等分）的测量信号，然后平稳地输入差压信号，读取正行程各检定点的输出值（用数字电压表测定取压电阻两端的电压），当达到最大值时，保持差压信号 1min，然后逐渐减至最小值，并读取反行程各检定点输出值。按下式计算各点的测量误差

$$\delta_n = \frac{V_{n1} - V_{n0}}{V} \times 100\% \tag{18-5}$$

式中，δ_n 为某一检定点的测量误差（%）；V_{n1} 为对应检定点的输出测量结果（V）；V_{n0} 为对应检定点的输出公称值（V）；V 为仪表的量程（V）。

测量误差中的最大误差值为变送器的基本误差，其值应符合表 18-6 规定。

表 18-6 变送器允许基本误差

准确度等级	允许基本误差（%）	准确度等级	允许基本误差（%）
0.5 级	±0.5	1.5 级	±1.5
1.0 级	±1	2.5 级	±2.5

5）回程误差检定。用基本误差检定方法实测的检定数据，以下式计算各点的回程误差：

$$\delta_{nrm} = \left| \frac{V_{n11} - V_{n12}}{V} \right| \times 100\% \tag{18-6}$$

式中，δ_{nrm} 为某检定点的回程误差（%）；V_{n11} 为对应检定点上行程输出测量结果（V）；V_{n12} 为对应检定点下行程输出测量结果（V）；V 为仪表量程（V）。

取测量点回程误差的最大值为变送器的回程误差，其值不应超过允许基本误差的绝对值。

6）输出交流分量试验。当输出取压电阻为 200Ω 时，加入差压测量信号，使输出值分别为量程的 10%、50%、90% 时，分别测量负载电阻两端的交流电压。此交流分量不应超过 20mV。

7）密封性检定。将工况压力的 1.2 倍压力值加入变送器的测量部分，切断压力源密封 15min，同时用标准压力表测量密封性。前 10min 内允许标准压力表指针稍有变动，后 5min 内压

力下降值不得超过试验压力值的2%。按下式计算误差

$$\delta_p = \frac{p_{10} - p_{15}}{p} \times 100\% \tag{18-7}$$

式中，δ_p 为密封性误差（%）；p_{10} 为断压10min时标准压力表示值（MPa）；p_{15} 为断压15min时标准压力表示值（MPa）；p 为变送器加入的试验压力值（MPa）。

8）工作压力试验。输入差压测量信号为零时，使输出信号为零或迁移到某一数值，然后向正压室及负压室同时加入工况时压力，在压力值稳定时记录变送器的输出值。按下式计算误差：

$$\delta_{wp} = \frac{V_{wp1} - V_{wp0}}{V} \times 100\% \tag{18-8}$$

式中，δ_{wp} 为工作压力影响误差（%）；V_{wp1} 为加入工作压力时输出值（V）；V_{wp0} 为没加工作压力时输出值（V）；V 为输出量程（V）。

工作压力 $p_g \leq 16\text{MPa}$ 情况下，工作压力误差不应超过 $\pm 3\%$；工作压力在 $16\text{MPa} < p_g \leq 40\text{MPa}$ 情况下，工作压力误差不应超过 $\pm 5\%$。

9）电源电压变化试验。电源电压调整到220V，加入差压测量信号，使输出为90%，然后将电源电压分别调到240V及190V，测量取压电阻两端电压值。误差按下式计算

$$\delta_{vn} = \left| \frac{V_{v220} - V_{vn}}{V} \right| \times 100\% \tag{18-9}$$

式中，δ_{vn} 为电源电压变化影响误差（%）；V_{v220} 为电源电压220V时，输出电压值（V）；V_{vn} 为电源电压改变时输出电压值（V）；V 为仪表量程（V）。

取误差中最大值为电源电压影响误差。此值不应超过允许基本误差的绝对值。

10）电源中断影响检定。加入差压测量信号，使输出信号为量程的90%，然后切断变送器供电电源（差压测量信号不变），1min后重新通电，再稳定10min，观察输出信号的变化。按下式计算电源中断影响误差

$$\delta_s = \left| \frac{v_{s2} - v_{s0}}{v} \right| \times 100\% \tag{18-10}$$

式中，δ_s 为电源中断影响误差（%）；v_{s2} 为电源中断后输出值（V）；v_{s0} 为电源中断前输出值（V）；v 为仪表量程（V）。

电源中断影响误差不应超过允许基本误差绝对值的1/2。

3. 检定结果处理和检定周期

1）仪表检定接线应严格按照规定进行。
2）检定结果原始记录必须按规程提供的表格逐项认真填写，存入技术档案。
3）变送器的检定周期一般为1年，但可根据实际使用情况适当延长。

18.3.3 模拟显示仪表的检定

模拟显示仪表品种繁多，它们的工作原理各不相同，因此不同的显示仪表有不同的检定规程，这里仅以电子自动电位差计为例做一说明。

1. 检定条件

1）检定设备。不低于0.05级成套工作直流低电势电位差计；最小分度值不大于0.1s的秒表或电秒表；输出直流电压为500V的兆欧表；与热电偶分度号相匹配，具有修正值的补偿导线和参考端恒温器；最小分度值为0.1℃的水银温度计；误差不大于±0.01Ω的锰铜电阻。

2）检定时环境条件。环境温度为（20±5）℃，相对湿度为30%~85%；仪表电源电压的变化不超过额定电压的±1%，频率的变化不超过额定频率±1%，谐波失真不超过5%；在仪表周围应无外磁场存在。

2. 检定、项目和检定方法

仪表的检定项目见表18-7。

表18-7 检定项目

检定类别 \ 检定项目	1 外观	2 指示基本误差	3 记录基本误差	4 回程误差	5 阻尼时间	6 行程时间	7 记录质量	8 绝缘电阻	9 运行试验
新制品检定	+	+	+	+	+	+	+	+	+
使用中检定	+	+	+	+	+	—	—	—	—
修理后检定	+	+	+	+	+	+	+	+	—

注："+"表示要检定，"—"表示不需检定。

1) 外观检查。目测电子自动电位差计，外观符合以下几条规定：
① 仪表门玻璃不应影响读数点。
② 仪表内部应整洁，零部件应完整，安装须牢固。
③ 仪表指示标尺上应注明仪表的准确度等级、计量单位符号，用于测量及记录温度的仪表还应注明分度符号。
④ 仪表应注明制造厂或厂标、出厂编号、制造年月。
⑤ 仪表的尺寸和标尺上的文字、数字与符号应鲜明、清晰，不应沾污和残缺F。
⑥ 仪表不通电时，手动检查仪表指针应能越过仪表标尺上限和下限刻度到达限位位置。

2) 绝缘电阻的测定。当环境温度在5～35℃，相对湿度均不大于85%时，仪表的测量。电路与表壳、电力电路与表壳、测量电路与电力电路之间的绝缘电阻均不得小于20MΩ。

3) 在检定以下项目前应做如下准备：
① 仪表检定接线应严格按照规定进行连接。
② 仪表通电预热30min后，才能开始检定。检定前应用输入信号的办法，使指示指针移至指示标尺上限（或下限）分度线上，观察记录笔与记录标尺上限（或下限）分度线是否重合，不重合，应进行调整。
③ 检定前可调整放大器的灵敏度和阻尼。

4) 阻尼特性检查。用输入信号的办法，使指针在标尺全范围内来回移动3次。然后，输给仪表一个指示标尺下限电压值，待指针停稳后将电压值迅速改变到相当于指示标尺的10%数值上，并观察仪表指针的"半周期"晃动次数，再用相当于指示标尺的50%、90%数值上进行同样检查。输给仪表一个指示标尺上限的电压值，用同样方法进行反向检查。它的技术要求为仪表指针不超过3次"半周期"摆动，其超量不应超过记录误差的绝对值。

5) 行程时间的测定。仪表的指针移动标尺全长90%所需的时间，不应超过额定的形成时间。其测定方法是：首先输入给仪表一个相当指示标尺5%左右的电压值，在此基数上再阶跃地输入给仪表一个相当于指示标尺90%的电压值，同时启动秒表或电秒表，当指针最后进入指示误差范围内的瞬间，停止秒表或电秒表，其读数即为正行程时间。用同样的方法检定反行程时间。

6) 指示基本误差的检定。检定应在标尺主分度线上进行，检定点应包括上限值、下限值或接近于（10%以内）上、下限值的分度线位置，但不得少于5点，每点需测3次（即3个测量循环），取3次检定的最大值来确定其基本误差。具体方法如下：
① 具有参考端温度自动补偿电阻的仪表，可采用以下三种方法：
• 补偿导线法：将补偿导线的一端接到仪表的热电偶端钮上，另一端与铜导线连接，插入0℃的恒温槽内，铜导线的另一端接到标准电位差计上。检定时供给仪表的电压等于热电偶参考

端温度为 0℃ 时的电动势，但必须考虑补偿导线电动势的修正值。检定方法是先进行正向检定，按信号增大方向，增大标准电位差计输出，使仪表的指针依次缓慢地停在各个被检分度线上，读取标准电位差计示值。按此方法再重复进行二次检定。

下限值为零的仪表，当输入电压值为零时，若指针高于下限分度线，则应将标准电位差计的输出端反接于被检仪表输入端，再缓慢地增大输入电压，使指示针与零分度线重合，读取标准电位差计示值（此值应为负值）。

- 锰铜电阻法：用锰铜电阻代替铜电阻，其阻值应等于铜电阻在"定值温度"下的阻值。仪表的热电偶端钮直接用铜导线与标准电位差计连接。检定时供给仪表端钮上的电压应等于热电偶参考端温度为"定值温度"时的电动势。检定方法同第一种方法。
- 测量接线端子处温度法：仪表的热电偶端钮直接用铜导线与标准电位差计连接。检定时供给仪表端钮上的电压相当于热电偶参考端温度等于接线端子处温度时所产生的电动势。接线端子处温度可用水银温度计插到接线端子处测得。检定方法同第一种方法。

上述三种方法中，补偿导线法最可靠，仪表检定仲裁时应采用此方法。

② 不具有参考端温度自动补偿电阻的仪表，其检定方法同上。

检定划线记录仪表的指示基本误差，应在记录状态下进行。检定打点记录仪表的指示基本误差时，应在记录机构停止状态下进行。然后在记录机构运行状态下，在 3~4 个标尺数字的分度线上进行复检。

指示基本误差在指示标尺所有分度线上，不应超过表 18-8 的规定。

7）记录基本误差的检定。

① 划线记录仪表的记录基本误差的检定，应在记录标尺主分度线上进行，记录纸的走纸速度任意，方法同指示基本误差。

② 打点记录仪表的记录基本误差的检定，应在最快和最慢两种打印速度下进行，其方法是：将输入端所有"+"端子和"-"端子分别短接，输给仪表以相当被检分度线的名义电压值（用测量接线处温度法和锰铜电阻法检定时，输给仪表的电压值应为被检分度线的名义值分别减去接线端子处温度补偿电势和"定值温度"相对应的电势），待所有印点打印之后，在记录标尺上读取偏离被检点最远一个印点的电压值。

仪表的记录基本误差在记录标尺所有分度线上不应超过表 18-9 的规定。

表 18-8 允许指示基本误差

精度等级	允许指示基本误差
0.5 级	±0.5%
1.0 级	±1.0%

表 18-9 允许记录基本误差

精度等级	允许记录基本误差
0.5 级	±1.0%
1.0 级	±1.5%

8）回程误差的检定。包括指示回程误差及记录回程误差。检定仪表的只是回程误差和记录回程误差均可与检定仪表的指示基本误差、记录基本误差同时进行。

仪表的指示回程误差及划线记录回程误差不应超过表 18-10 规定。

表 18-10 允许指示回程误差和允许划线记录回程误差

系列	准确度等级	允许指示回程误差	允许划线记录回程误差	
			长图记录仪表	圆图记录仪表
XW	0.5 级	±0.25%	±0.25%	±0.5%
EW	0.5 级	±0.5%	±1.0%	
	1.0 级	±1.0%	±1.5%	

第18章 仪表系统的检定

9) 运行试验。将划线记录仪表输入端接到频率为 1 周/h 或 4 周/h 的超低频信号发生器上，打点记录仪表输入端接到多点信号发生器上的电位器，使仪表指示指针在不小于标尺长度的 90% 范围内运行 24h。

仪表在运行过程中，不应出现不正常现象，并应满足对记录质量的要求。

运行后，应在标尺的上限、中点附近和下限分度线上对指示基本误差、回程误差进行复检，其结果仍应符合规程的要求。

3. 检定结果的处理

1) 仪表指示、记录基本误差的计算。

具有参考端温度自动补偿电阻的仪表，按下式计算：

$$\delta_{E1} = E - E_1 - e \tag{18-11}$$

$$\delta_{E2} = E - E_2 - e \tag{18-12}$$

式中，δ_{E1}、δ_{E2} 分别表示在正向和反向检定仪表时的指示或记录基本误差（mV）；E 为与被检分度线相应的名义电势值（mV）；E_1、E_2 分别表示在正向和反向检定仪表时标准电位差计的示值（mV）；e 为用补偿导线法检定时表示与热电偶分度号相匹配的补偿导线修正值（mV），用锰铜电阻法检定时表示"定值温度"所对应的电动势（mV），用测量接线端子处温度法检定时表示接线端子处温度所对应的电动势（mV）。

不具有参考端温度自动补偿电阻的仪表，按下式计算：

$$\delta_{E1} = E - E_1 \tag{18-13}$$

$$\delta_{E2} = E - E_2 \tag{18-14}$$

式中的符号意义同前。

2) 仪表指示和划线记录回程误差按下式计算：

$$\Delta E = |\overline{E}_1 - \overline{E}_2| \tag{18-15}$$

式中，ΔE 为仪表指示或划线记录回程误差（mV）；$\overline{E}_1$、$\overline{E}_2$ 分别表示在正、反回程检定时，标准电位差计 3 次读数的平均值（mV）。

3) 经检定符合规程要求的仪表发给检定证书，不合格的仪表发给检定结果通知书。

4) 仪表的检定周期可根据使用条件和使用时间来确定，但最长不超过 0.5 年。

18.3.4 数字显示仪表的检定

随着科学技术的不断发展，数字式显示仪表大量进入了工矿企业计量仪表行列中，这带来了数字仪表计量检定的问题，那么如何进行检定呢？这里仅以数字温度指示仪检定为例加以说明。

1. 检定条件

1) 检定设备。检定仪表时需要的标准仪器及设备见表 18-11。选用的标准，包括整个检定设备的误差，应小于被检仪表允许误差的 1/5，对于 0.1 级的被检仪表应小于其允许误差的 1/3。

表 18-11 标准仪器及设备

序号	仪器设备名称	技术要求	备 注
1	直流标准电压发生器或成套工作的直流低电势电位差计	误差应小于被检仪表允许误差的 1/5，分辨率应小于被检仪表分辨率的 1/10	检定具有参考端温度自动补偿的仪表时，标准设备的误差应包括补偿导线和冰槽的误差（约 ±0.25℃）
2	数字电压表	误差应小于被检仪表允许误差的 1/5，分辨率应小于被检仪表分辨率的 1/10	
3	毫伏发生器	1. 能连续输出 0～80mV 2. 稳定度和交流纹波应尽可能小，不足以使分辨率高于一个数量级的标准仪表末位读数产生波动	

(续)

序号	仪器设备名称	技术要求	备注
4	直流电阻箱	误差应小于被检仪表允许误差的1/5	
5	交流稳压电源	额定电压±1%，额定功率±1%，波形失真小于5%	
6	兆欧表	输出直流电压为500V(2.5级)	
7	高压试验台	高压侧功率不小于0.25kW	
8	补偿导线，参考端恒温器	补偿导线经过修正	
9	3根连接导线	阻值按说明书中要求确定，3根连接导线阻值之差不能超过仪表允许基本误差的1/10	配三线制热电阻

2）检定时环境条件。环境温度为(20±2)℃，相对湿度为45%~75%；仪表供电电源，它的电压变化不超过额定电压的±1%，频率变化不超过额定频率的±1%，波形失真不超过5%；在仪表周围应无其他外磁场存在。

2. 检定方法

1）外观检查。用目测方法，外形结构应完好，仪表的名称、型号、规格、测量范围、分度号、制造厂名（或商标）、出场编号、制造年月等均应有明确的标记；仪表的外露部件（端钮、面板、开关等）不应松动、破损，数字指示面板不应有影响读数的缺陷；仪表倾斜时内部不应有零件松动的响声。

2）通电检查。

① 显示能力的检查：仪表接通电源，通过改变输入信号，观察被检仪表的每位数码的变化，应符合指示数字连续、无叠字、亮度均匀的要求，不应有不亮、缺笔画等现象，小数点位置应正确。

② 符号的检查：输入0℃以下相应的电信号，仪表应出现"－"的极性符号，输入超上限温度相应的电信号时，仪表应出现表示过载的符号或状态，小数点的位置应正确无误。

③ 具有"调零"及"调满度"机构的仪表，给仪表输入下限温度值（或0℃）相应的电量值，调节"调零"电位器，仪表应能显示下限（或0℃）温度值。同样，输入上限温度值相应的电量值时，调节"调满度"电位器，仪表应能显示上限温度值。

3）基本误差的检定。与热电偶配合使用的仪表，可以选用以下两种标准仪器检定：

① 用直流标准电压发生器检定或直流低电势电位差计检定。

② 用标准数字电压表检定，其接线应严格按照规定进行连接。

与热电阻配合使用的仪表，其基本误差的检定可按标准设备规定进行接线，按照说明书给定条件加以确定。

根据以上规定接好连接线路，被检仪表接通电源后按生产厂规定的时间预热。如果没有明确规定，一般预热15min，具有参考端温度自动补偿的仪表可预热30min，然后进行基本误差的检定。对具有"调零"及"调满度"的仪表，允许在预热后进行预调，但在检定过程中不许再调。

检定方法如下：

① 检定点的选择：检定点不应少于5点，一般应选择包括上、下限在内的，原则均匀的整十摄氏度点或整百摄氏度点。

② 寻找转换点方法进行检定：用增大（上行程）和减少（下行程）输入电量值的（大循环）方式，找出被检点附近转换点的值（用同样的方法重复测量两次），然后取两次中被检点和这些转换点值之差绝对值较大的作为该被检点的最大基本误差值。

③ 输入被检点标称电量值法：若仪表的分辨率值小于其允许基本误差的1/5时，允许采用此方法，但在仲裁检定时，仍应采用寻找转换点法进行检定。具体操作是按输入信号增加（或减小）的方向，分别给仪表输入各被检点温度所对应得标称电量值（热电偶或热电阻在分度表中各温度点对应的热电动势或电阻值），读取仪表相应的指示值，以指示值与被检温度值之差绝对值的最大值作为被检点的最大基本误差。用同样的方法重复测量两次，取两次中的基本误差较大的值作为该仪表的最大基本误差。

4）分辨率的检定。仪表分辨率的检定与基本误差的检定同时进行，按寻找转换点方法检定，求出上行程时转换点 A_1 与下行程转换点 A_2 对应的输入电量值之差及下行程时的转换点 A'_1 与 A'_2 点对应的输入电量值之差。取其换算成相应温度值后偏离分辨率最大的一个温度值，用来计算该检定点的分辨率误差。

5）稳定度检定。仪表的稳定度用两个指标进行检定，一是指示值的波动量，其方法是仪表经预热后，输入信号使仪表显示值稳定在量程的80%处，在10min内显示值不允许有间隔单位计数顺序的跳动，读取波动范围 δ_i，以 $\delta_i/2$ 作为该仪表的波动量，此波动量不能大于其分辨率，否则该仪表为不合格；二是指短时间零点漂移量，其方法是仪表预热后输入0℃所对应的电量值（如果有"调零"机构则可再经零点调整），读取此值 t_0，以后每隔10min一次（测量值 t_1 为1min之内5次仪表读数的平均值），历时1h，取 t_1 与 t_0 之差绝对值的最大值作为仪表短时间零点漂移量，此漂移量不能大于允许基本误差的1/5。

6）连续运行。给仪表输入一个量程80%的信号，连续运行24h后，用寻找转换点法在仪表量程的20%和80%附近测量基本误差的分辨率，其结果应符合技术规定的要求。

7）绝缘电阻的测量。仪表电源开关处于接通位置，对于供电电压为50~500V范围内的仪表，必须采用额定直流电压为500V的兆欧表对表18-12规定的测试点进行测量，测量时，应稳定5s，读取绝缘电阻值。此值不应小于表18-12规定的绝缘电阻值。

表18-12 绝缘电阻规定值

测 试 点	绝缘电阻	测 试 点	绝缘电阻
电源端子—地或机壳	40MΩ	输入端子—电源端子	20MΩ
输入端子—机壳、地或屏蔽端子	20MΩ		

8）绝缘强度的测量。仪表电源开关处于接通位置，将各电路本身端钮短路，按表18-13测试点的部位，在高压试验台进行测量。测量时试验电压应从最小值开始加入，在5~10s内平滑均匀的升压试验值（表中试验电压规定值）。试验电压的误差小于或等于±10%，试验电压历时1min，然后平滑均匀地降低电压至零。经过绝缘强度试验后的仪表应能正常工作。

表18-13 绝缘电阻规定值

测 试 点	绝缘电阻/MΩ	测 试 点	绝缘电阻/MΩ
电源端子—地或机壳	1000	输入端子—电源端子	1000
输入端子—机壳、地或屏蔽端子	500		

3. 检定结果的处理和检定周期

1）配热电偶仪表基本误差的计算。

① 具有参考端温度自动补偿的仪表，按下式计算

$$\Delta_A = A_d - (A_s - e) \tag{18-16}$$

$$\Delta_t = \Delta_A \bigg/ \left(\frac{\Delta A}{\Delta t}\right)_{t_1} \tag{18-17}$$

输入被检点电量值法检定时，公式为

自动检测技术及仪表

$$\Delta_t = t_d - \left[t_s + e\bigg/\left(\frac{\Delta A}{\Delta t}\right)_{t_{20}}\right] \tag{18-18}$$

式(18-16)~式(18-18)中，Δ_A 为电量程表示的基本误差（mV）；Δ_t 为换算成温度值的基本误差（℃）；A_d 为被检点温度对应的标称电量值（mV）；A_s 为检定时标准仪器的示值（mV）；$(\Delta A/\Delta t)_{t_1}$ 为被检点 t_1 的电量值—温度变化率（mV/℃）；e 为补偿导线修正值（mV）；$e\bigg/\left(\frac{\Delta A}{\Delta t}\right)_{t_{20}}$ 为补偿导线修正值所对应的修正温度（℃）；t_d 为仪表指示的温度值（℃）；t_s 为标准仪器输入的电量值所对应的被检温度值（℃）。

② 不具有参考端温度自动补偿的仪表按下式计算

$$\Delta_A = A_d - A_s \tag{18-19}$$

$$\Delta_t = \Delta_A\bigg/\left(\frac{\Delta A}{\Delta t}\right)_{t_1} \tag{18-20}$$

输入被检点电量值法检定时，计算公式为

$$\Delta_t = t_d - t_s \tag{18-21}$$

式(18-19)~式(18-21)中，符号的含义同上。

2) 配热电阻仪表基本误差的计算。按式(18-19)~式(18-21)计算，式中的符号含义同前，其单位将 mV 换成 Ω 即可。

3) 分辨率按下式计算。

$$\begin{cases}\delta_A = |A_1 - A_2| \\ \delta_A' = |A_1' - A_2'| \\ \Delta_t = \delta_A\bigg/\left(\frac{\Delta A}{\Delta t}\right)_{t_1} \\ \Delta_t' = \delta_A'\bigg/\left(\frac{\Delta A}{\Delta t}\right)_{t_1}\end{cases} \tag{18-22}$$

式中，δ_A 为上行程时的分辨率（mV 或 Ω）；δ_A' 为下行程时的分辨率（mV 或 Ω）；Δ_t 为换算成温度值的上行程分辨率（℃）；Δ_t' 为换算成温度值的下行程分辨率（℃）；A_1、A_2、A_1'、A_2' 分别表示转换点 A_1、A_2、A_1'、A_2' 各点在标准仪器上读得的各点电量值（mV 或 Ω）；$(\Delta A/\Delta t)_{t_1}$ 被检点 t_1 的电量值—温度变化率（mV/℃）。

4) 仪表的检定周期可根据使用条件和使用时间来确定，但一般不超过 1 年。

第19章 仪表的安全防爆

19.1 安全防爆的基本知识

在石油、化工、煤炭等工业部门中，某些生产场所存在着易燃易爆的气体、蒸气或粉尘，它们与空气混合成具有火灾或爆炸危险的混合物，使其周围空间成为具有不同程度爆炸危险的场所。安装在这些场所的仪表如果产生的火花或热效应能量能点燃危险混合物，则会引起火灾或爆炸。因此，用于危险场所的控制仪表和系统必须具有防爆的性能。

19.1.1 爆炸危险场所的区域划分

爆炸危险场所按爆炸性物质的物态，分为爆炸性气体危险场所和爆炸性粉尘危险场所两类。

1. 爆炸性气体危险场所

根据爆炸性气体混合物出现的频繁程度和持续时间分为以下三个区域等级。

1) 0区。在正常情况下（指设备的正常启、停、运行和维修），爆炸性气体混合物连续、频繁地出现或长时间存在的场所。

2) 1区。在正常情况下，爆炸性气体混合物有可能出现的场所。

3) 2区。在正常情况下，爆炸性气体混合物不可能出现，仅在不正常情况下（如设备故障或误操作）偶尔或短时间出现的场所。

2. 爆炸性粉尘危险场所

根据爆炸性粉尘或纤维与空气混合物出现的频繁程度和持续时间分为以下几个区域等级。

1) 20区。在正常情况下，爆炸性粉尘或纤维与空气的混合物可能连续、频繁地出现或长时间存在的场所。

2) 21区。在正常情况下，爆炸性粉尘或纤维与空气的混合物有可能出现的场所。

3) 22区。在正常情况下，爆炸性粉尘或纤维与空气的混合物不可能出现，仅在不正常情况下偶尔或短时间出现的场所。

不同的等级区域对防爆电气设备选型有不同的要求，例如，0区（或20区）要求选用本质安全型电气设备；1区选用隔爆型、增安型等电气设备。

19.1.2 爆炸性物质的分类、分级和分组

1. 爆炸性物质的分类

爆炸性物质分为以下三类。

Ⅰ类：矿井甲烷。

Ⅱ类：爆炸性气体混合物（含蒸气、薄雾）。

Ⅲ类：爆炸性粉尘和纤维。

2. 爆炸性物质的分级

(1) 爆炸性气体的分级　分别按最大试验安全间隙和按最小点燃电流比来分级。

1) 按最大试验安全间隙分级。在规定的标准试验条件下，火焰不能传播的最大间隙称为最大试验安全间隙（Maximum Experimental Safe Gap，MESG）。图19-1是MESG的测试装置示意图。在标准壳体A和试验箱体B内充入相同浓度的爆炸性气体混合物，A和B之间有25mm长的结合面，其间隙为g。在标准常温常压下点燃A内混合物，观察是否通过结合面将B内混合物引燃。改变浓度和间隙g，找出在各种混合物浓度下都不会引燃B内物质的最大间隙，该间隙就是这种

爆炸性气体的最大试验安全间隙。经试验确定，甲烷气体的 MESG = 1.14mm。Ⅱ类爆炸性气体分级限值规定如下。

A 级：0.9mm < MESG < 1.14mm。

B 级：0.5mm ≤ MESG ≤ 0.9mm。

C 级：MESG < 0.5mm。

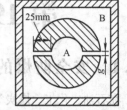

图 19-1　爆炸性气体 MESG 的测试装置示意图

2) 按最小点燃电流比分级。在规定的标准试验条件下，不同物质在最易燃浓度下被电流点燃所需的最小点燃电流（Minimum Igniting Current）各不相同。最小点燃电流比（MICR）是指以甲烷的最小点燃电流为参考，用其他气体的最小点燃电流除以甲烷的最小点燃电流，即

MICR = 某气体的最小点燃电流/甲烷的最小点燃电流

试验显示，所有爆炸性气体的最小点燃电流都比甲烷小。根据最小点燃电流比的定义可知，甲烷的 MICR 为 1.0，Ⅱ类爆炸性气体分级限值规定如下。

A 级：0.8 < MICR < 1.0。

B 级：0.45 ≤ MICR ≤ 0.8。

C 级：MICR < 0.45。

由上可见，爆炸性气体的最大试验安全间隙越小，最小点燃电流比也越小，按最小点燃电流比分级与按最大试验安全间隙分级，两种方法一般是相互等价的，特殊情况下综合两者来划分级别。

(2) 爆炸性粉尘的分级　爆炸性粉尘有导电粉尘和非导电粉尘两类，可分为ⅢA、ⅢB 和ⅢC 三个等级。其中ⅢA 为爆炸性纤维，ⅢB 为非导电性粉尘，ⅢC 为导电性粉尘。显然，ⅢC 物质最危险，ⅢB 次之。

3. 爆炸性物质的分组

在规定试验条件下，能够引燃最易燃浓度的爆炸性混合物的最低温度，称为这种物质的引燃温度。爆炸性物质按引燃温度分组。在没有明火源的条件下，不同物质加热引燃所需的温度是不同的，因为自燃点各不相同。爆炸性物质按引燃温度可分为六组，见表 19-1。

表 19-1　爆炸性物质的组别划分及对应引燃温度

爆炸性物质所属组别	T1	T2	T3	T4	T5	T6
爆炸性物质的引燃温度 $t/℃$	>450	450 ≥ t > 300	300 ≥ t > 200	200 ≥ t > 135	135 ≥ t > 100	100 ≥ t > 85

用于不同组别的防爆电气设备，其表面允许最高温度各不相同，不可随便混用。例如适用于 T5 的防爆电气设备可以适用于 T1 ~ T4 各组，但是不适用于 T6，因为 T6 的引燃温度比 T5 低，可能被 T5 适用的防爆电气设备的表面温度所引燃。

19.1.3　防爆电气设备的分类、分组和防爆标志

1. 防爆电气设备的分类、分组

按规定条件设计制造的、使用过程中不会引起周围爆炸性混合物爆炸的电气设备，就是防爆电气设备。按照国家标准 GB 3836.1—2010 的规定，防爆电气设备分为三类。

Ⅰ类：适用于煤矿井下瓦斯气体环境的防爆电气设备。Ⅰ类防爆型式考虑了瓦斯和煤粉的点燃以及地下用设备增加的物理保护措施。

Ⅱ类：适用于除煤矿瓦斯气体之外的其他爆炸性气体混合物场所的防爆电气设备。

Ⅲ类：适用于除煤矿以外的爆炸性粉尘和纤维混合物场所的防爆电气设备。

对Ⅱ类电气设备，按其适用于爆炸性气体混合物的最大实验安全间距或最小点燃电流比，

第 19 章 仪表的安全防爆

可进一步分为ⅡA、ⅡB、ⅡC三级，见表19-2。在按表19-2进行分级时，对于隔爆外壳电气设备，采用最大试验安全间隙（MESG）为分类依据；对于本质安全型电气设备，采用最小点燃电流比（MICR）为分类依据。标志ⅡB的设备可适用于ⅡA设备的使用条件，标志ⅡC类的设备可适用于ⅡA和ⅡB类设备的使用条件。

表 19-2 防爆仪表的分级

级别	MESG/mm	MICR	代表性气体
ⅡA	0.9 < MESG < 1.14	0.8 < MICR < 1.0	丙烷
ⅡB	0.5 ≤ MESG ≤ 0.9	0.45 ≤ MICR ≤ 0.8	乙烯
ⅡC	MESG < 0.5	MICR < 0.45	氢气

Ⅱ类电气设备的防爆型式共有九种：

1）隔爆型（标志为d）。采用隔爆外壳，这种外壳能承受内部爆炸性气体的爆炸压力并阻止内部的爆炸向壳外传递。

2）增安型（标志为e）。在正常运行条件下不会产生电弧、火花或高温的设备结构上，在采取提高安全程度的措施，以避免在认可的过载条件下产生电弧、火花或高温。

3）本质安全型（标志为i）。在正常运行或标准试验条件下所产生的火花或热效应均不能点燃爆炸性混合物。本质安全型设备按其使用场所的危险程度又可分为ia和ib两个等级。在正常、一个和两个故障时均不能点燃爆炸性混合物的电气设备属于ia级；在正常、一个故障时均不能点燃爆炸性混合物的电气设备属于ib级。

4）正压外壳型（标志为p）。在外壳内充入保护性气体（如仪表风），使内部压力高于周围爆炸性环境的压力（>50Pa），阻止外部混合物进入壳内。

5）油浸型（标志为o）。将设备的全部或部分浸在油（如变压器油）内，使设备不能点燃油面以上或壳体外的爆炸性混合物。如泵的起停控制就可采用充油型防爆按钮。

6）充砂型（标志为q）。在外壳内充填砂粒材料，使之在规定的使用条件下壳体内产生的电弧、火焰、表面过热等均不能引燃周围爆炸性混合物。

7）无火花型（标志为n）。在正常使用条件下不产生电弧或火花，也不产生高温表面或灼热点，且一般不会发生点燃作用的故障。

8）浇封型（标志为m）。将设备中可能产生电弧、火花或高温的部分浇封在浇封剂（如环氧树脂）中，使之不能点燃周围的爆炸性混合物。

9）粉尘防爆型（标志为DIP）。为防止爆炸性粉尘进入设备内部，外壳的结合面应紧固严密，并加密封垫圈，转动轴与轴孔间要加防尘密封。粉尘沉积有增温引燃作用，要求外壳表面光滑、无沟槽，并具有足够的强度。

与爆炸性物质引燃温度的分组相对应，Ⅱ类电气设备可按最高表面温度分为T1~T6六组，见表19-3。

表 19-3 Ⅱ类电气设备的最高表面温度分组

电气设备的温度组别	T1	T2	T3	T4	T5	T6
最高表面温度/℃	450	300	200	135	100	85

注：仪表的最高表面温度=实测最高表面温度-实测时环境温度+规定的最高环境温度。

对于Ⅲ类电气设备，按照其拟使用的爆炸性粉尘环境的特性可进一步分为三类：ⅢA类（可燃性飞絮）、ⅢB类（非导电性粉尘）、ⅢC类（导电性粉尘）。标志ⅢB的设备可适用于ⅢA设备的使用条件，标志ⅢC类的设备可适用于ⅢA或ⅢB类设备的使用条件。

2. 防爆标志

防爆电气设备通常用牢固可靠的铭牌载明防爆标志。电气设备的防爆标志是在"Ex"防爆标记后依次列出防爆类型、气体级别和温度组别三个参量。

例如，防爆标志 Exd Ⅱ BT3 表示Ⅱ类隔爆型 B 级 T3 组，其设备适用于气体级别不高于Ⅱ类 B 级，气体引燃温度不低于 T3（200℃）的危险场所。又如 Exia Ⅱ CT5 表示Ⅱ类本质安全型 ia 等级 C 级 T5 组，其设备适用于所有气体级别、引燃温度不低于 T5（100℃）的 0 区危险场所。

用于煤矿的电气设备，当其环境中除甲烷外还可能含有其他爆炸性气体时，应按照Ⅰ类和Ⅱ类相应可燃性气体的要求进行制造和试验。该类电气设备应有相应的标志（例如："Exd Ⅰ/Ⅱ B T3"或"Exd Ⅰ/Ⅱ（NH_3）"）。

需要指出，GB 3836.1—2010 标准引入了设备保护级别（EPL）的概念。它是根据设备内在的点燃危险来识别和标志爆炸性环境用设备，使标准在结构上更为合理，技术上更具科学性和先进性，从而更方便防爆设备的选型和使用管理。新的设备防爆标志，是在上述防爆标志中增加设备保护级别的符号，详见该标准的相关内容。

19.2 防爆型测控仪表

气动仪表从本质上来说具有防爆性能，而电动仪表必须采取必要的防爆措施才具有防爆性能。通常我们强调电气整体防爆，在设计、施工、运行、维修等方面严格遵守相关规定。除此之外，对电气线路的配线方式、导线的线径、绝缘、耐热、耐腐蚀性和连接件等都应有所要求。电动仪表所采取的防爆措施不同，防爆性能也就不同，因此适应的场合也不尽相同。

常用的防爆型测控仪表是隔爆型和本质安全型两类仪表。

1. 隔爆型仪表

隔爆型仪表具有隔爆外壳，采用"结构防爆"的技术措施，仪表的电路和接线端子全部置于防爆壳体内，其表壳的强度足够大，隔爆接合面足够宽，它能承受仪表内部因故障产生爆炸性气体混合物的爆炸压力，并阻止内部的爆炸向外壳周围爆炸性混合物传播。这类仪表适用于 1 区和 2 区危险场所。

隔爆型仪表安装及维护正常时，能达到规定的防爆要求，但当揭开仪表外壳后，它就失去了防爆性能，因此不能在通电运行的情况下打开表壳进行检修或调整。

2. 本质安全型仪表

本质安全型仪表（简称本安仪表）采用"本质安全防爆"措施，其全部电路均为本质安全电路，电路中的电压和电流（或能量）被限制在一个允许的安全范围内，从根本上排除发生灾害的可能性，以保证仪表在正常工作或发生短接和元器件损坏等故障情况下产生的电火花和热效应不致引起其周围爆炸性气体混合物爆炸。本质安全型仪表也称为"安全火花防爆仪表"。

如前所述，本安仪表可分为 ia 和 ib 两个等级：ia 是指在正常工作、一个故障和两个故障时均不能点燃爆炸性气体混合物；ib 是指在正常工作和一个故障时不能点燃爆炸性气体混合物。

ia 等级的本安仪表可用于危险等级最高的 0 区危险场所，而 ib 等级的本安仪表只适用于 1 区和 2 区危险场所。

本安仪表不需要笨重的隔爆外壳，具有结构简单、体积小、质量轻的特点，可在带电工况下进行维护、调整和更换仪表零件的工作。

19.3 测控系统的防爆措施

处于爆炸危险场所的测控系统必须使用防爆型测控仪表及其关联设备，在化工、石油等部门的生产现场，往往要求控制系统具有本质安全的防爆性能。

19.3.1 本安防爆系统

要使测控系统具有本安防爆性能,应满足两个条件:①在危险场所使用本质安全型防爆仪表,如本安型变送器、电-气转换器、电气阀门定位器等;②在控制室仪表与危险场所仪表之间设置安全栅,以限制流入危险场所的能量。图19-2表示本安防爆系统的结构。

应当指出,使用本安仪表和安全栅是系统的基本要求,要真正实现本安防爆的要求,还需注意系统的安装和布线:按规定正确安装安全栅,并保证良好接地;正确选择连接电缆的规格和长

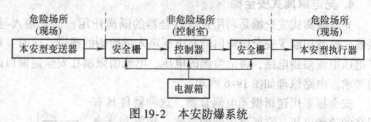

图19-2 本安防爆系统

度,其分布电容、分布电感应在限制值之内;本安电缆和非本安电缆应分槽(管)敷设,慎防本安回路与非本安回路混触等。详细规定可参阅安全栅使用说明书和国家有关电气安全规程。

19.3.2 安全栅

安全栅作为本安仪表的关联设备,一方面传输信号,另一方面控制流入危险场所的能量在爆炸性气体或混合物的点火能量以下,以确保系统的本安防爆性能。

安全栅主要有以下五种构成形式。

1. 电阻式安全栅

电阻式安全栅是利用电阻的限流作用,把流入危险场所(危险侧)的能量限制在临界值以下,从而达到防爆的目的,如图19-3所示。

图中 R 为限流电阻,当回路的任何一处发生短路或接地事故,由于 R 的作用,使电流得到限制。电阻式安全栅具有简单、可靠、价廉的优点,但防爆额定电压低。在同一表盘中若有超过其防爆额定电压值的配线时,必须分管安装,以防混触。此外,每个安全栅的限流电阻要逐个计

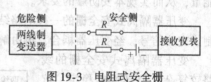

图19-3 电阻式安全栅

算,数值太大会影响回路的原有性能,太小了又达不到防爆要求,故应取合适的数值。

2. 齐纳式安全栅

齐纳式安全栅是基于齐纳二极管反向击穿性能而工作的。其原理如图19-4所示。

图中,VS_1、VS_2 为齐纳二极管,R 和 FU 分别为限流电阻和快速熔丝。在正常工作时,安全栅不起作用。

当现场发生事故,如形成短路时,由 R 限制过大电流进入危险侧,以保证现场安全。当安全栅端电压 U_1 高于额定电压 U_0 时,齐纳二极管击穿,进入危险侧的电压将被限制在 U_0 值上。同时,安全侧电流急剧增大,使 FU 很快熔断,从而使高电压与现场隔离,也保护了齐纳二极管。

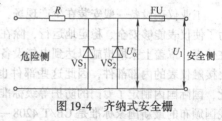

图19-4 齐纳式安全栅

齐纳式安全栅结构简单、经济、可靠、通用性强、使用方便。

3. 中继放大器式安全栅

这种安全栅是利用放大器的高输入阻抗性能来实现安全火花防爆的,其原理如图19-5所示。

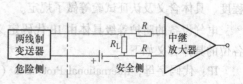

图19-5 中继放大器式安全栅

变送器的输出电流流经 R_L 变为电压信号，此信号再通过中继放大器放大后送至接收仪表。放大器的输入阻抗可达 10MΩ 以上，因此可将限流电阻 R 的阻值增大到 10kΩ，从而提高了防爆额定电压。这种安全栅的通用性强，可和计算机、显示仪表连接。其缺点是线路较复杂，价格较高，而且因线路中设置放大器而带来附加误差。

4. 光电隔离式安全栅

光电隔离式安全栅是利用光电耦合器的隔离作用，使其输入与输出之间没有直接电或磁的联系，这就切断了安全栅输出端高电压窜入危险侧的通道。同时，在变送器的供电回路中，设置了电压电流限制电路，将危险侧的电压、电流值限制在安全定额以内，从而实现了安全火花防爆的要求。电路原理如图 19-6 所示。

安全栅采用逻辑型光电耦合器，这种器件具有很高的绝缘电压，它通过内部的发光二极管和光电晶体管，以光电转换形式传输频率信号，为此，电路中设置了 $I-f$ 和 $f-I$ 转换器。转换器将变送器的输出电流转换为 1~5kHz 的频率信号，此信号通过光电耦合器再由 $f-I$ 转换成直流电流信号。

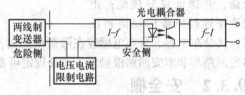

图 19-6 光电隔离式安全栅

光电隔离式安全栅是一种理想的能适用于任何危险场所的安全栅，它工作可靠，防爆额定电压高，但结构较复杂。

5. 变压器隔离式安全栅

这种安全栅采用变压器隔离的方式，使其输入、输出之间没有直接电的联系，以切断安全侧高电压窜入危险侧的通道。同时，在危险侧还设置了电压、电流限制电路，限制流入危险场所的能量，从而实现本安防爆的要求。

变压器隔离式安全栅的一种电路结构如图 19-7 所示。来自变送器的直流信号，由调制器调制成交流信号，经变压器耦合，再由解调器还原为直流信号，送入安全区域。

变压器隔离式安全栅的线路较复杂，但其性能稳定，抗干扰能力强，可靠性高，使用也较方便。

图 19-7 变压器隔离式安全栅

19.4 仪表防护等级标准

工业仪表设备一般安装在生产现场，它会受到天气和环境的影响，如雨水或外来物的侵入。为了使仪表能够安全、稳定地运行，除在原理设计和内部电路上采取多项技术措施外，一般还要在外壳、罩盖上采取措施以达到电气设备安全防护的作用。另外人员要对仪表进行操作或调校，要接触仪表的内部部件，因此这些部件也应有防护措施，以防止对人员的电击或其他伤害。因此，国际国内制定了专门的防护等级标准。参照 IEC 529 国际标准、德国工业标准 DIN 40050 等，我国颁布的最新国家标准是 GB/T 4208—2017《外壳防护等级（IP 代码）》，对人体触及电气设备壳体内部、固体异物进入电气设备壳体内部、水进入电气设备壳体内部这三方面的防护等级程度、具体含义及认证试验等做了规定。

电气设备的防护等级具体由 IP 代码定义。IP 代码最多 6 位，其配置格式为：IP①②ⓐⓑ，各位的具体含义如下。

IP：代码字母，International Protection（国际防护）的首字母，也有人理解为 Ingress Protection（进入防护）。

①：第一位特征数字，用 0~6 之间的某个数字表示防止固体异物进入及接近危险部件这两

第 19 章 仪表的安全防爆

方面的不同防护等级,具体规定见表 19-4。若对本特征数字没有要求时,则用字母"X"代替本特征数字。

②：第二位特征数字,用 0~9 之间的某个数字表示防止水进入电气设备壳体内的不同防护等级,具体规定见表 19-5。若对本特征数字没有要求时,则用字母"X"代替本特征数字。

ⓐ：附加字母,用 A~D 之间的某个字母表示对人接近危险部件的防护等级,见表 19-6。仅在接近危险部件的实际防护高于第一位特征数字代表的防护等级时,或者第一位特征数字用"X"代替,仅需表示对接近危险部件的防护等级时,才使用附加字母。

ⓑ：补充字母,用 H、M、S、W 中的某个字母表示对电气设备防护的补充要求或说明,具体含义见表 19-7。若没有相关的补充要求或说明,补充字母可以省略。当使用一个以上的补充字母时,应按字母顺序排列。

表 19-4　第一位特征数字所表示的防护等级

第一位 特征数字	防护等级说明及含义	
	对接近危险部件的防护	对固体异物进入的防护
0	无防护	无防护
1	防止手背接近危险部件（直径 50mm 球形试具应与危险部件有足够的间隙）	防止直径≥50mm 的固体异物（直径 50mm 球形物体试具不得完全进入壳内）
2	防止手指接近危险部件（直径 12mm、长 80mm 的铰接试指应与危险部件有足够的间隙）	防止直径≥12.5mm 的固体异物（直径 12.5mm 的球形物体试具不得完全进入壳内）
3	防止工具接近危险部件（直径 2.5mm 的试具不得进入壳内）	防止直径≥2.5mm 的固体异物（直径 2.5mm 的物体试具完全不得进入壳内）
4	防止金属线接近危险部件（直径 1.0mm 的试具不得进入壳内）	防止直径≥1.0mm 的固体异物（直径 1.0mm 的物体试具完全不得进入壳内）
5	防止金属线接近危险部件（直径 1.0mm 的试具不得进入壳内）	防尘（不能完全防止尘埃进入,但进入的灰尘量不得影响设备的正常运行,不得影响安全）
6	防止金属线接近危险部件（直径 1.0mm 的试具不得进入壳内）	尘密（无灰尘进入）

表 19-5　第二位特征数字所表示的防止水进入的防护等级

第二位 特征数字	防护等级	
	说　明	含　义
0	无防护	无特别防护
1	防止垂直方向滴水	垂直方向滴水应无有害影响
2	防止外壳 15°倾斜时垂直方向滴水	当外壳的各垂直面在 15°倾斜时,垂直滴水应无有害影响
3	防淋水	当外壳的垂直面在 60°范围内淋水时,无有害影响
4	防溅水	向外壳各方向溅水无有害影响
5	防喷水	向外壳各方向喷水无有害影响
6	防强烈喷水	向外壳各个方向强烈喷水无有害影响
7	防短时间浸水	浸入规定压力的水中经过规定时间后外壳进水量不致达有害程度
8	防持续浸水	按生产厂和用户双方同意的条件（应比特征数字为 7 时严酷）持续潜水后外壳进水量不致达有害程度
9	防高温/高压喷水	向外壳各方向喷射高温/高压水无有害影响

表19-6 附加字母所表示的对接近危险部件的防护等级

附加字母	防护等级	
	简要说明	含义
A	防止手背接近	直径50mm的球形试具与危险部件应保持足够的间隙
B	防止手指接近	直径12mm，长80mm的铰接试指与危险部件应保持足够的间隙
C	防止工具接近	直径2.5mm，长100mm的试具与危险部件应保持足够的间隙
D	防止金属线接近	直径1.0mm，长100mm的试具与危险部件应保持足够的间隙

表19-7 补充字母及其含义

补充字母	含义
H	高压设备
M	防水试验在设备的可动部件（如旋转电机的转子）运动时进行
S	防水试验在设备的可动部件（如旋转电机的转子）静止时进行
W	提供附加防护或处理以适用于规定的气候条件

若某设备的外壳上注明有IP代码：IP23S，则其中第一位特征数字"2"表示该设备外壳能有效防止人用手指接近危险部件以及防止直径不小于12.5mm的固体异物进入外壳内；第二位特征数字"3"表示该设备外壳能有效防止淋水对外壳内设备的有害影响；未使用附加字母；补充字母"S"表示本设备防止进水造成有害影响的试验是在所有设备部件静止时进行的。如果设备的附件与设备的主件防护等级不同，则附件的等级必须单独标明，如"接线柱IP00—外壳IP54"。防护等级如果不能在外壳上标明，则必须在铭牌上标明。

参 考 文 献

[1] 彭俊彬. 测试技术 [M]. 北京：北京交通大学出版社，2013.
[2] 赵玉珠. 测量仪表与自动化 [M]. 东营：石油大学出版社，1997.
[3] 王伯雄. 测试技术基础 [M]. 北京：清华大学出版社，2003.
[4] 江征风. 测试技术基础 [M]. 北京：北京大学出版社，2007.
[5] 周严. 测控系统电子技术 [M]. 北京：科学出版社，2007.
[6] 孙传友，孙晓斌，李胜玉，等. 测控电路及装置 [M]. 北京：北京航空航天大学出版社，2002.
[7] 徐科军，江敦明，殷鹏，等. 传感器动态误差修正的若干方法研究 [J]. 合肥工业大学学报（自然科学版），1997，3(20).
[8] 张宪，宋立军. 传感器与测控电路 [M]. 北京：化学工业出版社，2011.
[9] 祝诗平，李鸿征，朱杰斌，等. 传感器与检测技术 [M]. 北京：中国林业出版社，北京大学出版社，2006.
[10] 宋文绪，杨帆. 传感器与检测技术 [M]. 北京：高等教育出版社，2004.
[11] 祁树胜. 传感器与检测技术 [M]. 北京：北京航空航天大学出版社，2010.
[12] 廖跃华，王学斌. 传感器与检测技术 [M]. 天津：天津大学出版社，2009.
[13] 徐科军. 传感器与检测技术 [M]. 北京：电子工业出版社，2008.
[14] 谢志萍. 传感器与检测技术 [M]. 北京：电子工业出版社，2009.
[15] 王俊杰，曹丽，等. 传感器与检测技术 [M]. 北京：清华大学出版社，2011.
[16] 康维新. 传感器与检测技术 [M]. 北京：中国轻工业出版社，2009.
[17] 程军. 传感器及实用检测技术 [M]. 西安：西安电子科技大学出版社，2008.
[18] 孟立凡，蓝金辉. 传感器原理与应用 [M]. 2版. 北京：电子工业出版社，2011.
[19] 蒋敦斌，李文英. 非电量测量与传感器应用 [M]. 北京：国防工业出版社，2005.
[20] 陈忧先，左锋等. 化工测量及仪表 [M]. 3版. 北京：化学工业出版社，2010.
[21] 王永红. 化工检测与控制技术 [M]. 上海：上海交通大学出版社，2005.
[22] 机械工程手册 电机工程手册编辑委员会. 机械工程手册 [M]. 2版. 北京：机械工业出版社，1997.
[23] 罗桂娥，陈革辉. 检测技术与智能仪表 [M]. 3版. 长沙：中南大学出版社，2009.
[24] 郑华耀. 检测技术 [M]. 2版. 北京：机械工业出版社，2010.
[25] 樊春玲. 检测技术及仪表 [M]. 北京：机械工业出版社，2014.
[26] 王一鸣. 检测技术与自动化仪表 [M]. 北京：中国农业出版社，1995.
[27] 王俊杰. 检测技术与仪表 [M]. 武汉：武汉理工大学出版社，2002.
[28] 《工业自动化仪表与系统》编辑委员会. 工业自动化仪表与系统手册：下册 [M]. 北京：中国电力出版社，2008.
[29] 樊新海. 工程测试技术基础 [M]. 北京：国防工业出版社，2007.
[30] 赵燕. 工程测试技术 [M]. 北京：北京理工大学出版社，2010.
[31] 丁炜，于秀丽，等. 过程检测及仪表 [M]. 北京：北京理工大学出版社，2010.
[32] 张井岗. 过程控制与自动化仪表 [M]. 北京：北京大学出版社，2007.
[33] 杜维，张宏建，王会芹. 过程检测技术及仪表 [M]. 2版. 北京：化学工业出版社，2010.
[34] 柏逢明. 过程检测及仪表技术 [M]. 北京：国防工业出版社，2010.
[35] 王永红. 过程检测仪表 [M]. 2版. 北京：化学工业出版社，2010.
[36] 孙传友，翁惠辉. 现代检测技术及仪表 [M]. 北京：高等教育出版社，2006.
[37] 孙传友，张一. 现代检测技术及仪表 [M]. 北京：高等教育出版社，2012.
[38] 周杏鹏，仇国富，王寿荣，等. 现代检测技术 [M]. 北京：高等教育出版社，2004.

[39] 金伟. 现代检测技术 [M]. 2版. 北京：北京邮电大学出版社，2007.
[40] 海涛，李啸骢，等. 现代检测技术 [M]. 重庆：重庆大学出版社，2010.
[41] 鲍超. 信息检测技术 [M]. 杭州：浙江大学出版社，2002.
[42] 张重雄. 现代测试技术与系统 [M]. 北京：电子工业出版社，2010.
[43] 贺良华. 现代检测技术 [M]. 武汉：华中科技大学出版社，2008.
[44] 樊尚春，周浩敏. 信号与测试技术 [M]. 北京：北京航空航天大学出版社，2011.
[45] 李科杰. 新编传感器技术手册 [M]. 北京：国防工业出版社，2002.
[46] 徐科军，等. 自动检测和仪表中的共性技术 [M]. 北京：清华大学出版社，2000.
[47] 张毅，张宝芬，等. 自动检测技术及仪表控制系统 [M]. 2版. 北京：化学工业出版社，2004.
[48] 张毅. 自动检测技术及仪表控制系统 [M]. 3版. 北京：化学工业出版社，2012.
[49] 王化祥. 自动检测技术 [M]. 2版. 北京：化学工业出版社，2009.
[50] 罗振成，张桂枝. 自动检测与转换技术 [M]. 北京：化学工业出版社，2010.
[51] 裴蓓. 自动检测与转换技术 [M]. 北京：人民邮电出版社，2010.
[52] 杨琳. 自动检测与转换技术 [M]. 北京：北京理工大学出版社，2010.
[53] 苏家健. 自动检测与转换技术 [M]. 2版. 北京：电子工业出版社，2009.
[54] 王选民. 智能仪器原理及设计 [M]. 北京：清华大学出版社，2008.
[55] 王祁. 智能仪器设计基础 [M]. 北京：机械工业出版社，2010.
[56] 徐爱钧，徐阳. 智能化测量控制仪表原理与设计 [M]. 3版. 北京：北京航空航天大学出版社，2012.
[57] 周亦武. 智能仪表原理与应用技术 [M]. 北京：电子工业出版社，2009.
[58] 李邓化，彭书华，许晓飞. 智能检测技术及仪表 [M]. 2版. 北京：科学出版社，2012.